中　外　物　理　学　精　品　书　系

本书出版得到“国家出版基金”资助

国家出版基金项目
NATIONAL PUBLICATION FOUNDATION

中 外 物 理 学 精 品 书 系

经 典 系 列 · 2 1

核反应堆动力学基础

(第二版)

重排本

黄祖洽　编著

北京大学出版社
PEKING UNIVERSITY PRESS

图书在版编目(CIP)数据

核反应堆动力学基础：重排本/黄祖洽编著.—2版.—北京：北京大学出版社，2014.12

（中外物理学精品书系）

ISBN 978-7-301-25218-5

Ⅰ.①核… Ⅱ.①黄… Ⅲ.①反应堆动力学 Ⅳ.①TL327

中国版本图书馆CIP数据核字(2014)第283501号

书　　名：核反应堆动力学基础(第二版)(重排本)

著作责任者：黄祖洽　编著

责 任 编 辑：顾卫宇

标 准 书 号：ISBN 978-7-301-25218-5/TL・0003

出　版　者：北京大学出版社

地　　址：北京市海淀区成府路205号　100871

网　　址：http://www.pup.cn

新 浪 微 博：@北京大学出版社

电 子 信 箱：zpup@pup.cn

电　　话：邮购部 62752015　发行部 62750672　编辑部 62765014　出版部 62754962

印　刷　者：北京中科印刷有限公司

经　销　者：新华书店

730毫米×980毫米　16开本　29印张　578千字

2007年9月第1版

2014年12月第2版　2014年12月第1次印刷

定　　价：80.00元

序　言

物理学是研究物质、能量以及它们之间相互作用的科学。她不仅是化学、生命、材料、信息、能源和环境等相关学科的基础，同时还是许多新兴学科和交叉学科的前沿。在科技发展日新月异和国际竞争日趋激烈的今天，物理学不仅囿于基础科学和技术应用研究的范畴，而且在社会发展与人类进步的历史进程中发挥着越来越关键的作用。

我们欣喜地看到，改革开放三十多年来，随着中国政治、经济、教育、文化等领域各项事业的持续稳定发展，我国物理学取得了跨越式的进步，做出了很多为世界瞩目的研究成果。今日的中国物理正在经历一个历史上少有的黄金时代。

在我国物理学科快速发展的背景下，近年来物理学相关书籍也呈现百花齐放的良好态势，在知识传承、学术交流、人才培养等方面发挥着无可替代的作用。从另一方面看，尽管国内各出版社相继推出了一些质量很高的物理教材和图书，但系统总结物理学各门类知识和发展，深入浅出地介绍其与现代科学技术之间的渊源，并针对不同层次的读者提供有价值的教材和研究参考，仍是我国科学传播与出版界面临的一个极富挑战性的课题。

为有力推动我国物理学研究、加快相关学科的建设与发展，特别是展现近年来中国物理学者的研究水平和成果，北京大学出版社在国家出版基金的支持下推出了“中外物理学精品书系”，试图对以上难题进行大胆的尝试和探索。该书系编委会集结了数十位来自内地和香港顶尖高校及科研院所的知名专家学者。他们都是目前该领域十分活跃的专家，确保了整套丛书的权威性和前瞻性。

这套书系内容丰富，涵盖面广，可读性强，其中既有对我国传统物理学发展的梳理和总结，也有对正在蓬勃发展的物理学前沿的全面展示；既引进和介绍了世界物理学研究的发展动态，也面向国际主流领域传播中国物理的优秀专著。可以说，“中外物理学精品书系”力图完整呈现近现代世界和中国物理科学发展的全貌，是一部目前国内为数不多的兼具学术价值和阅读乐趣的经典物理丛书。

“中外物理学精品书系”另一个突出特点是，在把西方物理的精华要义“请进来”的同时，也将我国近现代物理的优秀成果“送出去”。物理学科在世界范围内的重要性不言而喻，引进和翻译世界物理的经典著作和前沿动态，可以满足当前国内物理教学和科研工作的迫切需求。另一方面，改革开放几十年来，我国的物理学研究取得了长足发展，一大批具有较高学术价值的著作相继问世。这套丛书首次将一些中国物理学者的优秀论著以英文版的形式直接推向国际相关研究的主流领域，使世界对中国物理学的过去和现状有更多的深入了解，不仅充分展示出中国物理学研究和积累的“硬实力”，也向世界主动传播我国科技文化领域不断创新的“软实力”，对全面提升中国科学、教育和文化领域的国际形象起到重要的促进作用。

值得一提的是，“中外物理学精品书系”还对中国近现代物理学科的经典著作进行了全面收录。20世纪以来，中国物理界诞生了很多经典作品，但当时大都分散出版，如今很多代表性的作品已经淹没在浩瀚的图书海洋中，读者们对这些论著也都是“只闻其声，未见其真”。该书系的编者们在这方面下了很大工夫，对中国物理学科不同时期、不同分支的经典著作进行了系统的整理和收录。这项工作具有非常重要的学术意义和社会价值，不仅可以很好地保护和传承我国物理学的经典文献，充分发挥其应有的传世育人的作用，更能使广大物理学人和青年学子切身体会我国物理学研究的发展脉络和优良传统，真正领悟到老一辈科学家严谨求实、追求卓越、博大精深的治学之美。

温家宝总理在2006年中国科学技术大会上指出，“加强基础研究是提升国家创新能力、积累智力资本的重要途径，是我国跻身世界科技强国的必要条件”。中国的发展在于创新，而基础研究正是一切创新的根本和源泉。我相信，这套“中外物理学精品书系”的出版，不仅可以使所有热爱和研究物理学的人们从中获取思维的启迪、智力的挑战和阅读的乐趣，也将进一步推动其他相关基础科学更好更快地发展，为我国今后的科技创新和社会进步做出应有的贡献。

“中外物理学精品书系”编委会 主任

中国科学院院士，北京大学教授

王恩哥

2010年5月于燕园

内　容　简　介

本书第一版于1983年发行，从反应堆物理学的观点，系统地讨论了核反应堆动力学基础的各个方面，着重介绍有关问题的物理背景和分析问题所用的理论方法．在第一章提供了必要的中子物理基础知识和引进了点堆模型动态学方程之后，以下四章用这一模型讨论了反应性变换的各种情况和相应的功率响应、短期功率变动或长期运行所引起的反应性反馈效应，并给出了处理这些问题的理论分析和数值计算方法．第六和第七两章从中子输运方程和一般反应系统的运动论出发讨论了和空间有关的反应堆动力学．这两章中所发展的理论方法，对探讨各种反应系统动力学具有相当普遍的意义．

第二版在修订第一版中出现的若干误排和错漏的同时，新增了第八章，其中包含了对流体运动影响的再考虑和新近发展起来的晶格Boltzmann方法的简单介绍．

第二版前言

本书第一版 1983 年发行后已有 20 余年.由于当初发行量偏少,坊间早已售尽.我国改革开放后,经济高速发展,能源需要大幅度增长.现在,核电站的建设已经成为解决能源需要的一个重要途径.按照国家计划,估计到 2020 年,核电将上升到占总电力的 4%.这意味着在未来 14 年中中国新增核发电量将达 3000 万千瓦左右.换句话说,将新建 30 座规模为 100 万千瓦的核电站.显然,这一严重任务要求有大量年轻人参加进来,及时学习、掌握有关核反应堆的科学技术,以便满足那么多核电站的研究、设计、建设、运行和管理对人才的需要.本书作为与核能有关专业的教师、学生和从事堆物理工作及核动力学研究的科技工作者的基础性参考书,仍然有相当价值.北京大学出版社决定对它修订出第二版,看来是正确、及时的,也是值得感谢的.

趁此修订出第二版的机会,作者对第一版内容和文字做了多处勘误和改动.在新增的第八章里,根据多年从事核反应堆理论工作的蔡少辉教授的建议和帮助(作者在此谨对这位多年的老友表示衷心的感谢),用两节(§8.1 和 §8.2)的篇幅对流体力学运动的影响进行了更详尽的再考虑;而在随后的五节中则简单介绍了近年来新发展的,一种有可能应用于中子输运理论的数值方法——晶格 Boltzmann 方法.希望这一方法对于用更先进的电子计算机武装起来的新读者有帮助.另一方面,尽管 20 多年来,核数据的测量和评价工作使基本核数据的精度有了提高,市场上也出现了多种应用于核反应堆设计和计算的"软件包",本书第二版中却没有引入这些材料,因为它们的引入将大大增加修订的工作量和成书的篇幅.而且,从编写本书的初衷——向特定对象介绍核反应堆动力学的物理基础和主要计算方法的原理——看来,付出这些代价既不合适,也没有必要.

虽然在第二版的修订和写作过程中,尽力纠正了所发现的差错,但限于作者的水平,错漏之处仍在所难免.希望读者发现后不吝指正!

黄祖洽

2006 年 12 月

第一版前言

核反应堆动力学的研究对象是核裂变链式反应堆的动态和动力行为. 它既要研究反应堆工作状态随时间变化的特点和产生这些特点的内在物理原因，也要研究影响这些变化的其他因素和影响的规律. 研究的目的是使我们可以对堆运行中可能出现的现象(特别是事故)进行预测和分析，为进一步探讨反应堆的最佳利用和控制问题提供必要的基础.

本书从反应堆物理学的观点，系统地讨论了核反应堆动力学基础的各个方面，着重介绍了有关问题的物理背景和分析问题所用的理论方法. 在第一章提供了必要的中子物理基础知识和引进了点堆模型动态学方程之后，接下的四章用这模型讨论了反应性变化的各种情况和相应的功率响应、短期功率变动或长期运行所引起的反应性反馈效应，并给出了处理这些问题的理论分析和数值计算方法. 第六和第七两章从中子输运方程和一般反应系统的运动论出发讨论了和空间有关的反应堆动力学. 这两章中所发展的理论方法，对探讨各种反应系统动力学具有相当普遍的意义.

除作者本人的工作外，本书写作时参考了 G. R. Keepin, D. L. Hetrick，以及 A. Z. Akcasu，G. S. Lellouche 和 L. M. Shotkin 的有关著作，同时也参考了到本书写作时为止的期刊文献. 所有文献均见各章末所附文献目录.

承许汉铭、马大园、田和春、张玉山等同志分别阅读本书各章的原稿，热心地提出了使内容得到改进的有益意见. 作者对他们表示衷心感谢.

由于作者水平的限制，书中的不妥和错误之处一定不少. 欢迎读者批评指正.

目　　录

第一章　物理基础简介和简化反应堆动态学方程

§1.0　引　　言

世界进入了原子能时代,原子能在人类利用的能源中地位越来越重要.随着各种类型的反应堆在世界各国的大量兴建和运转,出现了大量的动力学问题需要解决.核反应堆动力学就是适应这一需要而迅速发展起来的一门新的工程物理科学.

核反应堆动力学的研究对象是原子核裂变链式反应堆的动态和动力学行为.它既要研究反应堆状态随时间变化的特点和它们产生的内在物理原因,也要研究影响这些变化的各种因素和规律,从而探讨决定各种反应堆工作稳定性的条件和控制的途径,并对反应堆运行中可能出现的事故及其后果进行预测和分析.

反应堆状态随时间的变化表现为堆中种种物理量在给定条件下随时间的变化.例如,反应堆中中子的数量和分布以及相应的反应堆功率的大小和分布随时间的变化.在反应堆的启动、运转、事故和停堆过程中,这些变化都具有哪些特点?受哪些条件的制约?可以如何调节?反应堆中各种材料的组成和状态是怎样随着这些变化而变动的?这些变动反过来又如何影响反应堆的工作?如此等等.这些问题都是我们希望在反应堆动力学中加以探讨的.

产生反应堆中所有这些变动和动力学行为的根本内在物理原因,是堆内中子在输运过程中跟堆中各种材料的原子核所进行的各种微观相互作用,即各种核反应.这些核反应中最关键的是中子和核燃料原子核作用所引起的核裂变反应.众所周知,核裂变反应不仅提供了核能,而且提供了使增殖中子的裂变链式反应能维持下去的若干次级中子.中子和核能是反应堆运转中的主要产物,同时也是决定反应堆的动态和动力学行为的主要物质基础.某些裂变产物核在β衰变后放出缓发中子的事实,可利用来使反应堆易于控制.裂变产物中某些吸收中子本领特别大的核素(如氙-135和钐-149)的积累和耗失,也是严重影响到堆的某些动态行为的重要因素(所谓“中毒”).裂变链式反应的不断进行,引起堆中装载核燃料(铀-235、钚-239或铀-233)的不断消耗(燃耗).另一方面,当反应堆中配置有可转换物质铀-238或钍-232时,它们又会由于俘获中子后的β衰变而转化为新的核燃料钚-239或铀-233(转换或增殖).所有这些核反应过程除影响堆中中子的平衡外,都引起反应堆中材料组成的变化.

对于以显著功率运行的反应堆，影响动力学行为的因素更加复杂.除了上面所说的各种中子核反应的直接影响之外，还有由于功率释放所引起的温度和压力升高及物态变化的效应.要是没有冷却剂循环系统从堆内不断把热能引出，反应堆本来会很快由于所释放的大量能量而升温，导致堆中材料的烧坏、熔化甚至气化，因而自动崩溃或飞散.实际上，这也正是严重事故情况下，当冷却系统受阻、失灵，不能充分将堆中热量引出时，或功率上升过剧，超过冷却系统的载热能力时，会要出现的灾害性情况.即使在通常的非灾害情况下，反应堆中温度、压力的变化也会引起堆中各种材料的宏观密度和形状的改变，同时引起各种材料中原子核热运动状态的变化.后者又引起中子核反应中 Doppler 效应大小的改变.另一方面，冷却剂(不管是液体还是气体，如水或二氧化碳气)以相当高的流速通过反应堆中时，常常会引起堆中材料的机械振动，因而改变反应堆活性区栅格的相对尺寸，有时振幅甚至会因共振而大到使结构损坏的程度.当液体冷却剂(和慢化剂)在活性区中因过热而在局部或全部体积中沸腾并产生气泡时，则会由于显著改变堆中材料的表观密度而影响其中中子的运动和冷却剂的换热与载热能力(空穴效应).所有这些效应，都会反过来影响反应堆中中子和物质的核相互作用及中子在堆内的输运过程，从而间接影响反应堆的动力学行为(反馈效应).

反应堆的动态和动力学行为，通常由放在堆中不同部位的中子(及 γ 射线)探测器、温度计及流量计加以监测；并由控制棒系统抽出或放入控制棒而加以调节.

表 1.1 给出反应堆中牵涉到的各种过程进行所需特征时间的数量级.

表 1.1 反应堆中各种过程的特征时间

核反应(直接反应-形成复合核)	$\sim10^{-21}$—10^{-17} s
瞬发中子发射	$\sim10^{-17}$ s
瞬发光子发射	$\sim10^{-14}$ s
(γ 射线，中子)探测器响应	$\sim10^{-11}$—10^{-7} s
中子一代时间(快堆-热堆)	$\sim10^{-8}$—10^{-3} s
反应性反馈	$\sim10^{-2}$—10^{-1} s
燃料温度变化	$\sim10^{-1}$—10 s
温度流量指示	$\sim10^{-1}$—10 s
控制棒移动	$\sim$0.5—10 s
缓发中子发射	$\sim$0.3—80 s
慢化剂温度变化	~1—10^{3} s
氙及钐中毒	$\sim$10 h
燃耗、转换、增殖	~10—5×10^{2} d

我们将着重讨论特征时间在 $\sim10^{-8}$ s 至 $\sim$10 h 范围内的动力学现象.更短得多的时间，对于反应堆动力学的研究来说，可以看成瞬时.对于牵涉到更长特征时

间的燃耗、转换及再生等问题，将只在探讨时空动力学时顺便涉及.

§1.1 物理基础

作为物理基础，我们将在本章中讨论裂变过程的各个方面，并且介绍在核反应堆动力学中有用的基本核物理数据. 然后，我们将在简单(点堆)模型的基础上导出反应堆动力学的简化方程，而把建立在中子输运理论基础上的更严格的动力学方程及其与本章简化方程的关系留待探讨时空动力学时去讨论.

所有类型的裂变链式反应堆共同具备的、反应堆动力学的基本概念是**反应性**、**中子一代时间**及**缓发中子**. 堆功率和中子水平升降的快慢主要依赖于反应性的大小. 热堆和快堆之间在动态特性方面最重要的差别，在于中子一代时间的长短. 各种核燃料(从堆动力学眼光看来)的主要区别在于对每种核燃料有不同分数的中子缓发产生.

核裂变反应虽然提供了形成中子链式反应的可能性，但要使它实现，还必须保证每代裂变放出的中子在引起下一代裂变之前不因非裂变吸收或漏泄而过多地损失. 如果我们粗略地(更精确的定义在(1.25)式中给出)用 k 表示某时刻反应堆中裂变过程的总数和前一代裂变过程总数之比，也就是两代裂变中子总数之比，那么就只有 $k=1$ 或 $k>1$ 时，中子裂变链式反应才能在堆中平稳地或发散地进行下去. 当 $k<1$ 时，各代裂变过程的总数越来越少，链式反应到一定程度就进行不下去了. 一般把 k 叫做**有效增殖因子**，而把 $\rho=\dfrac{k-1}{k}$ 叫做反应堆的**反应性**. k 或 ρ 反映反应堆的整体性质，决定于中子在堆中的整个输运过程，因此依赖于堆的大小、堆中不同材料的相对量和密度以及中子在各种材料原子核上的相互作用(散射、俘获和裂变)截面. 由于所有这些因素都受到温度、压力以及裂变的其他效应的影响，所以反应堆的反应性依赖于堆的功率史. 这种反应性“反馈”的计算是反应堆动力学的中心问题之一.

中子一代时间是中子在反应堆中再生的平均时间. 它也是反应堆的一种整体性质. 在裂变由快中子产生的快堆中，中子一代时间可以短到 10^{-8} s；而在热堆(其中中子由裂变产生后先大大慢化，直到能量降到介质原子核的热运动能量附近，然后再“热”能扩散，并引起核燃料裂变)中，却可达到 10^{-3} s 的数量级. 中子一代时间主要依赖于一个典型中子在一核反应中被吸收或从堆中漏出之前所经受的散射碰撞次数和它在这些碰撞之间的飞行长度和速度.

缓发中子虽然在裂变产生的中子中只占不到百分之一的分数，但在决定反应堆动力学的时间尺度方面却极为重要. 这些中子是几种高激发的裂变碎片在经过 β 衰变后的核跃迁过程中放出的. 有关 β 衰变的半寿命决定缓发中子在裂变后放出的半寿命.关于缓发中子的半寿命和产额,以后将在§1.4中给出.

当k值足够大,使中子链式反应只靠瞬发中子(裂变"瞬间"放出的中子,参见表1.1)就能自持时,中子一代时间在决定时间尺度方面起支配作用.如果反应堆超出临界不太远,单靠瞬发中子不足以维持裂变链式反应,而需要缓发中子来补充,后者的相对大的缓发时间就对反应堆动态变化的时间尺度起支配作用.要是所有中子都瞬发,用常规机械手段(如移动燃料、中子吸收体或反射层)来控制堆就会是极端困难的,因为中子一代时间短,要求有高频响应来补偿堆中反应性的变化.而快堆(其中中子一代时间可短到$\sim10^{-8}$ s)的控制,就会是真正不可能的了.事实上,缓发中子在控制裂变率方面的重要性,早在1940年就已经被预见到了[1].

§1.2 裂变中能量、质量和电荷的分布

核裂变过程的仔细描述是十分复杂的.这里我们将只就反应堆中最常见的、由中子引起的、分成两个差不多大小碎片的裂变过程,考查裂变能量释放的形式和裂变产物的质量和电荷分布.

任一个原子核,只要在一充分高的激发态都可以进行裂变.在由中子引起的裂变中,激发能来自打到靶核上的中子能量和中子加到靶核上的结合能.为使裂变成为可能,所需的最小入射中子能量叫**中子裂变阈**,或简称**裂变阈**.如果入射中子和靶核形成复合核时,所放出的结合能大于复合核裂变所需的激发能,中子裂变阈就小于零,即裂变可由热中子引起.具有这种性质的原子核称为**易裂变核**.三个最重要的易裂变核是众所周知的^{233}U,^{235}U及^{239}Pu.表1.2给出了一些原子核的中子裂变阈.

表1.2 中子裂变阈[2]

靶核	^{232}Th	^{233}U	^{234}U	^{235}U	^{236}U	^{238}U	^{237}Np	^{239}Pu	^{240}Pu	^{241}Pu	^{242}Pu
复合核	^{233}Th	^{234}U	^{235}U	^{236}U	^{237}U	^{239}U	^{238}Np	^{240}Pu	^{241}Pu	^{242}Pu	^{243}Pu
中子裂变阈/MeV	1.3	<0	0.4	<0	0.8	1.2	0.4	<0	~0	~0	~0

裂变过程中放出的能量——**裂变能**,可从复合核和裂变碎片核的质量亏损数据算出.以^{235}U为例,复合核^{236}U的质量比它的("平均模式")裂变产物的总质量约大0.218 u,或约203 MeV.这能量的大部分很快($\sim10^{-20}$ s内)转化为二裂变碎片的动能,这时两碎片间距离不过$\sim10^{-11}$ cm,远在原子的最内层电子壳层之内.裂变能的其余部分表现为变形碎片的激发能.这激发能随后一部分通过发射瞬发中子($\sim10^{-17}$ s内)及瞬发γ射线($\sim10^{-14}$ s内)放出,一部分通过β衰变和缓发中子及缓发γ射线的发射放出.β衰变中发射的中微子也带走一部分(可达~10 MeV)

裂变能，但因中微子和物质的相互作用极为微弱，所以它们都漏出堆外，基本上不在堆内给出能量. 表 1.3 给出 ^{233}U，^{235}U 及 ^{239}Pu（由热中子引起的）"平均裂变"中所释放能量在不同形式间的分布. 表中略去了 α 衰变所放出的少量（～0.04 MeV/裂变）能量.

在计算每次裂变在反应堆中释放的能量时，还应当考虑中子辐射俘获反应的能量贡献. 这效应的大小和中子在其中被俘获的物质有关. 假定每个中子被俘获时放出～7 MeV 的能量，而每次裂变产生的中子中最多有～1.3 个中子能被俘获，这就使得在表 1.3 所列的能量释放之外，还要加上折合到每次裂变的～10 MeV 的能量.

表 1.3　^{233}U，^{235}U 及 ^{239}Pu 热裂变中能量的释放[3]　（单位：MeV）

释放形式	^{233}U	^{235}U	^{239}Pu
轻碎片动能	99.9±1	99.8±1	101.8±1
重碎片动能	67.9±0.7	68.4±0.7	73.2±0.7
裂变中子动能	5.0	4.8	5.8
瞬发 γ 射线能量	～7	7.5	～7
裂变产物的 β 衰变	～8	7.8	～8
裂变产物的 γ 衰变	～4.2	6.8	～6.2
总共	192	195	202

关于裂变产物的 β 及 γ 衰变能量随时间的变化 $\beta(t)$ 和 $\gamma(t)$，Way 及 Wigner 为"平均裂变"给出了下列有用的经验公式[4]：当时间 t 在裂变后 1 至 10^5 s 时，近似有

$$\beta(t) = 1.26t^{-1.2}\ \mathrm{MeV/s}, \tag{1.1-β}$$

$$\gamma(t) = 1.40t^{-1.2}\ \mathrm{MeV/s}. \tag{1.1-γ}$$

公式(1.1-γ)和以后 Левочкин 及 Соколов[5] 对 ^{235}U，^{239}Pu 的实验结果在统计误差范围内很好符合. 和 β 发射相伴的中微子能量约为电子能量的～1.5 倍. 因此，在 $1<t<10^5$ s 内，裂变产物的总能量损耗率为 $2.5\beta(t)+\gamma(t)$. $t>10^5$ s（即 >1 d）时，这总能量损耗率可由下列公式近似给出：

$$2.5\beta(t) + \gamma(t) \approx (3.9d^{-1.2} + 11.7d^{-1.4}) \times 10^{-6}\mathrm{MeV/s}, \tag{1.2}$$

式中 d 是以"日"为单位的时间. 当然，中微子的能量贡献（～$1.5\beta(t)$）是观测不到的.

在大多数情形下，裂变产生的二碎片具有不同的质量. 图 1.1 至图 1.3 分别给出了 ^{235}U，^{233}U 及 ^{239}Pu，^{238}U 及 ^{232}Th 由中子引起的裂变中，各种质量数（72—165）碎片产额的分布[6]. 分布曲线中碎片产额从曲线两翼（质量数～72 及～165 处）的约 10^{-4} %变到二峰值（分别和轻、重碎片的最可几质量数～97 及～139 相应）处的

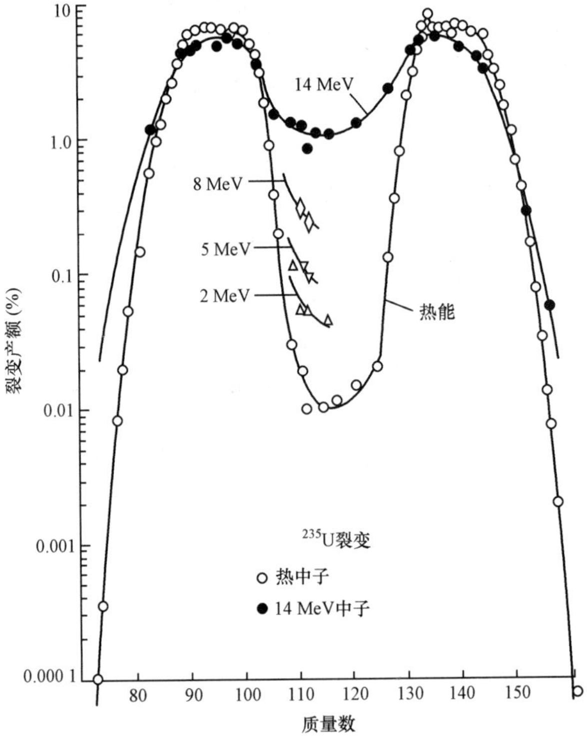

图 1.1 由热能、~2 MeV(裂变谱)、5 MeV、8 MeV 及 14 MeV 中子引起的^{235}U 裂变中，裂变碎片的质量-产额曲线

约 6%. 可以看出，随着裂变核质量数的增加，重碎片质量数的最可几位置基本不变，而轻碎片的最可几质量数略有增加，从^{232}Th 的~92 增至^{239}Pu 的~100. 由于最可几轻、重碎片质量比约为 1∶1.4，它们刚分开时的初速，重碎片约为 10^9 cm/s，轻碎片约为 1.4×10^9 cm/s(这时二碎片的动量当然是大小相等、方向相反的). 它们在~10^{-17} s 时间内冲过原子外围的电子壳层，所以它们“来不及”把(和核电荷相当的)电子全部带走. 每个碎片抛下 10 到 20 个电子，带着相应的正电荷在周围介质中飞行，并通过使飞行路程沿线的原子电离和激发而不断消耗能量，直到被慢化到跟周围介质原子达到热平衡为止. 在慢化过程中，带正电的碎片不断从周围拾取电子，最后变成电中性. 为粗估碎片飞行的射程，可应用近似公式[7]：

$$1.5\times10^{-3}\,\frac{1}{\rho}\ (\text{cm}), \tag{1.3}$$

式中 ρ 是周围介质的密度(以 g/cm^3 为单位).

碎片中，$\dfrac{\text{质子数}}{\text{中子数}}$不等于与碎片质量数相应的稳定核素中的该比值. 以^{235}U 的热

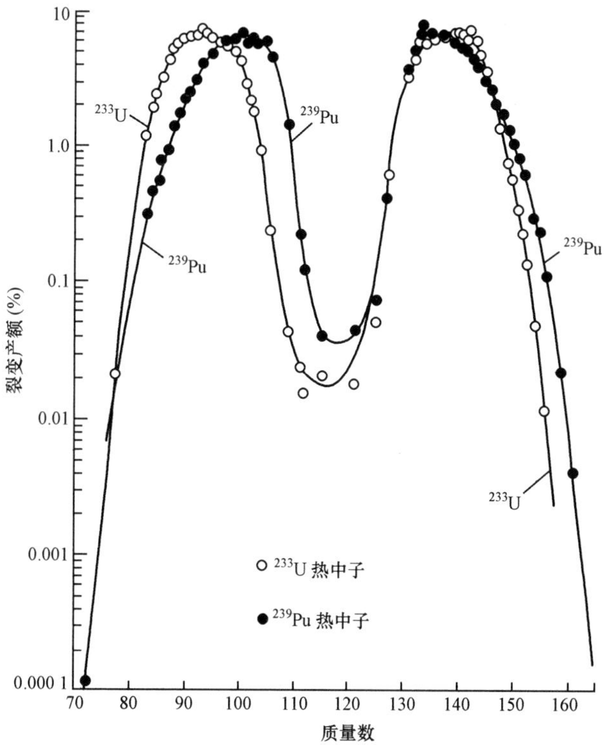

图 1.2　^{233}U 及^{239}Pu 的热中子裂变中,裂变碎片的质量-产额曲线

中子裂变为例,最可几碎片质量数为 97 及 139(加起来等于复合核^{236}U 的质量数).具有这些质量数的稳定核的电荷数分别是 42(Mo)及 57(La).可是,进行裂变的核^{236}U 的总电荷数只有 92,这比上述稳定核电荷数之和小 7.因此,碎片必然是"缺质子"的核素.对裂变碎片电荷分布的核物理和放射化学研究表明:对于一定质量数 A 的裂变碎片(所谓"同量链"),电荷分布由最可几初始电荷 Z_p 及初始电荷 Z 偏离 Z_p 的几率规定.有相当的证据表明[8],一碎片具电荷 Z 的几率,围绕 Z_p 形成正态分布:

$$P(Z) \approx e^{-0.7(Z-Z_p)^2}. \tag{1.4}$$

关于 Z_p 随 A 的变化规律,有**等电荷移动**的经验假说(也叫"Glendenin 规则").根据这个规则,相伴轻、重二碎片的 Z_p 应满足下列关系:

$$(Z_A - Z_p)_{轻} = (Z_A - Z_p)_{重}, \tag{1.5}$$

式中 Z_A 是和质量数 A 相应的最稳定电荷数,Z_p 是有关碎片的最可几电荷数.由此可得

$$Z_p = Z_A - \frac{1}{2}(Z_{A_l} + Z_{A_h} - Z_F), \tag{1.5'}$$

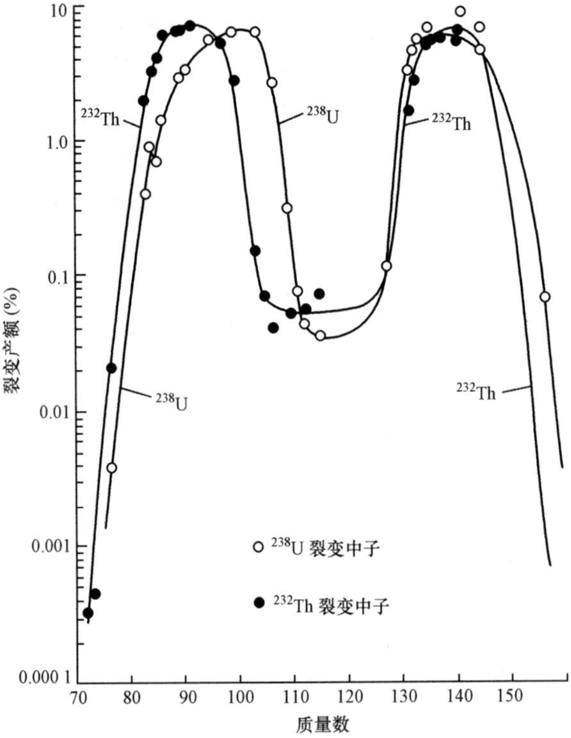

图 1.3 由裂变谱中子($E_n \sim 2$ MeV)引起的^{238}U 及^{232}Th 裂变中,裂变碎片的质量-产额曲线

式中 Z_{A_l} 及 Z_{A_h} 是和一对轻、重碎片的质量数 A_l 及 A_h 相应的最稳定电荷,而 Z_F 是裂变核的电荷数. 对于上述^{235}U 热中子裂变的例子,$Z_{A_l}+Z_{A_h}-Z_F=7$,因此,轻、重碎片的最可几电荷数分别为 38.5 及 53.5. 由此及(1.4)式可以推断,原始碎片具有电荷 38 及 54 的几率,大致和具有电荷 39 及 53 的几率相等;而轻碎片中初始电荷为 37(或 40)的几率,只有电荷为 38(或 39)的几率的$\sim\frac{1}{4}$. 可见,Z 和 Z_p 相差很大的几率非常小,所以同量链的电荷分布非常强地集中在最接近于 Z_p 的电荷数. 应当注意,文献中给出的 Z_p 值往往是对于发射中子后的碎片质量说的(见以下).

§1.3 裂变中放出的瞬发中子和 γ 射线

裂变产生的高激发碎片,像所有处在高激发状态的核一样,通过放出粒子及 γ 射线而衰变. 由于两个碎片都具有高电荷,所以中子的放射是最可几的. 根据对中子宽度的估计,从不确定原理可以推断,高激发碎片发射中子的衰变常数为 10^{17} s^{-1}或更大. 碎片在 10^{-17} s 内飞过的距离刚好约为一原子半径,因此中子发射主要是当碎片穿过母核的电子壳层并带走大部分电子时进行的.碎片"缺质子"的情况使中子的结合能减小.根据质量亏损公式进行的估计表明,发射中子的阈能在轻碎片中约为 5.5 MeV,而在重碎片中约为 5 MeV(同样质量的稳定核的相应中子结合能为 7.7 及 7.2 MeV).

由一具激发能 10 MeV 以上的碎片发射的中子,其平均能量(根据核统计模型估计)可达 1.9 MeV.相对于放出它们的碎片,中子的平均动能约为 1 MeV,而且放出来的角分布基本上是各向同性的.不过,由于碎片自己在飞行,从裂变核坐标系看来,角分布将在二碎片运动的(相反)方向上具有极大值,运动更快的轻碎片其运动方向上的极大值要更大一些.角分布中极大值与极小值之比约为 5,并与裂变核及裂变方式有关.

发射一个中子后,碎片的激发能因克服这中子的结合能和提供它在碎片坐标系中的动能而减小.这大约有 6.5 MeV.只要碎片剩下的激发能超过中子结合能几个千电子伏,中子发射就还会是最可能的过程.如果激发能掉到这个值以下,或甚至掉到发射中子的阈能以下,γ 辐射就变成最可能的.

在裂变核的坐标系内所有中子的能量分布,所谓**裂变谱**,是堆物理中的一个重要函数.^{235}U 的裂变谱是比较各种裂变核素的裂变谱时用作参考的标准谱.这是因为一方面它可能是所有中子谱分布中知道得最清楚的;另一方面,它和其他裂变谱很相似.对^{235}U 裂变中子谱的所有测量结果表明,在低能处中子强度随能量的平方根变化,而在高能处按指数衰减.实际上,在实验误差范围内,^{235}U 的热裂变谱可以表示成 Maxwell 分布:

$$N(E)=2\left(\frac{E}{\pi T^3}\right)^{\frac{1}{2}}\mathrm{e}^{-E/T},\tag{1.6}$$

式中所有能量都以 MeV 为单位,唯一的参量 T 取值 1.295 MeV[9].T 可以看成二裂变碎片核温度的某种平均.Maxwell 形谱的平均能量 $\bar{E}$ 和参量 T 之间有简单关系 $\bar{E}=\frac{3}{2}T$,由此得 $\bar{E}(^{235}\mathrm{U})=1.942$ MeV.除^{235}U 外,对^{233}U,^{239}Pu 及^{241}Pu 的热裂变谱,^{235}U,^{233}U,^{239}Pu 及^{238}U 的快裂变(由裂变谱或 14 MeV 入射中子引起的裂变)谱,以及^{252}Cf 和^{240}Pu 的自发裂变谱,都进行过测量.所有测量过的谱形一般都和^{235}U 的热裂变谱一样,可以用 Maxwell 分布来表示,但^{233}U 及^{239}Pu 的热裂变谱中高能中子的比例稍大一些.从 Grundl[10] 为三个易裂变核素热裂变谱得出的平均能量值比:

$$\frac{\bar{E}(^{239}\mathrm{Pu})}{\bar{E}(^{235}\mathrm{U})}=1.039\pm0.003;\quad\frac{\bar{E}(^{233}\mathrm{U})}{\bar{E}(^{235}\mathrm{U})}=1.016\pm0.003,\tag{1.7}$$

可分别为^{239}Pu 及^{233}U 得出 Maxwell 谱中的参量 T 值 1.344 及 1.315 MeV.

随着引起裂变的入射中子能量 E_n 的增加,裂变碎片的激发能也增加,从而导致裂变中子平均能量 $\bar{E}$ 和平均数 ν 的增加. 根据 Terrell[11] 的文章,$\bar{E}$ 和 ν 之间存在下列半经验关系:

$$\bar{E} = \bar{E}_f + \frac{4}{3}\left[\frac{(\nu+1)E_0}{2a}\right]^{\frac{1}{2}}$$

$$\approx [0.74 + 0.65\sqrt{\nu+1}]\ \text{MeV}. \tag{1.8}$$

式中 $\bar{E}_f = 0.74 \pm 0.02$ MeV 是折合到每个核子的裂变碎片动能的平均值,$E_0 \approx 6.7$ MeV 是每发射一个中子所引起碎片激发能的变化,而 $a \sim 11\ \text{MeV}^{-1}$ 是个表征碎片核能级密度的参量. 实际上,(1.8)式中的系数 0.65 是利用 ^{235}U 热裂变时 $\bar{E}$ 和 ν 的数据来归一的,因为理论上 a 的值很难定出. (1.8)式中,$\bar{E}_f$ 主要决定于二碎片的平均总动能和它们的平均质量比,基本上不因入射中子能量的变化而改变,因为二碎片的总动能来自它们间的相互库仑斥力. ν 随入射中子能量 E_n 的变化,如下面将要给出的,相当好地符合线性规律. 如果取 $d\nu/dE_n \approx 0.15\ \text{MeV}^{-1}$,从(1.8)式就可得出

$$\frac{d\bar{E}}{dE_n} \approx 0.049(\nu+1)^{-\frac{1}{2}}. \tag{1.9}$$

由此可以估计出,从热中子引起的裂变到裂变谱中子($E_n \sim 2$ MeV)引起的裂变,裂变谱能量的平均值 $\bar{E}$ 约增加 4%.

由于简单,以上给出的 Maxwell 形裂变谱应用起来是方便的. 不过,应当指出,McElroy 等[12]根据对多箔活化测量的分析,给出了稍微更硬一些的裂变谱. 此外还表明,别处都光滑的谱在刚比 1 MeV 低一些的地方略微陷入. 这也许和瞬发中子的发射牵涉到两种不同的机制有关. 事实上,Bowman 等及 Meadows[13] 关于 ^{252}Cf 自发裂变中所产生中子与裂变碎片之间角关联的工作提示,某些(~10%—15%)裂变中子可能是在碎片分开以前从裂变核放出的,而不是从飞行中的碎片发射出来的. 当然,这些细节的确定还需要进一步的工作.

近来,Johansson 及 Holmquist 对由 0.53 MeV 能量的入射中子所引起的 ^{235}U 裂变中子的能谱作了更仔细的测量. 他们的测量结果可以用 Watt 谱形式或 Maxwell 谱形式拟合,结果见表 1.4[14].

每次裂变放出的中子总数的平均值 ν,在决定反应堆的反应性方面,具有基本的重要性. 对各种可裂变核素吸收不同能量入射中子所引起裂变的 ν 值,进行过广泛而细致的测量. 测量结果表明,对每种可裂变核素,ν 值随入射中子能量 E_n 的变化,在测量误差范围内可以用直线来拟合. 但对于三个易裂变核素 ^{233}U,^{235}U 及 ^{239}Pu,如果在 $0 \leqslant E_n \leqslant 1$ MeV 及 $E_n > 1$ MeV 二能区内用不同的二直线拟合,可以与实验点符合更好. 表 1.5 为核素 ^{235}U,^{239}Pu,^{233}U,^{238}U 及 ^{232}Th 给出了 ν(包括瞬发和缓发中子)值随 E_n 变化的线性拟合式[15]. 表中对 ^{239}Pu 及 ^{233}U,既给出了分段

表 1.4 入射中子能量为 0.53 MeV 时，^{235}U 裂变中子的能谱分布[14]

分布函数(归一化)	能域/MeV	参量	χ^2	平均能量/MeV
$N(E)=2A\sqrt{\frac{A}{\pi B}}$	0.6—15	$A=1.020\pm0.012$	0.29	2.028 ± 0.030
$\times e^{-B/4A}e^{-AE}\sinh\sqrt{BE}$ (Watt 谱形)		$B=2.319\pm0.137$		
$N(E)=2\left(\frac{E}{\pi T^3}\right)^{1/2}e^{-E/T}$ (Maxwell 谱形)	0.6—15	$T=1.321\pm0.028$	1.10	1.980 ± 0.040
$N(E)=2\left(\frac{E}{\pi T^3}\right)^{1/2}e^{-E/T}$ (Maxwell 谱形)	2.0—15	$T=1.290\pm0.030$	0.27	1.936 ± 0.040

注：表中 $\chi^2=\frac{1}{n}\sum_{i=1}^{n}\left[\frac{N(E_i)_{拟合}-N(E_i)_{实验}}{\varepsilon_i}\right]^2$，$\varepsilon_i$ 为第 i 点的总实验误差.

表 1.5 $\nu(E_n)$的最小二乘方拟合式

裂变核素	$\nu(E_n)$*	E_n 范围
^{235}U	$\nu=2.432\pm0.007_8+(0.065_8\pm0.015_6)E_n$	$0\leqslant E_n\leqslant1$
	$\nu=2.349\pm0.011_7+(0.150_0\pm0.003_4)E_n$	$E_n>1$
^{239}Pu	$\nu=2.867\pm0.017+(0.148\pm0.041_0)E_n$	$0\leqslant E_n\leqslant1$
	$\nu=2.907\pm0.029+(0.133\pm0.006)E_n$	$E_n>1$
	$\nu=2.874\pm0.011+(0.138\pm0.005)E_n$	所有 E_n
^{233}U	$\nu=2.48_2\pm0.004_3+(0.075\pm0.009_5)E_n$	$0\leqslant E_n\leqslant1$
	$\nu=2.41_2\pm0.029_4+(0.136\pm0.008_6)E_n$	$E_n>1$
	$\nu=2.45_8\pm0.012_9+(0.126\pm0.006_7)E_n$	所有 E_n
^{238}U	$\nu=2.304\pm0.0220+(0.160_5\pm0.004)E_n$	$E_n>1.2$
^{232}Th	$\nu=1.873\pm0.089_2+(0.164\pm0.013)E_n$	$E_n>1.3$

* 所标误差是从求解标准最小二乘法方程时所出现矩阵之逆得出的标准偏差.

拟合式，也给出了适用于所有 E_n 值的单一线性拟合式. 表中给出的误差只是相对误差，它们是从解最小二乘法方程组时所出现矩阵之逆(所谓误差矩阵)求得的标准偏差. 对于三个易裂变核素，由于斜率$\frac{d\nu}{dE_n}$足够接近，也可以得出下列统一的分段拟合式：

$$\begin{cases}\nu=\nu_0+(0.077\pm0.014)E_n & (0\leqslant E_n\leqslant1),\\ \nu=\nu_0-(0.073\pm0.011)+(0.147\pm0.003)E_n & (E_n>1),\end{cases}\tag{1.10}$$

式中 ν_0 对于^{235}U，^{239}Pu 及^{233}U 应当分别用表 1.5 的相应低能段拟合式中命 $E_n=0$ 所得的“最佳的热裂变 ν 值”. 对于偶中子核^{238}U 及^{232}Th，E_n 当然一定要在裂变阈以上.

由于裂变时产生碎片的方式和碎片的激发能都有一定的分布，所以每次裂变放出的中子总数也表现相当的涨落. 中子数的统计分布，即在一次裂变事件中刚好放出 ν 个中子的几率 P_ν，在对裂变链的涨落作统计分析时，是重要的基本数据. 必须指出，这里 ν 是个可以取 0 或任意正整数值的随机变量，和以前(如表 1.4 中)所用的 ν 含意不同. 实际上，以前所用的 ν 是这里随机变量 ν 的期望值(也就是多次裂变中的平均值)，应记作 $\bar{\nu}$. 但为使记号简化，在不发生混淆时，我们总是略去平均值 $\bar{\nu}$ 上的一横，也写作 ν. 图 1.4[16] 给出了若干核素裂变时，中子发射几率 P_ν 在 $\bar{\nu}$ 附近的分布. 值得注意的是，不同核素的如此大量的数据，竟能由一条普适曲线来拟合. 这说明，这些数据对中子发射过程的细节不敏感. 实际上，Terrell 曾指出[17]，只要假定裂变碎片的激发能具正态分布，同时假定每放出一中子所引起激发能的减少近似等于某一平均值 E_0(Terrell 取 $E_0=(6.7\pm0.7)$ MeV)，就可近似推出

$$P_\nu=\frac{1}{\sqrt{2\pi}}\int_{-\infty}^{\left(\nu-\bar{\nu}+\frac{1}{2}+b\right)/\sigma}\mathrm{e}^{-\frac{1}{2}t^2}\,\mathrm{d}t$$

$$=\frac{1}{2}\left[1+\operatorname{erf}\left(\frac{\nu-\bar{\nu}+\dfrac{1}{2}+b}{\sqrt{2}\sigma}\right)\right], \tag{1.11}$$

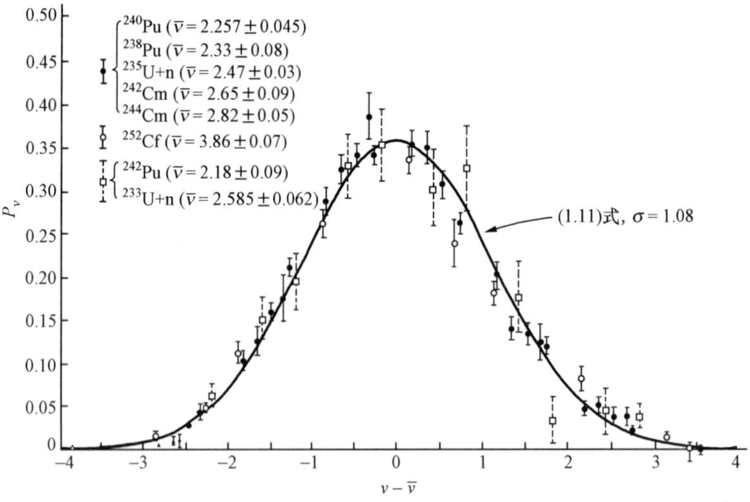

图 1.4 中子发射几率 P_ν 在 $\bar{\nu}$ 附近的分布

式中 $\bar{\nu}=\sum_{0}^{\infty}\nu P_\nu$ 是每次裂变产生中子数的平均值，$b<10^{-2}$ 是个小修正项，σE_0 是初始总激发能分布的均方根宽度，

$$\operatorname{erf}(x)\equiv\frac{2}{\sqrt{\pi}}\int_0^x\mathrm{e}^{-\xi^2}\,\mathrm{d}\xi$$

是误差函数. 当 σ 取为 1.08 时,分布(1.11)的图像就是图 1.4 中的连续曲线. 可以看出,除 ^{252}Cf 的数据略有偏移外,其他所有关于中子发射几率的实验数据,在误差范围内都能由曲线很好代表. 以后,对更多核素的自发裂变和热中子裂变中所放中子数的分布作了更精确的测量. 结果表明,ν 值的离散 $\sigma_\nu^2 \equiv \sum_\nu (\nu - \bar{\nu})^2 P_\nu$ 并不像 Terrel 所预言保持固定,而是如表 1.6 所示,一般有随 Z 和 A 增大的趋势. 不过,对于反应堆中作为核燃料应用的铀、钚同位素,σ_ν^2 变动的范围不大,所以 Terrel 的分布还是近似成立.

表 1.6 重核裂变中所发射中子数的离散[18]

核素	$\bar{\nu}$	σ_ν^2	附注
^{238}U	1.98±0.03	0.80±0.15	自发裂变
^{236}Pu	2.12±0.13	1.26±0.20	
^{238}Pu	2.21±0.07	1.29±0.05	
^{240}Pu	2.14±0.01	1.32±0.01	
^{242}Pu	2.12±0.01	1.31±0.01	
^{242}Cm	2.51±0.06	1.21±0.03	
^{244}Cm	2.69±0.01	1.23±0.05	
^{246}Cm	2.94±0.03	1.31±0.02	
^{248}Cm	3.10±0.01	1.37±0.01	
^{246}Cf	3.14±0.09	1.66±0.31	
^{250}Cf	3.53±0.02	1.52±0.02	
^{252}Cf	$3.73_5 \pm 0.01_4$	1.57±0.01	
^{238}U+n	2.47±0.01	1.21±0.01	热中子裂变
^{235}U+n	2.39±0.01	1.24±0.01	
^{239}Pu+n	2.86±0.01	1.40±0.01	
^{241}Pu+n	2.91±0.01	1.38±0.01	

裂变中子的发射几率分布在讨论弱源条件下启动反应堆时自持裂变链产生和发展的几率,以及在反应堆的噪声分析中,都有重要的实际意义.

在放出所有中子后,碎片的激发能将减少到发射中子的阈能附近或以下,进一步的退激发最可能通过 γ 辐射进行. 这就是瞬发 γ 射线. 发射瞬发 γ 射线的特征时间约为 10^{-14} s. 在这段时间内,碎片飞行了约 10^{-5} cm 的距离,而且在密实介质中将已损耗掉它们动能的相当部分.

按照核的统计模型,对于每一碎片,放出中子后的平均激发能应约为中子结合能(~5.5 MeV)的一半. 因此,两个碎片可以以瞬发 γ 射线形式放出的能量,总共应为~5.5 MeV. 根据 Maienschein 等的测量结果[19],每次裂变的瞬发 γ 总能量为 (7.2±0.8) MeV,发射的光子数为 7.4±0.8,测量的能谱在 0.3 MeV$<E_\gamma<$7 MeV 能量范围内可以用下列公式拟合:

$$\frac{\mathrm{d}N(E_\gamma)}{\mathrm{d}E_\gamma} = 6.7\mathrm{e}^{-1.05E_\gamma} + 30\mathrm{e}^{-3.8E_\gamma}\ (\mathrm{MeV}^{-1}), \tag{1.12}$$

这里 $N(E_\gamma)$ 是能量在 E_γ(MeV)以下的光子数.这方便的解析公式对大多数实际应用都是足够准确的.理论估计和实验测量结果的差别,也许是由于核统计模型在瞬发 γ 射线发射所牵涉到的低激发能情况下不适用.实际上,对于激发能比较低的能级,独立粒子效应(自旋相互作用、对偶能、封闭壳层等)应当是比较显著的.事实上,在双幻数核($N=82, Z=50$)和 ^{235}U 的对称裂变区,确实观察到更高的 γ 射线能量.

在发射瞬发中子和瞬发 γ 射线,使碎片退激发以后,碎片中有许多仍然处在"缺质子"的状态.为使碎片的"质子/中子"比向更稳定的、电荷更高的状态调节,需要通过一系列的 β 衰变.开始的少数 β 射线在不到一秒或以秒计的时间内放出.某些后来产物的寿命可以以年甚至世纪计.并不是所有的 β 衰变都引向子核(和母核具有同样质量数 A,但电荷数 Z 大 1)的稳定态.有的产生激发态,然后马上通过 γ 辐射衰变到正常态.这些跃迁就是裂变产物的大量 γ 辐射(缓发 γ 射线)的来源.缓发 γ 射线能量随时间的变化,可用公式(1.1-γ)表示.β 衰变所产生的激发态,也是以前提到过的缓发中子的来源.Z 调整到它的稳定值以后,就完成了由裂变过程开始的一系列事件的链.在进一步介绍缓发中子的特性和有关数据之前,为叙述的方便起见,下节中我们将先引出反应堆动态学的简化方程——所谓"点堆模型"的动态学方程.

§1.4 简化的反应堆动态学方程

从中子输运理论的扩散近似出发.根据这个近似,在和时间有关的情形下,中子在堆中的扩散由下列扩散方程描写:

$$\frac{\partial N(\boldsymbol{r},t)}{\partial t} = Dv\,\nabla^2 N(\boldsymbol{r},t) - \Sigma_a v N(\boldsymbol{r},t) + S(\boldsymbol{r},t); \tag{1.13}$$

式中

$N(\boldsymbol{r},t)\mathrm{d}V$=在 t 时刻,点 $\boldsymbol{r}$ 附近的体积元 $\mathrm{d}V$ 中的中子数;

$Dv\,\nabla^2 N(\boldsymbol{r},t)\mathrm{d}V$=在 t 时刻,每单位时间扩散到 $\mathrm{d}V$ 里面来的中子数;

$\Sigma_a v N(\boldsymbol{r},t)\mathrm{d}V$=在 t 时刻,每单位时间在 $\mathrm{d}V$ 内被吸收的中子数;

$S(\boldsymbol{r},t)\mathrm{d}V$=在 t 时刻,每单位时间在 $\mathrm{d}V$ 内产生的中子数;

系数 D, v 及 Σ_a 分别是反应堆介质中的中子扩散系数、中子速及宏观中子吸收截面(即中子每飞行单位距离被吸收的几率).

方程(1.13)的物理意义是显然的.它只是在假设 Fick 定律即中子流密度

$$\boldsymbol{j} = -Dv\,\nabla N \tag{1.14}$$

成立的前提下写出了中子密度随时间变化的平衡账.为简单计,(1.14)式和以下各式中自变量 $\boldsymbol{r}$ 及 t 常不标出.方程(1.13)中,还假设了所有系数与位置无关,并且它们的数值是对中子速分布的适当平均值.后一点相当于认为堆中所有过程都在一中子能量处产生,同时把所有速率的中子都算到密度 N 内.这就是通常所谓的**单速近似**.热堆和快堆在一定准确程度内,都可以应用单速近似.

在这近似中,稳定状态下堆中的中子产生率可写做 $k_\infty \Sigma_a vN$,这里 k_∞ 是每吸收一个中子所产生的次级中子数(常叫做**无限介质增殖因子**,表示不考虑中子漏失的影响).在与时间有关的情形下,必须分别考虑瞬发和缓发中子.如果 β 是每次裂变所产生的中子总数中缓发中子所占的分数,那么瞬发中子对源的贡献就是 $(1-\beta)k_\infty \Sigma_a vN$.缓发中子由某些裂变碎片(缓发中子先行核)在 β 衰变后产生.设 $C_i(\boldsymbol{r},t)$ 是第 i 种先行核的密度,而 λ_i 是相应的衰变常数,于是缓发中子在中子源中的贡献就是总和 $\sum_i \lambda_i C_i$.再把与裂变过程无关的中子源写做 $S_0(\boldsymbol{r},t)$,就得总的中子源项:

$$S=(1-\beta)k_\infty \Sigma_a vN+\sum_i \lambda_i C_i+S_0, \tag{1.15}$$

而扩散方程变为

$$\frac{\partial N}{\partial t}=Dv\,\nabla^2 N-\Sigma_a vN+(1-\beta)k_\infty \Sigma_a vN+\sum_i \lambda_i C_i+S_0. \tag{1.16}$$

设 β_i 是第 i 种缓发中子所占的分数,$\sum_i \beta_i=\beta$,同时假设裂变产物核的徙动距离不显著,便有

$$\frac{\partial C_i}{\partial t}=\beta_i k_\infty \Sigma_a vN-\lambda_i C_i. \tag{1.17}$$

方程(1.16)及(1.17)组成近似的动力学方程组.各方程中任何系数都可以和时间有关,因为反应堆中介质性质可以由于外部或内在原因而随时间变化.

为使方程进一步简化,我们假设 $N(\boldsymbol{r},t)$ 及 $C_i(\boldsymbol{r},t)$ 对空间变量 $\boldsymbol{r}$ 和时间变量 t 为可分离:

$$\begin{cases} N(\boldsymbol{r},t)=f(\boldsymbol{r})n(t), \\ C_i(\boldsymbol{r},t)=g_i(\boldsymbol{r})c_i(t). \end{cases} \tag{1.18}$$

代入(1.17)式后,得

$$\frac{\mathrm{d}c_i(t)}{\mathrm{d}t}=\beta_i k_\infty \Sigma_a v\frac{f(\boldsymbol{r})}{g_i(\boldsymbol{r})}n(t)-\lambda_i c_i(t). \tag{1.19}$$

为使这方程与位置无关,必须假设上式右边第一项中函数 $f(\boldsymbol{r})$ 及 $g_i(\boldsymbol{r})$ 对空间变量的依赖具有同样形状,也就是说,假设中子密度和先行核密度具有同样的空间分布.为方便起见,可假定 $f/g_i=1$,因为常数因子可吸收在 $n(t)$ 内.这样,方程(1.19)变成

$$\frac{\mathrm{d}c_i}{\mathrm{d}t}=\beta_i k_\infty \Sigma_a vn-\lambda_i c_i. \tag{1.20}$$

再把变量分离假定(1.18)代入扩散方程(1.16),可得

$$\frac{\mathrm{d}n(t)}{\mathrm{d}t}=Dv\,\frac{\nabla^2 f}{f}n(t)-\Sigma_{\mathrm{a}}vn(t)+(1-\beta)k_\infty\Sigma_{\mathrm{a}}vn(t)$$
$$-\sum_i\lambda_i\frac{g_i}{f}c_i(t)+\frac{S_0}{f}. \tag{1.21}$$

为消去这方程对空间变量的依赖,除了应用假定 $f=g_i$ 外,还要求$\frac{\nabla^2 f}{f}$及$\frac{S_0}{f}$与位置无关.为此,要求 $f(\boldsymbol{r})$满足 Helmholtz 方程,

$$\nabla^2 f+B^2 f=0; \tag{1.22}$$

同时要求源 S_0 的空间分布和 f 一样,命

$$q(t)\equiv\frac{S_0(\boldsymbol{r},t)}{f(\boldsymbol{r})}. \tag{1.23}$$

在一定边界条件下,Helmholtz 方程(1.22)与 B^2 的一系列本征值相应,有一系列的本征函数解,或**模式**解.和最低本征值相应的本征函数叫**基本模式**;这最低的本征值 B^2 叫**基本模式曲率**.根据本征函数理论[20],任何满足给定边界条件和满足一定连续性要求的函数,都可以展成这些本征函数的级数.从这个观点看来,变量分离假定(1.18)实际上相当于在函数 N 及 C_i 的本征函数展开或模式展开(展开系数与时间有关)中只保留最低的基本模式项.当然,这只有在反应堆非常接近临界状态而且不存在过大的局部扰动时,才是较好的近似.

将(1.22)式及(1.23)式代入方程(1.21),并引进吸收寿命 $l_\infty=\frac{1}{v\Sigma_{\mathrm{a}}}$及扩散长度(或徙动长度)平方 $L^2=\frac{D}{\Sigma_{\mathrm{a}}}$,得方程

$$\frac{\mathrm{d}n}{\mathrm{d}t}=\frac{(1-\beta)k_\infty-(1+L^2B^2)}{l_\infty}n+\sum_i\lambda_i c_i+q. \tag{1.24}$$

现在引进有效增殖因子 k 及中子寿命 l_0:

$$k=\frac{k_\infty}{1+L^2B^2},\quad l_0=\frac{l_\infty}{1+L^2B^2}; \tag{1.25}$$

它们是考虑到中子漏失影响后的增殖因子及中子寿命,和没有漏失影响的、“无限”介质中的增殖因子 k_∞ 及吸收寿命 l_∞ 相应.方程(1.24)现在可以写成

$$\frac{\mathrm{d}n}{\mathrm{d}t}=\frac{k-1-\beta k}{l_0}n+\sum_i\lambda_i c_i+q; \tag{1.26}$$

而方程(1.20)可以写成

$$\frac{\mathrm{d}c_i}{\mathrm{d}t}=\frac{\beta_i k}{l_0}n-\lambda_i c_i. \tag{1.27}$$

方程(1.26)和(1.27)中已消去了对空间变量的依赖,好像把整个反应堆看成没有空间度量的一个“点”,因此叫做“点堆模型”中的动态学方程.它们是用中子寿命 l_0

写出的形式. 当所有源都不存在时,方程(1.26)退化为$\frac{\mathrm{d}n}{\mathrm{d}t}=-\frac{n}{l_0}$;从这里可以看出中子寿命的意义.

也可以引进**中子一代时间** l:

$$l=\frac{l_0}{k}\tag{1.28}$$

和**反应性** ρ:

$$\rho=\frac{k-1}{k},\tag{1.29}$$

把方程(1.26)及(1.27)改写成

$$\frac{\mathrm{d}n}{\mathrm{d}t}=\frac{\rho-\beta}{l}n+\sum_i\lambda_i c_i+q\tag{1.30}$$

及

$$\frac{\mathrm{d}c_i}{\mathrm{d}t}=\frac{\beta_i}{l}n-\lambda_i c_i.\tag{1.31}$$

它们就是我们将要采用的简化反应堆动态学方程组的形式. 文献中它们常常被称为点堆动态学方程(组)或简称点堆方程(组).

由于引起反应性变化的物理机制在不同的具体条件下有所不同,有时 l_0 比 l 变化大,有时相反. 从这个观点出发,有时在点堆模型的上述两种形式之间加以区别. 不过,实际上,这模型中,对时间变化最敏感的参量是 $k-1$ 或 ρ. 略去所有其他系数(包括(1.27)式中的 k)随时间的变化所带来的误差,不会超过应用点堆模型本身所包含的误差. 例如,寿命的重大变化必然意味着与临界状态的重大偏离,而这首先会使点堆模型不成立. 因此,在点堆模型有意义的情况下,上述两种形式实质上并没有什么差别. 此外,由方程(1.30)及(1.31)可以看出,这模型中有物理意义的特征参量是时间常数$\frac{l}{\beta}$,$\frac{l}{\beta_i}$,$\frac{1}{\lambda_i}$以及比值$\frac{\rho}{\beta}$(以"元"为单位的反应性值). 这进一步说明,不需要把 k 保留作为一个显式参量.

由于方程(1.30)及(1.31)两边可以同时乘上任一常数比例因子,所以 $n(t)$ 可以具有任意单位,只要 n 及 c 的单位相同,而 q 具有$\frac{\mathrm{d}n}{\mathrm{d}t}$的单位. 由于我们假定了中子密度具有固定的空间分布,n 可以看成是与反应堆中某点处的瞬时中子密度成比例的任何物理量或它们的积分量或体积平均量. 例如,根据需要和上下文,n 可以理解为中子总数、裂变率、功率或它们在堆中的体平均.

非均匀堆中,燃料和慢化剂完全或部分分开. 这些结构细节完全不能由点堆模型来加以描述. 当然,这些细节会影响到模型中所用参量的计算,但这些参量必然代表整个堆的积分性质.

由于从单能近似出发,点堆模型显然不能反映实际反应堆中可能是十分复杂的中子能量分布和转移所引起的效应.但是,某些修正是可能的.例如,如果扩散方程(1.13)中 N 看成一热堆中的热中子密度,那么中子源项(1.15)中各部分可以乘上不同的修正因子来考虑热能以上的漏失和吸收.这些因子可以从更细致、更准确的理论算出(参看第六章及文献[21]).各部分中子源项乘上的修正因子之所以不同,是因为瞬发中子、缓发中子及外中子源产生时具有不同的能量分布.

点堆模型的主要限制在于它不能描写与空间有关的动力学效应.这些效应常常表现为过渡过程中中子通量的空间分布随时间很快变化(通量畸变).它们可以看成来源于局部扰动效应传播中的时间滞后,因此这些效应在大堆中更重要.即使在小堆中,点堆模型对于和临界状态大偏离的情况也是不适用的.这些问题的进一步讨论将在以后进行(参看第六、七章).

最后,必须提到,堆中所有微观过程链(从核裂变放出中子,中子在介质中迁移,到再次引起燃料核裂变)的每一环节都是离散的随机过程,最终都要求统计处理.把中子密度的时空分布作为连续函数来处理的输运理论、扩散近似,以及进一步简化的本节所讨论的点堆模型动态学方程,都只是对本来随机的物理过程的近似描写.这方面牵涉到的问题,我们将在第七章最后一节中进行简单的讨论.

§1.5 裂变中的缓发中子和它们的先行核

在§1.1中,我们已经提到缓发中子在决定反应堆动力学的时间尺度(因而在反应堆的控制)方面的极大重要性.上节中,在推导简化的反应堆动态学方程的过程中讨论了缓发中子先行核密度随时间的变化及其放出的缓发中子对扩散方程中源项的贡献.本节中,我们将介绍反应堆动力学中应用的有关缓发中子的数据:缓发中子的总产额、分组产额和各组的有效指数衰减常数,以及各组缓发中子的有关先行核.

Keepin 等[22]测量的缓发中子绝对产额曾被推荐为"最佳值"[23].以后在1968年,Masters 等[24]测定了由3.1 MeV 中子和14.9 MeV 中子引起的各种核素裂变中缓发中子的绝对产额.Masters 等发现,从14.9 MeV 裂变来的缓发中子产额比从3.1 MeV 裂变来的平均小40%,跟 Keepin[25]的预估相符.不过,这些作者报道的3.1 MeV 产额值比 Keepin 等[22]对快裂变产生的缓发中子产额的测量值平均约高10%.更晚一些,Krick 及 Evans[26]仔细研究了缓发中子产额对引起裂变的中子能量的依赖.他们发现,对于所研究的所有易裂变核素,在0.1—4.5 MeV 入射中子能量范围内,缓发中子产额和引起裂变的入射中子能量无关,然后在4.5—6.5 MeV 的能区内掉到接近于 Masters 等在14.9 MeV 处量得的那些值.Krick 及

Evans[26]对^{233}U，^{235}U及^{239}Pu裂变中缓发中子绝对产额的测量值，大致与Masters等[24]的值相符. 1975年，Tuttle[27]综述和评价了到1974年8月20日为止所能得到的有关缓发中子绝对产额、缓发中子能谱以及用来描写缓发中子产生的时间特性的分组产额分数和有效衰变常数的实验数据. 他重新推荐了关于缓发中子绝对产额的数据，讨论了缓发中子谱的效应，另一方面，沿用和补充了Keepin[22]关于各组缓发中子的产额分数及衰变常数. Izak-Biran及Amiel[28]1975年也重新评价了有关缓发中子先行核的数据. 我们以下主要将介绍Tuttle[27]（其中也包括Keepin[22]），Izak-Biran及Amiel[28]的评价结果.

表1.7中给出了Tuttle关于缓发中子绝对产额的推荐值与Keepin值的比较. 注意，Tuttle的推荐值是他对快、热裂变综合的评价值. 这是因为，快裂变的评价值高于热裂变的评价值，而这似乎与Masters等及Krick和Evans关于产额和能量的关系不符，因此Tuttle推荐综合评价值，同时建议对三个易裂变核素作进一步的比较测量来解决这个矛盾. 不过，表中还是给出了Tuttle对快、热裂变分别的评价值，以便和相应的Keepin值比较. 表中Keepin值的误差从原来的可几误差换算成了标准误差. Tuttle值虽然普遍略高于Keepin值，但在误差（一个标准差）范围内，还是相符的.

缓发中子放出时具有的能量分布，由各先行核的衰变性质及发射核的能级决定. 不过，在反应堆动力学分析中，最重要的还是缓发中子的平衡谱. 图1.5是Tuttle[27]给出的缓发中子平衡谱和瞬发中子谱的比较. 由虚线给出的Maxwell形瞬发中子谱就是(1.6)式的图像. 由图可见，缓发中子比瞬发中子在更低能量处产生. 图中也示出ANL的零功率堆ZPR-3-48中的中子价值随能量的变化. ZPR-3-48是个大的、稀释钚燃料临界装置. 有了缓发和瞬发中子能谱和中子价值随能量的变化，就可以计算有效缓发中子分数β_e. 对于一临界堆，β_e是缓发中子的价值权重分数. 在像ZPR-3-48那样用钚作燃料的反应堆中，中子价值在缓发中子能谱范围内基本上是常数，而在更高能量处（瞬发中子高能部分的能区内）更大一些，所以β_e显然会小于β. Keepin[29]曾经根据在裸金属装置Godiva(93.8%^{235}U)，Jezebel(^{239}Pu，含有4.5%^{240}Pu)，及Skidoo(纯^{233}U)上测量的、由缓发临界到瞬发临界所需在表面增加的质量及相应的反应性计算结果，为这些装置给出：

$$\frac{\beta_e}{\beta}=\begin{cases}1.03 & \text{(Godiva)};\\ 0.94 & \text{(Jezebel)};\\ 1.08 & \text{(Skidoo)}.\end{cases}$$

在用钚作燃料的堆中，因为裂变截面在0.5 MeV附近下落，$\beta_e<\beta$. 在热中子堆中，由于缓发中子在热能以上慢化过程中的漏失和俘获损耗比瞬发中子小，所以$\beta_e>\beta$. 对于小的水慢化热堆，β_e/β可大到1.3.

表 1.7　由中子引起的裂变中,缓发中子绝对产额的推荐值(缓发中子/裂变)

核素	Tuttle[27],1975			Keepin[23],1965[a]	
	综合[b]	快裂变	热裂变	快裂变[c]	热裂变
^{232}Th	0.054 5 ±0.001 1	0.054 7 ±0.001 2		0.049 6 ±0.003 0	
^{233}U	0.006 98 ±0.001 3	0.007 29 ±0.000 19	0.006 64 ±0.000 18	0.007 0 ±0.000 6	0.006 6 ±0.000 4_5
^{234}U	0.010 6 ±0.001 2	0.010 6 ±0.001 2			
^{235}U	0.016 97 ±0.000 20	0.017 14 ±0.000 22	0.016 54 ±0.000 42	0.016 5 ±0.000 7_5	0.015 8 ±0.000 7_5
^{236}U	0.023 1 ±0.002 6	0.023 1 ±0.002 6			
^{238}U	0.045 08 ±0.000 60	0.045 10 ±0.000 61		0.041 2 ±0.002 5	
^{238}Pu	0.004 56 ±0.000 51	0.004 56 ±0.000 51			
^{239}Pu	0.006 55 ±0.000 12	0.006 64 ±0.000 13	0.006 24 ±0.000 24	0.006 3 ±0.000 4_5	0.006 1 ±0.000 4_5
^{240}Pu	0.009 6 ±0.001 1	0.009 6 ±0.001 1		0.008 8 ±0.000 9	
^{241}Pu	0.016 0 ±0.001 6	0.016 3 ±0.001 6	0.015 6 ±0.001 6		0.015 4 ±0.002 2
^{242}Pu	0.022 8 ±0.002 5	0.022 8 ±0.002 5			

a. 误差从最可几误差换成了标准差.

b. 推荐值.

c. Keepin 曾给出用多群截面算出的、在六种纯核素中引起快裂变的中子(其能量分布略低于裂变谱)的有效能量 E_{eff}如下:

核素	^{232}Th	^{233}U	^{235}U	^{238}U	^{239}Pu	^{240}Pu
E_{eff}/MeV	3.5	1.45	1.45	3.01	1.58	2.13

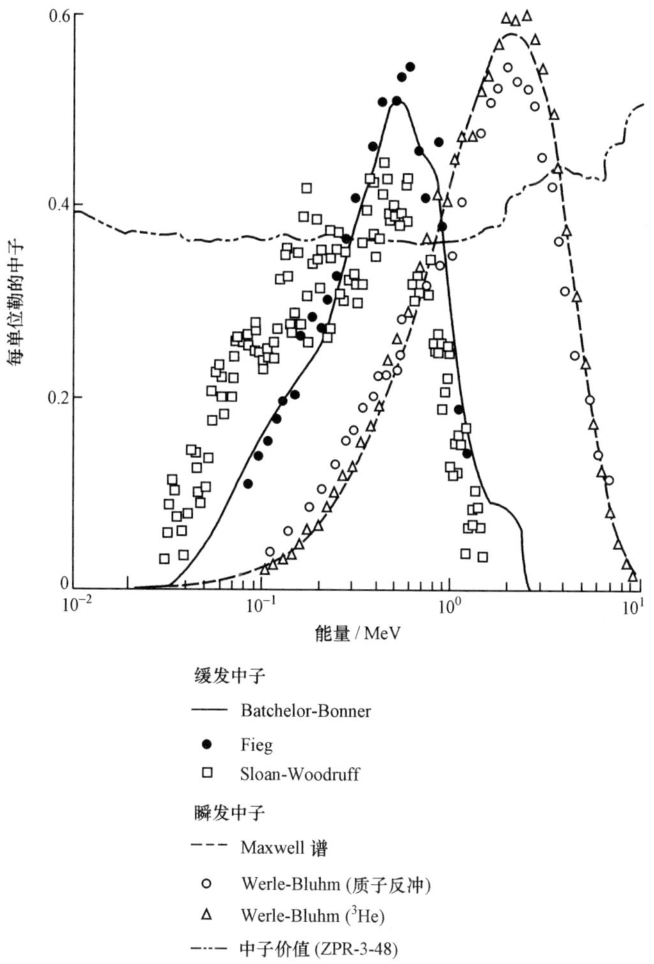

图 1.5　缓发和瞬发中子能谱的比较

图中示出几家实验结果，也示出 ANL 的零功率堆 ZPR-3-48 的中子价值随能量的变化.

进一步的改进考虑到每组缓发中子具有不同的中子发射谱[30]，因此对每组缓发中子要求一个该组的有效缓发中子分数 β_{ie}. 不过，这个改进引起的修正是更高阶的小量，一般可以略去. 在简化的、点堆模型的动态学方程中，记号 β 应理解为（对每个堆不同的）缓发中子的总有效分数，而比值 β_i/β 对每种可裂变核素假设为固定.

在反应堆的过渡过程中，堆中中子能谱可能变迁. 这会反映为有效参量的变动.

Tuttle 曾经指出，快堆中心处吸收体或燃料小样品所引起反应性的测量值和应用普遍采用的 Keepin 缓发中子产额算出的计算值之间几乎总是存在偏差. 对于

B,Ta,^{235}U,^{238}U,^{239}Pu 及^{240}Pu,计算值一般约比测量值大 17%. Tuttle 认为,应用他所推荐的综合值,可以降低估计的不确定度和冲淡可能有的系统误差(顺便指出,Tuttle 认为,Keepin 等工作中应用的中子源刻度和裂变样品刻度,可能存在系统误差),使反应性测量值和计算值更好地符合.

通过测定为使一临界装置从缓发临界到瞬发临界所需(在其中心或表面)增加的燃料量,可以测定装置中的有效缓发中子分数 β_e[31]. 近来,Fisher[32] 曾报道在四个不同临界装置上 β_e 的实验值,并对用 Keepin 值和 Tuttle 值所得计算值进行了比较(见表 1.8). 结果证实了 Tuttle 的意见.

表 1.8　不同临界装置中 β_e 的实验值和计算值的比较

不同装置代号*		7A	7B	9C2	9C1
β_e 实验值		0.003 95 ±(3%)	0.004 29 ±(3%)	0.004 26 ±(4.5%)	0.007 58 ±(3.2%)
用缓发中子产额算出值/实验值	Keepin	0.927	0.946	0.891	0.953
	Tuttle(综合)	0.987	1.011	0.948	0.995
	Tuttle (^{239}Pu 用快裂变产额, U 用综合)	0.993	1.015	0.952	0.995

* 各装置的组成见文献[32].

从 Hughes 等[33] 及 Keepin 等[22] 的测量开始,就用 6 组来表示缓发中子的时间行为. 反应堆动力学研究中一般也都采用 6 组不同的缓发中子发射体: 把缓发中子总产额分数 β 分成分组产额分数 β_i,每组具有相应的有效指数衰减常数 λ_i($i=1,2,\cdots,6$). 注意,这分法可能只是在一定实验精度基础上作出的选择: 依据观察到的误差,6 组比 5 组或 7 组能对 Keepin 等[22] 的衰变数据提供更好的拟合;因此他们认为:"6 个指数周期对数据的最佳最小二乘方拟合是必要的和充分的."其实,不管是实验上[28,34] 还是理论上[35],都表明缓发中子先行核比 6 种多得多(>50). 每种先行核有不同的产额和衰变常数,因此实验测定的、缓发中子的各组产额和衰变常数一般表示来自多种先行核贡献的复合值. 不同可裂变核素间这些缓发中子参量的差别,部分是由于许多先行核产额的不同.

表 1.9 是 Tuttle[27] 推荐的、关于 8 种核素(^{232}Th,^{233,235,238}U,^{239,240,241,242}Pu)的缓发中子分组相对产额 $a_i=\beta_i/\beta$ 及有效衰变常数 λ_i 的数据. 这些数据中,关于 ^{232}Th,^{233,235,238}U 及^{239,240}Pu 等 6 种核素的,Tuttle 采用了被广泛应用的 Keppin[36] 数据,但将误差从 Keepin 原来给出的可几误差(通过乘上 1.49)换算成了标准差. 另外 Tuttle 没有像 Keepin 原来给出的那样,分成快裂变和热裂变两套数据,而是

推荐了 Keepin 认为更准确的快裂变的数据，因为两套数据之间观察到的差别不大，而且动力学计算的结果对这些差别并不太敏感. 不过，由于 Keepin 关于热裂变中缓发中子的数据在热堆动力学计算中已经得到广泛应用，我们仍在表 1.10 中为三个易裂变核素 $^{233,235}U$ 及 ^{239}Pu 给出了这些数据，以供参考. 表 1.9 中也包括了 ^{241}Pu 及 ^{242}Pu 二核素的数据. 对于 ^{241}Pu，组 6 的产额用了 Bohn 的估计值，衰变常数用了 Tomlinson 的估计值[27]. 对于 ^{242}Pu，各组产额都用了 Bohn 的估计值，而衰变常数则是由 Tuttle 从 Keepin 关于 6 种核素快裂变的平均分组半寿命 $\left(\tau_{1/2}^{(i)}=\dfrac{0.693}{\lambda_i}\right)$ 作出的估计值.

表 1.9　8 种核素的缓发中子分组参量[27]（快裂变）

核　素	组 i	分组相对产额 $a_i=\beta_i/\beta$	衰变常数 λ_i/s^{-1}
^{232}Th	1	0.034±0.003	0.0124±0.0003
	2	0.150±0.007	0.0334±0.0016
	3	0.155±0.031	0.121±0.007
	4	0.446±0.022	0.321±0.016
	5	0.172±0.019	1.21±0.13
	6	0.043±0.009	3.29±0.44
^{233}U	1	0.086±0.004	0.0126±0.0006
	2	0.274±0.007	0.0334±0.0021
	3	0.227±0.052	0.131±0.007
	4	0.317±0.016	0.302±0.036
	5	0.073±0.021	1.27±0.39
	6	0.023±0.010	3.13±1.00
^{235}U (99.9%235)	1	0.038±0.004	0.0127±0.0003
	2	0.213±0.007	0.0317±0.0012
	3	0.188±0.024	0.115±0.004
	4	0.407±0.010	0.311±0.012
	5	0.128±0.012	1.40±0.12
	6	0.026±0.004	3.87±0.55
^{238}U (99.98%238)	1	0.013±0.001	0.0132±0.0004
	2	0.137±0.003	0.0321±0.0009
	3	0.162±0.030	0.139±0.007
	4	0.388±0.018	0.358±0.021
	5	0.225±0.019	1.41±0.10
	6	0.075±0.007	4.02±0.32

（续表）

核　　素	组 i	分组相对产额 $a_i=\beta_i/\beta$	衰变常数 λ_i/s^{-1}
^{239}Pu (99.8%239)	1	0.038±0.004	0.012 9±0.000 3
	2	0.280±0.006	0.031 1±0.000 7
	3	0.216±0.027	0.134±0.004
	4	0.328±0.015	0.331±0.018
	5	0.103±0.013	1.26±0.17
	6	0.035±0.007	3.21±0.38
^{240}Pu (81.5%240)	1	0.028±0.004	0.012 9±0.000 6
	2	0.273±0.006	0.031 3±0.000 7
	3	0.192±0.078	0.136±0.016
	4	0.350±0.030	0.333±0.046
	5	0.128±0.027	1.36±0.30
	6	0.029±0.009	4.04±1.16
^{241}Pu	1	0.010±0.003	0.012 8±0.000 2
	2	0.229±0.006	0.029 9±0.000 6
	3	0.173±0.025	0.124±0.013
	4	0.390±0.050	0.352±0.018
	5	0.182±0.019	1.61±0.15
	6	0.016±0.005	3.47±1.7
^{242}Pu	1	0.004±0.001	0.012 8±0.000 3
	2	0.195±0.032	0.031 4±0.001 3
	3	0.161±0.048	0.128±0.009
	4	0.412±0.153	0.325±0.020
	5	0.218±0.087	1.35±0.09
	6	0.010±0.003	3.70±0.44

表 1.10　三种易裂变核素热裂变中的缓发中子分组参量[36]

核　　素	组 i	分组相对产额 $a_i=\beta_i/\beta$	衰变常数 λ_i/s^{-1}
^{233}U	1	0.086±0.004	0.0126±0.0004
	2	0.299±0.006	0.0337±0.0009
	3	0.252±0.060	0.139±0.009
	4	0.278±0.030	0.325±0.045
	5	0.051±0.036	1.13±0.60
	6	0.034±0.021	2.50±0.63

（续表）

核　素	组 i	分组相对产额 $a_i=\beta_i/\beta$	衰变常数 $\lambda_i/\mathrm{s}^{-1}$
^{235}U (99.9%235)	1	0.033±0.004	0.0124±0.0004
	2	0.219±0.013	0.0305±0.0015
	3	0.196±0.033	0.111±0.006
	4	0.395±0.016	0.301±0.016
	5	0.115±0.013	1.14±0.22
	6	0.042±0.012	3.01±0.43
^{239}Pu (99.8%239)	1	0.035±0.013	0.0128±0.0007
	2	0.298±0.052	0.0301±0.0033
	3	0.211±0.072	0.124±0.013
	4	0.326±0.049	0.325±0.054
	5	0.086±0.043	1.12±0.58
	6	0.044±0.024	2.69±0.72

由于分组衰变常数与核素有关，反应堆动力学问题原则上要求对所牵涉到的每种可裂变核素的每一缓发组单用一个平衡方程(1.17)来分别描写．热堆中，实际上只有一种核素(^{235}U)起主要作用，所以只需考虑^{235}U裂变所产生的6个缓发组．但是，在用钚作燃料的快增殖堆中，^{239}Pu及^{238}U是同量级的缓发中子先行核的来源，而且更高的钚同位素可能也对缓发中子有相当贡献．这时动力学问题就变得复杂多了．含有6种可裂变核素的系统将会有36个缓发组，每组要求一个平衡方程，因为各组衰变常数与核素有关，以致不可能对不同核素的混合引进宏观先行核产生截面．为了减少快堆动力学问题的复杂性，曾经应用和提出过几种方案．最简单的方案是对所有核素采用一套各组衰变常数，同时应用现有的与核素有关的各组缓发中子产额．这种不自洽的简单处理方案曾被广泛采用，但有时带来相当的偏差．作为代替的方案，Meneley[37]曾建议同时拟合所有核素的衰变曲线数据，以便给出和核素无关的衰变常数．后来，Onega[38]曾提出应用各个先行核衰变常数的新方式．实际上，Onega的方案比各个核素的6组方法更麻烦(先行核种类可能超过50)，而且各先行核的衰变常数和产额数据不够精确，也不完全．Cahalan及Ott[39]用一套6个与核素无关的衰变常数自洽地拟合从核素^{232}Th，^{233,235,238}U及^{239,240,241,242}Pu的脉冲裂变得出的缓发中子先行核衰变曲线，从而为各核素得出新的缓发中子分组产额．这样，就有可能对每一缓发中子组引进宏观先行核产生截面，使先行核平衡方程由36个减少为6个．这种自洽的拟合方法可以保持重要的积分动态参量(为每种核素保持每次裂变的总缓发中子产额、平均衰变常数及平均衰变时间)不变．表1.11给出了Cahalan及Ott这样得出的各可裂变核素的新缓

发中子分组产额 ν_{ij}^{d}(核素 i,组 j,d 指缓发中子). 这些数据应当和下列衰变常数(就是表 1.9 中^{239}Pu 的衰变常数)一起应用:

$$\left.\begin{aligned} &\lambda_1=0.0129\pm0.0003, && \lambda_2=0.0311\pm0.0007, \\ &\lambda_3=0.134\pm0.004, && \lambda_4=0.331\pm0.018, \\ &\lambda_5=1.26\pm0.17, && \lambda_6=3.21\pm0.38. \end{aligned}\right\} \quad (\text{单位: } \mathrm{s}^{-1})$$

通过分析一个典型的快堆过渡过程,Cahalan 及 Ott 检验了他们新拟合的数据. 分析表明,新数据的应用比起原来数据(对每种核素用不同衰变常数,因而需用 36 个关于缓发中子先行核的平衡方程)的应用来,结果只有很小的偏离,但计算量却大大减少. 另一方面,如果采取简单的不自洽方案,偏差却会大很多.

表 1.11 Cahalan 及 Ott 的缓发中子新分组产额[39]

j	$\nu_{ij}^{\mathrm{d}}\left(\dfrac{\text{缓发中子}}{\text{裂变}}\times 100\right)$	
	^{233}U	^{235}U
1	0.053±0.003	0.060±0.005
2	0.197±0.012	0.364±0.013
3	0.175±0.025	0.349±0.024
4	0.212±0.013	0.628±0.015
5	0.047±0.014	0.179±0.014
6	0.016±0.016	0.070±0.005
	^{238}U	^{232}Th
1	0.049±0.005	0.143±0.012
2	0.540±0.027	0.776±0.046
3	0.681±0.092	0.843±0.099
4	1.526±0.096	2.156±0.103
5	0.836±0.033	0.838±0.053
6	0.488±0.036	0.204±0.034
	^{239}Pu	^{240}Pu
1	0.024±0.002	0.028±0.003
2	0.176±0.009	0.237±0.016
3	0.136±0.014	0.162±0.046
4	0.207±0.012	0.314±0.038
5	0.065±0.007	0.106±0.026
6	0.022±0.003	0.039±0.008
	^{241}Pu	^{242}Pu
1	0.019±0.004	0.036±0.013
2	0.369±0.010	0.263±0.086
3	0.276±0.045	0.270±0.075
4	0.534±0.089	0.607±0.177
5	0.310±0.043	0.279±0.055
6	0.032±0.007	0.145±0.059

为应用方便起见，我们根据表 1.5，1.7 及 1.9，在表 1.12 中给出了三个易裂变核的热裂变和快裂变中每次裂变的平均中子产额 ν，缓发中子产额 $\nu\beta$，缓发中子分数 β，平均衰变常数 $\lambda' = \frac{1}{\beta}\sum_i \beta_i\lambda_i$，以及平均衰变时间 $\frac{1}{\lambda} = \frac{1}{\beta}\sum_i \frac{\beta_i}{\lambda_i}$ 等参量值（略去了误差）. λ 也可以看做用另一种平均方式（倒数平均）得出的衰变常数. 表中的缓发中子产额 $\nu\beta$，用的是表 1.5 中的 Tuttle 值；λ 和 λ' 的值，由于只依赖于 λ_i 和相对产额 $\frac{\beta_i}{\beta}$，所以 Tuttle 和 Keepin 值一致. 第二章中将表明，λ 及 λ' 是把缓发中子看成一单组的两种可能近似中的有效衰变常数. λ 适于中子密度变化很慢的情况，而 λ' 适于非常快的变化.

表 1.12　^{233,235}U 及 ^{239}Pu 的瞬发和缓发中子产额及平均衰变常数

有效中子能量	核素	$\nu\left(\frac{中子}{裂变}\right)$	$\nu\beta\left(\frac{缓发中子}{裂变}\right)$	β	$\lambda=\left(\frac{1}{\beta}\times\sum\frac{\beta_i}{\lambda_i}\right)^{-1}$ /(s^{-1})	$\lambda'=\frac{1}{\beta}\times\sum\beta_i\lambda_i$ /(s^{-1})
热能	^{233}U	2.482	0.006 64	0.002 67$_5$	0.054 3	0.279
	^{235}U	2.432	0.016 54	0.006 80	0.076 7	0.405
	^{239}Pu	2.874	0.006 24	0.002 17	0.064 8	0.356
1.45 MeV	^{233}U	2.62	0.007 29	0.002 78	0.055 9	0.300
1.45 MeV	^{235}U	2.57	0.017 14	0.006 67	0.078 4	0.435
1.58 MeV	^{239}Pu	3.09	0.006 64	0.002 15	0.068 3	0.389

缓发中子先行核，正如以前提到过的那样，是由于中子过剩而高度不稳定的裂变碎片. 这种情形下，碎片通常通过一系列 β 衰变来达到稳定的“质子/中子”比. 有时，可能有一分支的 β 衰变引到特别高的激发核；结果马上放出一个中子，留下一个稳定核. 图 1.6 中所示 ^{87}Br 就是个例子. 实验表明[28]，$i=1$ 的那组缓发中子很可能都是由 ^{87}Br 这先行核引起的. 注意，缓发中子发射的半寿命受先行核 β 衰变半寿命的控制. 同时应当指出，如图所示，裂变中形成的 ^{87}Br 只有一部分引向缓发中子，这部分几率叫做**中子发射几率**. 在动力学方程中计算先行核或“潜在中子”时，应当只包括 ^{87}Br 中那些衰变到 ^{87}Br* 的部分. 也就是说，缓发中子产额等于有关先行核在裂变中的产额乘上相应的中子发射几率. 根据 Izak-Biran 及 Amiel 的评价结果[28]，^{235}U 的热裂变中，其他各组缓发中子的先行核（其缓发中子产额在 10^{-4}/裂变以上的），按产额大小顺序排列，有下面一些：

$i=2$：^{137}I(21.7 ± 3.7)，^{88}Br(12.4 ± 2.1)，^{136}Te(1.2 ± 0.2)；

$i=3$：^{89}Br(17.0 ± 5.2)，^{138}I(7.2 ± 3.2)，^{93}Rb(6.3 ± 1.8)；

$i=4$：^{94}Rb(16.7 ± 3.2)，^{90}Br(16.0 ± 4.8)，^{139}I(9.3 ± 3.9)，
^{85}As(7.8 ± 3.9)，^{135}Sb(3.5 ± 1.1)，^{143}Cs(1.7 ± 0.6)，
^{93}Kr(1.4 ± 0.3)；

$i=5,6$：^{98,99}Y(9.2 ± 4.0)，^{140}I(6.5 ± 3.3)，^{95}Rb(5.6 ± 1.1)，
^{91}Br(2.9 ± 1.4)，^{96}Rb(1.7 ± 0.8)，^{145}Cs(1.2 ± 0.7).

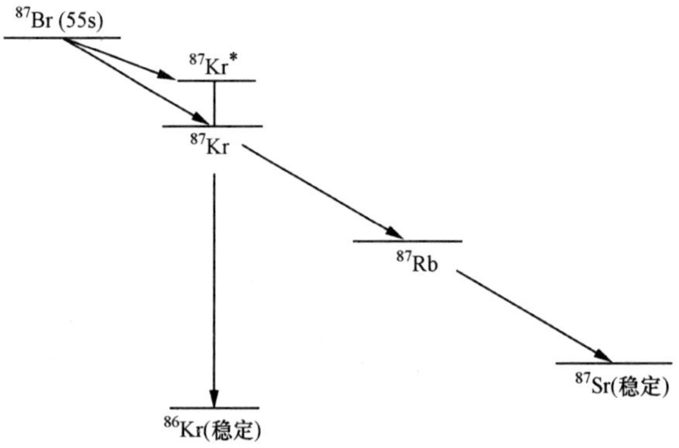

图 1.6 从^{87}Br 来的缓发中子源

括号中的数字是相应缓发中子的产额(以 10^{-4}/裂变为单位). 此外，相应缓发中子产额在 10^{-4}/裂变以下的先行核还有很多，我们在这里不一一枚举. 另一方面，通过把所有缓发中子发射核并合成一个有效组，或二、三个有效组，反应堆动力学的很多重要现象，也就能得到相当好的描述. 一般 6 组缓发中子先行核的划分，只是在作为基准的精确计算中才有必要应用. 因此，考究中子先行核素的确切数目，没有什么实际意义. 不过，有些堆型要求更仔细的处理. 例如，流动燃料堆中，当燃料流经外回路时可能放出相当数量的缓发中子. 通过连续提取裂变产物，使较长寿命的发射核进一步减少，问题可能更复杂. 又如，在核火箭引擎中，由于高温扩散引起的发射核损失也可能重要. 所有这些效应均使缓发中子的有效产额减小，从而带来更严格的控制要求.

最后，在含有重水或铍的反应堆中，瞬发和缓发 γ 射线都有可能通过在^{2}D 或^{9}Be 上的(γ,n)反应(这两个反应的阈值 2.23 及 1.67 MeV，都在堆中 γ 射线的能谱范围内)在燃料外面产生光中子. 虽然光中子在反应堆的所有中子数中一般只占很小的分数，但在一定条件下，光中子强度可以和缓发裂变中子的强度差不多，甚至更大. 这是因为，由先行 β 衰变决定的光中子的半寿命一般比缓发中子的半寿命长得多. 结果，在重水堆或铍堆从带功率持续运行状态停堆之后不久，堆中产生的光中子可以成为主要的源或本底. 这就使重水堆或铍堆和没有光中子的反应堆比较起来，低频动态行为的惰性可能大得多.

光中子对反应堆动力学的影响，也可以像缓发中子一样，分成若干组来考虑.

表 1.13 和表 1.14 分别给出了^{235}U 的裂变 γ 射线在无限 D_2O 和^9Be 介质中产生的缓发光中子的分组参量[40]. λ_j 是组 j 的有效衰变常数,β_j 是组 j 的光中子在每次裂变发射中子总数中占的分数. 在实际反应堆中,γ 射线的能量衰减、吸收和漏失都会使有效光中子产额降到最大值 $\beta_j\nu$ 以下. 所有这些效应可以通过引进光中子效率因子 γ_{pj} 来考虑. γ_{pj} 之值和具体堆的组成、结构和尺寸有关,必须通过对具体堆专门测量结果的分析定出.

表 1.13 ^{235}U 的裂变 γ 射线在无限 D_2O 介质中产生的缓发光中子的分组参量*

组 j	半寿命	$\lambda_j/(s^{-1})$	$\beta_i\times10^5$
1	12.8 d	6.26×10^{-7}	0.05
2	53 h	3.63×10^{-6}	0.103
3	4.4 h	4.37×10^{-5}	0.323
4	1.65 h	1.17×10^{-4}	2.34
5	27 min	4.28×10^{-4}	2.07
6	7.7 min	1.50×10^{-3}	3.36
7	2.4 min	4.81×10^{-3}	7.00
8	41 s	1.69×10^{-2}	20.4
9	2.5 s	2.77×10^{-1}	65.1
			共 100.75

注: 平均 D_2O 光中子半寿命 $\equiv 0.693\sum\frac{\beta_j}{\lambda_j}\Big/\sum\beta_j = 16.7$ min(饱和辐射后).

表 1.14 ^{235}U 的裂变 γ 射线在无限^9Be 介质中产生的缓发光中子的分组参量*

组 j	半寿命	$\lambda_j/(s^{-1})$	$\beta_j\times10^5$
1	12.8 d	6.24×10^{-7}	0.057
2	77.7 h	2.48×10^{-6}	0.038
3	12.1 h	1.59×10^{-5}	0.260
4	3.11 h	6.20×10^{-5}	3.20
5	43.2 min	2.67×10^{-4}	0.36
6	15.5 min	7.42×10^{-4}	3.68
7	3.2 min	3.60×10^{-3}	1.85
8	1.3 min	8.85×10^{-3}	3.66
9	0.51 min	2.26×10^{-2}	2.07
			共 15.175

注: 平均^9Be 光中子半寿命 $\equiv 0.693\sum\frac{\beta_j}{\lambda_j}\Big/\sum\beta_j = 2.31$ h(饱和辐射后).

Bernstein 等[41]曾经比较^{239}Pu, ^{233}U 及^{235}U 的裂变产物在重水中引起的光中

子产额，发现在数据精度(～25%)范围内，三种易裂变核素的光中子产额和各自的缓发中子产额之比基本上是相同的.

参考文献

[1] Зелъдович Я, Харитон Ю. ЖЭТФ, 1940, 10: 477.

[2] Weinberg A M, Wigner E P. The Physical Theory of Neutron Chain Reactors. Chicago: University of Chicago Press, 1958: 108.

[3] Keepin G R. Physics of Nuclear Kinetics. Mass.: Addison-Wesley, 1965: 13, 19, Reading.

[4] 同上, p. 15.

[5] Левочкин, Соколов. Атомная Энергия, 1961, 10: 403.

[6] 同 3., pp. 22—24.

[7] 同 2., p. 115.

[8] 同 2., p. 111.

[9] Fillmore F L. Fission spectra for reactor calculations. AI-66-TDR-163, Atomic International, 1966.

[10] Grundl J A. Trans. of Am. Nucl. Soc., 1962, 5: 2.

[11] Terrell J. Phys. Rev., 1962, 127: 880.

[12] McElroy W N, Armani R J, Tochlin E. Nucl. Sci. Eng., 1972, 48: 51.

[13] Bowman *et al*. Phys. Rev., 1962, 126: 2120; Meadows J W. Phys. Rev., 1967, 157: 1076.

[14] Johansson P I, Holmquist B. Nucl. Sci. Eng., 1977, 62: 695.

[15] 同 3., p. 54.

[16] 同 3., p. 59.

[17] Terrell J. Phys. Rev., 1957, 108: 783.

[18] Lazarev U A. Atomic Energy Review, 1977, 15: 75.

[19] Maienschein *et al*. PICG 1958, 15: 366; Peelle *et al*. Proc. of Conf. on Research Reactors in Physics, IAEA, Vienna, Oct. 1960.

[20] Morse P M, Feshbach H. Methods of Theoretical Physics. New York: McGraw-Hill, 1953: Ch. 6.

[21] J. R. 拉马什著. 核反应堆理论导论. 洪流译. 北京: 原子能出版社, 1977: 316.

[22] Keepin *et al*. Phys. Rev, 1957, 107: 1044.

[23] 同 3., p. 100.

[24] Masters *et al*. Nucl. Sci. Eng., 1969, 36: 202.

[25] Keepin G R. J. Nucl. Energy, 1958, 7: 13.

[26] Krick, Evans. Nucl. Sci. Eng., 1972, 47: 311.

[27] Tuttle R J. Nucl. Sci. Eng., 1975, 56: 37.

[28] Izak-Biran, Amiel. Nucl. Sci. Eng., 1975, 57: 117.

[29] 同 3., p. 105.
[30] Saphier *et al*. Nucl. Sci. Eng., 1977, 62: 660.
[31] Hansen, Maier. Nucl. Sci. Eng., 1960, 8: 532.
[32] Fisher E A. Nucl. Sci. Eng., 1977, 62: 105.
[33] Hughes *et al*. Phys. Rev., 1948, 73: 111.
[34] Rudstam, Lund. Nucl. Sci. Eng., 1977, 64: 749.
[35] Pappas, Rudstam. Nucl. Phys., 1960, 21: 353.
[36] 同 3., pp. 86, 90.
[37] Meneley D A. The effective delayed neutron fraction in fast reactors. Reactor Physics Division Annual Report, July 1, 1967 to June 30, 1968, ANL-7410: 198.
[38] Onega R J. Nucl. Sci. Eng., 1971, 43: 345.
[39] Cahalan, Ott. Nucl. Sci. Eng., 1973, 50: 208.
[40] 同 3., pp. 146, 154.
[41] Bernstein *et al*. J. Appl. Phys., 1956, 27: 23.

第二章　固定和阶跃反应性、脉冲源和振荡源

本章和下章中，将略去由于堆中能量积累、温度升高所引起的反应性反馈，并把简化的反应堆动态学方程组写为(见(1.30)及(1.31)式，这里假定缓发中子先行核分为有效的 m 组)：

$$\begin{cases} \dfrac{\mathrm{d}n}{\mathrm{d}t} = \dfrac{\rho-\beta}{l}n + \displaystyle\sum_{i=1}^{m}\lambda_i c_i + q, & (2.1\mathrm{a}) \\ \dfrac{\mathrm{d}c_i}{\mathrm{d}t} = \dfrac{\beta_i}{l}n - \lambda_i c_i, \quad (i = 1,2,\cdots,m) & (2.1\mathrm{b}) \end{cases}$$

式中的反应性 ρ 看成时间 t 的给定函数 $\rho(t)$，认为它不依赖于中子密度(或堆功率) n. 于是方程组(2.1a,b)就可以当成系数给定的线性常微分方程组求解.

本章中，我们将先讨论 $\rho(t)$ 等于常数或 t 的阶梯函数时动态学方程组(2.1a,b)的解. 从这些解的行为可以看出反应堆对反应性阶跃式输入的响应. 在这基础上，也可以讨论脉冲式反应性输入(脉冲堆)所引起的动态行为. 此外，我们也将讨论恒定反应性情形下，堆对脉冲源的响应，从而得出方程(2.1a,b)的 Green 函数. 对一般的、与时间有关源的响应，可用这 Green 函数表出. 在振荡源的讨论中，我们引进**传递函数**和**频率响应**的重要概念. 然后把这些概念应用于反应性小振荡的情形.

这些理想化情形的讨论，一方面使方程(2.1a,b)的求解简化；另一方面也为反应堆的某些动态行为提供了与实际接近的、容易理解的物理图像. 这是因为，和极短的中子一代时间 l 相联系，方程组(2.1a,b)的解中往往有一个时间常数比系统的其他时间常数小得多. 因此，在用阶梯函数或脉冲函数来模拟实际出现的反应性扰动或中子源的引进时，响应中由于这种模拟而引起的和实际情况的偏离会很快消失掉. 例如，对控制棒位置变化所引起反应性变化的响应，在新反应性水平达到后的很短时间内，常常就可以用对反应性阶跃输入的响应来很好模拟.

本章和下章的讨论中，还将引进一些有用的近似.

§2.1　平衡态和临界性、无源模型

我们将假定方程组(2.1a,b)中，所有参量 β_i，λ_i 及 l 均为恒量，同时函数 ρ 及 q 为给定的时间函数 $\rho(t)$ 及 $q(t)$，考虑方程组的解.

先考虑系统的平衡态(稳态),其中所有对时间的导数都等于0.将(2.1b)式对i求和,再和(2.1a)式相加,得

$$\frac{\mathrm{d}}{\mathrm{d}t}\left(n+\sum_i c_i\right)=\frac{\rho}{l}n+q; \tag{2.2}$$

因此平衡时应有

$$\rho=-\frac{lq}{n}. \tag{2.3}$$

这在$n=n_0$恒定时要求$\rho(t)$随时和$q(t)$成比例,或$\rho(t)/q(t)$与时间无关.最简单的情况是完全的平衡态,即q及ρ分别等于恒量q_0及ρ_0.这情况下,

$$\rho_0=-\frac{lq_0}{n_0}, \tag{2.4}$$

而反应堆称为处于**次临界平衡态**($\rho_0<0,k<1$).与此相应的**"停堆功率水平"**为

$$n_0=-\frac{lq_0}{\rho_0}=\frac{lq_0}{|\rho_0|}, \tag{2.5}$$

而**平衡先行核密度**为

$$c_{i0}=\frac{\beta_i n_0}{\lambda_i l}. \tag{2.6}$$

由$k=1(\rho=0)$定义的临界状态只有在$q=0$(无源)时才有可能处于稳态,否则就会发散,这从(2.2)式可以明显看出.实际上,在堆启动前引入堆中的提供适当探测读数的中子源,在临界状态趋近时虽然可以取出,但从自发裂变和宇宙射线来的中子"本底",却是经常存在的(虽然是微弱的)中子源.因此,一个在稳定功率运行中的反应堆总是处于略低于临界的次临界状态.当然,从(2.4)式可以看出:由于这时的$n_0/l\gg q_0$,相应的反应性ρ_0通常小到难以探测.在考虑堆的状态变化时,牵涉到的反应性变化远比稳态时存在的这一"次临界度"$|\rho_0|$为大,所以计算中一般可以把上述的"本底"源略去.

当反应堆为深次临界而外中子源重要时,一般引进**中子倍增**的概念.应用中子一代时间l和反应性ρ的定义(1.28)式和(1.29)式,可以把(2.4)式写成下列形式:

$$\frac{n_0}{l_0}=\frac{q_0}{1-k}=Mq_0, \tag{2.7}$$

式中l_0是中子寿命,而

$$M=\frac{1}{1-k}=1+k+k^2+\cdots \tag{2.8}$$

就是中子倍增.(2.7)式表明,在平衡态,中子损失率n_0/l_0等于中子产生率Mq_0.实际上,外源在每单位时间内只提供q_0个中子.可见,在次临界系统中每个源中子倍增为M个中子,从而使中子产生率倍增为Mq_0.(2.8)式可以解释为在增殖系数为

$k(<1)$的次临界系统中，中子倍增 M 代表逐代增殖的总效应.

当在新堆中装燃料时，临界的趋近用一个外中子源和若干中子探测器来监测. 当 $k\to1$ 时，探测器计数率(相对于未装燃料时的计数率表出时，就是倍增数)的倒数(它和 n_0 成反比)趋于 0. 用倍增数的倒数作纵坐标，装入的燃料元件数作横坐标，画出曲线，并外推到和横轴相交($1/M=0$)，就可以粗略地估计出到达临界时所需的燃料量. 应当指出，这办法高度依赖于外中子源和中子探测器放的位置以及燃料效率的空间变化，而这些与空间有关的效应是以上分析所依据的点堆模型所不包含的. 因此，为得出临界装载量的安全估计值(小于而不是大于实际临界装载量)，必须正确选择中子源和探测器的位置. 一般，中子源以放在堆中心，而探测器以放在能灵敏反映堆临界性能变化的位置为好. 关于这方面的仔细讨论和根据空间效应进一步改进临界装载量估计值的方法，读者可参看堆物理实验方面的专著[1].

另一方面，当堆在高功率运行，而源可略去时，$q=0$ 的方程组(2.1a,b)描写**无源点堆模型**. 从关系式(2.2)可见，这数学模型可以在任意功率 n_0(及由(2.6)式给出的先行核密度 c_{i0})下处于平衡态. 除非功率变得极小，以致“本底”源不能略去时，这模型一般是满意的.

在非线性稳定性的研究中，无源模型常常产生非物理的零功率平衡态. 这表现在方程(2.1a)中为：$q=0$ 时，零功率平衡态可与任意反应性相应，除非反馈方程为平衡态规定某个唯一的平衡反应性. 这情况是非物理的，因为堆中迟早总会出现一个“本底”中子，而这个中子将会引起一个发展下去的链式反应，从而破坏上述的零功率平衡态. 虽然如此，无源模型的概念还是有用的. 因为不管负反应性意味着功率将渐近地趋近于零(无源情形)，还是会趋近于一个很小的、由源决定的停堆功率值(有源情形)，从稳定性来说，结论一般是同样的. 这是因为，数学上，线性常微分方程组(2.1a,b)解的稳定性是由相应特征方程的各个根的性质决定的. 一般说来，不管对于无源情形，还是对于 $q\neq0$ 的非齐次情形，相应的特征方程是一样的(比较(2.40)式和(2.92)式). 从无源模型所满足的方程组($q=0$ 时的(2.1a,b))的简单定性讨论，不难看出这个模型的一个重要性质：物理量 n 及 c_i 一旦为正(对于任何有物理意义的情形，当然应当有 $n\geqslant0,c_i\geqslant0$)，就不可能变成负. 事实上，当在 $q=0$ 的(2.1a)式中让 n 从某一正值开始逐渐减小趋向零时，n 小到一定程度便会有 $\frac{\mathrm{d}n}{\mathrm{d}t}\approx\sum_i\lambda_i\cdot c_i>0$ (因所有 c_i 为正)；同样，从(2.1b)式可见，c_i 小时$\frac{\mathrm{d}c_i}{\mathrm{d}t}\approx\frac{\beta_i}{l}n>0$(因 n 为正)；所以 n 及 c_i 不可能变成负. 无源模型的这一性质，在非线性稳定性的研究中是有用的.

§2.2　反应性方程

对于恒定反应性 $\rho=\rho_0$，无源($q=0$)时的简化动态学方程(2.1a,b)是一组 $m+1$ 个常系数齐次线性常微分方程：

$$\begin{cases}\dfrac{dn}{dt}=\dfrac{\rho_0-\beta}{l}n+\sum_i\lambda_i c_i, & (2.9a)\\[2ex] \dfrac{dc_i}{dt}=\dfrac{\beta_i}{l}n-\lambda_i c_i, \quad (i=1,2,\cdots,m) & (2.9b)\end{cases}$$

这方程组存在本征解

$$\frac{dn}{dt}=\omega n,\quad \frac{dc_i}{dt}=\omega c_i\quad (i=1,\cdots,m),$$

的条件是：齐次线性代数方程组

$$\begin{cases}\left(\dfrac{\rho_0-\beta}{l}-\omega\right)n+\sum_i\lambda_i c_i=0,\\[2ex] \dfrac{\beta_i}{l}n-(\lambda_i+\omega)c_i=0,\quad (i=1,\cdots,m)\end{cases}\tag{2.10}$$

具有非零解，或这方程组的系数行列式等于零. 这就是本征值 ω 需满足的、方程组(2.9a,b)的特征方程. 经过简单运算后，这一特征方程可写成

$$\rho_0=r(\omega),\tag{2.11}$$

这里

$$r(\omega)\equiv l\omega+\beta-\sum_i\frac{\beta_i\lambda_i}{\omega+\lambda_i}=l\omega+\sum_i\frac{\beta_i\omega}{\omega+\lambda_i}.\tag{2.12}$$

显然，$\dfrac{r(\omega)}{\omega}$在 $\omega=0$ 为有限，而 $r(\omega)$在 $\omega=-\lambda_i(i=1,2,\cdots,m)$有单极点.

利用图解(参看图 2.1)，不难看出，特征方程(2.11)，看成 ω 的 $m+1$ 次代数方程，对于给定的反应性 ρ_0 具有 1 个符号和 ρ_0 相同的实根及 m 个负实根. 用 $\omega_j(j=1,2,\cdots,m+1)$代表这 $m+1$ 个实根，并且假设它们按代数值大小的顺序排列，即(对于 $m=6$ 的情形)

$$\omega_1>-\lambda_1>\omega_2>-\lambda_2>\cdots>\omega_6>-\lambda_6>\omega_7.\tag{2.13}$$

和这些根相应，方程组(2.9a,b)的解是 $m+1$ 个指数项 $e^{\omega_j t}$ 的线性组合. 例如，

$$n(t)=\sum_{j=1}^{m+1}A_j e^{\omega_j t}.\tag{2.14}$$

时间 t 大时，上式右边各项中将由 $j=1$ 的第一项占优：

$$n(t)\approx A_1 e^{\omega_1 t}\quad (t\text{ 大时}).\tag{2.15}$$

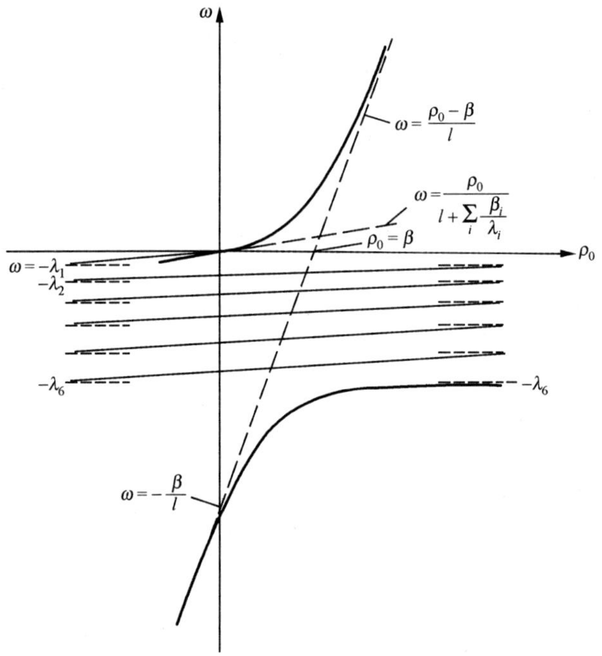

图 2.1 对于 6 组缓发中子,反应性方程的示意图

实际上由于$\frac{\beta}{l}\gg\lambda_6$,$\omega$大时的渐近线比图示的陡得多.

对于正 ρ_0,$\omega_1>0$,(2.15)式是一增长指数,而特征时间 $T=\frac{1}{\omega_1}$叫做"渐近周期"或"堆周期"(有时也叫"稳定周期"、"e 倍时间").(2.14)中,$j\geqslant 2$ 的各项仅在 t 小时起作用,所以它们叫瞬变项;相应的周期叫瞬变周期.可见,对于恒定反应性,堆功率的时间行为与特征方程的根 ω_j 等有关;特别是,ω_1 将决定堆的渐近周期.反过来,通过测定堆的渐近周期定出 ω_1,就可由特征方程算出相应的恒定反应性 ρ_0.因此,我们将把特征方程(2.11)叫做**反应性方程**,而把(2.12)式中函数 $r(\omega)$叫做**反应性特征函数**.习惯上常常把方程(2.11)叫做**倒时方程**,这是因为在堆物理学的发展早期,曾把相应于周期 $T=\frac{1}{\omega_1}=3\ 600\ \mathrm{s}=1\ \mathrm{h}$ 的正反应性定义为 1 个**倒时**.实际上,这反应性很小;在用^{235}U 作燃料的反应堆中,1 个倒时相当于 $\rho_0\approx 2\times 10^{-5}$.因此,现在倒时作为反应性的单位已很少采用,但倒时方程的名称还是保留了下来.现在,当说到反应性的大小时,通常就用 $\rho=\frac{k-1}{k}$的数值来表示.实用上常把$\frac{\rho}{\beta}$的数值叫做以"元"为单位的反应性值.因为$\frac{l}{\beta}$通常比 l 或 β 分别测定得更好,所以反应性方程更适于从动态学的观测给出$\frac{\rho}{\beta}$,而不是 ρ 本身.这样,瞬发临界态所具有的反应性是 1 元，而用“分”(100 分＝1 元)来表示反应性常常是方便的. 有时把小反应性表示成“百分反应性”，其数值为 100ρ. 更小的单位有“千分反应性”(millire)及“百万分反应性”(microre)；另外，“十万分反应性”也记做 PCM. 用这些单位来表示时，反应性数值分别等于 $10^3\rho$，$10^6\rho$ 及 $10^5\rho$.

$|\omega|\gg\max(\lambda_i)$时，从(2.12)式的第一形式可见，反应性方程(2.11)趋近于渐近式：

$$\rho_0=\beta+l\omega \tag{2.16}$$

或

$$\omega=\frac{\rho_0-\beta}{l}; \tag{2.16$'$}$$

而$|\omega|\ll\min(\lambda_i)$时，从(2.12)式的第二形式可见，方程(2.11)变成

$$\rho_0\approx\Big(l+\sum_i\frac{\beta_i}{\lambda_i}\Big)\omega \tag{2.17}$$

或

$$\omega\approx\frac{\rho_0}{l+\sum\limits_i\dfrac{\beta_i}{\lambda_i}}. \tag{2.17$'$}$$

由于这 ω 随 ρ_0 变号，可知(2.17′)给出的是与渐近周期相应的根 ω_1 在$|\rho_0|$小时的近似值. 直线(2.16′)及(2.17′)也都示意地在图 2.1 中画了出来；图中也示意性地标出了渐近线 $\omega=-\lambda_i(i=1,2,\cdots,6)$.

要是没有缓发中子，反应性方程就会约化成 $\rho_0=l\omega$，而中子密度就会是

$$n(t)=n(0)\mathrm{e}^{\frac{\rho_0}{l}t} \tag{2.18}$$

对于小反应性($|\rho_0|$小)，(2.17)式可以写成 $\rho_0=l'\omega$ 的形式，这里

$$l'=l+\sum_i\frac{\beta_i}{\lambda_i} \tag{2.19}$$

起着**有效的**中子一代时间的作用，或简称**有效寿命**. 于是，$|\rho_0|$小时，解中的占优项将近似为

$$n(t)\approx A_1\mathrm{e}^{\frac{\rho_0}{l'}t}. \tag{2.20}$$

比较(2.20)和(2.18)式可见，由于 $l'>l$，缓发中子显然有使中子密度的时间行为减慢的影响. 减慢影响的大小可以通过比较 l 及 $\sum\limits_i\dfrac{\beta_i}{\lambda_i}$ 的值看出. 中子一代时间 l 从(无反射层的块金属装置的)10^{-8} s 变到(大热堆的)10^{-3} s，而从表 1.12 导出的 $\sum\limits_i\dfrac{\beta_i}{\lambda_i}=\dfrac{\beta}{\lambda}$ 的值则列出如表 2.1；它们都$\gtrsim0.03$. 因此(2.19)式中的 l 很不重要，而有效寿命近似为

$$l' \approx \sum_i \frac{\beta_i}{\lambda_i} = \frac{\beta}{\lambda}, \tag{2.21}$$

于是对渐近周期的反应性方程为

$$\rho_0 \approx l'\omega \approx \sum_i \frac{\beta_i}{\lambda_i}\omega = \frac{\beta}{\lambda}\omega, \tag{2.17''}$$

所以对小反应性($|\rho_0|$小)的渐近响应由缓发中子起支配作用.

表 2.1 从表 1.12 导出的有效寿命 $l' \approx \frac{\beta}{\lambda} = \sum_i \frac{\beta_i}{\lambda_i}$

有效中子能量	燃料	有效寿命/s
热能	^{233}U	0.049 0
	^{235}U	0.084 7
	^{239}Pu	0.032 7
1.45 MeV	^{233}U	0.047 7
1.58 MeV	^{235}U	0.081 9
1.45 MeV	^{239}Pu	0.029 9

现在讨论上面这些考虑在图 2.1 中图像上的反映. 由于 $l \ll \frac{\beta}{\lambda}$,图中尺度和实际情况相比是大大歪曲了. 实际上,渐近线 $\omega = \frac{\rho_0 - \beta}{l}$ 应当几乎是垂直的. 当 ρ_0 从零开始增加时,正根开始增加很慢,如(2.17′)所示. 但一旦 ρ_0 超过 β,缓发中子的减慢效应就没有了. $\rho_0 = \beta$ 时,堆处于**瞬发临界**状态. 这时,链式反应单靠瞬发中子就能自持.

由于 l 小,在(2.12)式的 $r(\omega)$ 中,命 $l \to 0$,可得反应性方程的一个有用的重要近似:

$$\rho_0 \approx \beta - \sum_i \frac{\beta_i \lambda_i}{\omega + \lambda_i} = \sum_i \frac{\beta_i \omega}{\omega + \lambda_i}. \tag{2.22}$$

在 $\rho_0 < \beta$ 的大部分范围内,这近似比有效寿命近似(2.17″)好得多. 容易看出,如果在(2.10)的第一式中,ω 和 $\frac{\rho_0 - \beta}{l}$ 相比可以略去,也就是说,如果在(2.9a)式中 $\frac{dn}{dt}$ 和 $\frac{\rho_0 - \beta}{l} n$ 相比可以略去,得出的特征方程就是(2.22)式. 这个近似叫"**瞬跳近似**";它是以后(参看第三章)要详细讨论的渐近展开解法中的零级近似. 由于瞬跳近似在 $l \to 0$ 时成立,所以有时也把它叫做"**零寿命近似**". $\rho_0 < \beta$ 时,(2.22)式对反应性方程(2.11)的根 $\omega_1, \omega_2, \cdots, \omega_6$ 都能给出好的近似. 但因 $l \to 0$ 时,图 2.1 中的渐近线 $\omega = \frac{\rho_0 - \beta}{l}$ 变成平行于 ω 轴的直线 $\rho_0 = \beta$,ω_7 那一根在瞬跳近似时消失(指 $\rho_0 < \beta$ 范围

内).

在瞬发临界附近,近似(2.22)不再适用,但利用 l 小可得另一简单公式. 事实上,$\rho_0=\beta$ 时,反应性方程(2.11)变成

$$l\omega-\sum_i\frac{\beta_i\lambda_i}{\omega+\lambda_i}=0. \tag{2.23}$$

由于 l 小,此式要求 ω 大. 设 $|\omega|\gg\max(\lambda_i)$,则(2.23)式变成

$$l\omega-\sum_i\frac{\beta_i\lambda_i}{\omega}\approx 0, \tag{2.23'}$$

或

$$\omega^2\approx\frac{1}{l}\sum_i\beta_i\lambda_i=\frac{\beta\lambda'}{l}; \tag{2.24}$$

这里 $\lambda'\equiv\frac{1}{\beta}\sum_i\beta_i\lambda_i$ 是缓发中子先行核衰减常数的平均值(见表 1.12). 由(2.24)式得 ω 的两个根:

$$\omega\approx\pm\sqrt{\frac{\beta\lambda'}{l}}, \tag{2.25}$$

它们是瞬发临界时反应性方程(2.11)的最大和最小代数值根 ω_1 及 ω_7 的近似值;从(2.23)和(2.23′)式的比较可见,正根的近似度更好.

当 $\rho_0\approx\beta$ 时,近似式(2.23′)应换成

$$\rho_0\approx\beta+l\omega-\sum_i\frac{\beta_i\lambda_i}{\omega}; \tag{2.26}$$

而 ω 的近似值可在(2.25)式的基础上利用下式迭代求得

$$\omega\approx\frac{1}{l}\left(\rho_0-\beta+\frac{\beta\lambda'}{\omega}\right). \tag{2.27}$$

由于数值的范围宽,反应性方程的正根通常在双对数图上画出,如图 2.2 所示. 图中示意性地给出了四种不同的画法. ω 小及 ω 大时的单位斜率直线分别是(2.17)及(2.16)式的 $\rho_0\to l\omega$ 极限. 这些极端情形之间是经过瞬发临界 $\rho_0=\beta$ 的过渡区. 过渡区中,ρ_0 的很小变化引起 ω 的很大变化.

为给出反应性方程各根随反应性变化的定量结果,我们在图 2.3 中根据文献[2]给出了用 ^{235}U 的热裂变缓发中子数据(表 1.10)得出的、各根倒数$\left(T=\frac{1}{\omega_1}\right.$为稳定周期,$\frac{1}{\omega_2},\cdots,\frac{1}{\omega_7}$为瞬变周期$\left.\right)$随反应性 ρ_0(以元为单位)变化的半对数图像.

现在让我们探讨 1 组缓发中子近似(其中把所有缓发中子看成具有单一的有效衰减常数 λ)能在多大程度上逼近实际情形下(即在没有光中子的显著贡献和缓发中子分为 6 组时)的反应性方程.

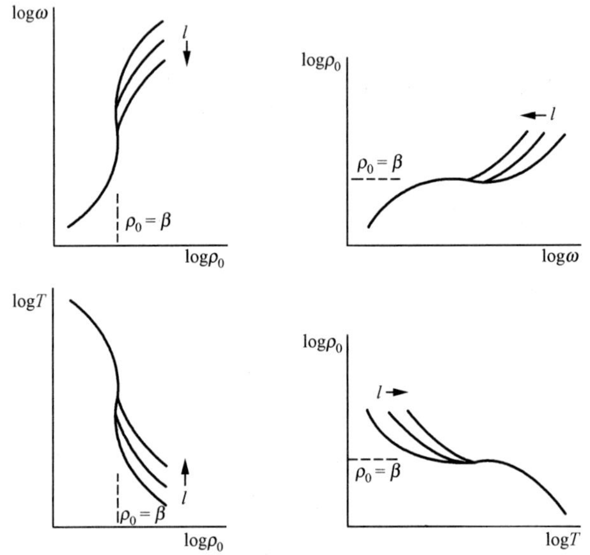

图 2.2 反应性方程正根 $\omega\left(\text{或 } T=\frac{1}{\omega}\right)$对正反应性 ρ_0 在双对数图上的表示箭头表示 l 增加的效应.

1 组缓发中子情形下,反应性方程(2.11)变成:

$$\rho_0 = l\omega + \frac{\beta\omega}{\omega + \lambda}. \tag{2.28}$$

和多组情形下的原式(2.11)对比,不难看出,如果选择

$$\beta = \sum_i \beta_i, \quad \frac{\beta}{\lambda} = \sum_i \frac{\beta_i}{\lambda_i}, \tag{2.29}$$

那么,在 $|\omega| \ll \min(\lambda_i)$ 和 $|\omega| \gg \max(\lambda_i)$ 时,也就是说,对于很小和很大的 ω 数值,(2.28)式都可以给出和(2.11)式匹配很好的结果. 实际上,在这两个极端情形下,(2.11)式分别变成(2.17)式和(2.16)式,和这一情形下(2.28)式变成的式子完全一样(如果 β 及 λ 如(2.29)式选择). (2.29)式中定义的有效 λ 正好就是表 1.12 中列出的 λ,即 $\frac{1}{\lambda}$ 是各组缓发中子先行核的平均衰变时间. 对 ^{235}U 中的热裂变,$\lambda = 0.0767\ \mathrm{s}^{-1}$.

(2.28)式可以看成 ω 的二次方程:

$$l\omega^2 + (\beta - \rho_0 + \lambda l)\omega - \lambda\rho_0 = 0. \tag{2.30}$$

它的两个实根,一个符号与 ρ_0 相同(ω_1 的近似值),一个为负(ω_7 的近似值).

当 ω 的值既不很小,又不很大时,在有效 λ 值如(2.29)式选择时,1 组缓发中子反应性方程(2.28)的误差可能相当大. 另一个选择有效 λ 的方法是试图在瞬发临界附近匹配. 事实上,$\rho_0 \approx \beta$ 时,多组缓发中子反应性方程的近似式(2.26)可以写

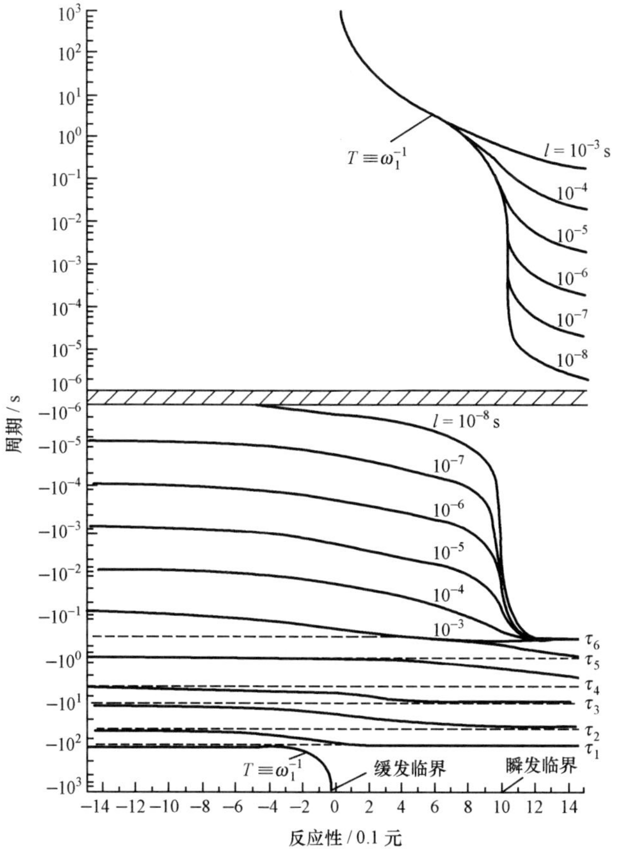

图 2.3　反应堆的稳定及瞬变周期与反应性的关系(对于^{235}U 热裂变的缓发中子数据)

虚线 $\tau_1,\cdots,\tau_6$ $\left(\text{即}\frac{1}{\lambda_1},\cdots,\frac{1}{\lambda_6}\right)$分别是^{235}U 热裂变中 6 组缓发中子的平均寿命. 参数 l 是中子一代时间：$\beta=0.0064$[2].

成下列 1 组形式：

$$\rho_0 \approx \beta + l\omega - \frac{\beta\lambda'}{\omega}, \tag{2.31}$$

其中

$$\lambda' = \frac{1}{\beta}\sum_i \beta_i \lambda_i \tag{2.32}$$

是各组缓发中子先行核衰变常数 λ_i 按产额权重的平均值(见表 1.12). 对于^{235}U 中的热裂变，有 $\lambda'=0.405$.

图 2.4 给出了用 1 组缓发中子和 6 组缓发中子对反应性方程曲线正支所作计算结果的比较[3]. 计算中采用了参数值 $\beta=0.0079$ 及 $l=10^{-4}$ s. 6 组反应性与(用 $\lambda=0.077$ 的)1 组反应性之间的最大相对误差出现在 $\omega=0.1\ \text{s}^{-1}$处，大约为 40%.

(用 $\lambda'=0.40$ 的)1 组反应性实际上在很宽范围内(相当于 $\rho_0 \lesssim 0.005$ 时)更接近 6 组值,虽然它对于给定的 ω 所算出的 ρ_0 值总是小于 6 组值. 对非常小的反应性,用 λ' 的 1 组近似毫无用处,而用 λ 的 1 组值却符合不错.

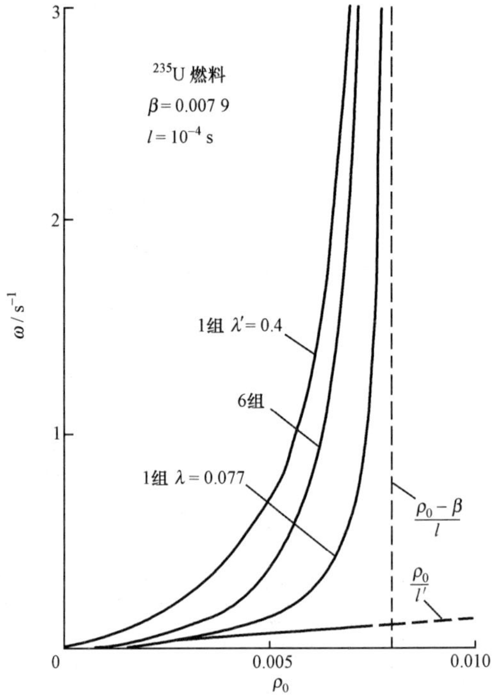

图 2.4　反应性曲线正支的 1 组及 6 组计算结果的比较

1 组缓发中子近似对于不大的正反应性有另一困难. 这时,1 组算出的 $n(t)$ 具有一上升指数项及一很快衰减的指数项. 由于没有 6 组反应性曲线的中间各分支(对应于衰变更慢的项),1 组近似低估了反应性引入后渐近项占优前所需的时间. 这在讨论反应性阶跃输入所引起的渐近响应时可能引起错误(见下节).

由于同样的原因,1 组模型对于大的负反应性也不能提供有用的近似. 实际上,这时 $n(t)$ 中的所有项都是衰减着的指数,因此绝对值最小($\omega_1 \sim -\lambda_1$)的项最终将占优,而 1 组模型预估的渐近衰减(衰减常数为 $\omega \sim -\lambda$)却会快得多. 某些情形下,用 λ_1 作 1 组模型中的有效 λ 会给出更好的结果,但这样在反应性小时就会有很大的误差.

改善对负反应性的适应而又不大大增加数学复杂性的一个途径是应用 2 组或 3 组缓发中子近似,其中一组全同于所有 6 组中的最长寿命组(β_1, λ_1),另外一组或两组则可通过对物理量 $\sum_i \beta_i$ 及 $\sum_i \frac{\beta_i}{\lambda_i}$ 或再加上对物理量 $\sum_i \beta_i \lambda_i$ 及 $\sum_i \frac{\beta_i}{\lambda_i^2}$ 的匹配来选定. 这些物理量中前三量的意义已在前面提到，而 $\sum_i \frac{\beta_i}{\lambda_i^2}$ 的匹配则能保证零频率处频率响应(见 § 2.7)的幅和相都能和 6 组计算中一样.

也可以根据其他考虑来选择少组缓发中子近似中的有效参量. 例如，2 组近似中的 4 个参量也可以直接通过上述四个物理量的匹配来选取，而不考虑对大的负反应性的适应.

表 2.2 为 ^{235}U 热裂变中缓发中子列举了 1 组到 3 组的表示法[4]，其中 1 组表示匹配 $\sum_i \beta_i$ 及 $\sum_i \frac{\beta_i}{\lambda_i}$，2 组及 3 组表示匹配 $\sum_i \beta_i$，$\sum_i \frac{\beta_i}{\lambda_i}$，$\sum_i \beta_i\lambda_i$ 及 $\sum_i \frac{\beta_i}{\lambda_i^2}$，同时 3 组表示中的第一组全同于所有 6 组中衰变常数最小的一组.

表 2.2　^{235}U 热裂变中缓发中子的少组表示[4]

m	i	$\lambda_i/(\mathrm{s}^{-1})$	β_i/β
1	1	0.076 7	1.000
2	1	0.025 2	0.297
	2	0.566	0.703
3	1	0.012 4	0.033
	2	0.036 9	0.346
	3	0.632	0.621

这些少组近似在实际中广泛用来在有限的机器计算条件下给出较大范围内反应性方程的相当准确的模拟[4].

§ 2.3　对阶跃反应性输入的响应

所谓“阶跃反应性输入”的意思，就是指在某时刻 t_0 反应性发生跳跃式的变化，而在跳跃之前和之后保持着(不同的)恒定值：

$$\rho(t) = \begin{cases} \rho_1, & t < t_0, \\ \rho_2, & t \geqslant t_0. \end{cases} \tag{2.33}$$

从动态学方程(2.1a,b)不难看出，反应性的阶跃意味着堆功率变化率 $\frac{\mathrm{d}n}{\mathrm{d}t}$ 的阶跃. 实际上，如果假设除 ρ 在 $t=0$ 时有阶跃式变化 $\rho(-0)\to\rho(+0)$ 外，$n(t)$，$c_i(t)$ 及 $q(t)$ 都是时间的连续函数，则由方程(2.1a)马上可以导出

$$\left.\frac{\mathrm{d}n}{\mathrm{d}t}\right|_{t=+0} - \left.\frac{\mathrm{d}n}{\mathrm{d}t}\right|_{t=-0} = [\rho(+0) - \rho(-0)]\,\frac{n(0)}{l}. \tag{2.34}$$

现在考虑对原来处在无源平衡状态的反应堆在 $t=0$ 时阶跃输入反应性 ρ_0 的特殊情形，即，在条件：

$$q = 0, \quad 对所有\ t,$$
$$\rho = \begin{cases} 0, & 对\ t < 0, \\ \rho_0, & 对\ t \geqslant 0 \end{cases} \tag{2.35}$$

之下，求动态学方程组(2.1a,b)(就是(2.9a,b))之解. 上节中，我们已经指出，所求解是形如(2.14)式的、$m+1$ 个指数项之和. 这些项的系数本来需要通过把 $n(t)$ 及 $c_i(t)$ 的类似表达式代入(2.9a,b)式后，对比同类指数项的系数，找出它们之间的关系，再利用初始条件(2.35)和与之相应的初始值 $n(0)$，$c_i(0)$，才能确定. 但本节中，我们将不这样去做，而采取对方程组(2.9a,b)直接进行 Laplace 变换，把初始条件自动引入的解法. 下面可以看到，这种解法引到同样的特征方程——反应性方程(2.11)，并自动给出(2.14)形状的、包含初始条件在内的解. 以后(§2.5 中)还可以看到，这解法还可以同样地应用于有源的情形.

引进 Laplace 变换：

$$N(s) = \int_0^{\infty} n(t)\mathrm{e}^{-st}\mathrm{d}t, \tag{2.36a}$$

$$\Gamma_i(s) = \int_0^{\infty} c_i(t)\mathrm{e}^{-st}\mathrm{d}t, \quad (i = 1, \cdots, m) \tag{2.36b}$$

并利用由分部积分法求出的下列关系：

$$\int_0^{\infty} \frac{\mathrm{d}f}{\mathrm{d}t}\mathrm{e}^{-st}\mathrm{d}t = sF(s) - f(0), \tag{2.37}$$

式中 $f=f(t)$，而 $F(s)$ 是 $f(t)$ 的 Laplace 变换，可以把微分方程组(2.9a,b)变换为包含初始条件在内的代数方程组：

$$\begin{cases} sN - n(0) = \dfrac{\rho_0 - \beta}{l}N + \sum\limits_i \lambda_i \Gamma_i, & (2.38\text{a}) \\ s\Gamma_i - c_i(0) = \dfrac{\beta_i}{l}N - \lambda_i \Gamma_i, \quad (i=1, \cdots, m) & (2.38\text{b}) \end{cases}$$

这组代数方程容易求解. 实际上，先从(2.38b)式解出 Γ_i：

$$\Gamma_i = \frac{\dfrac{\beta_i}{l}N + c_i(0)}{s + \lambda_i}, \tag{2.39}$$

再代入(2.38a)式，便可解出 N：

$$N(s) = l\left[n(0) + \sum_i \frac{\lambda_i c_i(0)}{s + \lambda_i}\right] \Big/ \left[r(s) - \rho_0\right], \tag{2.40}$$

式中 $r(s) \equiv ls + \beta - \sum\limits_i \dfrac{\beta_i \lambda_i}{s + \lambda_i}$ 就是曾经在(2.12)式中引进过的函数. 利用初始存在的无源平衡条件

$$c_i(0) = \frac{\beta_i n(0)}{\lambda_i l}, \tag{2.6}$$

可以把(2.40)式改写成：

$$\frac{N(s)}{n_0}=\frac{l+\sum_i \frac{\beta_i}{s+\lambda_i}}{r(s)+\rho_0}=\frac{r(s)/s}{r(s)-\rho_0} \tag{2.41}$$

对 $N(s)$进行 Laplace 逆变换，便可求出 $n(t)$：

$$n(t)=\frac{1}{2\pi \mathrm{i}}\int_{\sigma-\mathrm{i}\infty}^{\sigma+\mathrm{i}\infty} N(s)\mathrm{e}^{st}\mathrm{d}s, \tag{2.42}$$

式中 σ 为大于 $N(s)$在复 s 平面上所有奇点实部的实数，而积分路径为平行于复 s 平面中虚轴的直线. 考查(2.41)式，并和反应性方程(2.11)作比较，可以看出，反应性方程的 $m+1$ 个不同实根实际上是 $N(s)$所具有的在实轴上的 $m+1$ 个单极点. 而且，除这些极点外，$N(s)$没有别的奇点(在 $s=-\lambda_i$ 处没有极点，因为(2.41)式右边在这些点处有有限的极限值). 实际上，可以把 $N(s)$写成两个 s 的多项式之比：

$$\frac{N(s)}{n_0}=\frac{P(s)}{D(s)}, \tag{2.43}$$

式中

$$P(s)=s^{-1}r(s)\prod_i(s+\lambda_i), \tag{2.44}$$

$$D(s)=[r(s)-\rho_0]\prod_i(s+\lambda_i), \tag{2.45}$$

分别是 m 次和 $m+1$ 次多项式.

通过把(2.42)中积分路径变成在左边添加半径趋向无限大的半圆后形成的回路，可见 $n(t)$就是 $N(s)\mathrm{e}^{st}$ 在各极点 $s=\omega_j$ 的留数之和. 每个留数具有形状

$$n_0\lim_{s\to\omega_j}\left[(s-\omega_j)\frac{P(s)}{D(s)}\mathrm{e}^{st}\right]=n_0\frac{P(\omega_j)}{D'(\omega_j)}\mathrm{e}^{\omega_j t}, \tag{2.46}$$

式中 $D'(s)$为 $D(s)$对 s 的导数. 记住 ω_j 是反应性方程之根，即 $r(\omega_j)-\rho_0=0$，通过简单的运算后容易得出

$$n(t)=n_0\sum_{j=1}^{m+1}\frac{r(\omega_j)}{\omega_j r'(\omega_j)}\mathrm{e}^{\omega_j t}. \tag{2.47}$$

式中

$$r'(s)=l+\sum_i\frac{\beta_i\lambda_i}{(s+\lambda_i)^2}>0. \tag{2.48}$$

(2.47)式给出无源时，从无源平衡状态(2.6)式出发，反应堆对阶跃反应性输入(2.35)式的响应. 各组缓发中子先行核密度随时间的变化 $c_i(t)$也可以从利用(2.39)及(2.41)式得出的 $\Gamma_i(s)$的表达式，通过 Laplace 逆变换求出；或利用(2.47)式及初始条件 $c_i(0)$，通过积分一阶常微分方程(2.9b)得出.

利用反应性方程 $r(\omega_j)=\rho_0$，可以把(2.47)式改写成下列方便的形式：

$$n(t) = n_0 \rho_0 \sum_{j=1}^{m+1} \frac{e^{\omega_j t}}{\omega_j r'(\omega_j)}. \tag{2.49}$$

从(2.49)式可见,对于正 ρ_0,各指数项的系数和相应的 ω_j 同号;而对于负 ρ_0,由于所有 ω_j 为负,所以所有系数都为正.

为了以后的应用,我们以下将建立 $r(\omega)$ 及 $r'(\omega)$ 所满足的一些恒等式和关系式.顺便可以验证:(2.49)式所给出的 $n(t)$ 满足初始条件 $n(+0)=n_0$ 而 $\frac{dn}{dt}$ 满足阶跃条件 $n'(+0)=\frac{\rho_0 n_0}{l}$(见(2.34),我们考虑的情形下有 $\rho(-0)=0, n'(-0)=0$).为此,引进 $m+1$ 次多项式:

$$f(\omega) = \prod_{j=1}^{m+1} (\omega - \omega_j) \tag{2.50}$$

及 m 次多项式

$$g(\omega) = \prod_{i=1}^{m} (\omega + \lambda_i). \tag{2.51}$$

由于 $r(\omega_j)=\rho_0$,而 $[r(\omega)-\rho_0]g(\omega)$ 是以 $\omega_j (j=1,\cdots,m+1)$ 为根的 $m+1$ 次多项式,显然存在恒等关系:

$$[r(\omega) - \rho_0] g(\omega) = l f(\omega), \tag{2.52}$$

两边对 ω 求导后令 $\omega=\omega_j$,有

$$r'(\omega_j) g(\omega_j) = l f'(\omega_j). \tag{2.53}$$

又由于

$$\left[\frac{f(\omega)}{\omega - \omega_j}\right]_{\omega=\omega_j} = f'(\omega_j), \tag{2.54}$$

可以将 $g(\omega)$ 写成 Lagrange 内插形式:

$$g(\omega) = f(\omega) \sum_{j=1}^{m+1} \frac{g(\omega_j)}{(\omega - \omega_j) f'(\omega_j)}. \tag{2.55}$$

事实上,(2.55)式左边和右边都是 m 次多项式,并在 $m+1$ 个点 $\omega=\omega_j (j=1,\cdots,m+1)$ 具有共同值 $g(\omega_j)$,所以两边是恒等的.利用(2.53)式,(2.55)式可写成下列恒等式:

$$g(\omega) = l f(\omega) \sum_{j=1}^{m+1} \frac{1}{(\omega - \omega_j) r'(\omega_j)}, \tag{2.56}$$

再利用(2.52)式得出恒等式:

$$\frac{1}{r(\omega) - \rho_0} = \sum_{j=1}^{m+1} \frac{1}{(\omega - \omega_j) r'(\omega_j)}. \tag{2.57}$$

在(2.57)式中令 $\omega=0$,并注意 $r(0)=0$,得关系式

$$\frac{1}{\rho_0}=\sum_{j=1}^{m+1}\frac{1}{\omega_j\,r'(\omega_j)}. \tag{2.58}$$

用这一关系马上可验证(2.49)式所给出的解确满足初始条件：$n(+0)=n_0$. 在(2.56)式中令 $\omega=-\lambda_i$，并注意 $g(-\lambda_i)=0$，得关系式

$$\sum_{j=1}^{m+1}\frac{1}{(\omega_j+\lambda_i)r'(\omega_j)}=0. \tag{2.59}$$

于是，从(2.58)式又可写出关系式：

$$1=\sum_{j=1}^{m+1}\frac{\rho_0}{\omega_j\,r'(\omega_j)}=\sum_{j=1}^{m+1}\frac{l+\sum\limits_{i=1}^{m}\dfrac{\beta_l}{\omega_j+\lambda_i}}{r'(\omega_j)}=\sum_{j=1}^{m+1}\frac{l}{r'(\omega_j)}, \tag{2.60}$$

这里利用了 $\rho_0=r(\omega_j)=\omega_j\left[l+\sum\limits_i\dfrac{\beta_i}{\omega_j+\lambda_i}\right]$ 及(2.59)式. 利用关系式(2.60)，马上可验证：(2.49)式求导后给出的 $n'(t)$ 满足阶跃条件：

$$n'(+0)=n_0\rho_0\sum_{j=1}^{m+1}\frac{1}{r'(\omega_j)}=\frac{n_0\rho_0}{l}. \tag{2.61}$$

对于 1 组缓发中子模型，(2.49)式化简为

$$n(t)=n_0\rho_0\left[\frac{1}{\omega_1 r'(\omega_1)}e^{\omega_1 t}+\frac{1}{\omega_2 r'(\omega_2)}e^{\omega_2 t}\right]. \tag{2.62}$$

利用对于 1 组情形($m=1$)写出的关系式(2.56)，令其中 ω 分别等于 ω_1 及 ω_2，再利用 ω_1 和 ω_2(它们是(2.30)式的两个根)满足的关系 $\omega_1\omega_2=-\dfrac{\lambda\rho_0}{l}$，可以把(2.62)式改写成

$$n(t)=\frac{n_0}{\omega_1-\omega_2}\left[\left(\frac{\rho_0}{l}-\omega_2\right)e^{\omega_1 t}+\left(\omega_1-\frac{\rho_0}{l}\right)e^{\omega_2 t}\right]. \tag{2.62$'$}$$

实际上，(2.62′)式也可以直接从方程组

$$\begin{cases}\dfrac{dn}{dt}=\dfrac{\rho-\beta}{l}n+\lambda c, & (2.63a)\\[2ex] \dfrac{dc}{dt}=\dfrac{\beta}{l}n-\lambda c, & (2.63b)\end{cases}$$

利用 $t<0$ 时在 $n=n_0$ 平衡及 $t=0$ 时有阶跃输入(2.35)式的条件求出.

对于正 ρ_0，$\omega_1>0$ 而 $\omega_2<0$，因此(2.62)或(2.62′)式所给出的 $n(t)$ 中上升项 $e^{\omega_1 t}$ 的系数 A_1 为正，而衰减项 $e^{\omega_2 t}$ 的系数 A_2 为负($r'(\omega)$ 总是正的). 图 2.5 是 $n(t)$ 及组成它的两个指数项的图像.

开始时 $n(t)$ 的很快上升("瞬跳")是因为短时间内，缓发中子产生率基本上还由原来存在的中子密度 n_0 决定，而这产生率开始时足以维持 $n(t)$ 的迅速上升. 也就是说，开始时，(2.63a)式右边的 λc 项大致还能和 $-\dfrac{\beta}{l}n$ 项相抵消，使中子增长率

$\frac{\mathrm{d}n}{\mathrm{d}t}\approx\frac{\rho_0}{l}n$. 事实上，由(2.61)式可见，$n(t)$的初始增长率为$\frac{\rho_0 n_0}{l}$，就好像所有中子都是瞬发的那样. 但当$n(t)$已显著上升时，缓发中子的产生就跟不上$n(t)$的上升，也就是说，$\lambda c$已补偿不了$-\frac{\beta}{l}n$. 于是链式反应按动态学方程组(2.63a,b)自动调整，$\frac{\mathrm{d}n}{\mathrm{d}t}$由初始值$\frac{\rho_0 n_0}{l}$逐步变小，$\frac{\mathrm{d}c}{\mathrm{d}t}$由初始值0逐步变大，直到$n(t)$及$c(t)$都以同样的指数随时间上升为止. 这时，上升率比所有中子都是瞬发时要慢(渐近周期更长).

对于大的正反应性，这效应虽仍存在，但不这样显著. 这是因为，ρ_0增大时，ω_1很快增加而$|\omega_2|$减小. 所以(2.62)式右边第二项衰减变缓而第一项上升变快，结果使$n(t)$曲线的转折远没有图2.5中所示的那么显著.

对于负反应性阶跃($\rho_0<0$)，ω_1与ω_2都是负的(和ρ_0同号)，所以(2.62)或(2.62′)式中两项系数都是正的. $n(t)$包含两个衰减指数的叠加，$e^{\omega_2 t}$项总是衰减更快(造成"瞬落"现象).

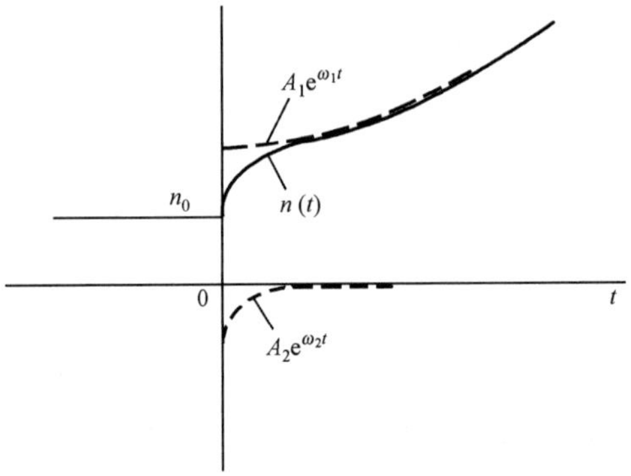

图2.5 1组缓发中子近似下，对阶跃反应性输入的响应虚线示出(2.62)式或(2.62′)式中的两项.

最后考虑某些极限情形下的简化. 当$|\rho_0|\lesssim\frac{\beta}{2}$时，由于$\lambda l\ll\beta-\rho_0$，1组缓发中子近似中反应性方程(2.30)的根等于

$$\omega=\frac{-(\beta-\rho_0+\lambda l)\pm[(\beta-\rho_0+\lambda l)^2+4\lambda\rho_0 l]^{1/2}}{2l}$$

$$\approx\frac{-(\beta-\rho_0)\pm(\beta-\rho_0)\left[1+\frac{4\lambda\rho_0 l}{(\beta-\rho_0)^2}\right]^{1/2}}{2l}$$

$$\approx\frac{-(\beta-\rho_0)\pm(\beta-\rho_0)\left[1+\frac{2\lambda\rho_0 l}{(\beta-\rho_0)^2}\right]}{2l};\tag{2.64}$$

取"+"号时，得

$$\omega_1 \approx \frac{\lambda\rho_0}{\beta-\rho_0}, \tag{2.65}$$

取"－"号时，得

$$\omega_2 \approx -\frac{\beta-\rho_0}{l}. \tag{2.66}$$

可见，$|\omega_1| \ll |\omega_2|$. 到同样的近似度$\left[o\left(\frac{1}{l}\right)\right]$有

$$\omega_1-\omega_2 \approx \frac{\beta-\rho_0}{l},$$

$$\frac{\rho_0}{l}-\omega_2 \approx \frac{\beta}{l}, \quad \omega_1-\frac{\rho_0}{l} \approx -\frac{\rho_0}{l},$$

而(2.62′)式变成

$$n(t) \approx \frac{n_0}{\beta-\rho_0}\left[\beta\exp\left(\frac{\lambda\rho_0}{\beta-\rho_0}t\right)-\rho_0\exp\left(-\frac{\beta-\rho_0}{l}t\right)\right]. \tag{2.67}$$

这是阶跃反应性输入$|\rho_0|$小时，响应$n(t)$的一个有用的近似式. 从它容易看出响应的两个重要性质：

(1) $\frac{n}{n_0}$中的"瞬跳"($\rho_0>0$时)或"瞬落"($\rho_0<0$时)，近似地是从1到$\frac{\beta}{\beta-\rho_0}$；

(2) 瞬变期间的长短为$\frac{l}{\beta-\rho_0}$量级.

$l\to0$时，(2.67)式中第二项趋于零，只剩下第一项，这就是"瞬跳近似"(PJ)(参看(2.22)式和有关的讨论)中的阶跃响应(见图2.6)：

$$n(t) \approx n_0 \cdot \frac{\beta}{\beta-\rho_0}\exp\left(\frac{\lambda\rho_0}{\beta-\rho_0}t\right). \tag{2.68}$$

这近似说明，$n(t)$可以近似地用与反应性阶跃变化相应的、在$t=0$处有间断$\left(\frac{n}{n_0}\text{从1跳到}\frac{\beta}{\beta-\rho_0}\right)$的函数来描写. 下章中将仔细讨论这近似.

对于大的反应性阶跃($\rho_0>\beta$)，当$\rho_0-\beta\gg\lambda l$时，(2.64)式中所作的近似仍然可用，但应注意，现在把因子$(\beta-\rho_0+\lambda l)^2\approx(\beta-\rho_0)^2$从$[\ ]^{1/2}$中提出时所得的因子是$(\rho_0-\beta)$而不像(2.64)式中那样是$(\beta-\rho_0)$. 于是，取"＋"号时得

$$\omega_1 \approx \frac{\rho_0-\beta}{l}, \tag{2.65′}$$

取"－"号时得

$$\omega_2 \approx -\frac{\lambda\rho_0}{\rho_0-\beta}. \tag{2.66′}$$

可见，现在有$\omega_1\gg|\omega_2|$，而

$$\omega_1-\omega_2 \approx \frac{\rho_0-\beta}{l}, \quad \frac{\rho_0}{l}-\omega_2 \approx \frac{\rho_0}{l}, \quad \omega_1-\frac{\rho_0}{l} \approx -\frac{\beta}{l}.$$

所以(2.62′)式给出

$$n(t) \approx \frac{n_0}{\rho_0-\beta}\left[\rho_0 \exp\left(\frac{\rho_0-\beta}{l}t\right)-\beta \exp\left(-\frac{\lambda\rho_0}{\rho_0-\beta}t\right)\right]. \tag{2.67′}$$

有趣的是,虽然得出的条件和物理解释不一样,但(2.67′)及(2.67)式实际上完全相同,只是书写的顺序颠倒了一下.

在阶跃产生后的短时间内,当 $\lambda t \ll 1$ 时,(2.67′)式变成

$$n(t) \approx \frac{n_0}{\rho_0-\beta}\left[\rho_0 \exp\left(\frac{\rho_0-\beta}{l}t\right)-\beta\right]. \tag{2.69}$$

这一近似也可以在条件 $\lambda c(t) \approx \lambda c_0=\frac{\beta n_0}{l}$ 之下,直接从方程(2.63a)解出;因此,这近似常常叫做"恒源近似"(CS).当 $t \ll \frac{1}{\lambda}$ 时,这条件显然是成立的.所以,只要 $0<t\ll\frac{1}{\lambda}$,(2.69)式对于任意的反应性阶跃大小 ρ_0 都成立.对于 $\rho_0<\beta$ 时,它应当写做

$$n(t) \approx \frac{n_0}{\beta-\rho_0}\left[\beta-\rho_0 \exp\left(-\frac{\beta-\rho_0}{l}t\right)\right]. \tag{2.69′}$$

容易看出,这表达式用一先很快变化然后变平为 $\frac{n}{n_0}=\frac{\beta}{\beta-\rho_0}$ 的曲线描写反应性小时的初始急速上升($\rho_0>0$ 时)或下降($\rho_0<0$ 时)部分,如图 2.6 中 CS 曲线所示.将(2.69′)和(2.67)式相比较可见,前者是后者在 $\lambda t \ll 1$ 时的近似.

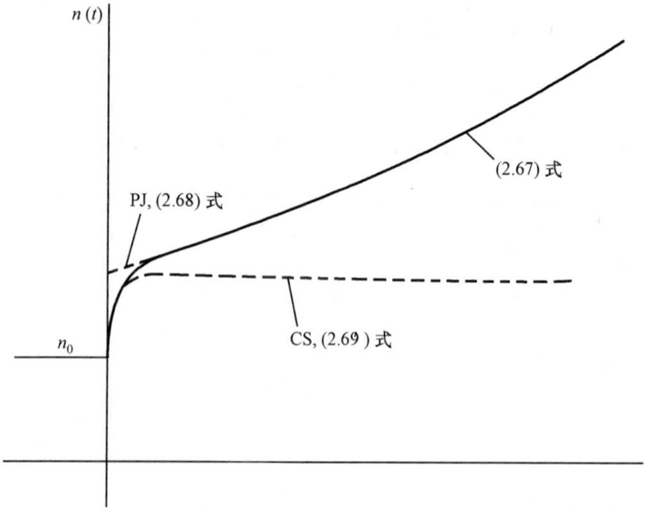

图 2.6　对反应性阶跃的响应:瞬跳近似(PJ)、恒源近似(CS)与 1 组缓发中子模型计算结果的比较($0<\rho_0<\beta$)

图 2.6 比较了(2.68)式给出的瞬跳近似(PJ)、(2.69′)式给出的恒源近似(CS)

及(2.67)式给出的1组缓发中子模型的计算结果.

§2.4　矩形反应性脉冲

我们将在§3.6中对脉冲反应堆的动态特性进行探讨.在这里,先利用上节得出的一些结果来讨论矩形反应性脉冲输入所引起的响应.所谓**矩形反应性脉冲输入**,就是在一段很短时间(譬如说 $0\leqslant t\leqslant t_0$)内,阶跃式地引入一较大($>\beta$)的反应性 ρ_0,而在此以前和以后,都假定系统处于次临界状态;即设

$$\begin{cases} t<0 \text{ 时}, & \rho=\rho_1<0; \\ 0\leqslant t\leqslant t_0 \text{ 时}, & \rho=\rho_0>\beta; \\ t>t_0 \text{ 时}, & \rho=\rho_1<0. \end{cases} \tag{2.70}$$

矩形反应性脉冲(2.70)式是对爆发性脉冲堆中实际引入的反应性脉冲形状的一种近似.由于在(2.70)式所表示的分段反应性阶跃的条件下,容易用上节发展的方法得出1组缓发中子模型中动态学方程的简单解析解;同时由于脉冲堆的许多重要特征主要依赖于反应性 $\rho(t)$ 曲线下的面积大小,而对曲线的细致形状不敏感;所以通过对矩形反应性脉冲输入所引起响应的讨论,可以对实际脉冲堆的许多重要特点获得比较简单清晰的理解.

重新写出1组缓发中子近似中的简化动态学方程:

$$\frac{\mathrm{d}n}{\mathrm{d}t}=\frac{\rho-\beta}{l}n+\lambda c, \tag{2.63a}$$

$$\frac{\mathrm{d}c}{\mathrm{d}t}=\frac{\beta}{l}n-\lambda c, \tag{2.63b}$$

并且假定 $t<0$ 时系统处于次临界平衡状态.设 n_0 及 c_0 分别是 n 及 c 的平衡值,则有(参看(2.4)和(2.6)式)

$$c_0=\frac{\beta n_0}{\lambda l}. \tag{2.71}$$

现在把 n_0 及 c_0 作为初始值来求解 $0\leqslant t\leqslant t_0$ 时间内的方程组(2.63a,b).由于 $t_0\ll\frac{1}{\lambda}$,所以可用恒源近似

$$\lambda c\approx\lambda c_0=\frac{\beta}{l}n_0 \tag{2.72}$$

条件下 $\rho=\rho_0>\beta$ 时方程(2.63a)的解

$$n=n(t)\approx\frac{n_0}{\rho_0-\beta}\left[\rho_0\exp\left(\frac{\rho_0-\beta}{l}t\right)-\beta\right]. \tag{2.69}$$

$n(t)$ 从 $t=0$ 时的初始值 n_0 指数增长为 $t=t_0$ 时到达的极大值

$$\hat{n}=n(t_0)\approx\frac{n_0}{\rho_0-\beta}\left[\rho_0\exp\left(\frac{\rho_0-\beta}{l}t_0\right)-\beta\right]$$

$$\approx\frac{n_0\rho_0}{\rho_0-\beta}\exp\left(\frac{\rho_0-\beta}{l}t_0\right),\tag{2.73}$$

式中最后一步假定了$\frac{\rho_0-\beta}{l}t_0\gg1$. 实际上,由于 $\rho_0>\beta$,只要$\frac{\rho_0-\beta}{l}t\gtrsim1$ 或 $t\gtrsim\frac{l}{\rho_0-\beta}$,(2.69)式就可以近似地写成

$$n=n(t)\approx\frac{n_0\rho_0}{\rho_0-\beta}\exp\left(\frac{\rho_0-\beta}{l}t\right).\tag{2.74}$$

n 刚达到极大值一半的时刻 $t_{1/2}$ 可以从(2.73)和(2.74)式定出:

$$\frac{n(t_{1/2})}{\hat{n}}=\exp\left[\frac{\rho_0-\beta}{l}(t_{1/2}-t_0)\right]=\frac{1}{2};$$

或者,

$$t_0-t_{1/2}=\frac{\ln2}{\rho_0-\beta}l.\tag{2.75}$$

记住 n 也可以代表反应堆的功率,可见,$t_0-t_{1/2}$ 表征由功率等于极大值的一半到等于极大值所需的时间.

脉冲中,功率极大值到达前释放的能量 E_0 可以用(2.74)式近似算出:

$$E_0=\int_0^{t_0}n(t)\,\mathrm{d}t\approx\frac{n_0\rho_0 l}{(\rho_0-\beta)^2}\exp\left(\frac{\rho_0-\beta}{l}t_0\right)\approx\frac{\hat{n}l}{\rho_0-\beta}.\tag{2.76}$$

虽然(2.74)式只在 $t\gtrsim\frac{l}{\rho_0-\beta}$时适用,但因 $t<\frac{l}{\rho_0-\beta}$时,堆功率很小,所以在定义 E_0 的积分中,来自 $0<t<\frac{l}{\rho_0-\beta}$区域的贡献不会引起 E_0 值的显著误差. 利用(2.75)式,还可以把(2.76)式写成

$$E_0\approx\frac{\hat{n}(t_0-t_{1/2})}{\ln2}.\tag{2.77}$$

从(2.76)式可见,E_0 相当于以极大功率 $\hat{n}$ 延续运转$\frac{l}{\rho_0-\beta}$时间所释放的能量. 或者,可以从 E_0 和 t_0 算出反应堆在功率上升阶段($0\leqslant t\leqslant t_0$)的平均功率 $\bar{n}^{(0)}$:

$$\bar{n}^{(0)}=\frac{E_0}{t_0}\approx\frac{\hat{n}l}{(\rho_0-\beta)t_0}.\tag{2.78}$$

$t>t_0$ 时负反应性 $\rho=\rho_1<0$ 的引入,相当于在功率极大值 $\hat{n}$ 到达的时刻($t=t_0$)引入一很大的反应性阶跃 $\rho_1-\rho_0$,使堆急剧关闭. 在 $t>t_0$ 但仍$\ll\frac{1}{\lambda}$的短时间内,恒源近似(2.72)仍可应用. 于是,从 $\rho=\rho_1<0$ 的方程(2.63a)可以解出

$$n(t)=n(t_0)\exp\left[-\frac{\beta-\rho_1}{l}(t-t_0)\right]+\frac{n_0\beta}{\beta-\rho_1}\left\{1-\exp\left[-\frac{\beta-\rho_1}{l}(t-t_0)\right]\right\}$$

$$\approx \hat{n}\exp\left[-\frac{\beta-\rho_1}{l}(t-t_0)\right], \tag{2.79}$$

这里应用了 $t=t_0$ 时 $n(t)=n(t_0)=\hat{n}$ 的初始条件和 $\hat{n}\gg n_0$ 的事实.

从(2.79)式可见,$n(t)$从极大值重新衰减到极大值一半所需时间 $t'_{1/2}-t_0$ 由下式决定:

$$t'_{1/2}-t_0 \approx \frac{\ln 2}{\beta-\rho_1}l. \tag{2.75$'$}$$

另外,设 $t=t_1$ 是 $n(t)$重新衰减到初始值 n_0 的时刻,则从(2.79)式并利用(2.73)式可得

$$t_1-t_0 \approx \frac{\rho_0-\beta}{\beta-\rho_1}t_0 \tag{2.80}$$

或

$$t_1 \approx \left(\frac{1}{\rho_0-\beta}+\frac{1}{\beta-\rho_1}\right)(\rho_0-\beta)t_0 = \frac{\rho_0-\rho_1}{\beta-\rho_1}t_0. \tag{2.80$'$}$$

t_1 可以看成整个功率脉冲延续(从初始值 n_0 上升到 $\hat{n}$,再下降到 n_0)的时间.由于 t_1 仍满足条件 $t_1\ll\frac{1}{\lambda}$,所以功率极大值到达后,关堆过程中所释放的能量 E_1 可以利用(2.79)式算出.结果得

$$E_1 = \int_{t_0}^{t_1} n(t)\,\mathrm{d}t \approx \int_{t_0}^{\infty} n(t)\,\mathrm{d}t \approx \frac{\hat{n}l}{\beta-\rho_1}. \tag{2.76$'$}$$

这式也可以利用(2.75′)式写成

$$E_1 \approx \frac{\hat{n}(t'_{1/2}-t_0)}{\ln 2}. \tag{2.77$'$}$$

从(2.76′)式可见,E_1 相当于在极大功率延续运转$\frac{l}{\beta-\rho_1}$时间所释放的能量.从 E_1 和 t_1-t_0 可算出功率下降阶段($t_0<t\leqslant t_1$)的平均功率 $\bar{n}^{(1)}$:

$$\bar{n}^{(1)} = \frac{E_1}{t_1-t_0} \approx \frac{\hat{n}l}{(\beta-\rho_1)(t_1-t_0)} \approx \frac{\hat{n}l}{(\rho_0-\beta)t_0} \approx \bar{n}^{(0)}. \tag{2.78$'$}$$

可见,功率下降阶段和上升阶段的平均功率大约是一样的.它们都约等于整个功率脉冲中的总平均功率 $\bar{n}$.事实上,从脉冲中所释放的总能量

$$E = E_0 + E_1 \approx \hat{n}l\left(\frac{1}{\rho_0-\beta}+\frac{1}{\beta-\rho_1}\right) \tag{2.81}$$

及脉冲延续的时间 t_1(见(2.80′)式)算出的总平均功率为

$$\bar{n} = \frac{E}{t_1} \approx \frac{\hat{n}l}{(\rho_0-\beta)t_0} \approx \bar{n}^{(0)} \approx \bar{n}^{(1)}. \tag{2.82}$$

由(2.75)及(2.75′)式,可得整个功率脉冲峰的**半宽度** θ:

$$\theta = t'_{1/2} - t_{1/2} = t'_{1/2} - t_0 + t_0 - t_{1/2}$$
$$\approx \ln 2\left(\frac{1}{\rho_0-\beta}+\frac{1}{\beta-\rho_1}\right)l. \tag{2.83}$$

从这式和(2.80′)式可得整个功率脉冲的延续时间与脉冲峰的半宽度之比:

$$\frac{t_1}{\theta} \approx \frac{(\rho_0-\beta)t_0}{l\ln 2} \approx \frac{\hat{n}}{\bar{n}\ln 2} \gg 1. \tag{2.84}$$

可见,脉冲中能量的释放集中在 t_0 附近一段很短时间(两、三个半宽度),它和脉冲延续时间 t_1 相比是很小的.

如果 $\beta-\rho_1 \gg \rho_0-\beta$,则从(2.75),(2.76)式与(2.75′),(2.76′)式的分别比较可以看出

$$t'_{1/2} - t_0 \ll t_0 - t_{1/2},$$

因而

$$\theta \approx t_0 - t_{1/2},$$

$E_1 \ll E_0$,可见

$$E \approx E_0. \tag{2.85}$$

也就是说,在条件 $\beta-\rho_1 \gg \rho_0-\beta$ 之下,功率脉冲主要决定于功率极大值到达以前的部分.

应当指出,以上讨论的过程实际上都发生在很短的时间内$\left(\text{即 } t \ll \frac{1}{\lambda}\right)$.这个事实决定了:1° 恒源近似能用;2° 除了开始时的功率上升率外,其他过程中起作用的反应性都是相对于瞬发临界的"快"反应性,即仅由瞬发中子导致的反应性($\rho-\beta$).

功率脉冲中所产生缓发中子先行核的作用,仅在 $t \gtrsim \frac{1}{\lambda}(\gg t_0)$ 时才会表现出来.因此,在讨论它们的作用时,可把整个脉冲中释放的能量 E 近似地看成是 $t=0$ 时以 δ 函数形式放出.即,在 $t \gg t_0$ 时,方程(2.63b)可以有效地换成

$$\frac{\mathrm{d}c}{\mathrm{d}t} = \frac{\beta}{l}E\delta(t) - \lambda c. \tag{2.86}$$

记住 $c(-0)=c_0$ 及 δ 函数的性质,容易求出(2.86)式的解:

$$c(t) = \left(c_0 + \frac{\beta}{l}E\right)\mathrm{e}^{-\lambda t} \approx \frac{\beta}{l}E\,\mathrm{e}^{-\lambda t}. \tag{2.87}$$

这个解的物理意义是显然的:$t=0$ 时脉冲中产生的缓发中子先行核 $\frac{\beta}{l}E$(它比原来存在的次临界平衡值 c_0 大得多)在时间 t 时对缓发中子功率的贡献为 $\frac{\beta}{l}E\,\mathrm{e}^{-\lambda t}$.

有了(2.87)式给出的 $c(t)$,利用方程(2.9a)的瞬跳近似,即(和方程右边的每一项相比)略去方程左边的 $\frac{\mathrm{d}n}{\mathrm{d}t}$,便可求得功率脉冲(瞬发中子的爆发)之后由缓发中

子引起的功率"尾"(参看(3.18′)式)：

$$n_{尾}(t) \approx \frac{\lambda cl}{\beta - \rho_1} = \frac{\beta E\lambda e^{-\lambda t}}{\beta - \rho}. \tag{2.88}$$

可见,"尾"中能量和功率脉冲中能量之比为

$$\frac{1}{E}\int_{+0}^{\infty} n_{尾}(t)\mathrm{d}t = \frac{\beta}{\beta - \rho_1}. \tag{2.89}$$

图 2.7 示出一矩形反应性输入($\rho_0/\beta=1.5$,$\rho_1/\beta=-0.01$,$t_0=3$ ms)的功率响应,$l/\beta=1$ ms.

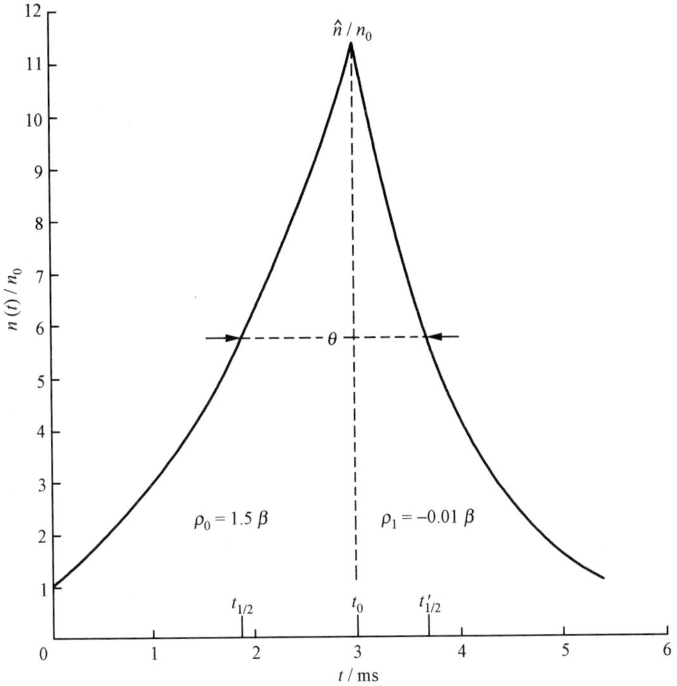

图 2.7　矩形反应性脉冲输入的功率响应

$\rho_0=1.5\beta$,$\rho_1=-0.01\beta$,$t_0=3$ ms,$l/\beta=1$ ms.

§ 2.5　与时间有关的源

以上三节略去外中子源的影响,讨论了恒定和阶跃反应性输入的情况. 这些讨论中,动态学方程组(2.1a,b)简化成了齐次常系数线性常微分方程组(2.9a,b). 本节中我们将探讨带源的相应的非齐次方程组(2.1a,b)的求解问题. 这些问题中最简单的是对脉冲源的响应;它的解就是点堆模型动态学方程组(2.1a,b)的 Green 函数. 利用求得的 Green 函数,原则上可以求出与时间任意相关的源所引起的响

应.本节中先讨论恒源和阶跃变化源的简单情况,下节中再结合振荡源的讨论引进频率响应和传递函数的概念.

在求解带源的非齐次问题的时候,我们仍然像§2.3中一样,应用Laplace变换法.现在,除按(2.36a,b)式引进$n(t)$和$c_i(t)$的Laplace变换$N(s)$和$\Gamma_i(s)$外,还要引进源函数$q(t)$的Laplace变换$Q(s)$:

$$Q(s)=\int_0^\infty q(t)\mathrm{e}^{-st}\mathrm{d}t. \tag{2.90}$$

这里,我们假定$q(t)$是$t=0$时开始引入的外源.于是,利用(2.37),可以把具有恒定反应性$\rho=\rho_0$的方程组(2.1a,b)变换为包含初始条件$n(0)=n_0$,$c_i(0)=c_{i0}$在内的代数方程组:

$$\begin{cases} sN(s)-n_0=\dfrac{\rho_0-\beta}{l}N(s)+\sum\limits_i\lambda_i\Gamma_i(s)+Q(s), \\ s\Gamma_i(s)-c_{i0}=\dfrac{\beta_i}{l}N(s)-\lambda_i\Gamma_i(s). \quad (i=1,\cdots,m) \end{cases} \tag{2.91}$$

消去$\Gamma_i(s)$后,可解出$N(s)$:

$$N(s)=\frac{l\left[n_0+\sum\limits_i\dfrac{\lambda_i c_{i0}}{s+\lambda_i}+Q(s)\right]}{r(s)-\rho_0}, \tag{2.92}$$

式中利用了(2.12)式中引进的函数

$$r(s)=ls+\beta-\sum_i\frac{\beta_i\lambda_i}{s+\lambda_i}=ls+\sum_i\frac{\beta_i s}{s+\lambda_i}; \tag{2.93}$$

而$\rho_0=r(\omega)$就是反应性方程(2.11).

和(2.40)式相比较,(2.92)式只是分子上多了一项外源所引起的$lQ(s)$.(2.92)式的形状显明地表示所求解是齐次部分和非齐次部分的叠加.具任意初始值n_0及c_{i0}的齐次部分解可按§2.3中的步骤求出;这里我们只讨论和$Q(s)$成比例的非齐次部分$N_i(s)$:

$$N_i(s)=I(s)Q(s), \tag{2.94}$$

式中

$$I(s)=\frac{l}{r(s)-\rho_0}. \tag{2.94$'$}$$

利用Laplace变换法的卷积定理,可从(2.94)式的逆变换求出$n(t)$的非齐次部分$n_i(t)$;它是源$q(t)$所引起的响应:

$$n_i(t)=\int_0^t i(t-t')q(t')\mathrm{d}t', \tag{2.95}$$

这里$i(t)$是$I(s)$的逆变换:

$$i(t)=\frac{1}{2\pi\mathrm{i}}\oint I(s)\mathrm{e}^{st}\mathrm{d}s=\frac{1}{2\pi\mathrm{i}}\oint\frac{l}{r(s)-\rho_0}\mathrm{e}^{st}\mathrm{d}s$$

$$= \sum_{j=1}^{m+1} \frac{l}{r'(\omega_j)} e^{\omega_j t}, \tag{2.96}$$

这里 $\omega_j (j=1,\cdots,m+1)$ 是反应性方程 $\rho_0 = r(\omega)$ 的 $m+1$ 个不同实根，而 $\oint \cdots ds$ 是复 s 平面上把 $I(s)$ 的极点 $s=\omega_j$ 等圈在内的围道积分（参看(2.42)式和下面的说明）.

$m=1$ 时（1 组缓发中子模型），如果采用由(2.65)及(2.66)式给出的、适用于 $|\rho_0| \lesssim \frac{1}{2}\beta$（因而实际上有 $\beta - \rho_0 \gg \lambda l$）情形的 ω_1 及 ω_2 的近似值：

$$\omega_1 \approx \frac{\lambda \rho_0}{\beta - \rho_0}, \quad \omega_2 \approx -\frac{\beta - \rho_0}{l},$$

并在相应的近似程度内算出 $\frac{l}{r'(\omega_1)}$ 及 $\frac{l}{r'(\omega_2)}$，就可以近似地显式写出(2.96)式：

$$i(t) \approx \frac{\beta l \lambda}{(\beta - \rho_0)^2} \exp\left(\frac{\lambda \rho_0}{\beta - \rho_0} t\right) + \left[1 - \frac{\beta l \lambda}{(\beta - \rho_0)^2}\right] \exp\left(-\frac{\beta - \rho_0}{l} t\right). \tag{2.96'}$$

为看出 $i(t)$ 的物理意义，考虑一脉冲源：

$$q(t) = Q_0 \delta(t), \tag{2.97}$$

它是在很短时间内把 Q_0 个中子射入堆中的脉冲中子发生器所给出源的数学表示. 由于 $\delta(t)$ 的 Laplace 变换是 1，所以(2.94)和(2.95)式分别变成

$$N_i(s) = Q_0 I(s) \tag{2.94''}$$

及

$$n_i(t) = Q_0 i(t). \tag{2.95'}$$

如果假定初始值 $n_0 = c_{i0} = 0$，使响应的齐次部分为零，则从(2.95′)式可见：脉冲响应 $i(t)$ 可以理解为反应堆对 $t=0$ 时射入一个中子的响应.(2.95)式表示，对任意源的响应都可以通过脉冲响应 $i(t)$ 表出. 实际上，$i(t)$ 就是点堆动态学方程组(2.1a,b)的 Green 函数.

利用(2.60)式，从(2.96)式马上可以看出

$$i(+0) = \sum_{j=1}^{m+1} \frac{l}{r'(\omega_j)} = 1, \tag{2.98}$$

这结果可以直接从 $i(t)$ 所满足的带 δ 函数源的微分方程通过从 $t=-0$ 积分到 $t=+0$ 得出（假定 $i(-0)=0$）；也可以由 Laplace 变换的始值定理

$$\lim_{t \to 0} i(t) = \lim_{s \to \infty} s I(s) \tag{2.99}$$

得出.

$t>0$ 时，由(2.96)式给出的脉冲响应 $i(t)$ 是一系列指数项之和. 以前讨论过，

反应性方程 $\rho_0=r(\omega)$ 的实根 $\omega_j(j=1,\cdots,m+1)$ 具有如(2.13)式所示的大小顺序，其中代数值最大的 ω_1 和反应性 ρ_0 同号(或同为零). 所以，t 大时，(2.96)式中由第一项占优：

$$i(t)\overset{t\text{大}}{\sim}\frac{l}{r'(\omega_1)}e^{\omega_1 t}. \tag{2.100}$$

对于 ρ_0(<,=或>)0，分别有 ω_1(<,=或>)0. 可见，在超临界状态下，脉冲响应是发散的(堆不稳定). 临界堆中，脉冲响应趋向一恒量：

$$\frac{l}{r'(0)}=\frac{l}{l'}, \tag{2.101}$$

l' 是(2.19)式中定义的有效寿命. 在次临界堆中，脉冲响应则随 t 无限增大而指数衰减为零. 后两种情形中所得 $t\to\infty$ 时脉冲响应的行为可由 Laplace 变换的终值定理

$$\lim_{t\to\infty}i(t)=\lim_{s\to 0}sI(s) \tag{2.99'}$$

验证.

$i(t)$ 的表达式(2.96)中，$j=m+1$ 的最后一项随时间衰减最快. 事实上，由图 2.1 可以看出，对于临界堆($\rho_0=0$)或次临界堆($\rho_0<0$)，

$$\omega_{m+1}\approx\frac{\rho_0-\beta}{l}=-\frac{\beta-\rho_0}{l},$$

$$\frac{\beta-\rho_0}{l}\gg\max(\lambda_i), \tag{2.102}$$

而相应的系数为

$$\frac{l}{r'(\omega_{m+1})}=\frac{l}{l+\sum_i\frac{\beta_i\lambda_i}{(\omega_{m+1}+\lambda_i)^2}}\approx\frac{1}{1+\frac{1}{l\omega_{m+1}^2}\sum_i\beta_i\lambda_i}$$

$$\approx\frac{1}{1+\frac{\beta l\lambda'}{(\beta-\rho_0)^2}}\approx 1-\frac{\beta l\lambda'}{(\beta-\rho_0)^2}, \tag{2.103}$$

式中 $\lambda'=\frac{1}{\beta}\sum_i\beta_i\lambda_i$ 是表 1.12 中列出的衰减常数平均值. 由于 $l\lambda'\ll\beta$，所以系数(2.103)是个只比 1 略小一点的数. 又从(2.98)式知(2.96)式中各项系数(它们显然都是正的)之和等于 1. 可见，第 $m+1$ 项的系数远远大于其他各项的系数. 这就说明，在 t 从 0 到几倍 $\frac{l}{\beta-\rho_0}$ 的时间内，脉冲响应 $i(t)$ 基本上将按 $e^{\omega_{m+1}t}$ 的规律急剧衰减，以后才是缓发中子起作用的衰减缓慢的"尾巴". 这一效应在快堆(其中 $l\sim 10^{-8}$ s)中特别显著. 由于迅速衰减部分容易和缓发中子尾巴分开，这效应可以在实验上加以利用.

例如，在临界堆中，绝对值最大的负根 $\omega_{m+1}\approx-\dfrac{\beta}{l}$. 所以，如果应用一个宽度和 $\dfrac{l}{\beta}$ 比起来小的脉冲中子源，用快响应探测系统观测堆中中子的指数衰减行为，就不难从所得数据分析出 $\dfrac{\beta}{l}$ 之值. 而从 t 大时响应趋向的极限值

$$\frac{l}{r'(0)}=\frac{l}{l+\sum_i \frac{\beta_i}{\lambda_i}}=\frac{l}{l+\frac{\beta}{\lambda}}=\frac{\lambda}{\lambda+\frac{\beta}{l}}, \tag{2.104}$$

又可推出有效的 $\lambda=\left[\dfrac{1}{\beta}\sum_i \dfrac{\beta_i}{\lambda_i}\right]^{-1}$ 值.

又如，在次临界堆中，$\omega_{m+1}\approx\dfrac{\rho_0-\beta}{l}$. 因此，分析极短脉冲源所引起的、迅速指数衰减的快响应，可以得出 $\dfrac{\rho_0-\beta}{l}$ 值. 再利用堆在临界状态时如上求得的 $\dfrac{\beta}{l}$ 值，就可得出次临界状态下的负反应性 ρ_0 之值. 这就是测量反应性的脉冲中子法的基本原理.

表 2.3 中为一临界 ^{235}U 热堆（$l=10^{-4}$ s，$\beta_e=0.0079$）给出了 1 组近似（用 $\lambda=0.0767$ 或 $\lambda'=0.405$）及 6 组情形下算出的脉冲响应的特征根 ω_j 及系数 $B_j=\dfrac{l}{r'(\omega_j)}$. 1 组近似值由(2.96′)式算出，6 组值则取自[5]. 所得的 3 条曲线绘出如图 2.8. 从图可见，在整个急剧衰减过程中，直到过渡到缓发中子"尾巴"的拐弯处，用 λ' 的 1 组近似很好地逼近 6 组计算结果. 这个结果当然和(2.103)式中起作用的是有效衰减常数 λ' 这一点有关. 但从 t 大时响应趋近的极限值(2.104)可见，只有用 λ 的 1 组近似才能给出正确的极限稳态值 0.000 97. 不过，它趋近极限值比更现实的 6 组曲线快得多（前者在 $t\sim0.2$ s 时响应已为稳态值，而后者到 $t=100$ s 时响应才只降到 0.000 99）.

表 2.3　一临界 ^{235}U 热堆（$l=10^{-4}$ s，$\beta_e=0.0079$）中，脉冲响应的特征根和系数

m	j	ω_j	B_j
1($\lambda=0.0767$)	1	0	0.000 97
	2	−79	0.999 03
1($\lambda'=0.405$)	1	0	0.005 13
	2	−79	0.994 87
6	1	0	0.000 970
	2	−0.014 33	0.000 091
	3	−0.068 2	0.000 664

（续表）

m	j	ω_j	B_j
	4	−0.194 7	0.000 901
	5	−1.023	0.001 282
	6	−2.896	0.001 292
	7	−79.4	0.994 8

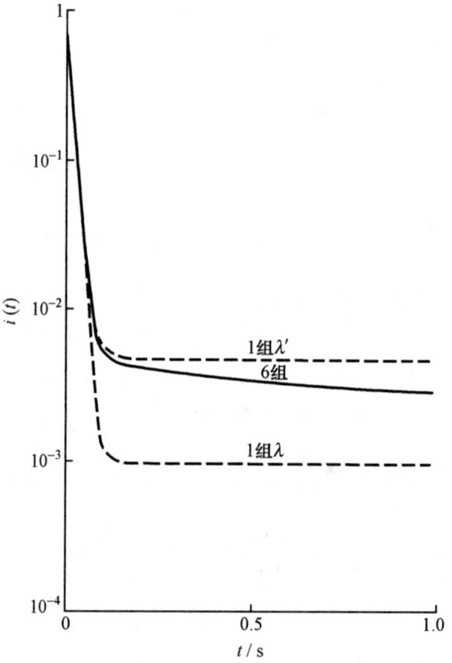

图 2.8 一临界^{235}U 热堆（$l=10^{-4}$ s，$\beta_e=0.007\,9$）的脉冲响应

利用超临界堆中脉冲响应随时间的指数增长，可以做成提供高产额短脉冲中子源的脉冲增强器（见§3.6）.

其次考虑恒源在堆中引起的响应. 这响应可以利用脉冲响应 $i(t)$ 从（2.95）式求得. 事实上，假设

$$q(t)=\begin{cases}0, & 对\ t<0,\\ q_0, & 对\ t\geqslant 0,\end{cases}$$

则从（2.95）式有

$$n_i(t)=q_0\int_0^t i(t-t')\mathrm{d}t'=q_0\int_0^t i(\tau)\mathrm{d}\tau. \tag{2.105}$$

利用 $i(\tau)$ 的表达式（2.96），这一积分马上可以求出. 在临界状态下（$\rho_0=0, \omega_1=0$），结果得

$$n_i(t) = q_0\left[\frac{lt}{r'(0)} + l\sum_{j=2}^{m+1}\frac{e^{\omega_j t}-1}{\omega_j r'(\omega_j)}\right] \tag{2.106}$$

或

$$n_i(t) = q_0\left[\frac{\lambda t}{\lambda+\frac{\beta}{l}} + l\sum_{j=2}^{m+1}\frac{1-e^{-|\omega_j|t}}{|\omega_j|\ r'(\omega_j)}\right]. \tag{2.106'}$$

这里利用了(2.104)式及 $\omega_j<0(j=2,\cdots,m+1)$的事实. 由于 $r'(\omega_j)>0$,从(2.106′)式可以看出,响应是时间 t 的一个线性函数加上 m 项的总和,其中第 j 项($j=2,\cdots,m+1$)开始时是零,在几个$|\omega_j|^{-1}$的时间内逼近一饱和值. 从(2.106)式并利用(2.98)式可以证明,$n_i(t)$的初始增长率等于 q_0;而从(2.106′)式显然可见,在 $\sum_{j=2}^{m+1}$ 项趋近饱和值后(例如说,$t\gtrsim 3|\omega_2|^{-1}$时),$n_i(t)$随时间的增长率就减缓到比 q_0 小得多的固定值

$$\frac{\lambda q_0}{\lambda+\frac{\beta}{l}}\quad\left(\ll q_0,因\frac{\beta}{l}\gg\lambda\right).$$

如果堆开始时处在平衡态而且 $n=n_0$,整个解就是 n_0 及 $n_i(t)$的叠加,如图 2.9 所示意.

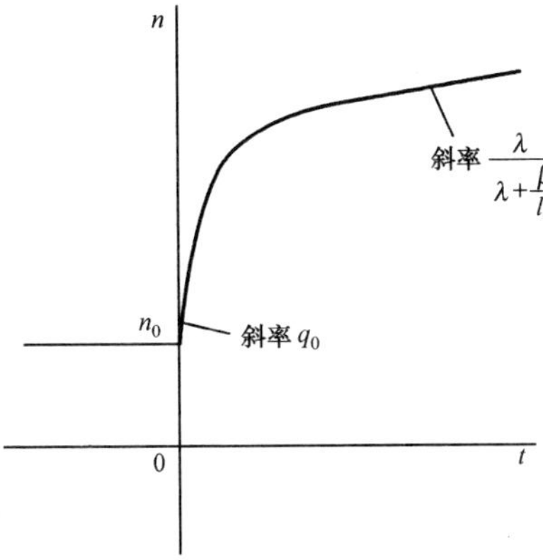

图 2.9　$t=0$ 时突然在处于平衡态 n_0 的临界堆中引进一恒定中子源 q_0 所引起响应的示意

最后,考虑一个用相当强的恒定源 q_0 维持在平衡态 $n=n_0$ 的次临界($\rho=\rho_0<0$)的反应堆. 这时的缓发中子产生率为 $\sum_i\lambda_i c_{i0}=\frac{\beta n_0}{l}$. 如果源突然拿掉,在一短时间内,缓发中子产生率保持在它的平衡值附近(恒源近似),而中子密度可由下式描写:

$$\frac{dn}{dt}=\frac{\rho_0-\beta}{l}n+\frac{\beta}{l}n_0, \tag{2.107}$$

这里我们略去拿掉源所引起的反应性变化（假设源本身具有可忽略的吸收）. n 在 $\frac{l}{\beta-\rho_0}$ 量级的时间内经受一"瞬落"，到达一由下式给出的准静态水平 n_1：

$$0=\frac{\rho_0-\beta}{l}n_1+\frac{\beta}{l}n_0, \tag{2.107'}$$

因此

$$\rho_0=-\beta\frac{n_0-n_1}{n_1}. \tag{2.108}$$

这是通过观测 n_0 及 n_1 来决定次临界反应性 ρ_0 的"抽源"法的基本原理.

顺便指出，如果反应堆开始处在（源可忽略的）临界平衡态 n_0，相应的平衡缓发中子产生率就是 $\sum_i \lambda_i c_{i0}=\frac{\beta}{l}n_0$. 假定通过"落棒"（突然降落控制棒），反应性产生由 0 到 $\rho_0<0$ 的阶跃变化，则同样在 $\frac{l}{\beta-\rho_0}$ 量级的时间内，中子密度将由 n_0"瞬落"到由(2.107′)式规定的水平 n_1. 于是反应性 ρ_0 同样可通过 n_0 及 n_1 的测定，由(2.108)式定出. 这实验可用来对降落吸收棒引起的反应性变化进行刻度.

图 2.10 示意地画出了"抽源"或"落棒"实验中，中子密度随时间的变化.

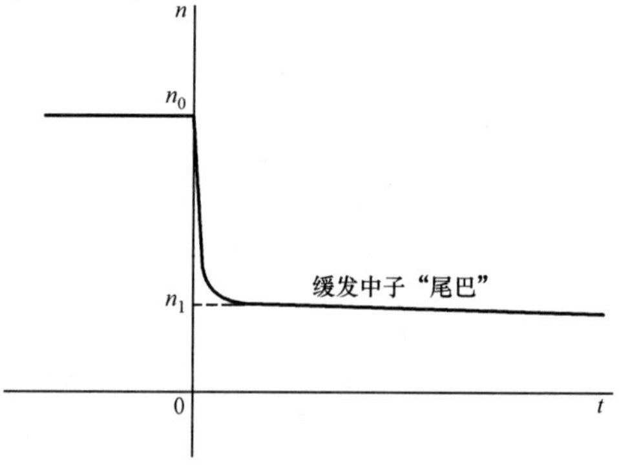

图 2.10　"抽源"或"落棒"实验中，中子密度随时间的变化

§ 2.6　振荡源、频率响应和传递函数

考虑一个由恒定源 q_0 维持在平衡状态 n_0 的次临界（$\rho=\rho_0<0$）反应堆. n_0 由(2.5)式给出为

$$n_0=-\frac{lq_0}{\rho_0}.$$

如果保持反应性 ρ_0 固定，而从 $t=0$ 时刻开始在源强度中引进一正弦形状的振荡，

使 q_0 是源强的时间平均值，则简化动态学方程组(2.1a,b)中的源项 $q=q(t)$ 将为

$$q(t)=\begin{cases}q_0, & \text{对 } t<0,\\ q_0+\sin\omega_0 t, & \text{对 } t\geqslant 0.\end{cases} \tag{2.109}$$

由于方程组(2.1a,b)的线性，整个解将由两部分叠加组成：

$$n(t)=n_0+n_s(t); \tag{2.110}$$

即，对 $t=0$ 时刻引进的振荡源 $\sin\omega_0 t$ 的响应 $n_s(t)$ 将叠加在和恒定源 q_0 相应的(平衡)解 n_0 上. 利用(2.96)式给出的脉冲响应 $i(t)$ 作 Green 函数，可以从(2.95)式求出 $n_s(t)$：

$$\begin{aligned}n_s(t)&=\int_0^t i(t-t')\sin\omega_0 t'\mathrm{d}t'=\int_0^t\sum_j\frac{l}{r'(\omega_j)}\mathrm{e}^{\omega_j(t-t')}\sin\omega_0 t'\mathrm{d}t'\\&=\sum_j\frac{l}{r'(\omega_j)}\mathrm{e}^{\omega_j t}\int_0^t\mathrm{e}^{-\omega_j t'}\sin\omega_0 t'\mathrm{d}t'\\&=\sum_j\frac{l}{r'(\omega_j)}\frac{1}{\omega_j^2+\omega_0^2}(-\omega_j\sin\omega_0 t-\omega_0\cos\omega_0 t+\omega_0\mathrm{e}^{\omega_j t});\end{aligned}$$

这个结果可以写成下列形式：

$$n_s(t)=A\sin(\omega_0 t+\theta)+T(t); \tag{2.111}$$

其中

$$\begin{cases}A\cos\theta=\sum\limits_j\dfrac{-\omega_j}{\omega_j^2+\omega_0^2}\dfrac{l}{r'(\omega_j)},\\ A\sin\theta=\sum\limits_j\dfrac{-\omega_0}{\omega_j^2+\omega_0^2}\dfrac{l}{r'(\omega_j)},\end{cases} \tag{2.112}$$

而

$$T(t)=\sum_j\frac{\omega_0}{\omega_j^2+\omega_0^2}\frac{l}{r'(\omega_j)}\mathrm{e}^{\omega_j t}. \tag{2.113}$$

可见，振荡源 $\sin\omega_0 t$ 引起的响应 $n_s(t)$ 中包含一频率相同(但振幅和相角改变了)的振荡部分 $A\sin(\omega_0 t+\theta)$ 和随时间指数衰减的瞬变部分 $T(t)$. 利用(2.57)式可以看出

$$\begin{aligned}A\mathrm{e}^{\mathrm{i}\theta}=A\cos\theta+\mathrm{i}A\sin\theta&=-\sum_j\frac{\omega_j+\mathrm{i}\omega_0}{\omega_j^2+\omega_0^2}\frac{l}{r'(\omega_j)}\\&=\sum_j\frac{l}{(\mathrm{i}\omega_0-\omega_j)\,r'(\omega_j)}=\frac{l}{r(\mathrm{i}\omega_0)-\rho_0},\end{aligned} \tag{2.114}$$

式中最后一步是利用(2.57)式的结果. 再和(2.94′)式相比较，得

$$A\mathrm{e}^{\mathrm{i}\theta}=I(\mathrm{i}\omega_0), \tag{2.115}$$

式中 $I(s)$ 就是(2.96)式中脉冲响应 $i(t)$ 的 Laplace 变换. (2.115)式表明，频率响应 $A\sin(\omega_0 t+\theta)$ 的振幅 A 和相角 θ 完全决定于 $I(\mathrm{i}\omega_0)$ 的绝对值大小和相角. 事实上，通常将“**频率响应**”这一术语理解为指这一大小和相角，而不指持续的振荡

$A\sin(\omega_0 t+\theta)$本身.

上面得出的结果,包括(2.111),(2.113)及(2.115)等关系式,也可以利用 Laplace 变换法求得.为此,只要先求出振荡源 $\sin\omega_0 t$ 的 Laplace 变换

$$Q_s(s)=\int_0^{\infty}\sin\omega_0 t\cdot \mathrm{e}^{-st}\,\mathrm{d}t=\frac{\omega_0}{s^2+\omega_0^2},\tag{2.116}$$

并利用(2.94)式和(2.94′)式求出响应 $n_s(t)$的 Laplace 变换

$$N_s(s)=I(s)Q_s(s)=\frac{l\omega_0}{[r(s)-\rho_0](s^2+\omega_0^2)},\tag{2.117}$$

就可以通过 Laplace 逆变换求出 $n_s(t)$:

$$n_s(t)=\frac{1}{2\pi\mathrm{i}}\int_{\sigma-\mathrm{i}\infty}^{\sigma+\mathrm{i}\infty}\frac{l\omega_0}{[r(s)-\rho_0](s^2+\omega_0^2)}\mathrm{e}^{st}\,\mathrm{d}s,\tag{2.118}$$

式中积分路径是在被积函数所有奇点右边的、与复 s 平面中虚轴平行的直线.(2.118)式的被积函数除了在负实轴上有使 $r(s)-\rho_0$ 为零的 $m+1$ 个极点 ω_j(记住 $\rho_0<0$)外,还有在虚轴上的极点 $s=\pm\mathrm{i}\omega_0$. $n_s(t)$之值就是被积函数在这些极点的留数之和:

$$\begin{aligned}n_s(t)=&\sum_j\frac{l\omega_0}{r'(\omega_j)(\omega_j^2+\omega_0^2)}\mathrm{e}^{\omega_j t}+\frac{l\omega_0}{r(\mathrm{i}\omega_0)-\rho_0}\frac{\mathrm{e}^{\mathrm{i}\omega_0 t}}{2\mathrm{i}\omega_0}\\&+\frac{l\omega_0}{r(-\mathrm{i}\omega_0)-\rho_0}\frac{\mathrm{e}^{-\mathrm{i}\omega_0 t}}{-2\mathrm{i}\omega_0}\\=&\ T(t)+I(\mathrm{i}\omega_0)\frac{\mathrm{e}^{\mathrm{i}\omega_0 t}}{2\mathrm{i}}-I(-\mathrm{i}\omega_0)\frac{\mathrm{e}^{-\mathrm{i}\omega_0 t}}{2\mathrm{i}}\\=&\ T(t)+A\sin(\omega_0 t+\theta).\end{aligned}\tag{2.119}$$

(2.119)式中 $T(t)$就是(2.113)式中的瞬变响应部分;而 A,θ 分别是 $I(\mathrm{i}\omega_0)$的绝对值和相角,与(2.115)式一致.所以(2.119)式完全和(2.111)式一致.

从(2.117)及(2.116)式可见,

$$I(s)=\frac{l}{r(s)-\rho_0}=\frac{N_s(s)}{Q_s(s)}=\frac{\text{响应的 Laplace 变换}}{\text{输入的 Laplace 变换}}.\tag{2.120}$$

在控制论中,把输出和输入的 Laplace 变换之比叫做传递函数.从(2.120)式可见,脉冲响应的 Laplace 变换 $I(s)$就是堆的传递函数,或更准确地说,堆的**源传递函数**(和**源**输入相应).从以上讨论知道,将源传递函数 $I(s)$的变量看成纯虚量 $\mathrm{i}\omega_0$,它的大小和相角就给出堆的**频率响应**.

上述讨论是根据点堆模型的简化动态学方程组(2.1a,b)进行的.实际上,传递函数和频率响应的概念不限于这简化模型,而可以适用于一切由可作 Laplace 变换的线性算符 Z 描写的系统:

$$Zf_0=f_\mathrm{i},\tag{2.121}$$

这里 $f_\mathrm{i}=f_\mathrm{i}(t)$是对系统的输入,而 $f_0=f_0(t)$是相应的输出.如果取(2.121)式的

Laplace 变换，并假设所有初始条件为零，使变换后的方程可以写成：

$$Z(s)F_0(s) = F_i(s), \tag{2.122}$$

式中 $F_i(s)$ 及 $F_0(s)$ 分别是输入和输出的 Laplace 变换. 于是系统的**传递函数**为

$$H(s) = \frac{F_0(s)}{F_i(s)} = \frac{1}{Z(s)}, \tag{2.123}$$

而输出 $f_0(t)$ 可通过 $F_0(s)=F_i(s)H(s)$ 的 Laplace 逆变换求出：

$$f_0(t) = \frac{1}{2\pi i}\int_{\sigma-i\infty}^{\sigma+i\infty} F_i(s)H(s)e^{st}\,ds, \tag{2.124}$$

式中积分路径应取在复 s 平面上被积函数所有奇点的右边.

对于 $f_i(t)=\sin\omega_0 t$ 的正弦输入，$F_i(s)=\dfrac{\omega}{s^2+\omega_0^2}$. 进一步假设传递函数 $H(s)$ 满足下列二条件：

1° $H(s)$ 的奇点都是左半平面上的极点（它们当然就是函数 $Z(s)$ 的零点）；

2° $H(-i\omega_0)$ 等于 $H(i\omega_0)$ 的复数共轭，因而有

$$|H(-i\omega_0)| = |H(i\omega_0)|, \quad H(\pm i\omega_0) = |H(i\omega_0)|\,e^{\pm i\theta}$$

（θ 是 $H(i\omega_0)$ 的相角）.

不难看出，由于 1°，(2.124) 式的围道积分中，$H(s)$ 的极点处留数对 $f_0(t)$ 的贡献是一些随时间指数衰减的瞬变项之和（让我们还用 $T(t)$ 来表示），而 $F_i(s)$ 的极点 $s=\pm i\omega_0$ 处留数的贡献之和（由于 2°）可以写成 $|H(i\omega_0)|\sin(\omega_0 t+\theta)$. 于是有

$$f_0(t) = |H(i\omega_0)|\sin(\omega_0 t+\theta) + T(t). \tag{2.125}$$

由此可见，在更一般的情形下，当传递函数 $H(s)$ 的变量换成 $i\omega_0$ 时，它的绝对值大小和相角也给出简谐振荡源输入的频率响应.

由于任一周期性输入都可以通过 Fourier 级数表示成一系列简谐振荡输入的叠加，而对于线性系统，每个谐波分量独立地给出响应的一相应分量，因此频率响应可用来作出对任意输入波形的响应.

对传递函数 $H(s)$ 所加的条件 1°，2° 是重要的. 如果条件 1° 不满足，那么至少函数 $T(t)$ 会有一部分表示发散的响应，最终这部分发散的响应将占优势（系统不稳定）. 所以条件 1° 相当于要求由 $H(s)$ 代表的系统为稳定. 条件 2° 则保证输出 $f_0(t)$ 为实函数.

如果在对系统 (2.121) 作 Laplace 变换时保留初始条件，则 (2.122) 式将换成

$$Z(s)F_0(s) = F_i(s) + P(s), \tag{2.126}$$

式中 $P(s)$ 是由初始条件决定的函数. 于是输出的变换为

$$F_0(s) = \frac{F_i(s)+P(s)}{Z(s)}. \tag{2.127}$$

对于同样的初始条件，和系统 (2.121) 相应的齐次方程 $Zf_0=0$ 之解为 $F_0(s)$

$=\frac{P(s)}{Z(s)}$的逆变换.它将包含一些指数项的线性组合,这些指数来源于 $H(s)=\frac{1}{Z(s)}$ 的极点,也就是 $Z(s)$的零点.因此,

$$Z(s)=0 \tag{2.128}$$

就是齐次方程系的特征方程.这特征方程也适用于(2.125)式中的瞬变项.由于牵涉到的是同样一些指数函数,所以有可能适当选择初始条件作出方程(2.121)的一个特解,其中瞬变项全等于零(输入响应中的瞬变项刚好被齐次解中的同类项消去),只剩下频率响应部分.

§2.7 反应性小振荡

上节中讨论了振荡源在反应性保持固定的堆中所引起的频率响应,并且引进了源传递函数的概念.现在让我们来考虑反应性振荡所产生的效应.

从堆物理实验的角度看来,利用在堆中振荡的吸收体(堆振子)引起反应性的振荡,实现起来比引进振荡源还简便一些.因此,堆振子的装置早就被用来测量中子截面和堆本身的动态学特征参量①.但是,在理论处理方面,反应性振荡却比源振荡更为复杂.这是因为,一个外源强度的振荡不受堆中中子通量的影响;而一个振荡的吸收体则具有与中子通量和吸收截面乘积成比例的吸收率,从而它所引起的反应性振荡和堆中中子通量有关.另外,即使对于同样给定的变化,反应性变化的效应也比源变化的效应复杂.因为,在反应堆动态学方程中,源作为非齐次项独立出现,它所引起的响应可以通过方程的 Green 函数表示;而反应性则出现在方程的系数中,它的变化引起方程(及其 Green 函数)本身特性的变化,所以分析起来困难得多.

不过,如果限于反应性的小变化,并假设所引起响应的变化也是小量,则在略去二阶小量的前提下,有关方程组被线性化,因而问题的处理可以大大简化.因此,本节中我们将先考虑反应性小振荡在堆的平衡状态附近引起的响应,而把反应性大幅度变化的影响放到下章再加以探讨(参看§3.4,§3.5).

为讨论平衡态附近的小扰动,设在简化动态学方程(2.1a,b)中命

$$\begin{cases} n=n_0+\delta n, \\ c_i=c_{i0}+\delta c_i, \\ \rho=\rho_0+\delta\rho, \\ q=q_0, \end{cases} \tag{2.129}$$

① 关于这方面工作的总结和评述,可以参看 Corben[6],Sastre[7]及 Kerlin[8]等人的文章和有关的专著[1].

式中 n_0，c_{i0}，ρ_0 及 q_0 表示反应堆处在平衡态时各物理量应有的值，而 $\delta\rho$ 及 δn，δc_i 表示反应性的小振荡及其在响应 n，c_i 中引起的小扰动. 根据平衡态条件，n_0，c_{i0}，ρ_0 及 q_0 等诸量间存在关系：

$$c_{i0} = \frac{\beta_i n_0}{\lambda_i l}, \quad q_0 = -\frac{\rho_0 n_0}{l}.$$

将(2.129)式代入方程(2.1a,b)，消去平衡量，并略去二阶小量 $\delta\rho\delta n$ 以后，得

$$\begin{cases} \dfrac{\mathrm{d}}{\mathrm{d}t}\delta n = \dfrac{\rho_0 - \beta}{l}\delta n + \sum\limits_i \lambda_i \delta c_i + \dfrac{n_0}{l}\delta\rho, \\ \dfrac{\mathrm{d}}{\mathrm{d}t}\delta c_i = \dfrac{\beta_i}{l}\delta n - \lambda_i \delta c_i. \end{cases} \tag{2.130}$$

可以看出，方程(2.130)的形式完全和方程(2.1a,b)一样，只是 δn 和 δc_i 代替了 n 和 c_i，而非齐次项$\dfrac{n_0}{l}\delta\rho$ 代替了源项 q. 这样，上节中对振荡源所得结果完全可以移植到这里的反应性小振荡的情形中来.

因此，如果反应性小振荡为

$$\delta\rho = \varepsilon \sin \omega t \quad (0 < \varepsilon \ll \beta), \tag{2.131}$$

则通过和上节中(2.111)，(2.114)及(2.115)等表达式的类比，就可以直接把相应的频率响应部分写做

$$\delta n = \varepsilon \mid G(\mathrm{i}\omega) \mid \sin(\omega t + \varphi), \tag{2.132}$$

其中 $|G(\mathrm{i}\omega)|$ 及 φ 现在分别是函数

$$G(\mathrm{i}\omega) = \frac{n_0}{l} I(\mathrm{i}\omega) = \frac{n_0}{r(\mathrm{i}\omega) - \rho_0} \tag{2.133}$$

的绝对值和相角. 它们分别给出频率响应的相对幅和相位差.

同样，通过和上节类比，我们把(2.133)式中的函数 $G(s)$ 叫做**反应性传递函数**. 这样，反应性传递函数 $G(s)$ 等于源传递函数 $I(s)$ 的$\dfrac{n_0}{l}$倍. 如上节已经指出，$I(s)$ 等于脉冲响应 $i(t)$ 的 Laplace 变换. 显然，反应性方程 $r(s) = \rho_0$ 的根 $s = \omega_j (j = 1, 2, \cdots, m+1)$ 既是 $I(s)$ 也是 $G(s)$ 的 $m+1$ 个极点；而 $s = -\lambda_i (i = 1, 2, \cdots, m)$ 则是它们的 m 个零点.

从(2.132)式可以看出，反应性小振荡 $\delta\rho$ 所引起的功率涨落 $\delta n(t)$，对时间的平均值等于零. 也就是说，堆功率 $n(t)$ 对时间的平均值就等于功率的平衡值 n_0. §3.4，§3.5 中将可以看到，当反应性振荡的幅度大时，这个结论一般是不成立的.

以上结果当然也可以从方程组(2.130)的求解得出. 例如，当用 Laplace 变换法求解时，如果 $\delta R(s)$ 是 $\delta\rho(t)$ 的变换，而 $\delta N(s)$ 是 $\delta n(t)$ 中稳态部分(即与初始值 $\delta n(0)$，$\delta c_i(0)$ 无关的部分)的变换，就可以得出

$$G(s)=\frac{\delta N(s)}{\delta R(s)}=\frac{n_0}{r(s)-\rho_0},\tag{2.134}$$

和传递函数的一般定义(2.123)式相符. $G(s)$也常常被称为**零功率传递函数**. 这是因为,假设了平衡功率 n_0 足够小,以致堆中没有显著的升温,可以不必考虑反应性的反馈效应.

以下我们进一步讨论 $G(s)$在各种特殊情形下的行为.

对于很小的 s, $r(s)\approx\left(l+\sum_i\frac{\beta_i}{\lambda_i}\right)s=l's$. 因此,如果 $\rho_0\neq0$,便有

$$G(s)\approx-\frac{n_0}{\rho_0}=\frac{n_0}{|\rho_0|};\tag{2.135}$$

如果 $\rho_0=0$,则有

$$G(s)\approx\frac{n_0}{l's}.\tag{2.136}$$

对于很大的 s, $r(s)\approx ls$,因此

$$G(s)\approx\frac{n_0}{ls}.\tag{2.137}$$

由于 l 很小,所以存在一中间范围$\frac{\beta}{l}\gg|s|\gg\max(\lambda_i)$,使其中有

$$G(s)\approx\frac{n_0}{\beta-\rho_0}.\tag{2.138}$$

对于1组缓发中子近似,$r(s)=ls+\frac{\beta s}{s+\lambda}$,而

$$G(s)=\frac{n_0(s+\lambda)}{ls^2+(\beta+\lambda l-\rho_0)s-\lambda\rho_0}=\frac{n_0(s+\lambda)}{l(s-\omega_1)(s-\omega_2)},\tag{2.139}$$

式中 ω_1 及 ω_2 是1组近似中反应性方程的两个负根(对于 $\rho_0<0$).

对于临界反应堆,$\rho_0=0$,所以

$$G(s)=\frac{n_0}{r(s)}=\frac{n_0}{\left(l+\sum_i\frac{\beta_i}{s+\lambda_i}\right)s}.\tag{2.140}$$

在1组缓发中子的情形下,由于 $\lambda\ll\frac{\beta}{l}$,有

$$G(s)=\frac{n_0(s+\lambda)}{ls\left(s+\lambda+\frac{\beta}{l}\right)}\approx\frac{n_0(s+\lambda)}{ls\left(s+\frac{\beta}{l}\right)}.\tag{2.141}$$

正如本章第一节中指出过的那样,在临界反应堆中,为使多少存在着的中子"本底"源 q_0 可以略去,必须有 $n_0\gg lq_0$. 由于 q_0 和 l 都很小,所以在满足这一条件的同时,还有可能满足前面提到过的"零"功率条件.

图 2.11 示出一临界反应堆的典型频率响应，我们把它表示成$\frac{\beta}{n_0}G(\mathrm{i}\omega)$的绝对值和相角. 归一化因子$\frac{\beta}{n_0}$使$\frac{\beta}{n_0}|G(\mathrm{i}\omega)|$对于中间频率刚好等于 1(见(2.138)式). 这种类型的表示(所谓"**Bode 图**")中，常常将大小用**分贝**(dB)表出. 分贝数等于相对大小的常用对数乘以 20. 图 2.11 中采用了^{235}U 热堆的缓发中子数据，比较了$\frac{l}{\beta}=10^{-2}$ s 情形下的 1 组和 6 组缓发中子模型. 可见，对于很低和很高频率，两个模型具有同样的行为. 这从(2.136)和(2.137)式是理所当然的：在 ω 很小和很大时，$|G(\mathrm{i}\omega)|$都反比于 ω，而相角 φ 都趋近$-90°$.

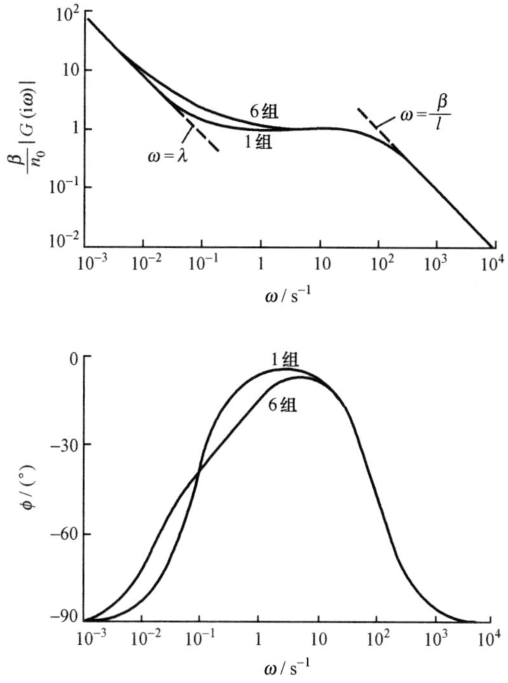

图 2.11　一临界反应堆$\left(^{235}\mathrm{U}, \frac{l}{\beta}=10^{-2}\ \mathrm{s}\right)$的典型频率响应

另一有用的表示法是在复 $G(\mathrm{i}\omega)$平面上画出极坐标图，如图2.12 所示. 图中画出了图 2.11 中的同样一些数据，但把$\frac{\beta}{n_0}|G(\mathrm{i}\omega)|$作为极半径而 φ 作为极角. 因此，当 ω 从∞变到 0 时，轨迹从原点走向无限. 注意，极坐标表示法突出了低频率处 1 组与 6 组缓发中子模型的对比.

从(2.140)和(2.141)式可以推出，减小 l 的效应是使频率响应$\frac{\beta}{n_0}|G(\mathrm{i}\omega)|=1$

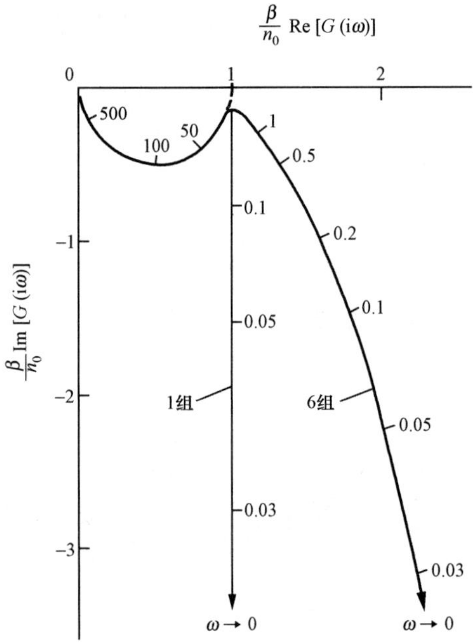

图 2.12 零功率堆传递函数的极坐标图
数据取自图 2.11，ω 值在曲线上标出.

的中间平台区向高频方向延伸，从而加宽了频率响应的平台区，同时也使相角 φ 在更宽频率范围内保持接近于 0，如图 2.13 所示.

现在让我们就 1 组缓发中子模型来考查频率响应在瞬跳近似（$l\to 0$ 时，见 § 2.2）和恒源近似（$\omega\gg\lambda$ 时，见 § 2.3）中的行为.

瞬跳近似（$l\to 0$）中，(2.141)式变成

$$G(s)\approx\frac{n_0}{\beta}\frac{s+\lambda}{s}. \tag{2.142}$$

可见，在频率很高处，$G(s)$的绝对值以极限值$\frac{n_0}{\beta}$保持平坦（见图 2.14）. 因此，瞬跳近似有时又被称为"无限频带宽"近似. 这一不现实的高频行为并不影响瞬跳近似在稳定性研究中的应用，因为在现实的系统模型中，反应性反馈、控制棒移动等其他因素会以它们大得多的时间常数控制整个系统. $|s|\ll\lambda$（或 $|s|\ll\min(\lambda_i)$）时，(2.142)变成

$$G(s)\approx\frac{n_0\lambda}{\beta s}\approx\frac{n_0}{l's}. \tag{2.143}$$

这是瞬跳近似中传递函数的低频渐近式，它给出图 2.14 中的**低频渐近线**. 容易看出，它也是有效寿命模型（见(2.17″)式）中的传递函数.

对于 $|s|\gg\lambda$（或 $|s|\gg\max(\lambda_i)$），有恒源近似. 这时(2.141)式变成

$$G(s) \approx \frac{n_0}{ls+\beta}. \tag{2.144}$$

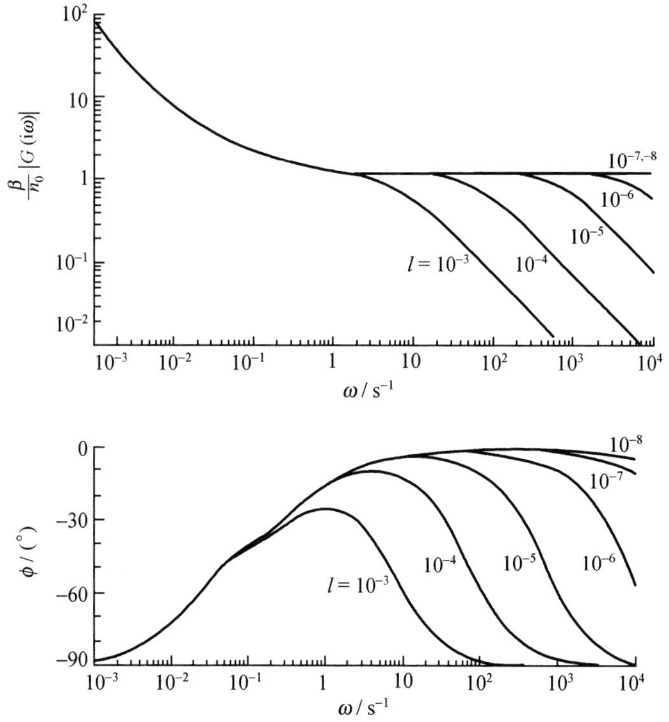

图 2.13　中子一代时间 l 取不同值时，^{235}U 零功率堆传递函数的绝对值和相角

在中间频率区域，我们又有 $G(s)\approx\frac{n_0}{\beta}$，而对于非常高的频率

$$G(s) \approx \frac{n_0}{ls},$$

这就是(2.137)式，它起**高频渐近线**的作用.

图 2.14 示意地说明这些近似之间的关系. 高频近似(2.144)和(2.137)式，由于它们不现实的低频行为，在稳定性研究中没有什么用处. 瞬跳近似及恒源近似之间重叠的中间频率平坦区，在稳定性研究中也没有什么用处. 请注意，这平坦区只是由于 l 小才存在(参看图 2.13).

图 2.11 到图 2.14 中的传递函数都是对临界反应堆作出的. 从(2.135)式可见，在一由源维持的次临界系统中，低频行为大不一样. 在低频处，频率响应的大小趋近一恒定值，而相角则趋近 0°，如图 2.15 所示.

如果在(2.134)式中让 $\rho_0>0$，想要把这传递函数推广到超临界区，就会失去物理意义.

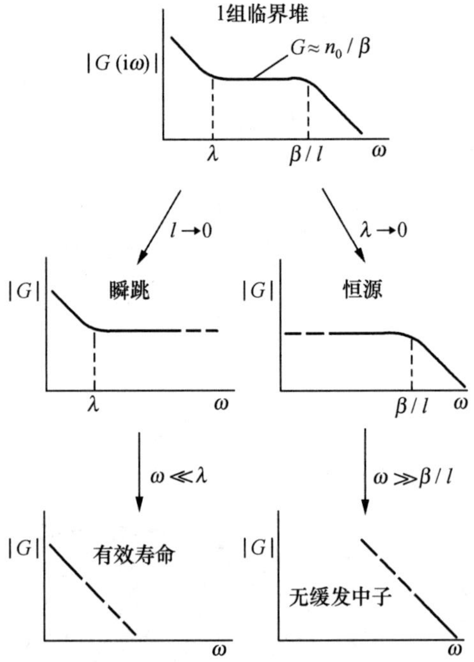

图 2.14 各种近似中的堆频率响应,log|$G(\mathrm{i}\omega)$|随 logω 的变化

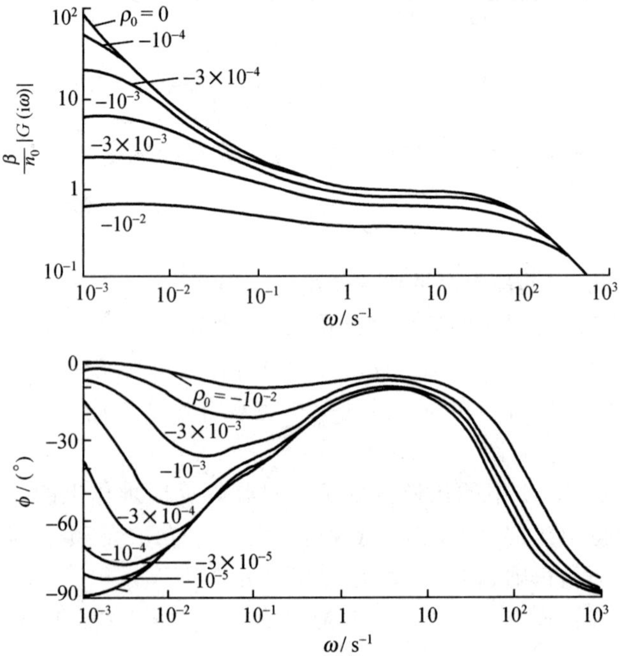

图 2.15 具不同次临界度的反应堆的频率响应($l=10^{-4}$ s)

因为从平衡态条件 $q_0=-\rho_0 n_0/l$ 知，正 ρ_0 将意味着负源. 我们不这样做，而通过在一以稳定周期指数上升的中子数和缓发中子先行核数上叠加一小振荡的方法来对一无源超临界系统设想一传递函数. 我们假定

$$n=n_0(1+\varepsilon)\mathrm{e}^{pt},c_i=c_{i0}(1+\varepsilon_i)\mathrm{e}^{pt},\rho=\rho_0+\delta\rho, \tag{2.145}$$

这里 $\varepsilon,\varepsilon_i$ 及 $\delta\rho$ 是小涨落，而 p 是和反应性 ρ_0 相应的反应性方程 $\rho_0=r(\omega)$ 的正根.

把(2.145)式代入无源的简化动态学方程组(2.9a,b)，略去二阶小量 $\varepsilon\delta\rho$，并用 Laplace 变换法求解所得方程组，可得

$$\frac{\bar{\varepsilon}(s)}{\delta R(s)}=\frac{1}{r(s+p)-\rho_0}, \tag{2.146}$$

式中 $\bar{\varepsilon}(s)$ 及 $\delta R(s)$ 分别是 $\varepsilon(t)$ 及 $\delta\rho(t)$ 的 Laplace 变换，而 $r(s+p)$ 是函数 $r(s)$ 中把变量换成 $s+p$ 所得的函数. 我们将用 $G(s)$ 表示 $\dfrac{n_0}{r(s+p)-\rho_0}$，以便和(2.134)式同样归一化. 图 2.16 示具不同超临界度的反应堆的传递函数；图中 T 是稳定周期 $\dfrac{1}{p}$.

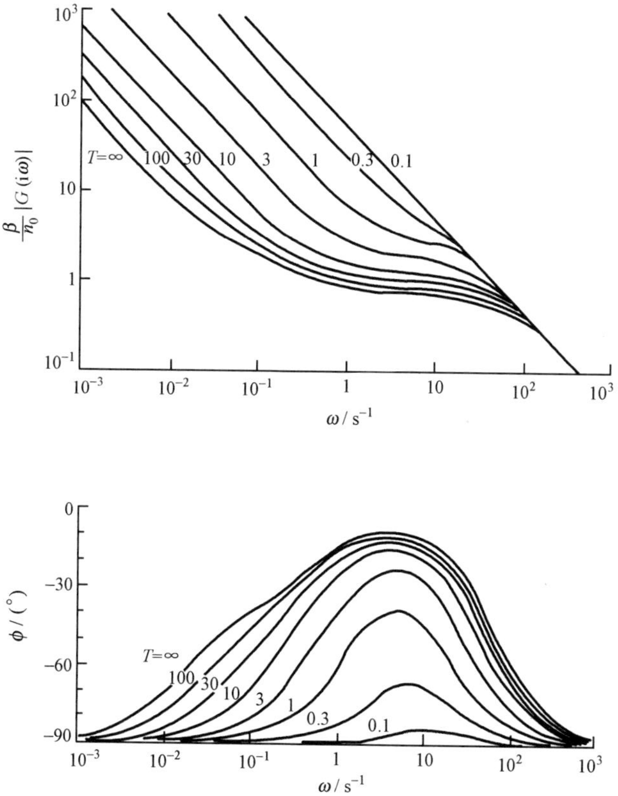

图 2.16　具不同超临界度的反应堆的传递函数($l=10^{-4}$ s)

Carter,Sparks 及 Tessier[9] 曾仔细讨论过这种过渡过程中的参量激发,或"传递函数周期效应". 在核火箭原型中观察到了这效应的重要意义[10],发现为平衡运转设计的堆控制系统在短周期的按程序启动中产生了不稳定的振荡.

参考文献

[1] Soodak H ed. Reactor Handbook. 2nd ed. New York: Wiley (Interscience), 1962: Vol. Ⅲ, Part A.

[2] Keepin G R. Physics of Nuclear Kinetics. Mass.: Addison-Wesley, 1965: 188, Reading.

[3] Hetrick D L. Dynamics of Nuclear Reactors. Chicago: The Univ. of Chicago Press, 1971: 29.

[4] Skinner R E, Cohen E R. Nucl. Sci. Eng., 1959, 5: 291.

[5] 同 3., p. 41.

[6] Corben H C. Nucl. Sci. Eng., 1959, 6: 461.

[7] Sastre C. Reactor transfer functions. // Advances in Nuclear Science and Technology, vol. 2, ed. Henley E J, Kouts H. New York: Academic Press, 1964.

[8] Kerlin T W. Nucl. Safety, 1967, 8: 339.

[9] Carter *et al*. Period effect in reactor dynamics. // Reactor Kinetics and Control, ed. Weaver L E. Tenn.: Oak Ridge, 1964.

[10] Singer S. The period equilibrium effect in reactor dynamics. LA-2654, 1962.

第三章　一般点堆动态学

第二章中，我们探讨了反应堆简化动态学方程组(2.1a,b)可以解析(或近似解析)求解的一些简单情形，得出了不少有物理意义的结果. 在这些讨论中，我们主要采用了1组缓发中子模型，同时应用了瞬跳和恒源这两种近似方法. §2.2—§2.4的讨论表明，恒源近似仅适用于远较缓发中子先行核衰变时间$\frac{1}{\lambda}$$\left(或 \min\left(\frac{1}{\lambda_i}\right)\right)$为小的时间范围(以后将称为“内区”)，而瞬跳近似则适用于远较$\frac{l}{\beta}$(这里l是中子一代时间)为大的时间范围(以后将称为“外区”)，如图2.6所示.

本章和下章中，我们将从更一般的观点讨论方程组(2.1a,b)在反应性$\rho=\rho(t)$随时间更普遍变化情形下的近似和数值解法.

由于$\frac{\beta}{l}\gg\lambda_i$，方程组(2.1a,b)是常微分方程组中的所谓“刚性系统”. 它由彼此相差几个数量级的本征值$\omega_j(j=1,2,\cdots,m+1)$表征，因而在应用像Runge-Kutta法一类常规有限差分法去为方程组(2.1a,b)求解初值问题时，要求用不实际的小时间步长，这就引起数值求解时的困难. 为避免这一困难，必须应用适应刚性系统的方法.

我们首先讨论相对于小参量$\frac{l}{\beta}$的奇异扰动法. 这方法可以消去方程组(2.1a,b)的刚性，为渐近解给出一套新的非刚性方程组. 可以发现，瞬跳近似和恒源近似原来相当于奇异扰动法所给出的外区和内区渐近解展开式中的零级近似.

对于反应性随时间线性变化的情况(所谓“斜坡”输入)，我们将用积分表示法求出方程组(2.1a,b)之解，并讨论严格解和近似解之间的关系. 此方法可用来作堆事故的计算和对堆启动问题进行分析.

我们也将考虑反应性与时间任意相关时方程组(2.1a,b)的近似解析解法，并应用这些方法讨论对反应性大幅度振荡的响应和脉冲堆的行为.

§3.1　求解点堆动态学初值问题的奇异扰动法

随时间变化的物理量$n=n(t)$及$c_i=c_i(t)$所满足的简化动态学方程组(2.1a,b)：

$$\begin{cases}\dfrac{\mathrm{d}n}{\mathrm{d}t}=\dfrac{\rho-\beta}{l}n+\sum\limits_i\lambda_i c_i+q,\\[2mm]\dfrac{\mathrm{d}c_i}{\mathrm{d}t}=\dfrac{\beta_i}{l}n-\lambda_i c_i,\quad(i=1,\cdots,m)\end{cases}\tag{3.1}$$

和相应的初值条件：

$$n(0)=n_0,\quad c_i(0)=c_{i0}\tag{3.2}$$

共同规定了点堆动态学中需要求解的一个初值问题.我们假设初值满足平衡条件(2.5)及(2.6).这里,值得注意的是：中子一代时间 l(在快堆中)可以非常小;而如果 $l\to0$,不难看出常微分方程组(3.1)的阶将降低 1,从而使原来的始值条件不能完全满足(记住瞬跳近似中 n 在时刻 $t=0$ 的间断).这就引起我们所考虑的初值问题的奇异扰动[1,2].

为了讨论和书写方便,本节中我们将引进一些简化的记号把方程组(3.1)加以改写.必要时,再把某些结果用平常的记号写出,以便引用.首先,从平衡条件(2.5)及(2.6),我们注意到：平衡时 c_i 及 q 相对于 n 为 $\dfrac{1}{l}$ 量级.因此,下面将引进 $\gamma_i=\gamma_i(t)$ 及 $\zeta=\zeta(t)$：

$$\gamma_i=\frac{l}{\beta}c_i,\quad \zeta=\frac{l}{\beta}q\tag{3.3}$$

来代替 c_i 及 q.另外,本节中将把 $\dfrac{l}{\beta}$ 写成 ε,把 $\dfrac{\beta_i}{\beta}$ 写成 $a_i\left(\sum\limits_i a_i=1\right)$;但把 $\dfrac{\rho}{\beta}$ 就简单地写成 ρ,这意味着用"元"作单位将反应性表出.于是,可以把点堆动态学方程组(3.1)改写成

$$\begin{cases}\varepsilon\dfrac{\mathrm{d}n}{\mathrm{d}t}=(\rho-1)n+\sum\limits_i\lambda_i\gamma_i+\zeta,\\[2mm]\dfrac{\mathrm{d}\gamma_i}{\mathrm{d}t}=a_i n-\lambda_i\gamma_i,\quad(i=1,\cdots,m)\end{cases}\tag{3.4}$$

并写出相应的初值条件：

$$n(0)=n_0,\quad \gamma_i(0)=\gamma_{i0}.\tag{3.5}$$

初值满足的平衡条件为：$a_i n_0=\lambda_i\gamma_{i0}$,$\rho(0)n_0+\zeta(0)=0$.

以下我们假定在所有感兴趣的时间范围内,系统为瞬发次临界,即 $\rho<1$.

根据奇异扰动法[2],具有小参量 ε 的方程组(3.4)对 ε 展开的渐近解将由外区的"外解"和内区的"内解"两部分合成.我们先考虑外区的情况：假设对于某一固定的整数 $k\geqslant0$,k 阶外解为

$$\begin{cases}\bar{n}^{(k)}(t)=\sum\limits_{j=0}^{k}\varepsilon^j\bar{n}_j(t),\\[2mm]\bar{\gamma}_i^{(k)}(t)=\sum\limits_{j=0}^{k}\varepsilon^j\bar{\gamma}_{ij}(t),\quad(i=1,\cdots,m)\end{cases}\tag{3.6}$$

代入方程组(3.4)，并让方程两边 ε 同次幂的各项相等，即得 $\bar{n}_j(t)$ 及 $\bar{\gamma}_{ij}(t)$ 应满足的方程组：

$$\begin{cases}(\rho-1)\bar{n}_j+\sum_i\lambda_i\bar{\gamma}_{ij}+p_j=0,\\ \dfrac{\mathrm{d}\bar{\gamma}_{ij}}{\mathrm{d}t}=a_i\bar{n}_j-\lambda_i\bar{\gamma}_{ij}, \quad \begin{pmatrix}i=1,\cdots,m\\ j=0,\cdots,k\end{pmatrix}\end{cases} \tag{3.7}$$

式中

$$p_j=\begin{cases}\zeta, & j=0,\\ -\dfrac{\mathrm{d}\bar{n}_{j-1}}{\mathrm{d}t}, & j=1,\cdots,k,\end{cases} \tag{3.8}$$

$\bar{\gamma}_{ij}=\bar{\gamma}_{ij}(t)$ 的初值条件，还需要加以规定.

其次考虑内区的情况：引进拉长了的时间

$$\tau=\frac{t}{\varepsilon}, \tag{3.9}$$

并假设 k 阶内解为

$$\begin{cases}\tilde{n}^{(k)}(\tau)=\sum_{j=0}^{k}\varepsilon^j\tilde{n}_j(\tau),\\ \tilde{\gamma}_i^{(k)}(\tau)=\sum_{j=0}^{k}\varepsilon^j\tilde{\gamma}_{ij}(\tau), \quad (i=1,\cdots,m)\end{cases} \tag{3.10}$$

$\tilde{n}_j(\tau)$ 及 $\tilde{\gamma}_{ij}(\tau)$ 的方程组由相应于(3.4)式的齐次方程组(即，命源项 $\zeta=0$ 所得方程组)得出，其中 $\rho(t)=\rho(\varepsilon\tau)$ 在假设 $\rho(t)$ 足够光滑的前提下展成 Taylor 级数.结果得

$$\begin{cases}\dfrac{\mathrm{d}\tilde{n}_j}{\mathrm{d}\tau}=[\rho(0)-1]\tilde{n}_j(\tau)+\sum_i\lambda_i\tilde{\gamma}_{ij}(\tau)+\sum_{h=0}^{j-1}\dfrac{\tau^{j-h}}{(j-h)!}\rho_{j-h}\tilde{n}_h(\tau),\\ \dfrac{\mathrm{d}\tilde{\gamma}_{ij}}{\mathrm{d}\tau}=a_i\tilde{n}_{j-1}(\tau)-\lambda_i\tilde{\gamma}_{ij-1}(\tau), \quad \begin{pmatrix}i=1,\cdots,m\\ j=0,1,\cdots,k\end{pmatrix}\end{cases} \tag{3.11}$$

式中定义 $j=-1$ 时 $\tilde{n}_j(\tau)=\tilde{\gamma}_{ij}(\tau)\equiv 0$，而

$$\rho_h=\left.\frac{\mathrm{d}^h\rho(t)}{\mathrm{d}t^h}\right|_{t=0}, \quad h=1,\cdots,j. \tag{3.12}$$

方程组(3.4)的 k 阶渐近解由 k 阶外解(3.6)与 k 阶内解(3.10)之和给出：

$$\begin{cases}n^{(k)}(t)=\bar{n}^{(k)}(t)+\tilde{n}^{(k)}\left(\dfrac{t}{\varepsilon}\right),\\ \gamma_i^{(k)}(t)=\bar{\gamma}_i^{(k)}(t)+\tilde{\gamma}_i^{(k)}\left(\dfrac{t}{\varepsilon}\right). \quad (i=1,\cdots,m)\end{cases} \tag{3.13}$$

因此，方程组(3.7)及(3.11)的初值条件应从下列关系推出：

$$\begin{cases}\bar{n}_j(0)+\tilde{n}_j(0)=\delta_{0j}n_0,\\ \bar{\gamma}_{ij}(0)+\tilde{\gamma}_{ij}(0)=\delta_{0j}\gamma_{i0}.\end{cases} \tag{3.14}$$

另外，$\tilde{\gamma}_i^{(k)}(\tau)$作为内解，对于大 τ 值应消失，因此有条件

$$\lim_{\tau\to\infty}\tilde{\gamma}_{ij}(\tau)=0. \tag{3.15}$$

Mika[3]曾证明，只要 $\rho(t)$及 $q(t)$在固定区间$[0,t_0]$上能微分足够多次，方程组(3.7)及(3.11)，加上条件(3.14)及(3.15)就在$[0,t_0]$上具唯一解. 而且，$\tilde{n}_j(\tau)$在 $\tau\to\infty$ 时也趋于零(作为内解，当然应当如此). 一内解具有如此行为的必要条件为，系统处于瞬发次临界状态. 这条件也使 $\bar{n}_j(t)$总可以从方程组(3.7)中第一式求出. 他还曾证明，k 阶渐近解(3.13)中，每个函数在$[0,t_0]$上当 $\varepsilon\to 0$ 时都比 ε^k 更快地均匀趋向相应的严格解.

可以看到，在作了渐近展开(3.6)和(3.10)之后，要解的微分方程组(3.7)和(3.11)都已经不再是刚性系统.

上述方法的精度和 ε 的值有关：ε 之值愈小，可以取 k 值愈低的阶.

在[2]中提出的，求解渐近方程组(3.7)及(3.11)的标准算法，对每一 j 值包含下列步骤：

1° $\tilde{\gamma}_{ij}(\tau)$从方程组(3.11)中第二式在条件(3.15)之下利用已知的更低阶函数算出；$j=0$ 时易见有 $\tilde{\gamma}_{i0}(\tau)=$常数$=0$.

2° $\bar{n}_j(t)$从方程组(3.7)中第一式用 $\bar{\gamma}_{ij}(t)$表出；代入第二式得 $\bar{\gamma}_{ij}(t)$的方程组，再将此方程组在条件

$$\bar{\gamma}_{ij}(0)=\delta_{0j}\gamma_{i0}-\tilde{\gamma}_{ij}(0)$$

之下求解；然后用来计算 $\bar{n}_j(t)$.

3° $\tilde{n}_j(\tau)$在条件

$$\tilde{n}_j(0)=\delta_{0j}n_0-\bar{n}_j(0)$$

之下从方程组(3.11)中第一式算出.

让我们先看一看零阶渐近解的情况，并考查它和瞬跳近似及恒源近似的联系. 在零阶近似下有

$$\begin{cases} n^{(0)}(t)=\bar{n}^{(0)}(t)+\tilde{n}^{(0)}\left(\dfrac{t}{\varepsilon}\right), \\ \gamma_i^{(0)}(t)=\bar{\gamma}_i^{(0)}(t)+\tilde{\gamma}_i^{(0)}\left(\dfrac{t}{\varepsilon}\right), \quad (i=1,\cdots,m) \end{cases} \tag{3.13$'$}$$

及

$$\begin{cases} \bar{n}^{(0)}(t)=\bar{n}_0(t), \\ \bar{\gamma}_i^{(0)}(t)=\bar{\gamma}_{i0}(t), \quad (i=1,\cdots,m) \end{cases} \tag{3.6$'$}$$

$$\begin{cases} \tilde{n}^{(0)}(\tau)=\tilde{n}_0(\tau), \\ \tilde{\gamma}_i^{(0)}(\tau)=\tilde{\gamma}_{i0}(\tau), \quad (i=1,\cdots,m). \end{cases} \tag{3.10$'$}$$

$\bar{n}^{(0)}(t)$及 $\bar{\gamma}_i^{(0)}(t)$现在满足方程组：

$$\begin{cases}(\rho-1)\bar{n}^{(0)}(t)+\sum_i\lambda_i\bar{\gamma}_i^{(0)}(t)+\zeta=0,\\ \dfrac{\mathrm{d}\bar{\gamma}_i^{(0)}}{\mathrm{d}t}=a_i\bar{n}^{(0)}(t)-\lambda_i\bar{\gamma}_i^{(0)}(t);\quad(i=1,\cdots,m)\end{cases}\tag{3.7$'$}$$

而 $\tilde{n}^{(0)}(\tau)$ 及 $\tilde{\gamma}_i^{(0)}(\tau)$ 满足方程组：

$$\begin{cases}\dfrac{\mathrm{d}\tilde{n}^{(0)}}{\mathrm{d}\tau}=[\rho(0)-1]\tilde{n}^{(0)}(\tau)+\sum_i\lambda_i\tilde{\gamma}_i^{(0)}(\tau),\\ \dfrac{\mathrm{d}\tilde{\gamma}_i^{(0)}}{\mathrm{d}\tau}=0.\quad(i=1,\cdots,m)\end{cases}\tag{3.11$'$}$$

初值条件(3.14)现在可写成

$$\begin{cases}\bar{n}^{(0)}(0)+\tilde{n}^{(0)}(0)=n_0,\\ \bar{\gamma}_i^{(0)}(0)+\tilde{\gamma}_i^{(0)}(0)=\gamma_{i0}.\end{cases}\tag{3.14$'$}$$

此外，$\tilde{\gamma}_i^{(0)}(\tau)$ 当 τ 大时消失：

$$\lim_{\tau\to\infty}\tilde{\gamma}_i^{(0)}(\tau)=0.\tag{3.15$'$}$$

从(3.11′)式中方程$\dfrac{\mathrm{d}\tilde{\gamma}_i^{(0)}}{\mathrm{d}\tau}=0$，马上可以积分出

$$\tilde{\gamma}_i^{(0)}(\tau)=\text{常数}.\tag{3.16}$$

再考虑到条件(3.15′)，就得

$$\tilde{\gamma}_i^{(0)}(\tau)=0.\tag{3.17}$$

因此，(3.14′)中第二条件可以写成

$$\bar{\gamma}_i^{(0)}(0)=\gamma_{i0}.\tag{3.14$''$}$$

方程(3.16)表示内区中可用恒源近似. 但恒源近似中将内解作为全解，因此(3.16)式中常数值不是像(3.17)式中那样由条件(3.15′)定出为零，而是由缓发中子先行核的初始值定出为 γ_{i0}.

从(3.7′)中第一式解出 $\bar{n}^{(0)}(t)$，得

$$\bar{n}^{(0)}(t)=\frac{\sum_i\lambda_i\bar{\gamma}_i^{(0)}(t)+\zeta(t)}{1-\rho(t)},\tag{3.18}$$

或者用平常的记号写出：

$$\bar{n}^{(0)}(t)=\frac{\sum_i\lambda_i l\bar{c}_i^{(0)}(t)+lq(t)}{\beta-\rho(t)}.\tag{3.18$'$}$$

把 $\bar{n}^{(0)}(t)$ 及 $\bar{\gamma}_i^{(0)}(t)$ 满足的方程组(3.7′)和点堆方程组(3.4)相比较，可以看出，零阶外解 $\bar{n}^{(0)}(t)$ 及 $\bar{\gamma}_i^{(0)}(t)$ 所满足的方程组(3.7′)就是当$\dfrac{\mathrm{d}n}{\mathrm{d}t}$小因而和其他项相比可以略去时的方程组(3.4). 这样，方程组(3.7′)就是点堆动态学方程组的瞬跳

近似(参看(2.22)式下面的讨论);而(3.18′)式则给出瞬跳近似中的中子密度.

在1组缓发中子模型中,从方程组(3.7′)消去$\bar{\gamma}^{(0)}(t)$,可得瞬跳近似中中子密度所满足的微分方程(下式中略去表示零阶外解的附标"(0)"及上加的"—"):

$$(1-\rho)\frac{\mathrm{d}n}{\mathrm{d}t}-\left(\lambda\rho+\frac{\mathrm{d}\rho}{\mathrm{d}t}\right)n=\lambda\zeta+\frac{\mathrm{d}\zeta}{\mathrm{d}t}. \tag{3.19}$$

将这一方程和同一模型中从方程组(3.4)中消去缓发中子先行核数所得方程

$$\varepsilon\frac{\mathrm{d}^2 n}{\mathrm{d}t^2}+(1-\rho+\varepsilon\lambda)\frac{\mathrm{d}n}{\mathrm{d}t}-\left(\lambda\rho+\frac{\mathrm{d}\rho}{\mathrm{d}t}\right)n=\lambda\zeta+\frac{\mathrm{d}\zeta}{\mathrm{d}t} \tag{3.20}$$

相比较,可以明显看出小参量$\varepsilon\to 0$时所引起的、使微分方程由2阶降为1阶的事实.因此,$\varepsilon\dfrac{\mathrm{d}^2 n}{\mathrm{d}t^2}$一项在方程(3.20)中产生的扰动为奇异扰动.

由于瞬跳近似中的中子密度满足阶数降低了1的微分方程,它不再能满足初值条件(3.2).事实上,根据(3.14)式中第一条件,$\bar{n}^{(0)}(0)$必须加上$\tilde{n}^{(0)}(0)$才能等于初值n_0.由于没有包含$\tilde{n}^{(0)}(\tau)$这一在内区很快衰减的瞬变部分,瞬跳近似中给出的中子密度在$t=0$处是间断的(见图2.6).在这近似中,$t=0$处的初始条件只好换成由方程组(3.7′)导出的、对$[1-\rho(t)]\bar{n}^{(0)}(t)$的连续性的要求.实际上,从(3.7′)中第二式可见,即使$\bar{n}^{(0)}(t)$中有有限的间断,每个$\bar{\gamma}_i^{(0)}(t)$仍是t的连续函数.所以,当源$\zeta=\dfrac{l}{\beta}q$为连续而反应性ρ在$t=0$有一阶跃变化时,近似中子密度$\bar{n}^{(0)}(t)$应满足的条件,按(3.7′)中第一式,为

$$\bar{n}^{(0)}(+0)=\frac{1-\rho(-0)}{1-\rho(+0)}\bar{n}^{(0)}(-0)=\frac{1-\rho(-0)}{1-\rho(+0)}n_0. \tag{3.21}$$

用平常的记号写出,(3.21)式就给出§2.3中讨论过的、瞬跳近似中阶跃响应在$t=0$时的"瞬跳"($\rho(+0)>\rho(-0)$)或"瞬落"($\rho(+0)<\rho(-0)$)情况(参看(2.68)式和有关的讨论).

如上所述,1组缓发中子模型的瞬跳近似(即零阶外解)中,解法可比前述标准算法略为简化:对一给定的源$\zeta=\dfrac{l}{\beta}q$,方程(3.19)可利用条件(3.21)直接求解,再从(3.7′)中第一式求得$\bar{\gamma}^{(0)}(t)$,就可得出外解中缓发中子先行核数的近似值$\bar{c}^{(0)}(t)$.

零阶内解$\tilde{n}^{(0)}(\tau)$及$\tilde{\gamma}^{(0)}(\tau)$是在内区对瞬跳近似的修正.从(3.17)式知

$$\tilde{\gamma}^{(0)}(\tau)=0, \tag{3.22}$$

即对缓发中子先行核数$\bar{c}^{(0)}(t)$的零阶修正为零.所以$\gamma^{(0)}(t)=\bar{\gamma}^{(0)}(t)$,而$\bar{c}^{(0)}(t)$就是$c^{(0)}(t)$.

利用(3.22)式,(3.11′)中第一式简化为

$$\frac{\mathrm{d}\tilde{n}^{(0)}}{\mathrm{d}\tau}=[\rho(0)-1]\tilde{n}^{(0)}(\tau),$$

所以　　$\tilde{n}^{(0)}(\tau)=\tilde{n}^{(0)}(+0)\exp\{[\rho(+0)-1]\tau\}$，　　(3.23)

式中初值 $\tilde{n}^{(0)}(+0)$ 由(3.14′)中第一式及(3.21)式给出：

$$\tilde{n}^{(0)}(+0)=n_0-\bar{n}^{(0)}(+0)=-\frac{\rho(+0)-\rho(-0)}{1-\rho(+0)}n_0. \tag{3.24}$$

从(3.23)及(3.24)式可以明显看出，$\tilde{n}^{(0)}(\tau)$正是瞬跳近似中在内区略去了的瞬变项.

对于 m 组缓发中子的情况，按标准算法，可得

$$\tilde{\gamma}_i^{(0)}(\tau)=0; \tag{3.17}$$

代入(3.11′)在第一式后，仍可解得(3.23)式中的 $\tilde{n}^{(0)}(\tau)$. $\bar{n}^{(0)}(t)$从(3.7′)的第一式解出得(3.18)式后，代入(3.7′)的第二式，即得 $\bar{\gamma}_i^{(0)}(t)$满足的方程组

$$\frac{\mathrm{d}\bar{\gamma}_i^{(0)}}{\mathrm{d}t}=\sum_{i'}\left(\frac{a_i\lambda_{i'}}{1-\rho(t)}-\lambda_i\delta_{ii'}\right)\bar{\gamma}_{i'}^{(0)}(t)+\frac{a_i\zeta(t)}{1-\rho(t)}, \tag{3.25}$$

式中 $\delta_{ii'}$ 是 Kronecker δ 符号. 相应的初值条件为(3.14″)，即 $\bar{\gamma}_i^{(0)}(0)=\gamma_{i0}$. 解出 $\bar{\gamma}_i^{(0)}(t)$后，从(3.18)式可算出 $\bar{n}^{(0)}(t)$. 特别是，

$$\bar{n}^{(0)}(+0)=\frac{\sum_i\lambda_i\gamma_{i0}+\zeta_0}{1-\rho(+0)}, \tag{3.26}$$

式中 $\zeta_0=\zeta(0)$，$+0$ 是考虑到在 $t=0$ 时 ρ 及 n 有阶跃的情况. 实际上，从方程组(3.7′)，在有阶跃时也可以推出条件(3.21). 于是，也可得出 $\tilde{n}^{(0)}(\tau)$应满足的条件(3.24)和它的解(3.23).

1 阶渐近解由 $k=1$ 时的(3.6)，(3.10)及(3.13)式给出. 其中内、外解的零阶($j=0$)项分别是上面讨论过的零阶内、外解；而 1 阶($j=1$)项可以利用已求出的零阶结果按标准算法的步骤得出. 这样，利用(3.23)式中的 $\tilde{n}^{(0)}(\tau)$及(3.17)式中的 $\tilde{\gamma}_i^{(0)}(\tau)$，并考虑到条件(3.15)，从 $j=1$ 时的(3.11)的第二式解得

$$\tilde{\gamma}_{i1}(\tau)=\frac{a_i\tilde{n}^{(0)}(0)}{\rho(0)-1}\exp\{[\rho(0)-1]\tau\}\quad(i=1,\cdots,m). \tag{3.27}$$

式中变量 τ 或 t 取的 0 值都表示 0+，以后也这样.

其次，从 $j=1$ 时(3.7)的第一式解出

$$\bar{n}_1(t)=\frac{\sum_i\lambda_i\bar{\gamma}_{i1}(t)-\dfrac{\mathrm{d}\bar{n}^{(0)}}{\mathrm{d}t}}{1-\rho(t)}, \tag{3.28}$$

式中$\dfrac{\mathrm{d}\bar{n}^{(0)}}{\mathrm{d}t}$可由(3.18)及(3.25)式求出：

$$\frac{\mathrm{d}\bar{n}^{(0)}}{\mathrm{d}t}=\frac{\lambda'+\dfrac{\mathrm{d}\rho}{\mathrm{d}t}}{[1-\rho(t)]^2}\left[\sum_i\lambda_i\bar{\gamma}_i^{(0)}(t)+\zeta(t)\right]-\frac{\sum_i\lambda_i^2\bar{\gamma}_i^{(0)}(t)-\dfrac{\mathrm{d}\zeta}{\mathrm{d}t}}{1-\rho(t)}, \tag{3.29}$$

这里 $\lambda' = \sum_i a_i \lambda_i = \frac{1}{\beta}\sum_i \beta_i \lambda_i$. 再用(3.18)式，上式也可以写做

$$\frac{d\bar{n}^{(0)}}{dt} = \frac{1}{1-\rho(t)}\Big[\Big(\lambda' + \frac{d\rho}{dt}\Big)\bar{n}^{(0)}(t) - \sum_i \lambda_i^2 \bar{\gamma}_i^{(0)}(t) + \frac{d\zeta}{dt}\Big]. \qquad (3.29')$$

利用(3.28)式，从 $j=1$ 时(3.7)的第二方程可得 $\bar{\gamma}_{i1}(t)$ 满足的微分方程：

$$\frac{d\bar{\gamma}_{i1}}{dt} = \sum_{i'}\Big(\frac{a_i \lambda_{i'}}{1-\rho(t)} - \lambda_i \delta_{ii'}\Big)\bar{\gamma}_{i'1}(t) - \frac{a_i}{1-\rho(t)}\frac{d\bar{n}^{(0)}}{dt}$$

$$(i = 1,\cdots,m). \qquad (3.30)$$

相应的初值条件可由(3.14)中第二式及(3.27)式得出：

$$\bar{\gamma}_{i1}(0) = -\tilde{\gamma}_{i1}(0) = \frac{a_i \bar{n}^{(0)}(0)}{1-\rho(0)} = \frac{a_i[n_0 - \bar{n}^{(0)}(0)]}{1-\rho(0)}. \qquad (3.31)$$

方程(3.30)，跟(3.25)一样，现在都是非刚性系统，可由常规数值方法，如 Runge-Kutta 法求解. $\bar{\gamma}_{i1}(t)$求出后，$\bar{n}_1(t)$即由(3.28)式给出. 我们注意

$$\bar{n}_1(0) = \frac{\sum_i \lambda_i \bar{\gamma}_{i1}(0) - \frac{d\bar{n}^{(0)}}{dt}\Big|_{t=0}}{1-\rho(0)}$$

$$= \frac{1}{[1-\rho(0)]^2}\Big\{\lambda'[n_0 - 2\bar{n}^{(0)}(0)] - \rho_1 \bar{n}^{(0)}(0)$$

$$+ \sum_i \lambda_i^2 \gamma_{i0} - \zeta_1\Big\}, \qquad (3.32)$$

式中 $\zeta_1 = \frac{d\zeta}{dt}\Big|_{t=0}$，而 $\rho_1 = \frac{d\rho}{dt}\Big|_{t=0}$ 如(3.12)式所规定.

于是，$\tilde{n}_1(\tau)$可在初值条件 $\tilde{n}_1(0) = -\bar{n}_1(0)$之下由(3.11)中第一方程求得. 结果如下：

$$\tilde{n}_1(\tau) = \exp\{[\rho(0)-1]\tau\}\Big\{-\bar{n}_1(0) + [n_0 - \bar{n}^{(0)}(0)]$$

$$\cdot\Big[\frac{\lambda'\tau}{\rho(0)-1} + \frac{\rho_1\tau^2}{2}\Big]\Big\}. \qquad (3.33)$$

更高阶渐近解($k\geqslant 2$)的结果，也可以类似地求得.

当 1 阶渐近解($k=1$)中的 1 阶项($j=1$)远较零阶项($j=0$)为小时，零阶渐近解就是很好的近似. 因此，瞬跳近似(作为零阶外解)成立的判据应当是

$$\varepsilon\bar{n}_1 \ll \bar{n}^{(0)}, \quad \varepsilon\bar{\gamma}_{i1} \ll \bar{\gamma}_i^{(0)}. \qquad (3.34)$$

为简单起见，我们将就 1 组缓发中子模型中的无源情形来讨论这个判据. 在这情形下，从(3.18)，(3.28)及(3.25)式有

$$\bar{n}^{(0)} = \frac{\lambda\bar{\gamma}^{(0)}}{1-\rho},$$

$$\bar{n}_1 = \frac{\lambda\bar{\gamma}_1 - \dfrac{\mathrm{d}\bar{n}^{(0)}}{\mathrm{d}t}}{1-\rho},$$

$$\frac{\mathrm{d}\bar{n}^{(0)}}{\mathrm{d}t} = \frac{\lambda}{1-\rho}\frac{\mathrm{d}\bar{\gamma}^{(0)}}{\mathrm{d}t} + \frac{\lambda\bar{\gamma}^{(0)}}{(1-\rho)^2}\frac{\mathrm{d}\rho}{\mathrm{d}t}$$
$$= \frac{\lambda^2\rho\bar{\gamma}^{(0)}}{(1-\rho)^2} + \frac{\lambda\bar{\gamma}^{(0)}}{(1-\rho)^2}\frac{\mathrm{d}\rho}{\mathrm{d}t},$$

所以

$$\frac{\varepsilon\bar{n}_1}{\bar{n}^{(0)}} = \frac{\varepsilon\bar{\gamma}_1}{\bar{\gamma}^{(0)}} - \frac{\varepsilon}{\lambda\bar{\gamma}^{(0)}}\frac{\mathrm{d}\bar{n}^{(0)}}{\mathrm{d}t}$$
$$= \frac{\varepsilon\bar{\gamma}_1}{\bar{\gamma}^{(0)}} - \frac{\varepsilon}{(1-\rho)^2}\left(\lambda\rho + \frac{\mathrm{d}\rho}{\mathrm{d}t}\right). \tag{3.35}$$

可见，判据(3.34)成立的**必要条件**为

$$(1-\rho)^2 \gg \left|\varepsilon\left(\lambda\rho + \frac{\mathrm{d}\rho}{\mathrm{d}t}\right)\right|. \tag{3.36}$$

另一方面，比较方程组(3.4)与(3.7′)可见，如果

$$\left|\varepsilon\frac{\mathrm{d}n}{\mathrm{d}t}\right| \ll |(\rho-1)n|, \tag{3.37}$$

点堆动态学方程组(3.4)就可用零阶外解所满足的方程组(3.7′)很好地逼近. 再用**1 组缓发中子和无源情形下**瞬跳近似中中子密度所满足的方程(参见(3.19)式)：

$$(1-\rho)\frac{\mathrm{d}n}{\mathrm{d}t} = \left(\lambda\rho + \frac{\mathrm{d}\rho}{\mathrm{d}t}\right)n, \tag{3.38}$$

就可把条件(3.37)写成(3.36)式的形式. 所以，**在这特殊情形下**，(3.36)式也可以看成瞬跳近似成立的**充分条件**.

必须注意，(3.36)式不能用来判断 1 组缓发中子瞬跳近似能否代替严格的 6 组模型. 当很接近瞬发临界时，即使在(3.36)式中应用加权平均衰减常数 λ'(从 λ' 在(3.29)，(3.32)及(3.33)式中的出现看来，这样的应用本来好像是合理的)，也不能得到好的定量估计值. 在反应性与时间有关的普遍情形下，1 组缓发中子不能代替 6 组.

虽然如此，(3.36)式还是可以看做一个有用的经验规则，用来估计瞬跳近似可以适用的最大容许的反应性. (3.36)式也可以写成

$$1-\rho \gg \sqrt{\varepsilon\left|\lambda\rho + \frac{\mathrm{d}\rho}{\mathrm{d}t}\right|}, \tag{3.36′}$$

或者，由于主要牵涉到接近瞬发临界的程度，(3.36′)式右边的 ρ 可以换成 1，得条件：

$$1-\rho \gg \sqrt{\varepsilon\left|\lambda + \frac{\mathrm{d}\rho}{\mathrm{d}t}\right|}. \tag{3.36″}$$

如果把“≫”号理解为(例如说)左端为右端的 3 倍,就可以带有某些任意性地把瞬跳近似成立的判据改写成

$$1-\rho_m = 3\sqrt{\varepsilon\left|\lambda+\frac{d\rho}{dt}\right|}. \tag{3.39}$$

并画出 ρ_m=常数的围道线图,如图 3.1 所示.

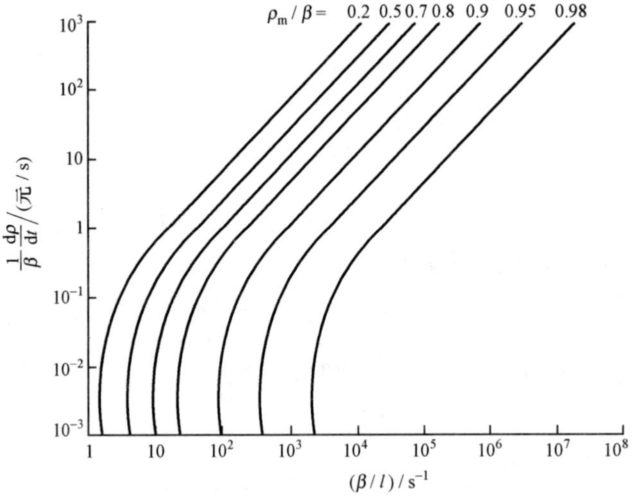

图 3.1 瞬跳近似的近似成立区域(固定极限反应性 ρ_m 的围道)

图中横坐标是 $\frac{1}{\varepsilon}=\frac{\beta}{l}$,纵坐标是 $\frac{d\rho}{dt}$,ρ_m 是瞬跳近似可在围道上成立的最大反应性,由(3.39)式给出.对于给定的最大反应性 ρ_m 值,瞬跳近似可以在相应围道及其右边的区域适用.注意,对于 $\left|\frac{d\rho}{dt}\right|\ll\lambda$,$\rho_m$ 值与 $\frac{d\rho}{dt}$ 无关,图中围道线趋于垂直;而对于更大的反应性变化率,瞬跳近似的成立要求越来越小的中子一代时间.

对于非常小的反应性和反应性变化率,当

$$\frac{1}{\lambda}\left|\frac{d\rho}{dt}\right|\ll|\rho|\ll 1$$

时,方程(3.38)约化成

$$\frac{dn}{dt}=\lambda\rho n.$$

当用平常的记号$\left(\rho \text{ 换成} \frac{\rho}{\beta}\right)$表示时,上式可以写成

$$\frac{dn}{dt}=\frac{\lambda\rho}{\beta}n\approx\frac{\rho}{l'}n, \tag{3.40}$$

式中 l' 是(2.19)式中的有效寿命.这个由瞬跳近似约化而来的近似动态学方程和

只有瞬发中子的点堆方程具有同样的数学形式，虽然 l 换成了更长的有效寿命 l'（反映对于小反应性缓发中子起主要作用）. 对于 $\rho=\rho_0$，与(3.40)式相应的特征方程是 $\rho_0=\omega l'$，与(2.17)式相符. 我们将把由方程(3.40)体现的近似叫做"l'近似"或"有效寿命模型"，以和没有缓发中子的情形相区别.

如果在方程(3.38)中命 $\lambda\to 0$，我们就得到瞬跳近似和恒源近似同时成立时中子密度所满足的微分方程：

$$(1-\rho)\frac{\mathrm{d}n}{\mathrm{d}t}=\frac{\mathrm{d}\rho}{\mathrm{d}t}n. \tag{3.41}$$

显然，这情形只有当 $\frac{l}{\beta}\ll t\ll\frac{1}{\lambda}$ 时才有意义. (3.41)式容易积分，给出

$$[1-\rho(t)]n(t)=\text{常数}=(1-\rho_0)n_0,$$

或用平常记号写出：

$$n(t)=\frac{\beta-\rho_0}{\beta-\rho(t)}n_0, \tag{3.42}$$

式中 n_0 是和初始反应性为 ρ_0 的次临界平衡态相应的中子密度. 注意(3.42)式和瞬跳连续条件(3.21)的相似性. 同时可和恒源近似下阶跃响应的式子(2.69′)相比较，那里的快瞬变现在换成了开始时中子密度的一阶跃，由 $t=+0$ 时的(3.42)或(3.21)式给出.

这个具有非常有限的适用范围的近似可以用来在某些实际情形下作快速估算. 例如，考虑反应性从平衡开始线性输入的情形. 当源可略去时，平衡态的反应性也可略去($\rho_0=0$)，于是

$$\rho=\gamma t\quad(t>0),$$

$\gamma=\frac{\mathrm{d}\rho}{\mathrm{d}t}=$常数. 如果把限制条件 $t\ll\frac{1}{\lambda}$ 粗略地理解为 $t<\frac{1}{3\lambda}$，恒源近似对于不超过由

$$\rho_{\mathrm{m}}=\frac{1}{3\lambda}\frac{\mathrm{d}\rho}{\mathrm{d}t} \tag{3.43}$$

给出的 ρ_{m} 的反应性，误差不会太大.

瞬跳与恒源近似同时成立情形下的解(3.42)，它的适用范围应当同时受到条件(3.39)和(3.43)的限制，即，反应性不能超过由(3.39)和(3.43)式所给出二 ρ_{m} 值中的较小者. 可以同时应用这两个限制条件作出一个类似于图 3.1 的围道图，如图 3.2. 图 3.2 表示(3.42)式可以用来估算线性反应性输入所引起响应的区域：对于给定的 ρ_{m} 值，(3.42)式只能在相应围道上及其右上方区域用来对 $n(t)$ 进行估计. 可见，要使(3.42)式有意义，围道不能再延伸到小反应性增长率的区域，因为在那里恒源近似不成立.

现在回过头来继续讨论奇异扰动法的应用. 如前所述，按标准算法，为得出 k 阶渐近解，必须数值求解 $k+1$ 组微分方程($j=0,1,\cdots,k$ 的方程组(3.7)和

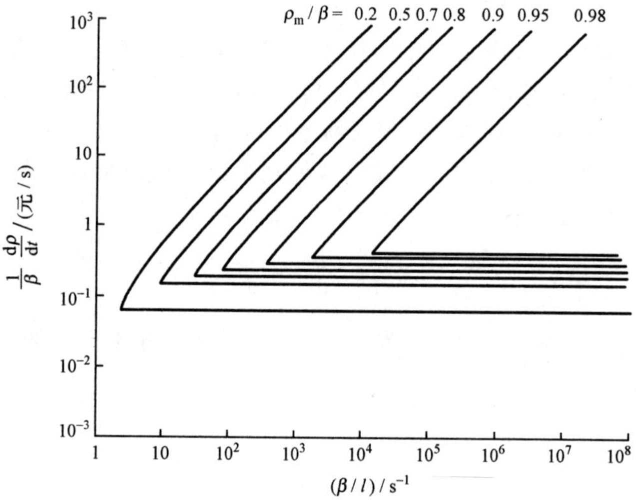

图 3.2 线性反应性输入响应的近似估计式(3.42)的适用范围
（极限反应性 ρ_m 等于不同值的围道）

(3.11)). 根据 Bteński[4]的文章，上述标准算法可以如下作相当的简化.

首先，注意在区间$[0,\bar{t}_0]$之外，内解实际上消失，这里 $\bar{t}_0=o(\varepsilon)$. 因此，内解对于整个解的贡献除了在 $t=0$ 及其小邻域外都可以略去. 另一方面，如我们前面对 $k=0,1$ 的情形具体作过的那样，方程组(3.11)可以解析求解；从解出的结果和(3.14)式可得数值求解方程组(3.7)时所需的 $\bar{\gamma}_{ij}(0)$之值(用 n_0,γ_{i0} 及 $\zeta_j=\left.\dfrac{d^j\xi}{dt^j}\right|_{t=0}$ 表出).

如果对(3.7)中方程乘以 ε^j 并从 $j=0$ 到 $j=k$ 求和，得出 $\bar{n}^{(k)}(t)$及 $\bar{\gamma}_i^{(k)}(t)$所满足的方程，可以进一步简化算法. 例如，对 $k=1$，有

$$\begin{cases}[\rho(t)-1]\bar{n}^{(1)}(t)+\sum_i\lambda_i\bar{\gamma}_i^{(1)}(t)+\zeta(t)+\varepsilon p_1(t)=0,\\ \dfrac{d\bar{\gamma}_i^{(1)}}{dt}=a_i\bar{n}^{(1)}(t)-\lambda_i\bar{\gamma}_i^{(1)}(t),\quad(i=1,\cdots,m)\end{cases}\tag{3.44}$$

但是，乘有因子 ε 的 $p_1(t)$：

$$p_1(t)=-\frac{d\bar{n}^{(0)}(t)}{dt}=\frac{d}{dt}\left\{\frac{1}{\rho(t)-1}\left[\sum_i\lambda_i\bar{\gamma}_i^{(0)}(t)+\zeta(t)\right]\right\},$$

在精度 $o(\varepsilon)$内，可以换成

$$p_1^{(\varepsilon)}(t)=\frac{d}{dt}\left\{\frac{1}{\rho(t)-1}\left[\sum_i\lambda_i\bar{\gamma}_i^{(1)}(t)+\zeta(t)\right]\right\}.$$

注意，从(3.44)中第二方程，可用 $\bar{n}^{(1)}(t)$及 $\bar{\gamma}_i^{(1)}(t)$表出 $p_1^{(\varepsilon)}(t)$中出现的$\dfrac{d\bar{\gamma}_i^{(1)}}{dt}$. 接着，将 $p_1^{(\varepsilon)}(t)$代入(3.44)中第一方程，所得方程可对 $\bar{n}^{(1)}(t)$求解. 结果，得下列具

精度 $o(\varepsilon^2)$ 的方程：

$$\bar{n}^{(1)}(t)=-\frac{1}{\rho(t)-1}\Big[\sum_i\lambda_i^{(\varepsilon)}(t)\bar{\gamma}_i^{(1)}(t)+\zeta^{(\varepsilon)}(t)\Big],\tag{3.45}$$

式中

$$\begin{cases}\lambda_i^{(\varepsilon)}(t)=\left\{1+\varepsilon\left[\dfrac{\mathrm{d}}{\mathrm{d}t}\left(\dfrac{1}{\rho(t)-1}\right)-\dfrac{\lambda_i}{\rho(t)-1}-\dfrac{\lambda'}{[\rho(t)-1]^2}\right]\right\}\lambda_i,\\ \zeta^{(\varepsilon)}(t)=\zeta(t)+\varepsilon\left[\dfrac{\mathrm{d}}{\mathrm{d}t}\left(\dfrac{\zeta(t)}{\rho(t)-1}\right)-\dfrac{\lambda'\zeta(t)}{(\rho(t)-1)^2}\right].\end{cases}\tag{3.45$'$}$$

将(3.45)式代入(3.44)中第二方程后，为 $\bar{\gamma}_i^{(1)}(t)$ 得 1 阶变形动态学方程：

$$\frac{\mathrm{d}\bar{\gamma}_i^{(1)}}{\mathrm{d}t}=-\lambda_i\bar{\gamma}_i^{(1)}(t)+\frac{a_i}{1-\rho(t)}\Big[\sum_{i'}\lambda_{i'}^{(\varepsilon)}(t)\bar{\gamma}_{i'}^{(1)}(t)+\zeta^{(\varepsilon)}(t)\Big]\quad(i=1,\cdots,m).\tag{3.46}$$

这组方程显然是非刚性系统，它可在从(3.14″)，(3.31)及(3.26)式得出的初值条件

$$\bar{\gamma}_i^{(1)}(0)=\gamma_{i0}+\varepsilon a_i\left[\frac{n_0}{1-\rho(0)}-\frac{\sum\limits_{i'}\lambda_{i'}\gamma_{i_0}'+\zeta_0}{(1-\rho(0))^2}\right]\tag{3.47}$$

之下，用常规数值方法求解.

最后，从(3.45)式可以计算 $\bar{n}^{(1)}(t)$.

对于 $k\geqslant2$，也可用类似步骤，得到 k 阶变形动态学方程.

这样，在任意给定阶 k 的变形奇异扰动算法中，只需数值求解一组类似于(3.46)式的微分方程，而不像标准算法中那样要求解 $k+1$ 组.

Bteński 等[4]曾应用低阶变形奇异扰动法对三个堆(相应的 ε 参量值分别约等于 2×10^{-5} s，8×10^{-3} s 及 7×10^{-2} s)和不同的反应性输入$\left(\rho=\pm0.5\right.$ 元的阶跃输入以及 $\dfrac{\mathrm{d}\rho}{\mathrm{d}t}=0.2,0.5,1$ 元/s 的线性输入$\left.\right)$作了检验性计算. 和更精确计算的比较表明，对于快堆，和瞬跳近似等价的零阶奇异扰动法对所有检验的反应性输入都给出足够的精度，基本上没有必要用更高阶. 对于热堆，特别对于正反应性输入，则以用高于零阶(1 阶或 2 阶)的近似为好. 对于大线性反应性输入$\left(\dfrac{\mathrm{d}\rho}{\mathrm{d}t}\approx1\text{ 元/s}\right)$和大 ε($\varepsilon\approx7\times10^{-2}$ s)，则精度减小，不能用低阶奇异扰动近似. 不过，在这些情形下，原始方程不再是刚性，因此可用常规数值方法求解. 对于 $\varepsilon\approx8\times10^{-3}$ s 及 $\rho=+0.5$ 元阶跃输入的情况，作者们比较了用 Runge-Kutta 法标准程序解原始点堆动态学方程组(3.4)和变形动态学方程组(形如(3.44)式)所需的计算机时间. 到 $t=100$ s 为止的机器运行时间为：

动态学方程组(3.4)：9.2 s；

变形动态学方程组(1 阶)：1.6 s；

变形动态学方程组(2 阶)：2.4 s.

可见，对于常规方法和奇异扰动法都能应用的情况，变形奇异扰动法能使所需机器计算时间节约$\frac{3}{4}$至$\frac{5}{6}$.

以上讨论的奇异扰动法中对参量 ε 的渐近展开，正如我们在一开始就明确指出的那样，要假设系统处在瞬发次临界(即 $\rho<1$). 这一假设的必要性，只需注意外解所满足微分方程组(3.7)中第一式当 $\rho\geqslant 1$ 时就出现非物理的(要求负源的)情况这一点，马上可以看出.

反应性大时，奇异微扰法也能应用，但展开时应考虑到各物理量不同的相对大小. 事实上，大的 ρ 使中子密度随时间急剧上升，这时我们主要对小时间范围(内区)内的响应有兴趣. 因此，在作展开之前，先像在(3.9)式中一样，引进时间拉长变换 $t=\varepsilon\tau$，把方程组(3.1)化为

$$\begin{cases}\dfrac{\mathrm{d}n}{\mathrm{d}\tau}=[\rho(\tau)-1]n(\tau)+\sum\limits_i\varepsilon\lambda_i c_i(\tau)+\varepsilon q(\tau),\\[2ex] \dfrac{\mathrm{d}c_i}{\mathrm{d}\tau}=a_i n(\tau)-\varepsilon\lambda_i c_i(\tau),\quad(i=1,\cdots,m)\end{cases}\tag{3.48}$$

具有相应的初值条件(3.2)，即

$$n(0)=n_0,\quad c_i(0)=c_{i0}.\tag{3.2}$$

和以前在 $\rho<1$ 时求内解不一样，我们在(3.48)式中没有引进 $\gamma_i=\varepsilon c_i$ 及 $\zeta=\varepsilon q$，而保留了函数 c_i 及 q. 这是因为，相对于大反应性所引起中子密度 n 的急剧变化，缓发中子源 c_i 及外中子源的贡献是次要的：它们在 ε 量级的很短时间内远来不及达到和 n 的平衡. 所以，在(3.48)式中明显地保留缓发中子源项与外源项的因子 ε 是合适的. 另外，我们也没有把(3.48)式中的 $\rho(t)$ 像(3.11)式中那样展开成 $t=\varepsilon\tau$ 的 Taylor 级数，而只是简单地把它写成了 τ 的函数 $\rho(\tau)$. 这是因为，在现在考虑的情形下，$\rho(t)$ 可能有急剧的变化.

现在，把 $n(\tau)$ 及 $c_i(\tau)$ 对小参量 ε 作渐近展开：

$$\begin{cases}n(\tau)=\sum\limits_{j\geqslant 0}\varepsilon^j n_j(\tau),\\[2ex] c_i(\tau)=\sum\limits_{j\geqslant 0}\varepsilon^j c_{ij}(\tau),\quad(i=1,\cdots,m).\end{cases}\tag{3.49}$$

代入(3.48)式后，得

$$\begin{cases}\dfrac{\mathrm{d}n_j}{\mathrm{d}\tau}=[\rho(\tau)-1]n_j(\tau)+\sum\limits_i\lambda_i c_{i,j-1}(\tau)+\delta_{1j}q(\tau),\\[2ex] \dfrac{\mathrm{d}c_{ij}}{\mathrm{d}\tau}=a_i n_j(\tau)-\lambda_i c_{i,j-1}(\tau),\quad(i=1,\cdots,m)\end{cases}\tag{3.50}$$

式中 $c_{i,-1}(\tau)\equiv 0$.

相应的初值条件取为

$$n_j(0) = n_0\delta_{0j}, \quad c_{ij}(0) = c_{i0}\delta_{0j}, \tag{3.51}$$

这里应当注意 $j=0$ 时的 n_j 及 c_{ij} 与初值 n_0 及 c_{i0} 的区别，前者是零阶函数 $n_0(\tau)$ 及 $c_{i0}(\tau)$ 的简写，而后者为函数 $n(\tau)$ 及 $c_i(\tau)$ 在 $\tau=0$ 时的初值. 和上下文的意义联系在一起，记号上的这一雷同当不致引起混淆.

考虑 $j=0$ 的零阶近似. (3.50)及(3.51)式约化为

$$\begin{cases} \dfrac{\mathrm{d}n_0}{\mathrm{d}\tau} = [\rho(\tau)-1]n_0(\tau), \\ \dfrac{\mathrm{d}c_{i0}}{\mathrm{d}\tau} = a_i n_0(\tau), \quad (i=1,\cdots,m) \end{cases} \tag{3.50'}$$

及

$$n_0(0)=n_0, \quad c_{i0}(0)=c_{i0}. \tag{3.51'}$$

可见，作为奇异扰动法的零阶近似，$n_0(\tau)$ 又满足一个阶数降低了的微分方程；它的解只能满足初值条件 $n_0(0)=n_0$，不能同时满足，譬如说，初始的平衡条件 $\left.\dfrac{\mathrm{d}n_0}{\mathrm{d}\tau}\right|_{\tau=0}=0$. 对于原方程组(3.48)，通过适当取初值 n_0，c_{i0}，这本来是可以同时满足的. 用平常的记号表出并略去附标“0”，(3.50′)中第一方程可写成

$$\frac{\mathrm{d}n}{\mathrm{d}t} = \frac{\rho(t)-\beta}{l}n(t), \tag{3.52}$$

它就是对于快漂移过程的 Nordheim-Fuchs 模型[5]. 这里 n 是当中子增长快，使 $\sum_i \lambda_i c_i$ 及 q 可略去时的近似中子密度. 它可以看成恒源近似的一个特例 $\left(\sum_i \lambda_i c_i = 0\right)$. 将(3.52)式两边对 t 求导，得

$$l\frac{\mathrm{d}^2 n}{\mathrm{d}t^2} + [\beta-\rho(t)]\frac{\mathrm{d}n}{\mathrm{d}t} - \frac{\mathrm{d}\rho}{\mathrm{d}t}n = 0. \tag{3.52'}$$

这一方程为 2 阶；它现在包括恒源的一般情形，可以满足两个初值条件. 方程(3.52′)是 $\lambda\to 0$ 时方程(3.20)在无源($\zeta=0$)情形下的极限，和恒源近似的概念相符. 比较(3.52′)式和无源时的(3.20)式，由于 $\varepsilon\lambda \ll 1-\rho$，可见，这一近似适用的另一判据为

$$\left|\frac{\mathrm{d}\rho}{\mathrm{d}t}\right| \gg \lambda\,|\,\rho\,|. \tag{3.53}$$

所以恒源近似有时又被叫做“快率近似”，即在反应性变化率快到使(3.53)式成立时适用的近似.

在(3.50)及(3.51)式中命 $j=1$，得下一阶近似项 $n_1(\tau)$ 及 $c_{i1}(\tau)$ 满足的方程组和初值条件：

$$\begin{cases}\dfrac{\mathrm{d}n_1}{\mathrm{d}\tau}=[\rho(\tau)-1]n_1(\tau)+\sum_i\lambda_i c_{i0}(\tau)+q(\tau),\\ \dfrac{\mathrm{d}c_{i1}}{\mathrm{d}\tau}=a_i n_1(\tau)-\lambda_i c_{i0}(\tau),\quad (i=1,\cdots,m)\end{cases}\tag{3.50$''$}$$

及

$$n_1(0)=0,\quad c_{i1}(0)=0.\tag{3.51$''$}$$

从(3.50′)中第一式及初值条件 $n_0(0)=n_0$ 容易求得

$$n_0(\tau)=n_0\exp\left[\int_0^\tau(\rho(\tau')-1)\mathrm{d}\tau'\right],\tag{3.54}$$

于是从(3.50′)中第二式得

$$c_{i0}(\tau)=c_{i0}+a_i n_0\int_0^\tau\exp\left\{\int_0^{\tau'}[\rho(\tau'')-1]\mathrm{d}\tau''\right\}\mathrm{d}\tau''.\tag{3.55}$$

利用结果(3.55)式及初值条件(3.51″),不难从方程组(3.50″)求出 1 阶项 $n_1(\tau)$及 $c_{i1}(\tau)$. 同样,也可以求出更高阶项.

作为一个例子,让我们对反应性输入 $\rho=\gamma t$ 的情形求出 Nordheim-Fuchs 模型中的中子密度. 像得出解(3.54)一样,将 $\rho=\gamma t$ 代入方程(3.52),马上可积分出

$$n(t)=n_0\exp\left(\frac{\gamma}{2l}t^2-\frac{\beta}{l}t\right).\tag{3.56}$$

如果应用方程(3.52′)并要求两个初值条件:

$$n(0)=n_0,\quad \left.\frac{\mathrm{d}n}{\mathrm{d}t}\right|_{t=0}=0,$$

则在得出一次积分

$$l\frac{\mathrm{d}n}{\mathrm{d}t}+[\beta-\gamma t]n(t)=\text{常数}=\beta n_0$$

之后,不难进一步积分得出

$$\begin{aligned}n(t)=&n_0\exp\left(\frac{\gamma}{2l}t^2-\frac{\beta}{l}t\right)\\&\cdot\left\{1+\frac{\beta}{l}\int_0^t\exp\left(-\frac{\gamma}{2l}t'^2+\frac{\beta}{l}t'\right)\mathrm{d}t'\right\}\end{aligned}$$

或者应用误差函数:

$$\mathrm{erf}(x)=\frac{2}{\sqrt{\pi}}\int_0^x\mathrm{e}^{-u^2}\mathrm{d}u,$$

写成

$$\begin{aligned}n(t)=&n_0\exp\left(\frac{\gamma}{2l}t^2-\frac{\beta}{l}t\right)\left\{1+\beta\sqrt{\frac{\pi}{2\gamma l}}\mathrm{e}^{\frac{\beta^2}{2\gamma l}}\right.\\&\left.\cdot\left[\mathrm{erf}\left(\frac{\beta}{\sqrt{2\gamma l}}\right)-\mathrm{erf}\left(\frac{\beta-\gamma t}{\sqrt{2\gamma l}}\right)\right]\right\}.\end{aligned}\tag{3.57}$$

容易看出，当 t 小时，(3.57)式即变回到(3.56)式；而当 t 大($\gamma t\gg\beta$)而且 l 小($\sqrt{2\gamma l}\ll\beta$)时，利用 $\mathrm{erf}\,\dfrac{\beta}{\sqrt{2\gamma l}}\approx 1$ 及 $\mathrm{erf}\,\dfrac{\beta-\gamma t}{\sqrt{2\gamma l}}\approx -1$，可得

$$
\begin{aligned}
n(t) &\approx 2n_0\beta\sqrt{\frac{\pi}{2\gamma l}}\mathrm{e}^{\frac{\beta^2}{2\gamma l}}\exp\left(\frac{\gamma}{2l}t^2-\frac{\beta}{l}t\right)\\
&= 2n_0\beta\sqrt{\frac{\pi}{2\gamma l}}\exp\left[\frac{\gamma}{2l}\left(t-\frac{\beta}{\gamma}\right)^2\right].
\end{aligned}
\tag{3.57′}
$$

§3.2　线性反应性输入

上节中，我们两次涉及了从平衡开始的线性反应性输入($\rho=\gamma t$)：一次是对于小反应性，作为同时应用瞬跳近似与恒源近似进行快速估算的例子(见(3.42)式及图 3.2)；另一次是对于大反应性，作为渐近展开零阶近似的例子(Nordheim-Fuchs 近似，见(3.56)式)．两个例子中所得结果都只适用于很有限的范围．本节中，我们将用**积分表示法**来讨论反应性随时间线性变化(所谓“斜坡”输入)的一般情形．设

$$
\rho(t)=\rho_0+\gamma t,
\tag{3.58}
$$

代入点堆动态学方程组，得

$$
\begin{cases}
\dfrac{\mathrm{d}n}{\mathrm{d}t}=\dfrac{\rho_0-\beta+\gamma t}{l}n+\displaystyle\sum_i\lambda_i c_i+q_0,\\[2ex]
\dfrac{\mathrm{d}c_i}{\mathrm{d}t}=\dfrac{\beta_i}{l}n-\lambda_i c_i,\quad (i=1,\cdots,m)
\end{cases}
\tag{3.59}
$$

初值条件仍取为(3.2)式．为简单起见，在(3.59)式中，我们假设了外源 q_0 为一常量．

反应性变化率 $\gamma<0$ 时，方程组(3.59)可用 Laplace 变换法求解．对于我们感兴趣的 $\gamma>0$ 的情形，从上节得出的(3.56)式可见，因子 $\exp\left(\dfrac{\gamma}{2l}t^2\right)$ 使 Laplace 变换不存在，通常的 Laplace 变换法不能应用．以下将用 Laplace 逆积分的推广——积分路径待定的**积分表示法**来求出方程组(3.59)的解．为此，假设

$$
\begin{cases}
n(t)=\displaystyle\int_\Gamma F(s)\mathrm{e}^{st}\,\mathrm{d}s,\\[2ex]
c_i(t)=\displaystyle\int_\Gamma G_i(s)\mathrm{e}^{st}\,\mathrm{d}s,
\end{cases}
\tag{3.60}
$$

式中复 s 平面上的积分路径 Γ 是留待以后规定的，现在我们只假定它使积分存在，而且积分路径端点处的被积函数值和时间无关．于是，

$$\begin{cases}\dfrac{\mathrm{d}n}{\mathrm{d}t}=\displaystyle\int_\Gamma sF(s)\mathrm{e}^{st}\mathrm{d}s,\\ \dfrac{\mathrm{d}c_i}{\mathrm{d}t}=\displaystyle\int_\Gamma sG_i(s)\mathrm{e}^{st}\mathrm{d}s.\end{cases} \tag{3.60$'$}$$

而且,通过分部积分法,容易求得

$$tn=\int_\Gamma F(s)\mathrm{e}^{st}t\,\mathrm{d}s=F(s)\mathrm{e}^{st}\mid_\Gamma-\int_\Gamma\frac{\mathrm{d}F}{\mathrm{d}s}\mathrm{e}^{st}\mathrm{d}s. \tag{3.60$''$}$$

将(3.60)至(3.60″)式代入方程组(3.59),得

$$\begin{cases}\displaystyle\int_\Gamma sF(s)\mathrm{e}^{st}\mathrm{d}s=\int_\Gamma\frac{\rho_0-\beta}{l}F(s)\mathrm{e}^{st}\mathrm{d}s+\frac{\gamma}{l}F(s)\mathrm{e}^{st}\mid_\Gamma\\ \qquad\qquad\displaystyle-\int_\Gamma\frac{\gamma}{l}\frac{\mathrm{d}F}{\mathrm{d}s}\mathrm{e}^{st}\mathrm{d}s+\int_\Gamma\sum_i\lambda_iG_i(s)\mathrm{e}^{st}\mathrm{d}s+q_0,\\ \displaystyle\int_\Gamma sG_i(s)\mathrm{e}^{st}\mathrm{d}s=\int_\Gamma\frac{\beta_i}{l}F(s)\mathrm{e}^{st}\mathrm{d}s-\int_\Gamma\lambda_iG_i(s)\mathrm{e}^{st}\mathrm{d}s.\end{cases} \tag{3.61}$$

如果选择积分路径 Γ,使

$$\frac{\gamma}{l}F(s)\mathrm{e}^{st}\mid_\Gamma+q_0=0, \tag{3.62}$$

则方程组(3.59)和 $F(s)$ 及 $G_i(s)$ 满足的方程组:

$$\begin{cases}sF(s)=\dfrac{\rho_0-\beta}{l}F(s)-\dfrac{\gamma}{l}\dfrac{\mathrm{d}F}{\mathrm{d}s}+\displaystyle\sum_i\lambda_iG_i(s),\\ sG_i(s)=\dfrac{\beta_i}{l}F(s)-\lambda_iG_i(s),\quad(i=1,\cdots,m)\end{cases} \tag{3.63}$$

等价.从(3.63)中第二式解出 $G_i(s)=\dfrac{\beta_i}{l(s+\lambda_i)}F(s)$,再代入第一式,得 $F(s)$ 所满足的 1 阶常微分方程:

$$\frac{\mathrm{d}F}{\mathrm{d}s}+\frac{1}{\gamma}[r(s)-\rho_0]F(s)=0, \tag{3.64}$$

式中 $r(s)=ls+\beta-\sum\limits_i\dfrac{\beta_i\lambda_i}{s+\lambda_i}$ 是(2.12)式中引进过的函数.方程(3.64)容易积分,得出

$$F(s)=\prod_i\left|s+\lambda_i\right|^{\mu_i}\exp\left(-\frac{l}{2\gamma}s^2-\frac{\beta-\rho_0}{\gamma}s\right), \tag{3.65}$$

式中 $\mu_i=\dfrac{\beta_i\lambda_i}{\gamma}$.

现在只需为(3.60)式选择合适的积分路径.对于 $q_0=0$,方程组(3.59)为齐次.当被积函数 $F(s)\mathrm{e}^{st}$ 在积分路径的两端点等于零时,(3.62)式就可满足.由(3.65)式可见,当 $s=-\lambda_i(i=1,\cdots,m)$ 及 $s\to\pm\infty$ 时 $F(s)\mathrm{e}^{st}=0$.于是,定义 $\lambda_0=-\infty$,λ_{m+1}

$=\infty$，并选择实轴上从 $s=-\lambda_{j+1}$ 到 $s=-\lambda_j$ 的一段为积分路径 $\Gamma_j(j=0,1,\cdots,m)$，就可以作出齐次方程组的 $m+1$ 个线性无关的解. 因此，它们的线性组合

$$\begin{cases} n_{齐}(t) = \sum_{j=0}^{m} b_j \int_{-\lambda_{j+1}}^{-\lambda_j} F(s)e^{st}ds, \\ c_{i齐}(t) = \sum_{j=0}^{m} b_j \frac{\beta_i}{l} \int_{-\lambda_{j+1}}^{-\lambda_j} \frac{F(s)}{s+\lambda_i}e^{st}ds \quad (i=1,\cdots,m) \end{cases} \tag{3.66}$$

是齐次方程组的通解.

$q_0\neq 0$ 时，方程组(3.59)的通解可以通过在(3.66)式上加一个使(3.62)式能够满足的特解的方法求得. 事实上，这个特解可以选取如下：

$$\begin{cases} n_{源}(t) = \frac{lq_0}{\gamma}\int_0^{\infty} \frac{F(s)}{F(0)}e^{st}ds, \\ c_{i源}(t) = \frac{\beta_i q_0}{\gamma}\int_0^{\infty} \frac{F(s)}{F(0)(s+\lambda_i)}e^{st}ds, \quad (i=1,\cdots,m) \end{cases} \tag{3.67}$$

式中 $F(0)=\prod_i \lambda_i^{\mu_i}$，$\mu_i=\frac{\beta_i\lambda_j}{\gamma}$.

于是，方程组(3.59)的通解为

$$\begin{cases} n(t) = \sum_{j=0}^{m} b_j \int_{-\lambda_{j+1}}^{-\lambda_i} F(s)e^{st}ds + \frac{lq_0}{\gamma}\int_0^{\infty}\frac{F(s)}{F(0)}e^{st}ds, \\ c_i(t) = \frac{\beta_i}{l}\sum_{j=0}^{m} b_j \int_{-\lambda_{j+1}}^{-\lambda_i} \frac{F(s)}{s+\lambda_i}e^{st}ds + \frac{\beta_i q_0}{\gamma}\int_0^{\infty}\frac{F(s)}{F(0)(s+\lambda_i)}e^{st}ds, \\ \qquad (i=1,\cdots,m) \end{cases} \tag{3.68}$$

式中 $F(s)$ 由(3.65)式给出.

Wilkins[6] 曾经证明，对于任意给定的初值 n_0 及 $c_{i0}(i=1,\cdots,m)$ 总可以选择 b_j $(j=0,1,\cdots,m)$ 使解(3.68)式满足初值条件. 当 $l\to 0$ 时，系数① $b_0,b_1,\cdots,b_{m-1}$ 及

$$\left(\frac{\beta-\rho_0}{l}\right)^{\mu}\left(\frac{2\pi\gamma}{l}\right)^{\frac{1}{2}}\exp\left[\frac{(\beta-\rho_0)^2}{2\gamma l}\right]\cdot b_m$$

分别趋向极限 $b_j^*(j=0,1,\cdots,m)$. 这些极限中，$b_0^*\neq 0$，而

$$b_m^* = n(0)-\frac{l}{\beta-\rho_0}\sum_i \lambda_i c_i(0);$$

也就是说，当初值 $n(0)$ 及 $c_i(0)$ 满足平衡态条件时，$b_m^*=0$. 此外，γ 小时

$$\begin{cases} b_0^* \approx n(0)\left(\sum_i \frac{\beta_i}{\lambda_i}\right)^{\frac{1}{2}}\left(\frac{1}{2\pi\gamma}\right)^{\frac{1}{2}}\exp\left(-\frac{1}{\gamma}\sum_i \beta_i\lambda_i\ln\lambda_i\right), \\ b_1^* = b_2^* = \cdots = b_{m-1}^* = 0; \end{cases} \tag{3.69}$$

---

① 这里用的 b_j 相当于 Wilkins[6] 所用的 b_j 乘上一个因子 $\left(\frac{\beta}{\gamma}\right)^{\mu+1}$，这里 $\mu=\sum_i \mu_i$.

而 γ 大时，

$$b_j^* \approx n(0)\frac{\beta}{\gamma}\sum_{k=j+1}^{m}\frac{\beta_k}{\beta} \quad (j \leqslant m-1), \tag{3.70}$$

特别是 $b_0^* \approx n(0)\dfrac{\beta}{\gamma}$. 可见，$l$ 小时，(3.68)式中占优项是 $j=0$ 的项. 以下集中考查这占优项并略去源项，于是

$$n(t) \approx b_0^*\int_{-\lambda_1}^{\infty}\prod_i (s+\lambda_i)^{\mu_i}\exp\left(-\frac{l}{2\gamma}s^2 - \frac{\beta-\rho_0}{\gamma}s + ts\right)\mathrm{d}s. \tag{3.71}$$

作变量变换 $z=\left(\dfrac{l}{2\gamma}\right)^{\frac{1}{2}}(s+\lambda_1)$，并记 $x=\left(\dfrac{2\gamma}{l}\right)^{\frac{1}{2}}\left(\dfrac{\beta-\rho_0}{\gamma}-t-\dfrac{l\lambda_1}{\gamma}\right)$，

在 l 小的情形下，(3.71)式可化成

$$n(t) \approx b_0^*\left(\frac{2\gamma}{l}\right)^{\frac{\mu+1}{2}}\exp\left[\lambda_1\left(\frac{\beta-\rho_0}{\gamma}-t\right)\right]\int_0^{\infty} z^{\mu}\mathrm{e}^{-z^2-xz}\mathrm{d}z, \tag{3.72}$$

式中

$$\mu = \sum_i \mu_i = \sum_i \frac{\beta_i\lambda_i}{\gamma} = \frac{\beta\lambda'}{\gamma}, \tag{3.73}$$

这里 $\lambda' = \dfrac{1}{\beta}\sum_i \beta_i\lambda_i$ 是缓发中子先行核的平均衰变常数.

如果将 $t=0$ 时(3.72)式之值记为 n_0，x 之值记为 x_0，则有

$$\frac{n(t)}{n_0} \approx \mathrm{e}^{-\lambda_1 t}\frac{\int_0^{\infty} z^{\mu}\mathrm{e}^{-z^2-xz}\mathrm{d}z}{\int_0^{\infty} z^{\mu}\mathrm{e}^{-z^2-x_0 z}\mathrm{d}z}, \tag{3.74}$$

式中

$$x_0 = \left(\frac{2\gamma}{l}\right)^{\frac{1}{2}}\left(\frac{\beta-\rho_0}{\gamma}-\frac{l\lambda_L}{\gamma}\right) \approx \left(\frac{2\gamma}{l}\right)^{\frac{1}{2}}\frac{\beta-\rho_0}{\gamma}.$$

由于 $x_0 \gg 1$，(3.74)式右边分母上的积分中，被积函数的因子 $\mathrm{e}^{-x_0 z}$ 将比 e^{-z^2} 衰减得更快；因此对于积分域的重要部分，可置 $\mathrm{e}^{-z^2} \approx 1$. 于是得

$$\int_0^{\infty} z^{\mu}\mathrm{e}^{-z^2-x_0 z}\mathrm{d}z \approx \int_0^{\infty} z^{\mu}\mathrm{e}^{-x_0 z}\mathrm{d}z = \frac{\Gamma(\mu+1)}{x_0^{\mu+1}},$$

式中 $\Gamma(x) = \int_0^{\infty} u^{x-1}\mathrm{e}^{-u}\mathrm{d}u$ 是通常的 Γ 函数. 代入(3.74)式，得

$$\frac{n(t)}{n_0} \approx \frac{x_0^{\mu+1}\mathrm{e}^{-\lambda_1 t}}{\Gamma(\mu+1)}\int_0^{\infty} z^{\mu}\mathrm{e}^{-z^2-xz}\mathrm{d}z. \tag{3.75}$$

当 $t=\dfrac{\beta-\rho_0}{\gamma}-\dfrac{l\lambda_1}{\gamma} \approx \dfrac{\beta-\rho_0}{\gamma}=t_{\mathrm{p}}$，即几乎在瞬发临界时刻 t_{p} 时，$x=0$，(3.75)式

变成

$$\frac{n(t_p)}{n_0} \approx \frac{x_0^{\mu+1}e^{-\lambda_1 t_p}}{\Gamma(\mu+1)}\int_0^\infty z^\mu e^{-z^2}dz;$$

再利用定积分

$$\int_0^\infty z^\mu e^{-z^2}dz = \frac{1}{2}\Gamma\left(\frac{\mu+1}{2}\right) \tag{3.76}$$

之值，得

$$\frac{n(t_p)}{n_0} \approx \frac{1}{2}x_0^{\mu+1}e^{-\lambda_1 t_p}\frac{\Gamma\left(\frac{\mu+1}{2}\right)}{\Gamma(\mu+1)}. \tag{3.77}$$

若 $\rho_0=0$，则 $t_p=\frac{\beta}{\gamma}$，而 $x_0\approx\beta\left(\frac{2}{\gamma l}\right)^{\frac{1}{2}}$，上式变成

$$\frac{n(t_p)}{n_0} \approx \frac{1}{2}e^{-\frac{\lambda_1\beta}{\gamma}}\left(\frac{2\beta^2}{\gamma l}\right)^{\frac{\mu+1}{2}}\frac{\Gamma\left(\frac{\mu+1}{2}\right)}{\Gamma(\mu+1)}. \tag{3.77'}$$

对于相当大的 γ，当$\frac{\lambda_1\beta}{\gamma}$及 $\mu\ll1$，而$\frac{2\beta^2}{\gamma l}$仍保持$\gg1$ 时，上式简化成

$$\frac{n(t_p)}{n_0} \approx \beta\sqrt{\frac{\pi}{2\gamma l}}. \tag{3.78}$$

利用(3.70)式给出的 $b_0^*=n(0)\frac{\beta}{\gamma}$，对于 $\mu\ll1$ 的情形，从(3.72)式可以直接得出瞬发临界时的极限值(3.78).

系统的瞬时倒周期 $\omega(t)$可以通过 $n(t)$与 $n'(t)=\frac{dn}{dt}$如下定义：

$$\omega(t) = \frac{n'(t)}{n(t)} = \frac{d}{dt}\ln n(t). \tag{3.79}$$

利用(3.75)式得

$$\omega(t) \approx -\lambda_1 + \frac{\left(\frac{2\gamma}{l}\right)^{\frac{1}{2}}\int_0^\infty z^{\mu+1}e^{-z^2-xz}dz}{\int_0^\infty z^\mu e^{-z^2-xz}dz}. \tag{3.80}$$

在时刻 $t=t_p$，$x=0$，利用积分(3.76)，得

$$\omega(t_p)\approx-\lambda_1+\left(\frac{2\gamma}{l}\right)^{\frac{1}{2}}\frac{\Gamma\left(\frac{\mu+2}{2}\right)}{\Gamma\left(\frac{\mu+1}{2}\right)}\approx\left(\frac{2\gamma}{l}\right)^{\frac{1}{2}}\frac{\Gamma\left(\frac{\mu+2}{2}\right)}{\Gamma\left(\frac{\mu+1}{2}\right)}. \tag{3.81}$$

对于大 γ，$\mu\ll1$，(3.81)式简化为

$$\omega(t_p) \approx \sqrt{\frac{2\gamma}{\pi l}} \quad (\mu \ll 1); \tag{3.81'}$$

对于小 γ,$\mu\gg 1$,利用给出 Γ 函数渐近值的 Stirling 公式:

$$\Gamma(x+1)\approx \mathrm{e}^{-x}x^{x}\sqrt{2\pi x},\quad x\gg 1\text{ 时}$$

可将(3.81)式化成

$$\omega(t_{\mathrm{p}})\approx\sqrt{\frac{\gamma\mu}{l}}=\sqrt{\frac{\beta\lambda}{l}}\quad(\mu\gg 1).\tag{3.81″}$$

图 3.3 示出瞬发临界时刻倒周期 $\omega(t_{\mathrm{p}})$ 随反应性上升率 γ 的变化((3.81)式),计算时应用了 ^{235}U 的缓发中子数据. 图中纵坐标取为 $\sqrt{\frac{l}{\beta}}\omega(t_{\mathrm{p}})$,横坐标取为 $\frac{\gamma}{\beta}$(元/s).

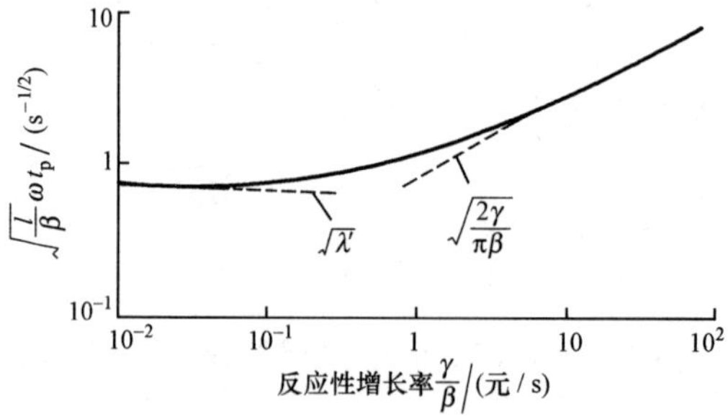

图 3.3 瞬发临界时刻倒周期随反应性上升率的变化

同样,从(3.68)式中的 $j=0$ 项并略去源项,我们可以求得 l 小时瞬发临界时刻 t_{p} 的缓发中子先行核密度 $c_i(t_{\mathrm{p}})$ 的近似值:

$$c_i(t_{\mathrm{p}})\approx\frac{1}{2}b_0^{*}\ \frac{\beta_i}{l}\left(\frac{2\gamma}{l}\right)^{\frac{\mu}{2}}\Gamma\left(\frac{\mu}{2}\right).\tag{3.82}$$

如果反应堆不太接近瞬发临界(即如果 x 不太小),就可以在(3.74)式的积分中将 e^{-z^2} 展成幂级数并逐项积分,得

$$\int_0^{\infty}z^{\mu}\mathrm{e}^{-z^2-xz}\mathrm{d}z=\frac{\Gamma(\mu+1)}{x^{\mu+1}}-\frac{\Gamma(\mu+3)}{x^{\mu+3}}+\frac{\Gamma(\mu+5)}{2x^{\mu+5}}\cdots,$$

$$\int_0^{\infty}z^{\mu}\mathrm{e}^{-z^2-x_0z}\mathrm{d}z=\frac{\Gamma(\mu+1)}{x_0^{\mu+1}}-\frac{\Gamma(\mu+3)}{x_0^{\mu+3}}+\frac{\Gamma(\mu+5)}{2x_0^{\mu+5}}\cdots.$$

把 l 当做小量,在每个级数中只保留第一项,从(3.74)式得

$$\frac{n(t)}{n_0}\approx\mathrm{e}^{-\lambda_1 t}\left(\frac{\beta-\rho_0}{\beta-\rho_0-\gamma t}\right)^{\mu+1}.\tag{3.83}$$

不难看出,(3.83)式就是 1 组缓发中子情形下$\left(这时\ \lambda_1=\lambda,\mu=\frac{\beta\lambda}{\gamma}\right)$,瞬跳近似中 $n(t)$所满足微分方程(3.38)之解(注意,(3.38)式中 ρ 应理解为$\frac{\rho}{\beta}$).

另一方面,让我们考虑 t 大时中子密度 $n(t)$的渐近式. 从(3.71)式可见,t 大

$\left(t\gg\frac{\beta}{\gamma}\right)$时积分的重要贡献来自较大的 s 值. 相对来说,$(s+\lambda_i)$中的 λ_i 及积分下限的 $-\lambda_1$ 可当做可略去的小量. 另一方面,对于大 γ(陡斜坡),$\mu_i\approx0$,同时取 $\rho_0=0$. 于是(3.71)式约化为

$$n(t)\approx b_0^*\int_0^\infty\exp\left(-\frac{l}{2\gamma}s^2-\frac{\beta}{\gamma}s+ts\right)\mathrm{d}s$$

$$=b_0^*\left(\frac{2\pi\gamma}{l}\right)^{\frac{1}{2}}\exp\left(\frac{\beta^2}{2\gamma l}\right)\exp\left(\frac{\gamma}{2l}t^2-\frac{\beta}{l}t\right). \tag{3.84}$$

将此式和以前在相同条件(l 小,γ 大,t 大)下在 Nordheim-Fuchs 模型中得出的结果(3.57′)式相比较,可以得出 b_0^* 和 n^0 的关系:$b_0^*\approx\frac{\beta}{\gamma}n_0$,和(3.70) 式一致.

渐近解(3.84)式外推回瞬发临界($t=\beta/\gamma$),得 $n(t_{\mathrm{p}})$的高估值:

$$n(t_{\mathrm{p}})\approx2n_0\beta\sqrt{\frac{\pi}{2\gamma l}}, \tag{3.85}$$

而(3.78)式给出一更好的估值:

$$n(t_{\mathrm{p}})\approx n_0\beta\sqrt{\frac{\pi}{2\gamma l}}, \tag{3.78}$$

这个值也就是(3.57)式在瞬发临界时刻 $t=\beta/\gamma$ 和 l 小的情形下给出的极限值. 可见,渐近解(3.84)(也就是(3.57′)式)在超过瞬发临界以后很快就成为(3.57)式的好近似,而且在瞬发临界处也只以因子 2 高估,如图 3.4 所示.

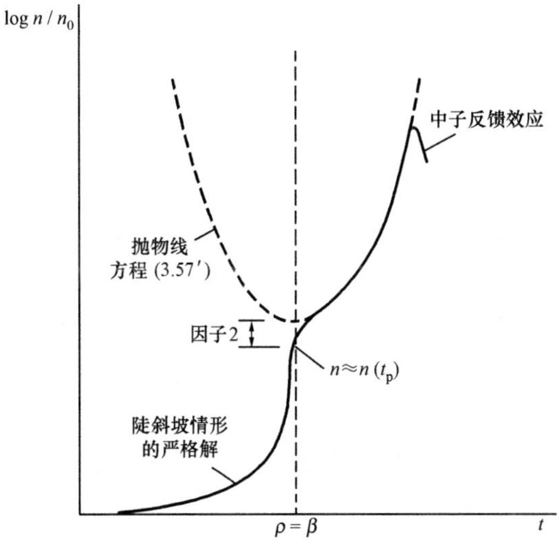

图 3.4 陡斜坡极限情形下,反应性斜坡输入响应的严格解(3.57)式和渐近解(3.84)式的定性比较(包括负反馈效应的迹象)

第五章中我们将用(3.85)式为陡斜坡反应性输入所引起的自限快漂移(其中缓发中子产生率可略去),估计"初值条件". 图 3.4 中也包括自限快漂移中负反馈效应的迹象. 但要记住,这示意图是对很大的斜坡率 γ 作出的;更慢一些的变化将在到达瞬发临界以前被自限.

§3.3　反应堆启动

把反应堆从由源维持的次临界停堆水平提高到运行功率的启动过程是反应堆运行中的常规操作. 关于实际启动反应堆的详细步骤和对有关测试设备的要求,曾由许多作者叙述[7],在这里不再重复. 启动中主要的问题是: 要加以监测的中子密度的宽广范围常常有 8 到 10 个数量级. 另一有意义的特点是: 启动时的事故往往可能比正常运转时所产生的事故更加严重. 这是因为,可以想象到,启动时反应堆可能会以很快的功率增长率越过它的正常运行功率水平,从而减少了自动安全系统可以起作用的时间.

本节中,我们考虑一启动过程,其中控制棒不断抽出,使反应性线性增长. 正常运转中,反应性增长到堆周期缩短到一指定值为止. 这指定的周期保持到堆功率达到所需水平. 我们假设,在一个理想的启动事故中,由于周期保护系统发生故障,达到并超过指定周期后,反应性仍以常率增长,直到功率达到一事故水平并引发功率保护系统发生作用,安全棒插入,使堆关闭为止. 开始,假设堆远在临界以下,具有停堆反应性 $\rho_0(\rho_0<0)$. 初始功率水平 n_0 由外中子源 q_0 维持: $n_0=-\dfrac{lq_0}{\rho_0}$. 我们要探讨把线性增长的反应性 $\rho=\rho_0+\gamma t$ 引入处于稳态的堆所引起的功率瞬变,特别要考查 $t=t_d=\dfrac{-\rho_0}{\gamma}$(即处于缓发临界)时的功率水平 n_d 及堆功率达到事故水平 n_s 的时刻(即 $t=t_s$)的倒周期 ω_s. 功率瞬变过程可以分成三个阶段,如图 3.5 所示. 在阶段Ⅰ,反应性从 $\rho_0<0$ 升到缓发临界 $\rho=0$,而功率从 n_0 升到 n_d. 在阶段Ⅱ,反应性继续线性增长,堆周期不断缩短,功率越来越快地从 n_d 升到事故水平 n_s. 由于整个阶段Ⅱ都在缓发临界以上,所以从 n_0 到 n_s 的功率增加大部分产生在这一阶段. 阶段Ⅲ代表在 t_s 时刻引发安全棒以后的瞬变. 大部分的能量释放产生在这一阶段. 阶段Ⅲ中瞬变的确切描述本来可以使我们较准确地算出总的能量释放,但正如 Hurwitz 所指出[8],安全系统机械动作速率的可能涨落所引起总能量释放的不确定性比对阶段Ⅲ的近似理论处理所带来的不确定性还大. 此外,这一阶段中反馈效应的存在也可能进一步使分析不清楚. 因此,阶段Ⅲ的准确数学描述是困难的. 不过,对这阶段中所释放总能量的数量级,仍然可以作一个简单的估计: 它等于事故功率

水平 n_s 及使反应性降回缓发临界所需时间 Δ 的乘积. 这是因为，安全系统的设计一定要使 Δ 比 t_s 时刻的堆周期为小，所以在安全棒开始减低反应性之后，功率增长不可能在数量级上超过事故水平 n_s. 在这些考虑中，我们假设堆在 t_s 时刻还不到瞬发临界，而且 t_s 表示反应性由于安全棒的作用开始减少的时刻. 如果在 t_s 时刻堆在瞬发临界之上，总能量释放将更接近于峰值功率和反应性降回瞬发临界所需时间的乘积，因为在反应性已降到瞬发临界以下之后，由于缓发中子先行核的生成，功率将开始下降.

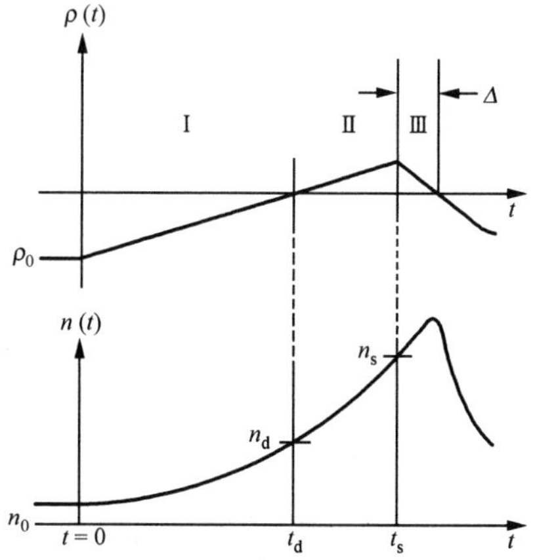

图 3.5　启动事故中的功率瞬变

从以上的考虑可见，我们要计算的关键量是达到事故功率水平时刻 t_s 的倒周期 $\omega(t_s)$ 随反应性增长率 γ 的变化. 由此可以定出 γ 的最大安全值，使得在启动事故情形下不致产生不可恢复的堆芯损伤.

对于反应性线性增长的阶段Ⅰ和Ⅱ，我们将应用上节中介绍过的积分表示法来求出堆功率随时间的变化，从而算出倒周期作为 γ 的函数. 为简单起见，我们考虑 1 组缓发中子的情形. 虽然对 6 组情形的推广是直截了当的，但却过于冗长，需用计算机数值求解. 这样，(3.68)式中第一方程可以写成

$$n(t) = b_0\int_{-\lambda}^{\infty} F(s)\mathrm{e}^{st}\,\mathrm{d}s + b_1\int_{-\infty}^{-\lambda} F(s)\mathrm{e}^{st}\,\mathrm{d}s + \frac{lq_0}{\gamma}\int_0^{\infty}\frac{F(s)}{F(0)}\mathrm{e}^{st}\,\mathrm{d}s. \tag{3.86}$$

由于快中子系统的启动事故最为严重，我们将集中讨论 l 小的情况. 如果堆在 $t=t_s$ 还不到瞬发临界，我们在分析阶段Ⅰ和Ⅱ时都可以采用瞬跳近似，即在 $F(s)$ 的表达式(3.65)中取 $l\to 0$ 的极限：

$$F(s) = (s+\lambda)^{\mu}\mathrm{e}^{-t_p s}, \tag{3.87}$$

式中 $\mu=\dfrac{\beta\lambda}{\gamma}$，$t_p=\dfrac{\beta-\rho_0}{\gamma}$.

如果堆在 $t=t_s$ 时达到或超过瞬发临界，瞬跳近似就只适用于阶段Ⅰ(和阶段

Ⅱ初期)的分析,即只适用于 $t<\frac{\rho_m-\rho_0}{\gamma}<t_p$. 这里 $\rho_m<\beta$ 是瞬跳近似适用的最大反应性(见图 3.1). 由于 $t<t_p$,(3.86)式右边第二项中积分在下限发散,因此必须选取 $b_1=0$. 另一系数 b_0 由初始条件

$$n_0=n(0)=b_0\int_{-\lambda}^{\infty}(s+\lambda)^{\mu}e^{-t_p s}ds+\frac{lq_0}{\gamma}\int_0^{\infty}\left(\frac{s+\lambda}{\lambda}\right)^{\mu}e^{-t_p s}ds \tag{3.88}$$

决定. 作变量变换 $z=s+\lambda$,得:

$$\int_{-\lambda}^{\infty}(s+\lambda)^{\mu}e^{-t_p s}ds=e^{\lambda t_p}\int_0^{\infty}z^{\mu}e^{-t_p z}dz=\frac{e^{\lambda t_p}}{t_p^{\mu+1}}\Gamma(\mu+1), \tag{3.89}$$

$$\begin{aligned}\int_0^{\infty}\left(\frac{s+\lambda}{\lambda}\right)^{\mu}e^{-t_p s}ds&=\int_{\lambda}^{\infty}\left(\frac{z}{\lambda}\right)^{\mu}e^{-t_p(z-\lambda)}dz\\&=\frac{\lambda e^{\lambda t_p}}{(\lambda t_p)^{\mu+1}}\Gamma(\mu+1,\lambda t_p).\end{aligned} \tag{3.90}$$

这里 $\Gamma(x)$ 是通常的 Γ 函数,而 $\Gamma(a,x)$ 是"不完全 Γ 函数"[9]:

$$\Gamma(a,x)=\int_x^{\infty}u^{a-1}e^{-n}dn. \tag{3.91}$$

将(3.89)及(3.90)式代入(3.88)式,得

$$n_0=b_0\frac{e^{\lambda t_p}}{t_p^{\mu+1}}\Gamma(\mu+1)+\frac{\lambda lq_0}{\gamma}\frac{e^{\lambda t_p}}{(\lambda t_p)^{\mu+1}}\Gamma(\mu+1,\lambda t_p). \tag{3.88'}$$

同样,可以算出(3.86)式中包含的积分:

$$\int_{-\lambda}^{\infty}(s+\lambda)^{\mu}e^{-(t_p-t)s}ds=\frac{e^{\lambda(t_p-t)}}{(t_p-t)^{\mu+1}}\Gamma(\mu+1) \tag{3.89'}$$

及

$$\int_0^{\infty}\left(\frac{s+\lambda}{\lambda}\right)^{\mu}e^{-(t_p-t)s}ds=\frac{\lambda e^{\lambda(t_p-t)}}{[\lambda(t_p-t)]^{\mu+1}}\Gamma(\mu+1,\lambda t_p-\lambda t); \tag{3.90'}$$

代入(3.86)式后,得(记住 $b_1=0$)

$$\begin{aligned}n(t)=&b_0\frac{e^{\lambda(t_p-t)}}{(t_p-t)^{\mu+1}}\Gamma(\mu+1)+\frac{\lambda lq_0}{\gamma}\frac{e^{\lambda(t_p-t)}}{[\lambda(t_p-t)]^{\mu+1}}\\&\cdot\Gamma(\mu+1,\lambda t_p-\lambda t).\end{aligned} \tag{3.86'}$$

从(3.86′)及(3.88′)式消去 b_0,可得

$$\begin{aligned}n(t)=&n_0e^{-\lambda t}\left(\frac{t_p}{t_p-t}\right)^{\mu+1}+\frac{\lambda lq_0}{\gamma}\frac{e^{\lambda(t_p-t)}}{[\lambda(t_p-t)]^{\mu+1}}\\&\cdot[\Gamma(\mu+1,\lambda t_p-\lambda t)-\Gamma(\mu+1,\lambda t_p)].\end{aligned} \tag{3.92}$$

或者利用不完全 Γ 函数的定义(3.91),求出

$$\Gamma(\mu+1,\lambda t_p-\lambda t)-\Gamma(\mu+1,\lambda t_p)=\int_{\lambda t_p-\lambda t}^{\lambda t_p}u^{\mu}e^{-u}du,$$

再把积分变量 u 换成 τ：$u=\lambda t_p-\lambda\tau, du=-\lambda d\tau$，

$$\int_{\lambda t_p-\lambda t}^{\lambda t_p} u^\mu e^{-u} du = \lambda^{\mu+1} t_p^\mu e^{-\lambda t_p} \int_0^t e^{\lambda\tau}\left(1-\frac{\tau}{t_p}\right)^\mu d\tau,$$

可把(3.92)式改写成

$$n(t) = e^{-\lambda t}\left(\frac{t_p}{t_p-t}\right)^{\mu+1}\left[n_0+\frac{\lambda l q_0}{\gamma t_p}\int_0^t e^{\lambda\tau}\left(1-\frac{\tau}{t_p}\right)^\mu d\tau\right]. \qquad (3.92')$$

如果利用分部积分法把(3.92′)式中的积分加以变换：

$$\lambda\int_0^t e^{\lambda\tau}\left(1-\frac{\tau}{t_p}\right)^\mu d\tau = e^{\lambda\tau}\left(1-\frac{\tau}{t_p}\right)^\mu\Big|_0^t+\mu\int_0^t e^{\lambda\tau}\left(1-\frac{\tau}{t_p}\right)^{\mu-1}\frac{d\tau}{t_p}$$

$$= e^{\lambda t}\left(1-\frac{t}{t_p}\right)^\mu - 1 + \frac{\beta\lambda}{\gamma t_p}\int_0^t e^{\lambda\tau}\left(1-\frac{\tau}{t_p}\right)^{\mu-1} d\tau,$$

同时利用初始平衡条件 $n_0=-\dfrac{lq_0}{\rho_0}$，可以再把(3.92′)式改写成下列形式(记住 $\rho=\rho_0+\gamma t$)：

$$n(t) = e^{-\lambda t}\left(\frac{t_p}{t_p-t}\right)^{\mu+1}\frac{\beta}{\beta-\rho_0}\left[n_0+\frac{\lambda l q_0}{\beta-\rho_0}\int_0^t e^{\lambda\tau}\left(1-\frac{\tau}{t_p}\right)^{\mu-1} d\tau\right]+\frac{lq_0}{\beta-\rho}, \qquad (3.92'')$$

式中最后一项表示不计缓发中子先行核的衰变(命 $\lambda\to 0$)时，源 q_0 对 $n(t)$ 会有的贡献.

以上用积分表示法在 1 组缓发中子和瞬跳近似情形下为线性反应性输入求出的解(3.92)—(3.92″)，当然也可以通过求解适用于同样情形下的常微分方程(3.19)得出. 不过，在推广到多组情形时，积分表示法比先推广方程(3.19)再去求解更方便些.

从(3.92)式可以导出系统的瞬时倒周期：

$$\omega(t) = \frac{d}{dt}\ln n(t) = -\lambda+\frac{\mu+1}{t_p-t}+\frac{\lambda l q_0}{\gamma(t_p-t)}\frac{1}{n(t)}. \qquad (3.93)$$

命 $t=0$，同时利用初始平衡条件 $lq_0=-\rho_0 n_0$，得 ω 的初值：

$$\omega(0) = -\lambda+\frac{\mu+1}{t_p}-\frac{\lambda\rho_0}{\gamma t_p}=\frac{1}{t_p}=\frac{\gamma}{\beta-\rho_0}. \qquad (3.94)$$

注意，根据初值所满足的平衡条件，本来应当有 $n'(0)=0$ 和 $\omega(0)=0$，但从上面得出的解(3.92)却给出不等于 0 的 $n'(0)$ 和 $\omega(0)$，如(3.94)式所示. 这又一次显示了瞬跳近似作为奇异扰动法的零阶近似的特点：它只满足 $n(0)=n_0$，而不满足 $n'(0)=0$ 的初始(平衡)条件. 在 $\dfrac{l}{\beta-\rho_0}$ 量级的时间中衰减掉的初始瞬变被换成了从 $\omega=0$ 到(3.94)式所给出值的跃变.

μ= 自然数或 0 时，(3.92)式中的不完全 Γ 函数可以用初等函数表示出来. 考

虑(例如说)$\mu=1$ 的情况.这时,有 $\Gamma(2,x)=\int_x^\infty u\,\mathrm{e}^{-u}\,\mathrm{d}u=(1+x)\mathrm{e}^{-x}$.于是,(3.92)式变成

$$n(t)=n_0\left(\frac{t_\mathrm{p}}{t_\mathrm{p}-t}\right)^2\mathrm{e}^{-\lambda t}+\frac{lq_0}{\lambda\gamma}\frac{1}{(t_\mathrm{p}-t)^2}$$
$$\cdot\left[1+\lambda t_\mathrm{p}-\lambda t-(1+\lambda t_\mathrm{p})\mathrm{e}^{-\lambda t}\right],$$

或者把 $t_\mathrm{p}=\dfrac{\beta-\rho_0}{\gamma}$ 和 $lq_0=-n_0\rho_0=n_0|\rho_0|$ 的值代入,得

$$\frac{n_0}{1}n(t)=\left(\frac{\beta-\rho_0}{\beta-\rho_0-\gamma t}\right)^2\mathrm{e}^{-\lambda t}+\frac{|\rho_0|}{(\beta-\rho_0-\gamma t)^2}\left[\frac{\gamma}{\lambda}+\beta-\rho_0\right.$$
$$\left.-\gamma t-\left(\frac{\gamma}{\lambda}+\beta-\rho_0\right)\mathrm{e}^{-\lambda t}\right].\qquad(3.95)$$

图 3.6 示出 $\mu=1$ 的一个例子.为简单起见,数值取为 $\lambda=0.1\,\mathrm{s}^{-1}$,$\beta=10^{-2}$,$\gamma=10^{-3}\,\mathrm{s}^{-1}$(0.1 元/s),而 $\rho_0=-\beta$.图中包括由数字计算机$\left(\text{对 1 组缓发中子,有}\dfrac{l}{\beta}=10^{-2}\,\mathrm{s}\right)$算出的点.可以看出,在很接近瞬发临界以前,瞬跳近似解(3.95)式和严格数值解的符合都是很好的(但 6 组缓发中子情形下偏离出现更早).

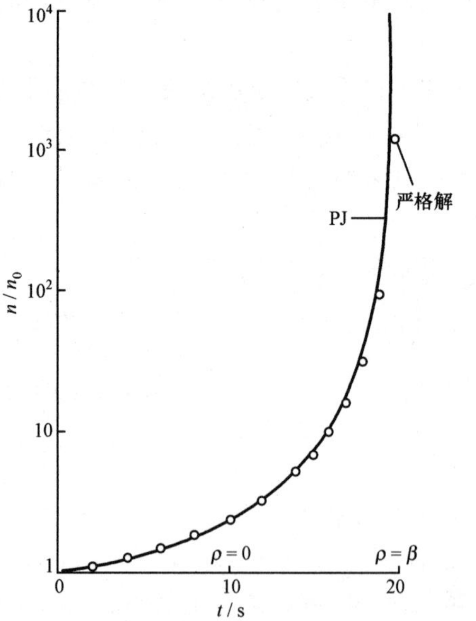

图 3.6 1 组缓发中子($\lambda=0.1\,\mathrm{s}^{-1}$)模型中,从 −1 元平衡开始以 10 分/s 增长率输入反应性所产生的响应$\left(\text{严格解由数字计算机得出,}\dfrac{l}{\beta}=10^{-2}\,\mathrm{s}\right)$

对于图 3.6 中的例子，瞬时周期 $T=\dfrac{1}{\omega}$ 作为瞬时反应性 $\rho=\rho_0+\gamma t$ 的函数绘出如图 3.7. 图中除瞬跳近似的结果(3.93)式及严格数值解的结果外，同时给出了瞬时周期的上界和下界. $\rho>\beta$ 时，T 的上界可由(3.1)中第一方程直接得出：

$$\frac{\mathrm{d}n}{\mathrm{d}t}\geqslant\frac{\rho-\beta}{l}n,$$

所以

$$T=\frac{n}{\dfrac{\mathrm{d}n}{\mathrm{d}t}}\leqslant\frac{l}{\rho-\beta}. \tag{3.96}$$

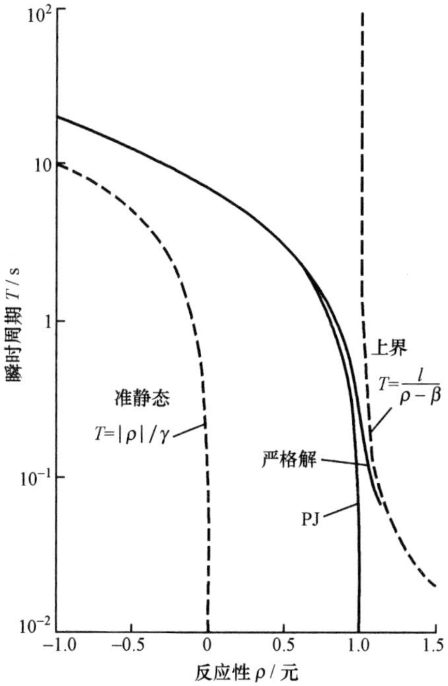

图 3.7　对于图 3.6 的例子，瞬时周期随瞬时反应性的变化
上界和下界分别从(3.96)及(3.97)式得出.

另一方面，$\rho<0$ 时，从方程(2.3)的准静态平衡条件

$$n(t)\approx-\frac{lq}{\rho}=-\frac{lq_0}{\rho_0+\gamma t},$$

得

$$T=\frac{n(t)}{n'(t)}\approx-\frac{\rho}{\gamma}=\frac{|\rho|}{\gamma}. \tag{3.97}$$

将这值和从(3.93)式(利用 $\gamma t_p=\beta-\rho_0$，$\gamma\mu=\beta\lambda$ 和从准静态条件得到的关系 $n\rho\approx n_0\rho_0$)得到的

$$T=\frac{1}{\omega(t)}\approx\frac{\beta-\rho}{\gamma}$$

相比较，可见(3.97)式给出的是瞬时周期的下界.

实际上，停堆反应性值一般达10元数量级或更大，即$|\rho_0|\gtrsim 10\beta$. 这时，对于不太陡的反应性增长率(例如，$\gamma\lesssim 0.3\beta/\mathrm{s}$)，$t_{\mathrm{p}}=\frac{\beta-\rho_0}{\gamma}\gg\frac{1}{\lambda}$. 于是在(3.88)式的积分

$$\int_0^\infty\left(\frac{s+\lambda}{\lambda}\right)^\mu \mathrm{e}^{-t_{\mathrm{p}}s}\mathrm{d}s$$

中，被积函数(它在$s>0$范围内是s的单调下降函数)当$s>\frac{1}{t_{\mathrm{p}}}$时随着$s$的增加而很快减小，所以对积分的主要贡献来自$0<s\lesssim\frac{1}{t_{\mathrm{p}}}\ll\lambda$的积分域. 这样，对于$\frac{s}{\lambda}\ll 1$，近似有

$$\left(\frac{s+\lambda}{\lambda}\right)^\mu=\left(1+\frac{s}{\lambda}\right)^\mu=\mathrm{e}^{\mu\ln\left(1+\frac{s}{\lambda}\right)}\approx\mathrm{e}^{\frac{\mu s}{\lambda}}=\mathrm{e}^{\frac{\beta}{\gamma}s},$$

所以 $$\int_0^\infty\left(\frac{s+\lambda}{\lambda}\right)^\mu \mathrm{e}^{-t_{\mathrm{p}}s}\mathrm{d}s\approx\int_0^\infty \mathrm{e}^{\left(\frac{\beta}{\gamma}-t_{\mathrm{p}}\right)s}\mathrm{d}s=\int_0^\infty \mathrm{e}^{\frac{\rho_0}{\gamma}s}\mathrm{d}s=-\frac{\gamma}{\rho_0}.$$

代入(3.88)式，利用平衡关系$n_0=-\frac{lq_0}{\rho_0}$，得

$$b_0\approx 0.$$

于是(3.86′)式给出

$$n(t)\approx\frac{\lambda l q_0}{\gamma}\frac{\mathrm{e}^{\lambda(t_{\mathrm{p}}-t)}}{[\lambda(t_{\mathrm{p}}-t)]^{\mu+1}}\Gamma(\mu+1,\lambda t_{\mathrm{p}}-\lambda t).\tag{3.98}$$

在缓发临界时刻$t=t_{\mathrm{d}}=-\frac{\rho_0}{\gamma}$，利用$\lambda t_{\mathrm{p}}-\lambda t_{\mathrm{d}}=\lambda\frac{\beta}{\gamma}=\mu$，(3.98)式给出

$$n_{\mathrm{d}}=n(t_{\mathrm{d}})\approx\frac{\lambda l q_0}{\gamma}\frac{\mathrm{e}^\mu}{\mu^{\mu+1}}\Gamma(\mu+1,\mu).\tag{3.99}$$

引进**缓发中子累积因子**ξ：

$$\xi\equiv\frac{n(t_{\mathrm{d}})}{\frac{l}{\beta}q_0}.\tag{3.100}$$

这式右边的分母是不计缓发中子先行核衰变，即不考虑缓发中子发射时，源q_0到缓发临界时刻对堆功率的贡献. 这一点从在$t=t_{\mathrm{d}}$(因而$\rho=0$)时的(3.92″)式中命$\lambda=0$，马上可以看出. (3.100)式右边的分子则是考虑缓发中子发射时到t_{d}时刻的堆总功率. 因此ξ确是缓发中子累积效应的一个量度. 在近似(3.99)的范围内，ξ可以表成μ的函数：

$$\xi\approx\frac{\mathrm{e}^\mu}{\mu^\mu}\Gamma(\mu+1,\mu).\tag{3.101}$$

利用不完全 Γ 函数的定义，把 $\Gamma(\mu+1,\mu)$ 写成定积分，再作积分变量变换：$u\to\theta=u-\mu$，可把(3.101)式化为

$$\xi\approx\frac{e^{\mu}}{\mu^{\mu}}\int_{\mu}^{\infty}u^{\mu}e^{-u}du=\int_{0}^{\infty}\left(1+\frac{\theta}{\mu}\right)^{\mu}e^{-\theta}d\theta. \tag{3.101'}$$

对于大的 μ 值，利用对积分的重要贡献来自小 θ 值及 θ 小时的下列近似：

$$\left(1+\frac{\theta}{\mu}\right)^{\mu}=e^{\mu\ln\left(1+\frac{\theta}{\mu}\right)}\approx e^{\mu\left(\frac{\theta}{\mu}-\frac{1}{2}\frac{\theta^2}{\mu^2}+\frac{1}{3}\frac{\theta^3}{\mu^3}\right)}\approx e^{\theta-\frac{\theta^2}{2\mu}}\left(1+\frac{1}{3}\frac{\theta^3}{\mu^2}\right),$$

可算出(3.101′)式的近似值

$$\xi\approx\frac{2}{3}+\sqrt{\frac{\pi\mu}{2}}. \tag{3.101''}$$

从导出(3.98)式时所作的假设：$\gamma\lesssim0.3\beta\,s^{-1}$，知(3.101)式的适用范围是 $\mu=\frac{\beta\lambda}{\gamma}\gtrsim\frac{\lambda}{0.3}$，即 $\mu\gtrsim0.3$. 对于快反应性增长率的情形，$\mu\to0$. 从 $t=t_d$ 时的(3.92)式容易看出，$\mu\to0$ 时，$\xi\to1+\frac{\beta}{|\rho_0|}$，即对于 $|\rho_0|\gg\beta$ 的情形 ξ 近似为 1. 因此，(3.101″)式给出的 ξ 的渐近公式可以对所有 γ 值用作近似，当然对于缓慢的反应性增长率有更大的精确程度. 顺便指出，$\mu\to0$ 时，(3.101)或(3.101′)式也给出 $\xi\approx1$. 图 3.8 示出(3.101)式给出的 ξ 随 μ 的变化. 利用图中曲线及(3.100)式，容易算出 $n(t_d)=\xi\frac{|\rho_0|}{\beta}n_0$. 可见，阶段 I 中功率的变化比 $\frac{n_d}{n_0}$ 小于 100.

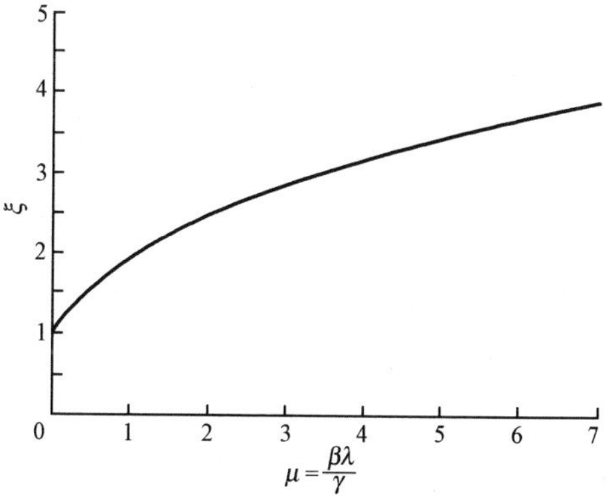

图 3.8　缓发中子累积因子 ξ 随反应性增长率 γ 的变化

从(3.98)式可以求出时刻 t 的瞬时倒周期：

$$\omega(t)=\frac{d}{dt}\ln n(t)\approx-\lambda+\frac{\mu+1}{t_p-t}+\frac{\lambda[\lambda(t_p-t)]^{\mu}e^{-\lambda(t_p-t)}}{\Gamma(\mu+1,\lambda t_p-\lambda t)}. \tag{3.102}$$

利用 $\lambda=\frac{\gamma}{\beta}\mu$ 及 $\lambda(t_p-t)=\mu\left(1-\frac{\rho}{\beta}\right)$，可将上式用反应性 ρ 表示：

$$\omega(\rho) \approx \frac{\gamma}{\beta}\left[\frac{1+\mu\frac{\rho}{\beta}}{1-\frac{\rho}{\beta}} + \frac{\mu^{\mu+1}\left(1-\frac{\rho}{\beta}\right)^{\mu} e^{-\mu\left(1-\frac{\rho}{\beta}\right)}}{\Gamma\left(\mu+1,\mu\left(1-\frac{\rho}{\beta}\right)\right)}\right]. \tag{3.103}$$

这个公式适用于 l 小和 γ 小的情况. 图 3.9 中对于 $l=10^{-4}$ s, $\gamma=1.2\times10^{-4}$ s^{-1}, $\beta=0.0075$, 以及 $\lambda=0.0767$ s^{-1} 的例子, 比较了(3.103)式(瞬跳近似的结果)和 Schultz 给出的[10]严格的 6 组缓发中子解. 可见, 直到 $\rho\approx0.5\beta$, 符合都是十分好的. 图中也包括了由(3.96)和(3.97)式给出的上、下界及以下将得出的近似结果(3.107).

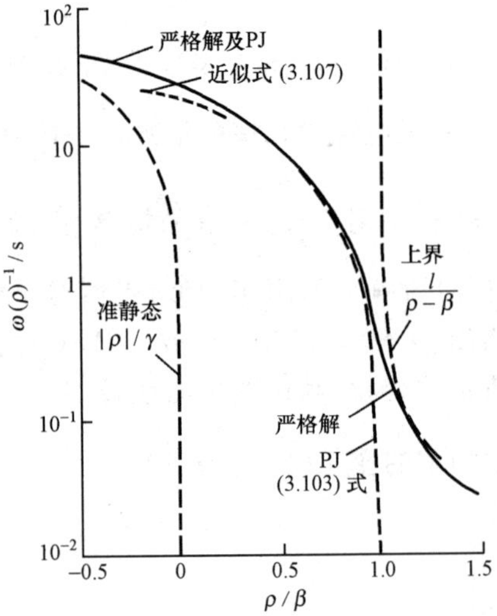

图 3.9 瞬时周期随瞬时反应性的变化, 严格的 6 组缓发中子解[10]和瞬跳近似结果(3.103)式的比较

($l=10^{-4}$ s, $\gamma=1.2\times10^{-4}$ s^{-1}, $\beta=0.0075$, $\lambda=0.0767$ s^{-1})

缓发临界($\rho=0$)时的瞬时倒周期, 可从(3.102)或(3.103)式算出. 结果为

$$\omega(t_d) \approx \frac{\gamma}{\beta}\left[1+\frac{\mu^{\mu+1}e^{-\mu}}{\Gamma(\mu+1,\mu)}\right] = \lambda\left(\frac{1}{\mu}+\frac{1}{\xi}\right), \tag{3.104}$$

式中 ξ 由(3.101)式给出, 可从图 3.8 中读出. 如果用 ξ 的近似值(3.101″), 并将 $\frac{1}{\xi}$ 展开到 $O\left(\frac{1}{\mu}\right)$, 便得

$$\omega(t_d) \approx \lambda\left[\sqrt{\frac{2}{\pi\mu}} + \left(1-\frac{4}{3\pi}\right)\frac{1}{\mu}\right]. \tag{3.104'}$$

从图 3.8 所示 ξ 随 μ 的变化, 由(3.100)及(3.104)式分别得出 n_d 及 $\omega(t_d)$ 随 μ 或 γ 的变化, 如图 3.10 所示. 由图中曲线可见, 更大的反应性增长率 γ(也就是说,

更小的 μ)意味着缓发临界时刻更低的功率 n_{d}，但同时也意味着这时刻更大的功率相对增长率 $\omega(t_{\mathrm{d}})$，因此也就增加启动事故出现的可能性.

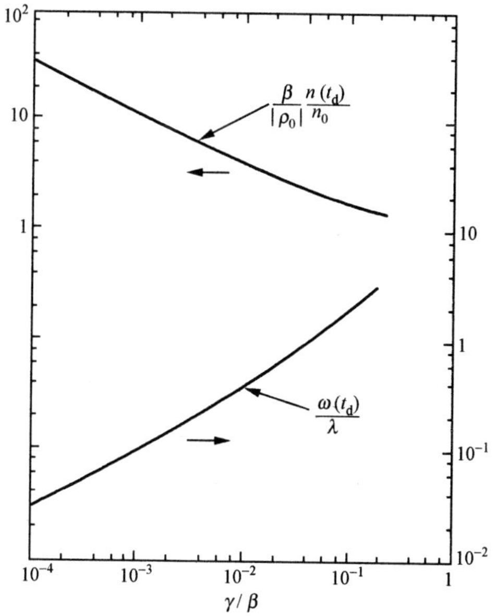

图 3.10 缓发临界时的瞬时相对功率和倒周期随反应性增长率的变化(按(3.100)及(3.104)式)

(3.98)及(3.103)式中的不完全 Γ 函数在 μ 大时可以用误差函数 $\mathrm{erf}(x)=\frac{2}{\sqrt{\pi}}\int_0^x \mathrm{e}^{-u^2}\mathrm{d}u$ 近似表示：

$$\Gamma\left(\mu+1,\mu\left(1-\frac{\rho}{\beta}\right)\right)\approx\sqrt{\frac{\pi}{2\mu}}\mu^{\mu+1}\mathrm{e}^{-\mu}\left[1+\mathrm{erf}\left(\sqrt{\frac{\mu}{2}}\frac{\rho}{\beta}\right)\right]. \tag{3.105}$$

代入(3.98)式得

$$\frac{n(t)}{n_0}\approx\frac{\lambda\mid\rho_0\mid}{\gamma}\frac{\mathrm{e}^{-\mu\frac{\rho}{\beta}}}{\left(1-\frac{\rho}{\beta}\right)^{\mu+1}}\sqrt{\frac{\pi}{2\mu}}\left[1+\mathrm{erf}\left(\sqrt{\frac{\mu}{2}}\frac{\rho}{\beta}\right)\right]. \tag{3.106}$$

把(3.105)式代入(3.103)式，并利用近似关系

$$\left(1-\frac{\rho}{\beta}\right)^{\mu}\mathrm{e}^{\frac{\mu\rho}{\beta}}\approx1-\frac{\mu}{2}\left(\frac{\rho}{\beta}\right)^2,$$

可得

$$\omega(\rho)\approx\frac{\gamma}{\beta}\left[\frac{1+\frac{\mu\rho}{\beta}}{1-\frac{\rho}{\beta}}+\left(\frac{2\mu}{\pi}\right)^{\frac{1}{2}}\frac{1-\frac{\mu}{2}\left(\frac{\rho}{\beta}\right)^2}{1+\mathrm{erf}\left(\sqrt{\frac{\mu}{2}}\frac{\rho}{\beta}\right)}\right]. \tag{3.107}$$

从以上所作近似,(3.107)式显然仅适用于$|\rho|\ll\beta$(即缓发临界附近)的区域.从图3.9可见,(3.107)式在临界处的误差约为15%.

在(3.106)及(3.107)式中命$\rho=0$,得缓发临界时刻$t=t_d$的功率和倒周期的简单公式:

$$n(t_d)\approx n_0\mid\rho_0\mid\sqrt{\frac{\pi\lambda}{2\gamma\beta}} \tag{3.108}$$

及

$$\omega(t_d)\approx\frac{\gamma}{\beta}+\sqrt{\frac{2\lambda\gamma}{\pi\beta}}. \tag{3.109}$$

这些公式曾由Soodak报告过[11].当$\gamma\ll\beta\lambda$或$\mu\gg1$时,它们分别和(3.101″)及(3.104′)式的差别不大.但当$\mu\sim1$时,它们的精确度就不如后二式了.

在阶段Ⅱ的后期,可能出现接近和超过瞬发临界的情况.这时瞬跳近似不能应用.但从图3.7和图3.9中近似曲线和严格数值解结果的比较可以看到,对瞬跳近似结果和(3.96)式给出的上界曲线进行光滑的内插,可以在一定近似程度上估出瞬发临界附近的倒周期值.当反应性远超过瞬发临界时,缓发中子的作用可以略去不计,倒周期将由不考虑缓发中子源的(3.96)式给出.

对于反应性增长率快和慢的两极限情形,也可以近似地解析求出阶段Ⅱ中的功率变化.

在慢的极限,γ为每秒几分或更小.这时,可以应用Hurwitz对于缓慢反应性变化采用的方法(见下节),求出功率的下列近似表达式(参见(3.123′)式)

$$n(t)\approx n(t_d)F(\rho)\exp\left[\frac{1}{\gamma}\int_0^{\rho}\omega_1(\rho')\mathrm{d}\rho'\right], \tag{3.110}$$

式中$\omega_1(\rho)$是倒时方程$\rho=r(\omega)$的代数值最大的根,$r(\omega)\equiv l\omega+\sum\limits_i\frac{\beta_i\omega}{\omega+\lambda_i}$,而

$$F(\rho)=\left[\frac{r'(0)}{r'(\omega_1)}\right]^{\frac{1}{2}}=\frac{\left(l+\sum\limits_i\frac{\beta_i}{\lambda_i}\right)^{\frac{1}{2}}}{\left(l+\sum\limits_i\frac{\beta_i\lambda_i}{(\omega_1+\lambda_i)^2}\right)^{\frac{1}{2}}}. \tag{3.111}$$

注意,由于$\rho=\rho_0+\gamma t$,所以$\omega_1(\rho)$和$F(\rho)$也是时间的函数.为使计算方便,可以把$\omega_1(\rho)$及$F(\rho)$画成随ρ变化的曲线(对于不同的l值).在用^{235}U作燃料的情形下,这些曲线如图3.11及图3.12所示.图3.12中曲线族A是用从图3.11对相应l值读出的$\omega_1(\rho)$值代入(3.111)式算出的$F(\rho)$曲线.$\rho>\beta$时,$\omega_1\gg1$,$F(\rho)$的渐近值从(3.111)式得出为$\left(1+\frac{1}{l}\sum\limits_i\frac{\beta_i}{\lambda_i}\right)^{\frac{1}{2}}\approx\sqrt{\frac{\beta}{l\lambda}}$,对$^{235}U$和$l=2\times10^{-5}$ s的情况约为70.可见,当ρ从0增到瞬发临界以上时,$F(\rho)$约变动两个数量级.(3.110)式右边

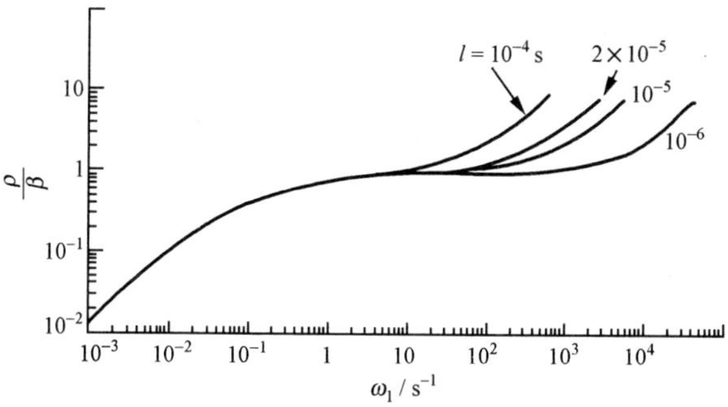

图 3.11 倒周期 ω_1 作为反应性 ρ 的函数(^{235}U,6 组缓发中子)

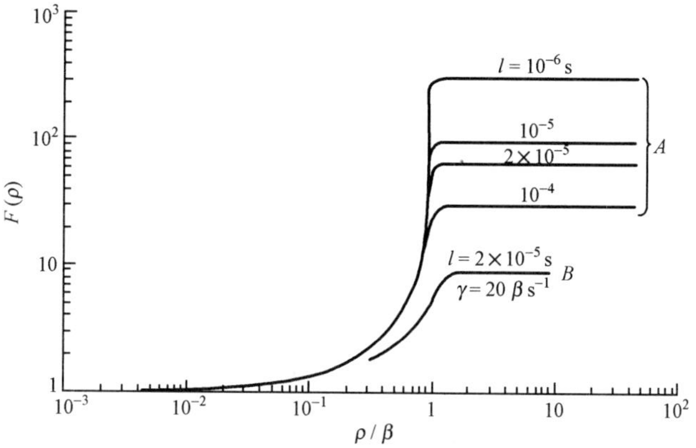

图 3.12 $F(\rho)$随反应性 ρ 的变化,(3.111)式(^{235}U,6 组缓发中子,β=0.007 55)

指数上的积分 $\int_0^\rho \omega_1(\rho')\mathrm{d}\rho'$,经如下变换

$$\int_0^\rho \omega_1(\rho')\mathrm{d}\rho' = \int_0^{\omega_1} \omega\,\frac{\mathrm{d}\rho'}{\mathrm{d}\omega}\mathrm{d}\omega = \omega_1\rho - \int_0^{\omega_1} \rho(\omega)\mathrm{d}\omega$$

后,利用倒时方程

$$\rho(\omega) = \omega\left[l + \sum_i \frac{\beta_i}{\omega+\lambda_i}\right],$$

容易算出;结果得

$$\int_0^\rho \omega_1(\rho')\mathrm{d}\rho' = \frac{\omega_1^2 l}{2} + \sum_i \beta_i\lambda_i\left[\ln\left(1+\frac{\omega_1}{\lambda_i}\right) - \frac{\omega_1}{\lambda_i+\omega_1}\right]. \tag{3.112}$$

对于^{235}U 燃料和不同的 l 值,图 3.13 绘出了这个积分值随 ρ 的变化. 利用图 3.12 和图 3.13,可从(3.110)式算出 $n(t)$作为 ρ 或 t 的函数. 由于 $F(\rho)$只变动约两个数量级,当最终反应性 $\rho>\beta$ 时,功率增加的大部分是(3.110)式中的指数因子引起的.

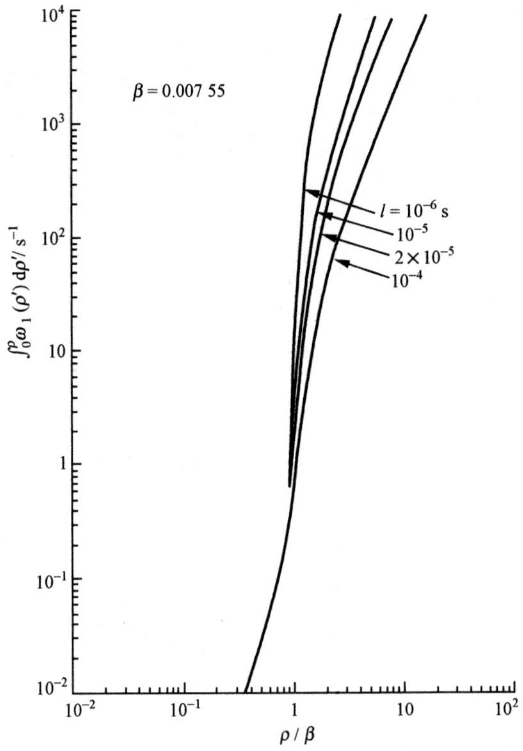

图 3.13 积分 $\int_0^{\rho}\omega_1(\rho')\mathrm{d}\rho'$ 随 ρ 的变化(^{235}U)

现在考虑启动事故近似分析的最后阶段(阶段Ⅲ),即当预先规定的事故功率水平 n_s 在 $t=t_s$ 达到时,估算倒周期 $\omega_1(t_s)$ 之值. 从(3.110)及(3.100)式可得决定 ρ_s(或 t_s)的方程

$$\int_0^{\rho_s}\omega_1(\rho')\mathrm{d}\rho' \approx \gamma\ln\left[\frac{n_s}{n_d F(\rho_s)}\right]=\gamma\ln\left[\frac{n_s\beta}{n_0\mid\rho_0\mid\xi F(\rho_s)}\right]. \tag{3.113}$$

对于 $\rho_s>\beta$,这方程容易求解,因为由图 3.12 可见,$\rho>\beta$ 时 $F(\rho)$ 与 ρ 无关,所以(3.113)式右边之值完全由给定参量 $l,\beta,\lambda,\gamma,|\rho_0|,n_0$ 及 n_s 决定. 于是由图 3.13 可读出 ρ_s 之值;再由图 3.11 可读出 $\omega_1(\rho_s)$,即 $\omega_1(t_s)$之值. 当最终反应性远在瞬发临界以上,因而有 $\omega_1(\rho)\approx\frac{\rho-\beta}{l}\approx\frac{\rho}{l}$时,近似有

$$\int_0^{\rho_s}\omega_1(\rho')\mathrm{d}\rho' \approx \frac{\rho_s^2}{2l}\approx\frac{l}{2}[\omega_1(\rho_s)]^2,$$

相当于在(3.112)式中仅取右边第一项. 这时,从(3.113)式可得直接给出 $\omega_1(\rho_s)$或 $\omega_1(t_s)$的近似关系:

$$\omega_1(t_s) \approx \left\{\ln\left[\frac{n_s\beta}{n_0 \mid \rho_0 \mid \xi F(\rho_s)}\right]\right\}^{\frac{1}{2}} \left(\frac{2\gamma}{l}\right)^{\frac{1}{2}}. \tag{3.114}$$

这结果表明，当达到事故功率水平 n_s 时，倒周期基本上正比于$\sqrt{\frac{2\gamma}{l}}$. 由于 $\xi=\xi(\gamma)$ 及 $F(\rho_s)$等因子在(3.114)式中在对数下出现，所以它们分别随 γ 及 ρ_s 的变化可以略去. 作为粗略的对 $\omega_1(t_s)$的保守估计，它们可近似取为 $\xi=1$ 及 $F(\rho_s)=10$.

对于 $\rho_s<\beta$，方程(3.113)可按下列收敛相当快的步骤：

$$\rho_s \xrightarrow{\text{图 } 3.12} F(\rho_s) \xrightarrow{(3.113)\text{ 式}} \int_0^{\rho_s}\omega_1(\rho')\mathrm{d}\rho' \xrightarrow{\text{图 } 3.13} \rho_s \longrightarrow \cdots$$

迭代求解，并由图 3.11 读出 $\omega_1(\rho_s)$即 $\omega_1(t_s)$之值.

现在转到反应性增长率快的极限：γ 达每秒几元或更多. 这时可以采用快率近似，即恒源近似(参看(3.53)式)，把点堆动态学方程

$$\frac{\mathrm{d}n}{\mathrm{d}t} = \frac{\rho-\beta}{l}n + \sum_i \lambda_i c_i + q_0$$

中的 $\sum_i \lambda_i c_i$ 看成常量：$\sum_i \lambda_i c_i \approx \sum_i \lambda_i c_i(0)$. 阶段 I 中可以同时应用瞬跳近似. 于是，从(3.42)式有 $n(t)\approx\frac{\beta-\rho_0}{\beta-\rho(t)}n_0$. 在缓发临界时刻，$n(t_d)\approx\frac{\beta-\rho_0}{\beta}n_0$，或利用 $\sum_i \lambda_i c_i(0) = \frac{\beta}{l}n_0$ 及 $n_0 =-\frac{lq_0}{\rho_0}$,改写为

$$\frac{\beta}{l}n(t_d) \approx \frac{\beta-\rho_0}{l}n_0 = \sum_i \lambda_i c_i(0) + q_0.$$

这样，阶段 II 中恒源近似的点堆动态学方程可以化成

$$\frac{\mathrm{d}n}{\mathrm{d}t} = \frac{\rho-\beta}{l}n + \frac{\beta}{l}n(t_d) = \frac{\rho-\beta}{l}n + \xi\frac{\mid \rho_0 \mid}{l}n_0. \tag{3.115}$$

它的解容易求出，为

$$\frac{n(t)}{n(t_d)} = \exp\left\{\frac{\gamma}{2l}[(t-t_p)^2-(t_d-t_p)^2]\right\} + \frac{\beta}{l}\int_{t_d}^{t}\exp\left\{\frac{\gamma}{2l}[(t-t_p)^2-(t'-t_p)^2]\right\}\mathrm{d}t' \tag{3.116}$$

式中 $t_p=\frac{\beta-\rho_0}{\gamma}$，$t_d=\frac{-\rho_0}{\gamma}$. 这个解也可以像(3.110)式一样表示成为一个缓变因子 $F(\rho)$和一个快变因子 $\exp\left[\frac{1}{\gamma}\int_0^{\rho}\omega_1(\rho')\mathrm{d}\rho'\right]$ 的乘积. 这时，因子 $F(\rho)$可求出为

$$F(\rho) = \left[\mathrm{e}^{-\frac{\beta^2}{2\gamma l}} + \frac{\beta}{l}\int_{t_d}^{t}\mathrm{e}^{-\frac{\gamma}{2l}(t'-t_p)^2}\mathrm{d}t'\right]\exp\left\{\frac{\gamma}{2l}(t-t_p)^2 - \frac{1}{\gamma}\int_0^{\rho}\omega_1(\rho')\mathrm{d}\rho'\right\}. \tag{3.117}$$

式中 t 和 ρ 有关系，$t=\frac{\rho-\rho_0}{\gamma}$. 对于反应性增加率 $\gamma=20\beta\ \mathrm{s}^{-1}$ 的情形，$F(\rho)$随 ρ 的变化也在图 3.12 中画出如曲线 B. 可以看到，$\rho=0$ 时 $F(\rho)=1$，$F(\rho)$随 ρ 逐渐增加，到瞬发临界以上达到～10 的值. 对于大 γ 值，$\rho>\beta$ 时，$F(\rho)$的平台值近似为 $F(\rho)\approx\sqrt{\frac{2\pi\beta}{l\gamma}}$. 这值可以和 γ 小时的相应值$\sqrt{\frac{\beta}{l\lambda}}$相对比. 当 γ 从 $20\beta\ \mathrm{s}^{-1}$（曲线 B）变到很小值（曲线族 A）时，在瞬发临界以上 $F(\rho)$从约等于 10 变到约等于 70（对于 $l=2\times10^{-5}$ s）. 由于在慢和快反应性增长率两个极限 $F(\rho)$的值具有同样数量级，所以(3.114)式在 γ 大的情形下也可以用来粗略估算 $\omega_1(t_s)$之值.

§3.4 缓慢的反应性变化

考虑无源情形（$q=0$）下的点堆动态学方程组(3.1). 从§2.2 知，对于固定反应性 $\rho=\rho_0$，渐近响应为

$$n=A_1\mathrm{e}^{\omega_1 t},$$

$$c_i=\frac{\beta_i n}{l(\omega_1+\lambda_i)}\quad(i=1,\cdots,m),$$

式中 ω_1 是倒时方程 $\rho_0=r(\omega)$的最大代数值根. 对于缓变的反应性，Hurwitz[12] 假定渐近响应具有同样形式但 A_1 及 ω_1 换成时间的函数，从而得出一近似解. 这个解中 $\omega_1(t)$是和 $\rho=\rho(t)$相应的倒时方程

$$\rho=r(\omega_1)=\omega_1\left(l+\sum_i\frac{\beta_i}{\omega_1+\lambda_i}\right)$$

的最大代数值根. 它可以写成

$$\omega_1=\frac{\rho-\beta}{l}+\sum_i\frac{\beta_i\lambda_i}{l(\omega_1+\lambda_i)}. \tag{3.118}$$

命

$$\begin{cases}n(t)=f(t)\exp\left[\int_0^t\omega_1(t')\mathrm{d}t'\right], & (3.119\mathrm{a})\\ c_i(t)=\left[\frac{\beta_i f(t)}{l[\omega_1(t)+\lambda_i]}+\varepsilon_i(t)\right]\exp\left[\int_0^t\omega_1(t')\mathrm{d}t'\right]. & (3.119\mathrm{b})\end{cases}$$

当 $\rho=\rho(t)$是 t 的缓变函数时，可以希望 $\omega_1(t)$，$f(t)$及 $\varepsilon_i(t)$也是 t 的缓变函数. 将(3.119)式代入无源情形下的点堆动态学方程，可得新的未知函数 $f(t)$及 $\varepsilon_i(t)$所满足的方程组：

$$\begin{cases}\frac{\mathrm{d}f}{\mathrm{d}t}=\sum_i\lambda_i\varepsilon_i, & (3.120\mathrm{a})\\ \frac{\mathrm{d}\varepsilon_i}{\mathrm{d}t}+(\omega_1+\lambda_i)\varepsilon_i=-\frac{\mathrm{d}}{\mathrm{d}t}\left[\frac{\beta_i f}{l(\omega_1+\lambda_i)}\right]. & (3.120\mathrm{b})\end{cases}$$

到现在为止，我们还没有引入近似. 要是能严格解出方程组(3.120)，代入(3.119)式就会对任意输入得出动态学方程组的严格解. 考查方程(3.120b)，由于 $\omega_1=\omega_1(t)$ 选取为倒时方程的代数值最大的根，$\omega_1+\lambda_i$ 总是正的，因此可以预期，$\varepsilon_i(t)$将随时间趋向$-\frac{1}{\omega_1+\lambda_i}\frac{\mathrm{d}}{\mathrm{d}t}\left[\frac{\beta_i f}{l(\omega_1+\lambda_i)}\right]$，其弛豫时间为$(\omega_1+\lambda_i)^{-1}$. 如果在$\sim(\omega_1+\lambda_i)^{-1}$的时间间隔内反应性变化小，就可用

$$\varepsilon_i\approx-\frac{1}{\omega_1+\lambda_i}\frac{\mathrm{d}}{\mathrm{d}t}\left[\frac{\beta_i f}{l(\omega_1+\lambda_i)}\right] \tag{3.121}$$

逼近(3.120b)式的解. 注意，对于大的正反应性，ω_1 取大的正值，弛豫时间$(\omega_1+\lambda_i)^{-1}$变小，反应性在这时间内变化小的要求容易满足. 但当牵涉到大的负反应性时，对于 $i=1$，$(\omega_1+\lambda_i)^{-1}$将趋向无限. 因此，当反应性取大的负值时，反应性变化率必须更小，近似式(3.121)才能成立.

将(3.121)式代入方程(3.120a)，得

$$\frac{\mathrm{d}f}{\mathrm{d}t}\approx-\sum_i\frac{\lambda_i}{\omega_1+\lambda_i}\frac{\mathrm{d}}{\mathrm{d}t}\left[\frac{\beta_i f}{l(\omega_1+\lambda_i)}\right],$$

它也可以写成

$$\frac{1}{f}\frac{\mathrm{d}f}{\mathrm{d}t}\approx-\frac{\sum_i\frac{\beta_i\lambda_i}{\omega_1+\lambda_i}\frac{\mathrm{d}}{\mathrm{d}t}\left(\frac{1}{\omega_1+\lambda_i}\right)}{l+\sum_i\frac{\beta_i\lambda_i}{(\omega_1+\lambda_i)^2}}$$

或

$$\frac{\mathrm{dln}f}{\mathrm{d}t}\approx-\frac{1}{2}\frac{\mathrm{dln}r'(\omega_1)}{\mathrm{d}t}. \tag{3.122}$$

式中 $r'(\omega_1)=l+\sum_i\frac{\beta_i\lambda_i}{(\omega_1+\lambda_i)^2}$ 是 $r(\omega_1)$的导数.

选取缓发临界时刻作时间原点，有初始条件 $\rho(0)=0$，$\omega_1(0)=0$，$f(0)=n(0)=n_0$. 积分(3.122)式后代入(3.119a)式，得

$$\frac{n(t)}{n_0}\approx\left[\frac{r'(0)}{r'(\omega_1)}\right]^{\frac{1}{2}}\exp\left[\int_0^t\omega_1(t')\mathrm{d}t'\right]. \tag{3.123}$$

由(3.123)式可以算出瞬时倒周期：

$$\omega(t)=\frac{\mathrm{dln}n(t)}{\mathrm{d}t}\approx\omega_1-\frac{1}{2}\frac{r''(\omega_1)}{r'(\omega_1)}\frac{\mathrm{d}\omega_1}{\mathrm{d}t}, \tag{3.124}$$

或利用从对倒时方程 $\rho=r(\omega_1)$两边求导所得的$\frac{\mathrm{d}\rho}{\mathrm{d}t}=r'(\omega_1)\frac{\mathrm{d}\omega_1}{\mathrm{d}t}$，改写为

$$\omega(t)\approx\omega_1-\frac{1}{2}\frac{r''(\omega_1)}{[r'(\omega_1)]^2}\frac{\mathrm{d}\rho}{\mathrm{d}t}. \tag{3.124$'$}$$

可见，这式在固定反应性情形下给出正确的倒稳定周期. 当 ρ 不是常量时，它随时

间的变化既表现在第二项的存在，也表现在 $\omega_1(t)$ 通过倒时方程对时间的依赖. 对于反应性随时间的线性变化：$\rho(t)=\gamma t$，(3.123)式可以用 ρ 代替 t 作积分变量写出：

$$\frac{n(t)}{n(t_d)} \approx \left[\frac{r'(0)}{r'(\omega_1)}\right]^{\frac{1}{2}} \exp\left[\frac{1}{\gamma}\int_0^{\rho}\omega_1(\rho')\mathrm{d}\rho'\right]. \tag{3.123'}$$

式中我们把 n_0 写成了 $n(t_d)$，以便明显地表示出缓发临界时刻 t_d. 瞬时倒周期(3.124′)式现在变成

$$\omega(t) \approx \omega_1 - \frac{\gamma}{2}\frac{r''(\omega_1)}{[r'(\omega_1)]^2}. \tag{3.124''}$$

为便于和§3.2中的结果比较，考虑瞬发临界处的倒周期 $\omega(t_p)$ 并考查1组缓发中子和 l 小的情况. (3.124″)式中第一项在瞬发临界处为(见(2.25)式)

$$\omega_1(t_p) \approx \sqrt{\frac{\beta\lambda}{l}};$$

第二项可用1组缓发中子模型中 $l\to 0$ 极限下的 $r(\omega)=\frac{\beta\omega}{\omega+\lambda}$ 及 $\omega_1(t_p)\gg\lambda$ 的条件求出为 $\omega_1(t_p)\frac{\gamma}{\beta\lambda}$. 于是由(3.124″)式得

$$\omega(t_p) \approx \sqrt{\frac{\beta\lambda}{l}}\left(1+\frac{\gamma}{\beta\lambda}\right).$$

§3.2中用积分表示法在相应情况下得出的更精确的结果为 $\sqrt{\frac{\beta\lambda}{l}}$(见(3.81″)式). 因此，对于每秒若干分或更小的缓慢反应性线性增长，(3.124″)或(3.124)式给出正确的倒周期.

最后，可以指出，在阶跃反应性变化的情形下，解(3.123)式表示堆功率的渐近行为. 由于求解过程中所作的假设"反应性在 $\sim(\omega_1+\lambda_i)^{-1}$ 的时间间隔内变化小"在反应性经受阶跃时不满足，所以解(3.123)不能正确地反映开始阶段的功率瞬变.

Hurwitz 方法的精神实质上就是量子力学中近似求解带变化势的 Schrödinger 方程的 WKB(Wentzel, Kramers，以及 Brillouin)方法的精神[13]. 如果从仅适用于1组缓发中子模型的2阶微分方程(3.20)出发，可以更直接地应用 WKB 方法求出方程的近似解[14—16]. 在无源情形下，用平常的记号写出，方程(3.20)变成

$$l\frac{\mathrm{d}^2 n}{\mathrm{d}t^2} + (\beta+\lambda l-\rho)\frac{\mathrm{d}n}{\mathrm{d}t} - \left(\lambda\rho+\frac{\mathrm{d}\rho}{\mathrm{d}t}\right)n = 0. \tag{3.125}$$

这一方程可以写成标准形式

$$\frac{\mathrm{d}^2 n}{\mathrm{d}t^2} + 2P(t)\frac{\mathrm{d}n}{\mathrm{d}t} + Q(t)n = 0, \tag{3.125'}$$

式中

$$\begin{cases} 2P = \dfrac{1}{l}(\beta + \lambda l - \rho), \\ Q = -\dfrac{1}{l}\left(\lambda\rho + \dfrac{\mathrm{d}\rho}{\mathrm{d}t}\right). \end{cases} \tag{3.126}$$

通过变换

$$n(t) = y(t)\exp\left[-\int P(t)\mathrm{d}t\right], \tag{3.127}$$

可以去掉方程(3.125′)中的1阶导数项，结果得：

$$\frac{\mathrm{d}^2 y}{\mathrm{d}t^2} + G^2(t)y = 0, \tag{3.128}$$

式中

$$G^2 = Q - P^2 - \frac{\mathrm{d}P}{\mathrm{d}t}$$

或

$$G^2 = -\frac{1}{l}\left(\lambda\rho + \frac{1}{2}\frac{\mathrm{d}\rho}{\mathrm{d}t}\right) - \frac{1}{4l^2}(\beta + \lambda l - \rho)^2. \tag{3.129}$$

容易验证，

$$u(t) = [G(t)]^{-\frac{1}{2}}\exp\left[-\mathrm{i}\int G(t')\mathrm{d}t'\right] \tag{3.130}$$

是下列微分方程的解

$$\ddot{u} + \left[G^2 - \frac{3}{4}\left(\frac{\dot{G}}{G}\right)^2 + \frac{1}{2}\frac{\ddot{G}}{G}\right]u = 0, \tag{3.131}$$

式中用在 t 的函数 $G=G(t)$，$u=u(t)$ 上加点“·”的记号表示对 t 的求导. 把(3.131)式和(3.128)式对比，可以看出，如果对所有时间都有

$$|G^2| \gg \left|-\frac{3}{4}\left(\frac{\dot{G}}{G}\right)^2 + \frac{1}{2}\frac{\ddot{G}}{G}\right|, \tag{3.132}$$

那么 $u=u(t)$ 就是 $y=y(t)$ 的一个近似. 把(3.129)式代入(3.132)式，可得为使上述近似(它就是本情形下的 WKB 近似)成立，$\rho=\rho(t)$ 必须满足的条件. 值得注意的是，如果 $G=G(t)$ 满足方程

$$3\frac{\dot{G}}{G} = 2\frac{\ddot{G}}{\dot{G}}, \tag{3.133}$$

u 所满足的方程(3.131)就会约化为和 y 所满足的方程(3.128)完全一样. (3.133)式容易积分，得出

$$G(t) = (C_1 t + C_2)^{-2}, \tag{3.134}$$

式中 C_1 及 C_2 是二任意常数. 这样，把 $G(t)$ 从(3.129)式代入(3.134)式，可为 $\rho(t)$

得出一个 1 阶非线性常微分方程. 当 $\rho(t)$ 满足这个微分方程时，WKB 解就是精确的.

把 $G(t)$ 从(3.129)式代入(3.130)式，并引进

$$S(t) \equiv \left[1 + \frac{1}{lP^2}\left(\lambda\rho + \frac{1}{2}\dot{\rho}\right)\right]^{-\frac{1}{2}}, \tag{3.135}$$

可把 $u(t)$ 写成形式

$$u(t) = (PS)^{-\frac{1}{2}}\exp\left[\int PS\,\mathrm{d}t\right]. \tag{3.136}$$

为作出通解，还需要另一独立解 v. 利用二阶线性常微分方程二独立解所满足的一般关系：

$$u\dot{v} - \dot{u}v = c(\text{常数}),$$

可作出 $v=v(t)$. 和 Tan[15] 一样，选取上式中的 $c=-2$ 作为方便的归一，从上式可以解得

$$v(t) = -2u\int u^{-2}\mathrm{d}t,$$

或者利用(3.136)式中的 $u=u(t)$，化为

$$v(t) = (PS)^{-\frac{1}{2}}\exp\left[-\int PS\,\mathrm{d}t\right]. \tag{3.137}$$

于是可以写出方程(3.128)的近似通解：

$$y(t) = Au(t) + Bv(t),$$

式中 A 及 B 是应由初始条件定出的积分常数. 从(3.127)式得堆功率的 WKB 近似解：

$$n(t) = (PS)^{-\frac{1}{2}}\left\{A\exp\left[-\int P(1-S)\mathrm{d}t\right] + B\exp\left[-\int P(1+S)\mathrm{d}t\right]\right\}. \tag{3.138}$$

在阶跃反应性输入的情形下，$\dot{G} = \ddot{G} = 0$，方程(3.131)和(3.128)重合，所以解(3.138)成为精确解. 对于线性反应性输入 $\rho=\gamma t$，Tan[15] 曾证明，$\gamma>0$ 时，解(3.138)只能适用于一定的时间范围；$\gamma<0$ 时则不受此限制.

WKB 方法的威力表现在正弦反应性输入的情况. 这一情形曾由 Tan[15,16] 仔细探讨. 她指出，对于反应性输入

$$\rho(t) = \rho_0 \sin\omega t,$$

如果 $|\rho_0|\left|\frac{1}{2}\omega+\lambda\right| \ll \frac{1}{4l}(\beta+\lambda l-|\rho_0|)^2$，而且量

$$M_1 = O\left[\frac{1}{4}\left(\frac{\beta+\lambda l-|\rho_0|}{l}\right)^3\varepsilon\right],$$

$$M_2 = O\left[\frac{1}{16}\left(\frac{\beta+\lambda l-|\rho_0|}{l}\right)^4 \varepsilon\right],$$

则条件(3.132)可对所有时间满足. 这里量 M_1 是在$\frac{\rho_0\omega^2}{2l}$, $\frac{\lambda\rho_0\omega}{l}$及$\frac{(\beta+\lambda l+\rho_0)\rho_0\omega}{2l^2}$等量中的最大的,量 M_2 是在$\frac{\rho_0\omega^3}{2l}$, $\frac{\lambda\rho_0\omega^2}{l}$及$\frac{(\beta+\lambda l+\rho_0)\rho_0\omega^2}{2l^2}$等量中的最大的,而 $0<\varepsilon\leqslant 1$. 利用近似展开$(1+x)^{\frac{1}{2}}\approx 1+\frac{x}{2}$简化 S 的表达式(3.135),代入解(3.138)中的积分后进行简单的运算,可得

$$\begin{aligned} n(t) = &\frac{A}{P\sqrt{S}}\exp\left(\int_0^t \frac{\lambda\rho_0\sin\omega\tau}{\beta+\lambda l-\rho_0\sin\omega\tau}\mathrm{d}\tau\right) \\ &+\frac{B}{\sqrt{S}}\exp\left[-\frac{\beta+\lambda l}{l}t+\frac{\rho_0(1-\cos\omega t)}{l\omega}\right. \\ &\left.-\int_0^t \frac{\lambda\rho_0\sin\omega\tau}{\beta+\lambda l-\rho_0\sin\omega\tau}\mathrm{d}\tau\right], \end{aligned} \tag{3.139}$$

式中 P 及 S 分别由(3.126)及(3.135)式定义,其中 $\rho=\rho_0\sin\omega t$. l 小时,可以略去(3.139)式中的第二项(它是瞬变项),同时在第一项中取 $S\approx 1$,并利用积分:

$$\begin{aligned} \int_0^t \frac{\rho_0\sin\omega\tau}{\beta+\lambda l-\rho_0\sin\omega\tau}\mathrm{d}\tau = &\frac{\frac{2}{\omega}}{\sqrt{1-\left(\frac{\rho_0}{\bar\beta}\right)^2}}\left[\arctan\frac{\frac{\rho_0}{\bar\beta}}{\sqrt{1-\left(\frac{\rho_0}{\bar\beta}\right)^2}}\right. \\ &\left.-\arctan\frac{\frac{\rho_0}{\bar\beta}-\tan\frac{\omega t}{2}}{\sqrt{1-\left(\frac{\rho_0}{\bar\beta}\right)^2}}\right]-t \\ &(\bar\beta\equiv\beta+\lambda l), \end{aligned}$$

便得

$$\begin{aligned} \frac{n(t)}{n_0} = \frac{P_0}{P}\exp\left\{\frac{2\frac{\lambda}{\omega}}{\sqrt{1-\left(\frac{\rho_0}{\bar\beta}\right)^2}}\left[\arctan\frac{\frac{\rho_0}{\bar\beta}}{\sqrt{1-\left(\frac{\rho_0}{\bar\beta}\right)^2}}\right.\right. \\ \left.\left.-\arctan\frac{\frac{\rho_0}{\bar\beta}-\tan\frac{\omega t}{2}}{\sqrt{1-\left(\frac{\rho_0}{\bar\beta}\right)^2}}\right]-\lambda t\right\}; \end{aligned} \tag{3.139$'$}$$

也可以得出另一积分形式:

$$\frac{n(t)}{n_0}=\frac{P_0}{P}\exp\left\{\frac{\dfrac{\lambda}{\omega}}{\sqrt{1-\left(\dfrac{\rho_0}{\bar{\beta}}\right)^2}}\left[\arcsin\frac{\rho_0}{\bar{\beta}}+\arcsin\frac{\dfrac{\rho}{\rho_0}-\dfrac{\rho_0}{\bar{\beta}}}{1-\dfrac{\rho}{\bar{\beta}}}\right]\right. . \qquad (3.139'')$$

(3.139′)或(3.139″)式就是瞬跳近似中的结果，它们也可以直接从(3.38)式解出.

对于 $\rho_0=0.5\bar{\beta}$，$\bar{\beta}=0.008$，$\lambda=0.1\ \mathrm{s}^{-1}$，$l=10^{-5}$ s 及 $\omega=1$ rad/s，图 3.14 中给出了解(3.139)与数值解的比较[16]，也给出了 Akcasu 微扰解[18]的结果（见下节(3.159)式）. 从图 3.14 可以看出：在零反应性周围的平稳振荡可以引起发散的功率！

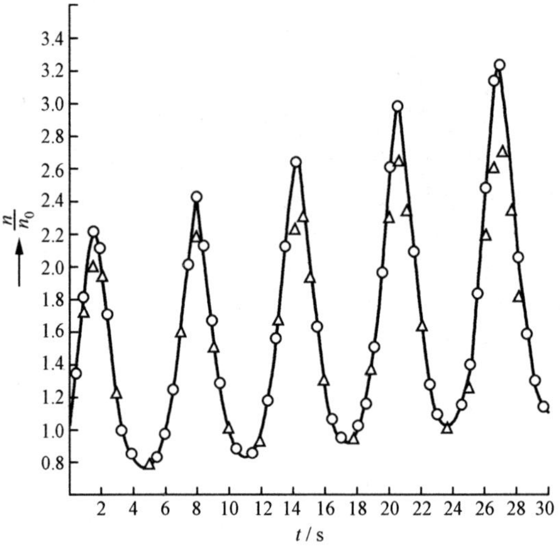

图 3.14 低功率核反应堆对正弦反应性输入 $\rho(t)=\rho_0\sin\omega t$ 的响应
$\rho_0=0.5\bar{\beta}=0.004$，$\omega=1\ \mathrm{s}^{-1}$，$\lambda=0.1\ \mathrm{s}^{-1}$，$l=10^{-5}$ s. 曲线为数值计算结果，
"○"由 WKB 方法得到，"△"是 Akcasu 微扰解的结果.

§3.5 Akcasu 微扰解法、描述函数

本节中我们将介绍 Akcasu[17,18]提出的一种扰动方法，用来为任意反应性输入系统地作出点堆动态方程的近似解. 特别是，将考虑正弦反应性输入所引起的功率响应，并把它和 §2.7 中用线性化方法求得的结果比较. 我们将看到，功率响应一般不是周期性的，而且将随时间指数增长，除非输入的反应性有一定的负偏移. 所得扰动解的精确度可以通过和精确数字解或 WKB 近似解的比较看出（见图

3.14).

从响应的基本 Fourier 分量幅与正弦输入幅的复数比,可以引进"**描述**"函数的概念,它是线性情形下传递函数(见§2.7)在非线性情形下的推广.

Akcasu 扰动法中,假设反应性输入具有形式

$$\rho(t)=\rho_0+\varepsilon\rho_1(t)+\varepsilon^2\rho_2(t), \tag{3.140}$$

式中 ρ_0 是反应性的固定部分,$\rho_1(t)$和 $\rho_2(t)$是已知函数.参量 ε 是个正数,它量度反应性变化的大小并且足够小,使得扰动解可对 ε 作幂级数展开.对 ρ_0 的大小不加限制.求解的方法包含找出无源情形下方程组(3.1)的线性无关特解,然后从这些解的线性组合得出通解.

找下列形式的特解:

$$\begin{cases}n(t)=\exp\left[\int_0^t\omega(t')\mathrm{d}t'\right],\\ c_i(t)=f_i(t)\exp\left[\int_0^t\omega(t')\mathrm{d}t'\right],\end{cases} \tag{3.141}$$

式中 $\omega(t)$及 $f_i(t)$是待定的新未知函数.显然,$\omega(t)$是系统的瞬时倒周期,即 $\omega(t)=\frac{\mathrm{d}}{\mathrm{d}t}\ln n(t)$.把(3.141)式代入点堆动态学方程组(3.1),得

$$\begin{cases}\omega(t)=\dfrac{\rho_0-\beta+\varepsilon\rho_1(t)+\varepsilon^2\rho_2(t)}{l}+\sum\limits_i\lambda_i f_i(t),\\ \dfrac{\mathrm{d}f_i}{\mathrm{d}t}+[\omega(t)+\lambda_i]f_i(t)=\dfrac{\beta_i}{l},\quad(i=1,2,\cdots,6)\end{cases} \tag{3.142}$$

这组包含未知函数 $\omega(t)$及 $f_1(t),f_2(t),\cdots,f_6(t)$的方程仍然是严格的,它数学上等价于原始的点堆动态学方程.不过,以下可以看出,这组方程更便于用小参量 ε 作扰动展开.应当指出,由于乘积项 $\omega(t)f_i(t)$的存在,方程组(3.142)是非线性的.设

$$\begin{cases}\omega(t)=\omega_0+\varepsilon\omega_1(t)+\varepsilon^2\omega_2(t)+\cdots,\\ f_i(t)=f_{i0}+\varepsilon f_{i1}(t)+\varepsilon^2 f_{i2}(t)+\cdots,\quad(i=1,2,\cdots,6)\end{cases} \tag{3.143}$$

式中 ω_0 及 f_{i0}为常量,而 $\omega_j(t)$及 $f_{ij}(t)$是时间的函数.把(3.143)式代入(3.142)式,并命 ε 相同幂次的系数相等,得:

$$\begin{cases}\omega_0=\dfrac{\rho_0-\beta}{l}+\sum\limits_i\lambda_i f_{i0},\\ f_{i0}=\dfrac{\beta_i/l}{\omega_0+\lambda_i};\end{cases} \tag{3.144}$$

$$\begin{cases}\omega_1(t)=\dfrac{\rho_1(t)}{l}+\sum\limits_i\lambda_i f_{i1}(t),\\ \dfrac{\mathrm{d}f_{i1}}{\mathrm{d}t}+(\omega_0+\lambda_i)f_{i1}(t)+\omega_1(t)f_{i0}=0;\end{cases} \tag{3.145}$$

$$\begin{cases}\omega_2(t)=\dfrac{\rho_2(t)}{l}+\sum\limits_i\lambda_i f_{i2}(t),\\ \dfrac{\mathrm{d}f_{i2}}{\mathrm{d}t}+(\omega_0+\lambda_i)f_{i2}(t)+\omega_1(t)f_{i1}(t)+\omega_2(t)f_{i0}=0;\end{cases} \tag{3.146}$$

$\cdots$.

以上各方程组可从(3.144)式开始,逐步积分解出.从(3.144)式消去 f_{i0},可得 ω_0 满足的倒时方程

$$\rho_0=l\omega_0+\sum_i\frac{\beta_i\omega_0}{\omega_0+\lambda_i}=r(\omega_0).$$

对于6组缓发中子,倒时方程一共有7个根.从各不同根出发,可得7个特解.这些特解的线性组合构成(通过(3.141)式)无源时方程组(3.1)的通解.

为利用从(3.144)式已得的 ω_0 及 f_{i0} 之值定出 $\omega_1(t)$ 及 $f_{i1}(t)$ 的一个特解,考虑方程组(3.145).由于我们要解的是一组线性非齐次方程,我们可以适当选取 $\omega_1(t)$ 及 $f_{i1}(t)$ 的初始值,以便得出形式最简单的特解.取(3.145)式的 Laplace 变换:

$$\bar{\omega}_1(s)=\int_0^\infty\omega_1(t)\mathrm{e}^{-st}\mathrm{d}t,$$

$$\bar{f}_{i1}(s)=\int_0^\infty f_{i1}(t)\mathrm{e}^{-st}\mathrm{d}t,\ \text{等等},$$

并消去 $\bar{f}_{i1}(s)$,可得

$$\bar{\omega}_1(s)=K(\omega_0,s)\bar{\rho}_1(s), \tag{3.147}$$

式中

$$K(\omega_0,s)=\left[l+\sum_i\frac{\beta_i\lambda_i}{(\omega_0+\lambda_i)(s+\omega_0+\lambda_i)}\right]^{-1}, \tag{3.148}$$

(3.147)式的 Laplace 逆变换就是一个特解 $\omega_1(t)$.由于初值可以调节而消去从 $K(\omega_0,s)$ 的奇点引起的各项(参看§2.6末的讨论),在求(3.147)式的逆变换时只要考虑 $\bar{\rho}_1(s)$ 的奇点 s_j 就够了.于是

$$\omega_1(t)=\sum_j\mathrm{Res}[K(\omega_0,s)\bar{\rho}_1(s)\mathrm{e}^{st}]_{s=s_j}. \tag{3.149}$$

求出 $\omega_1(t)$ 后,从(3.145)中第二式可解出 $f_{i1}(t)$.利用 $\omega_1(t)$ 及 $f_{i1}(t)$,从(3.146)式的 Laplace 变换可求出

$$\bar{\omega}_2(s)=K(\omega_0,s)\left\{\bar{\rho}_2(s)-\sum_i\frac{l\lambda_i\mathscr{L}[\omega_1(t)f_{i1}(t)]}{s+\omega_0+\lambda_i}\right\}; \tag{3.150}$$

式中 $\mathscr{L}[\omega_1(t)f_{i1}(t)]$ 表示乘积 $\omega_1(t)f_{i1}(t)$ 的 Laplace 变换.这里我们同样只考虑 $\bar{\rho}_2(s)$ 及 $\mathscr{L}[\omega_1(t)f_{i1}(t)]$ 的极点来作出特解,因为适当选择 $f_{i2}(t)$ 的初值可消去 $K(\omega_0,s)$ 的奇点.此外,从{ }号中求和号下的 $(s+\omega_0+\lambda_i)$ 不会产生另外的极点,因为当 $(s+\omega_0+\lambda_i)$ 趋于0时,$K(\omega_0,s)$ 也趋于0.

以上步骤还可以继续进行下去. 不过,为简单起见,以下将限于 ε 的二阶近似.

对阶跃式和斜坡式反应性输入,Akcasu 的扰动法的应用是直截了当的. 但它并不提供新的结果,因此这里不再赘述. 以下考虑**正弦反应性输入**的情况,设

$$\rho(t) = \varepsilon \sin \omega t + \varepsilon^2 \eta, \tag{3.151}$$

式中 $\sin \omega t$ 是给定角频 ω 的正弦函数,η 是个可调节的参数. 应用上面得出的一般结果,代入 $\rho_0=0$,$\rho_1(t)=\sin\omega t$ 及 $\rho_2(t)=\eta$,可得响应 $n(t)$ 的扰动解.

首先从 $\rho_0=0$ 知 ω_0 是倒时方程

$$r(\omega_0) = l\omega_0 + \sum_{i=1}^{6} \frac{\beta_i \omega_0}{\omega_0 + \lambda_i} = 0$$

的根. 这个方程的 7 个根 ω_{0j}, $j=1,2,\cdots,7$ 中,$\omega_{01}=0$ 是代数值最大的,其他各根均小于 0. 堆的渐近响应由从 $\omega_{01}=0$ 引出的特解给出,而瞬变行为则决定于从各负根引出的特解. 由于我们对瞬变行为消亡以后的渐近行为感兴趣,所以以下将只考虑和 $\omega_{01}=0$ 相应的特解. 也就是说,以下将把上面所求出各式中的 ω_0 取为 0.

其次,由 $\rho_1(t)=\sin\omega t$,得

$$\bar{\rho}_1(s) = \int_0^\infty \sin\omega t \cdot \mathrm{e}^{-st}\,\mathrm{d}t = \frac{\omega}{s^2+\omega^2}.$$

可见 $\bar{\rho}_1(s)$ 只有两个极点: $s_1=\mathrm{i}\omega$, $s_2=-\mathrm{i}\omega=s_1^*$. 于是从(3.149)式得

$$\omega_1(t) = K(0,\mathrm{i}\omega)\frac{\mathrm{e}^{\mathrm{i}\omega t}}{2\mathrm{i}} + * = \frac{K_1}{2\mathrm{i}}\mathrm{e}^{\mathrm{i}\omega t} + *; \tag{3.152}$$

式中记号"$*$"表示取它前面一项的复数共轭. 另外,式中和以下记 $K(0,\mathrm{i}m\omega)\equiv K_m$ $(m=1,2,\cdots)$.

应用(3.152)式,从(3.145)中第二式可求得

$$f_{i1}(t) = -\frac{f_{i0}K_1}{2\mathrm{i}(\lambda_i+\mathrm{i}\omega)}\mathrm{e}^{\mathrm{i}\omega t} + *. \tag{3.153}$$

注意,不要混淆了虚数单位 $\mathrm{i}\equiv\sqrt{-1}$和作为附标的字母 i(如 f_i, λ_i, β_i 等).

由(3.152)和(3.153)式算出乘积 $\omega_1(t)f_{i1}(t)$:

$$\omega_1(t)f_{i1}(t) = -\frac{f_{i0}\lambda_i}{2}\frac{|K_1|^2}{\lambda_i^2+\omega^2} + \frac{f_{i0}}{4}\frac{K_1^2}{\lambda_i+\mathrm{i}\omega}\mathrm{e}^{2\mathrm{i}\omega t} + *;$$

或者,用从(3.144)中第二式得出的 $f_{i0}=\dfrac{\beta_i}{l\lambda_i}$之值代入,得

$$\omega_1(t)f_{i1}(t) = -\frac{|K_1|^2}{2l}\frac{\beta_i}{\lambda_i^2+\omega^2} + \frac{K_1^2}{4l\lambda_i}\frac{\beta_i}{\lambda_i+\mathrm{i}\omega}\mathrm{e}^{2\mathrm{i}\omega t} + *.$$

由此得

$$\mathscr{L}[\omega_1(t)f_{i1}(t)] = -\frac{|K_1|^2}{2l}\frac{\beta_i}{\lambda_i^2+\omega^2}\frac{1}{s} + \frac{K_1^2}{4l\lambda_i}\frac{\beta_i}{\lambda_i+\mathrm{i}\omega}\frac{1}{s-2\mathrm{i}\omega} + *. \tag{3.154}$$

另外，从 $\rho_2(t)=\eta$，得

$$\bar{\rho}(s) = \frac{\eta}{s}. \tag{3.155}$$

把 $\mathscr{L}[\omega_1(t)f_{i1}(t)]$ 及 $\bar{\rho}_2(s)$ 的表达式代入(3.150)式，得

$$\begin{aligned}\bar{\omega}_2(s) =& K(0,s)\Big\{\frac{\eta}{s}+\frac{|K_1|^2}{2}\sum_i \frac{\beta_i}{\lambda_i^2+\omega^2}\frac{\lambda_i}{s+\lambda_i}\frac{1}{s}\\ &-\frac{K_1^2}{4}\sum_i \frac{\beta_i}{\lambda_i+\mathrm{i}\omega}\frac{1}{s+\lambda_i}\frac{1}{s-2\mathrm{i}\omega}+*\Big\}.\end{aligned} \tag{3.156}$$

求 Laplace 逆变换，可得 $\omega_2(t)$. 注意只需考虑 $s=0$ 及 $s=\pm 2\mathrm{i}\omega$ 处的极点，我们求得

$$\begin{aligned}\omega_2(t) =& K(0,0)\Big[\eta+\frac{|K_1|^2}{2}\sum_i \frac{\beta_i}{\lambda_i^2+\omega^2}\Big]\\ &-\frac{K_2K_1^2}{4}\sum_i \frac{\beta_i}{\lambda_i+\mathrm{i}\omega}\frac{1}{\lambda_i+\mathrm{i}2\omega}\mathrm{e}^{2\mathrm{i}\omega t}+*.\end{aligned} \tag{3.157}$$

利用下列关系：

$$K(0,0)=\Big[l+\sum_i \frac{\beta_i}{\lambda_i}\Big]^{-1}=\frac{1}{l'},\quad (见(2.19)式)$$

$$\begin{aligned}r(\mathrm{i}\omega) &= \mathrm{i}\omega l+\sum_i \frac{\mathrm{i}\omega\beta_i}{\lambda_i+\mathrm{i}\omega}\\ &= \omega^2\sum_i \frac{\beta_i}{\lambda_i^2+\omega^2}+\mathrm{i}\omega\Big[l+\sum_i \frac{\beta_i\lambda_i}{\lambda_i^2+\omega^2}\Big],\end{aligned}$$

$$\frac{r(\mathrm{i}\omega)}{\mathrm{i}\omega}=l+\sum_i \frac{\beta_i}{\lambda_i+\mathrm{i}\omega}=\frac{1}{K(0,\mathrm{i}\omega)}=\frac{1}{K_1},$$

$$\frac{r(\mathrm{i}2\omega)}{\mathrm{i}2\omega}=l+\sum_i \frac{\beta_i}{\lambda_i+\mathrm{i}2\omega}=\frac{1}{K(0,\mathrm{i}2\omega)}=\frac{1}{K_2},$$

$$\begin{aligned}\frac{1}{K_1}-\frac{1}{K_2} &= \sum_i \beta_i\Big(\frac{1}{\lambda_i+\mathrm{i}\omega}-\frac{1}{\lambda_i+\mathrm{i}2\omega}\Big)\\ &= \mathrm{i}\omega\sum_i \frac{\beta_i}{(\lambda_i+\mathrm{i}\omega)(\lambda_i+\mathrm{i}2\omega)},\end{aligned}$$

$$\begin{aligned}\mathrm{Re}\Big[\frac{1}{r(\mathrm{i}\omega)}\Big] &= \Big|\frac{1}{r(\mathrm{i}\omega)}\Big|^2\mathrm{Re}[r(\mathrm{i}\omega)]\\ &= |K_1|^2\sum_i \frac{\beta_i}{\lambda_i^2+\omega^2},\end{aligned}$$

并记 $Z_m=\dfrac{1}{r(\mathrm{i}m\omega)}(m=1,2)$，则 $K_m=\mathrm{i}m\omega Z_m$，而(3.157)式可改写为

$$\omega_2(t) = \omega_{20}-\frac{1}{4}[Z_1(K_2-K_1)\mathrm{e}^{2\mathrm{i}\omega t}+*], \tag{3.157$'$}$$

式中

$$\omega_{20}=\frac{1}{l'}\left[\eta+\frac{1}{2}\mathrm{Re}(Z_1)\right]. \tag{3.158}$$

从(3.152)及(3.157′)式分别得

$$\begin{aligned}\int\omega_1(t)\mathrm{d}t&=\frac{1}{2\mathrm{i}}\frac{K_1}{\mathrm{i}\omega}\mathrm{e}^{\mathrm{i}\omega t}+*=\frac{Z_1}{2\mathrm{i}}\mathrm{e}^{\mathrm{i}\omega t}+*\\&=|Z_1|\sin(\omega t+\varphi_1),\\\int\omega_2(t)\mathrm{d}t&=\omega_{20}t-\frac{1}{4}Z_1(2Z_2-Z_1)\frac{\mathrm{e}^{2\mathrm{i}\omega t}}{2}+*\\&=\omega_{20}t-\frac{1}{4}|Z_1(2Z_2-Z_1)|\cos(2\omega t+\varphi_2),\end{aligned}$$

式中 $\varphi_1=\arg(Z_1),\varphi_2=\arg[Z_1(2Z_2-Z_1)]$.

从以上结果可以得出，在瞬变项消失之后，堆对反应性输入(3.151)的渐近响应：

$$n(t)\approx A_1\exp\left\{\varepsilon|Z_1|\sin(\omega t+\varphi_1)-\frac{\varepsilon^2}{4}|Z_1(2Z_2-Z_1)|\cdot\cos(2\omega t+\varphi_2)+\varepsilon^2\omega_{20}t\right\}. \tag{3.159}$$

式中 A_1 是由初始条件决定的常数. 对于纯正弦反应性输入 $\rho=0.5\beta\sin t$，用 1 组缓发中子，这结果曾在图 3.14 中和 Tan[16] 的精确数值结果以及 WKB 近似结果相比较.

由于 $\mathrm{Re}(Z_1)=|K_1|^2\sum_i\frac{\beta_i}{\lambda_i^2+\omega^2}>0$，所以由(3.158)及(3.159)式可见，$\eta=0$ 时(纯正弦反应性输入)，$\omega_{20}>0$，于是因子 $\mathrm{e}^{\varepsilon^2\omega_{20}t}$ 将使功率振荡的平均值和振幅随时间而指数增长. 图 3.14 中可以看到这种增长的开始. 为保持功率振荡稳定，必须调节 η 使 $\omega_{20}=0$. 从(3.158)式可见，这要求

$$\eta=-\frac{1}{2}\mathrm{Re}(Z_1), \tag{3.160}$$

即，必须引进如上式给出的负反应性偏移. 进一步的计算可以发现[18]，当 η 取(3.160)式之值时，堆对正弦反应性输入 $\rho(t)=\eta\varepsilon^2+\varepsilon\sin\omega t$ 的响应到 ε 的 4 阶为止是周期性的. 这周期性功率振荡的近似形式可以通过在(3.159)式中命 $\omega_{20}=0$ 得到.

通过把这样得到的(3.159)式中指数函数展开成 Fourier 级数，可以研究功率振荡 $n(t)$ 本身而不是其对数的谐波内容. 当 ε 足够小，使指数中二次谐波和基波相比可以略去时，可把(3.159)式近似写为

$$n(t)\approx A_1\exp\{\varepsilon|Z_1|\sin(\omega t+\varphi_1)\}, \tag{3.161}$$

利用下列展开式：

$$e^{x\cos\theta}=I_0(x)+2I_1(x)\cos\theta+2I_2(x)\cos2\theta+\cdots, \tag{3.162}$$

式中 $I_n(x)$ 是第一类变形 Bessel 函数，容易得出 $n(t)$ 的 Fourier 展开式：

$$\begin{aligned}n(t)\approx A_1\{&I_0(\varepsilon\mid Z_1\mid)+2I_1(\varepsilon\mid Z_1\mid)\sin(\omega t+\varphi_1)\\&-2I_2(\varepsilon\mid Z_1\mid)\cos[2(\omega t+\varphi_1)]+\cdots\}.\end{aligned} \tag{3.163}$$

从这展开式可见，各次谐波的相对大小和由初始条件决定的常数 A_1 无关. 如果把平均功率水平归一化，则一次谐波(基波)的相对复数幅为 $\dfrac{2I_1(\varepsilon|Z_1|)}{I_0(\varepsilon|Z_1|)}e^{i\varphi_1}$. 这复数幅与正弦反应性输入的波幅 ε 之比叫做反应堆的**描述函数**，用 $D(\varepsilon,\omega)$ 表示. 把 ε 改写为 $\delta\rho$，我们有

$$D(\delta\rho,\omega)=\frac{2I_1(\delta\rho\mid Z_1\mid)}{\delta\rho I_0(\delta\rho\mid Z_1\mid)}e^{i\varphi_1}. \tag{3.164}$$

描述函数 $D(\delta\rho,\omega)$ 的绝对值叫做反应堆的**增益**，记做 $G(\delta\rho,\omega)$. 从(3.164)式，有

$$G(\delta\rho,\omega)=\frac{2I_1(\delta\rho\mid Z_1\mid)}{\delta\rho I_0(\delta\rho\mid Z_1\mid)}. \tag{3.165}$$

应用 Fourier 分析的方法[18]，可以通过周期性反应性输入的 Fourier 分量定出功率响应各 Fourier 分量的振幅和相位. 除了假设平均反应性总是等于正确的负偏移外，这分析中对反应性振荡的大小用不着加以限制. 负偏移的量可以通过输入和输出的 Fourier 分量精确定出. 从功率响应的基本 Fourier 分量幅与正弦反应性输入幅的复数比可以定义应用范围不限于小振荡的描述函数 $D(\delta\rho,\omega)$ 及反应堆的增益 $G(\delta\rho,\omega)$.

以前在§2.7 中曾看到，在线性近似中，反应堆完全由零功率传递函数 $G(i\omega)$ 描述. 它给出一定频率 ω 的正弦反应性输入所引起的正弦功率响应的振幅和相位. 当牵涉到大扰动时，点堆动态学中输出与输入关系的非线性不能略去. 零功率传递函数是 $\delta\rho\to0$ 时 $D(\delta\rho,\omega)$ 的极限形式. 引进描述函数，就可以用反馈控制理论的常规方法研究非线性稳定性和对功率堆中大扰动的响应.

§3.6 周期性脉冲装置的动态特征

§2.4 中，我们曾讨论矩形反应性脉冲输入所引起功率脉冲响应的特征. 本节中将对周期性脉冲装置的动态特征加以讨论.

周期性脉冲堆(或脉冲增强器)的运行特征介于正常非脉冲堆和单个脉冲(或爆发)堆之间. 周期性脉冲装置中脉冲重复频率在每秒 10 次到 200 次之间，相应的脉冲间隔时间(或周期)约在 100 至 5 毫秒之间. 由于这一时间远小于堆中的热工水力时间常数，周期性脉冲装置的传热特性和正常堆相似. 周期性脉冲堆和爆发堆

的主要不同点在于：反应性以一脉冲形式迅速引入并迅速撤除；功率脉冲不像爆发堆中那样由于负反应性反馈中止，而是与外加反应性相应变化；在现今考虑的装置中，脉冲期间的反应性反馈对脉冲特征的效应可以略去.

作为物理实验中子源用的周期性脉冲装置中，最感兴趣的功率脉冲宽度在 1 至 100 μs 范围内，而且一般越短越好. 在这一要求下，只能考虑中子一代时间为 10^{-8} s 数量级的快中子装置. 从脉冲宽度对周期长度的比值可见，周期性脉冲装置中的功率脉冲，在大多数感兴趣的情形下所占总时间的分数远小于 1%.

图 3.15 是脉冲快堆及脉冲增强器中反应性 ρ(图中为 $\rho-\beta=\varepsilon$)、功率响应 n 及缓发中子先行核浓度 c_i 在一周期中随时间变化的示意图. $\varepsilon=\rho-\beta$ 是相对于瞬发临界的反应性(瞬发反应性). 先看脉冲堆. 把瞬发反应性从脉冲间的本底水平 $\varepsilon_0<0$ 提高，使之在短时间内达到瞬发临界以上，脉冲堆中就产生功率脉冲. 先行核衰变所产生的缓发中子起源中子的作用，并在**反应性**脉冲中得到增殖. 脉冲中产生新的缓发中子先行核，使先行核浓度 c_i 有一小的阶跃增加. 脉冲之间，反应性在很深的次瞬发临界值 ε_0，堆起着使缓发中子增殖的瞬发次临界增殖器的作用. 在脉冲之间，先行核浓度 c_i 在脉冲中获得的阶跃增加也渐渐衰减掉.

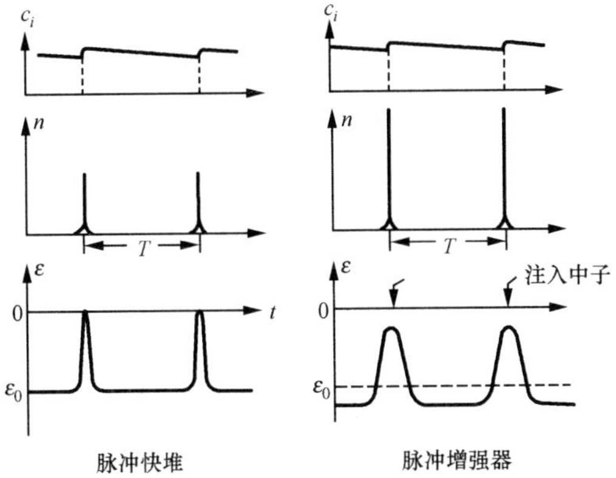

图 3.15　功率脉冲示意图

脉冲增强器中，由一加速器在瞬发增殖达高峰(但仍为瞬发次临界)时突然注入中子. 注入的中子被增强器增殖，给出一功率脉冲(实际装置中，注入的中子源远大于缓发中子源，因此后者对功率脉冲的贡献可略去). 在脉冲之间，增强器的瞬发反应性降到很低，使缓发中子的瞬发增殖很小. 缓发中子先行核浓度 c_i 在一周期中的变化和脉冲堆中的一样.

脉冲堆中，功率脉冲形状依赖于反应性脉冲形状. 为得到宽度窄的功率脉冲，反应性脉冲的宽度也一定要窄(约为周期长的百分之几数量级). 因此，脉冲之间的平均瞬发反应性 ε_0 近似等于最小的瞬发反应性. 另一方面，脉冲增强器中，功率脉冲形状不依赖于反应性引入和撤除的快慢. 因为即使在脉冲中,增强器也只起次瞬发临界增殖的作用,它的功率脉冲宽度主要决定于中子注入脉冲的宽度. 因此,周期中的反应性变化可比脉冲堆中的更慢,如图 3.15 中示意. 不过,在这情形下,周期中的平均瞬发反应性 ε_0 将高于周期中所达到的最小瞬发反应性.

在分析周期性脉冲堆和增强器的稳态运行条件(即与时间无关的脉冲特征)时,我们将按 Larrimore 的做法[19],把基础放在一运行周期中缓发中子先行核产生和衰减的平衡方程上. 如上面所指出,脉冲堆和增强器中先行核的行为是同样的,因此可对两种类型的系统同样处理. 一个使分析简化的事实是: 由于脉冲周期比先行核半衰期为小,所以一周期中先行核数的相对变化小. 于是在求解点堆动态学方程组(3.1)时,可用下列恒常缓发中子源近似:

$$\sum_i \lambda_i c_i = \sum_i \lambda_i \bar{c}_i, \tag{3.166}$$

式中 $\bar{c}_i$ 表示先行核数在一周期内的平均值. 从先行核产生和衰变的平衡方程:

$$\frac{\beta}{l}\bar{n} = \sum_i \lambda_i \bar{c}_i, \tag{3.167}$$

式中 $\bar{n}$ 是 $n(t)$ 在一周期内的平均值,可以把点堆动态学方程写做

$$\frac{\mathrm{d}n}{\mathrm{d}t} = \frac{\varepsilon}{l}n + \frac{\beta\bar{n}}{l}, \tag{3.168}$$

式中 $\varepsilon=\varepsilon(t)=\rho(t)-\beta$ 是瞬发反应性.

脉冲堆中,当反应性远在瞬发临界以下时,堆功率可随时跟踪增长着的反应性,滞后可忽略,于是可同时应用瞬跳近似,得

$$n(t) = -\frac{\beta\bar{n}}{\varepsilon(t)}. \tag{3.169}$$

随着反应性趋向瞬发临界,功率增长率受到中子一代时间有限的限制,略去 l 的瞬跳近似不再成立,要对给定的反应性输入求解方程(3.168). 假设反应性脉冲具有下列形式:

$$\varepsilon(t) = \varepsilon_{\mathrm{m}}\left[1-\left(\frac{t}{t_0}\right)^n\right], \tag{3.170}$$

式中把达到最大瞬发反应性 ε_{m} 的时刻取为计算时间的零点;n 是个偶数,所以脉冲形状对零时刻对称;$t=-t_0$ 及 $t=+t_0$ 分别是反应性增加到及重新降到瞬发临界的时刻. 当反应性增加到瞬发临界时,相应的功率只依赖于 $t=-t_0$ 附近的增长情况,可以将 $\varepsilon(t)$ 在这点附近作 Taylor 展开并只取线性项:

$$\varepsilon(t) \approx \gamma(t+t_0), \tag{3.170$'$}$$

式中 $\gamma=\left.\frac{\mathrm{d}\varepsilon}{\mathrm{d}t}\right|_{t=-t_0}=\frac{n\varepsilon_{\mathrm{m}}}{t_0}$. 用(3.170′)式的 $\varepsilon(l)$,方程(3.168)在 $t=-t_0$ 时的解容易求出为

$$n(-t_0)=\exp\left[-\frac{\gamma}{2l}(t'+t_0)^2\right]n(t')$$
$$+\frac{\beta\bar{n}}{l}\int_{t'}^{-t_0}\exp\left[-\frac{\gamma}{2l}(t''+t_0)^2\right]\mathrm{d}t''.$$

当 $t'\ll -t_0-\sqrt{\frac{2l}{\gamma}}$ 时，$\exp\left[-\frac{\gamma}{2l}(t'+t_0)^2\right]\ll 1$ 而 $n(t')$ 由(3.169)式估出为 $\bar{n}$ 量级，因此上式右边第一项可以略去而第二项中积分近似等于 $\sqrt{\frac{\pi l}{2\gamma}}$. 于是近似有

$$n(-t_0)=\sqrt{\frac{\pi}{2l\gamma}}\beta\bar{n}. \tag{3.171}$$

如果对 $\varepsilon(t)$ 的线性近似在比 $\sqrt{\frac{2l}{\gamma}}$ 为大的时间范围内成立，这结果就几乎是精确的.

在反应性超过瞬发临界后的时间内，(3.171)式可以用做求解方程(3.168)的初始条件. 如果像 Bondarenko 及 Staviskii[20] 一样，近似地略去瞬发临界以上区间的缓发中子源，方程(3.168)(略去右边第二项后)对时刻 t_0 处最大功率之解为

$$n_{极大}=n(t_0)=n(-t_0)\exp\left[\frac{1}{l}\int_{-t_0}^{t_0}\varepsilon(t)\mathrm{d}t\right];$$

或用(3.171)式代入，得

$$n_{极大}=\beta\bar{n}\sqrt{\frac{\pi}{2l\gamma}}\exp\left[\frac{1}{l}\int_{-t_0}^{t_0}\varepsilon(t)\mathrm{d}t\right]. \tag{3.172}$$

注意，在这近似中，最大功率依赖于 $\varepsilon(t)$ 曲线在瞬发临界以上的面积及瞬发临界处的斜率，而与 $\varepsilon(t)$ 曲线的仔细形状无关.

在到达瞬发临界后不久，功率还相当小，略去缓发中子源不是个好近似. 为考虑这效应，必须解非齐次方程(3.168). 为方便起见，引进无量纲变量：

$$w=\frac{l}{t_0}\cdot\frac{n}{\beta\bar{n}}, \tag{3.173}$$

$$\tau=\frac{t}{t_0}; \tag{3.174}$$

并置 $\varepsilon(\tau)=\varepsilon(t)$. 于是方程(3.168)可写为

$$\frac{\mathrm{d}w}{\mathrm{d}\tau}-\frac{t_0}{l}\varepsilon(\tau)w(\tau)=1, \tag{3.168$'$}$$

其初始条件为：

$$w(-1)=\sqrt{\frac{\pi l}{2\gamma t_0^2}}. \tag{3.171$'$}$$

形如(3.170)式的反应性脉冲现在可表示为

$$\varepsilon(\tau)=\varepsilon_m[1-\tau^n]. \tag{3.170$''$}$$

定义

$$a(\tau) = t_0\int_0^{\tau}\varepsilon(\tau')\mathrm{d}\tau', \tag{3.175}$$

则由于 $\varepsilon(-\tau)=\varepsilon(\tau)$，得 $a(-\tau)=-a(\tau)$，而

$$\frac{1}{l}\int_{-t_0}^{t_0}\varepsilon(t)\mathrm{d}t = \frac{t_0}{l}\int_{-1}^{1}\varepsilon(\tau')\mathrm{d}\tau' = \frac{1}{l}[a(1)-a(-1)]$$

$$=\frac{2}{l}a(1). \tag{3.176}$$

方程(3.168′)之解为

$$w(\tau) - w(-1)\exp\left\{\frac{1}{l}[a(\tau)-a(-1)]\right\}$$

$$+\int_{-1}^{1}\exp\left\{\frac{1}{l}[a(\tau)-a(\tau')]\right\}\mathrm{d}\tau'. \tag{3.177}$$

上式右边第一项是齐次方程的解，第二项给出缓发中子源的贡献.

在 $\tau=1$ 处出现的 w 极大值，利用(3.175)—(3.177)式可以写出如下：

$$w(1) = 2w(-1)\mathrm{e}^{a/l}J, \tag{3.178}$$

式中

$$a = a(1)-a(-1) = 2a(1) = \int_{-t_0}^{t_0}\varepsilon(t)\mathrm{d}t$$

是 $\varepsilon(t)$ 曲线在瞬发临界以上的面积，而

$$J = \frac{1}{2}+\frac{1}{2w(-1)}\int_{-1}^{1}\exp\left\{\frac{1}{l}[a(-1)-a(\tau')]\right\}\mathrm{d}\tau'. \tag{3.179}$$

利用(3.173)及(3.171′)式，从(3.178)式得

$$\frac{n_{极大}}{\bar{n}} = \frac{t_0}{l}\beta w(1) = 2\beta\sqrt{\frac{\pi}{2\gamma l}}\mathrm{e}^{a/l}J. \tag{3.180}$$

可以看出，如果 $J=1$，这结果和齐次方程的解(3.172)差一因子 2. 以下可见，J 的值一般比 1 略大，在大脉冲极限下则趋于 1. 所以，在瞬发临界以上区域中，缓发中子源的效应是使峰值功率增加一个比 2 大的因子.

对于由(3.170)或(3.170″)式给出的反应性脉冲形状，有

$$a(\tau) = t_0\varepsilon_{\mathrm{m}}\left(\tau-\frac{\tau^{n+1}}{n+1}\right), \tag{3.175′}$$

$$\frac{1}{l}[a(-1)-a(\tau)]=-\frac{t_0\varepsilon_{\mathrm{m}}}{l}\left[(\tau+1)-\frac{\tau^{n+1}+1}{n+1}\right]$$

$$=-b\left[\tau+1-\frac{\tau^{n+1}+1}{n+1}\right], \tag{3.181}$$

式中引进了参量

$$b=\frac{t_0\varepsilon_m}{l}=\frac{\gamma t_0^2}{nl}. \tag{3.182}$$

将(3.181)式代入(3.179)式,并用(3.171′)及(3.182)式,得

$$J=\frac{1}{2}+\sqrt{\frac{nb}{2\pi}}\int_{-1}^{1}\exp\left\{-b\left[\tau+1-\frac{\tau^{n+1}+1}{n+1}\right]\right\}d\tau. \tag{3.179′}$$

图 3.16 中给出了 $b>1$ 时,脉冲形状为抛物线($n=2$)或四次曲线($n=4$)情形下的 J 值.如果让 $\gamma\to\infty$,$n\to\infty$,而 $l\to 0$,使 γl 及 nl 保持有限,则

$$J\to\frac{1}{2}+\sqrt{\frac{n}{2\pi b}}=\frac{1}{2}+\sqrt{\frac{1}{2\pi\gamma l}}\frac{nl}{t_0}. \tag{3.179″}$$

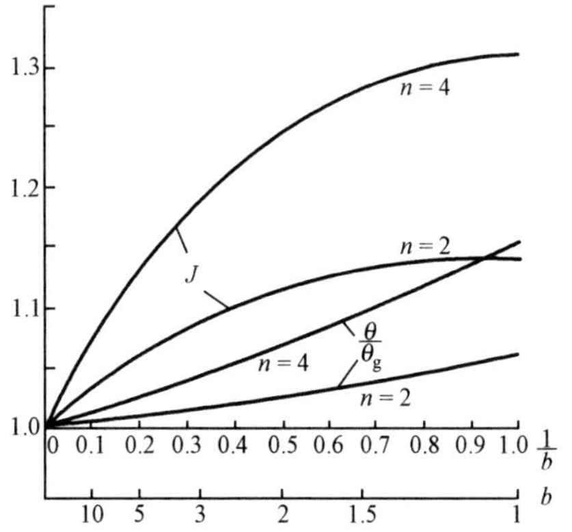

图 3.16　对于抛物线与四次曲线形反应性脉冲,函数 J 及 $\frac{\theta}{\theta_g}$ 随 $\frac{1}{b}$ 的变化

由于缓发中子源项的贡献主要产生在脉冲开始时(特别是 b 大的时候),功率脉冲在极大值附近的形状可以通过略去(3.177)式右边第二项近似得出.这情形下,(3.177)式可写成

$$n(\tau)=n_{极大}\exp\left\{-\frac{1}{l}[a(1)-a(\tau)]\right\}. \tag{3.183}$$

利用(3.175′)式,把上式中指数上的函数在 $\tau=1$ 附近作 Taylor 展开,然后换回变量 t,可得

$$n(t)=n_{极大}\exp\left\{-\frac{\gamma}{2l}(t-t_0)^2\left[1+\frac{n-1}{3t_0}(t-t_0)+\cdots\right]\right\}, \tag{3.183′}$$

如果略去上式[ ]中第二及其后各项,上式就给出 Gauss 形的功率脉冲,其方差为 $\frac{1}{\gamma}$,而半宽度为

$$\theta_g=(8\ln 2)^{1/2}\left(\frac{l}{\gamma}\right)^{1/2}. \tag{3.184}$$

被略去各项的作用是使功率上升时比 Gauss 形更慢,而下降时更快.功率下降直到

降到由(3.169)式给出的本底功率水平为止. 对于抛物线形反应性脉冲($n=2$), (3.183′)式中[ ]内只须保留前两项. 这情形下,半宽度 θ 可以解析求出,结果如下:

$$\frac{\theta}{\theta_g}=\left(\frac{3b}{\ln 2}\right)^{1/2}\sin\left\{\frac{2}{3}\arcsin\left[\frac{3\ln 2}{4b}\right]^{1/2}\right\}. \tag{3.185}$$

实际上,这时的功率脉冲在 t_0 时刻出现的峰值两边是不对称的. 用 $\theta_{左}$ 及 $\theta_{右}$ 分别表示峰值往左和往右的半宽度,可以求出

$$\theta_{左}=\frac{\theta}{2}(1+\delta),\quad \theta_{右}=\frac{\theta}{2}(1-\delta), \tag{3.186}$$

式中 θ 由(3.185)式给出,而

$$\delta=\frac{1-\cos\left\{\frac{2}{3}\arcsin\left[\frac{3\ln 2}{4b}\right]^{1/2}\right\}}{\sqrt{3}\sin\left\{\frac{2}{3}\arcsin\left[\frac{3\ln 2}{4b}\right]^{1/2}\right\}}. \tag{3.187}$$

(3.185)及(3.187)式中的 b 由 $n=2$ 时的(3.182)式给出. 从(3.185)及(3.187)式分别可以看出,$b\to\infty$时,$\theta\to\theta_g$ 而 $\delta\to 0$,即 b 大时功率脉冲趋近 Gauss 形.

对四次曲线形反应性脉冲($n=4$),$\frac{\theta}{\theta_g}$之值需由数值方法确定. 图 3.16 中也给出了$\frac{\theta}{\theta_g}$随 b 变化的曲线. 在感兴趣的 b 值范围内,$\frac{\theta}{\theta_g}$之值和 1 相差不大. 对于抛物线形脉冲,$\frac{\theta}{\theta_g}-1$ 不超过 5%. 因此,为所有实际目的,Gauss 形近似是合适的.

对(3.183)或(3.183′)式所给出的功率脉冲积分,可以算出脉冲中所释放总能量 E_p 的很好近似,因为对于大脉冲(b 大),脉冲两翼不准所带来的误差很小. 先看 Gauss 形近似,容易求得

$$E_{p,g}=\left(\frac{2\pi l}{\gamma}\right)^{1/2}n_{极大}. \tag{3.188}$$

积分(3.183′)式时,可以对非 Gauss 形因子

$$\exp\left\{-\frac{\gamma}{2l}(t-t_0)^2\left[\frac{n-1}{3t_0}(t-t_0)+\cdots\right]\right\}$$

先作级数展开,然后乘上 Gauss 形因子 $\exp\left[-\frac{\gamma}{2l}(t-t_0)^2\right]$,再逐项积分. 利用下列积分公式:

$$\int_{-\infty}^{\infty}u^{2n+1}e^{-\lambda u^2}du=0,$$

$$\int_{-\infty}^{\infty}u^{2n}e^{-\lambda u^2}du=\frac{1\cdot 3\cdots(2n-1)}{2^n\lambda^n}\left(\frac{\pi}{\lambda}\right)^{1/2},$$

可得到 $O\left(\frac{1}{b^3}\right)$为止的渐近展开式:

$$\frac{E_{\mathrm{p}}}{E_{\mathrm{p,g}}}\begin{cases}\left(1+\dfrac{0.104}{b}+\dfrac{0.0835}{b^2}+\dfrac{0.0128}{b^3}\right), & \text{抛物线形},\\ \left(1+\dfrac{0.281}{b}+\dfrac{0.215}{b^2}+\dfrac{0.0925}{b^3}\right), & \text{四次曲线形},\end{cases} \tag{3.189}$$

$b\to\infty$时，$\dfrac{E_{\mathrm{p}}}{E_{\mathrm{p,g}}}\to 1$，即大脉冲中释放的总能量完全可以用 Gauss 形近似算出.

利用(3.180)及(3.188)式，可求得总释放能量与平均功率之比：

$$M=\frac{E_{\mathrm{p}}}{\bar{n}}=\frac{E_{\mathrm{p}}}{E_{\mathrm{p,g}}}\cdot\frac{E_{\mathrm{p,g}}}{n_{极大}}\cdot\frac{n_{极大}}{\bar{n}}=\frac{2\pi\beta}{\gamma}\mathrm{e}^{a/l}\cdot J\cdot\frac{E_{\mathrm{p}}}{E_{\mathrm{p,g}}}. \tag{3.190}$$

对抛物线形反应性脉冲，函数 $g(b)=J\cdot\dfrac{E_{\mathrm{p}}}{E_{\mathrm{p,g}}}$绘出如图 3.17.

利用(3.184)，(3.188)及(3.190)式，得

$$\begin{aligned}\frac{n_{极大}\cdot\theta}{\bar{n}}&=\frac{E_{\mathrm{p}}/\bar{n}}{E_{\mathrm{p,g}}/n_{极大}}\cdot\theta_{\mathrm{g}}\cdot\frac{\theta/\theta_{\mathrm{g}}}{E_{\mathrm{p}}/E_{\mathrm{p,g}}}\\&=\left|\frac{4\ln 2}{\pi}\right|^{1/2}\cdot M\cdot F(b),\end{aligned} \tag{3.191}$$

式中 $F(b)\equiv\dfrac{\theta/\theta_{\mathrm{g}}}{E_{\mathrm{p}}/E_{\mathrm{p,g}}}$. 对抛物线形脉冲的 $F(b)$曲线也在图 3.17 中绘出. 可以看出，对感兴趣的情形，$F(b)$很接近 1，所以

$$\frac{n_{极大}}{\bar{n}}\theta\approx\left(\frac{4\ln 2}{\pi}\right)^{1/2}M=0.94M \tag{3.191$'$}$$

是个好近似.

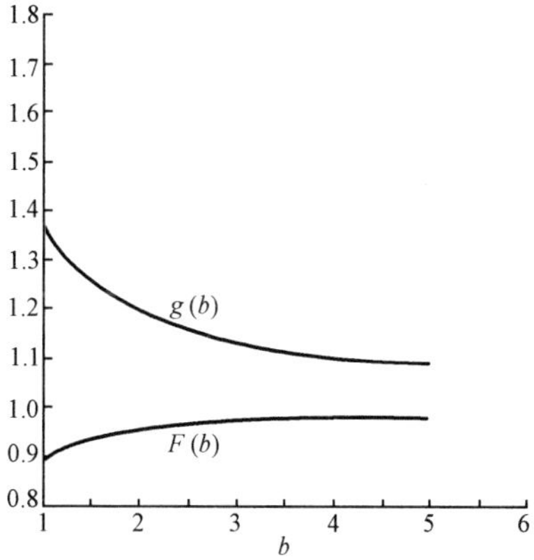

图 3.17　对于抛物线形反应性脉冲，函数 $g(b)$及 $F(b)$随 b 的变化

参考文献

[1]　Erdelyi A J. Soc. Ind. Appl. Math., 1963, 11: 105.

[2] Vasileva A B, Butuzov V F. Asymptotic Expansions of Solutions to Singularly Perturbed Equations. Moskow: Nauka, 1973.(俄文)

[3] Mika J J. Math. Anal. Appl., 1977, 58: 189.

[4] Btenski T *et al*. Nucl. Sci. Eng., 1978, 66: 277.

[5] Fuchs K. Efficiency for very slow assembly. IA-596, 1946.
Nordheim L W. Pile kinetics. MDDC-35, 1946.

[6] Wilkins J E. Jr. Nucl. Sci. Eng., 1959, 5: 207.

[7] Keepin G R. Physics of Nuclear Kinetics. Mass.: Addison-Wesley, 1965: Ch. 8, Reading.

[8] Hurwitz H Jr. Nucl. Sci. Eng., 1959, 6: 11.

[9] Jahnke-Emde-Losch. Tables of Higher Functions. New York: McGraw-Hill, 1960.

[10] Schultz M A. Control of nuclear reactors and power plants. 2nd ed. New York: McGraw-Hill, 1961.

[11] Soodak H. Reactor Handbook. 2nd ed. New York: Wiley, 1962: Vol. 3, Part A.

[12] 同 8.

[13] Morse P M, Feshbach H. Methods of Theoretical Physics. New York: McGraw-Hill, 1953: 1093.

[14] Smets H B. PICG 1958, 11: 237.

[15] Tan S. Nukleonik, 1966, 8: 480.

[16] Tan S. Nucl. Sci. Eng., 1967, 30: 436.

[17] Akcasu A Z. Nucl. Sci. Eng., 1958, 3: 456.

[18] Akcasu A Z, Lellouche G S, Shotkin L M. Mathematical Methods in Nuclear Reactor Dynamics. New York: Academic Press, 1971: Ch. 4.

[19] Larrimore J A. Nucl. Sci. Eng., 1967, 29: 87.

[20] Bondarenko I I, Staviskii Yu Ya. J. Nucl. Energy, 1961, 14: 55.

第四章　数值计算法和积分方程表示

本章中我们讨论求解点堆动态学方程的数值方法.从前面两章的讨论中已经可以看出,只有对非常有限的几个特殊情况,才能求出点堆动态学方程的解析解或近似解析解.对于一般的反应性输入,特别是考虑到反馈反应性的效应时,方程的求解不能不利用数值方法.可是,正如在第三章开始时指出的那样,当中子一代时间比整个动态过程的时间尺度小很多时,用常规的数值方法,例如 Euler 法、Runge-Kutta 法、Adams 法或 Milne 法[1]来解反应堆动态学的微分方程组,会因为方程组的“刚性”而遇到严重的困难.在这些情形下,数值方法的稳定性会要求非常小的时间步长,因此在计算延续时间较长的过渡过程时,会要求巨大数目的时间步长,结果导致计算机时间的很大浪费.这种计算给出许多不必要的信息,而且可能包含相当大的积累误差.

我们将在§4.1中首先分析点堆动态学方程组的“刚性”特点,指出常规数值方法的困难所在,并介绍求解刚性微分方程组的绝对稳定的 **Gear 方法**.§4.2中将介绍近年来发展的应用于数值求解动态学方程组的**修匀**和**外推技巧**.然后在§4.3至§4.8中讨论点堆方程组的积分方程及微分-积分方程形式,并在这基础上讨论和比较几种有效的求解反应堆动态学方程的数值方法.通过应用建筑在积分方程基础上的数值方法,可以大大加大时间步长而不影响计算结果的整体特征.因为在这些方法中,时间步长只决定于整体动力学过程中的时间尺度,而不受系统中个别最短响应时间的限制.

积分方程的形式也便于从统一的观点理解以前引进的许多概念.此外,本章中导出的某些积分方程在研究反应堆稳定性时将是有用的.最后,在§4.9中,我们将讨论从反应堆的功率史计算动力反应性的逆动态问题及其应用.

§4.1　Gear 方法

考虑无源($q=0$)的点堆动态学方程组(3.1).把它用矩阵形式重新写出:

$$\frac{\mathrm{d}\boldsymbol{y}}{\mathrm{d}t}=\boldsymbol{F}\boldsymbol{y}, \tag{4.1}$$

式中 $\boldsymbol{y}\equiv(n,c_1,c_2,\cdots,c_m)^{\mathrm{T}}$ 为一矢量,记号“T”表示“转置”,即将( )中的行矢量转置为列矢量,为方便起见,有时把 $\boldsymbol{y}$ 的分量写成$y(i)$($i=0,1,2,\cdots,m$),$y(0)=n$,

$y(i)=c_i(i>0)$；$\boldsymbol{F}$ 代表下列$(m+1)\times(m+1)$矩阵：

$$\boldsymbol{F}=\begin{pmatrix} \frac{\rho-\beta}{l} & \lambda & \lambda_2 & \cdots & \lambda_m \\ \frac{\beta_1}{l} & -\lambda & & & \\ \frac{\beta_2}{l} & & -\lambda_2 & & \\ \vdots & & & \ddots & \\ \frac{\beta_m}{l} & & & & -\lambda_m \end{pmatrix}, \tag{4.2}$$

式中没有写出的矩阵元都是零. §2.2 中曾经对于 ρ 的常数值 ρ_0 讨论过矩阵 $\boldsymbol{F}$ 的本征值 $\omega_j(j=1,2,\cdots,m+1)$的大小. 当 $\rho_0<0$ 时，各 ω_j 均为负，而且它们的绝对值当 l 小时可以差 6—8 个数量级(见图 2.3). 特征值 ω_j 的这些特点使方程组(4.1)成为标准的强刚性系统. 对于这种系统使用通常的数值方法，像显式的 Euler 法、Runge-Kutta 法、Adams 法或 Milne 法时，要受到对稳定性要求的限制，即时间步长 h 必须使 $|h\omega_j|(j=1,2,\cdots,m+1)$不超过某个量. 由于各 ω_j 的绝对值差很多数量级，所以步长 h 受绝对值很大的 ω_{m+1} 的影响需要取得很小. 结果造成计算机时间的可观浪费和舍入误差的大量积累，使所得的数值解可能失真. 实际上，从方法满足一定精度的要求出发，h 并不需要取得这么小. 从物理上看来，很快就衰减掉的、和那些 ω_j 的大负值相应的瞬变项，在整体解中完全是非本质的. 因此，在求解刚性系统时，为了保证解的一定精确度和节省机器时间，需要选取保证稳定性和一定精度的隐式数值方法. 在线性多步法[1]基础上导出的 Gear 方法[2]就是可供选择的一种.

在 k 阶的 Gear 方法中，截断误差为 $O(h^{k+1})$，存放的信息是前一点的函数值和到 k 阶为止的各阶导数值 $\boldsymbol{y}_{n-1},h\boldsymbol{y}_{n-1}',\frac{h^2}{2!}\boldsymbol{y}_{n-1}'',\cdots,\frac{h^k}{k!}\boldsymbol{y}_{n-1}^{(k)}$. 它的主要优点是变阶和变步长容易处理. 在 $k=1$ 至 6 时，Gear 方法的稳定区包含 $h\omega$ 平面中的负实轴，因此应用于次临界系统时是绝对稳定的，即不管步长 h 取多大，当 $n\to\infty$时均有 $\boldsymbol{y}_n\to 0$. 这样，h 的选取完全由精度确定，不受稳定性的限制. 它比更简单的隐式方法，像后退 Euler 法和梯形法等，可以具有更高的精确阶数，比一般的线性多步法更加灵活.

现在给出 Gear 方法中进行计算的具体格式，而略去它的推导. 有兴趣的读者可以参阅文献[2]. 我们要解的问题是由方程组(4.1)和初值 $\boldsymbol{y}(t_0)=(n_0,c_{10},\cdots,c_{m0})^{\mathrm{T}}$ 所确定的初值问题. 从(4.1)式及对它两边逐次求导的结果出发，利用 $y(t_0)$之值，可逐步求出 $\boldsymbol{y}$ 在初始时刻 t_0 的各级导数值：$\boldsymbol{y}'(t_0)=(n',c_1',\cdots,c_m')_{t=t_0}^{\mathrm{T}},\cdots,$

$\boldsymbol{y}^{(k)}(t_0)=(n^{(k)},c_1^{(k)},\cdots,c_m^{(k)})^{\mathrm{T}}_{t=t_0}$. 这些初始值可以作为计算的出发点. 记

$$\boldsymbol{W}_j=\begin{pmatrix} n & c_1 & \cdots & c_m \\ hn' & hc_1' & \cdots & hc_m' \\ \frac{h^2}{2!}n'' & \frac{h^2}{2!}c_1'' & \cdots & \frac{h^2}{2!}c_m'' \\ \cdots & \cdots & \cdots & \cdots \\ \frac{h^k}{k!}n^{(k)} & \frac{h^k}{k!}c_1^{(k)} & \cdots & \frac{h^k}{k!}c_m^{(k)} \end{pmatrix}_{t=t_j}$$

$$(j=0,1,2,\cdots), \tag{4.3}$$

这里 $t=t_j$ 为计算中所取的离散时间点, $h=t_{j+1}-t_j$. 从已经算出的 $\boldsymbol{W}_j$ 再求 $\boldsymbol{W}_{j+1}$ 的过程, 采取预估和校正的迭代过程. 预估公式为

$$\boldsymbol{W}_{j+1}^{(0)}=\boldsymbol{A}\boldsymbol{W}_j, \tag{4.4}$$

这里 $\boldsymbol{A}$ 是 $(k+1)\times(k+1)$ 的杨辉三角矩阵:

$$\boldsymbol{A}=\begin{pmatrix} 1\ 1\ 1\ 1 \cdots\cdots\cdots 1 \\ \quad 1\ 2\ 3 \cdots\cdots\cdots k \\ \qquad 1\ 3 \cdots\cdots\cdots\cdots \\ \qquad\quad 1 \cdots\cdots\cdots\cdots \\ \qquad\qquad \cdots\cdots\cdots\cdots \\ \qquad\qquad\quad \cdots\cdots\cdots \\ \qquad\qquad\qquad \cdots\cdots \\ \qquad\qquad\qquad\qquad 1 \end{pmatrix}. \tag{4.5}$$

它的第 $i+1$ 行和第 $j+1$ 列处的元素当 $i\leqslant j$ 时为 $\frac{j!}{i!\,(j-i)!}$, 否则为 0. 而迭代校正公式为

$$\boldsymbol{W}_{j+1}^{(s+1)}=\boldsymbol{W}_{j+1}^{(s)}-\boldsymbol{L}\boldsymbol{G}(\boldsymbol{W}_{j+1}^{(s)})(l_0h\boldsymbol{F}^{\mathrm{T}}-l_1\boldsymbol{I})^{-1}$$
$$(s=0,1,2,\cdots), \tag{4.6}$$

式中 s 为迭代次数, 一般迭代三次 $(s=0,1,2)$ 就可以了. $\boldsymbol{L}$ 为 $(k+1)\times 1$ 的列矢量:

$$\boldsymbol{L}=(l_0,l_1,\cdots,l_k)^{\mathrm{T}}, \tag{4.7}$$

其分量 $l_j(j=0,1,\cdots,k)$ 之值, 对于 $k=1$ 至 6 给出如表 4.1. 表中

表 4.1　1 至 6 阶 Gear 方法中的 l_j 常数

j \ k	1	2	3	4	5	6
0	1	2/3	6/11	24/50	120/274	720/1 764
1	1	1	1	1	1	1
2		1/3	6/11	35/50	225/274	1 624/1 764

（续表）

j \ k	1	2	3	4	5	6
3			1/11	10/50	85/274	735/1 764
4				1/50	15/274	175/1 764
5					1/274	21/1 764
6						1/1 764
7	1	1	1/2	1/6	1/24	1/120
8	2	9/2	22/3	125/12	137/10	343/20
9	3	6	55/6	25/2	959/60	98/5

$j=7,8,9$ 三行给出以下计算误差时需用的量 $l(j,k)$. $\boldsymbol{G}(\boldsymbol{W}_{j+1}^{(s)})$是$1\times(m+1)$的行矢量：

$$\boldsymbol{G}(\boldsymbol{W}_{j+1}^{(s)}) = h(\boldsymbol{F}\boldsymbol{y}_{j+1}^{(s)})^{\mathrm{T}} - h(\boldsymbol{y}'^{(s)}_{j+1})^{\mathrm{T}}, \tag{4.8}$$

这里$(\boldsymbol{y}_{j+1}^{(s)})^{\mathrm{T}}$ 及$(\boldsymbol{y}'^{(s)}_{j+1})^{\mathrm{T}}$ 分别是由矩阵 $\boldsymbol{W}_{j+1}^{(s)}$ 中的第一行及第二行组成的行矢量. $(m+1)\times(m+1)$的矩阵 $\boldsymbol{F}^{\mathrm{T}}$ 是(4.2)式中矩阵 $\boldsymbol{F}$ 的转置. $\boldsymbol{I}$ 是$(m+1)\times(m+1)$的单位矩阵. 计算过程中要求每步的相对误差(取为相对误差矢量的 Euclidean 模)小于预先给定的小量 ε(容许的误差上界). k 阶方法中 $\boldsymbol{y}$ 的第 i 分量 $y[i]$的误差为

$$\varepsilon_{k+1}[i] = c_{k+1}h^{k+1}y^{(k+1)}[i], \tag{4.9}$$

式中 c_{k+1} 是个常数，$y^{(k+1)}[i]$取值应在(t_j,t_{j+1})步长上某一点. 为简单起见，我们在上式和下面对误差的讨论中略去了表示时间的附标，在必要时则将加以说明. $y^{(k+1)}[i]$可以用 $y^{(k)}[i]$在 t_j 和 t_{j+1}时刻值的差分近似表示：

$$y^{(k+1)}[i] \approx \frac{1}{h}\{y^{(k)}[i]^{(3)} - y^{(k)}[i]^{(0)}\}.$$

(注意，从(4.4)及(4.6)式可见，$y^{(k)}[i]^{(0)}$ 与时刻 t_j 相应，而二次迭代后所得 $y^{(k)}[i]^{(3)}$ 与时刻 t_{j+1} 相应.）代入(4.9)式并注意 $\boldsymbol{W}$ 的第 $k+1$ 行和第 $i+1$ 列的矩阵元 $W[k,i]=\dfrac{h^k}{k!}y^{(k)}[i]$，便得

$$\begin{aligned}\varepsilon_{k+1}[i] &= c_{k+1}k!\sum_{s=0}^{2}\{W^{(s+1)}[k,i]-W^{(s)}[k,i]\}\\ &= c_{k+1}k!\,l_k\sum_{s=0}^{2}\{\boldsymbol{G}(\boldsymbol{W}^{(s)})(l_0h\boldsymbol{F}^{\mathrm{T}}-l_1\boldsymbol{I})^{-1}\}_i\\ &= \frac{-1}{l(8,k)}e[i].\end{aligned} \tag{4.9′}$$

式中 $e[i] = \sum_{s=0}^{2}\{\boldsymbol{G}(\boldsymbol{W}^{(s)})(l_0h\boldsymbol{F}^{\mathrm{T}}-l_1\boldsymbol{I})^{-1}\}_i$，$\{\ \ \}_i$ 代表$\{\ \ \}$中行矢量的第 $i+1$ 列

元；$\frac{-1}{l(8,k)}=c_{k+1}k!\,l_k$，$l(8,k)$之值列出如表 4.1 中$j=8$ 的一行.（4.9′）中的误差除以 $y_{\max}[i]$（这里 $y_{\max}[i]$是算到 t_{j+1}时刻为止 $y[i]$的极大值），再取 Euclidean 模，命其小于 ε，即得判据：

$$\sum_{i=0}^{m}\left(\frac{\frac{-1}{l(8,k)}e[i]}{y_{\max}[i]}\right)^2\leqslant\varepsilon^2$$

或

$$\sum_{i=0}^{m}\left(\frac{e[i]}{y_{\max}[i]}\right)^2\leqslant[\varepsilon\cdot l(8,k)]^2,\quad \text{写做}\quad D\leqslant E. \tag{4.10}$$

根据不同精度的要求，ε 可选取 10^{-4} 至 10^{-6}之值. 若(4.10)式不满足，就需要定出新的阶和新的步长重新计算. 设新步长为 $h^*=rh$，其中 r 可取为

$$r=0.8\left(\frac{E}{D}\right)^{\frac{1}{2(k+1)}}.$$

通过类似的讨论可以看出，降阶时需满足条件：

$$\sum_{i=0}^{m}\left(\frac{W[k,i]}{y_{\max}[i]}\right)^2\leqslant[\varepsilon\cdot l(7,k)]^2, \tag{4.10′}$$

式中 $W[k,i]=\frac{h^k}{k!}y^{(k)}[i]$，而 $l(7,k)$之值由表 4.1 中 $j=7$ 一行给出. 降阶时，只需把 $\boldsymbol{W}$ 中最后一行去掉，就可往下进行.

用差分

$$\frac{y^{(k+1)}[i]-\tilde{y}^{(k+1)}[i]}{h}$$

代替 $y^{(k+2)}[i]$，也可以同样对升阶的情形进行讨论. 这里 $\tilde{y}[i]$表示比 $y[i]$前一时刻的值. 结果得：升阶时需满足条件

$$\sum_{i=0}^{m}\left(\frac{e'[i]}{y_{\max}[i]}\right)^2\leqslant[\varepsilon\cdot l(9,k)]^2, \tag{4.10″}$$

式中 $e'[i]\equiv e[i]-\tilde{e}[i]$，$\tilde{e}[i]$表示前一时刻的 $e[i]$值；$l(9,k)$之值也列在表 4.1 中.

降阶或升阶时的新步长也可和上面相类似地选取.

§4.2　差分计算中的修匀和外推技巧

上节中提到，用来求解构成刚性系统的反应堆动态学方程组的大多数标准方法都是根据能保证稳定性的隐式格式得到的，其中时间步长的大小一般由精确度要求决定而不受稳定性考虑的限制. Gear 方法是这类方法中较好的一种. 但是，对于较大的问题，Gear 方法常常受到机器存储量以及与选择步长有关的辅助操作和

需用阶数的限制. 本节中，我们介绍近来 Lawrence 及 Dorning[3] 应用 Lindberg[4] 所发展的一种隐式修匀和外推技巧对点堆动态学方程(4.1)求解的数值方法. 数值结果表明，这一技巧的应用使我们可以在较简单的梯形格式或中点方法的基础上用大时间步长达到高精度. 当应用于像快堆中的次临界或缓发超临界过渡过程那样的强刚性问题时，这方法特别有效.

顺便指出，由于空间离散化的多群堆动态学方程组(见 §6.5 及 §6.7)也具有和(4.1)式同样的普遍形式(当然，矢量 $\boldsymbol{y}$ 的维数更高，而矩阵 $\boldsymbol{F}$ 的具体形式比(4.2)式更为复杂)，所以本节讨论的修匀和外推技巧也可以应用于这些情况. 为以后应用方便起见，我们假设中子分成 G 个能群，而缓发中子先行核分成 m 组.

考虑普遍线性系统

$$\frac{\mathrm{d}\boldsymbol{y}}{\mathrm{d}t} = \boldsymbol{F}(t)\boldsymbol{y}(t), \quad \boldsymbol{y}(t_0) = \boldsymbol{y}_0. \tag{4.11}$$

应用梯形法：

$$\frac{\boldsymbol{y}(t_{n+1},h) - \boldsymbol{y}(t_n,h)}{h} = \frac{1}{2}[\boldsymbol{F}(t_{n+1})\boldsymbol{y}(t_{n+1},h) + \boldsymbol{F}(t_n)\boldsymbol{y}(t_n,h)],$$

给出

$$\boldsymbol{y}(t_{n+1},h) = \left[1 - \frac{h}{2}\boldsymbol{F}(t_{n+1})\right]^{-1}\left[1 + \frac{h}{2}\boldsymbol{F}(t_n)\right]\boldsymbol{y}(t_n,h). \tag{4.12}$$

这里，我们用 $\boldsymbol{y}(t_n,h)$ 表示用时间步长 h 由(4.12)式及初始条件 $\boldsymbol{y}(t_0,h) = \boldsymbol{y}(t_0) = \boldsymbol{y}_0$ 算出的 $\boldsymbol{y}(t)$ 在 $t=t_n$ 的近似值. 用 $\boldsymbol{F}(t_{n+\frac{1}{2}})$ 代替 $\boldsymbol{F}(t_{n+1})$ 及 $\boldsymbol{F}(t_n)$，给出

$$\boldsymbol{y}(t_{n+1},h) = \left[1 - \frac{h}{2}\boldsymbol{F}(t_{n+\frac{1}{2}})\right]^{-1}\left[1 + \frac{h}{2}\boldsymbol{F}(t_{n+\frac{1}{2}})\right]\boldsymbol{y}(t_n,h). \tag{4.13}$$

形如(4.13)式的解可以看成是对方程组(4.11)的近似形式解：

$$\boldsymbol{y}(t_{n+1}) = \exp(h\boldsymbol{F}(t_{n+\frac{1}{2}}))\boldsymbol{y}(t_n),$$

用 $\dfrac{1+x/2}{1-x/2}$ 代替了 e^x 的近似，即所谓 Padé(1,1)近似.

先考虑矩阵 $\boldsymbol{F}$ 和时间无关的情况. 设 $\boldsymbol{F}$ 的本征值为 $\omega_j(j=1,2,\cdots,J)$，$J=G+m$，G 是中子能群数，m 是缓发中子先行核组数. 如果和 ω_j 相应的本征矢 $\boldsymbol{u}_j(j=1,2,\cdots,J)$ 构成完全集，则方程组(4.11)的严格解可由下式给出：

$$\boldsymbol{y}(t) = \sum_{j=1}^{J} a_j \boldsymbol{u}_j \mathrm{e}^{\omega_j(t-t_0)}, \tag{4.14}$$

这里系数 a_j 可以通过初始条件定出. 实际上，命 $t=t_0$，有

$$\sum_{j=1}^{J} a_j \boldsymbol{u}_j = \boldsymbol{y}_0.$$

设 $\boldsymbol{v}_i$ 为转置矩阵 $\boldsymbol{F}^{\mathrm{T}}$ 与特征值 ω_i 相应的本征矢，则利用 $i\neq j$ 时 $\boldsymbol{v}_i$ 与 $\boldsymbol{u}_j$ 的正交性马上可得

$$a_j = \frac{\boldsymbol{v}_j^{\mathrm{T}} \boldsymbol{y}_0}{\boldsymbol{v}_j^{\mathrm{T}} \boldsymbol{u}_j}.$$

利用梯形法或 Padé(1,1)近似得方程组(4.11)的近似解为

$$\boldsymbol{y}(t_n, h) = \sum_{j=1}^{J} a_j \boldsymbol{u}_j \left(\frac{1 + \frac{h\omega_j}{2}}{1 - \frac{h\omega_j}{2}} \right)^n, \tag{4.15}$$

这里 $t_n = t_0 + nh$. 设步长 h 的选择使 $|h\omega_j| < 2$ 对缓发模项($j = 1, \cdots, m$)成立,而对瞬发模项——刚性项($j = m+1, \cdots, m+G$)则否. 利用 $\omega < 0$ 而 $|h\omega| \gg 1$ 时

$$\frac{1 + \frac{h\omega}{2}}{1 - \frac{h\omega}{2}} = -1 + \frac{4}{|h\omega|} + O(|h\omega|^{-2})$$

的关系,可以把(4.15)式写成如下形式:

$$\boldsymbol{y}(t_n, h) = \sum_{j=1}^{m} a_j \boldsymbol{u}_j \left(\frac{1 + \frac{h\omega_j}{2}}{1 - \frac{h\omega_j}{2}} \right)^n + \sum_{j=m+1}^{m+G} a_j \boldsymbol{u}_j \left[-1 + \frac{4}{|h\omega_j|} + O(|h\omega_j|^{-2}) \right]^n. \tag{4.16}$$

注意关系:

$$\begin{aligned}
\left(\frac{1 + \frac{h\omega}{2}}{1 - \frac{h\omega}{2}} \right)^n &= \exp\left\{ n \left[\ln\left(1 + \frac{h\omega}{2}\right) - \ln\left(1 - \frac{h\omega}{2}\right) \right] \right\} \\
&= \exp\left\{ nh\omega \left[1 + \frac{1}{12}(h\omega)^2 + \frac{1}{80}(h\omega)^4 + \cdots \right] \right\} \\
&= \exp\left\{ \omega t_n \left[1 + \frac{1}{12}(h\omega)^2 + \frac{1}{80}(h\omega)^4 + \cdots \right] \right\}
\end{aligned}$$

(为书写简单起见,取 $t_0 = 0$),知(4.16)式中前一项求和中各项具有 h 偶次幂的误差展开,即

$$\sum_{j=1}^{m} a_j \boldsymbol{u}_j \left(\frac{1 + \frac{h\omega_j}{2}}{1 - \frac{h\omega_j}{2}} \right)^n = \sum_{j=1}^{m} a_j \boldsymbol{u}_j \left[\mathrm{e}^{\omega_j t_n} + d_{1j}(t_n) h^2 + d_{2j}(t_n) h^4 + \cdots \right].$$

(4.16)式中后一项求和中,每项代表一随 n 增长而缓慢衰减的振荡解,它的振幅在第一个时间步长处约为 $a_j \boldsymbol{u}_j \left(-1 + \frac{4}{|h\omega_j|} \right)$. 通过应用下列修匀公式:

$$\hat{\mathbf{y}}(t_n,h)=\frac{1}{4}[\mathbf{y}(t_{n-1},h)+2\mathbf{y}(t_n,h)+\mathbf{y}(t_{n+1},h)], \tag{4.17}$$

使 $\mathbf{y}(t_n,h)$ 修匀为 $\hat{\mathbf{y}}(t_n,h)$，可以减小这些振荡组分的振幅.(4.17)式右边的解 $\mathbf{y}(t_n,h)$ 及 $\mathbf{y}(t_{n+1},h)$ 利用 Padé(1,1)近似以 $\mathbf{y}(t_{n-1},h)$ 作为出发值算出，按(4.17)式修匀后再用作下一步计算的出发值，因此修匀过程是主动的(即，影响到以后计算结果).对方程(4.16)在 $n=1,2,\cdots,l$ 的各时间步长应用这修匀步骤，注意

$$\frac{1}{4}\left[\left(\frac{1+\frac{x}{2}}{1-\frac{x}{2}}\right)^{n-1}+2\left(\frac{1+\frac{x}{2}}{1-\frac{x}{2}}\right)^{n}+\left(\frac{1+\frac{x}{2}}{1-\frac{x}{2}}\right)^{n+1}\right]$$

$$=\left(\frac{1+\frac{x}{2}}{1-\frac{x}{2}}\right)^{n}\cdot\frac{1}{1-\left(\frac{x}{2}\right)^{2}}$$

及

$$\frac{1}{4}\left[\left(-1+\frac{4}{|x|}\right)^{n-1}+2\left(-1+\frac{4}{|x|}\right)^{n}+\left(-1+\frac{4}{|x|}\right)^{n+1}\right]$$

$$=\left(-1+\frac{4}{|x|}\right)^{n-1}\cdot\frac{4}{|x|^{2}},$$

便得

$$\mathbf{y}(t_n,h)=\begin{cases}\sum_{j=1}^{m}a_j\boldsymbol{u}_j\left(\frac{1+\frac{h\omega_j}{2}}{1-\frac{h\omega_j}{2}}\right)^{n}\left[1-\left(\frac{h\omega_j}{2}\right)^{2}\right]^{-l} \\ \quad+\sum_{j=m+1}^{m+G}a_j\boldsymbol{u}_j(-1)^{n}\left(\frac{-4}{|h\omega_j|^{2}}\right)^{l} & (n\geqslant l); \\ \sum_{j=1}^{m}a_j\boldsymbol{u}_j\left(1-\frac{h\omega_j}{2}\right)^{-2n}+\sum_{j=m+1}^{m+G}a_j\boldsymbol{u}_j\left(\frac{4}{|h\omega_j|^{2}}\right)^{n} & (n<l).\end{cases} \tag{4.18}$$

这样，修匀过程具有在刚性项中引进更正确的渐近行为的效应.可是，如果单单采用修匀过程，那么除了总误差中以表示刚性模项的误差为主的极端刚性问题外，不能使误差大大减少.这修匀公式的真正好处在于它为非刚性模项保留了只包含 h 的偶次幂的误差展开.因此，把修匀步骤和接着应用外推格式结合起来，能有力地减少误差：修匀过程减少和刚性项的数值表示有联系的振荡误差，而接着应用的 Richardson 外推[1]则使非刚性项中的误差从 $O(h^2)$ 减少到 $O(h^4)$.所谓 Richardson 外推，就是从 $\mathbf{y}(t_n,h)$ 和 $\mathbf{y}\left(t_n,\frac{h}{2}\right)$ 通过下式外推出新的 $\overline{\mathbf{y}}(t_n,h)$ 值：

$$\overline{\mathbf{y}}(t_n,h)=\frac{1}{3}\left[4\mathbf{y}\left(t_n,\frac{h}{2}\right)-\mathbf{y}(t_n,h)\right]. \tag{4.19}$$

容易验证，如果

$$\boldsymbol{y}(t_n,h)=\boldsymbol{y}(t_n)+\boldsymbol{d}_1h^2+\boldsymbol{d}_2h^4+\cdots \tag{4.20}$$

的误差展开只包含 h 的偶次幂，则

$$\overline{\boldsymbol{y}}(t_n,h)=\boldsymbol{y}(t_n)+O(h^4). \tag{4.21}$$

在反应性与时间有关的情形下，需要稍微不同一些的办法. 对于这情形，各本征模项不再截然分开，上面为阶跃反应性输入所作的分析不能应用. 根据 Lindberg 的工作[4]，用梯形法所得的数值解可以写成下列形状：

$$\boldsymbol{y}(t_n,h)=\boldsymbol{y}(t_n)+\boldsymbol{d}_1(t_n)h^2+\boldsymbol{d}_2(t_n)h^4+\boldsymbol{w}_n(h), \tag{4.22}$$

式中 $\boldsymbol{w}_n(h)$ 表示与刚性项相联系的振荡行为. 对(4.22)式应用修匀公式(4.17)，得

$$\hat{\boldsymbol{y}}(t_n,h)=\boldsymbol{y}(t_n)+\hat{\boldsymbol{d}}_1(t_n)h^2+\hat{\boldsymbol{d}}_2(t_n)h^4+\hat{\boldsymbol{w}}_n(h), \tag{4.23}$$

式中函数 $\hat{\boldsymbol{d}}_1(t_n)$ 及 $\hat{\boldsymbol{d}}_2(t_n)$ 可以通过在 $t=t_n$ 附近的 Taylor 展开和(4.22)式中的 $\boldsymbol{d}_1(t_n)$ 及 $\boldsymbol{d}_2(t_n)$ 联系起来，而

$$\hat{\boldsymbol{w}}_n(h)=\frac{1}{4}[\boldsymbol{w}_{n-1}(h)+2\boldsymbol{w}_n(h)+\boldsymbol{w}_{n+1}(h)]. \tag{4.24}$$

和以前讨论的阶跃反应性输入的情形不同，当反应性与时间有关时，即使解已在以前各时间步长被主动修匀，$\boldsymbol{w}_n(h)$ 这一项也可以相对地大. 这是由于接着两个时间步长处不同 $\boldsymbol{F}$ 矩阵的本征模式"混合"所致. 即使计算中在以前时间点已修匀并已成功地消去了那些时刻的振荡组分，但由于本征模式的混合，还可以引起每个新时间步长处振荡模式的激发. 因此，在一被动基础上应用修匀过程(即只在那些要作外推的时刻修匀，而如上面提到过，外推过程总是被动的)更为有效. 例如，如果需要求得时刻 t_k 的数值解，我们先用(4.12)或(4.13)式计算 $\boldsymbol{y}(t_{k-1},h)$，$\boldsymbol{y}(t_k,h)$ 及 $\boldsymbol{y}(t_{k+1},h)$，然后应用修匀公式得到 $\hat{\boldsymbol{y}}(t_k,h)$. 同样，计算 $\boldsymbol{y}\left(t_{k-\frac{1}{2}},\frac{h}{2}\right)$，$\boldsymbol{y}\left(t_k,\frac{h}{2}\right)$ 及 $\boldsymbol{y}\left(t_{k+\frac{1}{2}},\frac{h}{2}\right)$，再修匀得 $\hat{\boldsymbol{y}}\left(t_k,\frac{h}{2}\right)$. 然后外推得

$$\begin{aligned}\tilde{\boldsymbol{y}}(t_k,h)&=\frac{1}{3}\left[4\hat{\boldsymbol{y}}\left(t_k,\frac{h}{2}\right)-\hat{\boldsymbol{y}}(t_k,h)\right]\\&=\boldsymbol{y}(t_k)+O(h^4)+\tilde{\boldsymbol{w}}_n(h),\end{aligned} \tag{4.25}$$

式中

$$\tilde{\boldsymbol{w}}_n(h)=\frac{1}{3}\left[4\hat{\boldsymbol{w}}_n\left(\frac{h}{2}\right)-\hat{\boldsymbol{w}}_n(h)\right]. \tag{4.26}$$

注意，在这里，修匀和外推过程都是被动进行，因此除非 t_k 是计算的时间终点，解 $\boldsymbol{y}(t_{k+1},h)$ 及 $\boldsymbol{y}\left(t_{k+\frac{1}{2}},\frac{h}{2}\right)$ 总是要算出来的.

当反应性的时间导数在 $t=t_k$ 处不连续时，修匀结果 $\hat{\boldsymbol{y}}(t_k,h)$ 将不具有 h 偶幂次的展开，因为这时 $\boldsymbol{y}''(t)$ 在 $t=t_k$ 处不连续. 另外，修匀步骤在减小解中所含振荡

组分的振幅方面，效率也差一些. 这些困难可以通过在时间间隔 $t_k \leqslant t \leqslant t_{k+1}$ 中选取一个其导数在 t_k 处连续的辅助性的反应性函数，并利用它计算出两个中间解 $\bar{\mathbf{y}}(t_{k+1},h)$ 及 $\bar{\mathbf{y}}\left(t_{k+\frac{1}{2}},\frac{h}{2}\right)$ 来解决. 这些解只用来得出修匀结果 $\hat{\mathbf{y}}(t_{k+1},h)$ 及 $\hat{\mathbf{y}}\left(t_{k+\frac{1}{2}},\frac{h}{2}\right)$. 一旦已经算出修匀结果，就把中间解扔掉，而 $t=t_{k+1}$ 处解的计算仍然像平常一样用 $\mathbf{y}(t_k,h)$ 及 $\mathbf{y}\left(t_k,\frac{h}{2}\right)$ 作为出发值算出.

上面讨论的修匀及外推技巧可以应用于梯形法((4.12)式)或 Padé(1,1)近似((4.13)式). 两个方法当(4.11)式中 $\boldsymbol{F}$ 矩阵为固定时是等价的，但当应用于 $\boldsymbol{F}$ 与时间有关的刚性方程组时，却表现出某些不同的行为. 以下讨论的点堆动态学计算是用 Padé (1,1)近似作出的.

Lawrence 及 Dorning[3] 曾用本节所说的修匀及外推方法对表 4.2 中所列五个检验例子求解了带 6 组缓发中子的点堆动态学方程. 每个例子都从平衡状态及 $n(0)=1$ 开始. 快堆和热堆模型的缓发中子数据分别取表 1.8 中 ^{239}Pu 和 ^{235}U 的数据(β 分别取为4.4×10^{-3}和 7.5×10^{-3})，中子一代时间分别取为 $l=1.0\times10^{-7}$ s 和 $l=5.0\times10^{-4}$ s. 表 4.3 至表 4.7 中分别给出的这五个检验例子的计算结果是在计算机 IBM 370/75 上做出的. 对每个例子给出的误差 E_T 表示中子密度 $n(t)$ 的相对百分误差，即

$$E_T=\frac{n_{计算}-n_{严格}}{n_{严格}}\times100.$$

表 4.2 点堆动态学的五个检验例子

编号	堆型	$\frac{\rho_0}{\beta}\Big/$元	$\frac{1}{\beta}\frac{d\rho}{dt}\Big/$(元·$s^{-1}$)	$\omega_1/(s^{-1})$	$\omega_7/(s^{-1})$
1	快堆	−1.0	0.0	−1.2E−02*	−8.8E+04
2	热堆	0.1	0.0	1.0E−02	−1.4E+01
3	快堆	0.0	−1.0	—	—
4	热堆	0.0	0.5	—	—
5	热堆		$\frac{\rho(t)}{\beta}=\begin{cases}t & (0.0<t\leqslant0.5),\\1.0-t & (0.5<t\leqslant1.0),\\t-1.0 & (1.0<t\leqslant1.5),\\0.5 & (1.5<t)\end{cases}$		

* 表示-1.2×10^{-2}.

表 4.3 检验例 1 的百分误差

t/s		1.0			10.0	
h/s		0.01	0.1	1.0	0.1	1.0
方法 1	E_T	7.3E+01	1.1E+02	−1.2E+02	1.9E+02	2.0E+02
	E_4	−2.7E−06	−2.7E−04	−2.8E−02	−3.8E−04	−3.8E−02
	E_6	−2.0E−05	−2.0E−03	9.2E−02	<1.0E−11	−3.3E−07
	E_7	7.3E+01	1.1E+02	−1.2E+02	1.9E+02	2.0E+02
方法 2	E_T	−3.1E−04	7.0E−03	1.1E+00	4.0E−04	4.1E−02
	E_4	2.7E−05	2.7E−03	2.7E−01	2.9E−05	2.9E−03
	E_6	−1.0E−06	−1.1E−04	2.0E−01	<1.0E−11	−6.7E−11
	E_7	−3.8E−04	−5.9E−06	6.0E−08	−9.6E−06	−1.0E−07
方法 3	E_T	−3.9E−04	−3.0E−05	−1.2E−01	−4.2E−05	−1.2E−05
	E_4	−1.2E−11	−1.2E−07	−1.3E−03	1.1E−09	1.1E−05
	E_6	1.6E−10	1.6E−06	−7.9E−02	<1.0E−11	2.2E−07
	E_7	−3.9E−04	−2.9E−05	−3.4E−07	−4.2E−05	−5.7E−09
$n_{严格}(t)$		0.436 220 486 19			0.256 733 490 92	

注 1 $\omega_4=-2.8\text{E}-01$, $\omega_6=-3.2\text{E}+00$, $\omega_7=-8.8\text{E}+04$.

注 2 方法 1：标准 Padé(1,1)近似；

方法 2：在第一步时间主动修匀；

方法 3：在第一步时间主动修匀后被动外推.

对于例 1 及例 2 中阶跃反应性输入的情形，$n(t)$的解析解可写成形式(2.14)，即

$$n_{严格}(t)=\sum_{j=1}^{7}A_j e^{\omega_j t}.$$

因此，对 $j=1,2,\cdots,7$ 的每个模项，误差 E_j 为

$$E_j=A_j\left[\frac{P(t,h\omega_j)-e^{\omega_j t}}{n_{严格}(t)}\right]\times 100,$$

式中 $P(t,h\omega_j)$是利用表 4.3 及表 4.4 中所列方法算出的、$e^{\omega_j t}$ 的 Padé(1,1)近似. 注意，$E_T=\sum_{j=1}^{7}E_j$. 分析中所需本征值 ω_j $(j=1,2,\cdots,7)$由倒时方程(2.11)算出. 检验例 1 及例 2 的严格解是用算得的本征值由解析解给出的. 例 3,4,5 的"严格"解则用上节所述 Gear 方法以极小的时间步长算出.

表 4.4 检验例 2 的百分误差

t/s		1.0			10.0	
h/s		0.01	0.1	1.0	0.1	1.0
方法 1	E_T	1.0E−05	1.0E−03	6.9E+00	3.5E−05	−4.3E−01
	E_1	1.1E−09	1.1E−07	1.1E−05	9.9E−07	−4.1E−10
	E_7	1.7E−07	7.0E−06	6.7E+00	<1.0E−11	1.4E−01
方法 2	E_T	1.9E−10	1.5E−06	4.0E−01	2.9E−10	3.0E−03
	E_1	<1.0E−11	<1.0E−11	−2.1E−08	<1.0E−11	−2.0E−08
	E_7	1.9E−10	1.5E−06	3.7E−01	<1.0E−11	−3.0E−03

（续表）

t/s		1.0			10.0	
h/s		0.01	0.1	1.0	0.1	1.0
方法 3	E_T	5.0E−10	5.2E−06	4.0E−01*	1.7E−09	7.8E−05
	E_1	<1.0E−11	<1.0E−11	−2.1E−08*	−1.2E−11	−5.9E−08
	E_7	7.8E−11	8.2E−07	3.7E−01*	<1.0E−11	6.1E−05
$n_{严格}(t)$			1.144 328 695 1		1.345 311 376 7	

注：方法 1：标准 Padé(1,1)近似；方法 2：在第一步时间主动修匀后被动外推；方法 3：在第一及第二步时间两次主动修匀后被动外推.

* 由于这些结果在 $t=h$，它们和方法 2 的一次修匀结果一样.

例 1 是在快堆中引入 −1.0 元的阶跃反应性. 由于 $\left|\dfrac{\omega_7}{\omega_1}\right| \approx 10^7$，这是个强刚性问题. 表 4.3 中给出的结果表明，在第一步时间的主动修匀大大地减小（与瞬发模项相联系的）振荡误差 E_7，而被动外推接着就显著地改进其余模项. 由于在这强刚性问题中，总误差主要由振荡误差构成，所以不外推的主动修匀（方法 2）也得到很好的结果. 注意，对于方法 3（修匀后外推），$t=1.0$ s 处的 E_1 误差为 $O(h^4)$ 收敛而 E_6 误差则否，因为 $h=1.0$ s 时 $h\omega_6=-3.2$，所以 E_6 当 $h=1.0$ s 时不能由外推减小. 对大多数 t 及 h 的组合，修匀及外推结果的总误差包含振荡误差 E_7 的显著贡献，因此总误差 E_T 不呈 $O(h^4)$ 收敛.

例 2 是在热堆中引入 0.10 元的阶跃反应性. 由于 $\left|\dfrac{\omega_7}{\omega_1}\right| \approx 10^3$，这问题刚性不特别显著. 表 4.4 中结果表明，（带外推的）一次主动修匀没有把 误差 E_7 降到非刚性模项中所产生的 $O(h^4)$ 误差以下. 在第二个时间步长的再次主动修匀进一步减小 E_7，使 $t=10.0$ s（用 $h=1.0$ s）处的总误差 E_T 从 3.0×10^{-3} 降到 7.8×10^{-5}.

例 1 及例 2 的结果表明，对于阶跃反应性输入，修匀过程对快堆中的强刚性问题（其中瞬发模项的振荡表现基本上未受阻尼）有效得多. 另一方面，热堆过渡过程可能需要几次修匀才能达到振荡误差的充分减少. 这是因为，在刚性较弱的情形下，振荡组分的自然阻尼使一次修匀能减少的振荡误差量变小. 从例 2 的结果可见，在渐近区（即 $t>1.0$ s 处）用相当大的时间步长（例如，$h=1.0$ s）就可以达到很好的精度.

例 3 是在快堆中线性引入反应性（−1.0 元/s）的情形. 表 4.5 中给出的结果表明，被动修匀与被动外推的结合比标准 Padé(1,1) 近似在精度上有实质性的改进. 对 Padé(1,1) 近似不加修匀，直接外推所得结果不好；这说明修匀过程的重要性. 由于刚性项的存在，标准 Padé(1,1) 近似值不按 $O(h^2)$ 收敛，这就解释了应用外推于不修匀的结果为什么不好. 修匀了的 Padé(1,1) 结果确具 $O(h^2)$ 收敛性，因此外推修匀结果可以消去误差展开中的 $O(h^2)$ 项，得到 $O(h^4)$ 的精度.

表 4.5　检验例 3 的百分误差

t/s		1.0		
h/s		0.05	0.1	0.5
方法 1	E_T	1.1E−01	+4.5E−01	9.4E+00
方法 2	E_T	1.7E−02	7.0E−02	1.8E+00
方法 3	E_T	−7.5E−03	−7.0E−03	4.7E−01
方法 4	E_T	−3.5E−07	−5.9E−06	−4.1E−03
$n_{严格}(t)$		0.456 794 549 89		

注：方法 1：标准 Padé(1,1)近似；方法 2：被动修匀；方法 3：被动外推；方法 4：被动修匀及外推.

表 4.6 中为例 4(热堆中线性引入反应性 0.5 元/s)给出的结果表明，外推过程不一定总要和修匀步骤相结合. 在 $t=1.0$ s 时，不管结果在外推之前曾否修匀，外推的结果差不多具有同样精度. 可是在 $t=2.0$ s，修匀后外推结果比未修匀就外推的结果坏相当多. 由于堆在 $t=2.0$ s 为瞬发临界，振荡组分对总误差的贡献很小，修匀结果自然没有不修匀的解精确，因为修匀过程对这时刻占误差主要部分的非振荡项给出更差的表示. 此外，通过修匀公式用 $t+h$ 处的解权重 $t=2.0$ s(堆进入瞬发临界时)的解，在 h 大(例如 $h=0.5$ s)时显然会在修匀结果中导致显著的大误差. 因此，对经过瞬发临界的线性输入，外推前显然应当不加修匀.

表 4.6　检验例 4 的百分误差

t/s		1.0		
h/s		0.05	0.1	0.5
方法 1	E_T	−4.2E−02	−1.7E−01	−3.4E+00
方法 2	E_T	8.0E−02	3.2E−01	8.9E+00
方法 3	E_T	−1.2E−05	−1.8E−04	−2.4E−01
方法 4	E_T	−2.2E−05	−3.5E−04	−2.3E−01
$n_{严格}(t)$		1.949 998 716 3		
t/s		2.0		
h/s		0.05	0.1	0.5
方法 1	E_T	−8.5E−02	−3.4E−01	−8.8E+00
方法 2	E_T	6.5E−01	2.7E+00	2.8E+02
方法 3	E_T	1.5E−05	2.3E−04	6.9E−02
方法 4	E_T	−1.2E−03	−2.0E−02	−6.6E+01
$n_{严格}(t)$		11.228 371 717		

注：各方法同表 4.5 中一样.

例 5 包含在热堆中引入一更复杂的反应性. 注意，虽然反应性为连续，它的导数在 $t=0.5$，1.0 及 15 s 处是不连续的. 如上面提到过，在反应性的不连续点，修匀步骤必须改动. 表 4.7 中为 $t=1.5$ s(这时反应性曲线性增长变成固定)给出的修匀结果是利用(把反应性当做继续线性增长)在 $t=1.5+h$ 处算出的中间解作为修匀公式中的第三点得出的.像在例 4 中一样,方法 3 及 4 的误差差不多相同.注意,尽管反应性的导数不连续,$t=1.5$ 及 10.0 s 处的外推解都表现 $O(h^4)$ 收敛.

表 4.7 检验例 5 的百分误差

t/s		1.5		
h/s		0.01	0.05	0.1
方法 1	E_T	−4.8E−03	−1.2E−01	−4.7E−01
方法 2	E_T	7.5E−03	1.9E−01	7.6E−01
方法 3	E_T	−1.6E−07	−1.0E−04	−1.7E−03
方法 4	E_T	−2.2E−07	−1.2E−04	−2.3E−03
$n_{严格}(t)$		1.892 226 140 4		
t/s		10.0		
h/s		0.01	0.05	0.1
方法 1	E_T	5.1E−04	1.3E−02	−5.1E−02
方法 2	E_T	−4.4E−04	−1.1E−02	−4.3E−02
方法 3	E_T	−4.9E−09	−2.2E−06	−3.3E−05
方法 4	E_T	−4.8E−09	−2.1E−06	−3.3E−05
$n_{严格}(t)$		12.047 105 355		

注：各方法同表 4.5 中一样.

由以上 5 个检验例子的分析可见,外推和第一个时间步长处的主动修匀相结合,当应用于快堆中的强刚性问题时特别有效.对于热堆中的中等刚性问题,为使振荡模项误差充分减小,可能需要几次主动修匀.对于瞬发超临界反应性,由于方程不再是刚性,所以不需要修匀过程.

§4.3 积分方程形式和数值计算

通过把点堆方程化成积分方程形式,可以作出克服系统刚性困难的一些数值计算方法.

如果从写成下列形式的点堆动态学方程组

$$\begin{cases}\dfrac{\mathrm{d}n}{\mathrm{d}t}+\dfrac{\beta-\rho(t)}{l}n=\sum_i\lambda_i c_i+q, & (4.27\mathrm{a})\\[2ex] \dfrac{\mathrm{d}c_i}{\mathrm{d}t}+\lambda_i c_i=\dfrac{\beta_i}{l}n\quad(i=1,2,\cdots,m) & (4.27\mathrm{b})\end{cases}$$

出发,把方程右边看成给定的非齐次项,写出这些线性常微分方程的形式积分,就可以得到与方程组(4.27a,b)等价的积分方程组:

$$\begin{cases} n(t) = \mathrm{e}^{-I(t_0,t)}\left\{n(t_0) + \int_{t_0}^{t}\left[\sum_i i_i c_i(t') + q(t')\right]\mathrm{e}^{I(t_0,t')}\,\mathrm{d}t'\right\}, & (4.28\mathrm{a}) \\ c_i(t) = \mathrm{e}^{-\lambda_i(t-t_0)}\left\{c_i(t_0) + \frac{\beta_i}{l}\int_{t_0}^{t} n(t')\mathrm{e}^{\lambda_i(t'-t_0)}\,\mathrm{d}t'\right\}, & \\ (i = 1,2,\cdots,m) & (4.28\mathrm{b}) \end{cases}$$

(4.28a)中，

$$I(t_0,t) \equiv \int_{t_0}^{t}\frac{\beta - \rho(t)}{l}\mathrm{d}\tau.$$

原则上，在方程(4.28a)及(4.28b)之间交替地对时间一步一步积分，并把前一步求出的终值当做每步计算的初值，就可以作出一个数值积分格式. 但因为 $I(t_0,t)$本身是个积分，所以在(4.28a)式中包含一个两重积分. 另外，如果从实际考虑选取较长的时间步长，(4.28a，b)式中的被积函数又可能在一个步长中变化太快，使计算精度降低. 所以这样作出的数值积分格式并不理想.

从积分方程组(4.28a，b)出发，也可以用逐次近似法交替迭代求解. 但每次近似中都要作数值积分，而且仍然要遇到双重积分的麻烦和时间步长受限制的问题，所以也不便实际应用.

为克服这些困难，我们把方程(4.27a)左边第二项$\frac{\beta-\rho(t)}{l}n(t)$分成两部分："主要的"可积分部分 αn 与"剩余"部分$\left[\frac{\beta-\rho(t)}{l}-\alpha\right]n$；然后把后一部分移到右边，也看成给定的非齐次项；得

$$\frac{\mathrm{d}n}{\mathrm{d}t} + \alpha n = \left[\frac{\rho(t) - \beta}{l} + \alpha\right]n + \sum_i \lambda_i c_i + q. \qquad (4.29)$$

这里 α 是个待选定的、与时间无关的参量或容易积分出的时间函数. α 的选择应使变成非齐次项的剩余部分小或变化缓慢. 为简单起见，下面讨论 α 与时间无关的情形. 通过形式积分，方程(4.29)可以写成下列积分方程：

$$n(t) = n(t_0)\mathrm{e}^{-\alpha(t-t_0)} + \int_{t_0}^{t}\left[\frac{\rho(t') - \beta + \alpha l}{l}n(t') + \sum_i \lambda_i c_i(t') + q(t')\right]\mathrm{e}^{-\alpha(t-t')}\,\mathrm{d}t'. \qquad (4.30)$$

可见，积分方程(4.30)中避免了出现二重积分的麻烦. 当 α 不是常数而是可以积分出来的时间函数时，同样可以得出不含二重积分的类似积分方程，其中积分因子 $\mathrm{e}^{+\alpha t}$ 应换成积分出来了的函数$\exp[\int_0^t \alpha(t')\mathrm{d}t']$.

为数值计算，方程(4.30)要和写成积分方程形式的先驱核方程(4.28b)相耦合. 在有反应性反馈的情形下(见第五章)，还要有给出 $\rho(t)$的辅助计算.

解方程(4.30)和(4.28b)时要计算的积分具有下列形式：

$$\int_0^h f(t_0+\tau)\mathrm{e}^{\alpha\tau}\mathrm{d}\tau \quad 及 \quad \int_0^h f_i(t_0+\tau)\mathrm{e}^{\lambda i\tau}\mathrm{d}\tau,$$

式中 h 是时间步长 $t-t_0$. 通过在每个积分中展开缓变部分 f 及 f_i,例如

$$f(t_0+\tau)=f(t_0)+\tau f'(t_0)+\frac{\tau^2}{2!}f''(t_0)+\cdots,$$

并逐项积分,可以去掉时间步长的限制. 逐项积分中出现的定积分 $H_n(x)=\int_0^1 u^n\mathrm{e}^{xu}\mathrm{d}u$ 不难算出. 结果得递推公式

$$H_0(x)=\frac{1}{x}(\mathrm{e}^x-1), \quad H_n(x)=\frac{1}{x}[\mathrm{e}^x-nH_{n-1}(x)]$$

及展开式 $H_n(x)=\sum\limits_{m=0}^{\infty}\dfrac{x^m}{m!(m+n+1)}$.

Cohen[5] 曾选取 $\alpha=\dfrac{\beta-\rho(t_0)}{l}$,这里 $\rho(t_0)$是时间步长开始时的反应性. Adler[6] 则曾选取 $\alpha=\dfrac{1}{l}$. 在 Adler 的作法中,由(4.28b)式给出的 $c_i(t)$被代入方程(4.30),然后通过分部积分法消去所得的二重积分,结果得

$$\begin{aligned} n(t)=&n(t_0)\mathrm{e}^{-\alpha(t-t_0)}+\int_{t_0}^{t}\frac{\rho(t')-\beta+\alpha l}{l}n(t')\mathrm{e}^{-\alpha(t-t')}\mathrm{d}t' \\ &+\sum_i\frac{\lambda_i c_i(t_0)}{\alpha-\lambda_i}[\mathrm{e}^{-\lambda_i(t-t_0)}-\mathrm{e}^{-\alpha(t-t_0)}] \\ &+\sum_i\frac{\beta_i\lambda_i}{l(\alpha-\lambda_i)}\int_{t_0}^{t}n(t')[\mathrm{e}^{-\lambda_i(t-t')}-\mathrm{e}^{-\alpha(t-t')}]\mathrm{d}t' \\ &+\int_{t_0}^{t}q(t')\mathrm{e}^{-\alpha(t-t')}\mathrm{d}t'. \end{aligned} \tag{4.31}$$

Adler 在积分中不用幂级数展开而用 ρ 及 n 的平均值 $\bar{\rho}$ 及 $\bar{n}$ 代替 ρ 及 n,使它们能搬到积分号外面,然后对剩下的指数因子解析积分,并在每个时间步长对平均值加以改进,直到达到某个预先确定的收敛程度为止.

用积分方程形式进行数值计算,和对微分方程组(4.1)直接数值积分相比,有几个优点. 首先,用积分方程的做法只包含求和的运算,而不像微分方程的直接数值求解那样要用函数及其导数的差分. 对于同样的步长,这应导致更好的精度. 其次,增加所考虑的缓发中子组数所需增加的计算量远比直接数值求解(4.1)式时所需的为少(后一做法中编码的复杂性随组数而增加). 本节所讨论的 Cohen 和 Adler 方法以及以下各节所讨论的方法,都具有积分方程形式的这些优越性.

§4.4 加权残差法

加权残差法[7]应用来数值求解上节导出的积分方程(4.30)或(4.31),结果相当成功,而且和 α 值的选择无关.在这个方法中,把(4.30)或(4.31)式被积函数中的未知函数 $n(t')$ 及 $c_i(t')$ 表示成含有若干待定参量的试探函数(例如,t'的一次、二次或指数函数),解析地作出积分,然后通过要求积分方程在一个时间步长内的若干个点以零误差得到满足来为每步时间定出试探函数中包含的待定参量.对于二次试探函数情形下用 $\alpha=0$ 时的(4.30)式来这样做的详细过程,可以参看Kaganove 的报告[7].下面用一次试探函数,就 $q=0$ 及 $\alpha=0$ 时 1 组缓发中子情形下的积分方程(4.31)来说明这个方法.这情形下,(4.31)式简化为

$$n(t)=n(t_0)+\frac{1}{l}\int_{t_0}^{t}\rho(t')n(t')\mathrm{d}t'-\frac{\beta}{l}\int_{t_0}^{t}n(t')\mathrm{e}^{-\lambda(t-t')}\mathrm{d}t' + c(t_0)[1-\mathrm{e}^{-\lambda(t-t_0)}], \tag{4.32}$$

为演示这方法的效率和灵活性,考虑时间的第一步.于是取 $t_0=0$,$t=h$,并记 $n(t_0)=n_0$,$c(t_0)=c_0$,把(4.32)式写成

$$n(h)=n_0+\frac{1}{l}\int_{0}^{h}\rho(t')n(t')\mathrm{d}t'-\frac{\beta}{l}\int_{0}^{h}n(t')\mathrm{e}^{-\lambda(h-t')}\mathrm{d}t' + c_0(1-\mathrm{e}^{-\lambda h}). \tag{4.33}$$

设 $\rho(t')=\rho_0+\gamma t'$,并用试探函数

$$n(t')=n_0+At'$$

算出(4.33)式的右边,并命结果等于 n_0+Ah.假设平衡初始条件 $c_0=\frac{\beta n_0}{\lambda l}$ 及使 $\lambda h \ll 1$ 的时间步长,我们定出

$$A=n_0\,\frac{\rho_0 h+\frac{\gamma}{2}h^2+O(h^3)}{lh+\frac{1}{2}(\beta-\rho_0)h^2+O(h^3)}. \tag{4.34}$$

对于非常小的 h,(4.34)式约化成

$$A\approx\frac{\rho_0}{l}n_0, \tag{4.35}$$

这是阶跃输入响应中正确的初始导数(见(2.61)式).由于 $\rho_0=0$,因而 $\rho=\gamma t$ 时,对小 h 有

$$A\approx\frac{\gamma n_0 h}{2l}, \tag{4.36}$$

这是紧接着$\frac{\mathrm{d}\rho}{\mathrm{d}t}$从 0 到 γ 的阶跃变化后,第一个时间步长内正确的$\frac{\mathrm{d}n}{\mathrm{d}t}$的平均值.

另一方面，如果考虑使$\frac{l}{\beta} \ll h \ll \frac{1}{\lambda}$的时间步长$h$，则(4.34)式变成

$$A \approx 2n_0 \frac{\rho_0 h + \frac{1}{2}\gamma h^2}{(\beta - \rho_0) h^2}, \tag{4.37}$$

和l无关. 对于小反应性阶跃ρ_0，

$$n(h) = n_0 + Ah \approx n_0 \frac{\beta + \rho_0}{\beta - \rho_0}, \tag{4.38}$$

它给出瞬跳(参看(2.68)式)的正确数量级. 对于"斜坡"输入$\rho = \gamma t$，(4.37)式变成

$$A \approx \frac{\gamma n_0}{\beta}, \tag{4.39}$$

它是瞬跳近似中给出的初始导数值(参看(3.94)式).

从以上分析可见，这方法不受时间步长的限制. 对于不同的h值，它都给出物理上定性合理的结果.

注意，用线性试探函数，可以要求方程(4.33)在每步时间中一点(每步的终点)得到满足，从而决定一个参数A. 用二次或指数试探函数，可以要求在每步的中点和终点严格满足这方程而定出两个参数.

以上假定了反应性ρ是个已知函数，否则就要通过和另外的辅助计算相耦合，逐步将ρ算出并表示为合适的线性或二次函数. §4.6 中将给出加权残差法对快堆中慢过渡过程的成功应用的例子.

§4.5 Hansen 方法

Hansen 等曾发展[8]另外一个利用积分方程形式的数值方法，它对于所有反应性值和积分步长都是无条件稳定的. 这方法假设被积的缓变因子中出现的堆功率和缓发中子先行核密度随时间指数变化$\sim e^{\omega t}$，其中ω由点堆动态学方程组的矩阵$\boldsymbol{F}$(见(4.2)式，其中ρ取为每个时间步长处的反应性)的最大本征值给出. 所以这个方法被叫做 Hansen 最大本征值方法，简称为 Hansen 方法. 在下列意义上 Hansen 方法可以看成以上两节中所述方法的同类变种：缓变因子中$n(t)$及$c_i(t)$是根据对$\boldsymbol{F}$的最大本征值的在各个时刻大小的估计选择的指数函数. 另一方面，可以认为，Hansen 方法是和§3.4 中所述 Hurwitz 方法相当的一种数值方法.

先用 1 组缓发中子的简单情形来说明这方法. 对于恒定反应性，无源点堆动态学方程组可以写成下列积分方程组形式(参见(4.30)式及(4.28b)式)：

$$n(t_0 + h) = n(t_0) e^{-\alpha h} + \lambda \int_0^h c(t_0 + \tau) e^{-\alpha(h-\tau)} d\tau, \tag{4.40}$$

$$c(t_0+h)=c(t_0)\mathrm{e}^{-\lambda h}+\frac{\beta}{l}\int_0^h n(t_0+\tau)\mathrm{e}^{-\lambda(h-\tau)}\mathrm{d}\tau, \tag{4.41}$$

式中 α 取为

$$\alpha=\frac{\beta-\rho}{l}, \tag{4.42}$$

而 $h=t-t_0$ 为时间步长. 现在假设

$$\begin{cases} n(t_0+\tau)=n(t_0)\mathrm{e}^{\omega\tau}, \\ c(t_0+\tau)=c(t_0)\mathrm{e}^{\omega\tau}, \end{cases} \tag{4.43}$$

式中 ω 是反应性方程 $\rho=r(\omega)$ 的代数值最大的根(ω_1). 代入方程(4.40)及(4.41)并积分,得

$$\begin{cases} n(t_0+h)=n(t_0)\mathrm{e}^{-\alpha h}+\dfrac{\lambda c(t_0)}{\omega+\alpha}(\mathrm{e}^{\omega h}-\mathrm{e}^{-\alpha h}), \\ c(t_0+h)=c(t_0)\mathrm{e}^{-\lambda h}+\dfrac{(\beta/l)n(t_0)}{\omega+\lambda}(\mathrm{e}^{\omega h}-\mathrm{e}^{-\lambda h}). \end{cases} \tag{4.44}$$

如果 $\rho=\rho(t)$,应用(4.44)式时,ω 就取为各时间步长内平均反应性所对应的数值.

在一般情形下,先把点堆动态学方程组(4.1)写成下列形式:

$$\frac{\mathrm{d}\boldsymbol{y}}{\mathrm{d}t}-\boldsymbol{D}\boldsymbol{y}=(\boldsymbol{L}+\boldsymbol{U})\boldsymbol{y}, \tag{4.45}$$

式中 $\boldsymbol{D}+\boldsymbol{L}+\boldsymbol{U}\equiv\boldsymbol{F}$,$\boldsymbol{D}$ 是由矩阵 $\boldsymbol{F}$ 的主对角线组成的对角矩阵:

$$\boldsymbol{D}=\begin{pmatrix} \frac{\rho-\beta}{l} & & & \\ & -\lambda_1 & & \\ & & \ddots & \\ & & & -\lambda_m \end{pmatrix}. \tag{4.46}$$

而 $\boldsymbol{L}$ 及 $\boldsymbol{U}$ 分别由 $\boldsymbol{F}-\boldsymbol{D}$ 的第一列和第一行组成(其他矩阵元均为 0):

$$\boldsymbol{L}=\begin{pmatrix} 0 & 0 & \cdots & 0 \\ \frac{\beta_1}{l} & 0 & & 0 \\ \vdots & \vdots & & \vdots \\ \frac{\beta_m}{l} & 0 & & 0 \end{pmatrix}, \tag{4.47}$$

$$\boldsymbol{U}=\begin{pmatrix} 0 & \lambda_1 & \cdots & \lambda_m \\ 0 & 0 & & 0 \\ \vdots & \vdots & & \vdots \\ 0 & 0 & & 0 \end{pmatrix}. \tag{4.48}$$

矩阵方程(4.45)的形式解可写为

$$\boldsymbol{y}(t_0+h)=\exp[\boldsymbol{D}h]\boldsymbol{y}(t_0)+\int_0^h \mathrm{d}\tau\exp[\boldsymbol{D}(h-\tau)](\boldsymbol{L}+\boldsymbol{U})\boldsymbol{y}(t_0+\tau). \tag{4.49}$$

假设 $\boldsymbol{y}(t_0+\tau)=\mathrm{e}^{\omega\tau}\boldsymbol{y}(t_0)$，$\omega$ 如前所述选取. 代入方程(4.50)后，得

$$\begin{aligned}\boldsymbol{y}(t_0+h)=&\{\exp[\boldsymbol{D}h]+(\omega\boldsymbol{I}-\boldsymbol{D})^{-1}[\exp(\omega h\boldsymbol{I})\\&-\exp(\boldsymbol{D}h)](\boldsymbol{L}+\boldsymbol{U})\}\boldsymbol{y}(t_0)=\boldsymbol{G}\boldsymbol{y}(t_0),\end{aligned} \tag{4.50}$$

这里矩阵 $\boldsymbol{G}$ 为

$$\boldsymbol{G}=\begin{pmatrix}\mathrm{e}^{-\alpha h} & \lambda_1\dfrac{\mathrm{e}^{\omega h}-\mathrm{e}^{-\alpha h}}{\omega+\alpha} & \cdots & \lambda_m\dfrac{\mathrm{e}^{\omega h}-\mathrm{e}^{-\alpha h}}{\omega+\alpha}\\ \dfrac{\beta_1}{l} & \dfrac{\mathrm{e}^{\omega h}-\mathrm{e}^{-\lambda_1 h}}{\omega+\lambda_1}\mathrm{e}^{-\lambda_1 h} & \ddots & \\ \dfrac{\beta_m}{l} & \dfrac{\mathrm{e}^{\omega h}-\mathrm{e}^{-\lambda_m h}}{\omega+\lambda_m} & & \mathrm{e}^{-\lambda_m h}\end{pmatrix}, \tag{4.51}$$

式中 α 由(4.42)式给出，而未标出的元素(第二行及第二列以后的非对角元)都等于 0.

关于 Hansen 方法无条件稳定性的证明，可参看文献[8]. Hansen 等认为，当 ρ 为时间的函数时，由于每个时间步长中 ω 值的选取不精确，会带来某些截断误差. 为提高精度，要求时间步长小. 因此在这情形下，Hansen 方法并不比前两节所述方法优越多少. 不过，在反应性固定的情形下，Hansen 方法的应用确是成功的. 这从上面的例子不难理解，只要注意，对于小 h 及平衡初始条件，(4.44)式给出

$$n(t_0+h)\approx n(t_0)\left(1+\frac{\rho}{l}h\right), \tag{4.52}$$

与所预期的初始导数值相符. 而对于 $\rho<\beta$ 及相对大的 h(例如说，$\omega h\sim 1$)，则有

$$n(t_0+h)\approx n(t_0)\frac{\beta}{\beta-\rho}\mathrm{e}^{\omega h}, \tag{4.52$'$}$$

给出了瞬跳的正确数量级.

下节中将给出计算的例子及和其他方法的比较.

§ 4.6 数值检验例

以上三节(§ 4.3— § 4.5)所讨论的、基于积分方程形式的几种数值计算方法曾由 Szeligowski 等[9]在数字计算机上就慢过渡过程的例子进行比较. 检验的例子是正弦反应性($\rho<\beta$)的一个周期，它的振幅 ρ_0 通过反应性方程和频率以一定方式相联系，以便模拟非线性自发负反馈系统的定性特点(功率变化的大体范围，功率峰值，以及负反应性的范围)而略去辅助性的反馈计算. 计算中应用了 1 组缓发中

子模型，以便能和瞬跳近似中的解析解(3.139′)式相比较. 对于数值计算，中子一代时间 l 从 10^{-3} s 变到 10^{-8} s. 计算的精确度可以通过在 l 小的情形下比较(在 $\frac{1}{4}$ 到 $\frac{2}{4}$ 周期时出现的)峰值功率计算值和瞬跳近似解之值来检验.

正弦反应性输入为

$$\rho = \rho_0 \sin \frac{\pi t}{T}. \tag{4.53}$$

通过让正弦波的 $\frac{1}{4}$ 周期等于由一最大反应性为 ρ_0 的自限漂移所引起功率爆发的宽度的粗略估计值，可以模拟现实响应的时间尺度. 下章中可以看到，根据 Nordheim-Fuchs 模型可以估计出，近似的爆发宽度为 $\frac{4}{\omega_1}$，这里 ω_1 是和 ρ_0 相应的倒周期. 对于这里考虑的慢漂移，这宽度是个低估值，但通过让正弦波的 $\frac{1}{4}$ 周期 $\frac{T}{2}=\frac{4}{\omega_1}$，我们可以保证这些检验例子计算中应用了正确的宽度数量级. 利用瞬跳近似(适用于时间尺度远较 l 为大的慢过程)中的反应性方程(2.22)

$$\rho_0 = \frac{\beta\omega_1}{\omega_1 + \lambda}.$$

再将 $\omega_1=\frac{8}{T}$ 代入，即得联系正弦波幅和半周期 T 的下列关系式：

$$\rho_0 = \frac{8\beta}{8 + \lambda T}. \tag{4.54}$$

表 4.8 中给出了所计算的四个检验例子中使用的参量. 所有例子中均取 $n_0 = n(0)=1$，$\lambda=0.077\ \mathrm{s}^{-1}$，及 $\beta=0.0079$. 对于例 4，用瞬跳近似算出的典型曲线绘出如图 4.1.

表 4.8　四个检验例的参量

编号	反应性幅 ρ_0 (ρ_0/β)	半周期 T/s
1	0.001 808　(0.23 元)	350
2	0.002 319　(0.29 元)	250
3	0.003 233　(0.41 元)	150
4	0.005 333　(0.68 元)	50

图 4.2 至图 4.5 中给出了用 § 4.3— § 4.5 所述各种方法检验例 1 至例 4 的峰值功率 $\hat{n}$ 的计算结果随时间步长 Δt 的变化. 广泛检验的三个方法是：1° § 4.3 中利用(4.31)式但取 $\alpha=\frac{\beta-\rho(t_0)}{l}$ 的 Adler 迭代法；2° § 4.4 中用二次试探函数的加

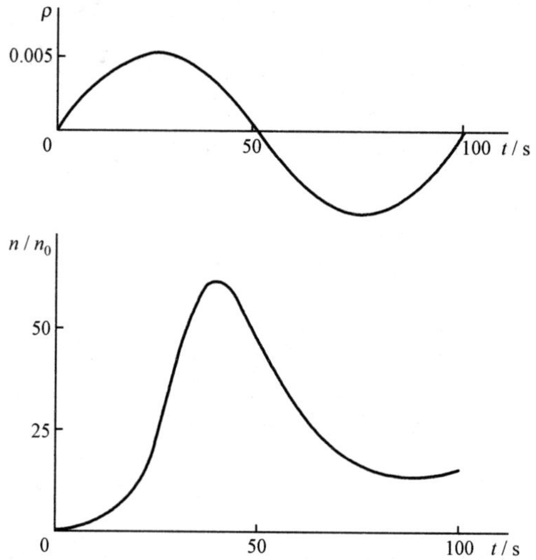

图 4.1 瞬跳近似对检验例 4 的计算结果

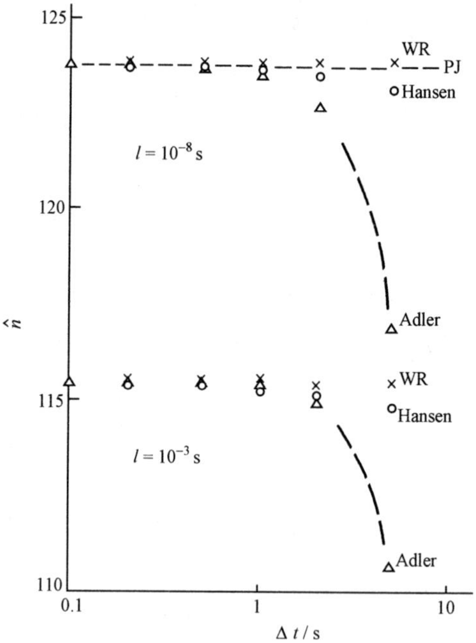

图 4.2 不同方法对检验例 1 峰值功率计算结果随时间步长的变化(虚线为瞬跳近似结果)

权残差法(WR),方程及 α 的选取同 1°一样;3° §4.5 中利用(4.44)式及同样 α(见(4.42)式)的 Hansen 最大本征值法.

图 4.2 至图 4.5 中给出了 $l=10^{-8}$ s 及 $l=10^{-3}$ s 二极端情形的结果. 对于小 l

的情形,当 Δt 减小时,功率峰值果然像预期的那样收敛于瞬跳近似(PJ)给出的解析值. 注意,所有三个方法,即使对于 $l=10^{-8}$ s 的快堆,在计算中应用相对于整个动力学过程的特征时间尺度(响应宽度$\sim T/2$)来说是合理的时间步长($\Delta t\sim 0.2$ s),都是成功的. 作为对比,Szeligowski 等[9]曾经从对 $l=10^{-3}$ s 的计算实例估计.

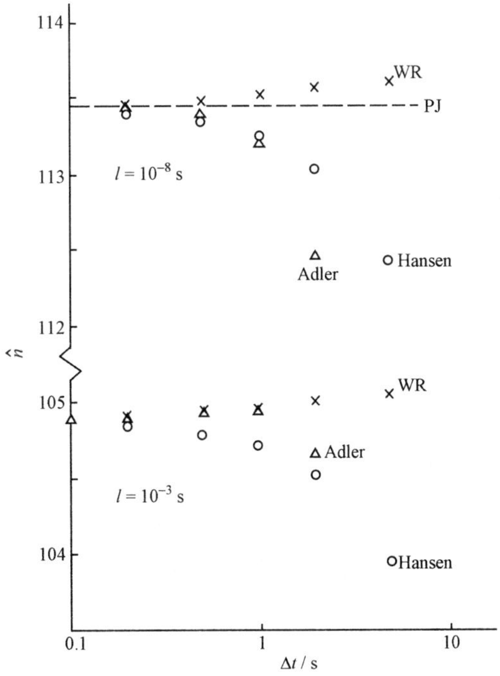

图 4.3 不同方法对检验例 2 峰值功率计算结果随时间步长的变化(虚线为瞬跳近似结果)

对于图 4.2 中 $l=10^{-8}$ s 的例子,为取得差不多的精度,用朝前 Euler 法会要求用 2×10^{8} 个时间步长,而用 4 阶 Runge-Kutta 法会要求用 5×10^{7} 个时间步长.

图 4.5 中还标有用§4.3 中所述 Cohen 方法算出的几个点. 这些点是用方程(4.28b)及(4.30)式,选取同样的 α 算出的;而且没有用 Cohen 原来利用幂级数展开并逐项积分的算法,而是像 Adler 方法中一样将积分用假定平均值和迭代的方法算出. 这使两种方法可以比较. 从所试的少数情形看来,应用方程(4.31)可以比用方程(4.30)做出更加有效的数值方法.

图 4.5 中也包括标有 LT(Laplace 变换法)的几个点. 这个方法将在§4.8 中讨论. 可以看出,LT 结果和上述三种主要方法相比精度较差.

对于三种主要方法,所需计算时间看来差不多. 在图 4.2 至图 4.5 的例子中,应用二次试探函数的加权残差法(WR)对于同样的 Δt 所需的机器时间稍微多一些,对于更大的 Δt 一般给出不坏的精度. 应用线性试探函数的几个对照点(图 4.5 中 $\Delta t=0.1$ s 处)显示所需计算时间略有减少而精度没有显著损失.

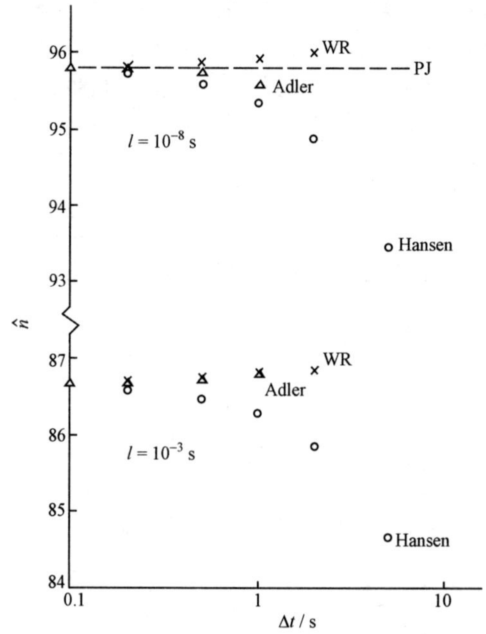

图 4.4　不同方法对检验例 3 峰值功率计算结果随时间步长的变化(虚线为瞬跳近似结果)

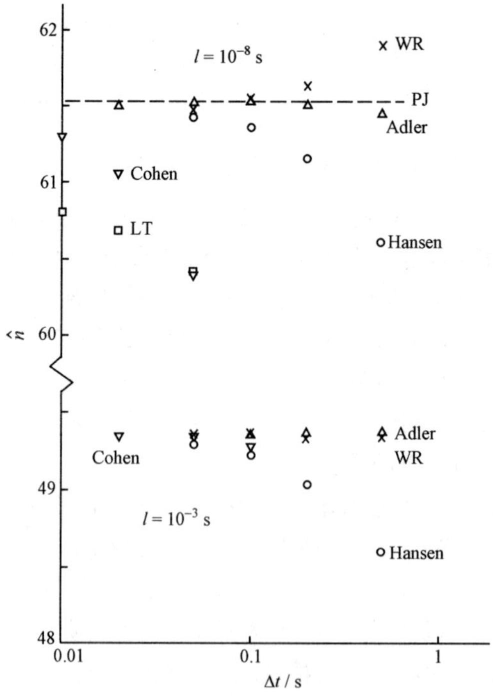

图 4.5　不同方法对检验例 4 峰值功率计算结果随时间步长的变化(虚线为瞬跳近似结果)

这些检验例子计算结果的比较所牵涉到的是较为简单的几种数值方法. 这样做的主要目的是用实例说明，由于 l/β 小而产生的对时间步长的限制不难克服.

§4.7　Hermite 插值多项式法

从上节讨论的四个检验例子看来，§4.3 至 §4.5 介绍的方法在克服由于 l/β 小而带来的对时间步长的限制方面，还是相当成功的. 但是，应当指出，比起以后发展得更考究的方法来，它们的计算效率还是不高的. Vigil[10] 曾经指出它们的缺点，例如在每一时间步长的误差积累不清楚和不能充分普遍地处理点堆动态学问题，如此等等. 近来 Yeh 提出了求解点堆动态学方程的多项式方法[11]. 这个方法中，在每个时间步长内把未知函数 $n(t)$ 及 $c_i(t)$ 表示成时间 t 的三阶 Hermite 插值多项式，并利用点堆方程及其积分来逐点算出未知函数及其导数值. 这方法初看有些类似用 3 次试探函数的加权残差法，但其实不同. 加权残差法是通过要求动态学方程在步长两端及中间另外两点处成立来定出 3 次试探函数的系数，而 Yeh 的多项式法则通过三阶 Hermite 插值多项式的应用不仅保证了解的连续性，而且也保证所有节点处解的斜率等于点堆动态学方程所要求的值. 以下介绍这一方法.

为普遍起见，把点堆动态学方程组写成下列形式：

$$\begin{cases} \dfrac{\mathrm{d}n}{\mathrm{d}t} = a(t)n(t) + \displaystyle\sum_i \lambda_i c_i(t), & (4.55\text{a}) \\[2ex] \dfrac{\mathrm{d}c_i}{\mathrm{d}t} = b_i(t)n(t) - \lambda_i c_i(t), \quad (i = 1,2,\cdots,m) & (4.55\text{b}) \end{cases}$$

式中

$$a(t) = \frac{\rho(t) - \beta(t)}{l(t)}, \tag{4.56}$$

$$b_i(t) = \frac{\beta_i(t)}{l(t)} \quad (i = 1,2,\cdots,m), \tag{4.57}$$

这里中子一代时间 $l(t)$ 及缓发中子有效分数 $\beta_i(t)(i=1,2,\cdots,m)$ 和 $\beta(t) = \sum_i \beta_i(t)$ 都看成时间的函数，以考虑到堆中核素成分和中子能谱及价值谱随时间的变化.

将时间离散化并以 $h = t_2 - t_1$ 表示从 t_1 到 t_2 的时间步长. 在这步长的两端，命

$$n_1 = n(t_1), \quad n_2 = n(t_2), \tag{4.58}$$

$$c_{i1} = c_i(t_1), \quad c_{i2} = c_i(t_2), \quad (i = 1,2,\cdots,m) \tag{4.59}$$

$$a_1 = a(t_1), \quad a_2 = a(t_2), \tag{4.60}$$

$$b_{i1} = b_i(t_1), \quad b_{i2} = b_i(t_2), \quad (i = 1,2,\cdots,m) \tag{4.61}$$

而

$$p_1 = a_1 n_1 + \sum_i \lambda_i c_{i1}, \quad p_2 = a_2 n_2 + \sum_i \lambda_i c_{i2}, \tag{4.62}$$

$$q_{i1} = b_{i1} n_1 - \lambda_i c_{i1}, \quad q_{i2} = b_{i2} n_2 - \lambda_i c_{i2}.$$
$$(i = 1, 2, \cdots, m) \tag{4.63}$$

为方便起见,作自变量变换 $t \to \tau$:

$$t = t_1 + h\tau \quad 或 \quad \tau = \frac{t - t_1}{h}, \tag{4.64}$$

并将 τ 叫做**约化时间**.这样时间间隔 (t_1, t_2) 变换为约化时间间隔 $(\tau_1, \tau_2) = (0, 1)$,而 t 的任一函数 $f(t) = f(t_1 + h\tau)$ 将直接简写为 $f(\tau)$.用约化时间写出,方程组(4.55)变成

$$\begin{cases} \dfrac{1}{h}\dfrac{\mathrm{d}n}{\mathrm{d}\tau} = a(\tau)n(\tau) + \sum_i \lambda_i c_i(\tau), & (4.65a) \\ \dfrac{1}{h}\dfrac{\mathrm{d}c_i}{\mathrm{d}\tau} = b_i(\tau)n(\tau) - \lambda_i c_i(\tau). \quad (i = 1, 2, \cdots, m) & (4.65b) \end{cases}$$

我们将用三阶 Hermite 插值多项式[12]作为 τ_1 及 τ_2 间解的内插式,命

$$n(\tau) = m_1 + m_2\tau + m_3\tau^2 + m_4\tau^3 \quad (0 \leqslant \tau \leqslant 1), \tag{4.66}$$

式中各系数 $m_1, \cdots, m_4$ 可利用 $n(\tau)$ 及其导数在 τ_1 与 τ_2 之值表示:

$$\begin{cases} m_1 = n_1 \\ m_2 = hp_1, \\ m_3 = -h(p_2 + 2p_1) + 3(n_2 - n_1), \\ m_4 = h(p_2 + p_1) - 2(n_2 - n_1) \end{cases} \tag{4.67}$$

及

$$c_i(\tau) = d_{i1} + d_{i2}\tau + d_{i3}\tau^2 + d_{i4}\tau^3$$
$$(i = 1, 2, \cdots, m, \ 0 \leqslant \tau \leqslant 1), \tag{4.68}$$

式中

$$\begin{cases} d_{i1} = c_{i1}, \\ d_{i2} = hq_{i1}, \\ d_{i3} = -h(q_{i2} + 2q_{i1}) + 3(c_{i2} - c_{i1}), \\ d_{i4} = h(q_{i2} + q_{i1}) - 2(c_{i2} - c_{i1}). \end{cases} \tag{4.69}$$

$n(\tau)$ 及 $c_i(\tau)$ 和它们的导数在 τ_1 的值由初始条件或上一步计算结果给出,而在 τ_2 的值则是有待决定的.决定 τ_2 时刻解的公式可以通过积分动态学方程组(4.65)导出,结果得

$$
\begin{cases}
n_2 - n_1 = h\int_0^1 a(\tau)(m_1 + m_2\tau + m_3\tau^2 + m_4\tau^3)\mathrm{d}\tau \\
\qquad + h\int_0^1 \sum_i \lambda_i (d_{i1} + d_{i2}\tau + d_{i3}\tau^2 + d_{i4}\tau^3)\mathrm{d}\tau, \quad (4.70\mathrm{a}) \\
c_{i2} - c_{i1} = h\int_0^1 b_i(\tau)(m_1 + m_2\tau + m_3\tau^2 + m_4\tau^3)\mathrm{d}\tau \\
\qquad - h\int_0^1 \lambda_i (d_{i1} + d_{i2}\tau + d_{i3}\tau^2 + d_{i4}\tau^3)\mathrm{d}\tau, \quad (4.70\mathrm{b})
\end{cases}
$$

以上二方程的右边，多项式的某些系数将给出(4.67)及(4.69)式隐含的含有 n_2，p_2，c_{i2} 及 q_{i2} 的一些项．整理后，分别利用(4.62)及(4.63)式替换 p_2 及 q_{i2}，从方程组(4.70a,b)得

$$
\begin{cases}
Rn_2 + \sum_i \Lambda_i \lambda_i c_{i2} = F, & (4.71\mathrm{a}) \\
R_i n_2 + U_i \lambda_i c_{i2} + V_i \sum_{k\neq i} \lambda_k c_{k2} = G_i, \quad (i = 1,2,\cdots,m) & (4.71\mathrm{b})
\end{cases}
$$

式中

$$R = a_2 h(A_2 - A_3) - (3A_2 - 2A_3) + \frac{1}{h} + \sum_i \frac{h}{12}\lambda_i b_{i2},$$

$$\Lambda_i = (A_2 - A_3)h - \left(\frac{1}{2} + \frac{h}{12}\lambda_i\right),$$

$$F = \left(A_0 - 3A_2 + 2A_3 + \frac{1}{h}\right)n_1 + hp_1(A_1 - 2A_2 + A_3) + \sum_i \lambda_i \left(\frac{1}{2}c_{i1} + \frac{h}{12}q_{i1}\right),$$

$$R_i = h\left[a_2(B_{i2} - B_{i3}) - \frac{1}{12}\lambda_i b_{i2}\right] - (3B_{i2} - 2B_{i3}),$$

$$U_i = h(B_{i2} - B_{i3}) + \frac{1}{2} + \frac{1}{h\lambda_i} + \frac{1}{12}h\lambda_i,$$

$$V_i = h(B_{i2} - B_{i3}),$$

$$G_i = (B_{i0} - 3B_{i2} + 2B_{i3})n_1 + hp_1(B_{i1} - 2B_{i2} + B_{i3}) - \frac{h}{12}\lambda_i q_{i1} - \left(\frac{1}{2} - \frac{1}{h\lambda_i}\right)\lambda_i c_{i1},$$

而

$$A_k \equiv \int_0^1 t^k a(\tau)\mathrm{d}\tau \quad (k = 0,1,2,3),$$

$$B_{ik} \equiv \int_0^1 t^k b_i(\tau)\mathrm{d}\tau \quad (i = 1,2,\cdots,m,\ k = 0,1,2,3),$$

这里 $a(\tau)$ 及 $b_i(\tau)$（即 $a(t)$ 及 $b_i(t)$）分别由(4.56)及(4.57)式定义．当反应性是给

定的时间函数但积分不能解析作出时，就先根据 $a(t)$ 在时间间隔两端的值和导数值作出三阶 Hermite 插值多项式，然后作积分来求得 A_k. 对于非线性问题，反应性 $\rho(t)$ 会依赖于中子密度 $n(t)$，因此在数值计算中要引进迭代程序. 方程组 (4.71a,b)可写成矩阵形式：

$$\begin{pmatrix} R & \Lambda_1 & \Lambda_2 & \cdots & \Lambda_i & \cdots & \Lambda_m \\ R_1 & U_1 & V_1 & \cdots & V_1 & \cdots & V_1 \\ \vdots & \vdots & \vdots & & \vdots & & \vdots \\ R_i & V_i & V_i & \cdots & U_i & \cdots & V_i \\ \vdots & \vdots & \vdots & & \vdots & & \vdots \\ R_m & V_m & V_m & \cdots & V_m & \cdots & U_m \end{pmatrix} \begin{pmatrix} n_2 \\ \lambda_1 c_{12} \\ \vdots \\ \lambda_i c_{i2} \\ \vdots \\ \lambda_m c_{m2} \end{pmatrix} = \begin{pmatrix} F \\ G_1 \\ \vdots \\ G_i \\ \vdots \\ G_m \end{pmatrix}, \tag{4.72}$$

由此容易解出 t_2 时刻的中子密度 n_2 及先行核密度 $c_{i2}(i=1,2,\cdots,m)$. 当这些步骤一步一步地应用于所有时间间隔时，就得点堆动态学方程的数值解.

这方法解堆动态方程能否成功，要看能否以可取的精度用三阶 Hermite 插值多项式分段逼近所求的解. 实际计算中应调节时间步长以便保证所需的精度. 设已精确算出从 t_1 到 t_2(步长 h_1)间隔的 t_2 时刻的解 n_2. 作为第一次尝试，可取下一步(从 t_2 到 t_3)的长度 h_2 等于 h_1，并算出 t_3 时刻的解 n_3. 然后利用所得解在节点 t_1 及 t_3 的值和导数值为从 t_1 到 t_3 的间隔(步长 $h=h_1+h_2$)作出一三阶多项式. 如果问题的解在这从 t_1 到 t_3 的扩展间隔内也能用一三阶多项式很好逼近，从这多项式算出的、在约化时间 $\tau=\dfrac{h_1}{h}$ 处(即时刻 t_2)的中子密度值 n_2' 就不会和 n_2 差很多. 这使我们可以建立一判据来决定如何选取第二个时间步长 h_2：

$$\left|\frac{n_2-n_2'}{n_2}\right| \leqslant \varepsilon_1. \tag{4.73}$$

如果这判据不满足，就将长度 h_2 乘上一个小于 1 的因子 r_1，再算 t_3 时刻的解；如果这判据满足，就保留在 t_3 已算得的解，继续往下算. 要是 n_2' 满足下列判据：

$$\left|\frac{n_2-n_2'}{n_2}\right| \leqslant \varepsilon_2 < \varepsilon_1, \tag{4.74}$$

就可以用大于 1 的因子 r_2 扩大步长 h_2 继续算从 t_3 到 t_4 的下一个间隔. ε_1 及 ε_2 是为控制数值计算过程预先规定的误差上界. 实用上，取 $\varepsilon_1=5\times10^{-4}$ 作为相对内插误差上界就可使 $n(t)$ 以足够精度在每一时间步长中由一三阶 Hermite 插值多项式逼近. ε_2 之值可取为比 ε_1 小一数量级.

利用三阶 Hermite 插值多项式作为一时间间隔中解 $n(t)$ 及 $c_i(t)$ 的近似，将产生 $O(h^4)$ 的逐点内插误差[1,2]. 关于误差积累的详细讨论，读者可查阅原始文献[11]. 下面表 4.9 中仅引用这方法计算 §4.6 中四个检验例子的一些结果和瞬跳近似解析解的比较来说明方法的效率. 这些例子中,反应性输入都是正弦波形: $\rho(t)=\rho_0\sin\frac{\pi}{T}t$,所用参量为 $\beta=0.0079$,$\lambda=0.077$,$l=10^{-8}$ s,$n(0)=1$. 表 4.9 中作为比较标准的解析解是用(3.139″)式算出的. 在数值计算中,当 $n(t)$的斜率在某时间间隔的两端异号时,$n(t)$的峰值 $\hat{n}$ 及相应的 t 值是用该时间间隔上的插值多项式内插算出来的. 所有情形下,计算在收敛判据 $\varepsilon_1=5\times10^{-4}$ 及 $\varepsilon_2=5\times10^{-5}$ 之下作出. 时间步长从 10^{-4} s 开始,以后每步步长由因子 $r_1=0.75$ 或 $r_2=1.25$ 自动调节,看(4.73)及(4.74)式的检验结果而定. 表 4.9 中也给出了到 $n(t)$的峰值 $\hat{n}$ 为止的平均时间步长及时间步长数,到 $2T$ 为止的时间步长总数以及在计算机 CYBER 72 上所需的计算时间. 所有四种情形下,所需计算时间都不到 1 s. 从表 4.9 中所列的这些数据可见,在本节讨论的多项式计算法中,时间步长(用精确计算的标准衡量)可以异常大,而每个步长所需的计算时间很少. 和 § 4.6 中应用于同样检验例子的不同方法的计算结果相比较,Hermite 插值多项式法的优越性是明显的. 这方法用于点堆动态学方程组时,包括多组缓发中子并不大大增加计算量. 这是因为,方程(4.72)中 $i=2$ 到 m 的先行核衰变率 $\lambda_i c_{i2}$,经过一些矩阵运算就不难用 n_2 及 $\lambda_1 c_{12}$ 表出. 计算格式是直截了当的.

表 4.9　检验例数值计算结果

编号	T/s	$10^3\rho_0$	峰值 $\hat{n}$		到峰值时间/s		到峰为止的平均步长/s	到峰为止的步长数	到 $2T$ 为止的总步长数	计算时间/s
			数值	解析	数值	解析				
1	350	1.8083	123.8242	123.82	337.0409	337.07	4.06	83	104	0.746
2	250	2.3193	113.4683	113.46	237.1648	237.12	2.86	81	101	0.735
3	150	3.2327	95.8113	95.820	137.3545	137.32	1.69	80	98	0.687
4	50	5.3333	61.5346	61.534	39.0758	39.108	0.5	76	95	0.676

当反应性 $\rho(t)$受反馈的影响时,可能具有下列形式:

$$\rho(t)=f_1(t)+f_2(t)\int_0^t f_3(t')n(t')\mathrm{d}t', \tag{4.75}$$

式中 $f_1(t)$,$f_2(t)$及 $f_3(t)$是 t 的给定函数. 这时,问题是非线性,因此要引进一迭代过程来计算 $n(t)$. 在计算 t_3 处的解,作第一次迭代时,可以从前一步长(t_1 到 t_2)已算出的 $n(t)$的三阶插值多项式外推估计从 t_2 到 t_3 间隔中的解 $n(t)$. 于是 $\rho(t)$及其一阶导数在节点 t_2 及 t_3 之值可以解析算出. 再通过数值过程,可得 $n(t)$在 t_3 的尝试值. 在以后的迭代中,通过利用从上次迭代解所得知识,可以为 $n(t)$直接作出有关时间间隔上的三阶 Hermite 插值多项式,然后利用重算出的 $\rho(t)$可算出 t_3 时刻的改进解. 当反馈为负时,迭代过程的收敛很快.

如果反应性给出的形式如下:

$$\rho(t)=f(t,T), \tag{4.76}$$

式中 T 表示温度并由下列微分方程定出：

$$\frac{\mathrm{d}T}{\mathrm{d}t}=g(n,T),\tag{4.77}$$

而且上列两式组合无法导致形如(4.75)式的反应性表达式时，可以在一时间间隔中为 $T(t)$ 作一三阶 Hermite 插值多项式，并用多项式计算法计算它在节点处的值，然后对状态变量 T 应用迭代过程.

三阶 Hermite 插值多项式计算法不仅保证解的连续性，而且也保证所有节点处解的斜率由动力学方程给出. 如果 $\rho(t)$ 在时刻 t_b 处不连续，可在 t_b 处配置一节点作为一断点，并分别计算 t_b-0 及 t_b+0 处解的斜率，分别在断点两边应用.

§4.8 Keepin 积分方程

借助于 Laplace 变换，可以得出点堆动态学方程组的另外一种积分表示法. 由此得出的积分方程叫做 Keepin 积分方程[13,14]. 它在数值计算方面的作用虽然不很显著，但却可用来从统一的观点导出倒时方程和各种传递函数，从而增进对这些概念的理解.

为导出 Keepin 方程，我们将先把点堆动态学方程组化成一个积分微分方程形式，再通过 Laplace 变换，解出 $n(t)$ 的变换，并将它的逆变换写成一褶积分. 结果就是所求的积分方程.

从点堆动态学方程组

$$\begin{cases}\dfrac{\mathrm{d}n}{\mathrm{d}t}=\dfrac{\rho-\beta}{l}n+\sum\limits_i\lambda_i c_i+q, & (4.78\mathrm{a})\\[2ex] \dfrac{\mathrm{d}c_i}{\mathrm{d}t}=\dfrac{\beta_i}{l}n-\lambda_i c_i\quad(i=1,2,\cdots,m) & (4.78\mathrm{b})\end{cases}$$

出发. 先写出先行核方程(4.78b)的形式解：

$$c_i(t)=\mathrm{e}^{-\lambda_i t}\left[c_{i0}+\frac{\beta_i}{l}\int_0^t n(t')\mathrm{e}^{\lambda_i t'}\mathrm{d}t'\right].\tag{4.79}$$

部分积分后，这式可化成

$$c_i(t)=\left(c_{i0}-\frac{\beta_i n_0}{\lambda_i l}\right)\mathrm{e}^{-\lambda_i t}+\frac{\beta_i}{\lambda_i l}\left[n(t)-\int_0^t\frac{\mathrm{d}n(t')}{\mathrm{d}t'}\mathrm{e}^{-\lambda_i(t-t')}\mathrm{d}t'\right].\tag{4.80}$$

代入(4.78a)式，得下列积分微分方程：

$$l\frac{\mathrm{d}n}{\mathrm{d}t}=\rho n-\beta\int_0^t\frac{\mathrm{d}n(t')}{\mathrm{d}t'}f(t-t')\mathrm{d}t'$$

$$+\sum_i(\lambda_i l c_{i0}-\beta_i n_0)\mathrm{e}^{-\lambda_i t}+lq. \tag{4.81}$$

这里积分核

$$f(t)\equiv\sum_i\frac{\beta_i}{\beta}\mathrm{e}^{-\lambda_i t} \tag{4.82}$$

叫**缓发中子衰减函数**. 显然，它的物理意义是：在 $t=0$ 时刻由于裂变事件产生一个缓发中子**源**后，到时刻 t 还没有放出一个缓发中子的几率. 图 4.6 为 ^{235}U 中热裂变绘出了函数 $f(t)$ 的图像. 顺便指出，利用 $f(t)$ 在 $t=0$ 有尖峰及 $\int_0^t f(t-t')\mathrm{d}t'=\frac{1}{\beta}\sum_i\frac{\beta_i}{\lambda_i}(1-\mathrm{e}^{-\lambda_i t})\approx\frac{1}{\beta}\sum_i\frac{\beta_i}{\lambda_i}$ 的性质，可以直接从方程(4.81)推导有效寿命模型.

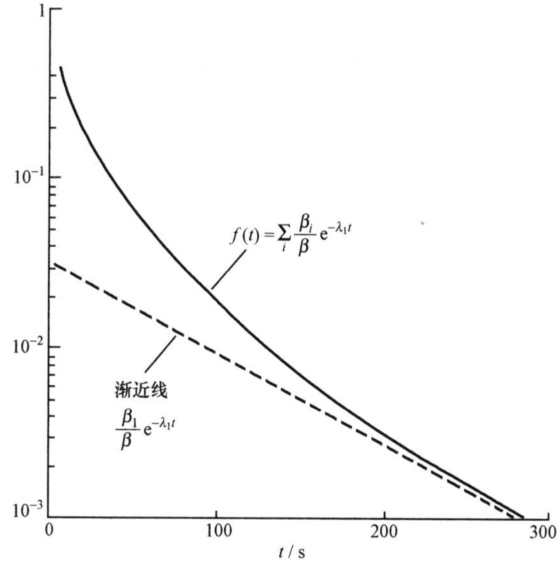

图 4.6　缓发中子衰减函数 $f(t)$(^{235}U，热裂变)

推导 Keepin 方程的下一步是取方程(4.81)两边的 Laplace 变换，然后对 $n(t)$ 的变换 $N(s)$ 求解，得

$$N(s)=\frac{n_0}{s}+\frac{\mathscr{L}(\rho n)+\sum_i\frac{\lambda_i l c_{i0}-\beta_i n_0}{s+\lambda_i}+lQ(s)}{s[l+\beta F(s)]}, \tag{4.83}$$

式中 $\mathscr{L}(\rho n)$，$Q(s)$ 及 $F(s)$ 分别是 $\rho(t)n(t)$，$q(t)$ 及 $f(t)$ 的变换. $F(s)$ 的表达式从(4.82)式求出为

$$F(s)=\frac{1}{\beta}\sum_i\frac{\beta_i}{s+\lambda_i}. \tag{4.84}$$

定义

$$K(s)=\frac{1}{s[l+\beta F(s)]},\tag{4.85}$$

有

$$K(s)=\frac{1}{ls+\sum_i\frac{\beta_i s}{s+\lambda_i}}=\frac{1}{r(s)}=\frac{I(s)}{l}=\frac{G(s)}{n_0},\tag{4.86}$$

式中 $r(s)$ 是以前(2.12)式中定义的反应性特征函数，而 $I(s)$ 及 $G(s)$ 分别是对一临界反应堆的源传递函数和反应性零功率传递函数；见 $\rho_0=0$ 时的(2.120)及(2.140)式.

现在(4.83)式可以写成

$$N(s)=\frac{n_0}{s}+K(s)\left[\mathscr{L}(\rho n)+\sum_i\frac{\lambda_i lc_{i0}-\beta_i n_0}{s+\lambda_i}+lQ(s)\right].\tag{4.87}$$

利用 Laplace 变换理论中的卷积定理作出上式的逆变换，就得 Keepin 积分方程：

$$\begin{aligned}n(t)=n_0+\int_0^t k(t-t')\Big[&\rho(t')n(t')\\&+\sum_i(\lambda_i lc_{i0}-\beta_i n_0)\mathrm{e}^{-\lambda_i t'}+lq(t')\Big]\mathrm{d}t'.\end{aligned}\tag{4.88}$$

积分核 $k(t)$ 是 $K(s)$ 的 Laplace 逆变换；它和脉冲响应 $i(t)$（参见(2.96)式及图 2.8)成正比：

$$k(t)=\frac{i(t)}{l}=\frac{g(t)}{n_0}=\sum_{j=1}^{m+1}\frac{1}{r'(\omega_j)}\mathrm{e}^{\omega_j t},\tag{4.89}$$

式中 $g(t)$ 表示 $G(s)$ 的逆变换，$r'(s)=l+\sum_i\frac{\beta_i\lambda_i}{(s+\lambda_i)^2}$ 是 $r(s)$ 的导数，ω_j 是临界情形下反应性方程(2.11)的根，$\omega_1=0$，$\omega_j\,(j\geqslant 2)$ 均为负.

Keepin 等[13]曾经给出求解积分方程(4.88)的程序编码(RTS 编码)，其中主要是对(4.88)式中出现的褶积分的数值计算. 这编码在延续时间很短的快漂移中有用，但对于 l 小时的慢过渡过程(当刚性困难突出时)应用起来不实际，因为计算积分的时间步长受到限制. $l=10^{-8}$ s 时，通过近似的解析积分然后略去很快消失的那些瞬变项，对 RTS 编码作出可行的变动后，为 §4.6 中检验例 4 算出的结果，就是图 4.5 中标出的 LT 点. 从那图中可以看出，LT 结果和 §4.3 至 §4.5 所讨论的三个主要方法相比不太好. 对于 $l=10^{-3}$ s，褶积方法是可行的，但必须用 $\Delta t<10^{-2}$ s. 如果用更大的 Δt，得出的点就落到图 4.5 底下的标度以外去了.

从(4.89)式及恒等关系(2.60)，可以看出函数 $k(t)$ 在 $t=0$ 及 $t\to\infty$ 时的渐近行为：

$$k(0)=\sum_{j=1}^{m+1}\frac{1}{r'(\omega_j)}=\frac{1}{l}\tag{4.90}$$

及

$$\lim_{t\to\infty}k(t)=\frac{1}{r'(0)}=\frac{1}{l+\sum_i\frac{\beta_i}{\lambda_i}}=\frac{1}{l+\frac{\beta}{\lambda}}=\frac{1}{l'},\tag{4.91}$$

式中 $l'=l+\frac{\beta}{\lambda}$ 是(2.19)式中引进的有效寿命. 可见, $k(t)$ 是个在 $t=0$ 有尖峰的函数, l 的值越小, 尖峰越高越尖; t 大时, $k(t)$ 趋近常数值 $\frac{1}{r'(0)}=\frac{1}{l'}$. 因此 $l\to 0$ 时, $k(t)$ 可以用渐近值 $\frac{1}{l'}=\frac{\lambda}{\beta}$ 加个 δ 函数来表示:

$$k(t)=\frac{\lambda}{\beta}+\frac{1}{\beta^*}\delta(t)\quad(l\to 0),\tag{4.92}$$

式中 $\frac{1}{\beta^*}$ 应当由积分

$$\int_0^\infty\left[k(t)-\frac{\lambda}{\beta}\right]dt=\int_0^\infty\sum_{j=2}^{m+1}\frac{1}{r'(\omega_j)}e^{\omega_j t}dt=\sum_{j=2}^{m+1}\frac{-1}{\omega_j r'(\omega_j)}$$

之值定出. 利用恒等式(2.58)及反应性方程 $\rho_0=r(\omega_1)$, 可以发现, 在临界极限 $\rho_0\to 0$(或 $\omega_1\to 0$)条件下有

$$\begin{aligned}\lim_{\rho_0\to 0}\sum_{j=2}^{m+1}\frac{1}{\omega_j r'(\omega_j)}&=\lim_{\rho_0\to 0}\left[\frac{1}{\rho_0}-\frac{1}{\omega_1 r'(\omega_1)}\right]\\&=\lim_{\omega_1\to 0}\left[\frac{1}{r(\omega_1)}-\frac{1}{\omega_1 r'(\omega_1)}\right]\\&=\lim_{\omega_1\to 0}\frac{\omega_1 r'(\omega_1)-r(\omega_1)}{\omega_1 r(\omega_1)r'(\omega_1)}\\&=-\frac{\sum_i\frac{\beta_i}{\lambda_i^2}}{\left(\sum_i\frac{\beta_i}{\lambda_i}\right)^2}.\end{aligned}$$

因此得

$$\frac{1}{\beta^*}=\int_0^\infty\left[k(t)-\frac{\lambda}{\beta}\right]dt=\frac{\sum_i\frac{\beta_i}{\lambda_i^2}}{\left(\sum_i\frac{\beta_i}{\lambda_i}\right)^2}.$$

考虑 1 组缓发中子情形. 这时 $\beta^*=\beta$. 把(4.92)式代入方程(4.88)并略去初始条件项, 得

$$n(t)=n_0+\frac{\lambda}{\beta}\int_0^t\rho(t')n(t')dt'+\frac{1}{\beta}\rho(t)n(t)$$

$$+\frac{\lambda l}{\beta}\int_0^t q(t')\mathrm{d}t' + \frac{l}{\beta}q(t).$$

将这式对 t 微分，整理后便得瞬跳近似中的点堆动态学方程（参看方程(3.19)）：

$$(\beta-\rho)\frac{\mathrm{d}n}{\mathrm{d}t} - \left(\lambda\rho + \frac{\mathrm{d}\rho}{\mathrm{d}t}\right)n = \lambda lq + l\frac{\mathrm{d}q}{\mathrm{d}t}. \tag{4.93}$$

最后提一下：方程(4.87)可用来推导反应性方程及传递函数．让 $\rho=\rho_0$ 并丢掉从源和非平衡初始条件产生的那些项，方程(4.87)变成

$$N(s) = \frac{n_0}{s} + \rho_0 K(s)N(s).$$

解出 $N(s)$，得

$$N(s) = \frac{n_0}{s[1-\rho_0 K(s)]}. \tag{4.94}$$

由于 $N(s)$ 的极点是在 $s=\omega_j$ 处，反应性方程可写做

$$\rho_0 K(\omega_j) = 1 \quad 或 \quad \rho_0 = \frac{1}{K(\omega_j)}. \tag{4.95}$$

从 $K(s)$ 的表达式(4.86)知，这与(2.11)式中给出的反应性方程 $\rho_0=r(\omega_j)$ 相符．

为求得源传递函数，命 $n=n_0+\delta n, \rho=\rho_0$ 及 $q=q_0+\delta q$，并假定平均值 n_0, c_{i0}, q_0, ρ_0 满足平衡条件(2.4)及(2.6)，则(4.87)式变成

$$\delta N(s) = K(s)[\rho_0\delta N(s) + l\delta Q(s)],$$

而源传递函数

$$I(s) = \frac{\delta N(s)}{\delta Q(s)} = \frac{lK(s)}{1-\rho_0 K(s)}. \tag{4.96}$$

对于反应性传递函数，命 $n=n_0+\delta n, \rho=\rho_0+\delta\rho$ 及 $q=q_0$．仍假设平均值满足平衡条件，并作近似

$$\rho n = (\rho_0+\delta\rho)(n_0+\delta n) \approx \rho_0 n_0 + n_0\delta\rho + \rho_0\delta n,$$

便得

$$\delta N(s) = K(s)[n_0\delta R(s) + \rho_0\delta N(s)],$$

而反应性传递函数

$$G(s) = \frac{\delta N(s)}{\delta R(s)} = \frac{n_0 K(s)}{1-\rho_0 K(s)}. \tag{4.97}$$

从(4.96)及(4.97)式及关系 $K(s)=\dfrac{1}{r(s)}$，马上可得以前得出过的关系：

$$\frac{I(s)}{l} = \frac{G(s)}{n_0} = \frac{K(s)}{1-\rho_0 K(s)} = \frac{1}{r(s)-\rho_0}.$$

通过分别取方程(4.78a,b)的 Laplace 变换，再解出 $n(t)$ 的变换 $N(s)$，可得

$$N(s) = ln_0 K(s) + K(s)\left[\mathscr{L}(\rho n) + \sum_i \frac{c_{i0}l\lambda_i}{s+\lambda_i} + lQ(s)\right]. \tag{4.98}$$

再作 Laplace 逆变换,便得 Keepin 积分方程的另一形式：

$$n(t)=ln_0k(t)+\int_0^t k(t-t')\Big[\rho(t')n(t')+\sum_i\lambda_i lc_{i0}\mathrm{e}^{-\lambda_i t'}+lq(t')\Big]\mathrm{d}t'. \tag{4.99}$$

§4.9　反应堆动态分析的逆方法

前两章中讨论过的一些可以解析或半解析求解点堆动态学方程组的情形表明,即使是对于像点堆模型这样的简化动态学问题,严格解也只是对几种简单类型的反应性输入才能完整地求得. 本节中我们将讨论反应堆动态分析的逆方法[15]：探讨为产生一规定的功率变化 $n(t)$所需输入的反应性 $\rho(t)$. 讨论的结果将表明,从这所谓“逆动态学”的观点来进行反应堆动态的分析,解析方法的范围扩大了,对动态行为的理解也加深了.

逆方法之所以重要,除掉它使更多的堆动态问题便于用解析方法分析外,还因为：

(1) 在反应堆运行中,为安排控制棒的移动程序,必须知道产生某特定功率变动所需的、外加反应性随时间的变化.

(2) 在反应堆动态的**瞬变分析**中,用反应性变化解释测量到的功率响应曲线,可提供有关堆中反馈机制的知识. 例如,先引进一已知反应性并测量堆中功率的变化,然后利用逆方法求出与这功率变动相应的反应性函数. 这一函数应当是已知反应性输入加未知反馈反应性效应之和. 这样就可得出有关反馈机制的知识.

(3) 知道了为得到已知功率响应所需的外加反应性,也可以检验为一给定反应性输入所求得的动态学方程近似解的可靠程度.

下面我们将先把点堆动态学方程组(4.78a,b)化成一个积分微分方程,然后在它的基础上讨论逆方法应用的可能性.

把(4.78b)式的形式解

$$c_i(t)=c_i(t_0)\mathrm{e}^{-\lambda_i(t-t_0)}+\frac{\beta_i}{l}\int_{t_0}^t n(t')\mathrm{e}^{-\lambda_i(t-t')}\mathrm{d}t' \tag{4.100}$$

代入方程(4.78a),得积分微分方程：

$$l\frac{\mathrm{d}n}{\mathrm{d}t}=(\rho-\beta)n+\int_{t_0}^t n(t')\sum_i\beta_i\lambda_i\mathrm{e}^{-\lambda_i(t-t')}\mathrm{d}t'+l\sum_i\lambda_i c_i(t_0)\mathrm{e}^{-\lambda_i(t-t_0)}+lq. \tag{4.101}$$

由上式可以解出反应性 $\rho=\rho(t)$：

$$\rho=\beta+\frac{l}{n}\frac{\mathrm{d}n}{\mathrm{d}t}-\frac{l}{n}\sum_i\lambda_i c_i(t_0)\mathrm{e}^{-\lambda_i(t-t_0)}$$
$$-\frac{1}{n}\int_{t_0}^{t}n(t')\sum_i\beta_i\lambda_i\mathrm{e}^{-\lambda_i(t-t')}\mathrm{d}t'-\frac{lq}{n}. \tag{4.102}$$

这就是为得到给定功率变化所需的反应性随时间变化的形式.由(4.102)式可见,逆方法的唯一实质限制是式中的积分要能作出.Murray[15]把积分

$$\bar{n}(\lambda,t)\equiv\int_0^t\mathrm{e}^{\lambda\tau}n(\tau)\mathrm{d}\tau \tag{4.103}$$

叫做**“功率变换”**,并指出它和 $n(t)$ 的 Laplace 变换 $N(s)$ 之间存在下列关系①:

$$\mathrm{e}^{-\lambda t}\bar{n}(\lambda,t)=\mathscr{L}^{-1}\left\{\frac{N(s)}{s+\lambda}\right\}. \tag{4.104}$$

所以逆动态方法对于所有存在 Laplace 变换的功率函数都能适用.不难看出,从§4.8中用 Laplace 变换方法得出的方程(4.87)解出 $\mathscr{L}(\rho n)$,并作 Laplace 逆变换后,再解出 $\rho=\rho(t)$,也可以得到(4.102)式用(4.103)及(4.104)式代入后所得结果.表4.10中列出了一些功率函数及其相应的“功率变换”.知道了功率变换,显然就可以从(4.102)式算出和给定 $n(t)$ 相应的反应性 $\rho=\rho(t)$.这个反应性包括外加反应性 ρ_a 和反馈反应性 ρ_F:$\rho=\rho_a+\rho_F$.关于反馈反应性的产生,我们将留待下章再进行讨论.

表4.10 “功率变换”$\bar{n}(\lambda,t)=\int_0^t\mathrm{e}^{\lambda\tau}n(\tau)\mathrm{d}\tau$ 表

编号	$n(\tau)$	$\bar{n}(\lambda,t)$
1	$1+a\tau$	$\frac{1}{\lambda^2}[(\lambda-a)(\mathrm{e}^{\lambda t}-1)+a\lambda t\mathrm{e}^{\lambda t}]$
2	$\begin{cases}l+a\tau & (0<\tau\leqslant t_1),\\ l+at_1 & (\tau>t_1)\end{cases}$	见1 $\frac{1}{\lambda^2}[-\lambda+a(1-\mathrm{e}^{\lambda t_1})+\lambda(1+at_1)\mathrm{e}^{\lambda t}]$
3	$\begin{cases}1+a\tau & (0<\tau\leqslant t_1),\\ 1+2at_1-a\tau & (\tau>t_1)\end{cases}$	见1 $\frac{1}{\lambda^2}(a-\lambda-2a\mathrm{e}^{\lambda t_1})+\frac{1}{\lambda^2}\mathrm{e}^{\lambda t}[\lambda(1+2at_1)$ $+a(1-\lambda t)]$
4	$\begin{cases}1+a\tau & (0<\tau\leqslant t_1),\\ 1+2at_1-a\tau & (t_1<\tau\leqslant 2t_1),\\ 1 & (\tau>2t_1)\end{cases}$	见1 见3 $\frac{1}{\lambda^2}[a(1-\mathrm{e}^{\lambda t_1})^2+\lambda(\mathrm{e}^{\lambda t}-1)]$
5	$1+A\sin\omega\tau$	$\frac{1}{\lambda}(\mathrm{e}^{\lambda t}-1)+\frac{A}{\omega^2+\lambda^2}[\mathrm{e}^{\lambda t}(\lambda\sin\omega t-\omega\cos\omega t)+\omega]$

① 利用关系

$$\frac{1}{2\pi\mathrm{i}}\int_{\sigma-\mathrm{i}\infty}^{\sigma+\mathrm{i}\infty}\frac{\mathrm{e}^{s(t-t')}}{s+\lambda}\mathrm{d}s=\begin{cases}\mathrm{e}^{-\lambda(t-t')} & (t>t'),\\ 0 & (t<t'),\end{cases}$$

(4.104)式容易证明.

（续表）

编号	$n(\tau)$	$\bar{n}(\lambda,t)$
6	$\frac{n_1+1}{2}-\frac{n_1-1}{2}\cos\frac{\pi\tau}{t_1}$	$\frac{(n_1-1)\lambda t_1}{2\lambda(\lambda^2t_1^2+\pi^2)}\left[\lambda t_1-e^{\lambda t}\left(\lambda t_1\cos\frac{\pi t}{t_1}+\pi\sin\frac{\pi t}{t_1}\right)\right]+\frac{n_1+1}{2\lambda}(e^{\lambda t}-1)$
7	$\begin{cases}\frac{n_1+1}{2}-\frac{n_1-1}{2}\cos\frac{\pi\tau}{t_1} & (0<\tau<t_1),\\ n_1 & (\tau>t_1)\end{cases}$	见 6 $\frac{1}{2\lambda}[2n_1e^{\lambda t}-(n_1+1)]+\frac{(n_1-1)(\lambda^2t_1^2-\pi^2e^{\lambda t_1})}{2\lambda(\lambda^2t_1^2+\pi^2)}$
8	$e^{a\tau}$	$\frac{e^{(\lambda+a)t}-1}{\lambda+a}$
9	$\begin{cases}e^{a\tau} & (0<\tau<t_1),\\ e^{at_1} & (\tau>t_1)\end{cases}$	见 8 $\frac{1}{\lambda(\lambda+a)}e^{at_1}[(\lambda+a)e^{\lambda t}-ae^{\lambda t_1}]-\frac{1}{\lambda+a}$

积分微分方程(4.101)还可以改写成比较简洁一些的形状．为此，定义函数

$$D(t)=\frac{1}{\beta}\sum_i\beta_i\lambda_ie^{-\lambda_it}=\sum_ia_i\lambda_ie^{-\lambda_it}\quad\left(a_i=\frac{\beta_i}{\beta}\right),\tag{4.105}$$

它和以前在(4.82)式中定义的缓发中子衰减函数 $f(t)$之间有下列关系：

$$\int_0^tD(t')\mathrm{d}t'=1-f(t),\tag{4.106}$$

同时有

$$\int_0^\infty D(t')\mathrm{d}t'=1.\tag{4.107}$$

函数 $D(t)$可以叫做**缓发中子几率密度**；$D(t)\mathrm{d}t$ 表示在 $t=0$ 时刻由裂变产生一个缓发中子源后，在时刻 t 到 $t+\mathrm{d}t$ 之间会放出一个缓发中子的几率．图 4.7 为 ^{235}U

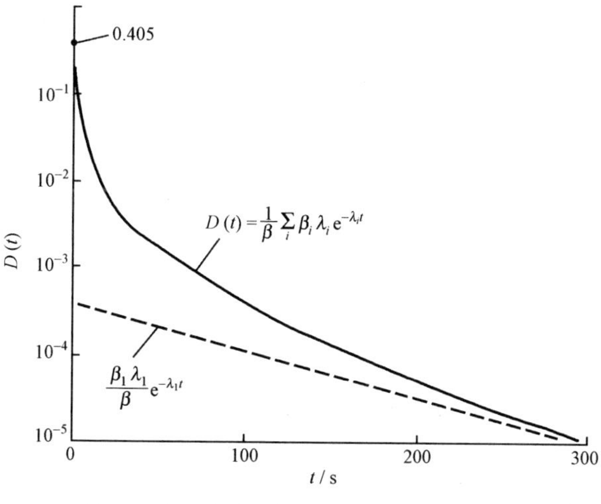

图 4.7　缓发中子几率密度 $D(t)$(^{235}U，热裂变)

中热裂变给出了函数 $D(t)$的图像. 注意,

$$D(0)=\frac{1}{\beta}\sum_i\beta_i\lambda_i=\lambda',$$

对于^{235}U 的热裂变,$D(0)=\lambda'=0.405\ s^{-1}$.

用 $D(t)$表示,方程(4.101)可写成

$$l\frac{dn}{dt}=(\rho-\beta)n+\beta\int_{t_0}^{t}n(t')D(t-t')dt'$$
$$+l\sum_i\lambda_i c_i(t_0)e^{-\lambda_i(t-t_0)}+lq. \tag{4.101'}$$

如果让 $t_0\to-\infty$,并作物理上合理的假设:

$$\lim_{t_0\to-\infty}c_i(t_0)e^{\lambda_i t_0}=0, \tag{4.108}$$

便得

$$l\frac{dn}{dt}=\rho n-\beta n+\beta\int_{-\infty}^{t}n(t')D(t-t')dt'+lq;$$

或者引进新的积分变量 $u=t-t'$,得

$$l\frac{dn}{dt}=\rho n-\beta n+\beta\int_0^{\infty}n(t-u)D(u)du+lq. \tag{4.109}$$

由此解出 $\rho=\rho(t)$:

$$\rho(t)=\beta+l\frac{d\ln n(t)}{dt}-\beta\int_0^{\infty}\frac{n(t-u)}{n(t)}D(u)du-\frac{lq(t)}{n(t)}. \tag{4.110}$$

它在假设(4.108)之下当然是和(4.102)式等价的. 利用(4.107)式,上式也可以改写成

$$\rho(t)=\frac{l}{n}\frac{dn}{dt}-\beta\int_0^{\infty}\left[\frac{n(t-u)}{n(t)}-1\right]D(u)du-\frac{lq(t)}{n(t)}. \tag{4.110'}$$

下面我们通过利用(4.110)式讨论两个例子来说明逆方法应用的广泛可能性.

A. **周期性功率变动**

设 $n(t)$是时间的周期性函数,周期为 T,即 $n(t)=n(t+kT)$ $(k=0,\pm1,\pm2,\cdots)$. 让我们来探讨无外源($q=0$)时,为产生这种功率变动所需的反应性输入的特性.

从(4.110)式马上可以看出,$\rho(t)=\rho(t+T)$,即反应性也应当是具有同样周期的周期性函数. 当有一固定外源($q=$常数)时,这结论也成立.

可以证明: 反应性在一周期内的平均值恒为负,即

$$\bar{\rho}\equiv\frac{1}{T}\int_0^{T}\rho(t)dt<0. \tag{4.111}$$

实际上,利用 $\ln n(t)=\ln n(t+T)$,从(4.110′)式可得

$$\bar{\rho}=-\frac{1}{T}\beta\int_0^{\infty}\left\{\int_0^T\left[\frac{n(t-u)}{n(t)}-1\right]\mathrm{d}t\right\}D(u)\mathrm{d}u. \tag{4.112}$$

式中积分 $\int_0^T\frac{n(t-u)}{n(t)}\mathrm{d}t$ 可以看成对正数 $a_j=n(t_j-u)$ 及 $b_j=\frac{1}{n(t_j)}$ 的乘积求和. 利用一个关于 $\sum_j a_j b_j$ 形状总和的定理[16]：如果数列 $(a_1,a_2,\cdots)$ 及 $(b_1,b_2,\cdots)$ 按同样顺序排列，即，如果最大的 a 乘上最大的 b，次大的 a 乘上次大的 b，如此下去，则总和最大；反之，如果这二数列按相反顺序排列，即，最大的 a 乘上最小的 b，次大的 a 乘上次小的 b，如此下去，则总和最小. 由于功率 $n(t)$ 假设为周期性，所以 $n(t_j-u)$ 和 $n(t_j)$ 以不同顺序跑过同样一些值. 因此，如果把积分 $\int_0^T\frac{n(t-u)}{n(t)}\mathrm{d}t$ 看成 $\sum_j a_j b_j$，则 $u=0$ 时得到的是相反顺序的求和，因为 $a_j=n(t_j)$ 最大时 $b_j=\frac{1}{n(t_j)}$ 为最小. 因此积分值当 $u=0$ 时最小. 于是

$$\frac{1}{T}\int_0^T\frac{n(t-u)}{n(t)}\mathrm{d}t\geqslant\frac{1}{T}\int_0^T\frac{n(t)}{n(t)}\mathrm{d}t=1.$$

利用这个结果，从(4.112)式马上可以得出(4.111)式的结论，即 $\bar{\rho}<0$.

更具体一些，考虑功率在一平均值周围的正弦波动：$n(t)=1+A\sin\omega t$. 代入 $q=0$ 的(4.110)式，可求得

$$\frac{\rho(t)}{\beta}=\frac{A}{1+A\sin\omega t}\left\{\sum_i\frac{a_i\omega^2}{\omega^2+\lambda_i^2}\sin\omega t+\left(\frac{l}{\beta}+\sum_i\frac{a_i\lambda_i\omega}{\omega^2+\lambda_i^2}\right)\cos\omega t\right\}. \tag{4.113}$$

顺便指出，利用表 4.10 中和 $n(\tau)=1+A\sin\omega\tau$ 相对应的"功率变换"，从 $t_0=0$ 的(4.102)式求得的 $\frac{\rho(t)}{\beta}$ 表达式，在略去其中的瞬变项后，完全和(4.113)式相符. 这些瞬变项是时间原点的存在引起的，因此在应用了假设(4.108)的(4.113)式中不出现. 利用反应性特征函数 $r(s)$，可以把(4.113)式写得更为紧凑. 为此，只需注意

$$\begin{aligned}\frac{1}{\beta}r(\mathrm{i}\omega)&=\frac{l}{\beta}\mathrm{i}\omega+\sum_j\frac{a_j\mathrm{i}\omega}{\lambda_j+\mathrm{i}\omega}\\&=\sum_j\frac{a_j\omega^2}{\omega^2+\lambda_j^2}+\mathrm{i}\left[\frac{l}{\beta}\omega+\sum_j\frac{a_j\lambda_j\omega}{\omega^2+\lambda_j^2}\right]\end{aligned}$$

的实部和虚部正好分别是(4.113)式右边{　}内 $\sin\omega t$ 和 $\cos\omega t$ 的系数. 因此，如果用 φ 表示 $r(\mathrm{i}\omega)$ 的相角，则有

$$\begin{cases}\sum_j\frac{a_j\omega^2}{\omega^2+\lambda_j^2}=\frac{1}{\beta}\mid r(\mathrm{i}\omega)\mid\cos\varphi,\\ \frac{l}{\beta}\omega+\sum_j\frac{a_j\lambda_j\omega}{\omega^2+\lambda_j^2}=\frac{1}{\beta}\mid r(\mathrm{i}\omega)\mid\sin\varphi.\end{cases}$$

于是(4.113)式可以缩写成

$$\rho(t) = A \mid r(\mathrm{i}\omega) \mid \cdot \frac{\sin(\omega t + \varphi)}{1 + A\sin\omega t}, \tag{4.114}$$

式中 $\varphi = \arg r(\mathrm{i}\omega)$. 由(4.114)式可见，产生正弦形式功率波动的反应性输入为周期性，但除非 $A \ll 1$(振幅很小)，它就不是正弦形式. 从(4.114)式可得 $\rho(t)$ 的平均值：

$$\begin{aligned}\bar{\rho} &= -\mid r(\mathrm{i}\omega) \mid \cos\varphi\left[\frac{1}{\sqrt{1-A^2}} - 1\right] \\ &= -\left[\frac{1}{\sqrt{1-A^2}} - 1\right]\mathrm{Re}\left[r(\mathrm{i}\omega)\right].\end{aligned} \tag{4.115}$$

当 $A \ll 1$ 时，

$$\bar{\rho} \approx -\frac{A^2}{2}\mathrm{Re}\left[r(\mathrm{i}\omega)\right] = -\frac{A^2}{2}\sum_j \frac{\beta_j \omega^2}{\omega^2 + \lambda_j^2}. \tag{4.116}$$

即，平均的负反应性偏移和正弦功率振荡的相对振幅(以功率平均值为 1)的平方成正比. 结果(4.116)和第三章中所得结果(3.151)及(3.160)式完全一致.

B. **正功率漂移后的反应性**

考虑一如图 4.8 所示的正功率漂移. 功率从初始值 n_0 出发上升，到 $t = t_m$ 时刻达到极大值，到 $t = \tau$ 时刻又回到初始值.

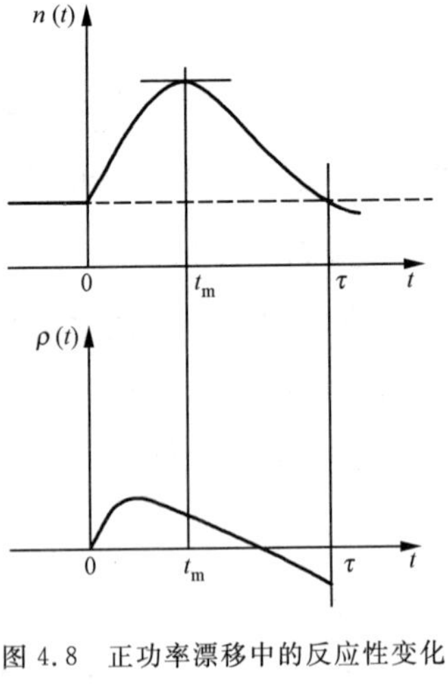

图 4.8　正功率漂移中的反应性变化

可以证明，τ 时刻的反应性为负. 实际上，假定在 $t = 0$ 以前堆功率固定并等于 n_0，于是对于 $t < 0$ 有 $\rho(t) = 0$. 这样，从略去源的(4.110′)式可得

$$\rho(\tau) = \frac{l}{n_0}\frac{\mathrm{d}n}{\mathrm{d}t}\bigg|_{t=\tau} - \beta\int_0^{\tau}\left[\frac{n(\tau - u)}{n_0} - 1\right]D(u)\mathrm{d}u. \tag{4.117}$$

式中积分上限由 ∞ 换成了 τ，因为 $u > \tau$ 时 $n(\tau - u) = n_0$，从而使被积函数为零. 积分为正：

$$\int_0^\tau \left[\frac{n(\tau-u)}{n_0}-1\right]D(u)\mathrm{d}u > 0,$$

因为在 $0<u<\tau$ 区间 $n(\tau-u)>n_0$（正漂移）.（4.117）式中右边第一项非正，因为 $\left.\frac{\mathrm{d}n}{\mathrm{d}t}\right|_{t=\tau}$ 或为零或为负. 因此，由（4.117）式可见，$\rho(\tau)<0$，即回到原始功率水平的正漂移要求在 $t=\tau$ 时刻反应性已变为负. 假设漂移延续的时间很短 $\left(\tau\ll\min\left(\frac{1}{\lambda_i}\right)\right)$，使 $D(u)$ 在 u 从 $t-\tau$ 到 t 的时间间隔内变化很小，我们可以近似地显式算出反应性随时间的变化. **先考虑 $t\leqslant\tau$ 的情况**. 把 $q=0$ 的（4.110）式写成

$$\rho(t) = \beta\left(1-\frac{n_0}{n(t)}\right)+\frac{l}{n(t)}\frac{\mathrm{d}n}{\mathrm{d}t} - \beta\int_0^\infty \left[\frac{n(t-u)}{n(t)}-\frac{n_0}{n(t)}\right]D(u)\mathrm{d}u. \tag{4.118}$$

由于 $u>t$ 时 $n(t-u)=n_0$，所以上式右边积分的上限可换为 t；而由于 $t\leqslant\tau\ll\min\left(\frac{1}{\lambda_i}\right)$，积分号 $\int_0^t$ 下的 $D(u)$ 可换成 $D(0)=\lambda'$ 挪到积分号外. 这样便得

$$\rho(t) = \beta\left(1-\frac{n_0}{n(t)}\right)+\frac{l}{n(t)}\frac{\mathrm{d}n}{\mathrm{d}t}-\beta\lambda'\frac{E(t)}{n(t)}\quad (t<\tau), \tag{4.119}$$

式中

$$E(t) = \int_0^t [n(t-u)-n_0]\mathrm{d}u = \int_0^t [n(u)-n_0]\mathrm{d}u \tag{4.120}$$

是到时刻 t 为止功率漂移比堆在原始功率 n_0 运行多释放的能量. 由（4.119）式可见 $\rho(0+)=\left.\frac{l}{n_0}\frac{\mathrm{d}n}{\mathrm{d}t}\right|_{t=0+}>0$. 即 $\rho(t)$ 在 $t=0$ 处有一跳跃，如图 4.8 所示.

现在**考虑 $t\geqslant\tau$ 的情况**. 设 $t\geqslant\tau$ 时 $n(t)=n_0$，因而 $\frac{\mathrm{d}n}{\mathrm{d}t}=0$①. 于是（4.118）式右边前两项都等于 0，第三项中 $n(t)=n_0$ 而且积分上限可换成 t，结果得

$$\begin{aligned}\rho(t) &= -\frac{\beta}{n_0}\int_0^t [n(t-u)-n_0]D(u)\mathrm{d}u \\ &= -\frac{\beta}{n_0}\int_0^t [n(u)-n_0]D(t-u)\mathrm{d}u \\ &= -\frac{\beta}{n_0}\int_0^\tau [n(u)-n_0]D(t-u)\mathrm{d}u \\ &\approx -\frac{\beta}{n_0}D(t-\tau)E = -\frac{E}{n_0}\sum_i \beta_i\lambda_i \mathrm{e}^{-\lambda_i(t-\tau)}\quad (t\geqslant\tau),\end{aligned} \tag{4.121}$$

① 为保证 $n(t)$ 在 $t=\tau$ 时的光滑性，我们同时假定 $\left.\frac{\mathrm{d}n}{\mathrm{d}t}\right|_{t=\tau-}=0$.

式中 $E=E(\tau)=\int_0^{\tau}[n(u)-n_0]\mathrm{d}u$ 是整个漂移中多释放的能量.(4.119)及(4.121)式为快漂移过程中及快漂移后的反应性随时间变化情况提供了很好的近似,可以作为验证数值计算的(τ 小时的)极限情况.注意,$t=\tau$ 时,由于 $n(t)=n_0$,$\frac{\mathrm{d}n}{\mathrm{d}t}=0$,所以两式给出相符的结果:

$$\rho(\tau)\approx-\frac{E}{n_0}\sum_i\beta_i\lambda_i=-\frac{E}{n_0}\beta\lambda' \tag{4.122}$$

或

$$\frac{\rho(\tau)}{\beta}\approx-\frac{E}{n_0\cdot\frac{1}{\lambda'}}. \tag{4.122$'$}$$

λ'和以前一样,表示缓发中子先行核的平均衰变常数.(4.122′)式表明,正功率快漂移终止时刻 $t=\tau$ 的负反应性值,当用"元"作单位时,近似等于漂移中多释放的能量与堆在原始功率运转$\frac{1}{\lambda'}$时间会释放的能量之比.由(4.121)式还可以看出,一个短的正功率漂移(或涨落)过去后,它所要求的负反应性随着 t 的增加趋向于0.

另外,可以证明,在功率漂移达到第一个极大值的时刻($t=t_{\mathrm{m}}$),反应性为正,即 $\rho(t_{\mathrm{m}})>0$.实际上,由于$\left.\frac{\mathrm{d}n}{\mathrm{d}t}\right|_{t_{\mathrm{m}}}=0$,从 $q=0$ 时的(4.110′)式得

$$\rho(t_{\mathrm{m}})=-\beta\int_0^{\infty}\left[\frac{n(t_{\mathrm{m}}-u)}{n(t_{\mathrm{m}})}-1\right]D(u)\mathrm{d}u, \tag{4.123}$$

由于 $n(t_{\mathrm{m}})$是堆功率的第一个极大值,所以 u 在从0到∞的整个积分区间取值时恒有 $n(t_{\mathrm{m}}-u)<n(t_{\mathrm{m}})$,即上式中被积函数恒为负,因此有 $\rho(t_{\mathrm{m}})>0$.注意,要是没有缓发中子($\beta=0,D(u)=0$),$\rho(t_{\mathrm{m}})$本来会等于零.

最后,我们简短地提一下从 $n(t)$计算 $\rho(t)$的一些其他表达式.

在(4.102)式中作分部积分,可以将它化成下列形式:

$$\rho=\frac{l}{n}\frac{\mathrm{d}n}{\mathrm{d}t}+\frac{1}{n}\sum_i[\beta_i n(t_0)-l\lambda_i c_i(t_0)]\mathrm{e}^{-\lambda_i(t-t_0)}$$
$$+\frac{\beta}{n}\int_{t_0}^{t}\frac{\mathrm{d}n(t')}{\mathrm{d}t'}f(t-t')\mathrm{d}t'-\frac{lq}{n}. \tag{4.124}$$

式中应用了(4.82)式中定义的缓发中子衰减函数 $f(t)=\frac{1}{\beta}\sum_i\beta_i\mathrm{e}^{-\lambda_i t}$.如果 $q=0$ 而且 $t=t_0$ 时刻堆处在平衡态,(4.124)式就简化为

$$\rho=\frac{l}{n}\frac{\mathrm{d}n}{\mathrm{d}t}+\frac{\beta}{n}\int_{t_0}^{t}\frac{\mathrm{d}n(t')}{\mathrm{d}t'}f(t-t')\mathrm{d}t'. \tag{4.125}$$

如果不是这样的情形,而是反应性曾在 $t=t_0$ 以前一段足够长的时间保持为恒量

ρ_0，就可利用渐近关系$\frac{\mathrm{d}c_i}{\mathrm{d}t}\sim\omega_1 c_i$（$\omega_1$ 是反应性方程的代数值最大的根）从先行核方程(4.78b)得到关系式

$$c_i(t_0)=\frac{\beta_i n(t_0)}{l(\omega_1+\lambda_i)},$$

然后代入(4.124)式右边第二项，将它化成

$$\frac{n(t_0)}{n}\sum_i\frac{\beta_i\omega_1}{\omega_1+\lambda_i}\mathrm{e}^{-\lambda_i(t-t_0)}.$$

另一方面，从反应性方程 $\rho_0=r(\omega_1)$ 有

$$\rho_0-l\omega_1=\sum_i\frac{\beta_i\omega_1}{\omega_1+\lambda_i}.$$

在以上两个表达式的总和中，由于 ω_1 最接近 $-\lambda_1$，而且其他 λ_i($i=2,\cdots,6$)都比 λ_1 大很多，所以都只有 $i=1$ 的项重要. 于是可以把(4.124)式右边第二项近似写成

$$\frac{n(t_0)}{n}(\rho_0-l\omega_1)\sum_i\mathrm{e}^{-\lambda_i(t-t_0)},$$

而(4.124)式变为

$$\rho\approx\frac{l}{n}\frac{\mathrm{d}n}{\mathrm{d}t}+\frac{n(t_0)}{n}(\rho_0-l\omega_1)\sum_i\mathrm{e}^{-\lambda_i(t-t_0)}+\frac{\beta}{n}\int_{t_0}^{t}\frac{\mathrm{d}n(t')}{\mathrm{d}t'}f(t-t')\mathrm{d}t'. \tag{4.126}$$

这一表达式用来分析脉冲堆中从低功率开始的漂移，是个方便的形式.

从本节的讨论，我们可以看出逆方法在反应堆动态分析中的作用. 表 4.10 中对一些简单的功率函数求出了相应的“功率变换”的解析表达式，利用它们从(4.102)及(4.103)式马上可以写出所要求反应性的解析表达式. 利用(4.104)式和现成的 Laplace 变换表，还可以将表 4.10 的内容大大加以扩充. 当功率随时间的变化不是由解析式给出，或者虽然可以用解析式给出但其“功率变换”不能用解析式写出时，为应用逆方法，就需要对(4.103)式中的积分

$$\int_0^t n(\tau)\mathrm{e}^{\lambda\tau}\mathrm{d}\tau$$

进行数值计算. 当 $n(t)$ 在比$\frac{1}{\lambda}$为大的时间间隔内变化缓慢时，为避免过多的时间步长数，可以用类似于 §4.3 中的方法：对缓变因子用幂级数展开并逐项积分，或者在每个时间步长中用个合适的平均值.

关于周期性功率变动和正功率漂移后反应性两个例子的分析说明，即使在没有得出解析式的情形下，应用逆方法也能对反应堆的动态特点作出有意义的推论.

参 考 文 献

[1] 南京大学数学系计算数学专业编.常微分方程数值解法.北京：科学出版社，1979.

[2] Gear C W. The automatic integration of stiff ordinary differential equations. //Information Processing, 68, ed. Morrel A J H. Amsterdam: North Holland Publishing Comp., 1969: 187—193.

[3] Lawrence R D, Dorning J J. Nucl. Sci. Eng., 1977, 64: 492.

[4] Lindberg B. Int. Symp. Stiff Differential Systems, ed. Willoughby R A. New York: Plenum Press, 1973: 201.

[5] Cohen E R. PICG, 1958, 11: 302.

[6] Adler F T. J. Nucl. Energy, 1961, 15: 81.

[7] Kaganove J J. ANI-6132, 1960.

[8] Hansen K F *et al*. Nucl. Sci. Eng., 1965, 22: 51.

[9] Szeligowski J, Hetrick D L. A comparison of some numerical methods for solving the equations of reactor dynamics. Proc. Int. Conf. on the Utilization of Research Reactors and Reactor Mathematics and Computation. Mexico, D. F.: Comision Nacional de Energia Nuclear. 1967.

[10] Vigil J C. Nucl. Sci. Eng., 1967, 29: 392.

[11] Yeh K. Nucl. Sci. Eng., 1978, 66: 235.

[12] 南京大学数学系计算数学专业编.数值逼近方法. 北京：科学出版社，1978.

[13] Keepin G R, Cox C W. Nucl. Sci. Eng., 1960, 8: 670.

[14] Keepin G R. Physics of Nuclear Kinetics. Mass.: Addison-Wesley, 1965: Ch. 9, Reading.

[15] Murray R L *et al*. Nucl. Sci. Eng., 1964, 18: 481.

[16] Hardy G *et al*. Inequalities. London: Cambridge Univ. Press, 1952: 261, Thm368.

第五章　反应性反馈、自限堆功率漂移及堆的中期和长期行为

第二和第三章中，我们利用简化的反应堆动态学方程，即点堆方程讨论了反应堆对于各种形式外加反应性的响应. 讨论中略去了反馈反应性的影响. 这在功率很小的零功率装置或平均功率很小的脉冲装置中是容许的. 但在功率堆(特别是高功率堆和堆功率事故漂移)的情形下，作为大量裂变产生的结果，一方面大量释放的能量使堆中工作物质的温度、密度，甚至物态发生变化；另一方面大量增殖的中子使堆中核素成分在较长时间内也发生变化. 这些短期或中、长期的变化反过来又必然影响中子在反应堆中的输运和增殖，使反应性相应变化. 这就是我们在本章中要讨论的反应性反馈. 为简单起见，本章的讨论仍然利用点堆模型的概念，把本来是和空间有关的功率、温度和各种核素浓度的分布"集总"为与空间无关的一些积分量或适当平均量. 这样做的理由以及和空间分布有关的效应，将留待以后在第七章中再行讨论.

我们首先在 § 5.1 中分别就热堆和快堆的简单模型说明反应性温度系数的各个组成部分，估计它们的数量级，并指出"即时"和"滞后"温度效应的区别. 在搞清楚这些物理因素的基础上，§ 5.2 中将讨论反应性反馈(特别是温度反馈)的数学描述. 对于线性反馈，我们将引进一些简单的数学模型，另外也要阐述一般(包括非线性的)反馈泛函的基本特性. § 5.3— § 5.6 中将分别用快漂移的 Nordheim-Fuchs 模型、慢漂移的瞬跳模型、瞬发临界附近的统一模型以及 Fuchs 线性输入模型讨论反应性反馈对各种功率漂移的自限作用(或各种功率漂移中的停堆机制). § 5.7— § 5.8 中则分别简略地介绍热堆和快堆功率漂移中更复杂的停堆机制. 最后两节(§ 5.9 和 § 5.10)致力于反应堆中、长期动力学行为的探讨，它们由裂变产物的积累(其中最重要的是 ^{135}Xe，其次是 ^{149}Sm)、易裂变核素的燃耗和可转换核素的转换决定.

§ 5.1　反应性温度系数

反应堆中各种物质温度变化时所引起物质密度的变化、中子温度的变化以及铀和钚等核燃料共振吸收的 Doppler 效应，都会引起反应性的变化. 反应性的各种**温度系数**由

$$\alpha_T = \frac{d\rho}{dT} \tag{5.1}$$

定义. 这里 ρ 是堆的反应性，而 T 是某种组成部分的温度. 如果 T 是燃料的温度，α_T 就是燃料温度系数；如果 T 是慢化剂的温度，α_T 就是慢化剂温度系数；如此等等.

从反应性 ρ 的定义(1.29)：

$$\rho = 1 - \frac{1}{k}$$

可得 $\alpha_T = \frac{1}{k^2}\frac{dk}{dT}$. 对于所有实际上有兴趣的情形，$k$ 都接近 1，因此 α_T 又可写为

$$\alpha_T \approx \frac{1}{k}\frac{dk}{dT}. \tag{5.2}$$

(5.2)式用来计算温度系数，比(5.1)式更为方便. 以下就采用它作为 α_T 的定义.

1. 热堆

先考虑无反射层的均匀热堆. 我们把温度看成在堆中均匀变化，这样得到的 α_T 叫做堆的**等温温度系数**. 从一般热堆的理论[1]知

$$k = k_\infty P_t P_f, \tag{5.3}$$

式中无限介质增殖因子 k_∞ 由著名的"4 因子公式"给出：

$$k_\infty = \eta\varepsilon p f; \tag{5.4}$$

而 P_f 及 P_t 分别是中子在慢化到热能以前和以后不漏失到堆外的几率. 按照 Fermi 年龄理论，

$$P_f = e^{-B^2\tau}; \tag{5.5}$$

而按照热中子扩散理论，

$$P_t = \frac{1}{1 + B^2L^2}. \tag{5.6}$$

(5.4)式中

η=核燃料每吸收 1 个热中子放出的裂变中子平均数；

ε=快裂变增殖因子；

p=逃脱共振几率；

f=热中子利用系数.

(5.5)及(5.6)式中，B^2 是基本模式的曲率，τ 是中子年龄，而 L 是热中子扩散长度. 注意，由(5.3)—(5.6)式规定的热堆增殖因子比 §1.4 中(1.25)式规定的更仔细些. 如果 $B^2\tau \ll 1, B^2L^2 \ll 1$，则

$$P_f P_t \approx \frac{1}{1 + B^2M^2}, \quad M^2 \equiv \tau + L^2, \tag{5.7}$$

M 叫做徙动长度. 它和(1.25)式中的 L 相当.

引进记号

$$\alpha_T(x) \equiv \frac{\mathrm{d}\ln x}{\mathrm{d}T} = \frac{1}{x}\frac{\mathrm{d}x}{\mathrm{d}T}, \tag{5.8}$$

从(5.2)式至(5.6)式有

$$\alpha_T = \alpha_T(k) = \alpha_T(k_\infty) + \alpha_T(P_\mathrm{f}) + \alpha_T(P_\mathrm{t}), \tag{5.9a}$$

$$\alpha_T(k_\infty) = \alpha_T(\eta) + \alpha_T(\varepsilon) + \alpha_T(p) + \alpha_T(f), \tag{5.9b}$$

$$\alpha_T(P_\mathrm{f}) = -B^2\tau[\alpha_T(B^2) + \alpha_T(\tau)], \tag{5.9c}$$

$$\alpha_T(P_\mathrm{t}) = -\frac{B^2L^2}{1+B^2L^2}[\alpha_T(B^2) + \alpha_T(L^2)]. \tag{5.9d}$$

$\alpha_T(\eta)$主要由核燃料的热裂变和辐射俘获截面对中子能量有不同的依赖关系引起. 根据(5.1)式,100 ℃时 $\alpha_T(\eta)$之值为:对^{233}U,$+4\times10^{-5}$/℃;对^{235}U,-3×10^{-5}/℃;对^{239}Pu,-5×10^{-4}/℃. 对于包含几种同位素的核燃料,η 从宏观截面的加权平均值算出. 对于天然铀,在大约 300 ℃以下的温度,$\alpha_T(\eta)$实际上可看成 0;在此温度以上则变到约为-10^{-4}/℃. 在均匀热堆中,除了对^{239}Pu 燃料外,$\alpha_T(\eta)$通常是不重要的.

均匀热堆中,快裂变因子 ε 与温度无关,因此 $\alpha_T(\varepsilon)=0$.

逃脱共振几率 p 由于 Doppler 效应而和温度有关. 但这种效应只有在非均匀堆或快堆中才需要考虑. 对于均匀热堆这效应一般可以略去,$\alpha_T(p)\approx0$.

均匀堆的热中子利用系数 f 由下式给出:

$$f = \frac{\Sigma_{\mathrm{aF}}}{\Sigma_\mathrm{a}} = \frac{N_\mathrm{F}\sigma_{\mathrm{aF}}}{N_\mathrm{F}\sigma_{\mathrm{aF}} + \sum_i N_i\sigma_{\mathrm{a}i}} \quad \text{或} \quad \frac{1}{f} = 1 + \sum_i \frac{N_i\sigma_{\mathrm{a}i}}{N_\mathrm{F}\sigma_{\mathrm{aF}}}, \tag{5.10}$$

式中 $\Sigma_{\mathrm{aF}} = N_\mathrm{F}\sigma_{\mathrm{aF}}$,$\Sigma_\mathrm{a} = N_\mathrm{F}\sigma_{\mathrm{aF}} + \sum_i N_i\sigma_{\mathrm{a}i}$,N 是每单位体积中的原子数,σ_a 是对热中子的平均微观吸收截面,附标"F"表示燃料,"i"表示燃料以外的物质(慢化剂,杂质,裂变产物等). 为简单起见,下面假设堆中除燃料外只有慢化剂(用附标 M 表示),于是(5.10)式简化成

$$\frac{1}{f} = 1 + \frac{N_\mathrm{M}\sigma_{\mathrm{aM}}}{N_\mathrm{F}\sigma_{\mathrm{aF}}}. \tag{5.10$'$}$$

温度变化时,原子浓度 N 和物质的密度成比例变化,但比值$\dfrac{N_\mathrm{M}}{N_\mathrm{F}}$保持不变. 对热中子(假定为 Maxwell 谱)的平均吸收截面可以表示成[1]

$$\sigma_\mathrm{a} = \sigma_\mathrm{a}(T) = \frac{\sqrt{\pi}}{2}g_\mathrm{a}(T)\left(\frac{T_0}{T}\right)^{1/2}\sigma_{\mathrm{a}0}, \tag{5.11}$$

式中 T(K)是中子温度,$T_0=293.61$ K$=20.46$ ℃,$g_\mathrm{a}(T)$是当吸收截面随中子速度

变化偏离$\frac{1}{v}$律时引起的修正(见表 5.1),σ_{a0}是能量为 $E_0=kT_0=0.0253\ \mathrm{eV}$(相应的速率为 2200 m/s)的单能中子的吸收截面.一般燃料和裂变产物毒物的吸收截面需引进"非$\frac{1}{v}$"修正因子 $g_a(T)$,而慢化剂则常具有"纯$\frac{1}{v}$"的吸收截面(这时 $g_a(T)=1$).

表 5.1 "非$\frac{1}{v}$"因子 $g_a(T)$[1]

T/℃	^{233}U	^{235}U	^{238}U	^{239}Pu	^{135}Xe	^{149}Sm
20	0.9983	0.9780	1.0017	1.0723	1.1581	1.6170
100	0.9972	0.9610	1.0031	1.1611	1.2103	1.8874
200	0.9973	0.9457	1.0049	1.3388	1.2360	2.0903
400	1.0010	0.9294	1.0085	1.8905	1.1864	2.1854
600	1.0072	0.9229	1.0122	2.5321	1.0914	2.0852
800	1.0146	0.9182	1.0159	3.1006	0.9887	1.9246
1000	1.0226	0.9118	1.0198	3.5353	0.8858	1.7568

这样,如果中子温度可以看成和反应堆的温度一致,则从(5.10′)式可以求得

$$\alpha_T(f) = (1-f)[\alpha_T(\sigma_{aF}) - \alpha_T(\sigma_{aM})] = (1-f)\alpha_T(g_{aF}). \tag{5.12}$$

500 ℃时 $\alpha_T(g_{aF})$的值为[1]:对^{233}U,3.1×10^{-5}/℃;对^{235}U,-3.5×10^{-5}/℃;对^{239}Pu,1.4×10^{-3}/℃.由于因子$(1-f)$一般只有 0.1 到 0.2,因此除非用^{239}Pu作燃料,$\alpha_T(f)$在均匀热堆中通常可略去.

从(5.9c)及(5.9d)可见,$\alpha_T(P_f)$及 $\alpha_T(P_t)$依赖于 $\alpha_T(B^2)$,$\alpha_T(\tau)$及 $\alpha_T(L^2)$.曲率 B^2 和反应堆的某个特征线度的平方成反比.如果堆的大小完全受限制,则 $\alpha_T(B^2)=0$.如果堆可自由热膨胀,则

$$\alpha_T(B^2) = -\frac{2}{3}\beta, \tag{5.13}$$

这里 β 是体积热膨胀系数(注意不要和缓发中子分数混淆).年龄 τ 在两方面受升温的影响:1° 介质的原子密度减小;2° 从源中子到热能中子的能量区间减小.影响 1°是主要的.在均匀堆中,τ 反比于原子密度 N 的平方,所以

$$\alpha_T(\tau) = 2\beta. \tag{5.14}$$

扩散长度平方 $L^2=\frac{D}{\Sigma_a}$.扩散系数 D 跟中子温度有关,可表示为 $D=D_0\left(\frac{T}{T_0}\right)^m$,式中 m 是常数,$m\lesssim0.1$,而 D_0 是温度 T_0 处的扩散系数值.由于 D_0 和输运自由程成比例,它反比于原子密度 N.因此,$\alpha_T(D)=\beta+\frac{m}{T}$.另一方面,对均匀热堆,宏观吸

收截面 $\Sigma_a = N_F\sigma_{aF} + N_M\sigma_{aM}$. 根据求 $\alpha_T(f)$ 时的说明,知

$$\alpha_T(\Sigma_a) = -\beta - \frac{1}{2T} + f\alpha_T(g_{aF}).$$

于是得

$$\alpha_T(L^2) = \alpha_T(D) - \alpha_T(\Sigma_a) = 2\beta + \frac{m+\frac{1}{2}}{T} - f\alpha_T(g_{aF}). \tag{5.15}$$

利用(5.13)至(5.15)式,从(5.9c)及(5.9d)式得

$$\alpha_T(P_f) = -\frac{4}{3}B^2\tau\beta, \tag{5.16}$$

$$\alpha_T(P_t) = -\frac{B^2L^2}{1+B^2L^2}\left[\frac{4}{3}\beta + \frac{m+\frac{1}{2}}{T} - f\alpha_T(g_{aF})\right]. \tag{5.17}$$

如果 $\alpha_T(g_{aF})$可略去,而且 $B^2L^2 \ll 1$,则

$$\alpha_T(P_f) + \alpha_T(P_t) \approx -B^2L^2\frac{m+\frac{1}{2}}{T} - \frac{4}{3}B^2M^2\beta, \tag{5.18}$$

式中 M^2 就是(5.7)式中引进的徙动面积.

如果(5.9b)式中各项都小,则 $\alpha_T(k_\infty) \approx 0$,而从(5.9a)式得反应性温度系数 α_T 的近似值:

$$\alpha_T \approx -B^2L^2\frac{m+\frac{1}{2}}{T} - \frac{4}{3}B^2M^2\beta. \tag{5.19}$$

对于用 ^{235}U 作燃料的均匀热堆,这个近似式包含了温度系数中的主要部分. 注意它是负的,而且当温度升高时它的数值减小. 另外,(5.19)式两项中都有 B^2 作因子,说明在其他条件相同时,更小的均匀堆将具有数值更大的温度系数.

对于均匀热堆,反应性的温度系数 α_T 可以从大石墨慢化堆的 -10^{-5}/℃变到小水慢化堆的 -3×10^{-4}/℃. 不过,即使在均匀堆中,情况也可能比上面说的复杂得多. 在由高加浓铀盐的水溶液做成的"水锅炉"型堆中,裂变能释放的同时有辐射分解的气体产生. 在快漂移中,由此引起的密度变化可以比热膨胀更重要. 在这些或其他复杂情形中,可以引进反应性的能量系数的概念,以便包括功率漂移时伴随温度升高而产生的所有物理效应.

为非均匀热堆计算反应性的等温温度系数比为均匀堆的上述估算复杂得多. 对于温度上升远不是均匀的动力学情况,根本不存在全堆一致的温度,等温系数无法定义,必须分别考虑各组分的温度系数.

裂变中产生的热能,绝大部分是在裂变碎片慢化时放出的(参看表 1.3). 由于碎片具有高质量和高电荷,它们在固体燃料棒中的射程小(参看(1.3)式),穿不出

覆盖层.因此,“即时”(裂变后 10^{-2} 至 10^{-1} s 内)热源绝大部分限于燃料棒内,而慢化剂、冷却剂及结构材料的升温和由此引起的反应性变化则因包含热传导过程而滞后一个时间才产生.这样,堆功率漂移中的反应性反馈与一变化着的温度分布及其历史有关,可能是非常难算的.当考虑其他效应,像熔化、汽化或物质从堆中排出时,情况甚至可以变得更加复杂.在非燃料区中,由于中子及 γ 射线和物质相互作用,也含有某些“即时”的热源,但这一般小于 10%.

为近似地探讨堆功率漂移,把非均匀堆的反应性温度系数看成是由**即时**及**滞后**两部分组成是方便的.与燃料的当时状态有关的效应(例如,Doppler 效应和燃料元件的热变形)可以看成即时效应;而主要和慢化剂或冷却剂有关的效应(例如,中子温度和慢化剂或冷却剂的热膨胀)则大部分是滞后的.在快漂移中,滞后效应可以略去;但在准静态中它们可能起主要作用.

我们将不仔细讨论非均匀热堆中各种温度系数的计算,它们大都依赖于反应堆的具体设计和工作条件.有兴趣的读者可以参考有关文献[1].下面仅在表 5.2 中举出我国第一个重水堆中各项温度系数的计算结果[2].从表中数据可以看出,在这种类型的堆中,绝大部分温度系数来自滞后效应.引起即时效果的 Doppler 效应在几项效应中是最小的,但它的负值对制止堆功率的快速漂移仍起重要作用.在所有应用低加浓铀作燃料的反应堆中,由于含有足够多的 ^{238}U,单靠温度系数为负的 Doppler 效应就可以在事故时自动停堆.

表 5.2 我国第一个重水堆的等温反应性温度系数*

效应的来源	对温度系数的贡献
重水密度变化	-1.3×10^{-4}/℃
中子温度变化	-2.5×10^{-4}/℃
铀块中的 Doppler 效应	-0.5×10^{-4}/℃
反射层温度变化	$+0.7\times10^{-4}$/℃

* 假定重水水平面高度保持不变.

与此相反,在用高加浓度铀作燃料的非均匀轻水堆中出现快功率漂移时,燃料温度可以在有相当热量传给水以前上升很多,而单从燃料变热不会有什么反应性反馈,因为共振吸收小,Doppler 效应不起作用,而其他由慢化剂变热的反馈效应都是滞后的.这情况可由 SPERT-Ⅰ反应堆代表[3],其中快漂移要靠蒸汽形成以及由此引起的慢化剂密度减小而自限.更快的漂移中甚至伴有由于燃料迅速热膨胀而引起的慢化剂急剧排出.

沸水堆中的温度效应特别难于分析,因为水慢化剂中的空穴分数随功率水平的增加而增加,而在快功率变化中,空穴分数的增加则滞后于功率.这里和上面说的一样,即时温度效应也高度依赖于燃料的类型和加浓程度.

TRIGA 类型的反应堆[4]含有燃料和慢化剂兼备的元件，该元件由加浓铀($20\%{}^{235}U$)及氢化锆的紧压混合物加上铝或不锈钢覆盖层组成. 这些元件在水池中排成规则的栅格，水约占体积的$\frac{1}{3}$. 慢化大部分是由氢化锆及水二者中的氢产生. 即时温度系数是由裂变对氢化物的即时加热引起的. 它包括中子与氢化物中振动量子(声子)之间的能量交换的效应. 结果给出大的即时负反应性反馈，使堆适于作脉冲堆应用.

以后将看到，一次漂移中的峰值功率和能量释放可以和初始功率有关. 同时，在一实际系统中，反馈系数与温度有关，因而初始温度可能是有意义的参量. 而且，在许多非均匀堆中，滞后反馈效应出现的滞后量也可能与初始状态有关. 例如，随着初始功率水平的不同，可能出现或不出现沸腾热传导.

2. 快堆

快堆中，大多数中子都是在远高于热能的能量处被吸收或漏出堆外，没有和堆物质处于热平衡的中子分布，因而中子谱只是轻微地受温度影响. 所以，快堆的温度系数由较高能量处(约 0.1 至 1.0 MeV)的中子吸收和漏失的变化决定. 在包含燃料棒、冷却剂及结构材料的非均匀系统中，即时反应性反馈效应可以由燃料棒的纵向伸长(引起轴向曲率的变化)、径向膨胀(压缩或排出冷却剂)、不均匀热膨胀造成的燃料棒弯曲以及 Doppler 效应引起. 至于快堆中温度系数的滞后效应，则可以来自结构材料受热、冷却剂的热膨胀以及由此产生的排出. 在极快的功率漂移中，上面列举的即时效应，即使是负的，也可能不足以在出现急剧的、包含部分金属汽化的解体之前，制止功率的暴涨.

在 GODIVA 一类由高加浓铀金属做成的小均匀快装置[5]中，主要的即时温度效应是热膨胀所引起的漏失变化. 在非常快的漂移中，由于力学惯性而引起热膨胀的时间滞后，使漂移中释放的能量增加(见 § 5.8).

快堆中的 Doppler 效应是由于裂变和寄生吸收截面中许多紧密排列的高能共振的温度展宽引起的. 这些共振以复杂的方式相互影响，其净效应可能使反应性增加，也可能使反应性减少. Doppler 效应对中子谱非常敏感，而中子谱又对非均匀系统的许多设计细节极为敏感. 对于小堆中平均中子能量接近 0.1 MeV 的硬的中子谱，纯${}^{235}U$ 的 Doppler 效应很小并为正，可能小于 $10^{-6}/℃$[6]，像在 EBR-Ⅰ及 EBR-Ⅱ中那样. 在稍微软一些的谱(如 Enrico Fermi 堆)中，Doppler 效应曾算出为 $-2.0\times10^{-6}/℃$[7]. 在用氧化铀或碳化铀燃料，含有很高百分比的${}^{238}U$ 转换材料的大稀释系统中，Doppler 效应变得更大，可以到 $-10^{-5}/℃$ 的数量级[6]. 在燃料用${}^{239}Pu$、转换材料用${}^{238}U$ 的大型快增殖堆中，也有同样大小的负 Doppler 效应. 这里${}^{239}Pu$ 贡献一个正的效应，但${}^{238}U$(以及${}^{240}Pu$)的负效应占优势.

温度升高时，Doppler 效应所引起温度系数的绝对值趋于减小. 在用低加浓度铀的氧化物作燃料的 SPERT-Ⅰ热堆中，实验[8]肯定了 Doppler 系数和 $T^{-1/2}$ 成比例的理论结果[1]. 在快堆中，随温度的升高 Doppler 系数减小得更快. 对于大的用氧化物作燃料的快堆，Doppler 系数大致按 T^{-1} 变化；而对于更小的高加浓度的快堆，它趋向于按 $T^{-3/2}$ 变化[6,9].

在钠冷快堆中，冷却剂钠随温度上升而密度降低的反应性效应很难预计，因为它是几个互相竞争的过程所引起正、负效应的补偿结果，这些过程中有些是极为复杂的. 首先，钠密度的下降或钠的排出减少了钠对中子的俘获而引起增殖系数 k 的增加. 因此它是个正的贡献，然而它的贡献不大，特别是在谱较硬的小堆中. 第二，减少了的钠量会增加中子漏失从而减小中子的有效增殖. 这效应是负的，对于小堆它的贡献更大. 第三，钠的失去使弹性散射减少，结果使能谱硬化. 在小的 ^{235}U 堆中，能谱硬化的反应性效应可以是负的；在大的 ^{239}Pu 堆中，这效应一般为正，因为 ^{239}Pu 的俘获对裂变之比 $\left(\frac{\sigma_c}{\sigma_f}\right)$ 随能量增加而迅速下降. 在大的快增殖堆中，Doppler 系数的绝对值可以由于钠的失去而显著减少；这是个显著非线性的并和空间有关的效应.

由于负的漏失效应在大堆中不太重要，而能谱变硬的效应有随堆的增大而向正向增加的趋势，所以当反应堆体积增加时，钠的反应性温度系数可望由负变到正. 这曾由某些精细的计算肯定[10]. 减轻在堆变大时钠系数变正的趋势的途径之一是设法保留中子漏失的负效应. 这就要使表面对体积的比值尽可能保持大一些，譬如说，通过增加半径而不同时增加高度来达到增加体积的目的.

对于反应堆安全很关重要的一点是钠系数和位置关系很大：从外区排出钠将主要增加中子漏失，而从中心区排出钠对漏失将很少作用，却能使能谱硬化. 因此，一个钠冷快堆对于均匀的密度变化可能有负的钠系数，而对于从中心区排出钠则可能有正系数.

表 5.3 中为小 ^{235}U 燃料快堆 EBR-Ⅱ及 Fermi 堆给出了某些典型的等温反应性系数计算值[9]. 从表列数值可以看出，对温度系数的贡献主要来自温度变化所引起的密度变化(也比较以前对 Fermi 堆引用过的 Doppler 系数值 $-2.0\times10^{-6}/℃$).

表 5.3 ^{235}U 燃料快堆的等温反应性温度系数[9]

效应的来源	$\alpha_T/(10^{-6}/℃)$	
	EBR-Ⅱ	Fermi
堆芯		
燃料棒轴向伸长	−3.9	−2.5
燃料棒径向膨胀(Na 排出)	−0.9	−0.6

（续表）

效应的来源	$\alpha_T/(10^{-6}/℃)$	
	EBR-Ⅱ	Fermi
冷却剂及组件材料的密度变化	−9.1	−7.1
结构膨胀	−9.7	−6.0
再生区		
冷却剂及组件材料的密度变化	−9.5	−3.3
铀的肿胀	−1.0	−0.5
结构膨胀	−2.0	−0.6
总计	−36.1	−20.6

§5.2　反应性反馈的数学模型，反馈核

本节中我们从温度反馈出发为均匀堆中的反应性反馈讨论几个简单的数学模型，然后描述一般的线性反馈核，讨论它的意义及局限性，并推广到非线性反馈核的情况.

当考虑堆功率在不超过几分钟数量级内的变化（“短”时间行为）时，可略去堆中燃料由于燃耗和裂变产物积累而产生的变化. 于是，反应堆的“短”时间行为主要由温度变化及缓发中子的特性决定. 在点堆模型的范围内，堆的动力学行为仍由点堆方程组：

$$\begin{cases} \dfrac{\mathrm{d}n}{\mathrm{d}t} = \dfrac{\rho-\beta}{l}n + \sum_i \lambda_i c_i + q, \\ \dfrac{\mathrm{d}c_i}{\mathrm{d}t} = \dfrac{\beta_i}{l}n - \lambda_i c_i \quad (i = 1,2,\cdots,m) \end{cases} \tag{5.20}$$

描述，但式中的反应性 $\rho=\rho(t)$ 现在应当包括外加反应性 ρ_a 及温度反馈反应性 ρ_f 两部分. 从反应性温度系数的定义(5.1)，假定 α_T 在所考虑温度范围内为常数，可得

$$\rho = \rho_a + \alpha_T(T - T_0) \tag{5.21}$$

或

$$\rho_f = \alpha_T(T - T_0). \tag{5.22}$$

式中 T 当然是堆温度的适当平均值（确切的定义和点堆方程中其他物理量一样，要由更严格地考虑温度和中子通量在空间分布的方程得出，参看第七章），T_0 是一个参照温度，在这温度下的反馈反应性等于 0. T_0 常常可看成稳态运转时的温度. 为方便起见常把 T_0 取为零. 注意，(5.22)式可以看成反馈反应性与堆温间更普遍的非线性关系的 Taylor 级数展开式中的第一项.

由于温度与堆功率有关，而且常常和功率的过去历史有关，将(5.21)式代入(5.20)式后所得的方程组一般是非线性的，除非堆功率小到使它的变化对系统的温度、密度等的效应很小，使反馈反应性可以略去.

为求得温度与堆功率间的关系，我们应用点堆模型，假定存在一个有效的冷却剂温度 T_c，使堆温的变化可用 Newton 冷却定律写出：

$$\frac{dT}{dt} = Kn - \gamma(T - T_c), \tag{5.23}$$

式中如果 n 代表功率，则 $1/K$ 是反应堆的热容量，而 $1/\gamma$ 可理解为热量由燃料传给冷却剂的平均时间($1—10^3$ s 数量级，参见表1.1).

假定 T_0 代表堆在平稳功率 n_0 时的平衡温度$\left(\frac{dT}{dt}=0\right)$. 从(5.23)式有

$$0 = Kn_0 - \gamma(T_0 - T_c). \tag{5.24}$$

从(5.23)式减去(5.24)式，得

$$\frac{dT}{dt} = K(n - n_0) - \gamma(T - T_0). \tag{5.25}$$

注意，冷却剂温度现在已不显式出现. 在线性稳定性研究中，方程(5.25)常常要用到.

现在假定在温度 T_0' 及功率 n_0' 存在另一平衡态. 我们有

$$0 = Kn_0' - \gamma(T_0' - T_c). \tag{5.24'}$$

比较(5.24)及(5.24′)式，得

$$K(n_0' - n_0) = \gamma(T_0' - T_0)$$

或写成

$$\frac{\delta T_0}{\delta n_0} = \frac{K}{\gamma}. \tag{5.26}$$

由(5.22)式，这两个平衡态间反馈反应性的差等于

$$\delta\rho_f = \alpha_T(T_0' - T_0) = \alpha_T\delta T_0. \tag{5.27}$$

由(5.26)及(5.27)式得

$$\frac{\delta\rho_f}{\delta n_0} = \frac{\alpha_T K}{\gamma}. \tag{5.28}$$

比值$\frac{\alpha_T K}{\gamma}$可以叫做**反馈反应性的功率系数**. 注意，从功率 n_0 的平衡态向功率 n_0' 的另一平衡态的变化，必然要求外加反应性有相应的变化 $\delta\rho_a = -\delta\rho_f$，以便保持(5.21)式中总反应性 ρ 的变化为零.

从(5.28)式可以看出，必须 $\alpha_T < 0$ 系统才能稳定. 否则，功率稍微增加一点就会产生反应性的增加，后者又使功率继续升高，这样就会产生功率的发散.

对于很慢的功率变动，可以假定(5.28)式仍然成立. 在这样一个**准静态模型**

中，反馈反应性 ρ_f 和功率变动成比例：

$$\rho_f = \text{常数} \cdot [n(t) - n_0]. \tag{5.29}$$

一个相反的极端情形是很快的功率漂移，在此过程中的所有热量损失可以略去．这就是所谓**绝热模型**：

$$\frac{dT}{dt} = Kn. \tag{5.30}$$

它是当传热的时间常数 $\frac{1}{\gamma}$ 远大于漂移的时间尺度时，方程(5.23)的极限．如果假定(5.22)式成立，绝热模型给出

$$\frac{d\rho_f}{dt} = \alpha_T \frac{dT}{dt} = \alpha_T Kn. \tag{5.31}$$

另一个反应堆稳定性研究中常常用到的模型叫做**恒定功率移出模型**．它可以看成 $\frac{1}{\gamma}$ 非常大时方程(5.25)的极限：

$$\frac{dT}{dt} = K(n - n_0). \tag{5.32}$$

和(5.23)式一起，这个模型给出

$$\frac{d\rho_f}{dt} = \alpha_T \frac{dT}{dt} = \alpha_T K(n - n_0). \tag{5.33}$$

还有**滞后反馈模型**，其中时刻 t 的反馈反应性由时刻 $t-\tau$ 的堆功率决定．这个模型可以用来表示质量传递过程的效应．在非线性系统中，传递滞后时间 τ 本身可能是系统状态的泛函．传递滞后对于以后将讨论的稳定性具有特别的后果．

以上讨论的(以及其他的)**线性反馈模型**都可以写成下列线性反馈的泛函形式：

$$\rho_f(t) = \int_{-\infty}^{t} h(t-t')[n(t') - n_0]dt', \tag{5.34}$$

式中 $h(t)$ 是**线性反馈核**．(5.34)式表明时刻 t 的反馈反应性由 t 以前的功率史决定，即反应性反馈函数 $\rho_f(t)$ 是堆功率函数 $n(t)$ 的**泛函**．为表明这泛函关系，有时候我们也把(5.34)式右边积分写做 $\rho_f[n(t)]$，于是该式可写做

$$\rho_f(t) = \rho_f[n(t)]. \tag{5.35}$$

对于 Newton 冷却定律及线性温度反馈，从(5.25)及(5.22)式不难验证

$$h(t) = \alpha_T K e^{-\gamma t}. \tag{5.36}$$

对于和功率成比例的反应性，

$$h(t) = \text{常数} \cdot \delta(t). \tag{5.37}$$

对于恒定功率移出，

$$h(t) = \alpha_T K. \tag{5.38}$$

通过在(5.34)式中略去 n_0 并用(5.38)式，可得出绝热模型. 最后，传递滞后反馈的一个例子可以由

$$h(t) = \text{常数} \cdot \delta(t-\tau) \tag{5.39}$$

提供.

注意，线性反馈泛函(5.34)有时代表对时间的常微分方程组，有时则否. (5.36)至(5.38)式是前一种类型的例子，(5.39)式则是后一种类型的例子. 在前一种情形中，当 $n(t)$ 为已知函数时，只要知道必要的初始条件，就可以得到全解. 对于这种系统，(5.34)式中积分的下限可以换成一任意时间 t_0，它的选择相当于挑选特定的初始条件. 当与非线性点堆动力学方程组(5.20)耦合时，解的稳定性可能依赖于初始条件，但是对于一特定的 t_0，不需要知道 t_0 以前 $n(t)$ 的形状. 另一方面，在后一种情形中，当 $h(t)$ 中有传递滞后时间时，(5.34)式一般相当于微分-滞后方程组[11]. 和方程组(5.20)耦合时，解的稳定性可以不仅和初始条件，而且还和初始时刻以前的 $n(t)$ 的形状有关. 因此，必须在考虑初始条件的同时考虑各类初始曲线. 这使非线性稳定性的分析方法需要改变.

对于在平衡态附近线性化了的点堆模型(参看§2.7)，稳定性和初始条件无关. 这时，(5.34)式右边的积分下限可取为 0，给出一通常的褶积分. 写 $\delta n = n - n_0$ 并利用 Laplace 变换中的褶积关系，下限为 0 的(5.34)式给出

$$R_{\mathrm{f}}(s) = H(s)\delta N(s), \tag{5.40}$$

式中 $R_{\mathrm{f}}(s)$，$H(s)$ 及 $\delta N(s)$ 分别是 $\rho_{\mathrm{f}}(t)$，$h(t)$ 及 $\delta n(t)$ 的 Laplace 变换. 从(5.40)式可见，$H(s)$ 是**反馈传递函数**. 这也可以从 $h(t)$ 的物理意义看出. 事实上，在(5.34)式中命 $n(t') - n_0 = \delta(t')$，便得 $\rho_{\mathrm{f}}(t) = h(t)$，因此 $h(t)$ 是时刻 0 释放的单位能量在时刻 t 所引起的反馈反应性(即相应线性微分算符的脉冲响应或 Green 函数).

利用(5.40)式可以计算以前提到过的二不同平衡态 n_0 及 n_0' 之间的功率变化 $\delta n_0 = n_0' - n_0$ 所引起的响应. 将 $\delta N(s) = \dfrac{\delta n_0}{s}$ 代入(5.40)式，得

$$sR_{\mathrm{f}}(s) = H(s)\delta n_0.$$

由此式，利用 Laplace 变换的终值定理，可得

$$\lim_{t\to\infty} \rho_{\mathrm{f}} = \lim_{s\to 0} sR_{\mathrm{f}}(s) = H(0)\delta n_0. \tag{5.41}$$

因此，可以把 $H(0) = \int_0^{\infty} h(t)\,\mathrm{d}t$ 解释为**反馈反应性的静态功率系数**.

例如，对于 Newton 冷却情形，(5.36)式的 Laplace 变换给出

$$H(s) = \frac{\alpha_T K}{s+\gamma}, \tag{5.42}$$

而功率系数是 $H(0) = \dfrac{\alpha_T K}{\gamma}$，和(5.28)式相符. 对于和功率成比例的反应性，(5.37)

式给出 $H(s)=$常数，和预期一致. 对于恒定功率移出，从(5.38)式有 $H(s)=\frac{\alpha_T K}{s}$. 这一情形下功率系数不是有限. 这是由于方程(5.32)只容许 $n=n_0$ 处的一个平衡态所致.

注意，线性反馈核的概念不只限于温度效应. 任何通过温度、压力、空穴体积等使功率和反馈反应性相联系的**线性**方程组都可以写成(5.34)式的形式. 最后，我们指出，反馈泛函(5.34)具有的一些普遍性质：

(1) 当反馈参量不是时间的显式函数时，$\rho_f[n(t)]$在时间平移下不变. 事实上，从(5.34)式可见

$$\rho_f(t-t_0)=\int_{-\infty}^{t-t_0} h(t-t_0-t')[n(t')-n_0]\mathrm{d}t'.$$

作积分变量的变换：$t'\to\tau=t'+t_0$，得

$$\rho_f(t-t_0)=\int_{-\infty}^{t} h(t-\tau)[n(\tau-t_0)-n_0]\mathrm{d}\tau;$$

或用(5.35)式中引进的泛函记号把右边的积分写做 $\rho_f[n(t-t_0)]$，于是上式可以写成

$$\rho_f(t-t_0)=\rho_f[n(t-t_0)]. \tag{5.43}$$

这就是**时间平移不变性**的数学表示. 这样，若 $\rho_f(t)$是反馈机制对$n(t)$的响应，则对$n(t-t_0)$的响应是 $\rho_f(t-t_0)$.

(2) (5.34)式右边积分的上限 $t'=t$ 反映下列事实，即反馈反应性只能由过去的而不能由未来的功率决定. 这就是反馈泛函(5.34)的**因果性**. 它也可以通过要求反馈核 $h(t)$是个“因果函数”，即对于 $t<0$ 有 $h(t)=0$ 来表示.

(3) 对于任何有界输入，反馈反应性为有界(**稳定性**). 换言之，若对所有 t 有 $|n(t)-n_0|<M$，则$|\rho_f(t)|<W(M)$. 这里 M 是个有限正数而 $W(M)$是个和输入无关的正函数，并在 $M=0$ 和 M 一样变成 0. 稳定性要求反馈核满足下列条件：

$$\int_0^{\infty} |h(t)|\mathrm{d}t<\infty. \tag{5.44}$$

泛函一般具有类似于通常函数的那些性质. 例如，对泛函，像普通函数一样，可以定义连续性、任意阶的导数、幂级数展开式，如此等等[12]. 例如，像(5.22)式可以看成函数 $\rho_f(T)$的 Taylor 级数展开式中的第一项那样，泛函(5.34)也可以看成是下列**泛函幂级数**中的第一项(为简单起见，我们取 $n_0=0$)：

$$\rho_f[n(t)]=\sum_{m=1}^{\infty}\int_{-\infty}^{t}\mathrm{d}\tau_1\int_{-\infty}^{t}\mathrm{d}\tau_2\cdots\int_{-\infty}^{t}\mathrm{d}\tau_m \cdot h_m(t-\tau_1,\cdots,t-\tau_m)n(\tau_1)\cdots n(\tau_m), \tag{5.45}$$

式中不包含常数项，因为 $n=n_0=0$ 代表平衡状态，而按定义，在这状态 $\rho_f=0$. (5.45)式的时间平移不变性和因果性容易验证. 为保证稳定性，我们要求

$$\gamma_m \equiv \int_0^\infty d\tau_1 \cdots \int_0^\infty d\tau_m \mid h_m(\tau_1, \cdots, \tau_m) \mid < \infty, \tag{5.46}$$

而且级数 $\sum_{m=1}^{\infty} \gamma_m M^{m-1}$ 对所有有限 M 为收敛. 这样, 对所有 t, 只要 $|n(t)|<M$, 就有

$$\mid \rho_f[n(t)] \mid \leqslant M \cdot \sum_{m=1}^{\infty} \gamma_m M^{m-1}. \tag{5.47}$$

虽然线性反馈泛函(5.34)对大多数堆型的稳定性分析是足够的,但有些情形中反馈泛函确明显地呈非线性. 例如, §5.9 中将看到,温度与氙反馈的结合效应是功率增量 $n(t)-n_0$ 的二次泛函,并可表示为(参看(5.301)式)

$$\rho_f[n(t)] = \int_{-\infty}^{t} d\tau h(t-\tau) n(\tau) + \int_{-\infty}^{t} d\tau_1 \int_{-\infty}^{t} d\tau_2 \cdot h_2(t-\tau_1, t-\tau_2) n(\tau_1) n(\tau_2). \tag{5.48}$$

式中为简单起见,将 n_0 取成了 0.

下面几节中,将先用(5.30)及(5.31)式的绝热模型,在没有热量损失时考虑反应堆的功率漂移. 然后在点堆模型范围内对氙中毒和燃料燃耗所引起的反应性反馈进行讨论.

§5.3 Nordheim-Fuchs 模型

在很短时间内发生的自限功率漂移可以用 Nordheim-Fuchs 模型(简写做 **NF 模型**)解析地描述[13]. 这个模型中主要的近似是在方程组(5.20)中略去缓发中子源和外源. 这个近似当然只对足够大的反应性($\rho>\beta$)才有意义. 在这近似下,堆功率满足下列方程:

$$\frac{dn}{dt} = \frac{\rho-\beta}{l} n. \tag{5.49}$$

物理上,这说明在所考虑的漂移中,功率和它的变化率都是如此之大,以致缓发中子的产生和外来的中子源可以完全略去.

首先考虑对大反应性阶跃输入的响应. 假设反应堆开始时功率非常低,处在临界或次临界状态. 其次,假设通过某种手段很快使反应堆超瞬发临界(反应性 $\rho_0>\beta$). 当反应性输入足够快使反应性在显著的反馈反应性出现之前有个短时间保持在 $\rho=\rho_0$ 时,我们就把 ρ_0 叫做阶跃输入. 我们将看出,这样,以后的功率漂移就基本上与系统的初始状态(它可能是临界或次临界,也不一定处于平衡)无关. 当然,反应堆功率达到某指定值的确切时间是和初始功率有关的,但一自限漂移中功率随时间变化的曲线形状以及峰值功率和能量释放值却与初始功率无关.

将反应性写成

$$\rho = \rho_0 - \alpha T, \tag{5.50}$$

式中 ρ_0 是阶跃输入，$\alpha \equiv -\alpha_T$ 是变了号的反应性温度系数(因此稳定性要求 α 为正)，而 T 是温度在初始值以上的增加. 考虑到漂移延续的时间非常短，我们略去热量损失，应用绝热近似(5.30)式：

$$\frac{\mathrm{d}T}{\mathrm{d}t} = Kn. \tag{5.51}$$

和以前一样，当 n 是堆功率时，K 是热容量的倒数. 从方程(5.50)及(5.51)消去 T，得

$$\frac{\mathrm{d}\rho}{\mathrm{d}t} = -\alpha Kn. \tag{5.52}$$

当 n 是堆功率时，αK 是(变符号的)反馈反应性的**能量系数**.

系统现在由一阶微分方程组(5.49)及(5.52)式描写. 将两式相除，可消去时间变量，得 n 及 ρ 所满足的一个一阶微分方程：

$$\frac{\mathrm{d}n}{\mathrm{d}\rho} = -\frac{\rho - \beta}{\alpha Kl}. \tag{5.53}$$

很容易得出这个微分方程的一次积分：

$$n = A - \frac{(\rho - \beta)^2}{2\alpha Kl}. \tag{5.54}$$

这代表(n,ρ)平面上一族抛物线(它们将被叫做相平面上的轨线). 如果当 $\rho = \rho_0$ 时取 n 为可略去地小，则轨线方程可写为

$$n = \frac{1}{2\alpha Kl}[(\rho_0 - \beta)^2 - (\rho - \beta)^2]. \tag{5.55}$$

在(5.49)式中命 $\frac{\mathrm{d}n}{\mathrm{d}t} = 0$，可以求出极大功率(功率峰值)的条件，即峰值功率出现在 $\rho = \beta$ 时. 这时，反应性超出瞬发临界的余量被反馈抵消，功率上升终止. 在(5.55)式中当 $\rho = \beta$ 时置 $n = \hat{n}$，就得峰值功率的表达式：

$$\hat{n} = \frac{(\rho_0 - \beta)^2}{2\alpha Kl}. \tag{5.56}$$

显然，(5.56)式只有在 $\alpha > 0$(相当于负温度系数)时才有意义. 要是 $\alpha < 0$，则从(5.52)和(5.53)式可见，模型将给出总是增长着的反应性和功率(系统不稳定). 图5.1给出 $\alpha > 0$ 时的一条典型轨线. 注意它对于垂直线 $\rho = \beta$ 的对称性.

在反馈还不显著的时候，功率小但以很短周期指数增长. 这期间的倒周期为

$$\omega = \frac{1}{n}\frac{\mathrm{d}n}{\mathrm{d}t} = \frac{\rho - \beta}{l} \approx \frac{\rho_0 - \beta}{l}. \tag{5.57}$$

于是(5.56)式可以写成

$$\hat{n} = \frac{l\omega^2}{2\alpha K}, \tag{5.58}$$

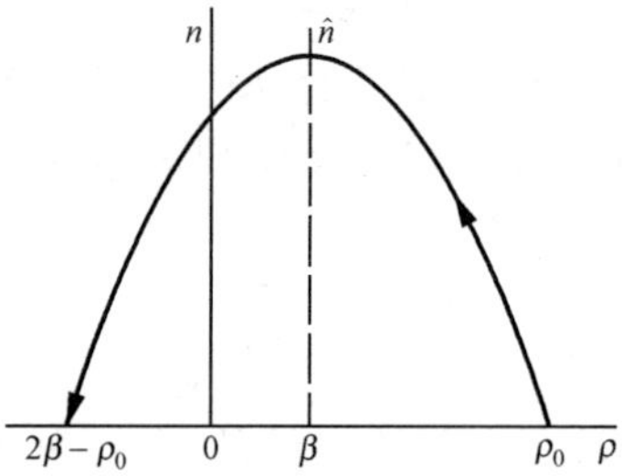

图 5.1 (n,ρ)相平面中，一次 3.5 元的反应堆漂移的典型轨线(NF 模型)

即峰值功率和初始倒周期的平方成正比. 这一重要结果曾对几种类型的反应堆在实验上加以验证(参看图 5.3 和相应的说明).

峰值以后，功率迅速下降. 按(5.55)式，当 $\rho-\beta=-(\rho_0-\beta)$，即当

$$\rho = 2\beta-\rho_0 \tag{5.59}$$

时，功率又变为可略去地小. 这可以解释为，当反应性下降了

$$\rho_0-\rho = 2(\rho_0-\beta) \tag{5.60}$$

后，快爆发就行将结束. 实际上，这时功率已经下降到由爆发中所产生的缓发中子先驱核决定的低水平，以后的事件不能再用 NF 模型估计. (5.59)式显然不能代表最终的平衡，这从它对具初始反应性 $\rho_0<2\beta$ 的漂移预期最终有正的反应性就可以看出. 以后我们将看到，对于包括缓发中子的绝热模型，反应性最终会变成 $-\rho_0$.

快爆发末尾的反应性反馈总量由(5.60)式给出. 由(5.50)式算出的温度上升量为

$$T = \frac{2(\rho_0-\beta)}{\alpha}. \tag{5.61}$$

由于 $\frac{1}{K}$ 是热容量，所以快爆发中产生的能量为

$$E = \frac{1}{K}\cdot T = \frac{2(\rho_0-\beta)}{\alpha K}. \tag{5.62}$$

从(5.56)和(5.62)式可以为反应堆的安全问题推出一个重要结论. 对于给定的输入反应性 ρ_0，由(5.62)式给出的爆发能量和中子一代时间无关. 因此，当其他条件相同时，热堆和快堆中的同样反应性阶跃产生同样大小的能量. 另一方面，对于给定的输入反应性 ρ_0，由(5.56)式给出的峰值功率和中子一代时间成反比. 因此，对于相同的反应性输入和能量释放，快堆事故中能量的释放要快得多. 不过，由于极短的时间尺度，快堆中反应性在反馈显著或解体之前不可能超过瞬发临界很多.

快漂移持续的时间可以用能量释放对峰值功率之比来估计：

$$\frac{E}{\hat{n}} = \frac{4}{\omega}. \tag{5.63}$$

因此，爆发持续的时间近似等于和 ρ_0 相应的初始周期的 4 倍.

和时间的显式关系可以通过(5.52)及(5.55)式求出. 从这两式有

$$\frac{\mathrm{d}\rho}{\mathrm{d}t}=-\frac{1}{2l}\left[(\rho_0-\beta)^2-(\rho-\beta)^2\right]. \tag{5.64}$$

求解时，取峰值功率时刻为 $t=0$ 是方便的. 积分(5.64)式，得出

$$\rho=\beta-(\rho_0-\beta)\operatorname{th}\frac{\omega t}{2}, \tag{5.65}$$

式中 $\operatorname{th}x$ 为双曲线正切函数，$\omega=\dfrac{\rho_0-\beta}{l}$.

为求 $n(t)$，由(5.52)式得

$$n=-\frac{1}{\alpha K}\frac{\mathrm{d}\rho}{\mathrm{d}t}.$$

用(5.65)式算出 $\dfrac{\mathrm{d}\rho}{\mathrm{d}t}$，并用 $\rho_0-\beta=l\omega$，得

$$n=\frac{l\omega^2}{2\alpha K}\operatorname{sech}^2\frac{\omega t}{2}=\hat{n}\operatorname{sech}^2\frac{\omega t}{2}, \tag{5.66}$$

式中应用了(5.58)式. 能量作为时间的函数为

$$E=\int_{-\infty}^{t}n\mathrm{d}t=\frac{\rho_0-\beta}{\alpha K}\left(1+\operatorname{th}\frac{\omega t}{2}\right). \tag{5.67}$$

对于 3.5 元阶跃输入反应性的情况，图 5.2 中给出了 $\rho(t)$，$n(t)$ 及 $E(t)$ 的典型曲线(Nordheim-Fuchs 模型). 注意，峰值功率时刻($t=0$)的能量等于总能量的一半，即

$$\hat{E}=E(0)=\frac{\rho_0-\beta}{\alpha K}=\frac{1}{2}E(\infty). \tag{5.68}$$

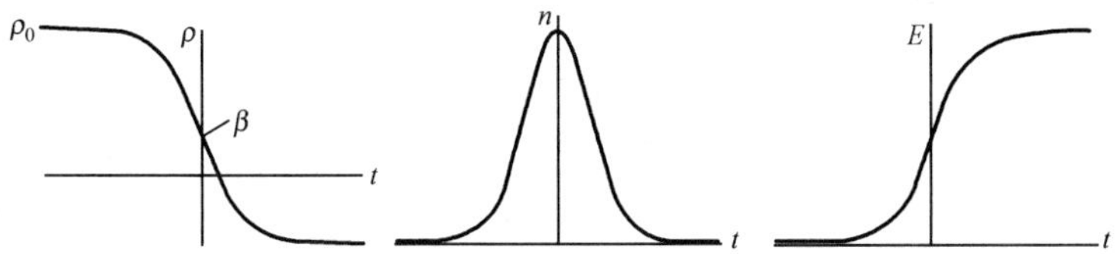

图 5.2　3.5 元漂移中反应性、功率及能量随时间变化的典型曲线(NF 模型)

功率漂移在半高度处的确切宽度 τ 可通过在(5.66)式中置 $t=\dfrac{\tau}{2}$ 及 $n=\dfrac{\hat{n}}{2}$ 求得. 结果为

$$\tau=\frac{4}{\omega}\operatorname{arcch}\sqrt{2}=\frac{3.524}{\omega}. \tag{5.69}$$

这可以和(5.63)式中的粗略估计 $\dfrac{4}{\omega}$ 相对比.

图 5.3 表示出许多堆安全试验及脉冲堆系统中峰值功率随初始倒周期变化的

实验结果.这些结果代表许多不同的堆型及很宽范围的中子一代时间(从石墨慢化均匀热堆 TREAT 的～10^{-3} s到固态金属^{235}U 快装置 GODIVA 的～6×10^{-9} s).实验观测到的峰值功率在某些情况下和 ω^2 依赖关系(5.58)的偏离,或 $\omega\tau$ 值与恒定值(5.69)的偏离,可用来作为推断一系统不能由上述简单数学模型描写的迹象.这些偏离可能由缓发中子的影响引起(当 ρ_0 太靠近 β 或小于 β 时),也可能由非线性或滞后反馈效应引起,或者这些原因都有.

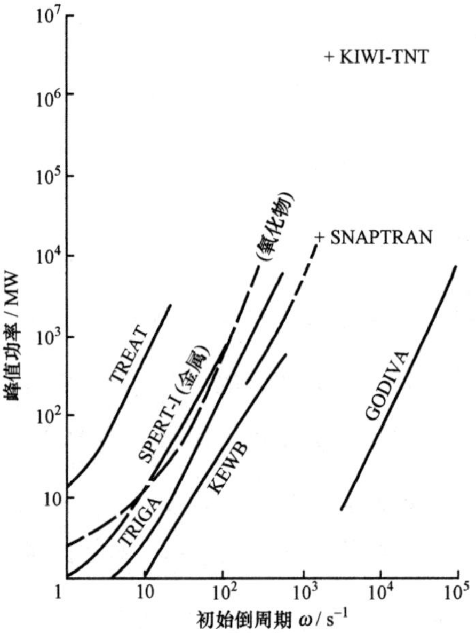

图 5.3 某些堆安全试验及脉冲堆系统中,峰值功率随初始倒周期的变化

TREAT 是美国 Argonne 国立实验室的瞬态堆试验装置[14].它是用来在美国 AEC 的快堆安全计划中对燃料组件作工程试验的高通量脉冲堆.图 5.3 中可以看到,ω 足够大时反应性阶跃所引起瞬变的峰值功率确和 ω^2 成比例(对数图中斜率为 2).更小 ω 处的偏离(斜率变得小于 2)是接近瞬发临界或在瞬发临界以下由漂移中的缓发中子引起的.以后将指出,用 ω 表出峰值功率的公式(5.58),当应用瞬发临界处的真实 ω 值时,大约以一因子 2 低估了峰值功率(比较(5.88)式).对于 TREAT,瞬发临界接近 $\omega=1.5\ s^{-1}$.

另一种类型的脉冲系统是以前在§5.1 中提到过的 TRIGA 堆.对于大 ω,图 5.3 中曲线有斜率 2,而对于较小的 ω,斜率被缓发中子减小.瞬发临界接近 $\omega=6\ s^{-1}$.当对 NF 模型作修正,考虑热容量的变化时,理论和实验的符合得到改进(参看(5.230)及(5.237)式).

快爆发堆 GODIVA 也显示 ω^2 依赖性.图 5.3 中所示 ω 的实验值都太大,看不

出小 ω 处和直线的偏离（瞬发临界接近 $\omega=660\ s^{-1}$）. 另一方面，在大 ω 处曲线急转朝上，表明惯性效应（金属膨胀在时间上滞后于核能的释放，同时产生瞬态力学应力）开始作用.

图 5.3 中也绘有以前在 § 5.1 中提到的 SPERT-Ⅰ 堆两种结构的数据. 标明“金属”的曲线指由高加浓^{235}U 燃料板（用铝作覆盖材料）组成的堆芯. 这里主要的停堆机制是水通道中形成的蒸汽空穴，它是一个滞后的非线性过程. ω 大时的峰值功率数据在对数图上显示出的经验斜率为 1.7，和 NF 模型预计的斜率 2 不同. 标有“氧化物”的曲线是关于水中低加浓度（4%）UO_2 燃料棒的数据. 这里主要的停堆机制是 Doppler 效应，它对温度的非线性依赖性使 $\omega>160\ s^{-1}$ 时斜率等于 2.35（参看（5.228）式和有关的讨论）.

动力实验水锅炉堆 KEWB 是个小的高加浓度硫酸铀水溶液均匀堆. 引起停堆的是热膨胀及辐射分解气体（被分解的水）形成空穴的联合效应. 空穴效应是非线性的而且似乎在 ω 增加时变得越来越重要[15]. 对于大 ω，峰值功率数据的对数曲线的斜率大约是 1.5 而不是 2（参看（5.247）式）.

卫星核辅助动力堆 SNAP10A/2 堆的安全试验[16]也在图 5.3 中标出. 实线具有小于 2 的斜率，表示这个铀氢化锆堆中的温度反馈是非线性的. 虚线连接作破坏试验时的一系列功率漂移，其中燃料分解和氢的释放可能起作用[17].

大破坏试验 KIWI-TNT 是作为核火箭安全计划的一部分进行的[18]. 核火箭堆是在石墨中含有铀燃料的热堆，用氢作推进剂. 漂移中产生剧烈的解体，包含某些物质的汽化.

某些复杂系统中快漂移的解析模型将在 § 5.5— § 5.8 中讨论. 现在先回到 NF 模型来讨论缓发中子的一个效应.

在导出（5.55）式时，我们完全略去了缓发中子的产生. 图 5.1 中的轨线在 $\rho=2\beta-\rho_0$ 处趋向 $n=0$. 我们把这叫做快爆发的结束. 实际上，紧接着快爆发之后，功率下降到一个小的非零值. 这值可以从爆发中所产生的缓发中子先驱核来估计. 在先驱核方程：

$$\frac{\mathrm{d}c_i}{\mathrm{d}t}=\frac{\beta_i}{l}n-\lambda_i c_i \tag{5.70}$$

中，把 $n(t)$ 看成一个脉冲，代表快爆发中由（5.62）式给出的能量释放（参看方程（2.86）和有关的讨论）：

$$n(t)=\frac{2(\rho_0-\beta)}{\alpha K}\delta(t); \tag{5.71}$$

于是爆发后的缓发中子先驱核数 $c_i=c_i(0+)$ 可以通过从 $t=0-$ 到 $t=0+$ 积分方程（5.70）两边得出. 略去初始值 $c_i(0-)$，得

$$c_i = \frac{2\beta_i(\rho_0 - \beta)}{\alpha K l}. \tag{5.72}$$

爆发后$\frac{dn}{dt}$小，可以用瞬跳近似. 在(5.20)的第一式中略去$\frac{dn}{dt}$及q，得

$$n = \frac{\sum_i \lambda_i l c_i}{\beta - \rho} = \frac{2(\rho_0 - \beta)}{\alpha K(\beta - \rho)} \sum_i \beta_i \lambda_i. \tag{5.73}$$

由(5.59)式，这时刻的反应性是$\rho = 2\beta - \rho_0$. 代入上式后，得

$$n = \frac{2}{\alpha K} \sum_i \beta_i \lambda_i = \frac{2\beta\lambda'}{\alpha K}, \tag{5.74}$$

式中λ'是表 1.12 中的加权平均衰变常数. (5.74)式说明，紧接着快爆发之后，功率与初始反应性无关. 在一快装置的功率漂移中，功率尖峰之后跟着有个由(5.74)式给出的平稳值. 功率保持这值，直到先驱核发生显著衰变为止.

图 5.4 中表示的是对于一个典型快装置的数值计算结果[19]（考虑了^{235}U 的 6 组缓发中子，$\frac{l}{\beta} = 10^{-6}$ s，$\frac{\alpha K}{\beta} = 1$，$n_0 = 10^{-6}$）. 图中给出的三种情形都只稍微超过瞬发临界，所以都足够慢，以致缓发中子尾巴出现时已经有了某些衰减. (5.74)式预测$n = 0.8$，而图 5.4 中三曲线在$t = 0.01$ s 处汇合，那里$n \approx 0.6$. 将尾巴外推回$t = 0$时刻，和值 0.8 相符. 三功率峰值分别等于 3.05，4.65 及6.65；用(5.58)式的 NF 模型预测得出 2.88，4.50 及 6.50. 对更大的ω值，符合将迅速改进.

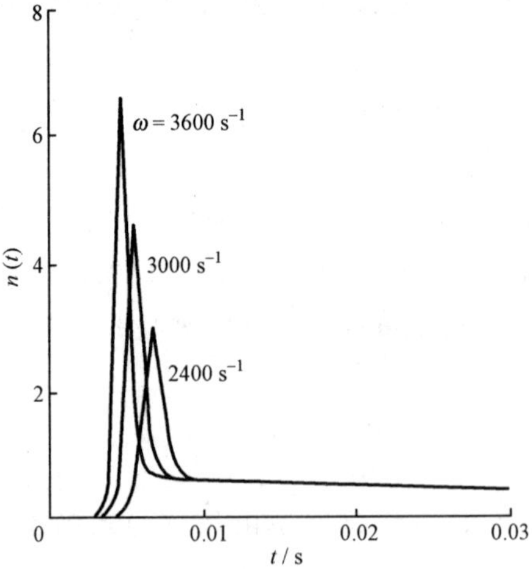

图 5.4 功率随时间的变化

用带 6 组缓发中子的绝热模型；$\frac{l}{\beta} = 10^{-6}$ s，$\frac{\alpha K}{\beta} = 1$，$n_0 = 10^{-6}$；$\omega = 2400, 3000, 3600\ s^{-1}$，相应的反应性阶跃为$\rho_0 = 1.00223$，$1.00286$，$1.00349$ 元.

在热堆中，缓发中子尾巴比较不显著，因为在爆发中，先驱核有更多时间来衰

减. 图 5.5 中，$\frac{l}{\beta}=10^{-1}$；而$\frac{\alpha K}{\beta}=1$ 及 $n_0=10^{-6}$，和以前一样[19]. 对于图中给出的情形，反应性阶跃比快装置(图 5.4 的情形)中大得多，但时间尺度由于中子一代时间更长而大大地拉长. (5.74)式现在不再能应用. 图 5.5 中各功率曲线的峰值分别为 3.32，5.13 及 7.33；而 NF 模型给出的相应值为 3.20，5.00 及7.20.

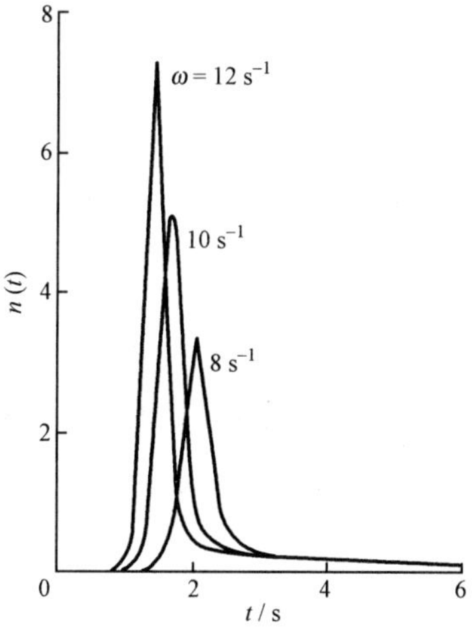

图 5.5 功率随时间的变化

用带 6 组缓发中子的绝热模型；$\frac{l}{\beta}=10^{-1}$ s，$\frac{\alpha K}{\beta}=1$，$n_0=10^{-6}$；$\omega=8,10,12\ \text{s}^{-1}$，相应的反应性阶跃为 $\rho_0=1.756$，1.964，2.170.

以上的数字计算机结果都是用^{235}U 中热裂变的缓发中子数据得出的[19]. 虽然当$\frac{l}{\beta}$从 10^{-1} s(热堆)变到 10^{-6} s(快堆)时，这有些不自洽，但实际变化不大.

以后几节(§5.5—§5.8)中将回到快漂移的计算. 下节中先讨论由小反应性阶跃($\rho_0<\beta$)引起的慢漂移.

§5.4 小反应性漂移

如果功率漂移中达到的反应性极大值远比 β 来得小，则瞬变过程不是太快而瞬跳近似可以给出有用的结果，而如果过程又不太慢，则仍可像上节一样采用绝热反馈模型.

假设堆功率满足 1 组缓发中子和无外源情形下的瞬跳近似方程(参看(3.38)式，注意其中的 ρ 应理解为$\frac{\rho}{\beta}$)：

$$(\beta-\rho)\frac{\mathrm{d}n}{\mathrm{d}t}=\left(\lambda\rho+\frac{\mathrm{d}\rho}{\mathrm{d}t}\right)n. \tag{5.75}$$

反应性由绝热反馈模型(5.50)及(5.51)式给出. 于是有

$$\frac{\mathrm{d}\rho}{\mathrm{d}t}=-\alpha Kn. \tag{5.76}$$

从方程(5.75)及(5.76)中消去时间变量,得

$$\frac{\mathrm{d}n}{\mathrm{d}\rho}=\frac{\alpha Kn-\lambda\rho}{\alpha K(\beta-\rho)}, \tag{5.77}$$

或改写为

$$\alpha K(\beta-\rho)\mathrm{d}n+(\lambda\rho-\alpha Kn)\mathrm{d}\rho=0.$$

上式左边为一恰当微分,其积分容易求出. 结果得

$$\frac{1}{2}\lambda\rho^2+\alpha K(\beta-\rho)n=A, \tag{5.78}$$

式中积分常数 A 应由初始条件定出. 假设初始时 $n=n_0\approx0$,而 $\rho=\rho_0$,便可定出 $A=\frac{1}{2}\lambda\rho_0^2+\alpha K(\beta-\rho_0)n_0\approx\frac{1}{2}\lambda\rho_0^2$. 于是,$(n,\rho)$ 相平面上的轨线方程可写为

$$n=\frac{\lambda(\rho_0^2-\rho^2)}{2\alpha K(\beta-\rho)}+\frac{\beta-\rho_0}{\beta-\rho}n_0\approx\frac{\lambda(\rho_0^2-\rho^2)}{2\alpha K(\beta-\rho)}. \tag{5.79}$$

峰值功率处应有 $\frac{\mathrm{d}n}{\mathrm{d}\rho}=0$;由(5.77)式可得峰值功率 $\hat{n}$ 和相应反应性 $\hat{\rho}$ 间的关系:

$$\hat{n}=\frac{\lambda\hat{\rho}}{\alpha K}. \tag{5.80}$$

另一方面,$\hat{n}$ 及 $\hat{\rho}$ 也一定满足轨线方程(5.79). 利用(5.80)式消去 $\hat{n}$,得 $\hat{\rho}$ 满足的方程:

$$\hat{\rho}^2-2\beta\hat{\rho}+\rho_0^2=0. \tag{5.81}$$

这一方程的一个根不满足 $\rho<\beta$ 的条件,另一个根为

$$\hat{\rho}=\beta-\sqrt{\beta^2-\rho_0^2}; \tag{5.82}$$

相应的峰值为

$$\hat{n}=\frac{\lambda}{\alpha K}\left[\beta-\sqrt{\beta^2-\rho_0^2}\right]. \tag{5.83}$$

对于 $\rho_0=\frac{\beta}{2}$(0.5 元的反应性阶跃)及 $\alpha>0$(负温度反馈反应性)情形下的典型轨线绘出如图5.6. 峰值功率处的反应性由(5.82)式求出为 $\hat{\rho}=0.134\beta$. 因此,如果 $\frac{\lambda\beta}{\alpha K}=1$,则峰值功率由(5.80)式给出为 $\hat{n}=0.134$. 注意,和上节 NF 模型的结果不一样,轨线对峰值不对称,而且最终反应性等于 $-\rho_0$.

我们可以从近似的倒时方程(2.28)用初始倒周期 ω 表示(5.82)和(5.83)式的

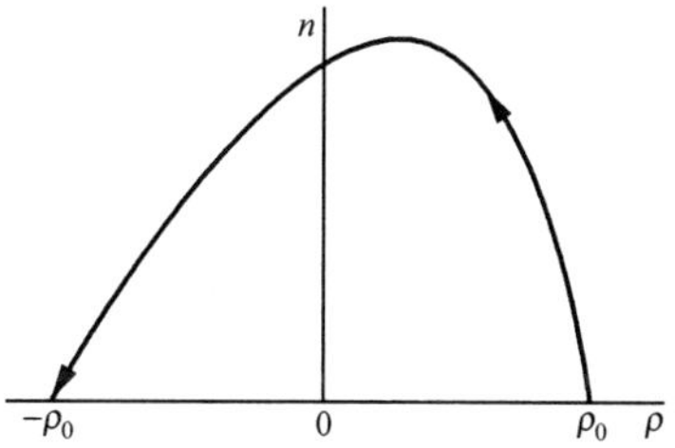

图 5.6　(n,ρ)相平面上的典型轨线 $\rho_0=0.5\beta,\alpha>0$；瞬跳近似；1 组缓发中子；绝热反馈模型.

结果.实际上，对于小 l，(2.28)式给出 $\rho_0=\dfrac{\beta\omega}{\omega+\lambda}$.代入(5.82)及(5.83)式后，得

$$\hat{\rho}=\beta\left[1-\frac{\lambda}{\omega+\lambda}\sqrt{1+\frac{2\omega}{\lambda}}\right],\tag{5.84}$$

$$\hat{n}=\frac{\lambda\beta}{\alpha K}\left[1-\frac{\lambda}{\omega+\lambda}\sqrt{1+\frac{2\omega}{\lambda}}\right].\tag{5.85}$$

注意，$\omega\to\infty$时，ρ_0 及 $\hat{\rho}$ 趋近 β 而 $\hat{n}$ 趋近$\dfrac{\lambda\beta}{\alpha K}$.虽然在这极限情形瞬跳近似不再成立，但 $\hat{n}$ 的这极限行为将在以后有用(参看(5.112)式).

在 ω 很小的另一极端，绝热反馈模型将不能用.虽然如此，还是可以把(5.85)式中的根式展开成$\dfrac{\omega}{\lambda}$的幂级数并丢掉二次以上的项.结果得

$$\hat{n}=\frac{\beta\omega^2}{2\lambda\alpha K}+O(\omega^3).\tag{5.86}$$

这个结果在一比较慢(但仍快到使绝热反馈模型能用并使初始功率可略去)的过渡过程中将是有用的.

(5.86)式和 NF 模型下得出的(5.58)式表明，峰值功率在较慢的和很快的漂移中都和 ω^2 成正比.这是有效寿命模型($\omega\ll\lambda$)和没有缓发中子的堆动力学具有同样数学形式的后果.记住有效寿命为 $l'=\dfrac{\beta}{\lambda}$，可把(5.86)式写为

$$\hat{n}=\frac{l'\omega^2}{2\alpha K}+O(\omega^3);\tag{5.86$'$}$$

它的第一项就和(5.58)式完全一样(只是中子一代时间 l 换成了有效寿命 l').

(5.58)和(5.85)式的对比在图 5.7 中绘出.图中也绘有对于两个 l 值用 1 组缓发中子$\left(\lambda=0.0767\ \mathrm{s}^{-1}\text{及}\dfrac{\alpha K}{\beta}=1\right)$得出的数值结果[19].由图可以看出的显著特点是两种近似的重叠：差不多整个 ω 的范围都可以用这种或那种近似很好地表示.

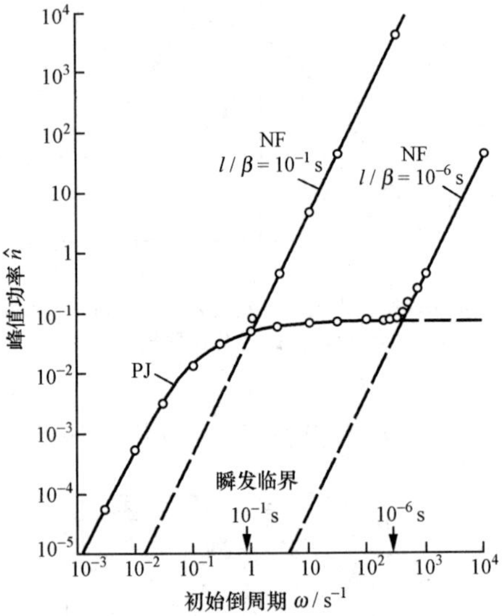

图 5.7　峰值功率随初始倒周期的变化

1 组缓发中子，绝热反馈，$n_0\approx 0$，$\frac{\alpha K}{\beta}=1$.

因此，峰值功率可以从这两个简单近似很好地预测，至少对于 1 组缓发中子模型是这样. 数值解很接近瞬跳近似，直到两曲线接近相交时才有偏离. 下节将证明(参看(5.112)式)，对于 1 组缓发中子，瞬发临界附近的峰值功率很接近$\frac{\lambda\beta}{\alpha K}$. 对于 1 组缓发中子，倒时方程(2.28)可写为

$$\rho_0 = l\omega + \beta - \frac{\beta\lambda}{\omega+\lambda};$$

因此在瞬发临界($\rho_0=\beta$)有

$$\omega^2 \approx \frac{\beta\lambda}{l}, \tag{5.87}$$

式中 $\lambda\ll\omega\ll\frac{\beta}{\lambda}$. 如果把(5.87)式代入(5.58)式，结果便得

$$\hat{n} \approx \frac{\lambda\beta}{2\alpha K}. \tag{5.88}$$

(5.88)式说明，用 ω 表出的 NF 模型中的峰值功率公式，当代入瞬发临界处的真实 ω 值时，以因子 2 低估了峰值功率. 这可以用来在像图 5.7 的图中确定瞬发临界的位置. 它表明瞬跳与 NF 模型之间的过渡区是多么窄. 虽然如此，我们决不能由此推断：两种近似在通过瞬发临界时平滑地过渡. 事实上，§ 3.1 中曾提到，下节也将讨论，过渡的性质是奇异的.

考虑作为 ρ_0 的函数的 $\hat{\rho}$(与峰值功率相应的反应性)，可以对过渡有更多了解.

这表示于图 5.8 中，当 $\rho_0<\beta$ 时，我们为 $\hat{\rho}$ 取(5.82)式，然后转换到 NF 模型的结果 $\hat{\rho}=\beta$. 现在可以看出过渡是突然的. 这一点在图 5.9 中得到了强调. 图 5.9 中绘出了峰值功率 $\hat{n}$ 随初始反应性 ρ_0 的变化：瞬发临界以下用(5.83)式，以上则用(5.56)式(用 l 的现实值时，$\rho_0>\beta$ 的抛物线会上升非常快).

其次，考虑达到峰值功率瞬间的补偿反应性($\rho_0-\hat{\rho}$). 从(5.76)式两边对时间积分，可得

$$\rho_0-\hat{\rho}=\alpha KE(\hat{n}),\tag{5.89}$$

式中 $E(\hat{n})$ 是到峰值功率处为止释放的能量. 因此，当 $\alpha K/\beta=1$ 时，能量 $E(\hat{n})$ 和以"元"为单位的补偿反应性数值相等. 图 5.10 中绘出了 $E(\hat{n})$ 随初始反应性 ρ_0/β 变化的曲线. 曲线在瞬发临界以下表示(5.82)式，而在瞬发临界以上表示 NF 模型中值 $(\rho_0/\beta)-1$. 图中各点取自图 5.7 中所用数值计算结果. 注意瞬发临界附近的极小值.

图 5.7 及图 5.10 说明 1 组缓发中子情形下瞬跳近似用来表示严格解的适用性. 有几组缓发中子时，情况更加复杂. 这时的瞬跳近似在 $\rho<\beta$ 的大部分区域是对严格的多组方程的好的渐近解，但它仍然需解高阶方程组. 1 组缓发中子模型中的瞬跳近似则只有在更小范围内才是严格多组方程的好渐近解.

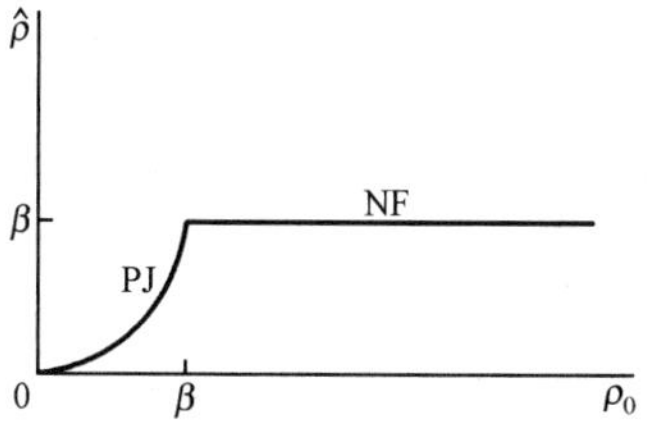

图 5.8　峰值功率处反应性随初始反应性的变化，瞬跳(1 组缓发中子)和 NF 模型的比较

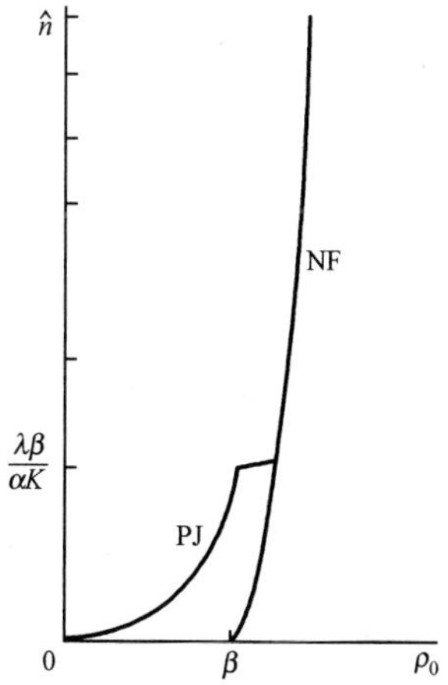

图 5.9　峰值功率随初始反应性的变化，瞬跳(1 组缓发中子)及 NF 模型的比较

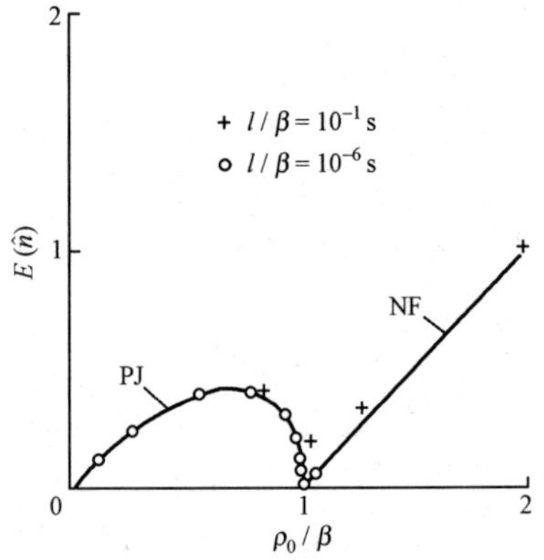

图 5.10　峰值功率处能量或补偿反应性随初始反应性的变化(1 组缓发中子)

幸好,1 组缓发中子分析的结果只要调节一下,就能给出类似于图 5.7 中的曲线.诀窍在于应用两个不同的 1 组表示:一个用适于小 ω 的加权平均衰减时间 $1/\lambda$;另一个用适于瞬发临界附近的加权平均衰减常数 λ'(参看表 1.12).

图 5.11 中有两条用瞬跳近似得出的 $\hat{n}$-ω 曲线,都用(5.85)式算出.标有 λ 的是图 5.7 中所示的曲线($\lambda=0.0767\ \mathrm{s}^{-1}$);标有 λ'的是把 λ 换成 $\lambda'=0.405\ \mathrm{s}^{-1}$后得出的同样曲线.NF 模型得出的曲线和图 5.7 中的一样.图中各点是用 6 组缓发中子对两个 l 值得出的数值计算结果.和以前一样,$\alpha K/\beta=1$.

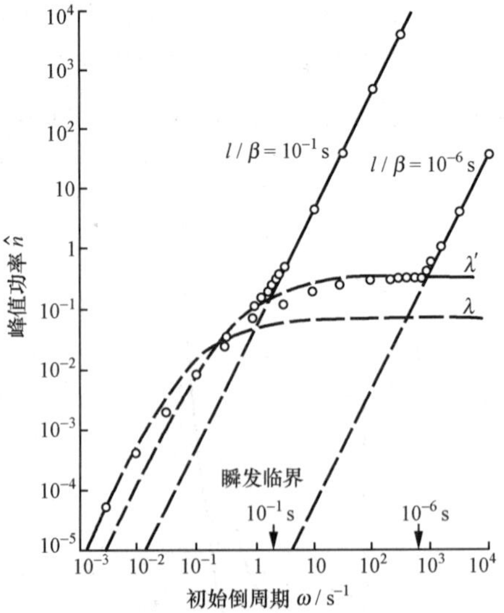

图 5.11　峰值功率随初始倒周期的变化

6 组缓发中子;绝热反馈模型;初始功率可略去;$\frac{\alpha K}{\beta}=1$.

由图 5.11 可以看出，当 ω 小时，严格解接近用 λ 的瞬跳曲线. 随着 ω 增加，严格结果开始落在下面，然后趋向用 λ' 的瞬跳曲线. 对于小 l，瞬发临界附近的平台仍然非常显著而瞬发临界处的峰值功率非常接近 $\frac{\lambda'\beta}{\alpha K}$. 对于更大的 l 值，标 λ' 及 $\frac{l}{\beta}$ 的曲线太接近了，不能清楚分开. 但还是可以作出一致的规定：用 λ 及 λ' 二者绘出(5.85)式的曲线，同时绘出由(5.58)式给出的直线. 然后从这三条近似曲线中的一条到另一条光滑地连接起来，并注意瞬发临界处的峰值功率不超过 $\frac{\lambda'\beta}{\alpha K}$，就可以近似地预估出有 6 组缓发中子的严格解.

图 5.12 中绘出了峰值功率处的能量或补偿反应性. 对于不同 $\frac{l}{\beta}$ 值的曲线是从有 6 组缓发中子的数值计算结果中内插得出的. 考虑 6 组缓发中子的瞬跳近似曲线在图 5.12 的尺度上和 $l/\beta=10^{-6}$ s 的曲线在瞬发临界以下的部分基本重合. 作为比较，用虚线重新绘出了取自图 5.10 的 1 组缓发中子瞬跳近似曲线.

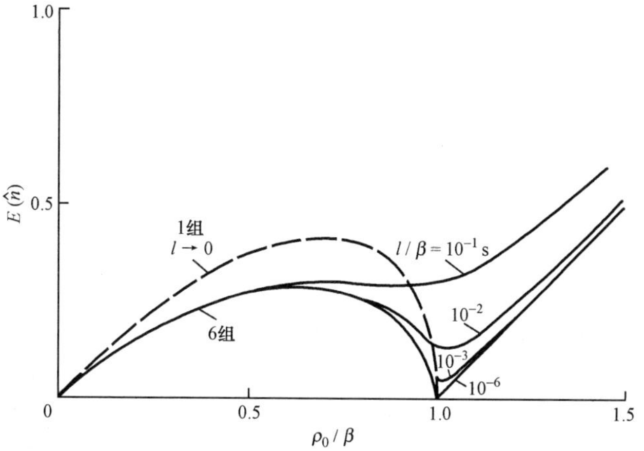

图 5.12　峰值功率处能量或补偿反应性随初始反应性的变化(6 组缓发中子)

同样一些数据在图 5.13 中用对数坐标绘成 $E(\hat{n})$ 对 ω 的曲线图. 由图可见，对于小 l，在接近瞬发临界的漂移中，$E(\hat{n})$ 是多么小. 下节将看到，$E(\hat{n})$ 的极小值大略正比于 l 的平方根(参看(5.141)式及图 5.19)，和图 5.13 中曲线极小值的变化一致.

到现在为止，通过从微分方程(5.77)而不是直接从(5.75)及(5.76)式出发，我们绕开了时间变量 t. 仅仅是在推导 $E(\hat{n})$ 与补偿反应性 $\rho_0-\hat{\rho}$ 的关系式(5.89)时才隐含地应用了(5.76)式两边对时间的积分. 同时，在以上的解析讨论中，我们略去了初始功率 n_0，把它取为零. 现在，让我们来讨论 ρ 及 n 随时间的变化. 为此，必须先利用(5.79)式消去微分方程(5.76)右边的 n，再进行积分求得 $\rho=\rho(t)$，然后代入

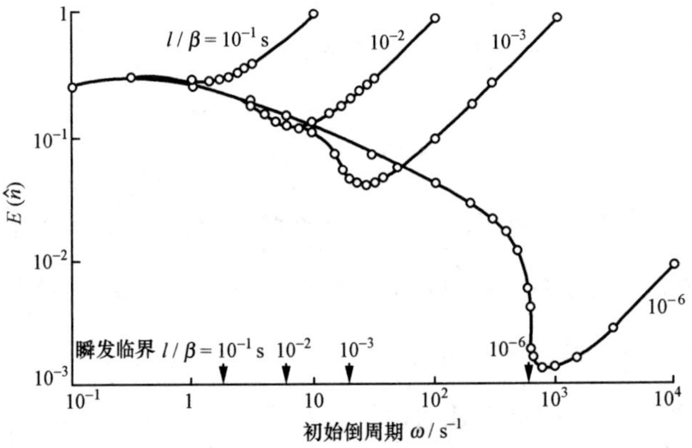

图 5.13 峰值功率处能量或补偿反应性随初始倒周期的变化(6 组缓发中子)

(5.79)式便得 $n=n(t)$. 在这样做的时候,我们先不略去 n_0,而在(5.79)式中引进参量 ρ_0':

$$\rho_0'^2 \equiv \rho_0^2 + \frac{2\alpha K(\beta-\rho_0)n_0}{\lambda}, \tag{5.90}$$

使(5.79)式可改写成

$$n = \frac{\lambda(\rho_0'^2 - \rho^2)}{2\alpha K(\beta-\rho)}. \tag{5.79'}$$

将(5.79′)式代入方程(5.76),并从 $\rho=\rho_0$ 的初始时刻($=t_0$)开始积分,便得决定 $\rho=\rho(t)$ 的隐式关系:

$$\frac{\beta-\rho_0'}{\rho_0'}\ln\frac{\rho_0'-\rho(t)}{\rho_0'-\rho_0} - \frac{\beta+\rho_0'}{\rho_0'}\ln\frac{\rho_0'+\rho(t)}{\rho_0'+\rho_0} = \lambda(t-t_0). \tag{5.91}$$

从(5.90)和(5.91)式首先可以看出,如果 $n_0\to 0$,则 $\rho_0'\to\rho_0$,而 $t_0\to-\infty$. 所以略去初始功率 n_0,在数学上就相当于把初始时刻推向 $-\infty$. 另一方面,如果给定小但不为零的 n_0 并选定 $t_0=0$,则到达某 $\rho(t)$ 值的时间 t 将和 n_0 值有关. 不过,从前面对 (n,ρ) 相平面上轨线的讨论知道,从基本上同样的 ρ_0 及任何够小的初始功率出发,最终都将产生基本上同样的漂移;虽然峰值功率出现的实际时间一定和初始功率有关.

图 5.14 中绘有对初始周期相同($\omega=0.1\ \mathrm{s}^{-1}$)的两次漂移的数值计算结果[20]. 计算中对于 $\frac{l}{\beta}=10^{-1}$ s 及 10^{-6} s 的 $\frac{\rho_0}{\beta}$ 值分别由反应性方程

$$\frac{\rho_0}{\beta} = \frac{l}{\beta}\omega + \sum_i \frac{\beta_i}{\beta}\cdot\frac{\omega}{\omega+\lambda_i} \tag{5.92}$$

算出为 0.4092 及 0.3992；同时取 $n_0=10^{-6}$，$\frac{\alpha K}{\beta}=1$. 如果不是从同样初始周期，而是从同样初始反应性出发，图中两条轨线甚至会更靠近.

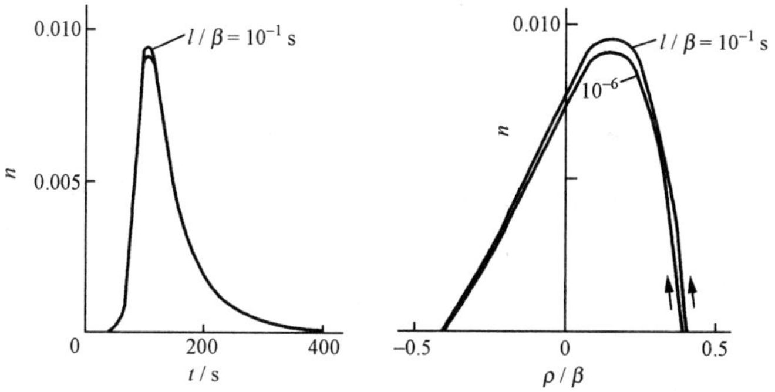

图 5.14　功率随时间的变化及功率-反应性轨线绝热反馈模型
6 组缓发中子，初始倒周期 $\omega=0.1\ \mathrm{s}^{-1}$.

§5.5　瞬发临界附近的漂移

本节中我们将在 1 组缓发中子点堆方程及绝热反馈模型基础上讨论瞬发临界附近的漂移. 这种做法在瞬发临界以上和以下都成立. 做法首先是 Canosa 提出的[21]；他看出三变量的方程组可以约化成一个两变量的一阶微分方程. 后来 Hetrick 对 Canosa 的做法作了若干改进[20].

只考虑 1 组缓发中子时，$q=0$ 的方程组(5.20)可写成

$$\frac{\mathrm{d}n}{\mathrm{d}t}=\frac{\rho-\beta}{l}n+\lambda c, \tag{5.93}$$

$$\frac{\mathrm{d}c}{\mathrm{d}t}=\frac{\beta}{l}n-\lambda c. \tag{5.94}$$

而在绝热反馈模型中，

$$\rho=\rho_0-\alpha T, \tag{5.95}$$

$$\frac{\mathrm{d}T}{\mathrm{d}t}=Kn, \tag{5.96}$$

$$\frac{\mathrm{d}\rho}{\mathrm{d}t}=-\alpha Kn. \tag{5.97}$$

Canosa 曾证明[21]，用更普遍的反馈 $\rho=\rho_0+f(T)$ 代替(5.95)式，也可以进行分析.

方程(5.93)，(5.94)及(5.97)是三个状态变量 n,c 及 ρ 所满足的常微分方程组. 它所定义的解轨线是三维空间(n,c,ρ)中的曲线. 平衡$\left(\frac{\mathrm{d}n}{\mathrm{d}t}=\frac{\mathrm{d}c}{\mathrm{d}t}=\frac{\mathrm{d}\rho}{\mathrm{d}t}=0\right)$出现

在 $n=c=0$，而 ρ 任意(即 ρ 轴上的任意点). 平衡态的性质可以通过把微分方程组改写成下列形式来研究：

$$\frac{\mathrm{d}}{\mathrm{d}t}\begin{pmatrix} n \\ c \\ \delta\rho \end{pmatrix}=\begin{pmatrix} \frac{\rho-\beta}{l} & \lambda & 0 \\ \frac{\beta}{l} & -\lambda & 0 \\ -\alpha K & 0 & 0 \end{pmatrix}\begin{pmatrix} n \\ c \\ \delta\rho \end{pmatrix}, \tag{5.98}$$

式中 n，c 及 $\delta\rho$ 可以看做在平衡态($n=c=0$，ρ 任意)附近的小偏离. 在一平衡点的小邻域，含有 ρ 的矩阵元几乎是个恒量. 容易证明，系数矩阵的本征值有两个就是和反应性 ρ 相应的反应性方程(2.28)的二根，而第三个为 0. $\rho>0$ 时，二根一正一负；而 $\rho<0$ 时，二根均为负. 这意味着，平衡在 $\rho<0$ 时稳定(平衡点为稳定节点)，而在 $\rho>0$ 时不稳定(鞍点). 对于任意正反应性的零功率不稳定平衡，相当于"等待"着一个中子来点火的超临界反应堆. 第三本征值 0 的存在，是平衡处任意反应性的反映.

从方程(5.93)，(5.94)及(5.97)可以消去 c. 为此，将(5.93)及(5.94)式相加，得

$$\frac{\mathrm{d}}{\mathrm{d}t}(n+c)=\frac{\rho}{l}n. \tag{5.99}$$

在(5.97)及(5.99)式间消去时间变量，得

$$\frac{\mathrm{d}(n+c)}{\mathrm{d}\rho}=-\frac{\rho}{\alpha K l}, \tag{5.100}$$

积分得

$$c=A-n-\frac{\rho^2}{2\alpha K l}. \tag{5.101}$$

将此式代入方程(5.93)，就消去了变量 c：

$$\frac{\mathrm{d}n}{\mathrm{d}t}=\frac{\rho-\beta}{l}n+\lambda A-\lambda n-\frac{\lambda\rho^2}{2\alpha K l}. \tag{5.102}$$

再利用(5.97)式消去时间变量，便得

$$\frac{\mathrm{d}n}{\mathrm{d}\rho}=\frac{\beta+\lambda l-\rho}{\alpha K l}-\frac{\lambda A}{\alpha K n}+\frac{\lambda\rho^2}{2\alpha^2K^2 l n}. \tag{5.103}$$

现在这个微分方程决定(n,ρ)平面上的那些曲线：它们是 3 维(n,c,ρ)空间中解轨线在(n,ρ)平面上的投影.

通过在(5.103)式中命

$$A=\frac{\rho_0^2}{2\alpha K l}, \tag{5.104}$$

我们在所有可能的积分曲线中选择了一个子集，它包括过 $n=0$，$c=0$，$\rho=\pm\rho_0$ 这两

点的那条积分曲线. 点 $\rho=\rho_0$ 是不稳定的,而点 $\rho=-\rho_0$ 是稳定的. 因此,以反应性 ρ_0 及很低功率开始的漂移最终将在 $\rho=-\rho_0$ 结束. 将(5.104)式代入(5.103)式,就得到这些轨线的微分方程:

$$\frac{\mathrm{d}n}{\mathrm{d}\rho}=\frac{\beta+\lambda l-\rho}{\alpha Kl}+\frac{\lambda(\rho^2-\rho_0^2)}{2\alpha^2K^2ln}. \tag{5.105}$$

对这个微分方程,可在(n,ρ)平面中用作图法求解. 最直接的作图法是先作出**方向场**: 在(n,ρ)平面中画出许多短线,其斜率由方程(5.105)给出. 平衡点处的斜率不定. 另外,从(5.97)式可见,对于 $\alpha>0$ 及 $n>0$,有$\frac{\mathrm{d}\rho}{\mathrm{d}t}<0$,即轨线总是向 ρ 减少的方向走. 只要方向场画好了,就不难在这些代表各点处斜率的短线中绘出近似的轨线. 这里我们感兴趣的是连接点$(0,\rho_0)$及点$(0,-\rho_0)$的特定轨线.

方向场中所有斜率相同的点的轨迹叫做**等斜线**. 它们在作图法中常常很有用. 在我们的特例中,以下会看到,应用零斜率等斜线(简称**零斜线**,用 ZSI 代表)能够提供许多知识. 显然,轨线在功率极大值处穿过 ZSI. ZSI 的方程可以通过命(5.105)式右边等于 0 得出:

$$n=\frac{\lambda(\rho_0^2-\rho^2)}{2\alpha K(\beta+\lambda l-\rho)}. \tag{5.106}$$

这方程显然代表(n,ρ)平面中的双曲线. 它的渐近线容易看出是直线:

$$\rho=\beta+\lambda l \tag{5.107}$$

及

$$n=\frac{\lambda}{2\alpha K}(\rho+\beta+\lambda l). \tag{5.108}$$

对 $\rho_0=0.8\beta$ 的一个情形,轨线、ZSI 及其渐近线均绘出如图 5.15. 图中选择了数值 $\lambda=0.405\ \mathrm{s}^{-1}$,$\frac{l}{\beta}=0.1\ \mathrm{s}$ 及$\frac{\alpha K}{\beta}=1$. 积分曲线差不多和 ZSI 的一支不可分(交叉发生在 $\rho=0.4\beta$ 附近的峰值功率处). 这是因为,如果 $\lambda l\ll\beta-\rho$,ZSI 的方程(5.106)就变成和瞬跳近似中的积分曲线方程(5.79)一样.

图 5.16 中绘出了 $\rho_0=1.8\beta$ 而其他参量不变的情形. 为了比较,图中也包括了 NF 模型中的积分曲线(参看(5.55)式). 对于更小的 l 值,两曲线的峰值会更接近. 两曲线在漂移的快爆发部分很相似;这是可以理解的,因为方程(5.105)当 λ 可略去时即变成 NF 模型中的方程(5.53). 快爆发之后,严格解很快从上面接近 ZSI. 剩下来的轨线是缓发中子尾巴. 当 $n\to0$ 时,$\rho\to-\rho_0$. 通过把从 NF 模型得到的"最终"反应性 $2\beta-\rho_0$(参看(5.59)式)代入 ZSI 的方程(5.106),可以估算出尾巴开始时的功率. 结果得

$$n\approx\frac{2\beta\lambda}{\alpha K}. \tag{5.109}$$

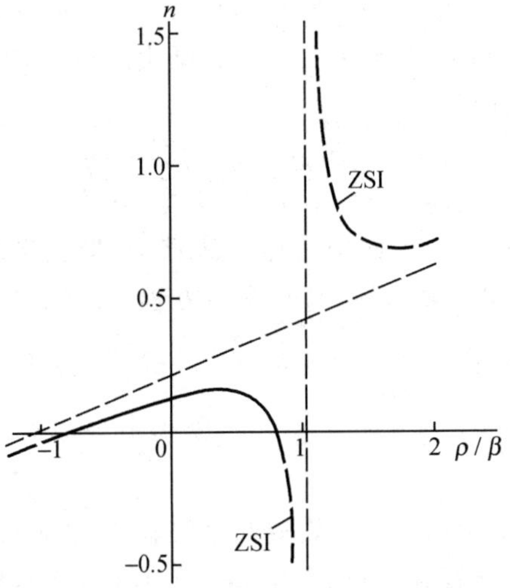

图 5.15　$\rho_0=0.8\beta$ 时 (n,ρ) 平面上的轨线、ZSI 及其渐近线

$\frac{\alpha K}{\beta}=1,\lambda=0.405\ \mathrm{s}^{-1},\frac{l}{\beta}=0.1\ \mathrm{s}.$

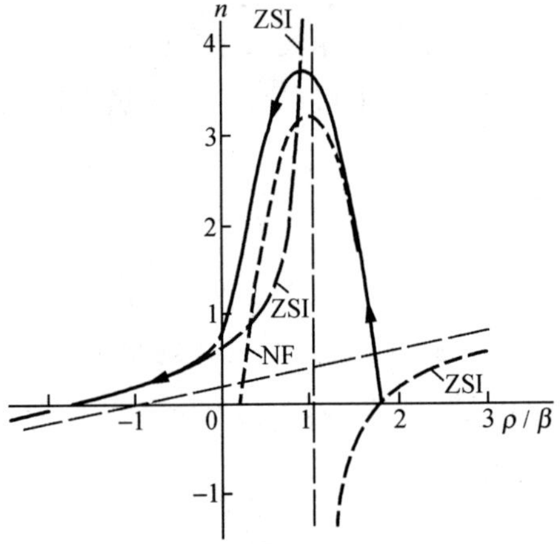

图 5.16　$\rho_0=1.8\beta$ 时 (n,ρ) 平面上的轨线和 NF 近似轨线、ZSI 及其渐近线

$\frac{\alpha K}{\beta}=1,\lambda=0.405\ \mathrm{s}^{-1},\frac{l}{\beta}=0.1\ \mathrm{s}.$

这可以和(5.74)式相比较(紧接着快爆发之后应当用 λ' 代替 λ,参看(5.73)式和它上面的讨论). l 小时,这点基本上变成 NF 曲线和 ZSI 的交点;而快爆发过去后,ZSI 就基本上起着瞬跳近似的作用.

考查平面上的其他轨线可使我们得到更好的理解. 在 ZSI 上,$\frac{\mathrm{d}n}{\mathrm{d}t}=0$,命 $n=n_z$,方程(5.102)变成

$$0=\frac{\rho-\beta}{l}n_z+\lambda A-\lambda n_z-\frac{\lambda\rho^2}{2\alpha Kl}. \tag{5.110}$$

从方程(5.102)减去具有同样 ρ 值的方程(5.110),得

$$\frac{\mathrm{d}n}{\mathrm{d}t}=-\frac{\beta+\lambda l-\rho}{l}(n-n_z). \tag{5.111}$$

由这式可见,当 $\rho<\beta+\lambda l$ 时,所有积分曲线不管它们的初始条件如何都很快收敛于 ZSI. 实际上,这时系数 $-\frac{\beta+\lambda l-\rho}{l}$ 是个绝对值大(因为 l 小)的负数,所以 $n>n_z$ 时它就很快减少,$n<n_z$ 时则很快增大. 这和常反应性阶跃后 n 的瞬跳(或瞬落)相应(参看(2.67)式和它下面的讨论). 它说明了为什么在图 5.15 中积分曲线始终都这样接近 ZSI,而在图 5.16 中积分曲线在快爆发后这样快地趋近 ZSI.

上面讨论了一个对慢($\rho_0<\beta+\lambda l$)和快($\rho_0>\beta+\lambda l$)漂移都有用的模型,如图 5.15 及图 5.16 所示. 两图中的相平面很不一样,如 ZSI 的不同形状所说明. 二者之间的过渡发生在 $\rho_0=\beta+\lambda l$ 点,它是微分方程组的转向点,这时双曲线(5.106)退化为它的渐近线. 注意,转向点并不像从瞬跳近似及 NF 模型的推导所预期的那样刚好在 $\rho_0=\beta$.

从 $\rho_0=\beta+\lambda l$ 开始的积分曲线高度不对称,如图 5.17 所示[19]. 对于更小的 l,曲线很接近一个三角形. l 小时峰值功率的极限值是两渐近线的交点:

$$\hat{n}=\frac{\lambda(\beta+\lambda l)}{\alpha K}\to\frac{\lambda\beta}{\alpha K}. \tag{5.112}$$

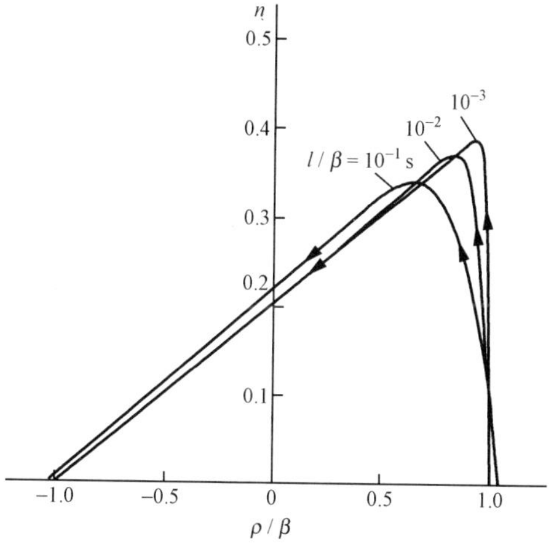

图 5.17 $\rho_0=\beta+\lambda l$ 时的(n,ρ)平面 $\left(\frac{\alpha K}{\beta}=1, \lambda=0.405\ \mathrm{s}^{-1}\right)$
和其渐近线相重合的 ZSI 由方程(5.107)及(5.108)给出.

这和 $\rho_0\to\beta$ 时瞬跳近似所给出的(5.83)式的极限相符(参看(5.82)式及(5.85)式

下面的讨论).随着 l 的减小,峰值功率处反应性与初始反应性之差变得越来越小.这说明图 5.12 及图5.13中 $E(\hat{n})$(或补偿反应性)曲线极小值随 l 减小而越来越低. $E(\hat{n})$值小同时说明 $n(t)$的曲线形状也是高度不对称的,如图5.18所示[19].考虑 6 组缓发中子时,峰值以后曲线的仔细形状有所不同,但基本特点还一样.

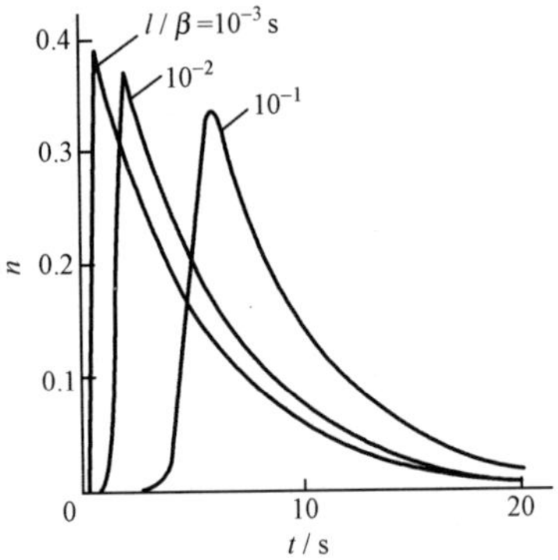

图 5.18 功率随时间的变化 1 组缓发中子;绝热反馈;$\rho_0=\beta+\lambda l$;
$\lambda=0.405\ s^{-1}$;$\frac{\alpha K}{\beta}=1$;$n_0=10^{-6}$.

下面将探讨用对一小参量作渐近展开的方法来表示(n,ρ)平面中的近似轨线(参看§3.1).为此,引进下列无量纲变量:

$$x=\frac{\rho}{\beta},\quad y=\frac{\alpha K}{\lambda\beta}n \tag{5.113}$$

及参量:

$$x_0=\frac{\rho_0}{\beta},\quad \varepsilon=\frac{\lambda l}{\beta}, \tag{5.114}$$

并把方程(5.105)写成

$$\varepsilon y\frac{\mathrm{d}y}{\mathrm{d}x}=(1+\varepsilon-x)y+\frac{1}{2}(x^2-x_0^2). \tag{5.115}$$

对于**小反应性漂移**,我们预期解中的主要项将与 l 或 ε 无关(参看(5.79)式).因此命

$$y=y_1+\varepsilon y_2+O(\varepsilon^2). \tag{5.116}$$

代入方程(5.115)并命两边 ε 同次幂的系数相等,对零阶项得

$$y_1=\frac{x_0^2-x^2}{2(1-x)}, \tag{5.117}$$

和瞬跳近似中的(5.79)式一样.对 1 阶项得

$$y_2=\frac{y_1}{1-x}\left(\frac{\mathrm{d}y_1}{\mathrm{d}x}-1\right)=\frac{x_0^2-x^2}{2(1-x)^4}\left[x-1+\frac{1}{2}(x_0^2-x^2)\right], \tag{5.118}$$

这里我们应用了(5.117)式给出的 y_1.于是,从(5.116)式有

$$y=\frac{x_0^2-x^2}{2(1-x)}\left[1+\frac{x-1+\frac{1}{2}(x_0^2-x^2)}{(1-x)^3}\varepsilon+O(\varepsilon^2)\right].\tag{5.119}$$

为求得对峰值功率的一阶修正，我们用使 y_1 为极大的 x 值：$x=\hat{x}=1-\sqrt{1-x_0^2}$ 代入(5.119)式中，得

$$y=\hat{y}=1-\sqrt{1-x_0^2}+\left[1-\frac{1}{\sqrt{1-x_0^2}}\right]\varepsilon+O(\varepsilon^2).\tag{5.120}$$

注意，$\hat{x}$ 之值以及 $\hat{y}$ 中零阶项和瞬跳近似中的(5.82)和(5.83)式分别给出的 $\hat{\rho}$ 和 $\hat{n}$ 值相应. $\hat{y}$ 中一阶修正项为负($x_0<1$)，而且当 $x_0\to1$ 时发散. 可见，(5.120)式像瞬跳近似一样，只具有有限的适用范围，ε 越大适用范围越小. $x_0\to1$ 时的发散是奇异扰动法的特征，因而一般不能希望将(5.119)或(5.120)式平滑地连接到为快漂移导出的级数上去(比较(5.130)式).

求 $\hat{x}$ 的一阶修正时，假定严格轨线很接近于 ZSI；它的方程通过命(5.115)式右边等于 0 求得为

$$y=\frac{x_0^2-x^2}{2(1+\varepsilon-x)}.\tag{5.121}$$

y 的极大值出现在

$$x=\hat{x}=1-\sqrt{1-x_0^2}+\left[1-\frac{1}{\sqrt{1-x_0^2}}\right]\varepsilon+O(\varepsilon^2)\tag{5.122}$$

处. 可以验证，除了在极限 $x_0\to1$ 之外，(5.122)式很接近使(5.119)式极大化所得的结果. 从(5.122)式可见，对 $\hat{x}$ 的一阶修正为负并在 $x_0\to1$ 时发散，和 $\hat{y}$ 的情形一样.

对于**大反应性漂移**，从 NF 模型中的(5.55)式可以推测，$y(x)$ 中的主要项将为 $\frac{1}{\varepsilon}$ 阶. 命

$$y=\frac{y_1}{\varepsilon}+y_2+O(\varepsilon),\tag{5.123}$$

代入方程(5.115)并命两边 ε 同次幂的系数相等，对 $O\left(\frac{1}{\varepsilon}\right)$ 的项，有

$$\frac{\mathrm{d}y_1}{\mathrm{d}x}=1-x.\tag{5.124}$$

在初始条件 $x=x_0$ 处 $y_1=0$ 之下积分得

$$y_1=\frac{1}{2}[(1-x_0)^2-(1-x)^2],\tag{5.125}$$

这相当于(5.55)式. 对零阶项有

$$y_2 \frac{\mathrm{d}y_1}{\mathrm{d}x} + y_1 \frac{\mathrm{d}y_2}{\mathrm{d}x} = y_1 + (1-x)y_2 + \frac{1}{2}(x^2 - x_0^2),$$

或利用(5.124)及(5.125)式,写成

$$\frac{\mathrm{d}y_2}{\mathrm{d}x} = \frac{1}{1 - \frac{1}{2}(x + x_0)}. \tag{5.126}$$

在初始条件 $x=x_0$ 处 $y_2=0$ 之下积分得

$$y_2 = 2\ln \frac{1 - x_0}{1 - \frac{1}{2}(x + x_0)}. \tag{5.127}$$

于是从(5.123)式可将解轨线写做

$$y = \frac{1}{2}[(1-x_0)^2 - (1-x)^2]\frac{1}{\varepsilon} + 2\ln \frac{1 - x_0}{1 - \frac{1}{2}(x + x_0)} + O(\varepsilon). \tag{5.128}$$

这个级数在漂移的快部分有用.快爆发之后,轨线很快接近由((5.121)式)式代表的 ZSI.

(5.128)式的第一项在 $\hat{x}=1(\hat{\rho}=\beta)$ 处有峰,和在 NF 模型中一样.严格轨线当穿过 ZSI((5.121)式)时有峰.为求对 $\hat{x}$ 的一阶修正,命(5.121)式的右边等于(5.128)式右边第一项并对 x 求近似解,结果得

$$x = \hat{x} = 1 - \frac{2}{x_0 - 1}\varepsilon + O(\varepsilon^2). \tag{5.129}$$

为求对 $\hat{y}$ 的 $O(\varepsilon^0)$ 修正,在(5.128)式中命 $x=1$($\hat{x}$ 的零阶值),得

$$\hat{y} = \frac{(1 - x_0)^2}{2\varepsilon} + 2\ln 2 + O(\varepsilon). \tag{5.130}$$

第一项是 NF 近似(5.56)式.显然(5.129)及(5.130)式在 $x_0=1$ 处不能和(5.122)及(5.120)式光滑匹配.这些渐近展开可以在各自适用的有限范围内作数值计算.找出高阶项很费力;它们的实际价值也不大.以上讨论的基本思想在于了解不同范围内成立的近似解可以如何求出,以及这些近似解相互之间有什么关系.

对于 $\rho_0=\beta+\lambda l$ 或 $x_0=1+\varepsilon$ 的**过渡情形**,引入和补偿反应性成比例的变量:

$$u = x_0 - x = 1 + \varepsilon - x, \tag{5.131}$$

方程(5.115)可写成

$$\varepsilon y \frac{\mathrm{d}y}{\mathrm{d}u} = (1+\varepsilon)u - uy - \frac{1}{2}u^2. \tag{5.132}$$

让我们找方程(5.132)的通过(y,u)平面上原点的轨线.先看(5.132)式在原点附近的行为.为此,略去二阶小量,有

$$\varepsilon y \frac{\mathrm{d}y}{\mathrm{d}u} = (1+\varepsilon)u, \tag{5.133}$$

积分得

$$y^2 = \frac{1+\varepsilon}{\varepsilon}u^2 + 常数, \tag{5.134}$$

(5.134)式代表一族双曲线，其中通过原点的是退化双曲线：

$$y^2 = \frac{1+\varepsilon}{\varepsilon}u^2 \quad 或 \quad y = \pm\sqrt{\frac{1+\varepsilon}{\varepsilon}}u. \tag{5.135}$$

可见，原点是微分方程(5.132)的鞍点，穿过鞍点的特殊轨线的初始斜率为$\sqrt{\frac{1+\varepsilon}{\varepsilon}}$(负号不用，因物理上 y,u 都应为正). 由于 ε 是个小参量，这初始斜率非常大. 换句话说，在原点附近，$y\approx\frac{1}{\sqrt{\varepsilon}}u\gg u$. 因此，比(5.133)式更好的近似是在方程(5.132)右边保留 $-uy$ 而只略去 $-\frac{1}{2}u^2$；另外，ε 和 1 相比可以略去. 于是得近似轨线所满足的微分方程：

$$\varepsilon y \frac{\mathrm{d}y}{\mathrm{d}u} = (1+\varepsilon)u - uy \approx u - uy. \tag{5.136}$$

积分上式，得通过原点的近似轨线为

$$\varepsilon \ln\frac{1}{1-y} - \varepsilon y = \frac{1}{2}u^2. \tag{5.137}$$

当 $u\sim O(\sqrt{\varepsilon})$ 或更小时，上式给出好的近似轨线.

考查(5.137)式代表的近似轨线和 ZSI 的交点，可找到峰值功率处的关系式. 由(5.132)式，ε 小时 ZSI 的方程为

$$y = 1 - \frac{1}{2}u. \tag{5.138}$$

与方程(5.137)联立，交点给出 $\hat{u}$ 的一超越方程：

$$\varepsilon\left[\ln\frac{2}{u} - 1 + \frac{1}{2}u\right] = \frac{1}{2}u^2$$

或

$$u = \sqrt{\left[2\varepsilon\left(\ln\frac{2}{u} - 1 + \frac{u}{2}\right)\right]} \approx \sqrt{\left[2\varepsilon\left(\ln\frac{2}{u} - 1\right)\right]}. \tag{5.139}$$

这个方程可用迭代法求解，从这一解法中也可明显了解上式中最后一步的近似. 一次近似取为

$$\hat{u} \approx \sqrt{2\varepsilon}; \tag{5.140}$$

迭代一次，得二次近似：

$$\hat{u} \approx \sqrt{\left[\varepsilon\left(\ln \frac{2}{\varepsilon} - 2\right)\right]}. \tag{5.141}$$

由于 $\varepsilon = \frac{\lambda l}{\beta}$，(5.140)或(5.141)式说明，对于初始反应性 $1+\varepsilon$ 元(或 $\rho_0 = \beta + \lambda l$)，峰值功率处的补偿反应性基本上和 l 的平方根成正比. 这一结果和实验及准确数值计算(根据(5.139)式，它也可以写成 $u = 2\exp\left[-\left(\frac{u^2}{2\varepsilon}+1\right)\right]$)结果的符合很好，即使对于具有复杂停堆机制的系统也是这样. 图 5.19 中绘出了 $\rho_0 = \beta + \lambda l$ 时，补偿反应性(以"元"为单位)随 $\frac{l}{\beta}$ 变化的情况，数值计算见文献[19]. SPERT 堆的计算值是半经验估计[22]. SPERT-Ⅰ 堆的实验点是从功率漂移数据[23] 算出的反应性. TRIGA 堆的数据由 Kurstedt 及 Leonard 提供；TREAT 堆的计算结果由 Dickerman 提供[20]. KEWB 堆的实验点见文献[24]. SNAPTRAN 堆的一点由 Johnson[25] 报道. 快爆发堆仅由计算点表示，因为在这范围内极难得到准确的实验结果.

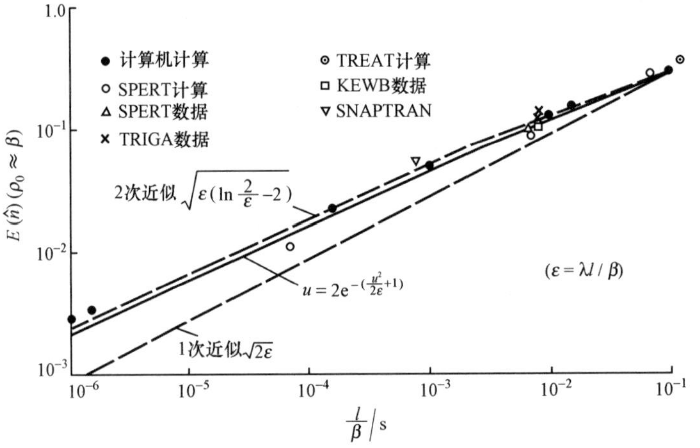

图 5.19 对于 1 元反应性阶跃，峰值功率处的补偿反应性
$\left(\text{对绝热反馈和}\frac{\alpha K}{\beta}=1\text{，就等于 }E(\hat{n})\right)$随 $\frac{l}{\beta}$ 的变化

峰值功率处的补偿反应性当初始反应性在 1 元附近时有极小值. 这一点也得到了很好的肯定，和图 5.13 中所示计算结果相符. 即使在复杂的非线性反馈中也有这现象，提示它基本上是缓发中子的效应.

§ 5.6 Fuchs 斜坡输入模型

本节探讨由反应性的斜坡输入(外加反应性随时间线性增长)在绝热或恒定功率移出反馈模型中引起的自限功率漂移. 我们先介绍关于快漂移的 Fuchs 模型的

主要特点[13]，然后给出 Canosa 关于存在缓发中子时净反应性超过瞬发临界的必要条件的推导[26].

对于快漂移，略去缓发中子及源中子的产生率，应用方程：

$$\frac{dn}{dt}=\frac{\rho-\beta}{l}n. \tag{5.142}$$

假设反应性：

$$\rho=\rho_0+\gamma t-\alpha T, \tag{5.143}$$

式中 ρ_0 是个常数，γ 是外加反应性线性增长率，T 是温度升高，$-\alpha$ 是温度系数. $t=0$ 的意义将在以后讨论.

应用绝热模型：

$$\frac{dT}{dt}=Kn, \tag{5.144}$$

从(5.143)及(5.144)式，得

$$\frac{d\rho}{dt}=\gamma-\alpha Kn. \tag{5.145}$$

再在方程(5.142)及(5.145)间消去时间变量：

$$\frac{dn}{d\rho}=\frac{(\rho-\beta)n}{l(\gamma-\alpha Kn)}. \tag{5.146}$$

这就是决定(n,ρ)平面中轨线的微分方程. 它也可以通过引进瞬时倒周期

$$\omega=\frac{1}{n}\frac{dn}{dt}=\frac{\rho-\beta}{l} \tag{5.147}$$

化为

$$\frac{dn}{d\omega}=\frac{l\omega n}{\gamma-\alpha Kn}, \tag{5.148}$$

或写成下列微分形式：

$$\frac{dn}{n}-\frac{\alpha K}{\gamma}dn=\frac{l}{\gamma}\omega d\omega. \tag{5.149}$$

从(5.145)及(5.147)式可见，极大反应性 ρ_m 及极大倒周期 ω_m 出现在由下式给出的 $n=n_m$ 处：

$$n_m=\frac{\gamma}{\alpha K}. \tag{5.150}$$

n_m 是系统的重要参量，通常把它叫做**极小周期处功率**. 注意，由(5.145)式，当 n 由小变大时，$\frac{d\rho}{dt}$由正值经过零变负，ρ 在 $n=n_m$ 处为极大；当 n 由大变小时，$\frac{d\rho}{dt}$由负值经过零变正，ρ 在 $n=n_m$ 处为极小. 所以 n_m 也是一中子爆发后极小反应性(极大周期)处的功率.

应用(5.150)式，方程(5.149)可写为

$$\frac{\mathrm{d}n}{n}-\frac{\mathrm{d}n}{n_{\mathrm{m}}}=\frac{l}{\gamma}\omega\,\mathrm{d}\omega. \tag{5.149'}$$

由(5.147)式，当 $\omega=0$ 时，n 将为极大($\hat{n}$)或极小($\check{n}$). 将方程(5.149′)从 $n=\check{n}$ 及 $\omega=0$开始积分，得

$$\ln\frac{n}{\check{n}}-\frac{n-\check{n}}{n_{\mathrm{m}}}=\frac{l}{2\gamma}\omega^{2}. \tag{5.151}$$

引进无量纲变量和参量：

$$x=\left(\frac{l}{\gamma}\right)^{1/2}\omega,\quad y=\frac{n}{n_{\mathrm{m}}},\quad y_{0}=\frac{\check{n}}{n_{\mathrm{m}}}, \tag{5.152}$$

轨线方程(5.151)可以改写为

$$\ln\frac{y}{y_{0}}-(y-y_{0})=\frac{1}{2}x^{2}. \tag{5.153}$$

用$\frac{1}{y_0}=\frac{n_{\mathrm{m}}}{\check{n}}$作参量，轨线绘出如图 5.20. 它们是一族封闭曲线，代表功率及反应性的周期解.

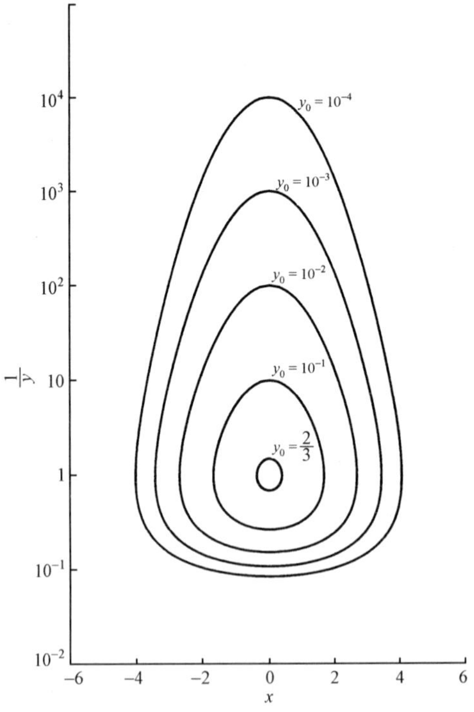

图 5.20 Fuchs 斜坡输入模型的解轨线

$x=\left(\frac{l}{\gamma}\right)^{1/2}\omega$，$y=\frac{n}{n_{\mathrm{m}}}$（$n_{\mathrm{m}}$ 为极小周期处功率）；参量为$\frac{1}{y_0}=\frac{n_{\mathrm{m}}}{\check{n}}$.

再从 $n=n_{\mathrm{m}}$ 及 $\omega=\omega_{\mathrm{m}}$ 开始积分(5.149′)式，得

$$\ln\frac{n}{n_{\mathrm{m}}}-\frac{n-n_{\mathrm{m}}}{n_{\mathrm{m}}}=\frac{l}{2\gamma}(\omega^{2}-\omega_{\mathrm{m}}^{2}). \tag{5.154}$$

在峰值功率处，$n=\hat{n}$，$\omega=0$，上式变成

$$\frac{\hat{n}}{n_{\mathrm{m}}}-1-\ln\frac{\hat{n}}{n_{\mathrm{m}}}=\frac{l}{2\gamma}\omega_{\mathrm{m}}^{2}. \tag{5.155}$$

顺便指出，将方程(5.155)对 l 求解，用实验测出的量表示，可以间接测出中子一代时间. 方程(5.155)也为大漂移$\left(\text{大}\frac{\hat{n}}{n_{\mathrm{m}}}\right)$给出一个重要的理论结果. 在大 $\hat{n}$ 的极限，这个方程近似给出

$$\hat{n}\approx\frac{l n_{\mathrm{m}}\omega_{\mathrm{m}}^{2}}{2\gamma}=\frac{l\omega_{\mathrm{m}}^{2}}{2\alpha K}. \tag{5.156}$$

可以把这式和为大反应性阶跃引起的漂移得出的(5.58)式相比较，记住在后者情形下 ω 也和极小周期(极大反应性)相对应. 这提示在“阶跃”与“斜坡漂移”之间近似等价的概念，虽然这个近似可能不很好. 即使对图 5.20 中的最大轨线，误差也有约 30%.

如果在(5.154)式中命 $n=\check{n}$ 及 $\omega=0$，则有

$$\ln\frac{n_{\mathrm{m}}}{\check{n}}-1+\frac{\check{n}}{n_{\mathrm{m}}}=\frac{l}{2\gamma}\omega_{\mathrm{m}}^{2}. \tag{5.157}$$

即使对于中等大小的轨线，$\dfrac{\check{n}}{n_{\mathrm{m}}}$项也小，可以在上式中略去. 对 ω_{m} 求解，有

$$\omega_{\mathrm{m}}=\pm\sqrt{\frac{2\gamma}{l}\left(\ln\frac{n_{\mathrm{m}}}{\check{n}}-1\right)}. \tag{5.158}$$

(5.158)式是个好近似，可用来推导周期解的其他性质. 利用(5.147)式，求得极端反应性为

$$\rho_{\mathrm{m}}=\beta\pm\sqrt{2\gamma l\left(\ln\frac{n_{\mathrm{m}}}{\check{n}}-1\right)}. \tag{5.159}$$

由此得一次爆发中相应的反应性漂移：

$$\Delta\rho=2\sqrt{2\gamma l\left(\ln\frac{n_{\mathrm{m}}}{\check{n}}-1\right)}. \tag{5.160}$$

一次爆发中的能量为 $E=\dfrac{\Delta\rho}{\alpha K}$. 用(5.150)式，有

$$E=2n_{\mathrm{m}}\sqrt{\frac{2l}{\gamma}\left(\ln\frac{n_{\mathrm{m}}}{\check{n}}-1\right)}. \tag{5.161}$$

在两次爆发之间，反应性损失 $\Delta\rho$ 以 γ_{s}^{-1} 的输入率恢复. 因此，循环时间(两次爆发的间隔时间) $\Delta t=\dfrac{\Delta\rho}{\gamma}$或

$$\Delta t = 2\sqrt{\frac{2l}{\gamma}\left(\ln\frac{n_{\mathrm{m}}}{\check{n}} - 1\right)}. \tag{5.162}$$

每次爆发的延续时间可以粗略估计为 $\tau \approx \frac{E}{\hat{n}}$，或用从(5.156)及(5.158)式求得的 $\frac{\hat{n}}{n_{\mathrm{m}}}$ 的粗略值代入，得

$$\tau \approx 2\sqrt{\frac{2l}{\gamma\left(\ln\frac{n_{\mathrm{m}}}{\check{n}} - 1\right)}}. \tag{5.163}$$

图 5.21 中定性地绘出了周期性解的情形. 图中点 $t=0$ 取在瞬发临界处. 实际上，就周期性解本身来说，时间原点可以任意选取. 由于在一封闭轨线上 n 不会等于 0，所以没有 $\frac{\mathrm{d}T}{\mathrm{d}t}=0$ 的初始平衡点.

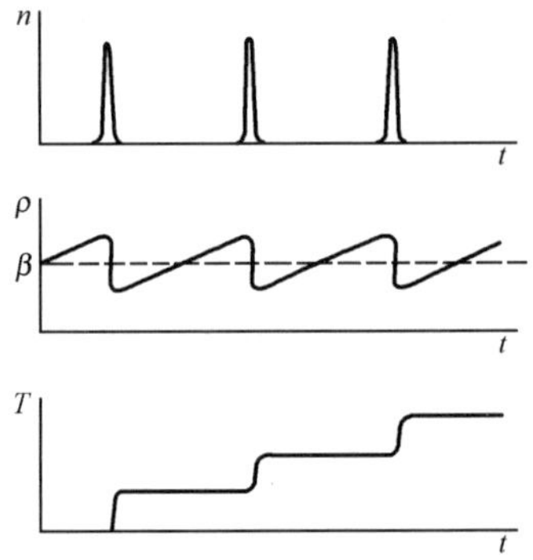

图 5.21　对大的反应性斜坡输入的定性响应

事实上，对实际问题应用这模型的主要困难是选择合适的封闭轨线，使它可以在一定形式下和没有反馈的斜坡解(这解以某初始功率 n_0 从 $\rho=0$ 的临界出发)相匹配. Fuchs 模型是假设反馈变得显著之前反应堆已超过瞬发临界导出的. 对于缓慢的斜坡，可以预期：净反应性还没有达到瞬发临界，中子爆发可能已经过去了.

极陡斜坡的极限情形可以用 § 3.2 中给出的渐近解来探讨. 假设 γ 足够大，使没有反馈的渐近解(3.84)在达到瞬发临界以后但反馈还没开始以前的一段时间里成立. 这时图 3.4 中的抛物线可以和图 5.20 中 Fuchs 模型轨线的下半部分等同起来(记住图 3.4 中纵坐标具对数尺度). 向后外推(3.84)式到瞬发临界，给出(3.85)式：

$$n(t_{\mathrm{p}}) \approx n_0\beta\sqrt{\frac{2\pi}{\gamma l}}. \tag{5.164}$$

现在可以认为这 $n(t_{\mathrm{p}})$ 就是 $\check{n}$，从而选出一特定的封闭轨线. 这使我们可以用本节推出的公式算出峰值功率、极大反应性、能量释放等的唯一值. 当然，这些结果只对从

很低功率开始的极陡斜坡适用. 如果净反应性实际保持在 β 以下,它们就是没有意义的.

上述步骤适用的判据可以直观地如下导出.(5.164)式中,$n(t_p)$ 和 $\gamma^{1/2}$ 成反比. 如果 γ 太小,$n(t_p)$ 就会超过从(5.150)式算出的 n_m. 因此,把(5.164)式就当成 $\check{n}$ 的必要条件是

$$n(t_p) < n_m. \tag{5.165}$$

事实上,如果这不等式不满足,就不能在显著反馈开始以前达到瞬发临界. 用(5.150)和(5.164)式,我们推出

$$\left(\frac{l}{2\pi}\right)^{1/2} \frac{\gamma^{3/2}}{\beta\alpha K n_0} > 1, \tag{5.166}$$

它可作为把 $n(t_p)$ 当做 $\check{n}$(也是反馈显著以前达到瞬发临界)的必要条件. 由于(3.84)式是对大 γ 才成立的渐近形式,因此首先应当检验条件 $\gamma \gg \lambda\beta$ 是否满足(参看§3.2).

现在转到 Canosa[26] 所得另一有关判据的推导. 我们将发现(5.166)式基本上是初始功率 n_0 足够小时成立的特例. 我们也将讨论 Canosa 关于极大净反应性的更普遍结果.

设初始态为 $\rho=0, n=n_0$. 假设漂移足够快,使缓发中子源基本上保持在它们的初始平衡值(恒源近似). $q=0$ 时的点堆方程变成

$$\frac{dn}{dt} = \frac{\rho-\beta}{l}n + \frac{\beta}{l}n_0. \tag{5.167}$$

§3.1 讨论过,恒源近似在 $t \ll \dfrac{1}{\lambda}$ 时成立. 由于瞬发临界会在 $t=\dfrac{\beta}{\gamma}$ 时达到(γ 是输入反应性线性增长率),所以 $\gamma \gg \lambda\beta$ 时这近似是可用的. 将反应性 ρ 表示为

$$\rho = \begin{cases} 0 & (t \leqslant 0), \\ \gamma t - \alpha T & (t > 0); \end{cases} \tag{5.168}$$

同时利用恒定功率移出模型(5.32):

$$\frac{dT}{dt} = K(n - n_0). \tag{5.169}$$

从上两式消去 T,得

$$\frac{d\rho}{dt} = \gamma - \alpha K(n - n_0). \tag{5.170}$$

从(5.167)及(5.170)式消去 n,得

$$l\frac{d^2\rho}{dt^2} + (\beta - \rho)\frac{d\rho}{dt} + (\gamma + \alpha K n_0)\rho - \gamma\beta = 0. \tag{5.171}$$

引进无量纲变量及参量:

$$\tau = \gamma t, \quad \varepsilon = \gamma l \tag{5.172}$$

及

$$u=\rho-\frac{\gamma\beta}{\gamma+\alpha K n_0}=\rho-\frac{\beta}{l+\delta}, \tag{5.173}$$

其中

$$\delta=\frac{\alpha K n_0}{\gamma}, \tag{5.174}$$

方程(5.171)可化成

$$\varepsilon\frac{\mathrm{d}^2 u}{\mathrm{d}\tau^2}+\left(\frac{\beta\delta}{1+\delta}-u\right)\frac{\mathrm{d}u}{\mathrm{d}\tau}+(1+\delta)u=0. \tag{5.175}$$

这个已齐次化了的方程可以换成两个一阶方程：

$$\frac{\mathrm{d}u}{\mathrm{d}\tau}=v, \tag{5.176}$$

$$\frac{\mathrm{d}v}{\mathrm{d}\tau}=\frac{1}{\varepsilon}\left[uv-\frac{\beta\delta}{1+\delta}v-(1+\delta)u\right]. \tag{5.177}$$

(u,v)平面中的轨线由

$$\frac{\mathrm{d}v}{\mathrm{d}u}=\frac{1}{\varepsilon v}\left[uv-\frac{\beta\delta}{1+\delta}v-(1+\delta)u\right] \tag{5.178}$$

给出. 相应的零斜线 ZSI 是双曲线：

$$uv-\frac{\beta\delta}{1+\delta}v-(1+\delta)u=0, \tag{5.179}$$

它的渐近线是

$$u=\frac{\beta\delta}{1+\delta}\quad 及\quad v=1+\delta. \tag{5.180}$$

由(5.173)式可见,前一渐近线与瞬发临界相应.

初始态是 $\rho=0,\dfrac{\mathrm{d}\rho}{\mathrm{d}t}=\gamma$. 由(5.172),(5.173)及(5.176)式知,(u,v)平面中轨线的初始点为

$$u=-\frac{\beta}{1+\delta},\quad v=1. \tag{5.181}$$

从方程(5.179),可以看出初始点在 ZSI 上. 图 5.22 是定性的图解. 每当轨线穿到垂直渐近线的右边,净反应性就超过瞬发临界.

轨线的上界可如下求得：从初始点到 v 轴,轨线在直线 $v=1$ 以下. 轨线穿过 v 轴时,斜率由(5.178)式给出为

$$M=-\frac{\beta\delta}{\varepsilon(1+\delta)}. \tag{5.182}$$

因此,直线

$$v=1-\frac{\beta\delta}{\varepsilon(1+\delta)}u \tag{5.183}$$

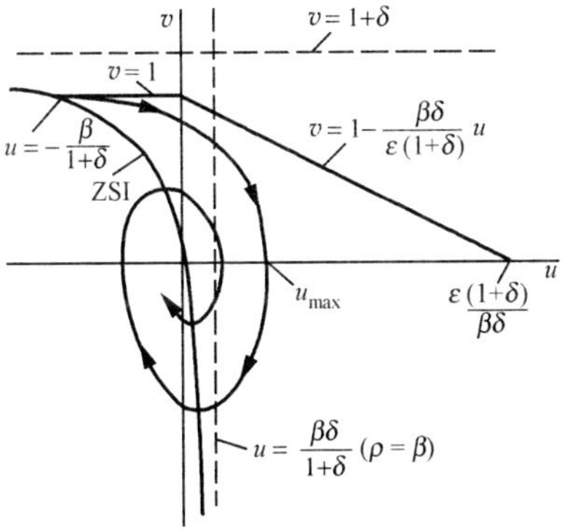

图 5.22 对于有缓发中子的斜坡漂移,Canosa 判据的定性图解

是第一象限中的上界.这条直线和 u 轴相交于

$$u=\frac{\varepsilon(1+\delta)}{\beta\delta}. \tag{5.184}$$

只有轨线穿过垂直渐近线后,反应性才超过瞬发临界.穿过的必要条件为

$$\frac{\varepsilon(1+\delta)}{\beta\delta}>\frac{\beta\delta}{1+\delta}$$

或

$$\frac{\varepsilon^{1/2}(1+\delta)}{\beta\delta}>1. \tag{5.185}$$

分别代入 ε 及 δ 的定义(5.172)及(5.174)式,可将这个 **Canosa 判据**用物理变量表示:

$$\frac{(\gamma l)^{1/2}(\gamma+\alpha K n_0)}{\beta\alpha K n_0}>1, \tag{5.186}$$

在 $n_0\ll\dfrac{\gamma}{\alpha K}$ 的特例下,上式基本上(除了因子 $\sqrt{2\pi}$ 之外)变成以前简单、直观地为小 n_0 导出的判据(5.166).由于因子 $\sqrt{2\pi}$,(5.166)式比小 n_0 极限下的(5.186)式限制得更严一些.

在推导 Canosa 判据时用的(5.184)式,对估计最大值 $u_{\max}$ 来说不是很近的上界(见图 5.22).另一方面,注意在一快漂移的实际模型中 ε 及 δ 都是小参量.这说明(5.179)式给出的 ZSI 非常接近它的两条渐近线,因而在 v 轴附近转过一个很陡的角,使轨线在趋近 v 轴时被挤到离直线 $v=1$ 很近.然后,轨线在 $v=1$ 附近以(5.182)式给出的斜率穿过 v 轴.在一快漂移中,这斜率的绝对值可以大于或小于 1.不过,垂直渐近线($\rho=\beta$)很靠近 v 轴(小 δ),所以轨线在 $v=1$ 附近穿过这渐近线.

可以分三段作出近似的轨线:首先,让轨线跟着 ZSI 直到(5.182)式给出的斜率 M 值.然后让轨线换成一斜率为 M 的切线,穿过 v 轴并延长到垂直渐近线.从这点以后，就略去(5.178)式中的$\frac{v\beta\delta}{1+\delta}$项并积分得出一近似轨线的方程. 这条曲线就在$u_{max}$附近穿过$u$轴. 图5.23中示意地绘出了这近似轨线. 从初始点到点1，曲线是ZSI(5.179)式. 为决定点1的位置，对u微分(5.179)式并令$\frac{dv}{du}$等于(5.182)式给出的M，便解得点1的坐标值：

$$\begin{cases} u_1 = \frac{\beta\delta}{1+\delta} - \sqrt{\varepsilon(1+\delta)}, \\ v_1 = 1+\delta - \frac{\beta\delta}{\sqrt{\varepsilon(1+\delta)}}. \end{cases} \tag{5.187}$$

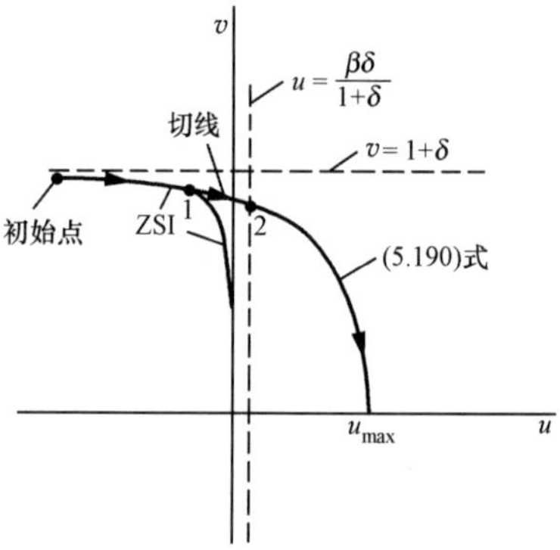

图5.23 对于有缓发中子的快斜坡漂移，近似轨线的示意图

在点1具斜率M的切线延伸到与垂直渐近线相交，得到点2的坐标为

$$\begin{cases} u_2 = \frac{\beta\delta}{1+\delta}, \\ v_2 = 1+\delta - \frac{2\beta\delta}{\sqrt{\varepsilon(1+\delta)}}. \end{cases} \tag{5.188}$$

点2以后，利用方程(5.178)的渐近形式：

$$\frac{dv}{du} = \frac{1}{\varepsilon v}[uv - (1+\delta)u]. \tag{5.189}$$

积分(5.189)式，便得通过点2的近似轨线：

$$u^2 - u_2^2 = 2\varepsilon\left[v - v_2 + (1+\delta)\ln\frac{1+\delta-v}{1+\delta-v_2}\right]. \tag{5.190}$$

在上式中置$v=0$，便可求得u_{max}；然后从(5.173)式得

$$\rho_{max} \approx \frac{\beta}{1+\delta} + \sqrt{\left\{u_2^2 + 2\varepsilon\left[(1+\delta)\ln\frac{1+\delta}{1+\delta-v_2} - v_2\right]\right\}}. \tag{5.191}$$

在小δ的极限，上式变成

$$\rho_{\max} \approx \beta + \sqrt{\left[2\varepsilon\left(\ln\frac{\sqrt{\varepsilon}}{2\beta\delta} - 1\right)\right]};\tag{5.191'}$$

或用物理变量表出：

$$\rho_{\max} \approx \beta + \sqrt{\left[2\gamma l\left(\ln\frac{\gamma\sqrt{\gamma l}}{2\beta\alpha K n_0} - 1\right)\right]}.\tag{5.192}$$

把这结果和(5.159)式比较$\left(\text{记住 } n_m = \dfrac{\gamma}{\alpha K}\right)$，可得

$$\check{n} \approx \frac{2\beta}{\sqrt{\gamma l}} n_0.\tag{5.193}$$

$\check{n}$ 是一封闭轨线上的极小功率(瞬发临界处功率)，而 n_0 是初始功率(缓发临界处功率). 注意(5.164)及(5.193)式除因子$\sqrt{\dfrac{\pi}{2}}$以外相符合，可以肯定所用近似成立.

最后，简短讨论一下 δ 不小(例如，大 n_0 或小 γ)的漂移. 如果 ε 是个小参量而 δ 不是，则由(5.182)式知轨线以很大的负斜率穿过图 5.22 的 v 轴. 在这情形下，$u_{\max}$ 将比$\dfrac{\beta\delta}{1+\delta}$为小. 事实上，$u_{\max}$ 接近零时，(5.173)式给出

$$\rho_{\max} \approx \frac{\beta}{1+\delta}.\tag{5.194}$$

Canosa[26] 曾指出，对于很宽范围的次瞬发临界漂移，这是个很好的近似.

§5.7　复杂停堆机制，热堆

以上四节中广泛应用的、由

$$\rho = \rho_0 - \alpha T,\quad \frac{\mathrm{d}T}{\mathrm{d}t} = Kn$$

给出的绝热反馈模型是一种简单的线性即时反馈停堆模型. 对于某些堆型，这一简单模型必须作相当的修改. 本节中将以 SPERT-Ⅰ 堆(一种用高加浓度金属燃料，一种用低加浓度氧化物燃料)，TRIGA 堆，以及均匀溶液堆 KEWB 为例分别讨论有关的反馈机制. 快堆则在下节考虑.

在用高加浓度金属燃料的 SPERT-Ⅰ 堆中，主要的停堆反馈机制是水慢化剂中生成蒸汽. 由于裂变热能必须从燃料传到慢化剂，而慢化剂温度必须升到沸点，所以蒸汽的生成是滞后效应. 典型的实验功率曲线很不对称，在峰值功率后很快下降[27]. Forbes[27] 在试图把快功率漂移的大量数据彼此联系起来时，提出了一种半经验模型. 这模型是 NF 模型近似的一种变形，其中反应性反馈既是滞后的，又是非线性的.

像 NF 模型近似中一样，略去缓发中子和外中子源. 于是有

$$\frac{\mathrm{d}n}{\mathrm{d}t}=\frac{\rho-\beta}{l}n. \tag{5.195}$$

现在引进正比于 $E^r(r>1, E$ 为所释放能量)，并且有滞后时间 τ 的反馈反应性. 于是(5.195)式可写成

$$\frac{1}{n}\frac{\mathrm{d}n}{\mathrm{d}t}=\begin{cases}\omega, \\ \omega-b[E(t-\tau)]^r, & (t>\tau)\end{cases} \tag{5.196}$$

式中 $\omega=\frac{\rho_0-\beta}{l}$是和初始反应性 ρ_0 相应的初始倒周期，$E(t-\tau)$是到时刻 $t-\tau$ 为止释放的能量，b 是具有量纲[能量]$^{-r}$ · [时间]$^{-1}$的常数.

方程(5.196)在两个特殊情形(**零滞后**模型及**长滞后**模型)下可以解析地积出. **零滞后模型**由 $\tau=0$ 给出，这时(5.196)式变成

$$\frac{\mathrm{d}n}{\mathrm{d}t}=(\omega-bE^r)n. \tag{5.197}$$

利用 $n=\frac{\mathrm{d}E}{\mathrm{d}t}$，这一方程可以积分得出

$$n=\omega E-\frac{b}{r+1}E^{r+1}, \tag{5.198}$$

式中略去了初始功率 n_0. 在峰值功率 $n=\hat{n}$ 处，$\frac{\mathrm{d}n}{\mathrm{d}t}=0$，于是从(5.197)式得相应的能量 $\hat{E}$：

$$\hat{E}=\left(\frac{\omega}{b}\right)^{\frac{1}{r}}. \tag{5.199}$$

用到(5.198)式中，得

$$\hat{n}=\frac{r\omega^{1+\frac{1}{r}}}{(r+1)b^{1/r}}. \tag{5.200}$$

在(5.198)式中置 $n=\frac{\mathrm{d}E}{\mathrm{d}t}$，再从峰值功率时刻 $t=t_{\mathrm{m}}$ 开始积分，并利用(5.199)式，结果求得

$$E(t)=\left[(r+1)\frac{\omega}{b}\right]^{\frac{1}{r}}\left[1+r\mathrm{e}^{-r\omega(t-t_{\mathrm{m}})}\right]^{-\frac{1}{r}}. \tag{5.201}$$

微分上式并利用(5.200)式，可得

$$\frac{n(t)}{\hat{n}}=\left[\frac{1+r}{1+r\mathrm{e}^{-r\omega(t-t_{\mathrm{m}})}}\right]^{1+\frac{1}{r}}\mathrm{e}^{-r\omega(t-t_{\mathrm{m}})}. \tag{5.202}$$

容易看出这函数有所期望的不对称性. 在**上升部分**，当 $t\ll t_{\mathrm{m}}$ 时，(5.202)式变为

$$\frac{n}{\hat{n}}\approx\left(1+\frac{1}{r}\right)^{1+\frac{1}{r}}\mathrm{e}^{\omega(t-t_{\mathrm{m}})},$$

具有**上升时间**$\frac{1}{\omega}$. **峰值以后**，当 $t \gg t_m$ 时，有

$$\frac{n}{\hat{n}} \approx (1+r)^{1+\frac{1}{r}} e^{-r\omega(t-t_m)},$$

具**衰减时间**$\frac{1}{r\omega}$. 如果 $r>1$，衰减时间就小于上升时间. 图 5.24 中，用不同 r 值从(5.202)式算出的爆发形状和典型的 SPERT-Ⅰ实验作了比较. 图中 ϕ 是相对于峰值的功率，而"时间"是 $\omega(t-t_m)$；即，相对于峰并用初始周期 $T=\frac{1}{\omega}=9.5$ ms 作单位来量度的时间. 从图可见，定量的符合不是太好.

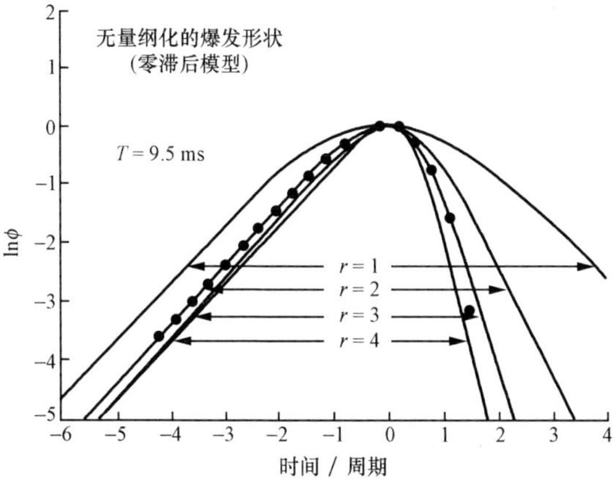

图 5.24　对于高加浓度金属燃料，零滞后模型的爆发形状和 SPERT-Ⅰ堆数据的比较[27]
—— 理论曲线，• 实验数据.

通过把(5.200)式和 $\hat{n}$ 随 ω 变化的数据对比，还发现应用零滞后模型于这种类型堆的另一困难. §5.3 中，讨论图 5.3 时，曾注意到对于这种堆 $\hat{n}$ 如 $\omega^{1.7}$ 变化，这样从(5.200)式就会得出 $r=1.4$. 而从图 5.24，相应的爆发会宽得太多.

当滞后时间和非线性反馈一起引入时，得出的结果更好. 下面我们考虑方程(5.196)可以解析积出的第二个特殊情况，这就是假定滞后时间比爆发宽度更长的**长滞后模型**. 这时，爆发过程中的能量反馈可以从指数上升的功率明显地导出.

当功率从 $t=0$ 时的 $n=n_0$ 开始指数上升时，能量为

$$E = \frac{n_0}{\omega}(e^{\omega t}-1) \approx \frac{n_0}{\omega}e^{\omega t}.$$

对于 $t>\tau$，方程(5.196)变成

$$\frac{1}{n}\frac{dn}{dt} = \omega - b\left(\frac{n_0}{\omega}\right)^r e^{r\omega(t-\tau)}. \tag{5.203}$$

这可以近似地积分，得

$$\ln\frac{n}{n_0}=\omega t-\frac{bn_0^r}{r\omega^{r+1}}e^{r\omega(t-\tau)}. \tag{5.204}$$

在峰值功率处时刻 $t=t_m$，$\frac{dn}{dt}=0$，(5.203)式给出

$$\frac{bn_0^r}{\omega^{r+1}}=e^{r\omega(\tau-t_m)}, \tag{5.205}$$

而(5.204)式变成

$$\ln\frac{n}{n_0}=\omega t-\frac{1}{r}e^{r\omega(t-t_m)}. \tag{5.206}$$

在峰值功率处，有

$$\ln\frac{\hat{n}}{n_0}=\omega t_m-\frac{1}{r}. \tag{5.207}$$

以上两式相减，可消去 n_0，得

$$\ln\frac{n}{\hat{n}}=\omega(t-t_m)+\frac{1}{r}\left[1-e^{r\omega(t-t_m)}\right]. \tag{5.208}$$

另外，从(5.205)及(5.207)式消去 n_0，得出

$$\hat{n}=\frac{\omega^{1+\frac{1}{r}}}{b^{\frac{1}{r}}}e^{\omega\tau-\frac{1}{r}}. \tag{5.209}$$

这式可以和零滞后模型的(5.200)式相比较.

用不同 r 值从(5.208)式算出的爆发形状绘出如图 5.25. 图中也绘有图 5.24 中所示的 $T=9.5$ ms 的爆发的实验点. $r=1.5$ 时符合相当好. 另一例子如图 5.26 所示，其中一次 $T=7.4$ ms 的爆发的实验数据和 $r=2$ 时的计算曲线符合相当好.

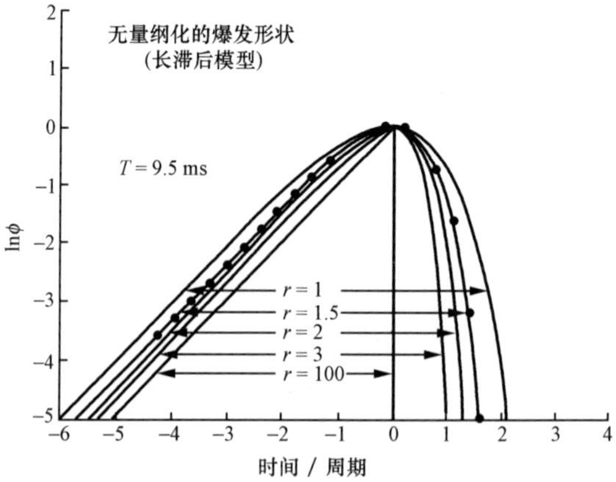

图 5.25 对于高加浓度金属燃料，长滞后模型的爆发形状和 SPERT-Ⅰ堆数据的比较[27]
—— 理论曲线，· 实验数据.

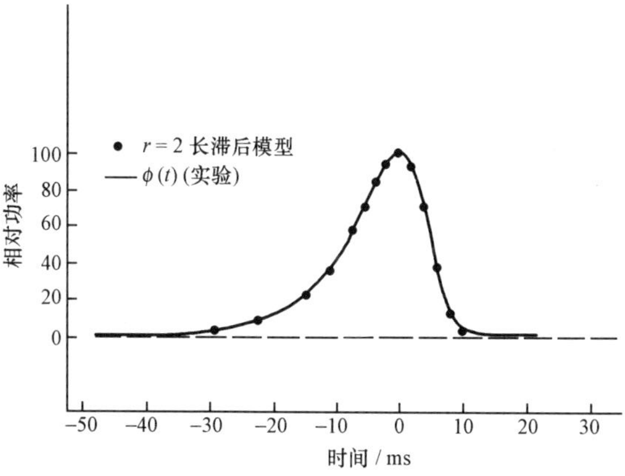

图 5.26　对于高加浓度金属燃料，$r=2$ 的长滞后模型的爆发形状和 SPERT-Ⅰ堆（$T=7.4$ ms）数据的比较[27]

利用爆发形状曲线和补偿反应性曲线，对 SPERT-Ⅰ金属堆芯的大量数据进行考查，发现最好的符合由 $r=2$ 给出[27]. 将这值用在(5.209)式中并和 $\hat{n}$ 随 ω 变化的数据进行比较，可以经验地确定 τ 值. 结果是：$\omega\tau$ 在周期的一个范围内差不多是常数 $\left(\frac{1}{\omega}=20\ \text{ms}\ 时\ \omega\tau=2.2\ 到\ \frac{1}{\omega}=5\ \text{ms}\ 时\ \omega\tau=2.6\right)$. 功率-时间曲线肯定这些 τ 值确实足够长，长滞后模型是实用的. 补偿反应性曲线进一步肯定了这一点[27].

指数 r 及滞后时间 τ 不能看成基本的物理参量. 它们只是为了关联数据而引进的模型参量，反映实际上高度复杂系统的反馈综合效应. 不过，利用这模型和合适的参量值，还是能在有限范围内对有关堆的动力学特性进行预测. 关于描述这类堆中功率漂移的其他模型，可参看文献[28]，[29].

用低加浓度氧化铀燃料的 SPERT-Ⅰ堆的行为很不相同，主要的停堆机制是 Doppler 效应. 图 5.3 中有关峰值功率随 ω 变化的数据在 $\omega>160\ \text{s}^{-1}$ 时可用对数图上的斜率为 2.35 的直线来拟合. Spano 曾根据 Doppler 效应对温度平方根的依赖关系发展了一个解析模型，和实验符合很好. 事实上，用如下形式的 Doppler 效应：

$$\rho=\rho_0-\rho_f=\rho_0-\beta b[\sqrt{1+AE}-1], \tag{5.210}$$

式中 $E=\int_0^t n\mathrm{d}t$ 为释放能量，而 b 及 A 由共振参数给出，则方程(5.195)可写成

$$\frac{1}{n}\frac{\mathrm{d}n}{\mathrm{d}t}=\omega+\frac{\beta b}{l}[1-\sqrt{1+AE}]. \tag{5.211}$$

上式中 $\omega=\frac{\rho_0-\beta}{l}$ 为初始倒周期. 利用 $n=\frac{\mathrm{d}E}{\mathrm{d}t}$，并写 $B=\frac{\beta b}{l}$，上式可化为 E 的二阶微分方程：

$$\frac{\mathrm{d}^2E}{\mathrm{d}t^2}=[\omega+B-B\sqrt{1+AE}]\frac{\mathrm{d}E}{\mathrm{d}t}. \tag{5.212}$$

略去初始功率，则初始条件为 $E=0$ 及 $\frac{\mathrm{d}E}{\mathrm{d}t}=0$. 作变换

$$y=1+AE,\quad \tau=Bt, \tag{5.213}$$

并记

$$\theta=\frac{\omega}{B}, \tag{5.214}$$

方程(5.212)变成

$$\frac{\mathrm{d}^2y}{\mathrm{d}\tau^2}=[1+\theta-\sqrt{y}]\frac{\mathrm{d}y}{\mathrm{d}\tau}. \tag{5.215}$$

这个方程可在初始条件 $y=1$ 及 $\frac{\mathrm{d}y}{\mathrm{d}\tau}=0$ 之下积分：

$$\frac{\mathrm{d}y}{\mathrm{d}\tau}=(1+\theta)y-\frac{2}{3}y^{3/2}-\frac{1}{3}(1+3\theta). \tag{5.216}$$

再作变换：

$$w=1+\frac{2}{\sqrt{y}}=1+\frac{2}{\sqrt{1+AE}}, \tag{5.217}$$

代入方程(5.216)并整理，得

$$\frac{\mathrm{d}w}{\mathrm{d}\tau}=\frac{1+3\theta}{24}(w-3)(w+M)(w-M), \tag{5.218}$$

式中

$$M=\sqrt{\frac{9+3\theta}{1+3\theta}}. \tag{5.219}$$

利用部分分式，可将方程(5.218)改写成

$$\frac{\mathrm{d}w}{2M(M+3)(w+M)}-\frac{\mathrm{d}w}{2M(3-M)(w-M)}-\frac{\mathrm{d}w}{(3+M)(3-M)(3-w)}=\frac{1+3\theta}{24}\mathrm{d}\tau=\frac{1+3\theta}{24}B\mathrm{d}t. \tag{5.220}$$

注意，w 从 3 开始减少，而 M 在 1 和 3 之间. 从 t_{m} 到 t 积分(5.220)式，得

$$(w+M)^{3-M}(3-w)^{2M}(w-M)^{-3-M}=K\mathrm{e}^{2M\omega(t-t_{\mathrm{m}})}, \tag{5.221}$$

式中 K 可以用 $w(t_{\mathrm{m}})$ 定出. 如果 t_{m} 取为峰值功率时刻，则 $t=t_{\mathrm{m}}$ 时 $\frac{\mathrm{d}^2E}{\mathrm{d}t^2}=0$ 或 $\frac{\mathrm{d}^2y}{\mathrm{d}\tau^2}=0$. 由(5.215)式有 $\sqrt{y}=1+\theta$，而从(5.217)式知

$$w(t_{\mathrm{m}})=\frac{3+\theta}{1+\theta}. \tag{5.222}$$

(5.221)式中初始值为 $\lim\limits_{t\to-\infty}w=3$，而终值为

$$\lim_{t\to\infty} w = M. \tag{5.223}$$

为使解沿一物理上有意义的轨线开始，必须使初始态受扰动：在(5.217)式中让 E 以不等于零的小正值开始，它相当于略小于 3 的 w 值. 于是(5.218)式中导数为负，而 w 接着减小.

由(5.217)式，到任何时刻为止的能量释放可从下式求得：

$$AE = \frac{4}{(w-1)^2} - 1. \tag{5.224}$$

利用(5.222)式，到峰值功率时刻的能量为

$$AE(\hat{n}) = 2\theta + \theta^2. \tag{5.225}$$

而从(5.223)式，总能量为

$$AE = \frac{4}{(M-1)^2} - 1. \tag{5.226}$$

为求得 $n(t)$，从(5.217)式作$\dfrac{\mathrm{d}w}{\mathrm{d}t}$，并用 $n=\dfrac{\mathrm{d}E}{\mathrm{d}t}$，得

$$\frac{1}{A}\frac{\mathrm{d}w}{\mathrm{d}t} = -\frac{1}{8}(w-1)^3 n(t).$$

再和(5.218)式相结合$\left(记住\dfrac{\mathrm{d}w}{\mathrm{d}\tau}=\dfrac{1}{B}\dfrac{\mathrm{d}w}{\mathrm{d}t}\right)$，可得

$$\frac{A}{B}n(t) = \frac{(1+3\theta)(3-w)(w+M)(w-M)}{3(w-1)^3}. \tag{5.227}$$

利用(5.219)及(5.222)式，可以得出峰值功率：

$$\frac{A}{B}\hat{n} = \theta^2 + \frac{1}{3}\theta^3. \tag{5.228}$$

由于 $\theta=\dfrac{\omega}{B}$，可以预计在较小的快漂移中 $\hat{n}$ 如 ω^2 变化，而随着 ω 增加，$\hat{n}$ 将逐渐变为如 ω^3 变化. 这和图 5.3 中相应的曲线相符.

燃料元件由加浓铀及氢化锆的紧压混合物组成的 TRIGA 堆(见 § 5.1)中，快漂移的分析需应用随温度变化的热容量[30]. 这样，保持 NF 模型中的方程(5.49)及(5.50)，即

$$\frac{\mathrm{d}n}{\mathrm{d}t} = \frac{\rho-\beta}{l}n \tag{5.49}$$

及

$$\rho = \rho_0 - \alpha T, \tag{5.50}$$

而将(5.51)式换成

$$C\frac{\mathrm{d}T}{\mathrm{d}t} = n, \tag{5.229}$$

式中热容量 C 假设是温度的线性函数：

$$C = C_0 + \gamma T. \tag{5.230}$$

从方程(5.49)及(5.229)消去时间变量,并利用(5.50)及(5.230)式,得

$$l\mathrm{d}n = (\rho_0 - \beta - \alpha T)(C_0 + \gamma T)\mathrm{d}T, \tag{5.231}$$

它的积分容易作出.设初始时 $n=0, T=0$,便有

$$n = \frac{(\rho_0 - \beta)C_0}{l}T - \frac{\alpha C_0}{2l}T^2 + \frac{\gamma(\rho_0 - \beta)}{2l}T^2 - \frac{\gamma\alpha}{3l}T^3. \tag{5.232}$$

$r\to 0$ 时,用(5.50)式及 $C_0 = \frac{1}{K}$,上式即简化为 NF 模型中的结果(5.55)式.

和以前一样,我们略去了初始功率.快爆发中的温度从 0 变到重新使 n 为 0 的最终温度(令(5.232)式为 0 求得):

$$T = \frac{\rho_0 - \beta}{\alpha}\left\{-\frac{3}{4}(\sigma - 1) + \frac{3}{4}\sqrt{(\sigma - 1)^2 + \frac{16}{3}\sigma}\right\}, \tag{5.233}$$

式中

$$\sigma = \frac{\alpha C_0}{r(\rho_0 - \beta)}. \tag{5.234}$$

对小 γ(大 σ)展开(5.233)式中的根式,得

$$T = \frac{2(\rho_0 - \beta)}{\alpha}\left(1 - \frac{1}{3\sigma} + \cdots\right). \tag{5.235}$$

$\gamma\to 0$ 时,上式退化为 NF 模型中的(5.61)式.在另一极端(大 γ,小 σ),(5.233)式趋向

$$T = \frac{3(\rho_0 - \beta)}{2\alpha}. \tag{5.236}$$

这样,用恒定热容量($\gamma=0$)的简单 NF 模型将导致对最终温度的高估,在极端(大 γ)情形下 NF 模型以 4/3 的因子高估.

由(5.49)及(5.50)式,功率在 $\rho=\beta$ 或 $T=\frac{\rho_0 - \beta}{\alpha}$时有峰值.(5.232)式给出

$$\hat{n} = \frac{(\rho_0 - \beta)^2 C_0}{2\alpha l}\,\frac{1 + 3\sigma}{3\sigma}. \tag{5.237}$$

让我们将(5.237)式和用平均热容量的简单 NF 模型相比较.初始热容量为 C_0,最终热容量通过将(5.61)式代入(5.230)式求得.因此平均热容量为

$$\bar{C} = C_0 + \frac{\gamma}{\alpha}(\rho_0 - \beta) = C_0\left(1 + \frac{1}{\sigma}\right).$$

在(5.56)式中用上式代替 $1/K$,得

$$\hat{n}(\mathrm{NF}) = \frac{(\rho_0 - \beta)^2 C_0}{2\alpha l}\,\frac{1 + \sigma}{\sigma}. \tag{5.238}$$

$\sigma\gg 1$ 时,(5.237)及(5.238)式给出同样的结果.但对另一极端($\sigma\to 0$),(5.238)式将

以因子 3 高估峰值功率. 因此峰值功率对热容量的变化有些敏感.

将(5.230)及(5.232)式代入方程(5.229),得出 $T=T(t)$所满足的一阶微分方程后在 $T(0)=0$ 的初始条件下进行积分,可得出隐式给出 $T(t)$的代数式. 由于结果冗长,这里不再讨论.

下面简短地探讨均匀溶液堆 KEWB,堆中高加浓度的铀盐水溶液部分充满一个放在石墨反射层内的,直径 1 英尺的不锈钢容器. 应用即时非线性反馈模型[31],即在

$$\frac{\mathrm{d}n}{\mathrm{d}t}=\frac{\rho-\beta}{l}n \tag{5.49}$$

中,假设

$$\rho=\rho_0-\alpha T-\phi V, \tag{5.239}$$

$$\frac{\mathrm{d}T}{\mathrm{d}t}=Kn, \tag{5.240}$$

$$\frac{\mathrm{d}V}{\mathrm{d}t}=\nu nE, \tag{5.241}$$

式中 $-\phi V$ 是辐射分解气体引起的反馈反应性,这里 $V=$气泡造成的空穴体积,$-\phi=$空穴体积反应性系数;ν 是一常数. 方程(5.240)表示由溶液中裂变碎片产生的即时温度反馈. 方程(5.241)是水辐射分解后产生气泡集结的粗略模型(分解气体的量正比于能量;集结率比例于功率). 利用 $n=\frac{\mathrm{d}E}{\mathrm{d}t}$,(5.240)及(5.241)式可作积分,结果得

$$T=KE \quad 及 \quad V=\frac{1}{2}\nu E^2.$$

代入(5.239)式,给出反应性:

$$\rho=\rho_0-\alpha KE-\frac{1}{2}\phi\nu E^2. \tag{5.242}$$

再代入方程(5.49),积分得

$$n=\frac{1}{l}\left[(\rho_0-\beta)E-\frac{1}{2}\alpha KE^2-\frac{1}{6}\phi\nu E^3\right]. \tag{5.243}$$

和以前一样,功率在 $\rho=\beta$ 处有峰. (5.242)式给出一个和峰值功率 $\hat{n}$ 相应的 $\hat{E}$ 的二次方程:

$$(\rho_0-\beta)-\alpha K\hat{E}-\frac{1}{2}\phi\nu\hat{E}^2=0. \tag{5.244}$$

这个方程的正根为

$$\hat{E}=\frac{\alpha K}{\phi\nu}\left\{-1+\left[1+\frac{2\phi\nu(\rho_0-\beta)}{\alpha^2K^2}\right]^{\frac{1}{2}}\right\}. \tag{5.245}$$

对于大反应性阶跃,上式[ ]中第二项占优,而

$$\hat{E} \approx \left[\frac{2(\rho_0-\beta)}{\phi\nu}\right]^{\frac{1}{2}} = \left(\frac{2l\omega}{\phi\nu}\right)^{\frac{1}{2}}, \tag{5.245$'$}$$

式中 ω 是初始倒周期. 利用(5.244)式,从(5.243)式可得峰值功率 $\hat{n}$:

$$\hat{n} = \frac{2}{3}\omega\hat{E} - \frac{\alpha K}{6l}\hat{E}^2. \tag{5.246}$$

对于大 ω,从(5.245′)及(5.246)式得

$$\hat{n} \approx \frac{2}{3}\left(\frac{2l}{\phi\nu}\right)^{\frac{1}{2}}\omega^{\frac{3}{2}}. \tag{5.247}$$

KEWB 堆的实验数据在 ω 大时与指数 $\frac{3}{2}$ 相符[15]. 应用全方程组的严格解,在从 $\omega=100\ \mathrm{s}^{-1}$ 到 $500\ \mathrm{s}^{-1}$ 范围内,用一个经验常数 ν 可拟合峰值功率数据[24]. 但细致的 $n(t)$ 曲线和实验符合得不是太好. 为改进理论模型,Dunenfeld[32] 利用能量阈的概念和瞬态压强数据将空穴反应性从(5.239)式中的 ϕV 换成了

$$\rho_v = \begin{cases} 0 & (E < E_0), \\ k_1\int_0^t (t-t')p(t')\mathrm{d}t' & (E \geqslant E_0), \end{cases} \tag{5.248}$$

式中 E_0 是出现惯性压强的能量阈,k_1 是一常数,而 $p(t)$是在堆芯底部测得的压强. 这模型假设流体中的加速度正比于瞬态压强而反馈反应性正比于表面的位移. 对于很宽范围的漂移,观察到的阈能 E_0 约为 0.9×10^6 J. 对于从 10 到 $10^3\ \mathrm{s}^{-1}$ 范围内的 ω,用测得的瞬态压强及一个固定的 k_1 值按这模型算得的堆功率与实验数据相符.

如果容器开始时充满了溶液,漂移就会严重得多. 停堆反应性会被容器大大减低. 容器的弹性(甚至强度)极限可能会被超过.

§5.8 复杂停堆机制,快堆

快堆中大漂移的计算由于功率密度可能极高和特征时间很短而变得复杂. 从(5.56)及(5.62)式可见,当功率反馈系数 αK 一样时,给定的超瞬发临界反应性将导致一定的能量释放(和中子一代时间无关),但峰值功率则和中子一代时间成反比. 因此,对于释放同样能量的漂移,快堆中的峰值功率会比热堆中的大好几个量级. 实际上,情况要复杂得多. 快堆中的反应性一旦稍微超过瞬发临界,特征时间就变得极小. 急剧的功率增长会产生极强的内部冲击波,引起激烈的破坏. 由于内部可能有金属很快熔化和汽化,问题变得更加复杂. 这些问题只有在充分考虑到堆中和空间、时间有关的中子输运和流体(在高温高压下,通常状态下的固体也表现得

和流体一样)运动及其耦合时，在考虑到堆中材料在很宽的压力、温度变化范围内的状态方程时，借助于高速电子计算机才有可能加以探讨. 我们将在第六章中涉及这些复杂问题中的某些提法，本节中则只能基本上在点堆模型范围内就简单的快堆探讨停堆机制的主要方面.

以原型快爆发堆 GODIVA[33] 为例. 这反应堆由高加浓度铀金属构成. 反馈反应性主要来自热膨胀，它是即时效应而且近似是线性效应，因此能用简单 NF 模型在相当宽的范围内加以描述. 从图 5.3 可见，相应的峰值功率曲线在一宽范围内确和 ω^2 成正比，和 NF 模型的预计相符. 不过，$\omega=5\times10^4\ \mathrm{s}^{-1}$(相当于 $\rho_0-\beta\approx0.05\beta$，$l/\beta\approx10^{-6}$ s)附近，峰值功率曲线的斜率开始急剧增加. 这是因为，对于更快的爆发，在裂变加热与金属膨胀之间由于惯性而出现时间滞后(惯性约束作用). 这使功率漂移加大，同时在金属中产生暂态惯性应力. Wimett 等[33] 利用简单的流体力学模型估计，这力学惯性使峰值功率和总能量增加一个因子($1+\tau^2\omega^2$)，这里 τ 是机械振动的特征时间. 对于 GODIVA-Ⅰ，从漂移数据导出 $\tau\approx10^{-5}$ s.

快谱功率堆中的情况极其复杂. 大功率漂移中的停堆机制是许多彼此有关现象的净效应. 这些现象有[34]：Doppler 效应，燃料及结构材料的热膨胀，冷却剂的汽化，燃料的熔化和汽化，力学冲击波的传播及其引起的解体和飞散. 下面我们只就一个假想的快堆熔化事故进行简短分析，说明有关的计算. (1955 年，实验快堆 EBR-Ⅰ中发生过堆芯部分熔化的事故[35]. 当然，在现代设计的堆中，这种事故是极不可能出现的.)

假定一个快堆由于泵的损坏而使冷却剂流量减少，或是由于事故沸腾所产生的压力将冷却剂逐出芯部. 这时，有些燃料可能由裂变加热或裂变产物的衰变加热而熔化. 假定熔化了的燃料由于重力聚集起来，达到临界以后反应性还以 40～50 元/s 的增长率继续增加[34]. 这就造成新的功率漂移. 在这新漂移中，裂变加热将引起膨胀，但假设在达到“阈”状态(金属膨胀到充满内部空腔)之前不出现反应性反馈. 当这“阈”达到时，会出现一突然的压力波，接着出现很快的解体. 假设解体是如此之快，以致净反应性**超过**阈值(在“阈”态的值)的量可以略去. “阈”能的估值约为 1 MJ/kg[34]. 在这能量处的反应性可以从无反馈的线性输入的响应方程算出，并可取为系统达到的最大反应性(阈值). 解体过程中，反应性由这最大值降到 β(瞬发临界值)时，系统进一步释放的能量是阈能以外的超额能量. 漂移中的总能量就是阈能和这超额能量之和.

为估计最大反应性，用方程(5.49)及

$$\rho=\beta+\gamma t, \tag{5.249}$$

这里系统在 $t=0$ 时取为瞬发临界. 用上式，方程(5.49)变成

$$\frac{\mathrm{d}n}{\mathrm{d}t}=\frac{\gamma t n}{l}. \tag{5.250}$$

积分,得

$$n = n(t) = n(0)\exp\left(\frac{\gamma t^2}{2l}\right), \tag{5.251}$$

于是

$$E = E(t) = \int_0^t n(\tau)\mathrm{d}\tau = n(0)\int_0^t \exp\left(\frac{r\tau^2}{2l}\right)\mathrm{d}\tau. \tag{5.252}$$

假定$\frac{\gamma t^2}{2l} \gg 1$,通过积分变量的变换 $\tau \to z = t - \tau$,并在指数中近似地丢掉 z^2,便得

$$E \approx \frac{ln(0)}{\gamma t}\exp\left(\frac{rt^2}{2l}\right). \tag{5.253}$$

给定阈能值 $E=E_0$,上式就是决定相应时刻 t_0 的超越方程. 将这超越方程改写为

$$\frac{\gamma t_0^2}{l} \approx \ln\left[\frac{\gamma E_0 t_0}{ln(0)}\right]^2 = \ln\xi + \ln\frac{\gamma t_0^2}{l}, \tag{5.254}$$

式中

$$\xi \equiv \frac{\gamma}{l}\left[\frac{E_0}{n(0)}\right]^2. \tag{5.255}$$

方程(5.254)可用迭代法求解. 迭代一次的结果为

$$t_0 \approx \left[\frac{l}{\gamma}(\ln\xi + \ln\ln\xi)\right]^{\frac{1}{2}}. \tag{5.256}$$

利用这结果及(5.249)式,可得阈能 E_0 处的瞬发反应性:

$$\delta\rho = \rho_{最大} - \beta = \gamma t_0 \approx [\gamma l(\ln\xi + \ln\ln\xi)]^{\frac{1}{2}}. \tag{5.257}$$

这是要由解体来补偿的反应性值.

对于小 $n(0)$,漂移将更严重,因为到阈能 E_0 以前反应性有更多时间增加. 这从(5.255)到(5.257)式可以清楚看出. 例如,取 $\frac{\gamma}{\beta} = 50$ 元/s,$\frac{l}{\beta} = 10^{-6}$ s,$E_0 = 10^6$ J/kg,则随着 $n(0)$的不同,t_0 及 $\delta\rho$ 有如下的变化:

$n(0)$(W/kg)	=	1	10^{-3}	10^3,
$\ln\xi$	=	45.4	59.2	31.5,
t_0(ms)	=	1	1.12	0.84,
$\frac{\delta\rho}{\beta}$(min)	=	5	5.6	4.2.

从 $n(0)=10^{+3}$ W/kg 到 10^{-3} W/kg,缩小了 10^6 倍,相应的 t_0 和 $\delta\rho$ 的变化为增加了 1/3. 由此也可看出,估算 $\delta\rho$ 时,E_0 及 $n(0)$都可用粗略估计值,因为它们的值在(5.257)式中要通过取对数和开方后才影响到 $\delta\rho$ 的值. 这样,可以说,$\delta\rho$ 基本上和$\sqrt{\gamma l}$成正比.

解体从 $t=t_0$ 时刻开始. 超额能量 $E-E_0$ 产生压强,引起材料向外移动,从而

减少反应性.假设反应性反馈是[36]

$$\delta\rho = \int \boldsymbol{u} \cdot \nabla W \mathrm{d}V, \tag{5.258}$$

式中 $\boldsymbol{u}=\boldsymbol{u}(\boldsymbol{r},t)$ 是原来在 $\boldsymbol{r}$ 处的体积元 $\mathrm{d}V$ 的位移，$W=W(\boldsymbol{r})$ 是反应性权重函数（在 $\boldsymbol{r}$ 处移出单位体积的均匀化堆芯材料所引起的反应性下降），$\boldsymbol{u}\cdot\nabla W$ 是当一单位体积从 $\boldsymbol{r}$ 挪到 $\boldsymbol{r}+\boldsymbol{u}$ 时反应性的变化，而积分对堆芯体积作.对于球对称情形，$\mathrm{d}V=4\pi r^2\mathrm{d}r$，而

$$\delta\rho = 4\pi\int u \frac{\mathrm{d}W}{\mathrm{d}r} r^2 \mathrm{d}r. \tag{5.259}$$

作为运动方程，取

$$m\frac{\partial^2 u}{\partial t^2} = -\frac{\partial p}{\partial r},$$

式中 m 是单位体积的质量，而 p 是压强.从(5.259)式，

$$\frac{\mathrm{d}^2\rho}{\mathrm{d}t^2} = -\frac{4\pi}{m}\int \frac{\partial p}{\partial r}\frac{\mathrm{d}W}{\mathrm{d}r} r^2 \mathrm{d}r. \tag{5.260}$$

假定 W 是抛物线形状：

$$W(r) = 1 - \frac{r^2}{a^2}, \tag{5.261}$$

代入(5.260)式并分部积分，得

$$\frac{\mathrm{d}^2\rho}{\mathrm{d}t^2} = -C_1\int p r^2 \mathrm{d}r, \tag{5.262}$$

式中 C_1 是个常数.为把反应性反馈和能量联系起来，(5.262)式中的压强一定要用达到阈以后产生的能量 $E-E_0$ 表示出来（状态方程）.我们假设量简单的状态方程形式：

$$p = (\gamma-1)m(E-E_0), \tag{5.263}$$

式中 $\gamma=\frac{C_p}{C_v}$ 是定压与定容比热之比，m 为密度.其次，假设 E 可写成变量分离的形式：

$$E(r,t) = N(r)Q(t),$$

式中

$$N(r) = \begin{cases} 1-\dfrac{qr^2}{b^2}, 0<q<1 & (\text{在堆芯内}, r<b), \\ 0 & (\text{在堆芯外}, r>b). \end{cases} \tag{5.264}$$

当 $Q=Q(t)=E_0$ 时，

$$E-E_0 = \left(1-\frac{qr^2}{b^2}\right)E_0 - E_0.$$

按(5.263)式，压强首先在中心($r=0$)处出现.以后，当 $Q>E_0$ 时，

$$p=\begin{cases}(\gamma-1)m\left[Q\left(1-\dfrac{qr^2}{b^2}\right)-E_0\right] & \left(Q\geqslant\dfrac{E_0}{1-\dfrac{qr^2}{b^2}}\right),\\ 0 & \left(Q<\dfrac{E_0}{1-\dfrac{qr^2}{b^2}}\right),\end{cases}\tag{5.265}$$

当 $Q=\dfrac{E_0}{1-q}$ 时，压强出现在堆芯表面($r=b$ 处). 以下可以分两个情形讨论. **第一个**是 $E_0<Q<\dfrac{E_0}{1-q}$ 的情形. 这时从(5.265)式知(5.262)式中的积分只从 0 作到由下式给出的 b_1：

$$b_1=bq^{-\frac{1}{2}}\left(1-\frac{E_0}{Q}\right)^{\frac{1}{2}},\tag{5.266}$$

于是(5.262)式给出

$$\frac{\mathrm{d}^2\rho}{\mathrm{d}t^2}=-C_2Q\left(1-\frac{E_0}{Q}\right)^{\frac{5}{2}}\quad\left(E_0<Q<\frac{E_0}{1-q}\right),\tag{5.267}$$

式中 C_2 是另一常数. **第二个**情形中，$Q>\dfrac{E_0}{1-q}$. 这时 $r=b$ 处可达阈值($p>0$)，而(5.262)式中的积分要由 0 作到 b. 于是得

$$\frac{\mathrm{d}^2\rho}{\mathrm{d}t^2}=-C_3[(1-0.6q)Q-E_0]\quad\left(Q>\frac{E_0}{1-q}\right),\tag{5.268}$$

式中 C_3 是常数.

假设 n 成比例于 $\dfrac{\mathrm{d}Q}{\mathrm{d}t}$，方程(5.267)及(5.268)加上适当的初始条件给出反应性反馈. 把它们和方程 $\dfrac{\mathrm{d}n}{\mathrm{d}t}=\dfrac{\rho-\beta}{l}n$ 相耦合，用数值方法不难直接求解. 下面考虑两个可以用解析方法近似处理的极端情形.

先假设功率上升在 $r=b$ 达到阈以前停止，因而(5.267)式始终适用. 命

$$Q=E_0\exp\left(\frac{\delta\rho}{l}t\right),\tag{5.269}$$

式中时间 t 从中心达到阈算起. 为积分(5.267)式，设 $\dfrac{\delta\rho}{l}t\ll1$ 并将指数表成到一次项为止的幂级数. 假定 $t=0$ 时 $\dfrac{\mathrm{d}\rho}{\mathrm{d}t}\approx0$ 而 $\rho=\rho_{最大}$，则得

$$\rho\approx\rho_{最大}-C_4\left(\frac{l}{\delta\rho}\right)^2(Q-E_0)^{\frac{9}{2}},\tag{5.270}$$

式中 C_4 是个常数. 命 $\rho=\beta$，从(5.270)式可求得最终能量. 记住 $\rho_{最大}-\beta=\delta\rho$，得

$$Q-E_0\approx C_5x^{\frac{2}{9}},\tag{5.271}$$

式中 C_5 是个常数，而

$$x = \frac{K(\delta\rho)^3}{l^2}, \tag{5.272}$$

这里 K 是一个和 b, l, E_0 及其他物理参量有关的量.

另一极端情形是非常快的漂移，其中最终能量 $Q \gg E_0$. 这时，由(5.267)式描写的中间阶段不重要. 由于 $Q \gg E_0$，(5.268)式中的 E_0 可略去. 于是利用(5.269)式并假定和上一情形相同的初始条件，可得出(5.268)式的近似积分：

$$\rho \approx \rho_{最大} - C_3(1-0.6q)\left(\frac{l}{\delta\rho}\right)^2 Q. \tag{5.273}$$

当 $\rho = \beta$ 时，

$$Q \approx \frac{x}{C_6(1-0.6q)}, \tag{5.274}$$

式中 x 仍由(5.272)式给出.

从(5.271)及(5.274)式可以推测，从小漂移到大漂移的范围由参量 x 的 $\frac{2}{9}$ 到 1 次幂表征. 实际上，Bethe 及 Tait[34] 曾对一中间的情形得出的指数约为 0.5. 图 5.27 给出了一系列数值计算的结果[36]. x 小时斜率约为 $\frac{2}{9}$. 图中 x 的范围太小，不能显示指数全部 $\left(从 \frac{2}{9} 到 1\right)$ 的取值. 上面的曲线是堆芯表面受约束的另一情形.

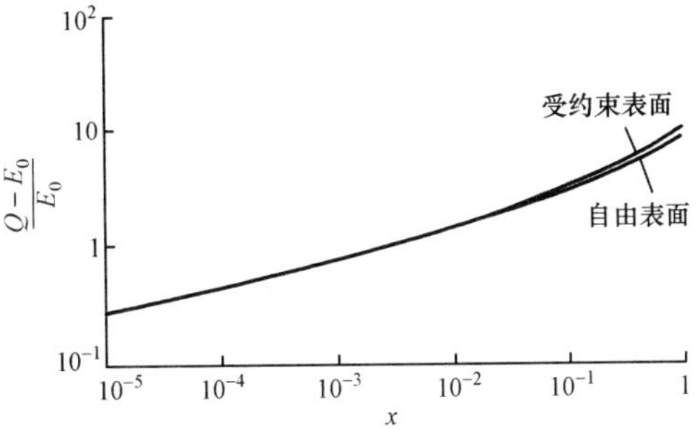

图 5.27　超额能量 $Q-E_0$ 和阈能 E_0 之比，随 $x = K\frac{(\delta\rho)^3}{l^2}$ 的变化[36]

图 5.28 中绘出了某一假想快堆事故中的最大反应性和总释放能量. 图中点取自 Nicholson[36] 的表列数据. 这些结果是用所谓修正 Bethe-Tait 方法求得的. 这方法基本上就是在数值计算中用(5.267)和(5.268)式作反应性反馈. Nicholson[36] 还讨论了利用更实际的状态方程(饱和蒸汽压方程)所作的改进数值计算. 比较表明，图 5.28 高估了最大反应性(γ 小时 20%，γ 大时 2%)和能量释放(γ 小时 100%，γ 大时 3%). 当然，这只是对一个理想堆模型的两个数值计算进行比较，没有实验结果作标准.

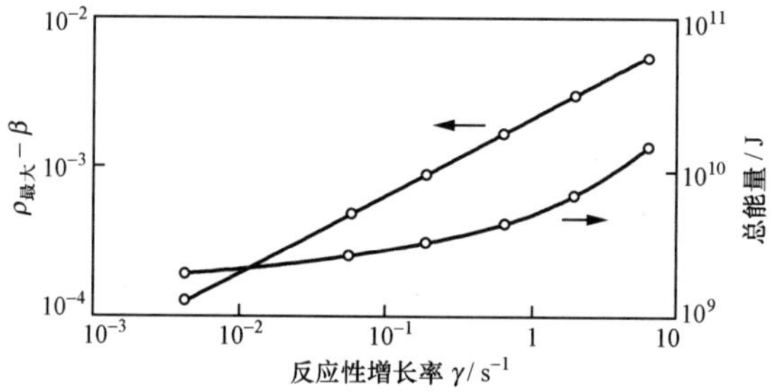

图 5.28　对于一个假想的快堆事故，用修改的 Bethe-Tait 方法求得的[36]最大反应性和总能量随反应性增长率的变化

§5.9　氙反馈和其他裂变产物积累的影响

以上几节(§5.3—§5.8)的讨论中，我们考虑了堆的**短期行为**. 不同的漂移牵涉到从若干毫秒到若干秒时间内堆功率水平的变化(参看图 5.4，5.5，5.14，5.18，5.24—5.26)；它们主要由温度或能量反馈决定. 在几小时数量级的时间内，堆的动力行为既受温度反馈的影响，又受裂变产物中高吸收截面毒物(如 ^{135}Xe)的积累和燃耗的影响. 由于温度反馈的时间常数$\left(方程(5.23)中的\dfrac{1}{\gamma}\right)$远小于 ^{135}Xe 及其母核 ^{135}I 的时间常数(它们的平均寿命分别是 13.3 及 9.7 h)，在考虑像氙反馈这样的**中移行为**时，温度反馈可在准静态近似中处理. 这近似相当于在(5.34)式，即

$$\rho_T(t)=\int_{-\infty}^{t}h_T(t-t')[n(t')-n_0]\mathrm{d}t' \tag{5.275}$$

中，把 $n(t')$ 看成缓变，于是

$$\rho_T(t)\approx[n(t)-n_0]\int_{-\infty}^{t}h_T(t-t')\mathrm{d}t'=H_T(0)[n(t)-n_0]. \tag{5.276}$$

也就是说，和氙反馈相比，温度反馈可以近似当做即时效应处理. (5.275)及(5.276)式中，附标"T"表示效应由温度引起，$H_T(0)\equiv\int_0^{\infty}h_T(t)\mathrm{d}t$ 是相应的功率系数. 以下把 $H_T(0)$ 简写做 η_T. 于是，

$$\rho_T(t)\approx\eta_T[n(t)-n_0]. \tag{5.276$'$}$$

用准静态近似处理了温度反馈后，现在先考虑氙毒的反馈问题. 我们的考虑在本节中限于点堆模型的范围. 关于和空间有关的氙反馈现象(氙振荡)则将留到§7.2 中去讨论.

^{135}Xe 是最重要的裂变产物毒物，它的热中子(2200 m/s)吸收截面是 2.7×10^6 b，并且不服从$\dfrac{1}{v}$定律，非$\dfrac{1}{v}$因子 $g_a(T)$ 见表5.1. ^{135}Xe 可以由裂变直接产生(产

额 y_x），也可以由裂变碎片^{135}Te通过两次β^-衰变产生. 它本身也是β放射体：

$$^{135}Te \xrightarrow[\beta^-]{<50\,s} {}^{135}I \xrightarrow[\beta^-]{9.7\,h} {}^{135}Xe \xrightarrow[\beta^-]{13.3\,h} {}^{135}Cs \xrightarrow[\beta^-]{3.7\times10^6\,年} {}^{135}Ba. \tag{5.277}$$

箭头上标的时间是β^-衰变的平均寿命. 衰变链(5.277)中，^{135}Te衰变成^{135}I的平均寿命很短，在现在的考虑中可略去不计. 因此我们把^{135}I看成直接的裂变产物，其产额 y_I 就是^{135}Te的产额. 表 5.4 中给出了三种热裂变产物毒物的产额.

表 5.4　热裂变产物中毒物的产额(每次裂变产生的原子数)[1]

核　素	^{233}U	^{235}U	^{239}Pu
^{135}I	0.051	0.061	0.055
^{135}Xe	—	0.003	—
^{144}Pm	0.006 6	0.011 3	0.019

^{135}I及^{135}Xe的原子数在堆中随时间的变化由下列微分方程组描写：

$$\begin{cases} \dfrac{dI}{dt} = -\lambda_I I + y_I\sigma_f\varphi, \\ \dfrac{dX}{dt} = -(\lambda_X + \sigma_X\varphi)X + \lambda_I I + y_X\sigma_f\varphi, \end{cases} \tag{5.278}$$

式中 I 及 X 分别表示折合到每个燃料原子的^{135}I及^{135}Xe核数，σ_f 是燃料核的热中子平均裂变截面，σ_X 是^{135}Xe的热中子平均吸收截面(20 ℃时 $\sigma_X = 2.77\times10^6$ b)，$\lambda_I = \dfrac{1}{9.7}\,h^{-1}$ 及 $\lambda_X = \dfrac{1}{13.3}\,h^{-1}$ 分别是^{135}I及^{135}Xe的衰变常数，φ 是热中子通量. 方程(5.278)中未考虑^{135}I因吸收中子的损失率，因为它的截面小($\sigma_I \approx 6$ b)，$\sigma_I\varphi \ll \lambda_I$ 的缘故. 注意，裂变产物中毒的问题只在热堆中存在，因为在快堆或中能堆中子能谱下这些产物的吸收截面并不特别大. 热堆中，热中子通量 φ 和功率 n 成正比例：

$$\varphi = v^* n, \tag{5.279}$$

v^* 是个比例因子，因此方程(5.278)也可以写成

$$\begin{cases} \dfrac{dI}{dt} = -\lambda_I I + y_I\sigma_f v^* n, \\ \dfrac{dX}{dt} = -(\lambda_X + \sigma_X v^* n)X + \lambda_I I + y_X\sigma_f v^* n. \end{cases} \tag{5.278$'$}$$

设反应堆在某一固定功率 n_0(相应的中子通量为 $\varphi_0 = v^* n_0$)工作相当时间后，^{135}I及^{135}Xe达到的稳定核数分别为 I_0 及 X_0，则从(5.278)式命$\dfrac{dI}{dt} = \dfrac{dX}{dt} = 0$，得

$$I_0 = \frac{y_I\sigma_f}{\lambda_I}\varphi_0, \quad X_0 = \frac{(y_I + y_X)\sigma_f}{\lambda_X + \sigma_X\varphi_0}\varphi_0. \tag{5.280}$$

注意，I_0 和 φ_0 成正比增加；另一方面，只要 φ_0 之值超过$\dfrac{\lambda_X}{\sigma_X}$，$X_0$ 就趋近与 φ_0 无关的

饱和值：

$$X_{0,\text{饱和}} = \frac{(y_{\mathrm{I}} + y_{\mathrm{X}})\sigma_{\mathrm{f}}}{\sigma_{\mathrm{X}}}. \tag{5.281}$$

假设从某时刻(取为 $t=0$)开始，堆的运行功率从稳定值 n_0 转到 n_1，相应的中子通量由 φ_0 变为 φ_1. 如果 $n_1<n_0$，则由于堆中中子通量减少，^{135}Xe 核因吸收中子而减少的消失率变小. 可是，堆中已经积累的^{135}I 核仍然继续蜕变产生^{135}Xe. 结果在一定时间内，堆中的^{135}Xe 数会比原有的增多. 实际上，在初始条件(5.280)之下解微分方程组(5.278)，可得

$$\begin{aligned}\frac{X(t)}{X_0} &= A(\varphi_0,\varphi_1) - B(\varphi_0,\varphi_1)\mathrm{e}^{-\lambda_{\mathrm{I}}t} \\ &\quad + [1 - A(\varphi_0,\varphi_1) + B(\varphi_0,\varphi_1)]\mathrm{e}^{-\bar{\lambda}_{\mathrm{X}}t},\end{aligned} \tag{5.282}$$

式中引进了缩写：

$$A(\varphi_0,\varphi_1) \equiv \frac{\varphi_1}{\varphi_0}\frac{\lambda_{\mathrm{X}} + \sigma_{\mathrm{X}}\varphi_0}{\lambda_{\mathrm{X}} + \sigma_{\mathrm{X}}\varphi_1} = \frac{\varphi_1}{\varphi_0}\frac{\varphi_{\mathrm{X}} + \varphi_0}{\varphi_{\mathrm{X}} + \varphi_1}, \tag{5.283a}$$

$$\begin{aligned}B(\varphi_0,\varphi_1) &\equiv \left(1 - \frac{\varphi_1}{\varphi_0}\right)\frac{y_{\mathrm{I}}}{y_{\mathrm{I}} + y_{\mathrm{X}}}\frac{\lambda_{\mathrm{X}} + \sigma_{\mathrm{X}}\varphi_0}{\lambda_{\mathrm{I}} - \lambda_{\mathrm{X}} - \sigma_{\mathrm{X}}\varphi_1} \\ &= \left(1 - \frac{\varphi_1}{\varphi_0}\right)\frac{y_{\mathrm{I}}}{y_{\mathrm{I}} + y_{\mathrm{X}}}\frac{\varphi_{\mathrm{X}} + \varphi_0}{\varphi_{\mathrm{I}} - \varphi_{\mathrm{X}} - \varphi_1},\end{aligned} \tag{5.283b}$$

$$\bar{\lambda}_{\mathrm{X}} \equiv \lambda_{\mathrm{X}} + \sigma_{\mathrm{X}}\varphi_1, \tag{5.283c}$$

(5.283a,b)式中 $\varphi_{\mathrm{X}} \equiv \dfrac{\lambda_{\mathrm{X}}}{\sigma_{\mathrm{X}}}, \varphi_{\mathrm{I}} \equiv \dfrac{\lambda_{\mathrm{I}}}{\sigma_{\mathrm{X}}}$.

现在考虑热堆中^{135}Xe 核数的变化对反应性的影响. ^{135}Xe 核数的变化直接影响堆中物质对热中子的平均宏观吸收截面 Σ_{a}，使它产生变化：$\delta\Sigma_{\mathrm{a}} = N_{\mathrm{F}}\delta X \cdot \sigma_{\mathrm{X}}$，这里 $\delta X = X - X_0$ 是折合到每个燃料原子的^{135}Xe 核数的变化. 在热堆的有效增殖因子 $k \approx \dfrac{k_\infty}{1+B^2M^2} = \dfrac{\eta\varepsilon p f}{1+B^2(L^2+\tau)}$(见(5.3)及(5.7)式)中，受 $\delta\Sigma_{\mathrm{a}}$ 影响的是 $f = \dfrac{\Sigma_{\mathrm{aF}}}{\Sigma_{\mathrm{a}}}$ 及 $L^2 = \dfrac{D}{\Sigma_{\mathrm{a}}}(\Sigma_{\mathrm{aF}} = N_{\mathrm{F}}\sigma_{\mathrm{aF}})$：

$$\begin{aligned}\frac{\delta f}{f} &= \frac{\delta L^2}{L^2} = -\frac{\delta\Sigma_{\mathrm{a}}}{\Sigma_{\mathrm{a}}} = -\frac{N_{\mathrm{F}}\sigma_{\mathrm{X}}}{\Sigma_{\mathrm{a}}}\delta X \\ &= -\frac{fN_{\mathrm{F}}\sigma_{\mathrm{X}}}{\Sigma_{\mathrm{aF}}}\delta X = -\frac{f\sigma_{\mathrm{X}}}{\sigma_{\mathrm{aF}}}\delta X.\end{aligned} \tag{5.284}$$

利用 $k \approx 1$ 或 $B^2 \approx \dfrac{k_\infty - 1}{M^2}$，^{135}Xe 核数变化引起的反应性等于

$$\rho_{\delta X} = \frac{\delta k}{k} \approx \frac{\delta f}{f} - \frac{B^2\delta L^2}{1 + B^2M^2} \approx \frac{\delta f}{f} - \frac{k_\infty - 1}{k_\infty}\frac{L^2}{M^2}\frac{\delta L^2}{L^2}$$

$$
\begin{aligned}
&=\left(1-\frac{k_\infty-1}{k_\infty}\frac{L^2}{M^2}\right)\frac{\delta f}{f}\\
&=-\left(1-\frac{k_\infty-1}{k_\infty}\frac{L^2}{M^2}\right)\frac{f\sigma_X}{\sigma_{aF}}\delta X\\
&=-\left[k_\infty-(k_\infty-1)\frac{L^2}{M^2}\right]\frac{\sigma_X}{p\varepsilon\nu\sigma_f}\delta X\\
&=-\left[1+(k_\infty-1)\left(1-\frac{L^2}{M^2}\right)\right]\frac{\sigma_X}{p\varepsilon\nu\sigma_f}\delta X\\
&=-\frac{\sigma_X}{C\sigma_f}\delta X;
\end{aligned}
\tag{5.285}
$$

式中利用了 $k_\infty=\eta p\varepsilon f$ 及 $\eta=\frac{\nu\sigma_f}{\sigma_{aF}}$ 二关系，σ_f 是燃料的热中子微观裂变截面，ν 是每次裂变中平均放出的中子数，而

$$
C\equiv\left[1+(k_\infty-1)\left(1-\frac{L^2}{M^2}\right)\right]^{-1}p\varepsilon\nu\lesssim p\varepsilon\nu. \tag{5.286}
$$

从(5.285)及(5.282)式可见，堆功率从稳定值 n_0 变到 n_1（相应地 φ_0 变到 φ_1）后，反应性随时间的变化为

$$
\begin{aligned}
\rho_{\delta X}(t)&=-\frac{\sigma_X}{c\sigma_f}X_0\left[\frac{X(t)}{X_0}-1\right]\\
&=-\frac{\sigma_X}{c\sigma_f}X_0\left[-1+A-Be^{-\lambda_I t}+(1-A+B)e^{-\bar{\lambda}_X t}\right],
\end{aligned}
\tag{5.287}
$$

式中 A，B 及 $\bar{\lambda}_X$ 由(5.283a，b，c)各式给出. 对于 $n_1=0$，$\varphi_1=0$（转入停堆）的情况，有

$$
A=0,\quad B=\frac{y_I(\varphi_0+\varphi_X)}{(y_I+y_X)(\varphi_I-\varphi_X)},\quad \bar{\lambda}_X=\lambda_X; \tag{5.283$'$}
$$

于是(5.287)式在用(5.280)式中的 X_0 代入后变成

$$
\begin{aligned}
\rho_{\delta X}(t)=&-\frac{(y_I+y_X)\varphi_0}{c(\varphi_0+\varphi_X)}\left\{\left[1+\frac{y_I(\varphi_0+\varphi_X)}{(y_I+y_X)(\varphi_I-\varphi_X)}\right]e^{-\lambda_X t}\right.\\
&\left.-\frac{y_I(\varphi_0+\varphi_X)}{(y_I+y_X)(\varphi_I-\varphi_X)}e^{-\lambda_I t}-1\right\}.
\end{aligned}
\tag{5.288}
$$

当 $\varphi_0\gg\varphi_X$ 时，上式简化为

$$
\begin{aligned}
\rho_{\delta X}(t)=&-\frac{y_I+y_X}{C}\left\{\left[1+\frac{y_I\varphi_0}{(y_I+y_X)(\varphi_I-\varphi_X)}\right]e^{-\lambda_X t}\right.\\
&\left.-\frac{y_I\varphi_0}{(y_I+y_X)(\varphi_I-\varphi_X)}e^{-\lambda_I t}-1\right\},
\end{aligned}
\tag{5.288$'$}
$$

式中 $\lambda_X=\frac{1}{13.3}=0.075(h^{-1})$，$\lambda_I=\frac{1}{9.7}=0.103(h^{-1})$；20 ℃ 时，$\varphi_I=1.04\times10^{13}\ cm^{-2}\cdot s^{-1}$，$\varphi_X=0.75\times10^{13}\ cm^{-2}\cdot s^{-1}$. 对于用 ^{235}U 作燃料的反应堆，从表

5.4 查得：$y_I=0.061$，$y_X=0.003$；再取 $C\approx p\varepsilon\nu\approx 2.4$，就可把(5.288)及(5.288′)二式分别写成

$$-\rho_{\delta X}(t)=\frac{0.0267\varphi_0}{\varphi_0+0.75}\{[1+3.29(\varphi_0+0.75)]e^{-0.075t}-3.29(\varphi_0+0.75)e^{-0.103t}-1\} \tag{5.289}$$

及

$$-\rho_{\delta X}(t)=0.0267\{(1+3.29\varphi_0)e^{-0.075t}-3.29\varphi_0 e^{-0.103t}-1\}. \tag{5.289′}$$

(5.289)及(5.289′)式中，t 用 h 为单位，而 φ_0 用 $10^{13}\ \text{cm}^{-2}\cdot\text{s}^{-1}$ 作为单位.

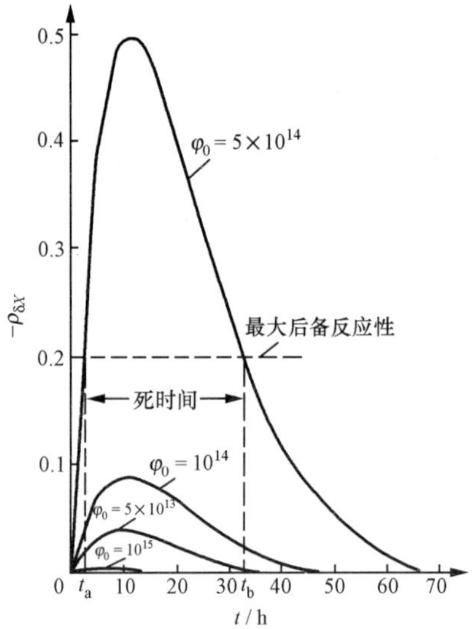

图 5.29 停堆后 ^{135}Xe 核数变化引起的负反应性 ^{235}U 燃料，停堆前以稳定中子通量 φ_0 运行

图 5.29 中绘出了用 ^{235}U 作燃料的反应堆中，由于停堆后 ^{135}Xe 核数变化而产生的负反应性 $-\rho_{\delta X}(t)$ 随 t 的变化；假设停堆前的稳定功率分别相当于 $\varphi_0=(1,5,10,50)\times10^{13}\ \text{cm}^{-2}\cdot\text{s}^{-1}$. 由图可见，负反应性大约在停堆后 10 h 左右到达最大值，这最大值随停堆前稳定功率的增大而增大. 这是因为，停堆前功率越大，所积累的 ^{135}I 核数越多(见(5.280)中第一式)，停堆后由 ^{135}I 衰变产生的 ^{135}Xe 核数也越多. 因此，停堆后氙的增长对于低通量反应堆不那么重要，但对于在高通量下运行的反应堆却可能引起麻烦. 例如，像图 5.29 中标明的那样，对于停堆前在 $\varphi_0=5\times10^{14}\ \text{cm}^{-2}\cdot\text{s}^{-1}$ 下稳定运行的反应堆，如果最大后备反应性只有 0.2，那么在停堆后从 t_a 到 t_b 这段时间内，就无法使堆重新起动(提出所有吸收棒也还不足以补偿 ^{135}Xe 核数的增加). 这段时间称为反应堆的**死时间**. 有时也把这种出现死时间的现象说成反应堆陷入**碘坑**，强调它来源于 ^{135}I 的衰变. 对于任何高通量堆的运行，死时间的存在都会引起问题；而对于容易遇到意外停堆情况的可移动系统(例如，舰

艇用堆）来说则是特别重要的. 当反应堆寿命接近末期，备用反应性已经很小时，情况更是这样. 早期美国“海狼号”核潜艇使用中能堆的主要动机之一，就是能避免碘坑引起的困难.

如果当系统内还有大量氙存在时（例如说，在相当于图 5.29 中 t_b 处），反应堆被重新启动，那么 ^{135}Xe 核的随后“烧损”（因吸收中子而消失）将大大增加堆的反应性. 为了补偿增加的这部分反应性，必须重新将原来提出的控制棒插入一定的深度.

最后，我们对温度反馈和氙反馈效应同时考虑，这时反应堆的动力行为由下列微分方程组描写：

$$\begin{cases} \dfrac{dn}{dt} = \dfrac{\rho-\beta}{l}n + \sum\limits_i \lambda_i c_i + q, & (5.290a) \\ \dfrac{dc_i}{dt} = \dfrac{\beta_i}{l}n - \lambda_i c_i, \quad (i = 1,2,\cdots,m) & (5.290b) \\ \rho = \rho_0 - \dfrac{\sigma_X}{c\sigma_f}\delta X - \eta\delta n, \delta X = X - X_0, \delta n = n - n_0, & (5.290c) \\ \dfrac{dI}{dt} = -\lambda_I I + y_I\sigma_f vn, & (5.290d) \\ \dfrac{dX}{dt} = -(\lambda_X + \sigma_X vn)X + \lambda_I I + y_X\sigma_f vn & (5.290e) \end{cases}$$

（见(5.20)，(5.276′)，(5.285)及(5.278′)式，但在(5.276′)式中需置 $\eta_T = -\eta$）. (5.290)各式中，n_0，X_0，ρ_0 等分别代表各物理量在某一稳定平衡态中的值. 以下为简单起见，取 $\rho_0=0$，$q=0$，并写

$$\rho_f = -\frac{\sigma_X}{c\sigma_f}\delta X - \eta\delta n. \tag{5.291}$$

另外，方程(5.290a，b)可写成微积分方程(4.109)的形式：

$$\frac{dn}{dt} = \frac{\rho_f}{l}n + \frac{\beta}{l}\int_0^\infty [n(t-u) - n(t)]D(u)du, \tag{5.292}$$

式中 $D(u) = \dfrac{1}{\beta}\sum\limits_i \beta_i\lambda_i e^{-\lambda_i u}$（见(4.105)及(4.107)式）. 而方程(5.290d，e)可分别写成

$$\frac{d\delta I}{dt} = -\lambda_I\delta I + y_I\sigma_f v\delta n, \quad (\delta I = I - I_0) \tag{5.293a}$$

及

$$\frac{d\delta X}{dt} = -(\lambda_X + \sigma_X vn)\delta X + \lambda_I\delta I + (y_X\sigma_f - X_0\sigma_X)v\delta n. \tag{5.293b}$$

现在我们要讨论的动力学方程组变成了方程(5.291)，(5.292)及(5.293a，b)的耦合. 这里我们忽略了(5.291)及(5.293a，b)各式中截面 σ_X 及 σ_f 随中子温度的变化，将它们看成某种平均值，而在(5.291)式的温度反馈系数 $-\eta$ 中另行考虑截面随温

度变化的影响.

从(5.293a,b)二方程,可以将 δX 表示成 $\delta n(t)=n(t)-n_0$ 的泛函形式.再代入(5.291)式,就可求得反馈泛函 $\rho_f=\rho_f(\delta n)$.为此,我们用 Smets 的办法[37],先引进代替 δX 的变量:

$$z=l\delta n-\frac{\delta X}{c\sigma_f v}-\frac{\lambda_I\delta I}{c\sigma_f v(\lambda_I-\lambda_X)}. \tag{5.294}$$

代入(5.291)式后得

$$\rho_f=z\sigma_X v+\alpha_I\delta I-\alpha_n\delta n, \tag{5.295}$$

式中

$$\alpha_I=\frac{\lambda_I\sigma_X}{c\sigma_f(\lambda_I-\lambda_X)},\quad \alpha_n=\eta+l\sigma_X v. \tag{5.296}$$

利用方程(5.292)及(5.293a,b),从(5.294)式求得 z 满足的方程:

$$\frac{dz}{dt}+\lambda_X z=\zeta\delta n-\eta(\delta n)^2+\beta\int_0^\infty[\delta n(t-u)-\delta n(t)]D(u)du, \tag{5.297}$$

式中

$$\zeta=l\lambda_X-\eta n_0-\frac{y_X\sigma_f-X_0\sigma_X}{c\sigma_f}-\frac{\lambda_I y_I}{c(\lambda_I-\lambda_X)}. \tag{5.298}$$

方程(5.297)的解可以通过积分形式表示出来:

$$z=z(t)=\int_{-\infty}^t[\zeta\delta n(u)-\eta\delta n^2(u)]e^{-\lambda_X(t-u)}du$$

$$+\beta\int_{-\infty}^t e^{-\lambda_X(t-u)}\int_{-\infty}^u[\delta n(w)-\delta n(u)]D(u-w)dwdu. \tag{5.299}$$

同样,从方程(5.293a)得出

$$\delta I=\delta I(t)=\int_{-\infty}^t y_I\sigma_f v\delta n(u)e^{-\lambda_I(t-u)}du. \tag{5.300}$$

将(5.299)及(5.300)式代入(5.295)式,便可将反馈反应性 $\rho_f=\rho_f(t)$ 写成泛函形式:

$$\rho_f(t)=\rho_f(\delta n)\equiv\int_{-\infty}^t h(t-u)\delta n(u)du-\eta\sigma_X v\int_{-\infty}^t e^{-\lambda_X(t-u)}[\delta n(u)]^2du, \tag{5.301}$$

式中积分核 $h(t)$ 定义如下:

$$h(t)=-\alpha_n\delta(t)+K(t), \tag{5.302}$$

这里 $\delta(t)$ 是 Dirac δ 函数,而

$$K(t)=\sigma_X v\left(\zeta+\sum_i\frac{\beta_i\lambda_i}{\lambda_i-\lambda_X}\right)e^{-\lambda_X t}-\sigma_X v\sum_i\frac{\beta_i\lambda_i}{\lambda_i-\lambda_X}e^{-\lambda_i t}$$

$$+\alpha_I y_I\sigma_f v e^{-\lambda_i t}. \tag{5.303}$$

与(5.302)式中 $h(t)$ 相应的传递函数为:

$$H(s)=-\alpha_n+\left(\zeta+\sum_i\frac{\beta_i\lambda_i}{\lambda_i-\lambda_X}\right)\frac{\sigma_X v}{\lambda_X+s}-\sum_i\frac{\beta_i\lambda_i}{\lambda_i-\lambda_X}\frac{\sigma_X v}{\lambda_X+s}+\frac{\alpha_I y_I\sigma_f v}{\lambda_I+s}. \tag{5.304}$$

反馈泛函(5.301)和方程(5.292)耦合,决定系统在温度和氙反馈下的动力行为.注意,$\rho_f(\delta n)$对$\delta n(t)$是非线性的(包括平方项,比较(5.45)及(5.48)式).没有温度反馈(它在准静态近似中由$\eta_T=-\eta$表示,见(5.276′)式)时,泛函(5.301)就变成线性.

由于缓发中子先驱核衰变的时间常数和温度反馈的时间常数具有基本上相同的数量级(几分钟或更小),我们同样可以用准静态近似处理方程(5.292)中与缓发中子有关的项:

$$\frac{\beta}{l}\int_0^\infty[n(t-u)-n(t)]D(u)\mathrm{d}u. \tag{5.305}$$

实际上,利用$n(t)$的缓变,把$n(t-u)$在t附近展开并只保留前两项,代入(5.305)式,便得

$$\begin{aligned}&\frac{\beta}{l}\int_0^\infty[n(t-u)-n(t)]D(u)\mathrm{d}u\\&=-\frac{\beta}{l}\frac{\mathrm{d}n(t)}{\mathrm{d}t}\int_0^\infty uD(u)\mathrm{d}u=-\frac{1}{l}\frac{\mathrm{d}n(t)}{\mathrm{d}t}\sum_i\frac{\beta_i}{\lambda_i}.\end{aligned} \tag{5.305′}$$

将(5.305′)式代入方程(5.292)后,把含有$\frac{\mathrm{d}n}{\mathrm{d}t}$的项并到一起,可得

$$\frac{\mathrm{d}n}{\mathrm{d}t}=\frac{\rho_f}{l'}n, \tag{5.306}$$

式中$l'=l+\sum_i\frac{\beta_i}{\lambda_i}$是有效寿命(见(2.19)).反馈泛函$\rho_f=\rho_f(\delta n)$仍由(5.295),(5.296),(5.300)式及方程:

$$\frac{\mathrm{d}z}{\mathrm{d}t}+\lambda_X z=\zeta\delta n-\eta(\delta n)^2 \tag{5.297′}$$

描写;但z,α_n及ζ定义((5.294),(5.296)及(5.298)式)中的l应换成l'.描写反馈泛函线性部分((5.301)式中第一项)的传递函数$H(s)$现在变成

$$H(s)=-\alpha_n+\frac{\zeta\sigma_X v}{\lambda_X+s}+\frac{\alpha_I y_I\sigma_f v}{\lambda_I+s}, \tag{5.304′}$$

式中α_n及ζ当然也要用l'代替l算出.这式在讨论氙反馈对堆稳定性的影响时有用.

顺便指出,除^{135}Xe外,裂变产物中^{149}Sm的热中子吸收截面也很大:20 ℃时的平均值为$\sigma_S(20\ ℃)=5.85\times10^4$ b$\left(\text{非}\frac{1}{v}\text{修正因子见表 5.1}\right)$.^{149}Sm是裂变碎片^{149}Nd经两次β^-衰变后的稳定产物:

$$^{149}\mathrm{Nd}\xrightarrow[\beta^-]{2.9\ \mathrm{h}}{}^{149}\mathrm{Pm}\xrightarrow[\beta^-]{78\ \mathrm{h}}{}^{149}\mathrm{Sm}(\text{稳定}). \tag{5.307}$$

由于^{149}Nd 的平均寿命较短，可以把^{149}Pm 看做以产额 y_{P}(见表5.4)直接由裂变产生. 设 P 及 S 分别是折合到每个燃料原子的^{149}Pm及^{149}Sm 核数，则有

$$\begin{cases}\dfrac{\mathrm{d}P}{\mathrm{d}t}=y_{\mathrm{P}}\sigma_{\mathrm{f}}\varphi-\lambda_{\mathrm{P}}P,\\[2mm]\dfrac{\mathrm{d}S}{\mathrm{d}t}=\lambda_{\mathrm{P}}P-\sigma_{\mathrm{S}}\varphi S.\end{cases} \tag{5.308}$$

让$\dfrac{\mathrm{d}P}{\mathrm{d}t}=\dfrac{\mathrm{d}S}{\mathrm{d}t}=0$，得在中子通量 φ_0 下稳定运行产生的平衡核数：

$$\begin{cases}P_0=\dfrac{y_{\mathrm{P}}\sigma_{\mathrm{f}}\varphi_0}{\lambda_{\mathrm{P}}},\\[2mm]S_0=\dfrac{\lambda_{\mathrm{P}}P_0}{\sigma_{\mathrm{S}}\varphi_0}=\dfrac{y_{\mathrm{P}}\sigma_{\mathrm{f}}}{\sigma_{\mathrm{S}}}\quad(\text{与 }\varphi_0\text{ 无关!})\end{cases} \tag{5.309}$$

用(5.309)式作初始条件，从 $\varphi=0$ 的方程组(5.308)可求得从稳定状态停堆后^{149}Sm核数随时间的变化

$$S(t)=S_0+P_0(1-\mathrm{e}^{-\lambda_{\mathrm{P}}t})=\frac{y_{\mathrm{P}}\sigma_{\mathrm{f}}}{\sigma_{\mathrm{S}}}\left[1+\frac{\varphi_0}{\varphi_{\mathrm{S}}}(1-\mathrm{e}^{-\lambda_{\mathrm{P}}t})\right], \tag{5.310}$$

式中 $\varphi_{\mathrm{S}}\equiv\dfrac{\lambda_{\mathrm{P}}}{\sigma_{\mathrm{S}}}=6.10\times10^{13}\ \mathrm{cm}^{-2}\cdot\mathrm{s}^{-1}$. 可见，停堆后，由于^{149}Pm 继续生成^{149}Sm 而^{149}Sm 为稳定，^{149}Sm 核数随时间增长，经过 10 d$\left(\approx\dfrac{1}{\lambda_{\mathrm{P}}}\times3\right)$左右基本上达到它的饱和值

$$S_\infty=\frac{y_{\mathrm{P}}\sigma_{\mathrm{f}}}{\sigma_{\mathrm{S}}}\left(1+\frac{\varphi_0}{\varphi_{\mathrm{S}}}\right). \tag{5.311}$$

$\varphi_0=5\times10^{14}\ \mathrm{cm}^{-2}\cdot\mathrm{s}^{-1}$时，$S_\infty=8.3S_0$. 对于^{149}Sm 核积累所引起的负反应性，可用类似于(5.285)式的关系

$$\rho_{\mathrm{S}}=-\frac{\sigma_{\mathrm{S}}}{c\sigma_{\mathrm{f}}}S \tag{5.312}$$

进行估计. 和平衡核数 $S_0=\dfrac{y_{\mathrm{P}}\sigma_{\mathrm{f}}}{\sigma_{\mathrm{S}}}$相应，有

$$\rho_{S_0}=-\frac{y_{\mathrm{P}}}{c}\approx-\frac{0.0113}{2.4}=-0.0047=-0.47\%; \tag{5.313}$$

而和从 $\varphi_0=5\times10^{14}\ \mathrm{cm}^{-2}\cdot\mathrm{s}^{-1}$停堆后的饱和核数 $S_\infty=8.3S_0$ 相应，有

$$\rho_{S_\infty}=-0.0047\times8.3=-0.039=-3.9\%. \tag{5.314}$$

可见，钐反馈的负反应性比氙反馈小得多.

反应堆内除了^{135}Xe 和^{149}Sm 外，还生成许多其他的裂变产物. 它们有些是稳定

的，有些是放射性的. 但它们之中，没有吸收截面像^{135}Xe或^{149}Sm那样大，产额又足够大以致必须单独加以处理的. 由于它们大多数的截面都很小，所以在堆内产生后，在整个反应堆运行期间因吸收中子而消失的几率是很小的. 例如，设某种裂变产物的热中子吸收截面为 100 b，而热中子通量为 10^{13} $cm^{-2}\cdot s^{-1}$，则每个原子吸收中子的几率等于 $100\times10^{-24}\times10^{13}=10^{-9}$ s^{-1}. 这相当于该产物原子的平均寿命为 10^9 s 或大约 30 年以上. 因此，除非这种裂变产物是放射性的，它在整个反应堆运行期(远小于 30 年)间不会消失. 对于这种"永久"裂变产物积累的大量研究表明[1]，在^{235}U作燃料的反应堆中，这些毒物大约以每次裂变出现 50 b 吸收截面的速率产生. 对于其他易裂变同位素，这截面值略有不同，因为它们具有不同的裂变产物产额分布. 为方便起见，在应用上可以认为每次裂变产生了一个热中子吸收截面为 $\sigma_z\approx50$ b 的原子，虽然这截面是对很多裂变产物取的一种平均值. 关于这种"永久"裂变产物(或叫做"渣")对反应堆动力学行为的影响，我们将在下节和燃料同位素成分变化的影响一起讨论.

§5.10　燃耗和转换

随着反应堆的运行，燃料中的核素成分由于和中子反应及放射性衰变而不断地发生变化. 这就是堆中原有易裂变核素的燃耗、可转换核素的转换以及裂变产物的积累过程. 这些变化影响反应堆的**长期动力学行为**并最终决定反应堆的寿命. 关于裂变产物(这里主要指"永久"产物)的积累，已经在上节末尾提到. 关于核素成分的变化——燃耗和转换，我们将用一个具体堆(以含 2%^{235}U 的稍加浓铀作燃料的中国重水堆[2])作为例子(但以均匀化了的形式)来加以说明. 在这种用稍加浓铀作燃料的热堆中，核素成分主要由于下面的一些核反应而发生变化：

$$
\left\{
\begin{array}{l}
{}^{235}U+n \begin{cases}\nearrow \text{裂变碎片} \\ \searrow {}^{236}U\end{cases} \\[2ex]
{}^{236}U+n \longrightarrow {}^{239}U \xrightarrow[\beta^-]{33.8\ \text{min}} {}^{239}Np \xrightarrow[\beta^-]{3.3\ \text{d}} {}^{239}Pu \\[2ex]
{}^{239}Pu+n \begin{cases}\nearrow \text{裂变碎片} \\ \searrow {}^{240}Pu\end{cases} \\[2ex]
{}^{240}Pu+n \longrightarrow {}^{241}Pu \\[2ex]
{}^{241}Pu+n \begin{cases}\nearrow \text{裂变碎片} \\ \searrow {}^{242}Pu\end{cases}
\end{array}
\right.
\qquad (5.315)
$$

^{242}Pu 的相对成分很小而且它吸收热中子的截面(～30 b)不大,所以它吸收中子产生以下同位素的几率可以略去;我们还略去^{236}U,^{239}U 及^{239}Np 俘获中子的过程,因为^{236}U 的热中子吸收截面小(～6 b),而^{239}U 及^{239}Np 的平均寿命短(分别为 33.8 min 及3.3 d). ^{238}U,^{239}Pu,^{240}Pu 及^{241}Pu 的平均寿命都很长,在本节的讨论中可以看成稳定.

在实际运行的反应堆中,燃料既不是均匀消耗的,同位素成分也不是均匀变化的.各种核素的浓度应当是空间位置和时间的函数.在这一般情形下(见§7.3),燃耗和转换的处理是十分复杂的,需用快速电子计算机进行复杂的计算.本节中,为说明燃耗和转换的主要特点,将在点堆模型的范围内,不管中子通量和各种核素浓度在空间的分布,着重讨论它们随时间的变化.这种做法可以看做是和这些物理量的某种空间平均值(或积分值)打交道,也可以看做是研究理想的均匀通量堆的情形.

设 N_8,N_5,N_9,N_0 及 N_1 分别是堆中^{238}U,^{235}U,^{239}Pu,^{240}Pu 及^{241}Pu 的原子数;命 σ_8,σ_5,σ_9,σ_0 及 σ_1 分别是这些核素的热中子微观俘获截面,而 σ_{9f}是^{239}Pu 的微观裂变截面;写 $\sigma_{9-f}\equiv\sigma_9-\sigma_{9f}$. 由于对低加浓铀有 $N_8\gg N_5$,而且 $\sigma_8\ll\sigma_5$,所以可以近似地把 N_8 看成恒量. 另外,略去中间核素^{239}U 及^{239}Np. 于是,考虑各主要核素对热中子和慢化中子的吸收,可以得出下列变化率方程组[2]:

$$\left\{\begin{aligned}
\frac{dN_5}{dt} &= -\varphi\sigma_5N_5-\varphi(\sigma_5\eta_5N_5+\sigma_9\eta_9N_9+\sigma_1\eta_1N_1)\varepsilon p_8W_5P_5,\\
\frac{dN_9}{dt} &= \varphi\sigma_8N_8+\varphi(\sigma_5\eta_5N_5+\sigma_9\eta_9N_9+\sigma_1\eta_1N_1)\varepsilon(1-p_8)P_8\\
&\quad -\varphi\sigma_9N_9-\varphi(\sigma_5\eta_5N_5+\sigma_9\eta_9N_9+\sigma_1\eta_1N_1)\varepsilon p_8W_9P_9,\\
\frac{dN_0}{dt} &= \varphi\sigma_{9-f}N_9+\varphi(\sigma_5\eta_5N_5+\sigma_9\eta_9N_9+\sigma_1\eta_1N_1)\varepsilon p_8W_{9-f}P_9\\
&\quad -\varphi\sigma_0N_0-\varphi(\sigma_5\eta_5N_5+\sigma_9\eta_9N_9+\sigma_1\eta_1N_1)\varepsilon p_8W_0P_0,\\
\frac{dN_1}{dt} &= \varphi\sigma_0N_0+\varphi(\sigma_5\eta_5N_5+\sigma_9\eta_9N_9+\sigma_1\eta_1N_1)\varepsilon p_8W_0P_0\\
&\quad -\varphi\sigma_1N_1-\varphi(\sigma_5\eta_5N_5+\sigma_9\eta_9N_9+\sigma_1\eta_1N_1)\varepsilon p_8W_1P_1;
\end{aligned}\right. \tag{5.316}$$

式中 φ 是热中子通量,包含快中子增殖因子 ε 的各项表征各核素俘获慢化中子对变化率的贡献,$\eta_i(i=5,9,1)$是易裂变核素 i 每吸收一个热中子放出的裂变中子平均数,p_8 是逃脱^{238}U 共振俘获的几率,$W_i(i=5,9,0,1)$是核素 i 对慢化中子吸收的几率,W_{9-f}则是^{239}Pu 俘获慢化中子生成^{240}Pu 的几率,$P_i(i=5,8,9,0,1)$是堆中快中子能慢化到核素 i 的吸收区而不漏出堆外的几率. W_i,W_{9-f}及 P_i 可利用下列各式近似算出[2]:

$$W_i=\frac{l_s}{\xi}N_i\int\sigma_i(E)\frac{dE}{E}\quad(i=5,9,0,1), \tag{5.317}$$

$$W_{9-f}=\frac{l_s}{\xi}N_9\int\sigma_{9-f}(E)\,\frac{dE}{E},\tag{5.318}$$

$$P_i=e^{-B^2\tau_i}\quad(i=5,8,9,0,1);\tag{5.319}$$

式中 ξ/l_s 是堆芯材料的平均慢化能力，B^2 是反应堆的曲率，τ_i 是裂变中子慢化到核素 i 的吸收区的年龄.(5.316)式是一组联立非线性微分方程组，它的求解需用数值方法.下面我们介绍一种收敛颇快的组数展开法[2]，它适用于不太大的燃耗深度.为此，先用 $N_8\sigma_5\varphi$ 除(5.316)各式中各项，并引进下列简写记号，把它写成更简洁的形式.命：

$$\begin{cases}c_i\equiv\dfrac{N_i}{N_8}\quad(i=5,9,0,1),\\ \bar{\sigma}_i\equiv\dfrac{\sigma_i}{\sigma_5}\quad(i=8,9,9-f,0,1),\\ a_i\equiv\varepsilon p_8P_i\dfrac{W_i}{c_i}\quad(i=5,9,9-f,0,1),\\ a_8\equiv\varepsilon(1-p_8)P_8,\\ F\equiv\eta_5c_5+\eta_9\bar{\sigma}_9c_9+\eta_1\bar{\sigma}_1c_1;\end{cases}\tag{5.320}$$

并引进新的自变量 z：

$$z=\int_0^t\varphi(t')\sigma_5\,dt',\quad dz=\varphi\sigma_5\,dt.\tag{5.321}$$

显然，z 代表^{235}U 到时刻 t 为止由于吸收热中子而消失的几率.将(5.320)及(5.321)式代入用 $N_8\sigma_5\varphi$ 除过的(5.316)式，得

$$\begin{cases}\dfrac{dc_5}{dz}=-c_5-a_5Fc_5,\\ \dfrac{dc_9}{dz}=\bar{\sigma}_8+a_8F-\bar{\sigma}_9c_9-a_9Fc_9,\\ \dfrac{dc_0}{dz}=\bar{\sigma}_{9-f}c_9+a_{9-f}Fc_9-\bar{\sigma}_0c_0-a_0Fc_0,\\ \dfrac{dc_1}{dz}=\bar{\sigma}_0c_0+a_0Fc_0-\bar{\sigma}_1c_1-a_1Fc_1.\end{cases}\tag{5.322}$$

这组非线性(注意，F 中包含 c_5，c_9 及 c_1)微分方程应当在下列初始条件下求解：

$$z=0\text{ 时},\quad c_5=c_{50}\equiv\frac{2}{98}=0.020\,41,\quad c_{90}=c_{00}=c_{10}=0.\tag{5.323}$$

我们注意，方程组(5.322)虽然是非线性的，但因 c_5，c_9 及 c_1 预期都是小值，所以非线性项是二阶小量.这提示我们用对某一小量的幂级数展开法来求这方程组的近似解.从初始条件(5.323)，自然会想到对 z 的幂次展开.不过，当略去非线性的2阶项时，方程组(5.322)中第一个方程的解析解易见为 $c_5=c_{50}e^{-z}$；它对 z 的幂级数展开已知是收敛不快的.因此，我们选用

$$\zeta = 1 - e^{-z} \tag{5.324}$$

代替 z 来作幂级数展开时的小量. 这样, z 很小时有 $\zeta \approx z$; z 在 0 到 1 范围内变化时, ζ 点是比 z 更小的量; 而且, 当略去非线性项时, c_5 将只到 ζ 的一次项为止($c_5 = c_{50} - c_{50}\zeta$). 可以预期, 在一般情形下, 方程组(5.322)的解在对 ζ 作展开时, 收敛也会是快的. 置

$$c_i = \sum_j c_{ij}\zeta^j \quad (i = 5,9,0,1), \tag{5.325}$$

$$F = \eta_5 c_5 + \eta_9 \bar{\sigma}_9 c_9 + \eta_1 \bar{\sigma}_1 c_1 = \sum_j F_j \zeta^j; \tag{5.326}$$

代入方程组(5.322)并比较 ζ^j 的系数, 得

$$\begin{cases} (j+1)c_{5,j+1} = (j-1)c_{5j} - a_5 \sum_{l=0}^{j} F_l c_{5,j-l}, \\ (j+1)c_{9,j+1} = \bar{\sigma}_8 \delta_{0j} + a_8 F_j + (j - \bar{\sigma}_9)c_{9j} - a_9 \sum_{l=0}^{j} F_l c_{9,j-l}, \\ (j+1)c_{0,j+1} = (\bar{\sigma}_9 - \bar{\sigma}_{9f})c_{9j} + a_{9-f} \sum_{l=0}^{j} F_l c_{9,j-l} \\ \qquad\qquad + (j - \bar{\sigma}_0)c_{0j} - a_0 \sum_{l=0}^{j} F_l c_{0,j-l}, \\ (j+1)c_{1,j+1} = \bar{\sigma}_0 c_{0j} + a_0 \sum_{l=0}^{j} F_l c_{0,j-1} + (j - \bar{\sigma}_1)c_{1j} \\ \qquad\qquad - a_1 \sum_{l=0}^{j} F_l c_{1,j-l}. \end{cases} \tag{5.327}$$

利用初始条件(5.323), 从上面的代数方程组可以依次求得各系数 c_{ij}.

采用下列常数值[2]:

$$\bar{\sigma}_8 = 0.405 \times 10^{-2}, \quad \bar{\sigma}_9 = 1.706, \quad \bar{\sigma}_{9f} = 1.183,$$
$$\bar{\sigma}_0 = 0.753, \quad \bar{\sigma}_1 = 2.184;$$
$$\eta_5 = 2.08, \quad \eta_9 = 2.03, \quad \eta_1 = 2.2;$$
$$a_5 = 1.256, \quad a_8 = 0.518 \times 10^{-1}, \quad a_9 = 6.114,$$
$$a_{9-f} = 2.312, \quad a_0 = 22.23;$$

及 $a_1 = 0$(不考虑^{241}Pu 对慢化中子的俘获); 可求得到 ζ^4 项为止的结果如下:

$$\begin{cases} c_5 = 0.020\,41 - 0.021\,50\zeta + 0.000\,87\zeta^2 + 0.000\,16\zeta^3 \\ \qquad - 0.000\,03\zeta^4, \\ c_9 = 0.006\,25\zeta - 0.003\,62\zeta^2 + 0.000\,07\zeta^3 + 0.000\,07\zeta^4, \\ c_0 = 0.001\,94\zeta^2 - 0.000\,66\zeta^3 + 0.000\,05\zeta^4, \\ c_1 = 0.001\,10\zeta^3 - 0.000\,30\zeta^4. \end{cases} \tag{5.328}$$

可见，展开式的收敛确是颇快的.

为求得同位素成分随时间的变化，还要知道 $\zeta=1-e^{-z}$ 和时间的关系. 这关系可以由 z 的定义(5.321)及关系式：

$$n=\varphi(E_5\sigma_{5f}N_5+E_9\sigma_{9f}N_9+E_1\sigma_{1f}N_1) \tag{5.329}$$

给出.(5.329)式中 n 为堆功率；E_5，E_9 及 E_1 分别是 ^{235}U，^{239}Pu，及 ^{241}Pu 在一次裂变中放出的能量. 以下将 n 及 N_5，N_9，N_1 都归一到相对于每千克燃料铀的值，并为简单起见近似地取 $E_9=E_1=E_5$. 于是从(5.321)及(5.329)式有

$$\begin{aligned} t &= \int_0^z \frac{dz}{\varphi\sigma_5}=\frac{E_5\sigma_{5f}N_8}{\sigma_5 n}\int_0^z\left(c_5+\frac{\sigma_{9f}}{\sigma_{5f}}c_9+\frac{\sigma_{1f}}{\sigma_{5f}}c_1\right)dz \\ &= \frac{E_5\sigma_{5f}N_8}{\sigma_5 n}\int_0^\zeta\left(c_5+\frac{\sigma_{9f}}{\sigma_{5f}}c_9+\frac{\sigma_{1f}}{\sigma_{5f}}c_1\right)\frac{d\zeta}{1-\zeta}, \end{aligned} \tag{5.330}$$

代入下列数值：

$$E_5=195\,\text{MeV}=3.62\times10^{-19}\ \text{kW}\cdot\text{d},$$
$$N_8=2.47\times10^{24}/(\text{kgU}),$$
$$n=28\,\text{kW}/(\text{kgU}),$$
$$\frac{\sigma_{5f}}{\sigma_5}=0.845,\quad \frac{\sigma_{9f}}{\sigma_{5f}}=1.40,\quad \frac{\sigma_{1f}}{\sigma_{5f}}=1.92,$$

得

$$t=2.70\times10^4\int_0^\zeta(c_5+1.40c_9+1.92c_1)\frac{d\zeta}{1-\zeta}. \tag{5.330'}$$

再用解(5.328)代入，积分后得

$$t=143.9\ln\frac{1}{1-\zeta}+407.4\zeta+31.6\zeta^2-16.7\zeta^3+3.4\zeta^4, \tag{5.331}$$

式中 t 以“日”(d)为单位. 这样，$c_i=\frac{N_i}{N_8}(i=5,9,0,1)$ 随时间 t 的变化由(5.328)及(5.331)式通过参变量 ζ 给出. 结果绘出如图5.30.

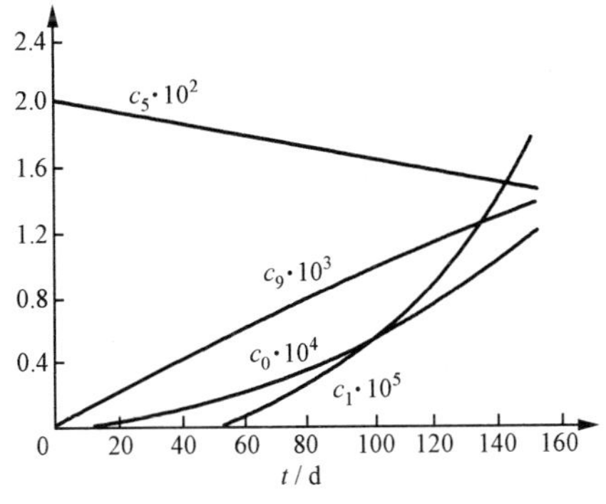

图 5.30 我国第一个重水堆核素成分随时间的变化

根据上节结果，裂变产物的吸收包括①：

1° 氙毒：在稳定功率 $n=28\ \mathrm{kW/(kgU)}$ 下，相应的热中子通量为 $\varphi=3\times 10^{13}\ \mathrm{cm^{-2}\cdot s^{-1}}$，$^{135}\mathrm{Xe}$ 的积累量很快(约 2 d)达到它的稳定值，给出吸收截面

$$\Sigma_{X_0}=N_{50}X_0\sigma_X=N_{50}\frac{(y_1+y_X)\sigma_{5f}}{\varphi_X+\varphi}\varphi=\frac{0.064}{1.25}N_{50}\sigma_{5f};$$

或者，给出相对于铀的吸收：

$$q_{X_0}=\frac{\Sigma_{X_0}}{N_8\sigma_8+N_{50}\sigma_5}=\frac{0.064}{1.25}\frac{c_{50}\bar{\sigma}_{5f}}{\bar{\sigma}_8+c_{50}}=0.0361,\tag{5.332}$$

式中用了 $c_{50}=0.02041$，$\bar{\sigma}_{5f}\equiv\dfrac{\sigma_{5f}}{\sigma_5}=0.845$，$\bar{\sigma}_8\equiv\dfrac{\sigma_8}{\sigma_5}=0.00405$.

2° 钐毒：约 10 d 后达到与通量无关的稳定吸收截面：

$$\Sigma_{S_0}=N_{50}S_0\sigma_S=y_P N_{50}\sigma_{5f};$$

给出相对于铀的吸收：

$$q_{S_0}=\frac{\Sigma_{S_0}}{N_8\sigma_8+N_{50}\sigma_5}=0.0113\frac{c_{50}\bar{\sigma}_{5f}}{\bar{\sigma}_8+c_{50}}=0.0080.\tag{5.333}$$

3° "永久"毒(渣)：上节已经提过，除 $^{135}\mathrm{Xe}$ 及 $^{149}\mathrm{Sm}$ 外，其他裂变产物的积累相当于每次裂变增加约 50 b 的吸收截面. 现在，到 t 时刻为止的裂变数为 $\dfrac{nt}{E_5}(\mathrm{kgU})^{-1}$. 所以，由于"永久"裂变产物给出的吸收截面为

$$\Sigma_z=\frac{50nt}{E_5}\mathrm{b}\cdot(\mathrm{kgU})^{-1};$$

给出相对于铀的吸收：

$$q_z=\frac{\Sigma_z}{N_8\sigma_8+N_{50}\sigma_5}=\frac{50nt}{N_8\sigma_5E_5(\bar{\sigma}_8+c_{50})}\approx 10^{-4}t,\tag{5.334}$$

式中 t 以 d 为单位，由(5.331)式和 ζ 联系.

现在考虑燃耗、转换及裂变产物积累对反应性的影响. 在反应堆开始运行时，堆中装有比临界所需还多的燃料，以便补偿燃耗和裂变产物的积累. 为了在开始时补偿这些过剩的燃料，补偿棒和控制棒被插入反应堆中，然后随着燃料的消耗和毒物的积累，再慢慢地提出以维持系统临界. 我们引进宏观吸收截面为 Σ_{ac} 的均匀分布控制毒物来模拟这些补偿棒和控制棒的作用. Σ_{ac} 的大小必须连续调整，使得反应堆从开始运转到最后停堆都保持临界. 从类似于(5.285)式中的推导可知，Σ_{ac} 正比于由它代表的吸收棒所补偿的反应性. Σ_{ac} 的大小决定于临界条件：

$$\frac{k_\infty e^{-B^2\tau}}{1+B^2L^2}=1$$

① 这里所用裂变产物的产额和截面值和文献[2]中用的值略有不同，因此数值结果有些差别.

或
$$\varepsilon p\eta f e^{-B^2\tau}=1+B^2L^2. \tag{5.335}$$
其中受燃耗、转换和裂变产物积累明显影响的量是
$$f\eta=\frac{\eta_5 N_5\sigma_5+\eta_9 N_9\sigma_9+\eta_1 N_1\sigma_1}{\Sigma_a} \tag{5.336}$$
及
$$L^2=\frac{D}{\Sigma_a}. \tag{5.337}$$
这里总宏观吸收截面 Σ_a 包含四大部分：
$$\Sigma_a=\Sigma_{aF}+\Sigma_{aM}+\Sigma_{ap}+\Sigma_{ac}, \tag{5.338}$$
式中 Σ_{aF} 由燃料引起，等于
$$\Sigma_{aF}=N_8\sigma_8+N_5\sigma_5+N_9\sigma_9+N_0\sigma_0+N_1\sigma_1; \tag{5.339}$$
它的初始值：
$$\Sigma_{aF}^0=N_8\sigma_8+N_{50}\sigma_5. \tag{5.339$'$}$$
(5.338)式右边第二项 Σ_{aM} 代表初始时刻堆中除燃料和控制毒物(代表补偿棒及控制棒)以外的物质(包括慢化剂、结构材料、实验装置和样品等)，经通量权重均匀化后得出的有效宏观吸收截面. 假设它在反应堆的整个运行期间保持不变. 参照中国重水堆的数据[2]，取为
$$\Sigma_{aM}=\Sigma_{aM}^0=0.096\,2\Sigma_{aF}^0. \tag{5.340}$$
组成 Σ_a 的第三部分 Σ_{ap} 来自各种裂变产物的吸收. 从(5.332)至(5.334)式可知，$t\gtrsim 10$ d 时有
$$\Sigma_{ap}=(q_{X_0}+q_{S_0}+q_3)\Sigma_{aF}^0=(0.044\,1+10^{-4}t)\Sigma_{aF}^0, \tag{5.341}$$
式中 $q_{X_0}=0.036\,1$ 在～2 d 时出现，而 $q_{S_0}=0.008\,0$ 在～10 d 时出现. 因此，
$$\Sigma_{ap}=\begin{cases}0 & (t=0),\\ 0.036\,3\Sigma_{aF}^0 & (t\sim 2\text{ d}).\end{cases} \tag{5.341$'$}$$
最后，Σ_a 中第四项 Σ_{ac} 是代表控制毒物的吸收. 它的值应用临界条件(5.335)定出. 将(5.336)及(5.337)式代入(5.335)式，可把它改写为
$$\varepsilon p(\eta_5 N_5\sigma_5+\eta_9 N_9\sigma_9+\eta_1 N_1\sigma_1)e^{-B^2\tau}=\Sigma_a+B^2D. \tag{5.335$'$}$$
由此可解出 Σ_{ac}：
$$\frac{\Sigma_{ac}}{\Sigma_{aF}^0}=\varepsilon p e^{-B^2\tau}\cdot\frac{\eta_5 c_5+\eta_9\bar{\sigma}_9 c_9+\eta_1\bar{\sigma}_1 c_1}{\bar{\sigma}_8+c_{50}}-B^2\frac{D}{\Sigma_a^0}\frac{\Sigma_a^0}{\Sigma_{aF}^0}-\frac{\Sigma_{aF}+\Sigma_{aM}+\Sigma_{ap}}{\Sigma_{aF}^0}. \tag{5.342}$$

取 $\varepsilon p=0.9567$(包括了慢化中的增殖效应)，$B^2=9\times10^{-4}\ \text{cm}^{-2}$，$\tau=153.1\ \text{cm}^2$，$\frac{D}{\Sigma_a^0}=189\ \text{cm}^2$，利用(5.339)至(5.341′)式，可以从(5.342)式算出$\frac{\Sigma_{ac}}{\Sigma_{aF}^0}$作为 t(或 ζ)的函

数.结果如表 5.5 及图 5.31 所示.

表 5.5 我国第一个重水堆中控制毒物随时间的变化

t/d	0	2	10	27.1	53.4	78.9	103.6	127.5	150.6
ζ	0	0.0036	0.018	0.0488	0.0952	0.1393	0.1813	0.2212	0.2592
$\dfrac{\Sigma_{ac}}{\Sigma_{aF}^0}$	0.1642	0.1266	0.1049	0.1002	0.0803	0.0606	0.0413	0.0223	0.0038

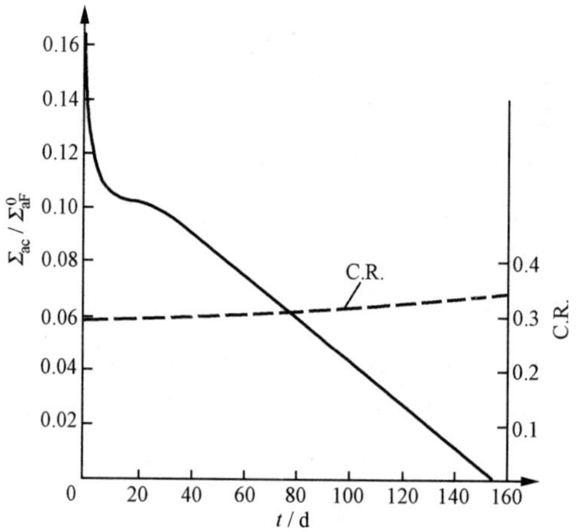

图 5.31 控制毒物吸收和堆中转换比 C.R. 随时间的变化(我国第一个重水堆)

由图 5.31 可见,大约 150 d 之后,控制毒物均须取出,堆才能保持临界.也就是说,堆一次装料(装料量和 $B^2=9\times10^{-4}\ \text{cm}^{-2}$ 之值相应)的运行周期(在稳定比功率 28 kW/kgU 之下)约为 150 d.图中也用虚线给出了转换比(C.R.),即,可裂变核素 ^{239}Pu 及 ^{241}Pu 的生成率与 ^{235}U,^{239}Pu 及 ^{241}Pu 的燃耗率之比:

$$
\begin{aligned}
\text{C.R.} &= \{N_8\sigma_8 + N_0\sigma_0 + (\sigma_5\eta_5 N_5 + \sigma_9\eta_9 N_9 + \sigma_1\eta_1 N_1) \\
&\quad \cdot [\varepsilon(1-p_8)P_8 + \varepsilon p_8 W_0 P_0]\}/\{N_5\sigma_5 + N_9\sigma_9 \\
&\quad + N_1\sigma_1 + (\sigma_5\eta_5 N_5 + \sigma_9\eta_9 N_9 + \sigma_1\eta_1 N_1) \\
&\quad \cdot [W_5P_5 + W_9P_9 + W_1P_1]\varepsilon p_8\} \\
&= \frac{\bar{\sigma}_8 + \bar{\sigma}_0 c_0 + F(a_8 + a_0 c_0)}{c_5 + \bar{\sigma}_9 c_9 + \bar{\sigma}_1 c_1 + F(a_5 c_5 + a_9 c_9 + a_1 c_1)}.
\end{aligned}
\tag{5.343}
$$

由图可见,整个运行期间,转换比约在 0.29 至 0.34 之间.

参 考 文 献

[1] J.R.拉马什著.核反应堆理论导论.洪流译.北京:原子能出版社,1977 年.183,325.

[2] 黄祖洽.研究性重水反应堆的物理计算.原子能科学技术,1959,3.

[3] Schroeder F *et al*. Nucl. Sci. Eng., 1957, 2: 96.

[4] Coffer C D *et al*. Characteristics of large reactivity insertions in a high-performance TRIGA uranium-zirconium hydride core. // Neutron Dynamics and Control, ed. Hetrick D L, Weaver L E. Tenn.: Oak Ridge, 1966.
[5] Keepin G R. Physics of Nuclear Kinetics. Mass.: Addison-Wesley, 1965: 82, Reading.
[6] Nordheim L W. The Doppler coefficient. // The Technology of Nuclear Reactor Safety, vol. 1, ed. Thompson T J, Beckerley J G. Cambridge, Mass.: M. I. T. Press, 1964.
[7] Nicholson R B. APDA-139, 1960.
[8] Spano A H. Nucl. Sci. Eng., 1964, 19: 172.
[9] McCarthy, Okrent. Fastreactor kinetics. // The Technology of Nuclear Reactor Safety, vol. 1, 见 6.
[10] Yiftah, Okrent. ANL-6212, 1960.
[11] Hale, LaSalle. Differential Equations and Dynamical Systems. New York: Academic Press, 1967.
[12] Voltera V. Theory of Functionals. New York: Dover, 1959.
[13] Fuchs K. IA-596. Nordheim L W. MDDC-35. 1946.
[14] Dickerman C E. Kinetics of the transient reactor test facility (TREAT). // Reactor Kinetics and Control, ed. Weaver L E. Tenn.: Oak Ridge, 1964.
[15] Dunenfeld M S. NAA-SR-5416, 1962.
[16] Johnson R P. NAA-SR-11906, 1966.
[17] Moss, Buttrey. Trans. Am. Nucl. Soc., 1964, 7: 384.
[18] King L P D. Trans. Am. Nucl. Soc., 1965, 8: 126.
[19] Szeligowski, Hetrick. 见第四章文献 9.
[20] Hetrick D L. Dynamics of Nuclear Reactors. Chicago: The Univ. of Chicago Press, 1971: 183.
[21] Canosa J. Nucl. Sci. Eng., 1964, 19: 392.
[22] Forbes S G. IDO-16539, 1959.
[23] Miller R W. IDO-16317, 1957.
[24] Hetrick, Gamble. Trans. Am. Nucl. Soc., 1958, 1(2): 48.
[25] Johnson R P. NAA-SR-11906, 1966.
[26] Canosa J. Nukleonik, 1968, 11: 131.
[27] Forbes S G. IDO-16452, 1958.
[28] Nyer W E. Mathematical models of fast transients. // The Technology of Nuclear Reactor Safety, vol. 1, 见 6.
[29] Turner W J. J. Nucl. Energy, 1968, 22: 397.
[30] Scalettar R. Nucl. Sci. Eng., 1963, 16: 459.
[31] Dunenfeld, Gamble. Trans. Am. Nucl. Soc., 1959, 2(2): 62.
[32] Dunenfeld, Stitt. NAA-SR-7087, 1963.
[33] Koehler W H. J. Nucl. Energy, 1969, 23: 569.

[34] Bethe, Tait. An estimate of the order of magnitude of the explosion when the core of a fast reactor collapses. (U. S. -U. K. Reactor Hazard Meeting) United Kingdom Atomic Energy Authority Report RHM (56)/113, 1956.

[35] Thompson T J. Accidents and destructive tests. // The Technology of Nuclear Reactor Safety, vol. 1. Cambridge, Mass. : M. I. T. Press, 1964.

[36] Nicholson R B. Nucl. Sci. Eng. , 1964, 18: 207.

[37] Smets H B. Nucl. Sci. Eng. , 1961, 11: 133.

第六章　与空间有关的动力学

§6.0　引　　言

前面各章中，我们讨论了核反应堆在启动、正常运转和事故停堆等条件下，由于反应性的各种变化和(或)中子源的变化，所引起瞬变过程中的各种动力学行为．这样做时，为了简单，我们利用了点堆动态模型．像§1.4中已说明过的那样，在这个简化的动态学模型中，我们假设中子的空间和能量分布不随时间变化，也就是说，认为空间和能量变量可以和时间变量分离，从而得以把本来和空间、时间及中子能量有关的各种物理量(首先是中子通量，然后是依赖于它的堆功率、堆温以及核素浓度等)通过积分或平均"集总"为只依赖于时间的点堆模型物理量．而在点堆方程中出现的参量(ρ,β,l)，如以下在§6.1中将要看到，则应当用中子通量和中子价值的空间和能谱分布函数对有关核特性作平均得出．标准的点动态学模型的处理方法是，在瞬变过程中自始至终采用一套参量进行计算、分析．在定性地(在合适情形下，也包括定量或半定量地)讨论反应堆的动态和动力行为时，点堆模型确实是个方便的工具．然而，对于大功率堆，系统中的局部变化(例如，吸收棒的移动)往往可以引起中子通量(和价值)空间分布的显著畸变，从而引起点堆参量的变化．这些参量的变化可以使点动态模型对某些瞬变分析的结果和实际偏离很大(参看，例如，图6.4,6.6,及6.7)．因此，承担堆动力学行为分析的堆物理工作者，在应用点堆模型时，总是要选用十分保守的中子通量和中子价值分布来求出点堆参量，以便使所得点动力学分析的估计与代价更昂贵的精确计算(其中明显计及通量和价值的变化)的预期结果相比偏于保守．这情形引起许多改进点堆模型的努力，结果得出了一系列方法，它们以不同程度的精确性考虑于堆动力学中的空间效应[1]．这些方法大致可以分为以下三类：

(1) 和时间有关的中子输运方程或其多样扩散近似[2]的直接数值处理，即用各种形式的差分法将输运方程或多样扩散方程化为代数方程组，并数值求解．由于对计算机容量和计算量的庞大要求，这类方法一般只用来为其他近似方法提供作为比较标准的"精确"数值解；或用来为关系重大的装置设计直接进行"定案"的计算(参看§6.7和§6.11中的论述和例子)．

(2) 把依赖于空-时变量$\boldsymbol{r}$,t,及中子速度变量$\boldsymbol{v}$的中子角通量$\Phi(\boldsymbol{r},\boldsymbol{v},t)$对一

系列试探函数 $\psi_j(\boldsymbol{r},\boldsymbol{v})$展开：

$$\Phi(\boldsymbol{r},\boldsymbol{v},t)=\sum_j n_j(t)\psi_j(\boldsymbol{r},\boldsymbol{v}), \tag{6.1}$$

然后把展开式代入中子输运方程，用加权残差法或变分法（见§6.9及§6.10）得出确定展开系数 $n_j(t)$的常微分方程组. 这种用预先选定（或通过辅助计算确定）的试探函数来“合成”所求中子通量的方法，便是所谓模项展开法（综合法）或节点法.

(3) 把通量 $\Phi(\boldsymbol{r},\boldsymbol{v},t)$分解为一个“幅”函数 $n(t)$和一个“形状”函数 $\psi(\boldsymbol{r},\boldsymbol{v},t)$之积：

$$\Phi(\boldsymbol{r},\boldsymbol{v},t)=n(t)\psi(\boldsymbol{r},\boldsymbol{v},t), \tag{6.2}$$

并利用分解的任意性引进另外的附加条件，使(6.2)式代入中子输运方程后，能得出较为简单的形式. 像(6.2)式这样分解因子的目的，是使 $\Phi(\boldsymbol{r},\boldsymbol{v},t)$对时间的依赖关系主要反映在幅函数 $n(t)$随时间的变化中，而 $\psi(\boldsymbol{r},\boldsymbol{v},t)$则反映变化比较缓慢的，通量的空间和速度分布形状. §6.8中我们将遇到属于这种类型的一系列近似.

本章中，我们首先在§6.1中从一般的中子输运方程出发，利用因子分解，形式上导出点堆动态学方程组. 同时讨论它的适用条件和局限性，并为§6.8中的各种改进准备基础.

中子在介质中输运时，通过和原子核的某些反应，引起能量释放，从而引起介质温度、密度和运动速度的变化. 反过来，介质中的原子核热运动和流体力学运动，又对中子输运过程施加影响. 为了计算这些相互影响，我们将在§6.2和§6.3中导出考虑介质运动影响的，中子输运方程的普遍形式；并在§6.4中给出带有裂变（和其他核反应）能源项的辐射流体力学方程组；也顺便在简化流体力学方程组的基础上，讨论常规核反应堆中的热工水力问题. 把§6.1至§6.4中的有关方程耦合起来，就构成了为高温或常温核反应系统进行精确计算的基础. 另一方面，这些方程的高度复杂性，也引出了发展各种近似方法的需要. §6.5中我们将介绍在大多数反应堆计算中应用的多群扩散近似，同时也将导出这一近似在考虑介质流体运动情形下的形式.

在§6.7至§6.11中分别讨论各种数值计算和近似方法之前，作为堆物理基础，我们将在§6.6中先介绍一些与空间和能谱有关的中子学现象和早期的数值实验结果.

限于本章的篇幅，我们将把一些和空间有关的具体动力学问题的分析，留到下章中去讨论.

§6.1 中子输运方程

核反应堆的一般动力学行为决定于中子在堆介质中的空间、能量和时间分布.

描写这一分布的中子输运方程[2]可以写成下列形式：

$$\frac{1}{v}\frac{\partial \Phi}{\partial t} = \mathrm{L}_0\Phi + \mathrm{L}_\mathrm{f}\Phi + S_\mathrm{d} + S, \tag{6.3}$$

式中

$$\mathrm{L}_0\Phi \equiv -\boldsymbol{\Omega}\cdot\nabla\Phi(\boldsymbol{r},\boldsymbol{v},t) - \Sigma_\mathrm{t}(\boldsymbol{r},\boldsymbol{v},t)\Phi(\boldsymbol{r},\boldsymbol{v},t) + \int\Sigma_\mathrm{s}(\boldsymbol{r},\boldsymbol{v}'\to\boldsymbol{v},t)\Phi(\boldsymbol{r},\boldsymbol{v}',t)\mathrm{d}\boldsymbol{v}', \tag{6.3a}$$

$$\mathrm{L}_\mathrm{f}\Phi \equiv \int\chi(\boldsymbol{v})(1-\beta)\nu\Sigma_\mathrm{f}(\boldsymbol{r},\boldsymbol{v}',t)\Phi(\boldsymbol{r},\boldsymbol{v}',t)\mathrm{d}\boldsymbol{v}', \tag{6.3b}$$

$$S_\mathrm{d} \equiv \sum_i \lambda_i C_i(\boldsymbol{r},t)\chi_i(\boldsymbol{v}), \tag{6.3c}$$

$$S \equiv S(\boldsymbol{r},\boldsymbol{v},t). \tag{6.3d}$$

(6.3)式及(6.3a～d)式中，$\boldsymbol{v}\equiv v\boldsymbol{\Omega}$ 代表中子速度，$\boldsymbol{\Omega}$ 是中子速度方向的单位矢量；$\Phi\equiv\Phi(\boldsymbol{r},\boldsymbol{v},t)\equiv vN(\boldsymbol{r},\boldsymbol{v},t)$ 是中子角通量. $N(\boldsymbol{r},\boldsymbol{v},t)$ 是中子角密度：$N(\boldsymbol{r},\boldsymbol{v},t)\mathrm{d}\boldsymbol{r}\mathrm{d}\boldsymbol{v}$ 是空间及速度变量所张成的 6 维相空间中 $\boldsymbol{r},\boldsymbol{v}$ 处体积元 $\mathrm{d}\boldsymbol{r}\mathrm{d}\boldsymbol{v}$ 内在时刻 t 的中子可几(或期望)数. L_0 及 L_f 是作用在 Φ 上的算符. $\Sigma_\mathrm{t}(\boldsymbol{r},\boldsymbol{v},t)$ 是总宏观截面，$\Sigma_\mathrm{s}(\boldsymbol{r},\boldsymbol{v}'\to\boldsymbol{v},t)$ 是宏观微分散射截面，$\nu\Sigma_\mathrm{f}(\boldsymbol{r},\boldsymbol{v}',t)$ 是宏观裂变截面和裂变中所放出中子可几数的乘积，β 是缓发中子分数，$\chi(\boldsymbol{v})$ 及 $\chi_i(\boldsymbol{v})$ 分别是瞬发中子及第 i 组缓发中子的中子发射谱，和通常定义的归一化裂变谱 $\chi(v)$ 的关系为 $\chi(\boldsymbol{v})=\dfrac{\chi(v)}{4\pi v^2}$. 对于第 i 组缓发中子，λ_i 及 $C_i(\boldsymbol{r},t)$ 分别是相应先驱核的衰变常数和浓度. 从(6.3a～c)的表示式可见，$\mathrm{L}_0\Phi$ 中三项分别表示中子流动、移出和散射对中子角密度变化率的贡献；$\mathrm{L}_\mathrm{f}\Phi$ 表示裂变过程中所放瞬发中子的贡献；而 S_d 则表示缓发中子源的贡献. 裂变链以外的中子源在(6.3)式中用 S 表示.

注意，(6.3a，b)中各宏观截面标明了是 $\boldsymbol{r}$ 及 t 的函数，以便考虑堆中各种物质的不同空间分布以及各种物质原子浓度(每单位体积中的原子数)随时间的变化. 这一变化，从短期来说，一般是介质密度变化的直接后果. 因堆内温度和(或)压强分布变化而引起的介质密度变化，本身将通过流体力学方程组依赖于决定堆中功率水平和分布的中子通量水平及其分布(参看 § 6.4). 从更长期说，原子浓度随时间的变化也可以是中毒、结渣和燃耗的结果，那就更直接地依赖于堆中的中子通量和它对时间的积分. 可见，中子输运方程(6.3)中，Φ 的系数还和 Φ 有关；也就是说，(6.3)式实际上是个非线性的微分-积分方程. 不过，由于热传导和介质流动比起中子输运来是相对慢的过程，因此通常假设：可以选择一定的时间间隔，它从中子输运来说还是相当长，但从热传导和流体运动来说却可看成很短，使得在这个时间间隔内可以略去密度和燃耗反馈的影响；从这段时间开始时中子角通量的知识，通过求解系数固定在初始值的线性输运方程，可以相当准确地得出这间隔末的中子角通量. 然后利用所得中子角通量的知识求得末时刻的系数值，再进行下一时间间隔的计算.这样,我们就把系数依赖于瞬时通量值的非线性问题换成了一系列连起来作的线性问题(系数逐步调整).

另外,方程(6.3)系数中的这些宏观截面也标明了是中子速度 $\boldsymbol{v}$ 或(和)$\boldsymbol{v}'$ 的函数.这是因为,在考虑到介质原子核的热运动或力学运动时,中子和它们相互作用的微观截面将依赖于中子相对于核的能量,因此将不仅和中子速度的大小,而且也和这速度相对于原子核速度的方向有关(参看(6.101)至(6.106)式).当然,对于中子速远大于原子核运动速的情况,相对速度基本上就是中子速度,各宏观截面将基本上和中子速度的方向无关.

如果略去缓发中子先驱核在介质中的运动,就可以如下写出 $C_i \equiv C_i(\boldsymbol{r},t)$ 所满足的方程:

$$\frac{\partial C_i}{\partial t} = \int \beta_i \nu \Sigma_{\mathrm{f}}(\boldsymbol{r},\boldsymbol{v}',t)\Phi(\boldsymbol{r},\boldsymbol{v}',t)\mathrm{d}\boldsymbol{v}' - \lambda_i C_i$$

$$(i = 1,2,\cdots,m), \tag{6.4}$$

式中 β_i 是第 i 组缓发中子的分数.也可以把方程(6.4)解出,得

$$C_i(\boldsymbol{r},t) = C_i(\boldsymbol{r},t_0)\mathrm{e}^{-\lambda_i(t-t_0)} + \int_{t_0}^{t} \mathrm{e}^{-\lambda_i(t-t')} \cdot \int \beta_i \nu \Sigma_{\mathrm{f}}(\boldsymbol{r},\boldsymbol{v},t')\Phi(\boldsymbol{r},\boldsymbol{v},t')\mathrm{d}v'\mathrm{d}t';$$

或者命 $t_0 \to -\infty$,并假设 C_i 与 Φ 保持有界,得

$$C_i(\boldsymbol{r},t) = \int_{-\infty}^{t} \mathrm{e}^{-\lambda_i(t-t')} \int \beta_i \nu \Sigma_{\mathrm{f}}(\boldsymbol{r},\boldsymbol{v}',t')\Phi(\boldsymbol{r},\boldsymbol{v}',t')\mathrm{d}\boldsymbol{v}'\mathrm{d}t'. \tag{6.4$'$}$$

将(6.4′)式代入(6.3c)式,可把 S_{d} 写成下列形状:

$$S_{\mathrm{d}} = \int_{-\infty}^{t} \sum_i \lambda_i \beta_i \mathrm{e}^{-\lambda_i(t-t')} \chi_i(\boldsymbol{v}) \int \nu \Sigma_{\mathrm{f}}(\boldsymbol{r},\boldsymbol{v}',t')\Phi(\boldsymbol{r},\boldsymbol{v}',t')\mathrm{d}\boldsymbol{v}'\mathrm{d}t' \equiv \mathrm{L}_{\mathrm{d}}\Phi. \tag{6.3c$'$}$$

为简单起见,方程组(6.3),(6.4)等是对一种燃料核素写出的.如果反应堆中核燃料含有多于一种的可裂变核素,就只需为每种核素写出相应的裂变瞬发中子和缓发中子的贡献,然后加到这些方程的相应项上去;即只需对这些方程中出现的 $\lambda_i,\beta_i,C_i,\chi_i;\beta,\chi,\nu\Sigma_{\mathrm{f}}$ 等量加上一个表示核素的附标$^{(n)}$,如 $\lambda_i^{(n)}$,然后将有关项对 n 求和.

方程(6.3)的边界条件一般取为在凸的外边界上没有入射中子:

$$\Phi(\boldsymbol{r}_{\mathrm{b}},\boldsymbol{v},t) = 0 \quad (\text{对于 } \boldsymbol{v}\cdot\boldsymbol{n}_{\mathrm{b}} < 0), \tag{6.5}$$

式中 $\boldsymbol{r}_{\mathrm{b}}$ 表示外边界上的任意点,$\boldsymbol{n}_{\mathrm{b}}$ 是 $\boldsymbol{r}_{\mathrm{b}}$ 处的外向法线.另外,在内部两区的边界上,$\Phi(\boldsymbol{r},\boldsymbol{v},t)$ 应当满足在中子运动方向上连续的条件[2].

方程(6.3)及(6.4)都要满足给定的初始条件,即在初始时刻($t=0$),$\Phi(\boldsymbol{r},\boldsymbol{v},0)$

及 $C_i(\boldsymbol{r},0)$分别是 $\boldsymbol{r},\boldsymbol{v}$ 及 $\boldsymbol{r}$ 的给定函数.

假想一虚拟的,源 $S=0$,而 $\Phi=\Phi_s(\boldsymbol{r},\boldsymbol{v})$的平稳态,这时宏观截面也和 t 无关,而(6.3c′)式约化为

$$S_d^{稳}=L_d^{稳}\Phi_s\equiv\int\sum_i\beta_i\chi_i(\boldsymbol{v})\nu\Sigma_f(\boldsymbol{r},\boldsymbol{v}')\Phi_s(\boldsymbol{r},\boldsymbol{v}')d\boldsymbol{v}'. \tag{6.6}$$

为在任意给定时刻使具有(6.3)式中同样参量但 $S=0$ 的系统达到平稳态,必须引进一虚拟的有效增殖因子 k_s. 于是,在这平稳态下,方程(6.3)变成:

$$-L_0\Phi_s=\frac{1}{k_s}(L_f+L_d^{稳})\Phi_s. \tag{6.7}$$

由于 L_0,L_f 及 L_d 都是线性算符,(6.7)式定义以 k_s 为本征值的本征值问题,相应的本征函数就是该稳态的"反应性本征函数". 方程(6.7)是非自伴的方程. 它的伴方程[2]可以写出如下:

$$-L_0^\dagger\Phi_s^\dagger=\frac{1}{k_s^\dagger}(L_f^\dagger+L_d^{稳\dagger})\Phi_s^\dagger, \tag{6.8}$$

式中伴函数 $\Phi_s^\dagger=\Phi_s^\dagger(\boldsymbol{r},\boldsymbol{v})$在系统的外边界 $\boldsymbol{r}_b$ 上满足在中子出射方向为零的条件:

$$\Phi_s^\dagger(\boldsymbol{r}_b,\boldsymbol{v})=0\quad(对于\ \boldsymbol{n}_b\cdot\boldsymbol{v}>0); \tag{6.9}$$

而伴算符 $L_0^\dagger,L_f^\dagger$及 $L_d^{稳\dagger}$等如下定义:

$$\begin{aligned}L_0^\dagger\Phi_s^\dagger\equiv\ &\boldsymbol{\Omega}\cdot\nabla\Phi_s^\dagger(\boldsymbol{r},\boldsymbol{v})-\Sigma_t\Phi_s^\dagger(\boldsymbol{r},\boldsymbol{v})\\&+\int\Sigma_s(\boldsymbol{r},\boldsymbol{v}\to\boldsymbol{v}')\Phi_s^\dagger(\boldsymbol{r},\boldsymbol{v}')d\boldsymbol{v}',\end{aligned} \tag{6.8a}$$

$$L_f^\dagger\Phi_s^\dagger\equiv\int\chi(\boldsymbol{v}')(1-\beta)\nu\Sigma_f(\boldsymbol{r},\boldsymbol{v})\Phi_s^\dagger(\boldsymbol{r},\boldsymbol{v}')d\boldsymbol{v}', \tag{6.8b}$$

$$L_d^{稳\dagger}\Phi_s^\dagger\equiv\int\sum_i\beta_i\chi_i(\boldsymbol{v}')\nu\Sigma_f(\boldsymbol{r},\boldsymbol{v})\Phi_s^\dagger(\boldsymbol{r},\boldsymbol{v}')d\boldsymbol{v}'. \tag{6.8c}$$

容易证明[2],如果本征值 $k_s\neq k_s^\dagger$,则(6.7)及(6.8)式的相应本征函数正交,即 $\iint\Phi_s^\dagger\Phi_s d\boldsymbol{r}d\boldsymbol{v}=0$;反之,如果$\iint\Phi_s^\dagger\Phi_s d\boldsymbol{r}d\boldsymbol{v}\neq0$,则相应的本征值 $k_s^\dagger$ 及 k_s 相等. 和(6.7)式的最大本征值 k 相应的本征函数描写系统的基本模式 $\phi_0(\boldsymbol{r},\boldsymbol{v})$;它是处处非负的. 同样,和伴方程(6.8)的最大本征值 $k^\dagger$ 相应的本征函数 $\phi_0^\dagger(\boldsymbol{r},\boldsymbol{v})$也是处处非负的. 因此$\iint\phi_0^\dagger\phi_0 d\boldsymbol{r}d\boldsymbol{v}\neq0$,而 $k^\dagger=k$. 于是,伴函数 $\phi_0^\dagger=\phi_0^\dagger(\boldsymbol{r},\boldsymbol{v})$满足方程:

$$-L_0^\dagger\phi_0^\dagger=\frac{1}{k}(L_f^\dagger+L_d^{稳\dagger})\phi_0^\dagger, \tag{6.10}$$

及伴随边界条件(6.9).

现在把(6.10)式中的截面(因而 k)理解为和时间(作为参变量)有关,使其和方程(6.3)中的相应截面一样. 于是,用 $\phi_0^\dagger(\boldsymbol{r},\boldsymbol{v})$乘方程(6.3),用 $\Phi(\boldsymbol{r},\boldsymbol{v},t)$乘方程

(6.10),将所得结果逐项相减,再对 $\boldsymbol{r}$ 及 $\boldsymbol{v}$ 积分.由于 Φ 及 $\phi_0^\dagger$ 分别满足边界条件(6.5)及(6.9),当对 $\boldsymbol{r}$ 积分过系统的全部体积时,从散度定理知

$$\int \boldsymbol{\Omega}\cdot(\phi_0^\dagger\,\nabla\Phi+\Phi\,\nabla\phi_0^\dagger)\mathrm{d}\boldsymbol{r}=\int\boldsymbol{\Omega}\cdot\nabla(\Phi\phi_0^\dagger)\mathrm{d}\boldsymbol{r}$$

$$=\int\nabla\cdot(\boldsymbol{\Omega}\Phi\phi_0^\dagger)\mathrm{d}\boldsymbol{r}=\int\boldsymbol{n}_\mathrm{b}\cdot\boldsymbol{\Omega}(\Phi\phi_0^\dagger)\mathrm{d}\boldsymbol{r}_\mathrm{b}=0,$$

式中 $\int\cdots\mathrm{d}\boldsymbol{r}_\mathrm{b}$ 表示在系统外边界上所作的面积分.另外,在其他一些积分中变换积分变量 v 及 v',经过一些简单的运算,便可得

$$\begin{aligned}\frac{\partial}{\partial t}\iint\frac{\phi_\mathrm{b}^\dagger\Phi}{v}\mathrm{d}\boldsymbol{r}\mathrm{d}\boldsymbol{v}=&\frac{k-1}{k}\iint\phi_0^\dagger(\mathrm{L_f}+\mathrm{L_d^{稳}})\Phi\mathrm{d}\boldsymbol{r}\mathrm{d}\boldsymbol{v}\\&-\iint\phi_0^\dagger\mathrm{L_d^{稳}}\Phi\mathrm{d}\boldsymbol{r}\mathrm{d}\boldsymbol{v}\\&+\sum_i\lambda_i\iint\phi_0^\dagger C_i\chi_i(\boldsymbol{v})\mathrm{d}\boldsymbol{r}\mathrm{d}\boldsymbol{v}\\&+\iint\phi_0^\dagger S\mathrm{d}\boldsymbol{r}\mathrm{d}\boldsymbol{v}.\end{aligned}\tag{6.11}$$

以上步骤可以理解为一个微扰过程,其中方程(6.3)描述任一时刻的受扰系统,而方程(6.10)则指的是未扰系统.$\phi_0^\dagger$ 在截面及 k 有小变动时不显著变化.

像(6.2)式那样将 $\Phi(\boldsymbol{r},\boldsymbol{v},t)$ 分解为幅函数 $n(t)$ 与形状函数 $\psi(\boldsymbol{r},\boldsymbol{v},t)$ 之积,代入(6.11)式,利用

$$\frac{\partial}{\partial t}\iint\frac{\phi_0^\dagger\Phi}{v}\mathrm{d}\boldsymbol{r}\mathrm{d}\boldsymbol{v}=\left[\iint\frac{\phi_0^\dagger\psi}{v}\mathrm{d}\boldsymbol{r}\mathrm{d}\,\boldsymbol{v}\right]\frac{\mathrm{d}n}{\mathrm{d}t}+n(t)\frac{\partial}{\partial t}\iint\frac{\phi_0^\dagger\psi}{v}\mathrm{d}\boldsymbol{r}\mathrm{d}\boldsymbol{v},$$

可得

$$\begin{aligned}\frac{\mathrm{d}n}{\mathrm{d}t}=&\frac{k-1}{k}\frac{\iint\phi_0^\dagger(\mathrm{L_f}+\mathrm{L_d^{稳}})\psi\mathrm{d}\boldsymbol{r}\mathrm{d}\boldsymbol{v}}{I}n-\frac{\iint\phi_0^\dagger\mathrm{L_d^{稳}}\psi\mathrm{d}\boldsymbol{r}\mathrm{d}\boldsymbol{v}}{I}n\\&+\sum_i\lambda_i\frac{\iint\phi_0^\dagger C_i\chi_i(\boldsymbol{v})\mathrm{d}\boldsymbol{r}\mathrm{d}\boldsymbol{v}}{I}+\frac{\iint\phi_0^\dagger S\mathrm{d}\boldsymbol{r}\mathrm{d}\boldsymbol{v}}{I}\\&-\boldsymbol{n}\frac{\partial}{\partial t}\ln I,\end{aligned}\tag{6.12}$$

式中

$$I\equiv\iint\frac{\phi_0^\dagger\psi}{v}\mathrm{d}\boldsymbol{r}\mathrm{d}\boldsymbol{v}.\tag{6.13}$$

如果要求形状函数 $\psi=\psi(\boldsymbol{r},\boldsymbol{v},t)$ 满足条件:

$$\frac{\partial I}{\partial t}=\frac{\partial}{\partial t}\iint\frac{\phi_0^\dagger\psi}{v}\mathrm{d}\boldsymbol{r}\mathrm{d}\boldsymbol{v}=0,\tag{6.14}$$

同时引进以下定义：

$$\frac{\rho}{l}\equiv\frac{k-1}{k}\frac{\iint\phi_0^\dagger(\mathrm{L_f}+\mathrm{L_d^{稳}})\psi\mathrm{d}\boldsymbol{r}\mathrm{d}\boldsymbol{v}}{I},\tag{6.15a}$$

$$\frac{\beta_{\mathrm{eff}}}{l}\equiv\frac{\iint\phi_0^\dagger\mathrm{L_d^{稳}}\psi\mathrm{d}\boldsymbol{r}\mathrm{d}\boldsymbol{v}}{I},\tag{6.15b}$$

$$c_i\equiv\frac{\iint\phi_0^\dagger C_i\chi_i(\boldsymbol{v})\mathrm{d}\boldsymbol{r}\mathrm{d}\boldsymbol{v}}{I},\tag{6.15c}$$

$$q\equiv\frac{\iint\phi_0^\dagger S\mathrm{d}\boldsymbol{r}\mathrm{d}\boldsymbol{v}}{I},\tag{6.15d}$$

(6.12)式就可以写成点堆方程的形式：

$$\frac{\mathrm{d}n}{\mathrm{d}t}=\frac{\rho-\beta_{\mathrm{eff}}}{l}\boldsymbol{n}+\sum_i\lambda_i c_i+q.\tag{6.16}$$

同样，用 $\phi_0^\dagger\chi_i(v)$ 乘方程(6.4)，对 $\boldsymbol{r}$ 及 $\boldsymbol{v}$ 积分，并定义：

$$\frac{\beta_{i\mathrm{eff}}}{l}\equiv\frac{\iiint\phi_0^\dagger(\boldsymbol{r},\boldsymbol{v})\beta_i\chi_i(\boldsymbol{v})\nu\Sigma_{\mathrm{f}}(\boldsymbol{r},\boldsymbol{v}')\psi(\boldsymbol{r},\boldsymbol{v}',t)\mathrm{d}\boldsymbol{r}\mathrm{d}\boldsymbol{v}\,\mathrm{d}\boldsymbol{v}'}{I},\tag{6.15e}$$

可以将(6.4)式化成点堆模型中的先驱核方程：

$$\frac{\mathrm{d}c_i}{\mathrm{d}t}=\frac{\beta_{i\mathrm{eff}}}{l}n-\lambda_i c_i.\tag{6.17}$$

从定义(6.15b,e)，当然有 $\beta_{\mathrm{eff}}=\sum\limits_i\beta_{i\mathrm{eff}}$.

(6.15a)式分成两个因子 ρ 及 l^{-1} 有一定的任意性，可以认为 ρ 是$\frac{k-1}{k}$，而 k 由(6.10)式定义，但也不一定这样选择. 正如§1.4 和§2.2 中提到过的那样，参量$\frac{\rho}{l}$及$\frac{\beta_{\mathrm{eff}}}{l}$比 ρ，β_{eff}及 l 更直接地和物理上可测量的量相联系. 不过，通常的做法是在一微扰过程中用(6.10)式计算$\frac{k-1}{k}$，并把结果认为是 ρ，于是(6.15a)式就为 l 给出确定的表达式. 从(6.15a,b)定义的 l 及$\frac{\beta_{\mathrm{eff}}}{l}$都和时间有关，但通常略去它们对时间的依赖性.

为从(6.10)式求出反应性的公式，可用 $\psi(\boldsymbol{r},\boldsymbol{v},t)$乘(6.10)式并对 $\boldsymbol{r}$ 及 $\boldsymbol{v}$ 积分，并将这结果和在这结果中命 $k=1$ 及 $\Sigma_{\mathrm{t}}=\Sigma_{\mathrm{t0}}$，$\Sigma_{\mathrm{s}}=\Sigma_{\mathrm{s0}}$，$\Sigma_{\mathrm{f}}=\Sigma_{\mathrm{f0}}$(代表一处在临界状态的参考系统)后所得另一结果比较. 假设 $\phi_0^\dagger$ 及 ψ 保持不变(像通常一阶微扰理论中那样)，将两个结果相减，并置 $\delta\Sigma_{\mathrm{t}}=\Sigma_{\mathrm{t}}-\Sigma_{\mathrm{t0}}$，$\delta\Sigma_{\mathrm{s}}=\Sigma_{\mathrm{s}}-\Sigma_{\mathrm{s0}}$，$\delta\Sigma_{\mathrm{f}}=\Sigma_{\mathrm{f}}-\Sigma_{\mathrm{f0}}$，便可以

解出

$$\frac{k-1}{k}=-\frac{\iint\phi_0^{\dagger}\ \overline{\delta\Sigma}\psi\mathrm{d}\boldsymbol{r}\mathrm{d}\boldsymbol{v}}{\iint\phi_0^{\dagger}(\mathrm{L_f}+\mathrm{L_d^{稳}})\psi\mathrm{d}\boldsymbol{r}\mathrm{d}\boldsymbol{v}},\tag{6.18}$$

式中

$$\overline{\delta\Sigma}\equiv\delta\Sigma_{\mathrm{t}}-\overline{\delta\Sigma_{\mathrm{s}}}-\overline{\left[(1-\beta)\chi(\boldsymbol{v})+\sum_i\beta_i\chi_i(\boldsymbol{v})\right]v\delta\Sigma_{\mathrm{f}}},\tag{6.19}$$

这里某些量上面加的横线表示以$\dfrac{\phi_0^{\dagger}(\boldsymbol{r},\boldsymbol{v}')}{\phi_0^{\dagger}(\boldsymbol{r},\boldsymbol{v})}$作权重因子对 $\boldsymbol{v}'$的积分,例如:

$$\overline{x(\boldsymbol{v})}=\frac{\int x(\boldsymbol{v}')\phi_0^{\dagger}(\boldsymbol{r},\boldsymbol{v}')\mathrm{d}\boldsymbol{v}'}{\phi_0^{\dagger}(\boldsymbol{r},\boldsymbol{v})}.$$

和 ψ 的某种近似一起应用,公式(6.18)给出反应性的一阶近似结果.

从(6.15a—e)及(6.18)式可见,反应性和点堆方程组(6.16)及(6.17)中的其他参量都是系统的积分性质.这些式子中的伴函数 $\phi_0^{\dagger}(\boldsymbol{r},\boldsymbol{v})$具有“中子价值”的物理意义[2]:$\phi_0^{\dagger}(\boldsymbol{r},\boldsymbol{v})$表示在相空间中$(\boldsymbol{r},\boldsymbol{v})$处所产生的每个源中子最终在系统中贡献的后代中子数.

以上对点堆方程组(6.16)及(6.17)的推导纯粹是形式的,因为各参量的定义中包含未知的形状函数$\psi(\boldsymbol{r},\boldsymbol{v},t)$.$\psi(\boldsymbol{r},\boldsymbol{v},t)$所满足的方程可以通过将 $\Phi(\boldsymbol{r},\boldsymbol{v},t)=n(t)\psi(\boldsymbol{r},\boldsymbol{v},t)$代入方程(6.3)后得出,结果为

$$(\mathrm{L_0}+\mathrm{L_f})\psi+\frac{\mathrm{S_d}}{n}+\frac{S}{n}=\frac{1}{v}\left[\frac{1}{n}\frac{\mathrm{d}n}{\mathrm{d}t}\psi+\frac{2\psi}{\partial t}\right],\tag{6.20}$$

式中 $S_{\mathrm{d}}=\sum\limits_i\lambda_iC_i(\boldsymbol{r},t)\chi_i(v)$,而 $C_i=C_i(\boldsymbol{r},t)$又通过方程(6.4)依赖于 $\Phi=n\psi$.可见,(6.20)式左边的$\dfrac{\mathrm{S_d}}{n}$项及右边的$\dfrac{1}{n}\dfrac{\mathrm{d}n}{\mathrm{d}t}$项又依赖于幅函数 $n=n(t)$.实际上,方程(6.16)和(6.20)必须耦合起来求解,而它们耦合起来后完全和原来的输运方程(6.3)等价,没有包含任何近似,形式上反而更加复杂.不过,大多数情形下,形状函数随时间的变化总没有幅函数随时间的变化重要.利用这一点,可以对形状函数作出种种程度不同的近似,从而在计算中得到好处.最简单也是最粗糙的近似就是假设形状函数与时间无关,例如取

$$\psi(\boldsymbol{r},\boldsymbol{v},t)=\psi(\boldsymbol{r},\boldsymbol{v},0),\tag{6.21}$$

这假设显然满足条件(6.14).将假设(6.21)代入(6.15a,b,e)及(6.18)式,可以算出不随时间变化的参量$\dfrac{\rho}{l}$,$\dfrac{\beta_{i\mathrm{eff}}}{l}$及$\dfrac{\beta_{\mathrm{eff}}}{l}$.把这些参量用在方程(6.16)及(6.17)中,就得前面几章广泛应用过的简化动态学方程——点堆方程组.

可见,只有当系统中的形状函数在所考虑动力学问题的演变过程中基本保持

不变时，才能希望点堆动态模型给出满意的定量结果. 在相反的情形下，点堆模型会给出和实际偏离很大的结果，如 § 6.8 中图 6.10 所示. 关于如何更准确地计算形状函数的问题，将在以后讨论到对点堆模型的种种改进时再加以探讨.

应当指出，以上对点堆方程的推导多少带有一些任意性，因为本来也可以用任一别的权重函数来代替 $\phi_0^\dagger$. 这样就会给出反应性和其他参量的新定义. 实际上，点堆方程中的参量常常不是用一个具体的形状函数计算出来，而是根据有关实验数据推算出来的. 这样，所谓点堆动态学方程，只是表明不考虑中子通量与空间关系的一种模型方程，如我们在前面几章应用的那样. 不过，以上的讨论确显示了点堆动态模型的适用条件和局限性.

为以后讨论和应用的方便，可以将中子角通量 $\Phi(\boldsymbol{r},\boldsymbol{v},t)$ 用能量 E（或勒 u）及速度方向的单位矢量 $\boldsymbol{\Omega}$ 代替 $\boldsymbol{v}$ 表示出来，写成 $\Phi(\boldsymbol{r},E,\boldsymbol{\Omega},t)$ 或 $\Phi(\boldsymbol{r},u,\boldsymbol{\Omega},t)$，这里 $E=\frac{1}{2}mv^2$ 是中子的动能（m 是中子质量），而勒 $u=\ln\frac{E_0}{E}$（E_0 是某一参考能量，可取为系统中中子能量的上界）. 函数 $\Phi(\boldsymbol{r},E,\boldsymbol{\Omega},t)$ 及 $\Phi(\boldsymbol{r},u,\boldsymbol{\Omega},t)$ 和函数 $\Phi(\boldsymbol{r},\boldsymbol{v},t)$ 的关系如下：

$$\begin{aligned}\Phi(\boldsymbol{r},E,\boldsymbol{\Omega},t)\,\mathrm{d}E\mathrm{d}\Omega &= -\,\Phi(\boldsymbol{r},u,\boldsymbol{\Omega},t)\,\mathrm{d}u\mathrm{d}\Omega\\ &= \Phi(\boldsymbol{r},\boldsymbol{v},t)\,\mathrm{d}\boldsymbol{v},\end{aligned}$$

或利用 $\mathrm{d}E=mv\mathrm{d}v$, $\mathrm{d}u=-\frac{\mathrm{d}E}{E}=-\frac{2\mathrm{d}v}{v}$ 及 $\mathrm{d}\boldsymbol{v}=v^2\mathrm{d}v\mathrm{d}\Omega$，有

$$E\Phi(\boldsymbol{r},E,\boldsymbol{\Omega},t) = \Phi(\boldsymbol{r},u,\boldsymbol{\Omega},t) = \frac{1}{2}v^3\Phi(\boldsymbol{r},\boldsymbol{v},t). \tag{6.22}$$

相应地，中子输运方程(6.3)中右边各项可改写为

$$\begin{aligned}\mathrm{L}_0\Phi \equiv &-\boldsymbol{\Omega}\cdot\nabla\Phi(\boldsymbol{r},E,\boldsymbol{\Omega},t)-\Sigma_\mathrm{t}(\boldsymbol{r},E,\boldsymbol{\Omega},t)\Phi(\boldsymbol{r},E,\boldsymbol{\Omega},t)\\ &+\iint\Sigma_\mathrm{s}(\boldsymbol{r};E',\boldsymbol{\Omega}'\to E,\boldsymbol{\Omega};t)\Phi(\boldsymbol{r},E',\boldsymbol{\Omega}',t)\,\mathrm{d}E'\mathrm{d}\boldsymbol{\Omega}',\end{aligned} \tag{6.23a}$$

$$\mathrm{L}_\mathrm{f}\Phi \equiv \iint\frac{1}{4\pi}\chi(E)(1-\beta)\nu\Sigma_\mathrm{f}(\boldsymbol{r},E',\boldsymbol{\Omega},t)\Phi(\boldsymbol{r},E',\boldsymbol{\Omega}',t)\,\mathrm{d}E'\mathrm{d}\boldsymbol{\Omega}', \tag{6.23b}$$

$$\mathrm{S}_\mathrm{d} \equiv \sum_i\frac{1}{4\pi}\lambda_iC_i(\boldsymbol{r},t)\chi_i(E), \tag{6.23c}$$

$$S \equiv S(\boldsymbol{r},E,\boldsymbol{\Omega},t); \tag{6.23d}$$

或

$$\begin{aligned}\mathrm{L}_0\Phi \equiv &-\boldsymbol{\Omega}\cdot\nabla\Phi(\boldsymbol{r},u,\boldsymbol{\Omega},t)-\Sigma_\mathrm{t}(\boldsymbol{r},u,\boldsymbol{\Omega},t)\Phi(\boldsymbol{r},u,\boldsymbol{\Omega},t)\\ &+\iint\Sigma_\mathrm{s}(\boldsymbol{r};u',\boldsymbol{\Omega}'\to u,\boldsymbol{\Omega};t)\Phi(\boldsymbol{r},u',\boldsymbol{\Omega}',t)\,\mathrm{d}u'\mathrm{d}\boldsymbol{\Omega}',\end{aligned} \tag{6.24a}$$

$$\mathrm{L}_\mathrm{f}\Phi \equiv \iint\frac{1}{4\pi}\chi(u)(1-\beta)\nu\Sigma_\mathrm{f}(\boldsymbol{r},u',\boldsymbol{\Omega}',t)\Phi(\boldsymbol{r},u',\boldsymbol{\Omega}',t)\,\mathrm{d}u'\mathrm{d}\boldsymbol{\Omega}', \tag{6.24b}$$

$$S_d \equiv \sum_i \frac{1}{4\pi}\lambda_i C_i(\boldsymbol{r},t)\chi_i(u), \tag{6.24c}$$

$$S \equiv S(\boldsymbol{r},u,\boldsymbol{\Omega},t). \tag{6.24d}$$

(6.23b,c)及(6.24b,c)式中发射谱函数 $\chi(E)$,$\chi_i(E)$及$\chi(u)$,$\chi_i(u)$与(6.3b,c)式中发射谱函数 $\chi(\boldsymbol{v})$,$\chi_i(\boldsymbol{v})$之间显然存在下列关系：

$$\chi(v)\mathrm{d}v = \chi(E)\mathrm{d}E = \chi(u)\mid \mathrm{d}u \mid = 4\pi\chi(\boldsymbol{v})v^2\mathrm{d}v$$

或

$$\frac{1}{2}v\chi(v) = E\chi(E) = \chi(u) = \frac{1}{2}4\pi v^3\chi(\boldsymbol{v}). \tag{6.25}$$

如果略去介质原子核的运动，那么(6.23a,b)及(6.24a,b)式中的 Σ_t 及 Σ_f 就会分别与 $\boldsymbol{\Omega}$ 及 $\boldsymbol{\Omega}'$ 无关，而 Σ_s 将可分别写成 $\Sigma_s(\boldsymbol{r},E'\to E,\boldsymbol{\Omega}'\cdot\boldsymbol{\Omega},t)$ 及 $\Sigma_s(\boldsymbol{r},u'\to u,\boldsymbol{\Omega}'\cdot\boldsymbol{\Omega},t)$. 后二量之间也有与(6.25)式类似的关系式成立.

为方便起见，下面给出 E 和 v 之间的数值关系：

$$\begin{aligned} v(\mathrm{cm/s}) &= 1.383\times 10^6\sqrt{E(\mathrm{eV})} \\ &= 1.383\times 10^9\sqrt{E(\mathrm{MeV})}. \end{aligned} \tag{6.26}$$

§6.2 介质原子核运动的影响[3]

当考虑高温堆(特别是产生热核反应的裂变聚变小丸装置)中介质原子核的热运动和可能有的力学运动时，输运方程中除了中子的分布函数(中子角密度)外，还应当包含和中子有相互作用的各种核的分布函数. 而这些核的分布函数，严格说来，又将由相应的广义 Boltzmann 方程决定[4]. 我们面临的问题本来应当是求解一组联立的广义 Boltzmann 方程的异常复杂的问题. 幸好，由于带电的原子核在介质中运动的平均自由程远较中子的小，我们可以把系统中的原子核看成随时都和当地介质处在局部热平衡的状态，虽然表征这局部热平衡的参量一般是和时空有关的. 于是，我们可以把核 i 的分布函数(角密度)$N_i(\boldsymbol{v}_i)\equiv N_i(\boldsymbol{r},\boldsymbol{v}_i,t)$近似地取成下列 Maxwell 分布形式：

$$N_i(\boldsymbol{v}_i) = n_i\left(\frac{m_i}{2\pi kT}\right)^{3/2}\exp\left[-\frac{m_i}{2kT}(\boldsymbol{v}_i-\boldsymbol{u})^2\right], \tag{6.27}$$

式中 $n_i=\int N_i(\boldsymbol{v}_i)\mathrm{d}\boldsymbol{v}_i$ 是介质中$(\boldsymbol{r},t)$处核 i 的浓度(个/cm^3),m_i 是核 i 的质量,k 是 Boltzmann 常数,T 是温度,$\boldsymbol{u}$ 是介质的流体力学速度(也是介质中所有各种核的质量平均速度). 作为 $N_i(\boldsymbol{v}_i)$中的参量,T 和 $\boldsymbol{u}$ 都可以是空间坐标 $\boldsymbol{r}$ 和时间 t 的函数. 为书写简单起见，这里和以下一般都不把变量 $\boldsymbol{r}$,t 明显写出.

以下(本节中)约定，用附标 1 标记中子的速度 $\boldsymbol{v}_1$，质量 m_1 和分布函数 $N_1(\boldsymbol{v}_1)$;

而附标 $i>1$ 则用来标记属于其他核的物理量. 这样,(6.27)式将只对 $i>1$ 适用.

略去缓发中子的影响并采用本节中记号,中子输运方程(6.3)可改写如下:

$$\begin{aligned}\frac{\partial N_1(\boldsymbol{v}_1)}{\partial t}+\boldsymbol{v}_1\cdot\nabla N_1(\boldsymbol{v}_1)&=Q(\boldsymbol{v}_1)-a(\boldsymbol{v}_1)N_1(\boldsymbol{v}_1)\\&\quad+\int G(\boldsymbol{v}_1'\rightarrow\boldsymbol{v}_1)N_1(\boldsymbol{v}_1')\mathrm{d}\boldsymbol{v}_1'\\&\quad-N_1(\boldsymbol{v}_1)\int G(\boldsymbol{v}_1\rightarrow\boldsymbol{v}_1')\mathrm{d}\boldsymbol{v}_1'.\end{aligned}\tag{6.28}$$

式中 $Q(\boldsymbol{v}_1)\mathrm{d}\boldsymbol{v}_1$ 是系统中 $(\boldsymbol{r},t)$ 附近每单位体积中单位时间内因各种核反应而产生在 $(\boldsymbol{v}_1,\boldsymbol{v}_1+\mathrm{d}\boldsymbol{v}_1)$ 速度范围内的中子数,

$$Q(\boldsymbol{v}_1)=\sum_{(ij)}\iint N_i(\boldsymbol{v}_i)N_j(\boldsymbol{v}_j)v_{ij}\sigma_{ij}^1(\boldsymbol{v}_i,\boldsymbol{v}_j;\boldsymbol{v}_1)\mathrm{d}\boldsymbol{v}_i\mathrm{d}\boldsymbol{v}_j.\tag{6.29}$$

这里 $\sum\limits_{(ij)}$ 表示对可能产生中子的各种核反应 (ij):

$$\text{核 } i+\text{核 } j=\text{中子}+\cdots$$

求和; $v_{ij}\equiv|\boldsymbol{v}_i-\boldsymbol{v}_j|$; 而 $\sigma_{ij}^1(\boldsymbol{v}_i,\boldsymbol{v}_j;\boldsymbol{v}_1)\mathrm{d}\boldsymbol{v}_1$ 表示核 i 和核 j 起反应并放出速度在 $(\boldsymbol{v}_1,\boldsymbol{v}_1+\mathrm{d}\boldsymbol{v}_1)$ 范围内的一个中子的微分截面.

方程(6.28)右边第二项包含的因子 $a(\boldsymbol{v}_1)$ 是速度 $\boldsymbol{v}_1$ 的中子在系统中 $(\boldsymbol{r},t)$ 附近每单位时间内被吸收的几率:

$$a(\boldsymbol{v}_1)=\sum_i\int N_i(\boldsymbol{v}_i)\,\boldsymbol{v}_{1i}\sigma_{ia}(v_{1i})\mathrm{d}\boldsymbol{v}_i,\tag{6.30}$$

式中 $\sigma_{ia}(v_{1i})$ 是核 i 吸收中子的总截面,只是中子对核 i 的相对速率 v_{1i} 的函数.

方程(6.28)右边第三及第四项中包含散射指示函数 $G(\boldsymbol{v}_1'\rightarrow\boldsymbol{v}_1)$ 及 $G(\boldsymbol{v}_1\rightarrow\boldsymbol{v}_1')$. 按定义, $G(\boldsymbol{v}_1\rightarrow\boldsymbol{v}_1')\mathrm{d}\boldsymbol{v}_1'$ 是速度 $\boldsymbol{v}_1$ 的中子在系统中 $(\boldsymbol{r},t)$ 附近每单位时间内因为散射而使速度转移到 $(\boldsymbol{v}_1',\boldsymbol{v}_1'+\mathrm{d}\boldsymbol{v}_1')$ 范围内的几率:

$$G(\boldsymbol{v}_1\rightarrow\boldsymbol{v}_1')=\sum_i\int N_i(\boldsymbol{v}_i)\,\boldsymbol{v}_{1i}\sigma_{1i}^{1'}(\boldsymbol{v}_1,\boldsymbol{v}_i;\boldsymbol{v}_1')\mathrm{d}\boldsymbol{v}_i,\tag{6.31}$$

式中 $\sigma_{1i}^{1'}(\boldsymbol{v}_1,\boldsymbol{v}_i;\boldsymbol{v}_1')\mathrm{d}\boldsymbol{v}_1'$ 是速度 $\boldsymbol{v}_1$ 的中子被速度 $\boldsymbol{v}_i$ 的核散射后,速度转到 $(\boldsymbol{v}_1',\mathrm{d}\boldsymbol{v}_1')$ 中的微分截面.

以下我们将根据表示式(6.29)至(6.31),采用近似的分布函数(6.27),来探讨核运动对 $Q(\boldsymbol{v}_1)$, $a(\boldsymbol{v}_1)$ 及 $G(\boldsymbol{v}_1\rightarrow\boldsymbol{v}_1')$ 等物理量的影响.

(1) **中子源项 $Q(\boldsymbol{v}_1)$**

考虑 $Q(\boldsymbol{v}_1)$ 表示式(6.29)中的代表项:

$$Q_{ij}(\boldsymbol{v}_1)=\iint N_i(\boldsymbol{v}_i)N_j(\boldsymbol{v}_j)\,\boldsymbol{v}_{ij}\sigma_{ij}^1(\boldsymbol{v}_i,\boldsymbol{v}_j;\boldsymbol{v}_1)\mathrm{d}\boldsymbol{v}_i\mathrm{d}\boldsymbol{v}_j.\tag{6.32}$$

微分截面 $\sigma_{ij}^1(\boldsymbol{v}_i,\boldsymbol{v}_j;\boldsymbol{v}_1)$ 的形状和反应 (ij) 的类型有关. 以下按不同类型的反应分别

讨论.

如果反应产物有三个或三个以上(其中至少包括一个中子),$\boldsymbol{v}_i$,$\boldsymbol{v}_j$ 及 $\boldsymbol{v}_1$ 就都可以独立变化.这时,把实验测得的微分截面代入(6.32)式进行积分是直截了当的.一个重要的例子是中子引起的重核裂变.设核 j 为入射中子 $1'$,核 i 为裂变重核,则 $\sigma_{ij}^1(\boldsymbol{v}_i,\boldsymbol{v}_j;\boldsymbol{v}_1)$ 可写成

$$\sigma_{i1'}^1(\boldsymbol{v}_i,\boldsymbol{v}_1';\boldsymbol{v}_1)=\nu\sigma_{if}(v_{1i}')\chi_i(\boldsymbol{v}_1),\tag{6.33}$$

这里 $v_{1i}'=|\boldsymbol{v}_{1i}'|\equiv|\boldsymbol{v}_{1'}-\boldsymbol{v}_i|$,$\nu\sigma_{if}$ 是核 i 的裂变中子可几数乘上裂变截面,$\chi_i(\boldsymbol{v}_1)$ 是裂变中子谱(假定与 v_{1i}' 无关),满足 $\int\chi_i(\boldsymbol{v}_1)\mathrm{d}\boldsymbol{v}_1=1$.于是(6.32)式变成

$$\begin{aligned}Q_{\mathrm{f}}(\boldsymbol{v}_1)&\equiv Q_{i1'}(\boldsymbol{v}_1)\\&=\chi_i(\boldsymbol{v}_1)\iint N_{1'}(\boldsymbol{v}_1')N_i(\boldsymbol{v}_i)v_{1i}'\nu\sigma_{if}(\boldsymbol{v}_{1i}')\mathrm{d}\boldsymbol{v}_i\mathrm{d}\boldsymbol{v}_1'.\end{aligned}\tag{6.34}$$

式中 $\boldsymbol{v}_1'\equiv\boldsymbol{v}_{1'}$.先考虑上式中对 $\boldsymbol{v}_i$ 的积分.为书写简单起见,置 $\sigma_x\equiv\sigma_{if}$,并引进

$$\boldsymbol{v}_{\mathrm{r}}\equiv\boldsymbol{v}_{1i}'\equiv\boldsymbol{v}_i-\boldsymbol{v}_1'=\boldsymbol{V}_i-\boldsymbol{V}_1',\quad \chi\equiv\cos(\boldsymbol{v}_{\mathrm{r}},\boldsymbol{V}_1');\tag{6.35}$$

其中

$$\boldsymbol{V}_i\equiv\boldsymbol{v}_i-\boldsymbol{u},\quad \boldsymbol{V}_1'\equiv\boldsymbol{v}_1'-\boldsymbol{u}.\tag{6.36}$$

于是,利用(6.27)式中 $N_i(\boldsymbol{v}_i)$ 的表达式及关系:

$$\begin{cases}V_i^2=(\boldsymbol{v}_{\mathrm{r}}+\boldsymbol{V}_1')^2=v_{\mathrm{r}}^2+2v_{\mathrm{r}}V_1'\chi+V_1'^2,\\ \mathrm{d}\,\boldsymbol{v}_i=\mathrm{d}\,\boldsymbol{v}_{\mathrm{r}}=2\pi v_{\mathrm{r}}^2\,\mathrm{d}v_{\mathrm{r}}\mathrm{d}\chi,\end{cases}\tag{6.37}$$

可将(6.34)式中对 $\boldsymbol{v}_i$ 的积分化简如下:

$$\begin{aligned}I_x&\equiv\int N_i(\boldsymbol{v}_i)v_{1i}'\sigma_x(v_{1i}')\mathrm{d}\boldsymbol{v}_i\\&=n_i\left(\frac{m_i}{2\pi kT}\right)^{3/2}\int\exp\left(-\frac{m_i}{2kT}V_i^2\right)v_{\mathrm{r}}\sigma_x(v_{\mathrm{r}})\mathrm{d}\boldsymbol{v}_{\mathrm{r}}\\&=n_i\left(\frac{m_i}{2\pi kT}\right)^{3/2}\iint\exp\left\{-\frac{m_i}{2kT}(v_{\mathrm{r}}^2+2v_{\mathrm{r}}V_1'\chi+V_1'^2)\right\}\\&\quad\cdot v_{\mathrm{r}}\sigma_x(v_{\mathrm{r}})2\pi v_{\mathrm{r}}^2\,\mathrm{d}v_{\mathrm{r}}\mathrm{d}\chi;\end{aligned}\tag{6.38}$$

对 χ 积分,$\int_{-1}^{1}\cdots\mathrm{d}\chi$ 后,得

$$\begin{aligned}I_x=n_i\left(\frac{m_i}{2\pi kT}\right)^{1/2}\frac{1}{V_1'}\int_0^\infty v_{\mathrm{r}}\sigma_x(v_{\mathrm{r}})\Big[&\exp\left\{-\frac{m_i}{2kT}(v_{\mathrm{r}}-V_1')^2\right\}\\&-\exp\left\{-\frac{m_i}{2kT}(v_{\mathrm{r}}+V_1')^2\right\}\Big]v_{\mathrm{r}}\mathrm{d}v_{\mathrm{r}}.\end{aligned}\tag{6.38$'$}$$

再引进中子相对于核 i 运动的能量

$$E_{\mathrm{r}}\equiv\frac{m_1}{2}v_{\mathrm{r}}^2,\tag{6.39a}$$

及中子在流体运动坐标系中的能量

$$E' \equiv \frac{m_1}{2}V_1'^2, \tag{6.39b}$$

并引进简写符号 $A \equiv \frac{m_i}{m_1}$ 及

$$\begin{cases}\alpha \equiv \dfrac{m_i}{2kT}(v_r - V_1')^2 = \dfrac{A}{kT}(\sqrt{E_r} - \sqrt{E'})^2, \\ \beta \equiv \dfrac{m_i}{2kT}(v_r + V_1')^2 = \dfrac{A}{kT}(\sqrt{E_r} + \sqrt{E'})^2,\end{cases} \tag{6.40}$$

就可将(6.38′)改写成

$$I_x = \frac{n_i}{2}\left(\frac{A}{\pi kTE'}\right)^{1/2}\int_0^\infty v_r\sigma_x(E_r)(e^{-\alpha} - e^{-\beta})dE_r, \tag{6.41}$$

式中将 $\sigma_x(v)$ 写成了 $\sigma_x(E_r)$. 如果命

$$I_x \equiv n_i V_1'\bar{\sigma}_x(E'), \tag{6.41a}$$

则(6.41)式可改写为

$$\bar{\sigma}_x(E') = \frac{1}{2}\left(\frac{A}{\pi kTE'}\right)^{1/2}\frac{1}{V_1'}\int_0^\infty v_r\sigma_x(E_r)(e^{-\alpha} - e^{-\beta})dE_r. \tag{6.42}$$

把(6.41a)式代入(6.34)式,且将积分变量 $d\boldsymbol{v}_1'$ 换成 $d\mathbf{V}_1'$,同时把 $N_1'(\boldsymbol{v}_1')$ 写作 $N_1'(\mathbf{V}_1')$,并假设裂变中子在随流体运动坐标系中为各向同性,便得

$$Q_f(\boldsymbol{v}_1) \approx \frac{1}{4\pi V_1^2}\chi_i(V_1)\int N_{1'}(\mathbf{V}_1')V_1'\nu n_i\bar{\sigma}_{if}(V_1')d\mathbf{V}_1', \tag{6.43}$$

这里我们又把 $\bar{\sigma}_x(E')$ 写回成了 $\bar{\sigma}_{if}(V_1')$. 不难看出,(6.43)式具有(6.3)式中 $L_f\Phi$ 一项的形式,但是截面 σ_{if} 换成了有效的(对核的热运动平均过的)截面 $\bar{\sigma}_{if}$. 现在根据(6.42)式考查 $\bar{\sigma}_x(E')$ 和 $\sigma_x(E_r)$ 的联系.

首先我们注意到,对于裂变重核,$A = \frac{m_i}{m_1} \sim 240$ 是个大数. 因此从 α 及 β 的表示式(6.40)可见,只要 $\frac{E'}{kT}$ 不太小,$\beta = \frac{A}{kT}(\sqrt{E_r} + \sqrt{E'})^2 > A\frac{E'}{kT}$ 总是远大于 1,而 $\alpha = \frac{A}{kT}(\sqrt{E_r} - \sqrt{E'})^2$ 则只有在 $E_r \approx E'$ 时才不远大于 1. 这样,当 $\sigma_x(E_r)$ 随 E_r 变化不陡(不在共振范围内)时,(6.42)式可如下近似:

$$\begin{aligned}\bar{\sigma}_x(E') &\approx \frac{1}{2}\left(\frac{A}{\pi kTE'}\right)^{1/2}\frac{1}{V_1'}\int_0^\infty v_r\sigma_x(E_r)e^{-\alpha}dE_r \\ &\approx \frac{1}{2}\left(\frac{A}{\pi kTE'}\right)^{1/2}\sigma_x(E')\int_0^\infty e^{-\alpha}dE_r \\ &\approx \sigma_x(E').\end{aligned} \tag{6.44}$$

在共振范围内，$\sigma_x(E_r)$随 E_r 的变化也很快，上式中的近似不能用. 事实上，单个共振范围内 $\sigma_x(E_r)$可以写成 Breit-Wigner 公式的形状：

$$\sigma_x(E_r) = \sigma_0 \frac{\Gamma_x}{\Gamma}\sqrt{\frac{E_0}{E_r}}\frac{\Gamma^2}{4(E_r - E_0)^2 + \Gamma^2}. \tag{6.45}$$

代入(6.42)式，可以算出有效平均截面 $\bar{\sigma}_x(E')$.(6.45)式中，σ_0 是总共振截面的峰值，E_0 是共振能，Γ 是总共振宽度，Γ_x 是 x 型反应道的共振宽度.

大多数情形下，(6.42)式中 $e^{-\beta}$一项的贡献比起 $e^{-\alpha}$一项的贡献来可以略去. 于是得

$$\begin{aligned}\bar{\sigma}_x(E') &\approx \frac{1}{2}\left(\frac{A}{\pi kTE'}\right)^{1/2}\int_0^\infty \frac{v_r}{V_1'}\sigma_0 \frac{\Gamma_x}{\Gamma}\sqrt{\frac{E_0}{E_r}} \\ &\quad \cdot \frac{\Gamma^2}{4(E_r - E_0)^2 + \Gamma^2}\exp\left[-\frac{A}{kT}(\sqrt{E_r} - \sqrt{E'})^2\right]dE_r \\ &\approx \frac{\sigma_0}{2}\frac{\Gamma_x}{\Gamma}\left(\frac{A}{\pi kTE'}\right)^{1/2}\left(\frac{E_0}{E'}\right)^{1/2}\int_0^\infty \frac{\Gamma^2}{4(E_r - E_0)^2 + \Gamma^2} \\ &\quad \cdot \exp\left[-\frac{A}{kT}\frac{(E_r - E')^2}{4E'}\right]dE_r.\end{aligned} \tag{6.46}$$

现在引进下列记号：

$$\begin{cases} X \equiv \dfrac{2}{\Gamma}(E_r - E_0),\ Y \equiv \dfrac{2}{\Gamma}(E' - E_0), \\ \Delta \equiv \left(\dfrac{4kTE'}{A}\right)^{1/2} \approx \left(\dfrac{4kTE_0}{A}\right)^{1/2}, \quad \zeta \equiv \dfrac{\Gamma}{\Delta}, \end{cases} \tag{6.47}$$

就可以把(6.46)式写成下列常用的形状[5]：

$$\bar{\sigma}_x(E') \approx \sigma_0 \frac{\Gamma_x}{\Gamma}\sqrt{\frac{E_0}{E'}}\Psi(\zeta, Y), \tag{6.48}$$

式中 $\Psi(\zeta,Y)$是所谓 Doppler 函数，定义如下：

$$\Psi(\zeta, Y) \equiv \frac{\zeta}{2\sqrt{\pi}}\int_{-\infty}^{\infty}\frac{\exp\left[-\frac{1}{4}\zeta^2(X - Y)^2\right]}{1 + X^2}dX. \tag{6.49}$$

$\Psi(\zeta,Y)$的表列数值见表 6.1.

量 Δ 称做 Doppler 宽度，它表示原子核热运动的影响(参看(6.52)式). 注意 Δ 因而 $\zeta = \dfrac{\Gamma}{\Delta}$包含了温度对共振形状的影响. 图 6.1 中有根据(6.48)式绘出的典型曲线. 由图可见，Doppler 展宽使共振的形状显著变化. 显然的是，曲线下的面积并没有大的变化，因为 $\bar{\sigma}_x(E')$对所有能量的积分近似为常数. 事实上，由于在一个共振范围内$\sqrt{\dfrac{E_0}{E'}} \approx 1$，所以从(6.48)式有

表 6.1　Doppler 函数 $\Psi(\zeta,Y)$ 及 $\chi(\zeta,Y)$ 表

Ψ 函数表

ζ \ Y	0	0.5	1	2	4	6	8	10	20	40
0.05	0.043 09	0.043 08	0.043 06	0.042 98	0.042 67	0.042 16	0.041 45	0.040 55	0.033 80	0.016 39
0.10	0.083 84	0.083 79	0.083 64	0.083 05	0.080 73	0.077 00	0.072 08	0.066 23	0.032 91	0.002 62
0.15	0.122 39	0.122 23	0.121 76	0.119 89	0.112 68	0.101 65	0.088 05	0.073 28	0.016 95	0.000 80
0.20	0.158 89	0.158 54	0.157 48	0.153 31	0.137 77	0.115 40	0.090 27	0.066 14	0.007 13	0.000 70
0.25	0.193 47	0.192 81	0.190 86	0.183 24	0.155 84	0.119 34	0.082 77	0.052 53	0.003 94	0.000 67
0.30	0.226 24	0.225 16	0.221 97	0.209 68	0.167 29	0.115 71	0.070 42	0.038 80	0.003 14	0.000 65
0.35	0.257 31	0.255 69	0.250 91	0.232 71	0.172 88	0.107 13	0.057 24	0.028 15	0.002 89	0.000 64
0.40	0.286 79	0.284 50	0.277 76	0.252 45	0.173 59	0.096 04	0.045 66	0.021 09	0.002 77	0.000 64
0.45	0.314 77	0.311 68	0.302 61	0.269 09	0.170 52	0.084 39	0.036 70	0.016 87	0.002 70	0.000 64
0.50	0.341 35	0.337 33	0.325 57	0.282 86	0.164 69	0.073 46	0.030 25	0.014 46	0.002 66	0.000 63

χ 函数表

ζ \ Y	0	0.5	1	2	4	6	8	10	20	40
0.05	0	0.001 20	0.002 39	0.004 78	0.009 51	0.014 15	0.018 65	0.022 97	0.040 76	0.052 21
0.10	0	0.004 58	0.009 15	0.018 21	0.035 73	0.051 92	0.066 26	0.078 33	0.101 32	0.059 57
0.15	0	0.009 86	0.019 68	0.038 94	0.074 70	0.104 60	0.126 90	0.140 96	0.122 19	0.053 41
0.20	0	0.016 80	0.033 44	0.065 67	0.122 19	0.162 95	0.185 38	0.190 91	0.117 54	0.051 70
0.25	0	0.025 15	0.049 94	0.097 14	0.174 13	0.219 09	0.231 68	0.220 43	0.110 52	0.051 03
0.30	0	0.034 70	0.068 73	0.132 19	0.226 94	0.267 57	0.262 27	0.231 99	0.106 50	0.050 69
0.35	0	0.045 29	0.089 40	0.169 76	0.277 73	0.305 64	0.278 50	0.232 36	0.104 37	0.050 49
0.40	0	0.056 74	0.111 60	0.208 90	0.324 42	0.332 86	0.284 19	0.227 82	0.103 16	0.050 37
0.45	0	0.068 90	0.134 98	0.248 80	0.365 63	0.350 33	0.283 51	0.222 23	0.102 38	0.050 28
0.50	0	0.081 65	0.159 27	0.288 75	0.400 75	0.359 98	0.279 79	0.217 29	0.101 85	0.050 22

$$\int\bar{\sigma}_x(E')\mathrm{d}E' \approx \sigma_0\frac{\Gamma_x}{\Gamma}\int_0^{\infty}\Psi(\zeta,Y)\mathrm{d}E'$$
$$= \frac{1}{2}\sigma_0\Gamma_x\int_{-\infty}^{\infty}\Psi(\zeta,Y)\mathrm{d}Y$$
$$= \frac{1}{2}\pi\sigma_0\Gamma_x, \tag{6.50}$$

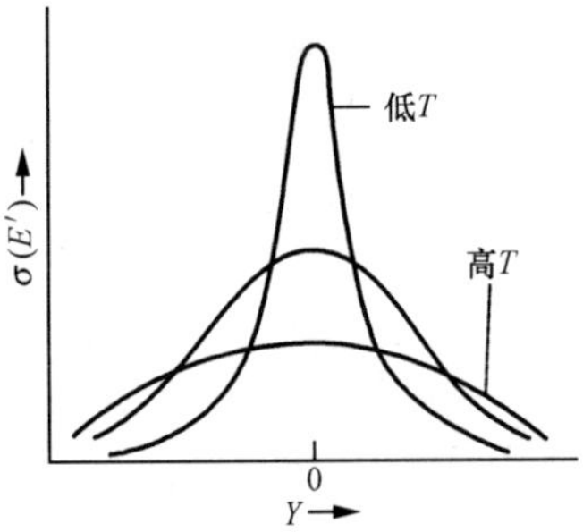

图 6.1 共振的 Doppler 展宽随温度的变化

与温度无关.

虽然在推导(6.48)式时作了一些近似，但这结果对大多数实际应用已足够精确. 从更精确的表达式(6.42)出发，可以证明，当$\frac{kT}{AE_0}$小时，面积$\int\bar{\sigma}_x(E')\mathrm{d}E'$的相对变化正比于$\frac{kT}{AE_0}$. 在恒星和核爆炸中，这些变化可能重要[6]；但在常规反应堆中，它们一般可以略去.

即使共振下面积基本上不随温度变化，Doppler 展宽还是对反应性有影响. 这是因为中子反应率是截面和中子通量乘积的积分. Doppler 展宽使共振范围内通量的下降不那么显著，因而使反应率比未展宽时增加.

下面给出温度很低($\zeta\gg1$)和很高($\zeta\ll1$)两种极端情形下$\Psi(\zeta,Y)$和$\bar{\sigma}_x(E')$的渐近表达式. 它们都不难从(6.49)式导出.

$\zeta\gg1$ 时，

$$\begin{cases}\Psi(\zeta,Y)\approx\dfrac{1}{1+Y^2},\\ \bar{\sigma}_x(E')\approx\sigma_x(E');\end{cases} \tag{6.51}$$

$\zeta\ll1$ 时，

$$\begin{cases}\Psi(\zeta,Y)\approx\dfrac{\sqrt{\pi}}{2}\zeta\mathrm{e}^{-1/4\zeta^2Y^2},\\ \bar{\sigma}_x(E')\approx\sigma_0\dfrac{\Gamma_x}{\Gamma}\sqrt{\dfrac{E_0}{E'}}\dfrac{\sqrt{\pi}}{2}\exp\left[-\left(\dfrac{E'-E_0}{\Delta}\right)^2\right].\end{cases} \tag{6.52}$$

另一方面，对于产生中子的另一类反应——某些热核反应，产物除中子外只有一剩余核：

$$核\ i+核\ j=中子\ 1+剩余核\ l.$$

由于能量和动量守恒的要求，这种类型反应的微分截面 $\sigma_{ij}^{1}(\boldsymbol{v}_i,\boldsymbol{v}_j;\boldsymbol{v}_1)$ 应当和积分

$$\int\sigma(v,\boldsymbol{\Omega}\cdot\boldsymbol{\Omega}')\delta(m_i\boldsymbol{v}_i+m_j\boldsymbol{v}_j-m_1\boldsymbol{v}_1-m_l\boldsymbol{v}_l)\delta\Big(E_{ij}+\frac{m_i}{2}v_i^2+\frac{m_j}{2}v_j^2-\frac{m_1}{2}v_1^2-\frac{m_l}{2}v_l^2\Big)\mathrm{d}\boldsymbol{v}_l$$

成正比，这里 v 及 $\boldsymbol{\Omega}$ 是相对速度 $\boldsymbol{v}\equiv\boldsymbol{v}_i-\boldsymbol{v}_j$ 的大小及方向，$\boldsymbol{\Omega}'$ 是出射中子在反应质心系统中的方向，E_{ij} 是反应中释放的能量，$\sigma(v,\boldsymbol{\Omega}\cdot\boldsymbol{\Omega}')$ 是归到质心系统的由实验测得的微分截面. 利用 δ 函数性质作对 v_l 的积分，并适当选择比例常数，使 $\int\sigma_{ij}^{1}(\boldsymbol{v}_i,\boldsymbol{v}_j;\boldsymbol{v}_1)\mathrm{d}\boldsymbol{v}_1=\int\sigma(v,\boldsymbol{\Omega}\cdot\boldsymbol{\Omega}')\mathrm{d}\Omega'$，便可以得出 $\sigma_{ij}^{1}(\boldsymbol{v}_i,\boldsymbol{v}_j;\boldsymbol{v}_1)$ 的下列表达式：

$$\sigma_{ij}^{1}(\boldsymbol{v}_i,\boldsymbol{v}_j;\boldsymbol{v}_1)=2\mathscr{A}^3\delta(\boldsymbol{\Omega}'^2-1)\sigma(v,\boldsymbol{\Omega}\cdot\boldsymbol{\Omega}'),\tag{6.53}$$

式中 $\boldsymbol{\Omega}'$ 现在应当看成是由 $\boldsymbol{v}_i$，$\boldsymbol{v}_j$ 及 $\boldsymbol{v}_1$ 如下表示出来的矢量，以保证上式右边确是 $\boldsymbol{v}_i$，$\boldsymbol{v}_j$ 及 $\boldsymbol{v}_1$ 的函数：

$$\begin{cases}\boldsymbol{\Omega}'\equiv\mathscr{A}(\boldsymbol{v}_1-\boldsymbol{v}_c),\\[4pt] \boldsymbol{v}_c=\dfrac{m_i\boldsymbol{v}_i+m_j\boldsymbol{v}_j}{M}\quad(M\equiv m_i+m_j),\\[4pt] \mathscr{A}\equiv\left(\dfrac{Mm_1}{M-m_1}\dfrac{1}{2E_{ij}+\mu v^2}\right)^{\frac{1}{2}}\quad\left(\mu\equiv\dfrac{m_im_j}{M}\right).\end{cases}\tag{6.53$'$}$$

显然，$\boldsymbol{v}_c$ 是核 i 及核 j 的质心速度，μ 是它们的约化质量.

将(6.27)及(6.53)式代入(6.32)式中，再作变量变换：

$$\begin{cases}(\boldsymbol{v}_i,\boldsymbol{v}_j)\Longrightarrow(\boldsymbol{v}_c,\boldsymbol{v})\Longrightarrow(\boldsymbol{V}_c,\boldsymbol{v}),\\ \mathrm{d}\boldsymbol{v}_i\mathrm{d}\boldsymbol{v}_j=\mathrm{d}\boldsymbol{v}_c\mathrm{d}\boldsymbol{v}=\mathrm{d}\boldsymbol{V}_c\mathrm{d}\boldsymbol{v};\end{cases}\tag{6.54}$$

这里 $\boldsymbol{v}\equiv\boldsymbol{v}_i-\boldsymbol{v}_j$，$\boldsymbol{V}_c\equiv\boldsymbol{v}_c-\boldsymbol{u}$，同时注意下列关系：

$$\begin{cases}\dfrac{m_i}{2}\boldsymbol{V}_i^2+\dfrac{m_j}{2}\boldsymbol{V}_j^2=\dfrac{M}{2}\boldsymbol{V}_c^2+\dfrac{\mu}{2}v^2,\quad(\boldsymbol{V}_i\equiv\boldsymbol{v}_i-\boldsymbol{u})\\ \boldsymbol{v}_1-\boldsymbol{v}_c=\boldsymbol{V}_1-\boldsymbol{V}_c,\quad(\boldsymbol{V}_1\equiv\boldsymbol{v}_1-\boldsymbol{u})\end{cases}\tag{6.55}$$

便得

$$Q_{ij}(\boldsymbol{v}_1)=C\iint\mathrm{d}\boldsymbol{V}_c\mathrm{d}\boldsymbol{v}\cdot\exp\Big(-\frac{MV_c^2+\mu v^2}{2kT}\Big)\cdot v\cdot2\mathscr{A}^3\delta(\boldsymbol{\Omega}^2-1)\sigma(v,\boldsymbol{\Omega}\cdot\boldsymbol{\Omega}'),\tag{6.56}$$

式中系数

$$C\equiv n_in_j(m_im_j)^{3/2}(2\pi kT)^{-3}.$$

先对 $\mathrm{d}\boldsymbol{v}=v^2\mathrm{d}v\mathrm{d}\Omega$ 中的角度部分积分，注意

$$\int \sigma(v, \boldsymbol{\Omega} \cdot \boldsymbol{\Omega}') \mathrm{d}\Omega = \sigma(v)$$

是反应的总截面，再将 $\boldsymbol{\Omega}' = \mathscr{A}(\boldsymbol{V}_1 - \boldsymbol{V}_c)$ 代入，可以把(6.56)式化成

$$Q_{ij}(\boldsymbol{v}_1) = C\int_0^\infty v^2 \mathrm{d}v \int \mathrm{d}\boldsymbol{V}_c \cdot \exp\left(-\frac{MV_c^2 + \mu v^2}{2kT}\right) v\sigma(v) 2\mathscr{A} \cdot \delta\left((\boldsymbol{V}_1 - \boldsymbol{V}_c)^2 - \frac{1}{\mathscr{A}^2}\right). \tag{6.56$'$}$$

由于积分号下存在因子 $\exp\left(-\frac{\mu v^2}{2kT}\right)$，所以对 v 积分的贡献主要来自 $\frac{\mu v^2}{2} \lesssim kT \ll E_{ij}$ (因 E_{ij} 一般在几个 MeV 以上). 这样，从 $\mathscr{A}$ 的表示式(6.53′)可见，(6.56′)式的积分中可以把 $\mathscr{A}$ 当做和 v 无关的常量. 命

$$r_{ij} \equiv \langle \sigma v \rangle_{ij} \equiv \left(\frac{\mu}{2\pi kT}\right)^{3/2} \int_0^\infty \sigma(v) v \mathrm{e}^{-\frac{\mu v^2}{2kT}} 4\pi v^2 \mathrm{d}v, \tag{6.57}$$

并在对 $\boldsymbol{V}_c$ 的积分中作变量变换：

$$\begin{cases} \boldsymbol{V}_c \rightarrow \boldsymbol{\xi} = \boldsymbol{V}_c - \boldsymbol{V}_1, \\ \mathrm{d}\boldsymbol{V}_c = \mathrm{d}\boldsymbol{\xi} = 2\pi\xi^2 \mathrm{d}\xi \mathrm{d}\chi \quad (\chi \equiv \cos(\boldsymbol{\xi}, \boldsymbol{V}_1)), \end{cases} \tag{6.58}$$

之后，先后对 ξ 及 χ 积分，便得

$$Q_{ij}(\boldsymbol{v}_1) = n_i n_j r_{ij} F_{ij}(\boldsymbol{v}_1), \tag{6.59}$$

式中

$$\begin{aligned} F_{ij}(\boldsymbol{v}_1) &\equiv \left(\frac{M}{2\pi kT}\right)^{3/2} \frac{\mathscr{A}}{2\pi} \int \mathrm{e}^{-\frac{MV_c^2}{2kT}} \delta\left((\boldsymbol{V}_c - \boldsymbol{V}_1)^2 - \frac{1}{\mathscr{A}^2}\right) \mathrm{d}\boldsymbol{V}_c \\ &= \left(\frac{M}{2\pi kT}\right)^{3/2} \mathscr{A} \int_{-1}^1 \mathrm{d}\chi \int_0^\infty \xi^2 \mathrm{d}\xi \\ &\quad \cdot \exp\left\{-\frac{M}{2kT}(\xi^2 + 2\xi V_1 \chi + V_1^2)\right\} \delta\left(\xi^2 - \frac{1}{\mathscr{A}^2}\right) \\ &= \left(\frac{M}{2\pi kT}\right)^{1/2} \frac{\mathscr{A}}{4\pi V_1} \left[\exp\left\{-\frac{M}{2kT}\left(V_1 - \frac{1}{\mathscr{A}}\right)^2\right\} \right. \\ &\quad \left. - \exp\left\{-\frac{M}{2kT}\left(V_1 + \frac{1}{\mathscr{A}}\right)^2\right\}\right]. \end{aligned} \tag{6.60}$$

让我们来看看函数 $F_{ij}(\boldsymbol{v}_1)$ 的行为. 首先，利用 $\mathrm{d}\boldsymbol{v}_1 = \mathrm{d}\boldsymbol{V}_1 = 4\pi V_1^2 \mathrm{d}V_1$ 的关系，容易证明

$$\begin{aligned} \int F_{ij}(\boldsymbol{v}_1) \mathrm{d}\boldsymbol{v}_1 &= \left(\frac{M}{2\pi kT}\right)^{1/2} \mathscr{A} \int_0^\infty \left[\exp\left\{-\frac{M}{2kT}\left(V_1 - \frac{1}{\mathscr{A}}\right)^2\right\} \right. \\ &\quad \left. - \exp\left\{-\frac{M}{2kT}\left(V_1 + \frac{1}{\mathscr{A}}\right)^2\right\}\right] V_1 \mathrm{d}V_1 \\ &= \left(\frac{M}{2\pi kT}\right)^{1/2} \mathscr{A} \int_{-\infty}^\infty \exp\left\{-\frac{M}{2kT}\left(V_1 - \frac{1}{\mathscr{A}}\right)^2\right\} V_1 \mathrm{d}V_1 \\ &= 1; \end{aligned}$$

其次，由于$\frac{M}{2kT}\frac{1}{\mathscr{A}}\approx\frac{M-m_1}{m_1}\frac{E_{ij}}{kT}\gg1$，所以可以看出(6.60)式最后一行中方括号内第二项比第一项小得多，而第一项在$V_1=\frac{1}{\mathscr{A}}$附近有很陡的峰. 于是可以写出$F_{ij}(\boldsymbol{v}_1)$的下列三个近似式：

$$F_{ij}(\boldsymbol{v}_1)\approx\left(\frac{M}{2\pi kT}\right)^{1/2}\frac{\mathscr{A}}{4\pi V_1}\exp\left\{-\frac{M}{2kT}\left(V_1-\frac{1}{\mathscr{A}}\right)^2\right\};\tag{6.60a}$$

$$F_{ij}(\boldsymbol{v}_1)\approx\frac{\mathscr{A}^2}{4\pi}\delta\left(V_1-\frac{1}{\mathscr{A}}\right);\tag{6.60b}$$

$$F_{ij}(\boldsymbol{v}_1)\approx\frac{\mathscr{A}^2}{4\pi}\delta\left(v_1-\frac{1}{\mathscr{A}}\right).\tag{6.60c}$$

最后一个近似式要求$u\ll\frac{1}{\mathscr{A}}$. 就精确程度来说，上列三个近似式中以(6.60a)式为最好，但是就简单和应用方便的程度来说却以(6.60c)式为最好. 实际上，(6.60c)式的精确程度也不坏. 以反应

$$\mathrm{D}+\mathrm{D}=\mathrm{n}+{}^3\mathrm{He}+3.27\mathrm{MeV}$$

为例，$E_{ij}=3.27\mathrm{MeV}$，由此算出(c是光速)

$$\frac{1}{\mathscr{A}}\approx\left(\frac{M-m_1}{M}\frac{2E_{ij}}{m_1c^2}\right)^{1/2}c=\left(\frac{3}{2}\times\frac{3.27}{931}\right)^{1/2}c$$
$$\approx0.07c\approx2\times10^9\ \mathrm{cm/s},$$

可见$u\ll\frac{1}{\mathscr{A}}$的条件一般会满足得很好. 近似式(6.60b,c)的物理意义明显.

把所有产生中子的热核反应$(ij)_\mathrm{T}$的贡献加起来，得热核中子源项

$$Q_\mathrm{T}(\boldsymbol{v}_1)=\sum_{(ij)\mathrm{T}}Q_{ij}(\boldsymbol{v}_1)=\sum_{(ij)\mathrm{T}}n_in_jr_{ij}F_{ij}(\boldsymbol{v}_1),\tag{6.61}$$

$F_{ij}(\boldsymbol{v}_1)$可由(6.60)或(6.60a,b,c)式中之一给出. 如果采用近似式(6.60c)，则得

$$\begin{cases}Q_\mathrm{T}(\boldsymbol{v}_1)\approx Q_\mathrm{T}(v)=\dfrac{1}{4\pi}\displaystyle\sum_{(ij)\mathrm{T}}n_in_jr_{ij}\mathscr{A}^2\delta\left(v_1-\frac{1}{\mathscr{A}}\right),\\ \dfrac{1}{\mathscr{A}}\approx\left(\dfrac{M-m_1}{M}\dfrac{2E_{ij}}{m_1c^2}\right)^{1/2}c,\end{cases}\tag{6.61′}$$

即在近似式(6.60c)成立时，系统中的热核中子源可以看成(在实验室坐标系中)各向同性；而且源中子的速率几乎完全由各反应能量E_{ij}等决定.

略去裂变和热核反应以外其他反应对中子源的贡献，方程(6.28)中源项就由(6.34)及(6.61)式之和构成：

$$Q(\boldsymbol{v}_1)=Q_\mathrm{f}(\boldsymbol{v}_1)+Q_\mathrm{T}(\boldsymbol{v}_1).\tag{6.62}$$

(2) **吸收率** $a(\boldsymbol{v}_1)$

将(6.27)式代入(6.30)式中一代表项，可得吸收率中由于核 i 吸收中子所引起的贡献：

$$a_i(\boldsymbol{v}_1) = n_i\left(\frac{m_i}{2\pi kT}\right)^{3/2}\int v_{1i}\sigma_{ia}(v_{1i})\exp\left(-\frac{m_i}{2kT}V_1^2\right)\mathrm{d}\boldsymbol{v}_i. \tag{6.63}$$

将这式和给出 I_x 的(6.38)式相比，可以发现，只要把 I_x 中的 x 型反应理解为吸收反应，就可得出 $a_i(\boldsymbol{v}_1)$. 所以以前关于 I_x 的讨论完全可以在这里应用，于是有下列结果(参看(6.41a)式)：

$$a_i(\boldsymbol{v}_1) = n_i V_1 \bar{\sigma}_{ia}(V_1), \tag{6.64}$$

而

$$a(\boldsymbol{v}_1) = \sum_i a_i(\boldsymbol{v}_1) = V_1\sum_i n_i\bar{\sigma}_{ia}(V_1). \tag{6.65}$$

式中 $V_1=|\boldsymbol{V}_1|\equiv|\boldsymbol{v}_1-\boldsymbol{u}|$，而 $\bar{\sigma}_{ia}(V_1)$ 由下式给出：

$$\bar{\sigma}_{ia}(V_1) = \frac{1}{2}\left(\frac{A}{\pi kTE}\right)^{1/2}\frac{1}{V_1}\int_0^\infty v_r\sigma_{ia}(v_r)(\mathrm{e}^{-\alpha}-\mathrm{e}^{-\beta})\mathrm{d}E_r. \tag{6.66}$$

这式和(6.42)式的不同，仅在于把(6.42)式中及 v_r,α,β 定义(参看(6.35)及(6.40)式)中的 V_1' 和 E' 分别换成了 V_1 及 E，同时用速率代替能量作 σ_{ia} 和 $\bar{\sigma}_{ia}$ 的变量.

对于重核中的共振吸收，$\sigma_{ia}(v_r)$ 由形如(6.45)的 Breit-Wigner 公式给出，于是可以求出

$$\bar{\sigma}_{ia}(V_1) \approx \sigma_0\frac{\Gamma_a}{\Gamma}\sqrt{\frac{E_0}{E}}\Psi(\zeta,Y), \tag{6.67}$$

式中 Doppler 函数 $\Psi(\zeta,Y)$ 由(6.49)式给出，但 ζ 及 Y 的定义(6.47)中 E' 现在应当换成 $E=\frac{m_1}{2}V_1^2$.

对于重核中共振吸收以外的吸收以及轻核中满足 $\frac{m_iV_1^2}{2kT}=A\frac{E}{kT}\gg1$ 的能区，我们都可以应用(6.44)式中所作的近似，得出

$$\bar{\sigma}_{ia}(V_1) \approx \sigma_{ia}(V_1). \tag{6.68}$$

其次考虑轻核中 $E<kT$ 的情形. 这时对(6.66)式中积分有贡献的 E_r 值顶多到几个 kT 为止. 而在轻核对中子的吸收中，在 E_r 的这一范围内，可以假定 $v_r\sigma_{ia}(v_r)=$ 恒量 $=V_1\sigma_{ia}(V_1)$，把它从积分号下提出，剩下的积分 $\int_0^\infty(\mathrm{e}^{-\alpha}-\mathrm{e}^{-\beta})\mathrm{d}E_r$ 不难算出，刚好使

$$\frac{1}{2}\left(\frac{A}{\pi kTE}\right)^{\frac{1}{2}}\int_0^\infty(\mathrm{e}^{-\alpha}-\mathrm{e}^{-\beta})\mathrm{d}E_r = 1.$$

于是得

$$\bar{\sigma}_{ia}(V_1) = \sigma_{ia}(V_1),$$

和(6.68)的结果一样.

(6.65)及(6.66)式(或(6.67)及(6.68)式)一起,给出了方程(6.28)中代表吸收率的项 $a(\boldsymbol{v}_1)$.

(3) **散射指示函数** $G(\boldsymbol{v}_1 \to \boldsymbol{v}_1')$

在这里我们只考虑弹性散射,而将非弹性散射留待(4)中去考虑. 于是我们有

$$G(\boldsymbol{v}_1 \to \boldsymbol{v}_1') = \sum_i G_i(\boldsymbol{v}_1 \to \boldsymbol{v}_1'), \tag{6.69}$$

式中

$$G_i(\boldsymbol{v}_1 \to \boldsymbol{v}_1') = \int N_i(\boldsymbol{v}_i) v_{1i} \sigma_{1i}^1(\boldsymbol{v}_1, \boldsymbol{v}_i; \boldsymbol{v}_1') \mathrm{d}\boldsymbol{v}_i. \tag{6.70}$$

和(6.53)式相似,我们有

$$\sigma_{1i}^1(\boldsymbol{v}_1, \boldsymbol{v}_i; \boldsymbol{v}_1') = 2\mathscr{A}^3 \delta(\boldsymbol{\Omega}^2 - 1)\sigma_i(v_r, \boldsymbol{\Omega} \cdot \boldsymbol{\Omega}'), \tag{6.71}$$

式中

$$\begin{cases} \boldsymbol{v}_r \boldsymbol{\Omega} \equiv \boldsymbol{v}_r \equiv \boldsymbol{v}_{1i} \\ \quad = \boldsymbol{v}_i - \boldsymbol{v}_1 = \mathbf{V}_i - \mathbf{V}_1 \quad (\mathbf{V}_i \equiv \boldsymbol{v}_i - \boldsymbol{u},\ V_1 \equiv \boldsymbol{v}_1 - u), \\ \boldsymbol{\Omega}' \equiv \mathscr{A}\left(\boldsymbol{v}_1' - \dfrac{m_1 \boldsymbol{v}_1 + m_i \boldsymbol{v}_i}{M}\right) = \mathscr{A}\left(\mathbf{V}_1' - \dfrac{m_1 \mathbf{V}_1 + m_i \mathbf{V}_i}{M}\right), \\ \mathscr{A} \equiv \dfrac{M}{m_i} \dfrac{1}{v_r} \quad (M = m_i + m_1). \end{cases} \tag{6.71a}$$

(6.71a)式的具体形式和(6.53a)式中相应各量有些不同. 这是因为在弹性散射中反应能量为零的缘故.

利用关系:

$$\int \sigma_{1i}^1(\boldsymbol{v}_1, \boldsymbol{v}_i; \boldsymbol{v}_1') \mathrm{d}\boldsymbol{v}_1' = \int \sigma_i(v_r, \boldsymbol{\Omega} \cdot \boldsymbol{\Omega}') \mathrm{d}\Omega' = \sigma_{is}(v_r), \tag{6.72}$$

式中 $\sigma_{is}(v_r)$是核 i 对相对速率为 v_r 的中子的弹性散射截面,我们有

$$\int G_i(\boldsymbol{v}_1 \to \boldsymbol{v}_1') \mathrm{d}\boldsymbol{v}_1' = \int N_i(\boldsymbol{v}_i) v_r \sigma_{is}(v_r) \mathrm{d}\boldsymbol{v}_i. \tag{6.73}$$

这里又一次出现(6.38)式中的积分 I_x,只是 x 型反应现在应理解为弹性散射. 根据以前讨论,(6.73)式可以写成下列形式:

$$\int G_i(\boldsymbol{v}_1 \to \boldsymbol{v}_1') \mathrm{d}\boldsymbol{v}_1' = n_i V_1 \bar{\sigma}_{is}(V_1), \tag{6.74}$$

式中(参看(6.42)式):

$$\bar{\sigma}_{is}(V_1) \equiv \frac{1}{2}\left(\frac{A}{\pi kTE}\right)^{\frac{1}{2}} \frac{1}{V_1}\int_0^\infty v_r \sigma_{is}(v_r)(\mathrm{e}^{-\alpha} - \mathrm{e}^{-\beta}) \mathrm{d}E_r; \tag{6.75}$$

这里 $A \equiv \dfrac{m_i}{m_1}, E = \dfrac{m_1}{2}V_1^2, E_r = \dfrac{m_1}{2}v_r^2$,而

$$\begin{cases}\alpha \equiv \dfrac{m_i}{2kT}(v_r - V_1)^2 = \dfrac{A}{kT}(\sqrt{E_r} - \sqrt{E})^2, \\ \beta \equiv \dfrac{m_i}{2kT}(v_r + V_1)^2 = \dfrac{A}{kT}(\sqrt{E_r} + \sqrt{E})^2.\end{cases}$$

对于重核的共振散射，散射截面可以写成[2]

$$\sigma_s(E) = \sigma_0 \sqrt{\frac{E_0}{E}} \frac{\Gamma^2}{4(E-E_0)^2 + \Gamma^2}\left[\frac{\Gamma_n}{\Gamma} + \frac{4(E-E_0)}{\Gamma}\frac{R}{\bar{\lambda}}\right] + \sigma_{势}, \tag{6.76}$$

式中 R 是核半径，近似等于 $1.25A^{1/3} \times 10^{-13}$ cm；$\bar{\lambda}$ 是中子的约化波长：

$$\bar{\lambda} = \frac{4.55 \times 10^{-10}}{\sqrt{E}} \text{ cm} \quad (E \text{ 以 eV 为单位})；$$

$\sigma_{势}$ 是势散射截面：

$$\sigma_{势} = 4\pi R^2.$$

将(6.76)式代入(6.75)式，令$\sqrt{\dfrac{E_0}{E}} \approx 1$，像以前一样求得

$$\bar{\sigma}_{is}(V_1) \approx \sigma_0 \frac{\Gamma_n}{\Gamma}\Psi(\zeta, Y) + \sigma_0 \frac{R}{\bar{\lambda}}\chi(\zeta, Y) + \sigma_{势}, \tag{6.77}$$

式中 $\Psi(\zeta,Y)$ 和以前定义的一样，而另一 Doppler 函数 $\chi(\zeta,Y)$ 定义如下：

$$\chi(\zeta, Y) \equiv \frac{\zeta}{\sqrt{\pi}}\int_{-\infty}^{\infty} \frac{\chi \exp\left[-\dfrac{1}{4}\zeta^2(X-Y)^2\right]}{1+X^2}\mathrm{d}X. \tag{6.78}$$

(6.77)及(6.78)式中 ζ 及 Y 的定义和以前一样(见(6.47)式)。

表 6.1 中列出了 Doppler 函数 $\Psi(\zeta,Y)$ 及 $\chi(\zeta,Y)$ 的若干数值(取自文献[5])。

对于重核的非共振区及轻核，当$\dfrac{AE}{kT} \gg 1$ 时，(6.75)式可以像以前一样近似算出，结果得

$$\bar{\sigma}_{is}(V_1) \approx \sigma_{is}(V_1). \tag{6.79}$$

当$\dfrac{AE}{kT} \lesssim 1$ 或 $E \lesssim \dfrac{kT}{A}$时，近似的取法却和(2)中不同. 这时，可以近似地当做恒量的，不是 $v_r\sigma_{is}(v_r)$，而是 $\sigma_{is}(v_r)$，因此，

$$\begin{aligned}\bar{\sigma}_{is}(V_1) &\approx \frac{1}{2}\left(\frac{A}{\pi kTE}\right)^{\frac{1}{2}} \frac{\sigma_{is}(V_1)}{V_1}\int_0^{\infty} v_r(\mathrm{e}^{-\alpha} - \mathrm{e}^{-\beta}) m_1 v_r \mathrm{d}v_r \\ &= \sigma_{is}(V_1)\tau(V_1\sqrt{m_i/2kT}),\end{aligned} \tag{6.80}$$

式中

$$\tau(x) \equiv \left(1 + \frac{1}{2x^2}\right)\mathrm{erf}(x) + \frac{1}{\sqrt{\pi}}\frac{\mathrm{e}^{-x^2}}{x}, \tag{6.81}$$

值得注意的是，当$\frac{m_i V_1^2}{2kT}=\frac{AE}{kT}\gg 1$时，$\tau\left(V_1\sqrt{\frac{m_i}{2kT}}\right)\approx 1$，因此(6.80)式自动过渡到(6.79)式.也就是说，可以认为(6.80)适用于非重核共振区的所有情形.图 6.2 绘出了修正因子 $\tau(x)$随 x 变化的曲线.

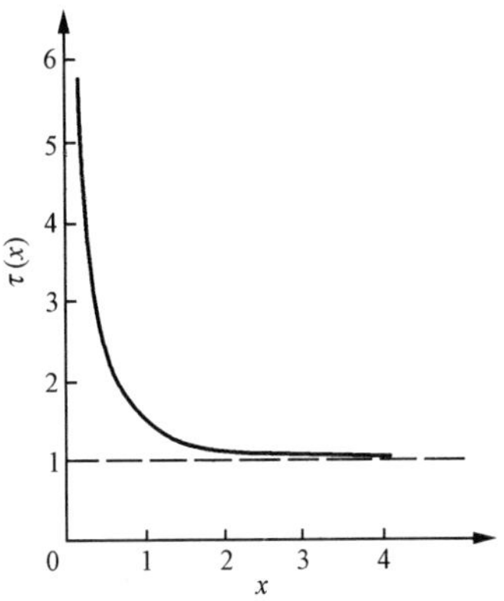

图 6.2　修正因子 $\tau(x)$

为了计算方程(6.28)右边第三项$\int G(\boldsymbol{v}_1'\to\boldsymbol{v}_1)N_1(\boldsymbol{v}_1')\mathrm{d}\boldsymbol{v}_1'$，我们还要算出散射指示函数本身.为此，可将(6.27)及(6.71)式代入(6.70)式，并按下列步骤对 $G_i(\boldsymbol{v}_1\to\boldsymbol{v}_1')$进行计算.在结果中把 $\boldsymbol{v}_1$ 和 $\boldsymbol{v}_1'$ 对调，就可得出所需的 $G_i(\boldsymbol{v}_1'\to\boldsymbol{v}_1)$.

先作变量变换：

$$\begin{cases}\boldsymbol{v}_i\Longrightarrow\eta\equiv\boldsymbol{v}_1'-\dfrac{\boldsymbol{m}_1\boldsymbol{v}_1+\boldsymbol{m}_i\boldsymbol{v}_i}{M}=\boldsymbol{V}_1'-\dfrac{\boldsymbol{m}_1\boldsymbol{V}_1+\boldsymbol{m}_i\boldsymbol{V}_i}{M}\\ \quad(\boldsymbol{V}_i\equiv\boldsymbol{v}_i-\boldsymbol{u},\ M\equiv m_i+m_1),\\ \mathrm{d}\boldsymbol{\eta}=\eta^2\mathrm{d}\eta\mathrm{d}\Omega_\eta=-\left(\dfrac{m_i}{M}\right)^3\mathrm{d}\,\boldsymbol{v}_i,\end{cases}\tag{6.82}$$

这里把 $\boldsymbol{v}_1$ 及 $\boldsymbol{v}_1'$ 看成给定.为进行对 η 的积分，我们取矢量

$$\boldsymbol{l}=l\boldsymbol{\Omega}_l\equiv\boldsymbol{v}_1'-\boldsymbol{v}_1=\boldsymbol{V}_1'-\boldsymbol{V}_1\tag{6.83}$$

的方向为极轴.设 $\boldsymbol{\Omega}_\eta$ 的极坐标为(θ,φ).命

$$\boldsymbol{\Lambda}=\Lambda\boldsymbol{\Omega}_\Lambda\equiv\frac{M}{m_i}\boldsymbol{V}_1'-\frac{m_1}{m_i}\boldsymbol{V}_1;\tag{6.84}$$

而 $\boldsymbol{\Omega}_\Lambda$ 的极坐标为(α,β).由于

$$\boldsymbol{V}_i=\boldsymbol{\Lambda}-\frac{M}{m_i}\boldsymbol{\eta},\quad \boldsymbol{v}_\mathrm{r}\equiv\boldsymbol{v}_i-\boldsymbol{v}_1=\frac{M}{m_i}(\boldsymbol{l}-\boldsymbol{\eta}),$$

故有

$$\begin{cases} v_{\mathrm{r}}^2 = \left(\dfrac{M}{m_i}\right)^2 (\eta^2 + l^2 - 2\eta l\cos\theta), \\ \mathscr{A}^2 = \left(\dfrac{M}{m_i v_{\mathrm{r}}}\right)^2 = (\eta^2 + l^2 - 2\eta l\cos\theta)^{-1}, \\ \boldsymbol{\Omega}\cdot\boldsymbol{\Omega}' = \dfrac{1}{v}\boldsymbol{v}\cdot\mathscr{A}\boldsymbol{\eta} = \mathscr{A}^2(\boldsymbol{l}-\boldsymbol{\eta})\cdot\boldsymbol{\eta} = \mathscr{A}^2(l\eta\cos\theta - \eta^2), \\ \delta(\Omega'^2 - 1) = \delta(\mathscr{A}^2\eta^2 - 1) = \dfrac{l}{(2\cos\theta)^3}\delta\left(\eta - \dfrac{l}{2\cos\theta}\right). \end{cases} \tag{6.85}$$

利用(6.85)式和 δ 函数的特性,可以把 $G_i(\boldsymbol{v}_1 \to \boldsymbol{v}_1')$ 的表示式(经变换(6.82)以后)中对 η 的积分作出,结果得

$$G_i(\boldsymbol{v}_1 \to \boldsymbol{v}_1') = n_i\left(\frac{m_i}{2\pi kT}\right)^{3/2}\left(\frac{M}{m_i}\right)^4 2l\int_0^1 \mathrm{d}\cos\theta\int_0^{2\pi}\mathrm{d}\varphi \cdot \frac{\mathrm{e}^{-\frac{m_i}{2kT}V_i^2}}{(2\cos\theta)^3}\sigma_i(v_{\mathrm{r}},\cos2\theta), \tag{6.86}$$

式中的 V_i^2 及 v_{r} 现在应理解为下列 θ 及 φ 的函数:

$$\begin{cases} V_i^2 = \left(\dfrac{Ml}{2m_i\cos\theta}\right)^2 + \Lambda^2 - \dfrac{Ml\Lambda}{m_i\cos\theta} \\ \qquad\cdot[\cos\theta\cos\alpha + \sin\theta\sin\alpha\cos(\varphi-\beta)], \\ v_{\mathrm{r}} = \dfrac{Ml}{2m_i\cos\theta}. \end{cases} \tag{6.87}$$

利用公式[7]

$$\mathrm{J}_0(x) = \frac{1}{2\pi}\int_0^{2\pi}\mathrm{e}^{-\mathrm{i}x\cos\varphi}\mathrm{d}\varphi, \tag{6.88}$$

其中 $\mathrm{J}_0(x)$ 为零阶 Bessel 函数,可将(6.86)中对方位角 φ 的积分作出.结果得

$$G_i(\boldsymbol{v}_1 \to \boldsymbol{v}_1') = n_i\left(\frac{m_i}{2\pi kT}\right)^{3/2}\left(\frac{M}{2m_i}\right)^4 8\pi l\int_0^{\frac{\pi}{2}}\sigma_i\left(\frac{Ml}{2m_i\cos\theta},\cos2\theta\right) \cdot \exp\left(-\gamma - \frac{\varepsilon}{\cos^2\theta}\right)\mathrm{J}_0(\mathrm{i}\omega\tan\theta)\frac{\sin\theta\mathrm{d}\theta}{\cos^3\theta}, \tag{6.89}$$

式中 γ,ε 及 ω 是如下定义的量,和 θ 无关:

$$\begin{cases} \gamma \equiv \dfrac{m_i}{2kT}\left(\Lambda^2 - \dfrac{Ml\Lambda}{m_i}\cos\alpha\right) = \dfrac{m_i}{2kT}\left(V_1^2 + \dfrac{MlV_1}{m_i}\cos\zeta\right), \\ \varepsilon \equiv \dfrac{m_i}{2kT}\left(\dfrac{Ml}{2m_i}\right)^2, \\ \omega \equiv \dfrac{Ml\Lambda}{2kT}\sin\alpha = \dfrac{MlV_1}{2kT}\sin\zeta, \end{cases} \tag{6.90}$$

这里 ζ 是 $\boldsymbol{V}_1$,$\boldsymbol{l}$ 之间的夹角.

注意,l 和 ζ 都可以通过 $\boldsymbol{V}_1 = \boldsymbol{v}_1 - \boldsymbol{u}$ 及 $\boldsymbol{V}_1' = \boldsymbol{v}_1' - \boldsymbol{u}$ 表示出来:

$$l = | \boldsymbol{V}_1' - \boldsymbol{V}_1 |, \quad \cos\zeta = \frac{\boldsymbol{V}_1 \cdot \boldsymbol{V}_1' - V_1^2}{l V_1}. \tag{6.91}$$

可见，γ，ε 及 ω 都是 $\boldsymbol{V}_1$ 及 $\boldsymbol{V}_1'$（也就是由 $\boldsymbol{u}$，$\boldsymbol{v}_1$ 及 $\boldsymbol{v}_1'$）决定的量.

只要散射截面 $\sigma_i(v,\mu)$（这里 μ 是质心系中散射角的余弦，$\mu=\boldsymbol{\Omega}\cdot\boldsymbol{\Omega}'$）的函数形式已经由实验给出，散射指示函数 $G_i(\boldsymbol{v}_1\to\boldsymbol{v}_1')$ 就可以由(6.89)式通过对 θ 的一次积分作出.

当散射在质心系统为各向同性（即，$\sigma_i(v,\mu)$ 与 μ 无关），而且截面对 v 的关系可以用形如 $\sigma_i \mathrm{e}^{-\lambda_i v^2}$（$\sigma_i$ 及 λ_i 为常数）的诸项之和来表示时，(6.89)式中积分可以解析地作出. 事实上，用一代表项 $\sigma_i \mathrm{e}^{-\lambda_i v^2}$ 代换(6.89)式中的 $\sigma_i(v,\mu)$ 后，只要引进新的变量 $x=\tan\theta$，并应用积分公式[8]：

$$\int_0^\infty \mathrm{e}^{-b^2x^2} \mathrm{J}_0(ax) x \mathrm{d}x = \frac{1}{2b^2} \mathrm{e}^{-\frac{a^2}{4b^2}}, \tag{6.92}$$

就可以算出 $G_i(\boldsymbol{v}_1\to\boldsymbol{v}_1')$ 的显式如下：

$$G_i(\boldsymbol{v}_1 \to \boldsymbol{v}_1') = n_i \left(\frac{m_i}{2\pi kT}\right)^{3/2} \frac{4\pi\sigma_i}{l} \left(\frac{M}{2m_i}\right)^2 \left(\lambda_i + \frac{m_i}{2kT}\right)^{-1} \mathrm{e}^{-D_i+F_i}, \tag{6.93}$$

式中 D_i 及 F_i 是 $\boldsymbol{V}_1$ 及 $\boldsymbol{V}_1'$（也就是 $\boldsymbol{u}_1$，$\boldsymbol{v}_1$ 及 $\boldsymbol{v}_1'$）的函数：

$$\begin{cases} D_i \equiv \dfrac{m_i}{2kT}\left(\dfrac{m_i+m_1}{2m_i}\boldsymbol{V}_1' + \dfrac{m_i-m_1}{2m_i}\boldsymbol{V}_1\right)^2 \\ \qquad + \lambda_i \left(\dfrac{M}{2m_i}\right)^2 (\boldsymbol{V}_1' - \boldsymbol{V}_1)^2, \\ F_i \equiv \left(\lambda_i + \dfrac{m_i}{2kT}\right)^{-1} \left(\dfrac{m_i V_1}{2kT}\right)^2 \sin^2\zeta. \end{cases} \tag{6.94}$$

不难验证，我们在这一特殊情形（散射在质心系统中为各向同性）下所得的散射指示函数的表达式(6.93)，当 $\boldsymbol{u}=\boldsymbol{0}$ 时，退化为通常在反应堆理论的热能化问题中求得的相应公式（参看，例如，文献[9]）.

(4) 非弹性散射的考虑

我们把中子和核 i 的非弹性散射看成使核 i 变为核 i' 的反应：

$$[1] + [i] = [i'] + [1] - E_{i,\mathrm{in}}, \tag{6.95}$$

式中[1]表示中子，$[i]$表示核 i，$[i']$表示核 i 的激发态（看成另外一种核）. 由于非弹性散射一般具有一定阈能 $E_{i,\mathrm{in}}$，相对于能引起非弹性散射的中子的速率来说，一般可以近似地略去介质的流体力学运动和介质原子核的热运动. 这样，非弹性散射在中子输运方程(6.28)中的贡献可以简单地如下导出：

A. 对中子源的贡献　把经过非弹性散射的中子看成是新产生的中子. 于是，中子在核 i 上的非弹性散射对中子源的贡献就可以参照(6.32)式写出：

$$Q_{1i}(\boldsymbol{v}_1)=\iint N_1(\boldsymbol{v}_1')N_i(\boldsymbol{v}_i)\,v_{1i}'\sigma_{1i}^1(\boldsymbol{v}_1',\boldsymbol{v}_i;\boldsymbol{v}_1)\mathrm{d}\boldsymbol{v}_1'\mathrm{d}\boldsymbol{v}_i. \tag{6.96}$$

应用近似：

$$\begin{cases} v_{1i}'=|\boldsymbol{v}_1'-\boldsymbol{v}_i|=|\boldsymbol{V}_1'-\boldsymbol{V}_i|\approx V_1', \\ \sigma_{1i}^1(\boldsymbol{v}_1',\boldsymbol{v}_i;\boldsymbol{v}_1)\approx\sigma_{i,\mathrm{in}}(V_1')\chi_i(\boldsymbol{V}_1'\to\boldsymbol{V}_1), \end{cases} \tag{6.97}$$

这里 $\sigma_{i,\mathrm{in}}(v)$ 是核 i 对相对速率为 v 的中子进行非弹性散射的截面，而 $\chi_i(\boldsymbol{V}_1'\to\boldsymbol{V}_1)$ 为散射后能谱分布，满足 $\int\chi_i(\boldsymbol{V}_1'\to\boldsymbol{V}_1)\mathrm{d}\boldsymbol{V}_1=1$，并利用 $\int N_i(\boldsymbol{v}_i)\mathrm{d}\boldsymbol{v}_i=n_i$ 及 $\mathrm{d}\boldsymbol{v}_1'=\mathrm{d}\boldsymbol{V}_1'$，我们得

$$Q_{1i}(\boldsymbol{v}_1)\approx n_i\int N_1(\boldsymbol{V}_1')V_1'\sigma_{i,\mathrm{in}}(V_1')\chi_i(\boldsymbol{V}_1'\to\boldsymbol{V}_1)\mathrm{d}\boldsymbol{V}_1'. \tag{6.98}$$

B. **对吸收率的贡献**　将(6.63)式中的 σ_{ia} 换成 $\sigma_{i,\mathrm{in}}$，便得由于核 i 对中子的非弹性散射所引起的中子吸收率：

$$a_{i,\mathrm{in}}(\boldsymbol{v}_1)=n_i\left(\frac{m_i}{2\pi kT}\right)^{3/2}\int\mathrm{e}^{-\frac{m_i}{2kT}V_i^2}v_{1i}\sigma_{i,\mathrm{in}}(v_{1i})\mathrm{d}\boldsymbol{v}_i. \tag{6.99}$$

应用近似 $v_{1i}\approx V_1$，马上可得

$$a_{i,\mathrm{in}}(\boldsymbol{v}_1)\approx n_iV_1\sigma_{i,\mathrm{in}}(V_1). \tag{6.100}$$

(5) **总结**

把以上所得结果综合叙述如下：当考虑到介质的流体力学运动 $\boldsymbol{u}=\boldsymbol{u}(\boldsymbol{r},t)$ 和介质原子核的热运动(近似由 Maxwell 分布给出)时(这在高温高压的裂变-聚变反应系统中和裂变反应堆的热能化能区中重要)，中子输运方程可以写成下列形式(即(6.28)式)：

$$\begin{aligned}\frac{\partial N_1(\boldsymbol{v}_1)}{\partial t}+\boldsymbol{v}_1\cdot\nabla N_1(\boldsymbol{v}_1)&=Q(\boldsymbol{v}_1)-a(\boldsymbol{v}_1)N_1(\boldsymbol{v}_1)\\&\quad+\int G(\boldsymbol{v}_1'\to\boldsymbol{v}_1)N_1(\boldsymbol{v}_1')\mathrm{d}\boldsymbol{v}_1'\\&\quad-N_1(\boldsymbol{v}_1)\int G(\boldsymbol{v}_1\to\boldsymbol{v}_1')\mathrm{d}\boldsymbol{v}_1'.\end{aligned} \tag{6.101}$$

将方程(6.101)和略去缓发中子的中子输运方程(6.3)(用(6.3a,b,d)等式代入)相比较，可以得出它们系数之间的关系：

$$v\Sigma_{\mathrm{t}}(\boldsymbol{v})=a(\boldsymbol{v})+\int G(\boldsymbol{v}\to\boldsymbol{v}')\mathrm{d}\boldsymbol{v}',$$

$$v'\Sigma_{\mathrm{s}}(\boldsymbol{v}'\to\boldsymbol{v})=G(\boldsymbol{v}'\to\boldsymbol{v}),$$

$$\text{裂变源}+S(\boldsymbol{v})=Q(\boldsymbol{v}).$$

为了统一，这些关系式中，两边的物理量都没有写出空时变量 $\boldsymbol{r},t$，中子速度都写成了 $\boldsymbol{v},\boldsymbol{v}'$. 从这些关系式和本节中的讨论，可以明显看出 §6.1 中指出过的各宏观截面 $\Sigma_{\mathrm{t}},\Sigma_{\mathrm{f}}$ 及 Σ_{s} 依赖于空时变量及中子速度变量的情况.

从(6.43),(6.59),(6.98)式,采用近似表达式(6.44)及(6.48),(6.60b),并定义

$$V_{ij} \equiv \frac{1}{\mathscr{A}} \approx \left[\frac{(m_i + m_j - m_1)2E_{ij}}{(m_i + m_j)m_1}\right]^{\frac{1}{2}}, \tag{6.101$'$}$$

可将中子源项 $Q(\boldsymbol{v}_1)$ 写成

$$Q(\boldsymbol{v}_1) \approx \sum_{(ij)_\mathrm{T}} n_i n_j r_{ij} \frac{\delta(V_1 - V_{ij})}{4\pi V_{ij}^2} + \sum_i n_i \int N_1(\boldsymbol{V}_1')V_1' [\nu\bar{\sigma}_{if}(V_1') \cdot \frac{1}{4\pi V_1^2}\chi_i(V_1) + \sigma_{i,\mathrm{in}}(V_1')\chi_i(\boldsymbol{V}_1' \to \boldsymbol{V}_1)] \mathrm{d}\boldsymbol{V}_1', \tag{6.102}$$

式中

$$\bar{\sigma}_{if}(V_1') \approx \begin{cases} \sigma_{if}(V_1'), \text{非共振区;} \\ \sigma_0 \dfrac{\Gamma_\mathrm{f}}{\Gamma}\sqrt{\dfrac{E_0}{E'}}\Psi(\zeta, Y), \text{共振区.} \end{cases} \tag{6.102a}$$

$$\left[\zeta = \frac{\Gamma}{\Delta},\quad \Delta = \left(\frac{4kTE'}{A}\right)^{\frac{1}{2}},\quad Y = \frac{2}{\Gamma}(E' - E_0)\right]$$

从(6.65)及(6.100)式,用近似(6.67)及(6.68),有

$$a(\boldsymbol{v}_1) = V_1 \sum_i n_i [\bar{\sigma}_{ia}(V_1) + \sigma_{i,\mathrm{in}}(V_1)], \tag{6.103}$$

式中

$$\bar{\sigma}_{ia}(V_1) \approx \begin{cases} \sigma_{ia}(V_1), \text{非重核共振区;} \\ \sigma_0 \dfrac{\Gamma_\mathrm{a}}{\Gamma}\sqrt{\dfrac{E_0}{E}}\Psi(\zeta, Y), \text{重核共振区.} \end{cases} \tag{6.103a}$$

$$\left[\zeta = \frac{\Gamma}{\Delta},\quad \Delta = \left(\frac{4kTE}{A}\right)^{\frac{1}{2}},\quad Y = \frac{2}{\Gamma}(E - E_0)\right]$$

从(6.74)式,用近似(6.77)及(6.80),有

$$\int G(\boldsymbol{v}_1 \to \boldsymbol{v}_1')\mathrm{d}\boldsymbol{v}_1' = \sum_i n_i V_1 \bar{\sigma}_{is}(V_1), \tag{6.104}$$

式中

$$\bar{\sigma}_{is}(V_1) \approx \begin{cases} \sigma_{is}(V_1)\tau\left(V_1\sqrt{\dfrac{m_i}{2kT}}\right), \text{非重核共振区;} \\ \sigma_0 \dfrac{\Gamma_n}{\Gamma}\Psi(\zeta, Y) + \sigma_0 \dfrac{R}{\bar{\lambda}}\chi(\zeta, Y) + \sigma_{\text{势}}, \text{重核共振区.} \end{cases} \tag{6.104a}$$

式中

$$\begin{cases}\tau(x)\equiv\left(1+\dfrac{1}{2x^2}\right)\mathrm{erf}(x)+\dfrac{1}{\sqrt{\pi}}\dfrac{\mathrm{e}^{-x^2}}{x}\quad(\text{见图 6.2}),\\ \Psi(\zeta,Y)\equiv\dfrac{\zeta}{2\sqrt{\pi}}\displaystyle\int_{-\infty}^{\infty}\dfrac{\exp\left[-\dfrac{1}{4}\zeta^2(X-Y)^2\right]}{1+X^2}\mathrm{d}X,\\ \chi(\zeta,Y)\equiv\dfrac{\zeta}{\sqrt{\pi}}\displaystyle\int_{-\infty}^{\infty}\dfrac{X\exp\left[-\dfrac{1}{4}\zeta^2(X-Y)^2\right]}{1+X^2}\mathrm{d}X,\\ \sigma_{势}=4\pi R^2,R\approx1.25A^{\frac{1}{3}}\times10^{-13}\ \mathrm{cm},\bar{\lambda}=\dfrac{4.55\times10^{-10}}{\sqrt{E(\mathrm{eV})}}\mathrm{cm}.\end{cases}\tag{6.104b}$$

散射指示函数 $G(\boldsymbol{v}_1'\to\boldsymbol{v}_1)$本身的表达式比较复杂. 在一般情形下,$G(\boldsymbol{v}_1'\to\boldsymbol{v}_1)$可用一次积分表示出来. 将(6.89)及(6.90)式中的 $\boldsymbol{v}_1$ 和 $\boldsymbol{v}_1'$ 对调并略加改写,便得

$$G(\boldsymbol{v}_1'\to\boldsymbol{v}_1)=\sum_i n_i\left(\frac{m_i}{2\pi kT}\right)^{3/2}\left(\frac{m_i+m_1}{2m_i}\right)^4\cdot 8\pi\mid\mathbf{V}_1-\mathbf{V}_1'\mid\cdot I_i(\mathbf{V}_1',\mathbf{V}_1),\tag{6.105}$$

而

$$\begin{cases}I_i(\mathbf{V}_1',\mathbf{V}_1)\equiv\displaystyle\int_0^{\frac{\pi}{2}}\sigma_i\left(\frac{(m_i+m_1)\mid\mathbf{V}_1-\mathbf{V}_1'\mid}{2m_i\cos\theta},\cos2\theta\right)\\ \qquad\cdot\exp\left(-\gamma_i-\dfrac{\varepsilon_i}{\cos^2\theta}\right)\mathrm{J}_0(\mathrm{i}\omega_i\tan\theta)\dfrac{\sin\theta\mathrm{d}\theta}{\cos^3\theta},\\ \gamma_i\equiv\dfrac{m_i}{2kT}\left[\mathbf{V}_1'^2+\dfrac{m_i+m_1}{m_i}\mathbf{V}_1'\cdot\mathbf{V}_1\right],\\ \varepsilon_i\equiv\dfrac{m_i}{2kT}\left(\dfrac{m_i+m_1}{2m_1}\right)^2(\mathbf{V}_1-\mathbf{V}_1')^2,\\ \omega_i\equiv\dfrac{m_i+m_1}{2kT}[\mathbf{V}_1'^2\mathbf{V}_1^2-(\mathbf{V}_1'\cdot\mathbf{V}_1)^2]^{\frac{1}{2}}.\end{cases}\tag{6.105a}$$

当散射在质心系统为各向同性时,通过将截面 $\sigma_i(v)$近似地表示成 $\sigma_i\mathrm{e}^{-\lambda_i v^2}$ 的形式,可以解析地作出积分 $I_i(\mathbf{V}_1',\mathbf{V}_1)$. 仅取一代表项,结果(参看(6.93)及(6.94)式)可以写成

$$G(\boldsymbol{v}_1'\to\boldsymbol{v}_1)=\sum_i n_i\left(\frac{m_i}{2\pi kT}\right)^{3/2}\left(\frac{m_i+m_1}{2m_i}\right)^2\frac{4\pi\sigma_i}{\mid\mathbf{V}_1-\mathbf{V}_1'\mid}\cdot\left(\lambda_i+\frac{m_i}{2kT}\right)^{-1}\mathrm{e}^{-D_i+F_i},\tag{6.106}$$

式中

$$\left\{\begin{aligned}D_i &\equiv \frac{m_i}{2kT}\left(\frac{m_i+m_1}{2m_i}\mathbf{V}_1+\frac{m_i-m_1}{2m_i}\mathbf{V}_1'\right)^2\\&\quad+\lambda_i\left(\frac{m_i+m_1}{2m_i}\right)^2(\mathbf{V}_1-\mathbf{V}_1')^2,\\F_i &\equiv \left(\frac{m_i}{2kT}\right)^2\left(\lambda_i+\frac{m_i}{2kT}\right)^{-1}\frac{\mathbf{V}_1'^2\mathbf{V}_1^2-(\mathbf{V}_1'\cdot\mathbf{V}_1)^2}{(\mathbf{V}_1-\mathbf{V}_1')^2}.\end{aligned}\right. \tag{6.106a}$$

表达式(6.102),(6.103),(6.104)及(6.105)(或(6.106))分别给出了中子输运方程(6.101)右边各项中的有关量.我们注意,这些量中已经都包含了介质原子核热运动的影响(通过(6.102a),(6.103a),(6.104a),(6.104b)及(6.105a)等式对温度 T 的依赖表示了出来).又,从这些量中出现的速度都是相对于介质的流体力学运动速度($\mathbf{V}_1\equiv\boldsymbol{v}_1-\boldsymbol{u}$,$\mathbf{V}_i\equiv\boldsymbol{v}_i-\boldsymbol{u}$,如此等等)来定义的这一点看来,它们自然也都包含了流体力学运动的影响.

下节中,我们将进一步对流体力学运动的影响(特别是对于球对称系统的特殊情况)进行探讨.探讨所依据的方法是作者在 1965 年的工作[10]中提出的.

§6.3　流体力学运动对中子输运的影响[10]

上节着重讨论了系统中介质原子核的热运动对中子输运方程(6.101)右边各项的影响.从(6.102)至(6.106)式,我们看到,在对核的 Maxwell 速度分布(6.27)求平均后,(6.101)式右边各项依赖于中子对介质流体运动的相对速度

$$\mathbf{V}=\boldsymbol{v}-\boldsymbol{u}, \tag{6.107}$$

式中和以下都略去表示中子的附标"1".速度 $\boldsymbol{u}=\boldsymbol{u}(\boldsymbol{r},t)$ 将由相应的流体力学方程组(包括连续性方程,运动方程,能量方程)及状态方程和适当的边界条件及初始条件决定.这里我们把 $\boldsymbol{u}(\boldsymbol{r},t)$ 看成给定.

现在,让我们考查方程(6.101)左边的两项.按中子分布函数 $N(\boldsymbol{r},\boldsymbol{v},t)$ 的定义,$N(\boldsymbol{r},\boldsymbol{v},t)\mathrm{d}\boldsymbol{r}\mathrm{d}\boldsymbol{v}$ 是 t 时刻在 $\boldsymbol{r}$ 附近的体积元 $\mathrm{d}\boldsymbol{r}$ 和速度 $\boldsymbol{v}$ 附近的 $\mathrm{d}\boldsymbol{v}$ 范围内中子的可几数.设想体积元 $\mathrm{d}\boldsymbol{r}$ 随着中子的速度 $\boldsymbol{v}$ 运动.从 t 到 $t+\mathrm{d}t$ 时刻,$\mathrm{d}\boldsymbol{r}$ 从 $\boldsymbol{r}$ 附近的位置运动到了 $\boldsymbol{r}+\boldsymbol{v}\mathrm{d}t$ 附近,而 $\mathrm{d}\boldsymbol{r}$ 中速度在 $\boldsymbol{v}$ 附近 $\mathrm{d}\boldsymbol{v}$ 范围内的中子可几数相应地从 $N(\boldsymbol{r},\boldsymbol{v},t)\mathrm{d}\boldsymbol{r}\mathrm{d}\boldsymbol{v}$ 改变为 $N(\boldsymbol{r}+\boldsymbol{v}\mathrm{d}t,\boldsymbol{v},t+\mathrm{d}t)\mathrm{d}\boldsymbol{r}\mathrm{d}\boldsymbol{v}$.增量为

$$\begin{aligned}&N(\boldsymbol{r}+\boldsymbol{v}\mathrm{d}t,\boldsymbol{v},t+\mathrm{d}t)\mathrm{d}\boldsymbol{r}\mathrm{d}\boldsymbol{v}-N(\boldsymbol{r},\boldsymbol{v},t)\mathrm{d}\boldsymbol{r}\mathrm{d}\boldsymbol{v}\\&=\left[\frac{\partial N(\boldsymbol{r},\boldsymbol{v},t)}{\partial t}+\boldsymbol{v}\cdot\nabla N(\boldsymbol{r},\boldsymbol{v},t)\right]\mathrm{d}t\mathrm{d}\boldsymbol{r}\mathrm{d}\boldsymbol{v}.\end{aligned} \tag{6.108}$$

可见,方括号内正好就是方程(6.101)左边的两项.这两项来源于分布函数随时-空的变化和中子的运动,其中出现的是中子在空间的运动速度 $\boldsymbol{v}$,和(6.101)式右边各项依赖于 $\mathbf{V}=\boldsymbol{v}-u$ 不同.

在实际求解方程(6.101)时,我们本来可以把右边各项中的 $\mathbf{V}$ 及 $\bar{\sigma}_x(V)$ 表成 $\boldsymbol{v}-\boldsymbol{u}$ 及 $|\boldsymbol{v}-\boldsymbol{u}|$ 的函数的形状;但由于 $\bar{\sigma}_x(V)$,尤其是(6.105)式中 $I_i(\mathbf{V}',\mathbf{V})$ 的解析形式不知道,要对各种核素的各种截面和微分截面作展开是异常复杂的工作. 因此我们不这样做,而反过来,适应(6.101)式右边各项中起作用的是相对速度 $\mathbf{V}$ 的情况,在方程(6.101)左边作变量变换 $(\boldsymbol{r},\boldsymbol{v},t)\Longrightarrow(\boldsymbol{r},\mathbf{V},t)$,并把(6.107)式看成变换公式. 设在此变换下,分布函数 $N(\boldsymbol{r},\boldsymbol{v},t)$ 变成 $\widetilde{N}(\boldsymbol{r},\mathbf{V},t)$. 我们有

$$\begin{cases}N(\boldsymbol{r},\boldsymbol{v},t)=N(\boldsymbol{r},\boldsymbol{u}+\mathbf{V},t)\equiv\widetilde{N}(\boldsymbol{r},\mathbf{V},t)=\widetilde{N}(\boldsymbol{r},\boldsymbol{v}-\boldsymbol{u},t),\\ \mathrm{d}\boldsymbol{r}\mathrm{d}\boldsymbol{v}=\mathrm{d}\boldsymbol{r}\mathrm{d}\mathbf{V},\ N(\boldsymbol{r},\boldsymbol{v},t)\mathrm{d}\boldsymbol{r}\mathrm{d}\boldsymbol{v}\,\mathrm{d}t=\widetilde{N}(\boldsymbol{r},\mathbf{V},t)\mathrm{d}\boldsymbol{r}\mathrm{d}\mathbf{V}\mathrm{d}t,\end{cases}$$

于是,从

$$\frac{\partial N}{\partial t}=\frac{\partial\widetilde{N}}{\partial t}-\frac{\partial u_i}{\partial t}\frac{\partial\widetilde{N}}{\partial V_i},\quad\frac{\partial N}{\partial r_j}=\frac{\partial\widetilde{N}}{\partial r_j}-\frac{\partial u_i}{\partial r_j}\frac{\partial\widetilde{N}}{\partial V_i}\tag{6.109}$$

得

$$\begin{aligned}\mathscr{D}N&\equiv\frac{\partial N}{\partial t}+\boldsymbol{v}\cdot\nabla N=\frac{\partial N}{\partial t}+v_j\frac{\partial N}{\partial r_j}\\&=\frac{\partial\widetilde{N}}{\partial t}-\frac{\partial u_i}{\partial t}\frac{\partial\widetilde{N}}{\partial V_i}+(V_j+u_j)\left(\frac{\partial\widetilde{N}}{\partial r_j}-\frac{\partial u_i}{\partial r_j}\frac{\partial\widetilde{N}}{\partial V_i}\right)\\&=\frac{\partial\widetilde{N}}{\partial t}+(V_j+u_j)\frac{\partial\widetilde{N}}{\partial r_j}-\left[\frac{\partial u_i}{\partial t}+(V_j+u_j)\frac{\partial u_i}{\partial r_j}\right]\frac{\partial\widetilde{N}}{\partial V_i}\\&\equiv\widetilde{\mathscr{D}}\widetilde{N}.\end{aligned}\tag{6.110}$$

(6.109)及(6.110)式中分别略去了函数 N 的自变量 $\boldsymbol{r},\boldsymbol{v},t$ 及函数 $\widetilde{N}$ 的自变量 $\boldsymbol{r}$, $\mathbf{V},t$. r_j,v_j,V_j 及 $u_j\,(j=1,2,3)$ 分别是 $\boldsymbol{r},\boldsymbol{v},\mathbf{V}$ 及 $\boldsymbol{u}$ 的直角坐标分量. (6.109), (6.110)及以下各式中采用了"求和规定":当一乘积中有二因子附标相同时,就要对这附标从 1 到 3 求和. 另外,(6.110)式中还引进了简写算符记号 $\mathscr{D}N$ 及 $\widetilde{\mathscr{D}}\widetilde{N}$.

把方程(6.101)左边的 $\mathscr{D}N$ 换成 $\widetilde{\mathscr{D}}\widetilde{N}$,并将右边各项中的 N 换成 $\widetilde{N}$,就得两边都以 $\boldsymbol{r},\mathbf{V},t$ 为自变量的输运方程(适用于考查流体运动的影响):

$$\begin{aligned}\widetilde{\mathscr{D}}\widetilde{N}=&\,\boldsymbol{Q}(\mathbf{V})-a(\mathbf{V})\widetilde{N}(\mathbf{V})+\int G(\mathbf{V}'\to\mathbf{V})\widetilde{N}(\mathbf{V}')\mathrm{d}\mathbf{V}'\\&-\widetilde{N}(\mathbf{V})\int G(\mathbf{V}\to\mathbf{V}')\mathrm{d}\mathbf{V}',\end{aligned}\tag{6.111}$$

式中 $\boldsymbol{Q}(\mathbf{V}),a(\mathbf{V})$ 及 $G(\mathbf{V}'\to\mathbf{V})$ 分别由(6.102),(6.103)及(6.105)式给出.

在随流体运动的坐标系中,对时间的微分由 $\dfrac{\mathrm{d}}{\mathrm{d}t}\equiv\dfrac{\partial}{\partial t}+\boldsymbol{u}\cdot\nabla=\dfrac{\partial}{\partial t}+u_j\dfrac{\partial}{\partial r_j}$ 给出. 用这个记号,又可将(6.110)式中的 $\widetilde{\mathscr{D}}\widetilde{N}$ 改写成

$$\widetilde{\mathscr{D}}\widetilde{N}=\frac{\mathrm{d}\widetilde{N}}{\mathrm{d}t}+V_j\frac{\partial\widetilde{N}}{\partial r_j}-\left[\frac{\mathrm{d}u_i}{\mathrm{d}t}+V_j\frac{\partial u_i}{\partial r_j}\right]\frac{\partial\widetilde{N}}{\partial V_i}.\tag{6.110$'$}$$

可见,在随流体运动的坐标系(其中中子的运动速度为 $\mathbf{V}$)中,中子就好像处在一加

速度场

$$\boldsymbol{a} \equiv -\left[\frac{\mathrm{d}\boldsymbol{u}}{\mathrm{d}t} + \boldsymbol{V} \cdot \nabla \boldsymbol{u}\right] \tag{6.112}$$

中一样.事实上,$\widetilde{N}$ 从时刻 t 到 $t+\mathrm{d}t$ 的变化量为

$$\begin{aligned} &\widetilde{N}(\boldsymbol{r}+\boldsymbol{V}\mathrm{d}t, \boldsymbol{V}+\boldsymbol{a}\mathrm{d}t, t+\mathrm{d}t) - \widetilde{N}(\boldsymbol{r}, \boldsymbol{V}, t) \\ &= \left[\frac{\mathrm{d}\widetilde{N}}{\mathrm{d}t} + \boldsymbol{V} \cdot \nabla \widetilde{N} + \boldsymbol{a} \cdot \nabla_V \widetilde{N}\right]\mathrm{d}t = \widetilde{\mathscr{D}}\widetilde{N}\mathrm{d}t. \end{aligned} \tag{6.113}$$

注意,等效加速度场 $\boldsymbol{a}$ 中不仅包含普通力学中的“惯性加速度”$-\dfrac{\mathrm{d}\boldsymbol{u}}{\mathrm{d}t}$,而且还包含由于速度场 $\boldsymbol{u}$ 的不均匀而引起的 $-\boldsymbol{V} \cdot \nabla \boldsymbol{u}$ 一项.可以认为,等效加速度场 $\boldsymbol{a}$ 是由一等效力场 $\boldsymbol{f}$ 引起的.设 m 代表中子的质量,则

$$\boldsymbol{f} \equiv m\boldsymbol{a} = -m\left[\frac{\mathrm{d}\boldsymbol{u}}{\mathrm{d}t} + \boldsymbol{V} \cdot \nabla \boldsymbol{u}\right] = -m\left[\frac{\partial \boldsymbol{u}}{\partial t} + \boldsymbol{v} \cdot \nabla \boldsymbol{u}\right].$$

为简单起见,以下的讨论中将假设系统具有球对称性:即假设存在一对称中心(取为球坐标的中心),当系统绕通过中心及任一点 $\boldsymbol{r}$ 的轴转动时,所有物理量都保持不变.因此,速度场 $\boldsymbol{u}=\boldsymbol{u}(\boldsymbol{r},t)$ 必然只有半径方向的分量 u,而且它只和半径 r 及时间 t 有关:$u=u(r,t)$;中子场 $N=N(\boldsymbol{r},\boldsymbol{v},t)$ 必然只和 $r=|\boldsymbol{r}|$,$v=|\boldsymbol{v}|$,$\mu=\cos(\boldsymbol{r},\boldsymbol{v})$ 及 t 有关:$N=N(r,v,\mu,t)$;而 $\widetilde{N}=\widetilde{N}(\boldsymbol{r},\boldsymbol{V},t)$ 必然只和 r,$V=|\boldsymbol{V}|$,$\eta=\cos(\boldsymbol{r},\boldsymbol{V})$ 及 t 有关:$\widetilde{N}=\widetilde{N}(r,V,\eta,t)$.从球对称,我们还有

$$\begin{cases} r^2 = r_i r_i, \quad u^2 = u_i u_i, \quad u = u\dfrac{r_i}{r}, \quad u_i r = u r_i, \\ u_i r_i = \boldsymbol{u} \cdot \boldsymbol{r} = ur, u_i \dfrac{\partial}{\partial r_i} N = \boldsymbol{u} \cdot \nabla N = u\dfrac{\partial}{\partial r} N, \\ \dfrac{\partial r}{\partial r_j} = \dfrac{r_j}{r}, \dfrac{\mathrm{d}}{\mathrm{d}t}\dfrac{r_i}{r} = u_j \dfrac{\partial}{\partial r_j}\dfrac{r_i}{r} \\ \qquad = \dfrac{u_i}{r} - \dfrac{r_i}{r^2} u_j \dfrac{\partial r}{\partial r_j} = \dfrac{u_i}{r} - \dfrac{r_i u}{r^2} = 0, \\ \left.\dfrac{\partial r_i}{\partial r}\right|_{\theta,\varphi} = \dfrac{r_i}{r}, \end{cases} \tag{6.114}$$

这里 (θ,φ) 是球坐标中的角度;由此又有

$$\begin{cases} \dfrac{\partial u_i}{\partial t} = \dfrac{\partial u}{\partial t}\dfrac{r_i}{r}, \dfrac{\mathrm{d}u_i}{\mathrm{d}t} = \dfrac{\mathrm{d}u}{\mathrm{d}t}\dfrac{r_i}{r}, \\ \dfrac{\partial u_i}{\partial r_j} = \dfrac{u}{r}\delta_{ij} + \dfrac{r_i r_j}{r}\dfrac{\partial}{\partial r}\left(\dfrac{u}{r}\right), \\ u_j \dfrac{\partial u_i}{\partial r_j} = \dfrac{u}{r} u_i + u r_i \left(-\dfrac{u}{r^2} + \dfrac{1}{r}\dfrac{\partial u}{\partial r}\right) = u_i \dfrac{\partial u}{\partial r}; \end{cases} \tag{6.114'}$$

及

$$
\begin{cases}
V^2 = V_i V_i, \dfrac{\partial V}{\partial V_i} = \dfrac{V_i}{V}, \\
\eta = \dfrac{\boldsymbol{V} \cdot \boldsymbol{r}}{Vr} = \dfrac{V_i r_i}{Vr}, \\
\dfrac{\partial \eta}{\partial r_j} = \dfrac{V_j}{Vr} - \eta \dfrac{r_j}{r^2}, \left.\dfrac{\partial \eta}{\partial r}\right|_{\theta,\varphi} = \left.\dfrac{\partial \eta}{\partial r_j}\dfrac{\partial r_j}{\partial r}\right|_{\theta,\varphi} = \dfrac{V_1 r_j}{Vr^2} - \eta \dfrac{1}{r} = 0, \\
\dfrac{\partial \eta}{\partial V_i} = \dfrac{r_i}{Vr} + \dfrac{V_j r_j}{r}\dfrac{\partial}{\partial V_i}\dfrac{1}{V} = \dfrac{r_i}{Vr} - \eta \dfrac{V_i}{V^2}.
\end{cases}
\tag{6.114''}
$$

于是可求得

$$
\begin{cases}
\dfrac{\partial \widetilde{N}}{\partial r_j} = \dfrac{\partial \widetilde{N}}{\partial r}\dfrac{\partial r}{\partial r_j} + \dfrac{\partial \widetilde{N}}{\partial \eta}\dfrac{\partial \eta}{\partial r_j} = \dfrac{r_j}{r}\dfrac{\partial \widetilde{N}}{\partial r} + \left(\dfrac{V_j}{rV} - \eta \dfrac{r_j}{r^2}\right)\dfrac{\partial \widetilde{N}}{\partial \eta}, \\
V_j \dfrac{\partial \widetilde{N}}{\partial r_j} = V\eta \dfrac{\partial \widetilde{N}}{\partial r} + (1-\eta^2)\dfrac{V}{r}\dfrac{\partial \widetilde{N}}{\partial \eta};
\end{cases}
\tag{6.115}
$$

$$
\begin{cases}
\dfrac{\partial \widetilde{N}}{\partial V_i} = \dfrac{\partial \widetilde{N}}{\partial V}\dfrac{\partial V}{\partial V_i} + \dfrac{\partial \widetilde{N}}{\partial \eta}\dfrac{\partial \eta}{\partial V_i} = \dfrac{V_i}{V}\dfrac{\partial \widetilde{N}}{\partial V} + \left(\dfrac{r_i}{rV} - \eta \dfrac{V_i}{V^2}\right)\dfrac{\partial \widetilde{N}}{\partial \eta}, \\
a_i = -\left[\dfrac{\mathrm{d}u_i}{\mathrm{d}t} + V_j \dfrac{\partial}{\partial r_j} u_i\right] \\
\quad = -\left[\dfrac{\mathrm{d}u}{\mathrm{d}t}\dfrac{r_i}{r} + \dfrac{u}{r}V_i + V\eta r_i \dfrac{\partial}{\partial r}\left(\dfrac{u}{r}\right)\right], \\
a_i \dfrac{\partial \widetilde{N}}{\partial V_i} = -\left[\eta \dfrac{\mathrm{d}u}{\mathrm{d}t} + V\dfrac{u}{r} + V\eta^2\left(\dfrac{\partial u}{\partial r} - \dfrac{u}{r}\right)\right]\dfrac{\partial \widetilde{N}}{\partial V} \\
\qquad - \left[\dfrac{1}{V}\dfrac{\mathrm{d}u}{\mathrm{d}t} + \eta\left(\dfrac{\partial u}{\partial r} - \dfrac{u}{r}\right)\right](1-\eta^2)\dfrac{\partial \widetilde{N}}{\partial \eta}.
\end{cases}
\tag{6.116}
$$

将(6.115)及(6.116)式代入(6.110′)式中 $\widetilde{\mathscr{D}}\widetilde{N}$ 的表达式，可得

$$
\begin{aligned}
\widetilde{\mathscr{D}}\widetilde{N} = {} & \frac{\mathrm{d}\widetilde{N}}{\mathrm{d}t} + \eta V \frac{\partial \widetilde{N}}{\partial r} + \left[\frac{V}{r} - \frac{1}{V}\frac{\mathrm{d}u}{\mathrm{d}t} - \eta\left(\frac{\partial u}{\partial r} - \frac{u}{r}\right)\right](1-\eta^2)\frac{\partial \widetilde{N}}{\partial \eta} \\
& - \left[\eta \frac{\mathrm{d}u}{\mathrm{d}t} + V\frac{u}{r} + V\eta^2\left(\frac{\partial u}{\partial r} - \frac{u}{r}\right)\right]\frac{\partial \widetilde{N}}{\partial V}.
\end{aligned}
\tag{6.117}
$$

这是球对称情形下适用于中子输运方程(6.101)式左边的算符形式.

当有必要把中子输运方程和介质的流体力学方程组耦合起来计算时，利用介质的连续性方程 $\frac{\mathrm{d}\rho}{\mathrm{d}t} + \rho\left(\frac{\partial u}{\partial r} + \frac{2u}{r}\right) = 0$ 来把 $\frac{1}{\rho}\widetilde{\mathscr{D}}\widetilde{N}$ 改写成下列形式有时是方便的：

$$
\begin{aligned}
\frac{1}{\rho}\widetilde{\mathscr{D}}\widetilde{N} = {} & \frac{\mathrm{d}}{\mathrm{d}t}\frac{\widetilde{N}}{\rho} + \frac{1}{\rho r^2}\frac{\partial}{\partial r}(r^2 V\eta \widetilde{N}) + \frac{1}{\rho}\left(\frac{V}{r} - \frac{1}{V}\frac{\mathrm{d}u}{\mathrm{d}t}\right) \\
& \cdot \frac{\partial}{\partial \eta}[(1-\eta^2)\widetilde{N}] - \frac{1}{\rho}\left(\frac{\partial u}{\partial r} - \frac{u}{r}\right)\frac{\partial}{\partial \eta} \\
& \cdot [\eta(1-\eta^2)\widetilde{N}] - \frac{1}{V^2}\frac{\partial}{\partial V}\Big\{V^2\Big[\eta\frac{\mathrm{d}u}{\mathrm{d}t} + V\frac{u}{r}
\end{aligned}
$$

$$+V\eta^2\left(\frac{\partial u}{\partial r}-\frac{u}{r}\right)\Big]\frac{\widetilde{N}}{\rho}\Big\},\tag{6.118}$$

式中 $\rho=\rho(r,t)$ 是介质的密度分布函数;或写为

$$\frac{1}{\rho}\widetilde{\mathscr{D}}\widetilde{N}=\frac{\mathrm{d}}{\mathrm{d}t}\frac{\widetilde{N}}{\rho}+\frac{1}{\rho r^2}\frac{\partial}{\partial r}(r^2V\eta\widetilde{N})+\frac{1}{\rho}\left(\frac{V}{r}-\frac{1}{V}\frac{\mathrm{d}u}{\mathrm{d}t}\right)\frac{\partial}{\partial\eta}$$
$$\cdot[(1-\eta^2)\widetilde{N}]-\frac{1}{\rho}\left(\frac{\partial u}{\partial r}-\frac{u}{r}\right)\frac{\partial}{\partial\eta}[\eta(1-\eta^2)\widetilde{N}]$$
$$-\frac{1}{\rho}\left[\eta\frac{\mathrm{d}u}{\mathrm{d}t}+V\frac{u}{r}+V\eta^2\left(\frac{\partial u}{\partial r}-\frac{u}{r}\right)\right]\frac{\partial\widetilde{N}}{\partial V}$$
$$-\frac{1}{\rho}\left\{\frac{2\eta}{V}\frac{\mathrm{d}u}{\mathrm{d}t}+3\left[\frac{u}{r}+\eta^2\left(\frac{\partial u}{\partial r}-\frac{u}{r}\right)\right]\right\}\widetilde{N}.\tag{6.118′}$$

$u=0$ 时,$V=v,\eta=\mu$,而(6.117)及(6.118)式退化成介质没有流体运动时 $\mathscr{D}N$ 在球对称情形下的表达式:

$$\widetilde{\mathscr{D}}\widetilde{N}\rightarrow\mathscr{D}N=\frac{\partial N}{\partial t}+v\mu\frac{\partial N}{\partial r}+\frac{v}{r}(1-\mu^2)\frac{\partial N}{\partial\mu}.\tag{6.119}$$

(6.118)式中各项已经写成“守恒形式”. 对 $\boldsymbol{V}$ 积分后,可以看出各项的物理意义. 注意 $\mathrm{d}\boldsymbol{V}=V^2\mathrm{d}V2\pi\mathrm{d}\eta$,我们有

$$\int\frac{1}{\rho}\widetilde{\mathscr{D}}\widetilde{N}\mathrm{d}\boldsymbol{V}=\int_0^\infty V^2\mathrm{d}V\int_{-1}^1\frac{1}{\rho}\widetilde{\mathscr{D}}\widetilde{N}2\pi\mathrm{d}\eta$$
$$=\frac{\mathrm{d}}{\mathrm{d}t}\frac{\tilde{n}}{\rho}+\frac{\partial}{\rho r^2\partial r}(r^2\widetilde{J}),\tag{6.120}$$

式中

$$\tilde{n}=\int\widetilde{N}\mathrm{d}\boldsymbol{V}=\text{中子密度},\tag{6.121a}$$

$$\widetilde{J}=\int V\eta\widetilde{N}\,\mathrm{d}\boldsymbol{V}=\text{相对于介质的中子流},\tag{6.121b}$$

$\tilde{n}$ 及 $\widetilde{J}$ 当然都是 r,t 的函数.

在作 $\int_{-1}^1\cdots\mathrm{d}\eta$ 的积分后,(6.118)式中第三及第四项给出零,因为因子 $(1-\eta^2)$ 在 $\eta=\pm1$ 时为零. 这说明这两项代表由于球几何的曲率 $1/r$ 及流速 u 随时空的变化而引起的、中子在不同 η 值间的重新分配.

在作积分 $\int_0^\infty\cdots V^2\mathrm{d}V$ 后,(6.118)式中第五项给出零,因为 $V^2\widetilde{N}$ 及 $V^3\widetilde{N}$ 在积分上、下限处均为零. 这说明这项给出中子在不同 V 值间的重新分布.

利用关系 $\frac{\mathrm{d}r}{\mathrm{d}t}=\left(\frac{\partial}{\partial t}+u\frac{\partial}{\partial r}\right)_{r=u}$ 及连续性方程

$$\frac{\mathrm{d}\rho}{\mathrm{d}t}+\rho\left(\frac{\partial u}{\partial r}+\frac{2u}{r}\right)=0,$$

容易验证下列关系：

$$\int_0^r \frac{\mathrm{d}f}{\mathrm{d}t}\rho r^2 \mathrm{d}r = \frac{\mathrm{d}}{\mathrm{d}t}\int_0^r f\rho r^2 \mathrm{d}r, \tag{6.122}$$

式中 $f=f(r,t)$ 是 r,t 的可微函数.(6.122)式说明,算符 $\frac{\mathrm{d}}{\mathrm{d}t}$ 和 $\int_0^r \cdots \rho r^2 \mathrm{d}r$ 可交换次序.

利用关系(6.122),从(6.120)式可得

$$\begin{aligned}\iint \widetilde{\mathscr{D}}\widetilde{N}\mathrm{d}\boldsymbol{V}\mathrm{d}\boldsymbol{r} &= \iint \frac{1}{\rho}\widetilde{\mathscr{D}}\widetilde{N}\mathrm{d}\boldsymbol{V}4\pi\rho r^2 \mathrm{d}r \\ &= \frac{\mathrm{d}}{\mathrm{d}t}\int_0^r \tilde{n}4\pi r^2 \mathrm{d}r + 4\pi r^2 \widetilde{J}.\end{aligned} \tag{6.123}$$

取 r 等于系统的外边界,上式是中子输运方程(6.111)左边对整个系统和全部中子速度空间积分的结果.对方程右边作同样积分;不难看出,弹性散射与非弹性散射贡献的各项互相消去;结果得

$$\begin{aligned}\iint \widetilde{\mathscr{D}}\widetilde{N}\mathrm{d}\boldsymbol{V}\mathrm{d}\boldsymbol{r} &= \iint \mathscr{D}N\mathrm{d}\boldsymbol{v}\mathrm{d}\boldsymbol{r} = \iint ((6.101)\text{ 式右边})\mathrm{d}\boldsymbol{v}\mathrm{d}\boldsymbol{r} \\ &= \iint ((6.111)\text{ 式右边})\mathrm{d}\boldsymbol{V}\mathrm{d}\boldsymbol{r} \\ &= \iint (Q-A)\mathrm{d}\boldsymbol{V}\mathrm{d}\boldsymbol{r},\end{aligned} \tag{6.124}$$

式中 Q 及 $A=aN$ 分别由(6.102)及(6.103)式(其中非弹性散射的贡献互相消去)给出.将(6.123)与(6.124)式结合,就得出系统中中子数的总守恒方程:

$$\frac{\mathrm{d}}{\mathrm{d}t}\int_0^r \tilde{n}4\pi r^2 \mathrm{d}r + 4\pi r^2 \widetilde{J} = \iint (Q-A)\mathrm{d}\boldsymbol{V}\mathrm{d}\boldsymbol{r}, \tag{6.125}$$

式中各项的物理意义明显.

为得出中子输运方程的多群形式,我们对(6.118)式作运算 $\int_{V_g}^{V_{g-1}} \cdots V^2 \mathrm{d}V$;这里 $V_G < \cdots < V_g < V_{g-1} < \cdots < V_0$ 把整个有关能区分为 G 群.结果得

$$\begin{aligned}\int_{V_g}^{V_{g-1}} \frac{1}{\rho}\widetilde{\mathscr{D}}\widetilde{N}V^2 \mathrm{d}V &= \frac{\mathrm{d}}{\mathrm{d}t}\frac{\widetilde{N}_g}{\rho} + \frac{1}{\rho r^2}\frac{\partial}{\partial r}(r^2\eta\widetilde{V}_g\widetilde{N}_g) \\ &+ \left[\frac{V_g}{\rho r} - \frac{1}{\rho}\frac{\mathrm{d}u}{\mathrm{d}t}\left(\frac{\widetilde{1}}{V}\right)_g\right]\frac{\partial}{\partial \eta}[(1-\eta^2)\widetilde{N}_g] \\ &- \frac{1}{\rho}\left(\frac{\partial u}{\partial r} - \frac{u}{r}\right)\frac{\partial}{\partial \eta}[\eta(1-\eta^2)\widetilde{N}_g] \\ &- \frac{1}{\rho}\Big\{\eta\frac{\mathrm{d}u}{\mathrm{d}t}(2+\tilde{d}_g)\left(\frac{\widetilde{1}}{V}\right)_g \\ &+ (3+\tilde{\zeta}_g)\left[\frac{u}{r} + \eta^2\left(\frac{\partial u}{\partial r} - \frac{u}{r}\right)\right]\Big\}\widetilde{N}_g,\end{aligned} \tag{6.126}$$

式中

$$
\begin{cases}
\widetilde{N}_g = \widetilde{N}_g(r,\eta,t) \equiv \displaystyle\int_{V_g}^{V_{g-1}} \widetilde{N} V^2 \mathrm{d}V, \\
\widetilde{V}_g = \widetilde{V}_g(r,\eta,t) \equiv \dfrac{1}{\widetilde{N}_g}\displaystyle\int_{V_g}^{V_{g-1}} V\widetilde{N} V^2 \mathrm{d}V, \\
\left(\widetilde{\dfrac{1}{V}}\right)_g = \left(\widetilde{\dfrac{1}{V}}\right)_g(r,\eta,t) \equiv \dfrac{1}{\widetilde{N}_g}\displaystyle\int_{V_g}^{V_{g-1}} \dfrac{1}{V}\widetilde{N} V^2 \mathrm{d}V, \\
\widetilde{d}_g = \widetilde{d}_g(r,\eta,t) \equiv \dfrac{\displaystyle\int_{V_g}^{V_{g-1}} \dfrac{\partial \widetilde{N}}{\partial V} V^2 \mathrm{d}V}{\left(\widetilde{\dfrac{1}{V}}\right)_g \widetilde{N}_g}, \\
\widetilde{\zeta}_g = \widetilde{\zeta}_g(r,\eta,t) \equiv \dfrac{\displaystyle\int_{V_g}^{V_{g-1}} V\dfrac{\partial \widetilde{N}}{\partial V} V^2 \mathrm{d}V}{\widetilde{N}_g}.
\end{cases}
\tag{6.127}
$$

通过分部积分,(6.127)中最后两式分别给出

$$
\begin{cases}
2+\widetilde{d}_g = \dfrac{\widetilde{N}V^2 \Big|_{V=V_g}^{V=V_{g-1}}}{\left(\widetilde{\dfrac{1}{V}}\right)_g \widetilde{N}_g}, \text{由此得} \displaystyle\sum_g (2+\widetilde{d}_g)\left(\widetilde{\dfrac{1}{V}}\right)_g \widetilde{N}_g = 0, \\
3+\widetilde{\zeta}_g = \dfrac{\widetilde{N}V^3 \Big|_{V=V_g}^{V=V_{g-1}}}{\widetilde{N}_g}, \text{由此得} \displaystyle\sum_g (3+\widetilde{\zeta}_g)\widetilde{N}_g = 0.
\end{cases}
\tag{6.128}
$$

(6.126)式给出中子输运方程(6.101)左边的多群形式.但因其中参量 $\widetilde{V}_g$, $\left(\widetilde{\dfrac{1}{V}}\right)$, $\widetilde{d}_g$ 及 $\widetilde{\zeta}_g$ 需要知道函数 $\widetilde{N}(r,V,\eta,t)$后才能算出,所以实际无法计算.实用上对多群方程所作近似的一个主要方面,在于以某种近似方法给出这些参量.一种近似方法是取系统中介质在某一代表时刻 t_c 的密度和温度分布,求出中子的定态能谱分布函数 $N_c(r,V,\eta)$,再取对 η 和某一区域 j(由半径 r_{i-1} 和 r_i 所界限)积分过的积分能谱

$$
N_j^* = N_j^*(V) \equiv \int_{r_{j-1}}^{r_j} r^2 \mathrm{d}r \int_{-1}^{1} N_c(r,V,\eta)\mathrm{d}\eta
$$

作为权重函数来平均 j 区中的各种参量,代替(6.127)式中定义的参量,放到(6.126)式中去应用.即,取

$$\begin{cases}\overline{V}_g^{(j)} \equiv \int_{V_g}^{V_{g-1}} VN_j^* V^2 \mathrm{d}V \Big/ \int_{V_g}^{V_{g-1}} N_j^* V^2 \mathrm{d}V, \\ \left(\overline{\frac{1}{V}}\right)_g^{(j)} \equiv \int_{V_g}^{V_{g-1}} \frac{1}{V} N_j^* V^2 \mathrm{d}V \Big/ \int_{V_g}^{V_{g-1}} N_j^* V^2 \mathrm{d}V, \\ \overline{d}_g^{(j)} \equiv \int_{V_g}^{V_{g-1}} \frac{\partial N_j^*}{\partial V} V^2 \mathrm{d}V \Big/ \int_{V_g}^{V_{g-1}} \frac{N_j^*}{V} V^2 \mathrm{d}V, \\ \overline{\zeta}_g^{(j)} \equiv \int_{V_g}^{V_{g-1}} V \frac{\partial N_j^*}{\partial V} V^2 \mathrm{d}V \Big/ \int_{V_g}^{V_{g-1}} N_j^* V^2 \mathrm{d}V, \end{cases} \tag{6.127$'$}$$

显然，现在也有

$$\begin{cases} 2 + \overline{d}_g^{(j)} = [N_j^*(V_{g-1})V_{g-1}^2 - N_j^*(V_g)V_g^2] \Big/ \int_{V_g}^{V_{g-1}} \frac{N_j^*}{V} V^2 \mathrm{d}V, \\ \sum_g (2 + \overline{d}_g^{(j)}) \left(\overline{\frac{1}{V}}\right)_g^{(j)} \int_{V_g}^{V_{g-1}} N_j^* V^2 \mathrm{d}V = 0; \\ 3 + \overline{\zeta}_g^{(j)} = [N_j^*(V_{g-1})V_{g-1}^3 - N_j^*(V_g)V_g^3] \Big/ \int_{V_g}^{V_{g-1}} N_j^* V^2 \mathrm{d}V, \\ \sum_g (3 + \overline{\zeta}_g^{(j)}) \int_{V_g}^{V_{g-1}} N_j^* V^2 \mathrm{d}V = 0. \end{cases} \tag{6.128$'$}$$

为考查这种近似方法的合理程度，我们看下列表达式：

$$\begin{aligned} \int_{r_{j-1}}^{r_j} \rho r^2 \mathrm{d}r \int_{-1}^{1} \frac{1}{\rho} \mathscr{D} \widetilde{N} \mathrm{d}\eta = {} & \frac{\mathrm{d}}{\mathrm{d}t} \int_{r_{j-1}}^{r_j} r^2 \mathrm{d}r \int_{-1}^{1} \widetilde{N} \mathrm{d}\eta \\ & + \int_{-1}^{1} (r^2 V \eta \widetilde{N}) \Big|_{r_{j-1}}^{r_j} \mathrm{d}\eta - \frac{1}{V^2} \frac{\partial}{\partial V} \Big\{ V^2 \int_{r_{j-1}}^{r_j} r^2 \mathrm{d}r \int_{-1}^{1} \frac{\mathrm{d}u}{\mathrm{d}t} \eta \widetilde{N} \mathrm{d}\eta \\ & + V^3 \int_{r_{j-1}}^{r_j} r^2 \mathrm{d}r \int_{-1}^{1} \left[\frac{u}{r} + \eta^2 \left(\frac{\partial u}{\partial r} - \frac{u}{r} \right) \right] \widetilde{N} \mathrm{d}\eta \Big\}. \end{aligned}$$

由上式可见，除和第 j 区边界（$r=r_{j-1}$ 及 $r=r_j$）处的中子流相应的右边第二项之外，其他各项中在求多群参量时，确实会牵涉到 $\widetilde{N}$（乘上某一因子后）对 η 及第 j 区空间的积分. 因此，近似地用 $N_j^* = N_j^*(V)$ 作权重来平均群参数还是合理的. 另一方面，对于中子流（第二项）中的 V，则应当用边界处的 $\int_{-1}^{1} \eta \widetilde{N} \mathrm{d}\eta$ 作权重来平均，而不宜采用积分过第 j 区空间的能谱 N_j^* 作权重. 事实上，边界 $r=r_j$ 既和第 j 区，又和第 $j+1$ 区相接，用 N_j^* 作权重平均出来的 $\overline{V}_g$ 值在过边界时，一般会不连续. 这就产生处理中子流项中 V 值的困难. 一种处理方法是取平均值 $\frac{1}{2}(\overline{V}_g^{(j)} + \overline{V}_g^{(j+1)})$ 作为边界 $r=r_j$ 处中子流中的 g 群 V 参数值.

当群数分得足够多时，$\widetilde{N}$ 在每群范围内可以用 Taylor 展开式的前二、三项来逼近. 若取前三项，则 $\widetilde{d}_g$，$\overline{\zeta}_g$ 可通过 $\widetilde{V}_g$，$\left(\widetilde{\frac{1}{V}}\right)_g$ 表示出来：

$$\begin{cases}\tilde{d}_g = \dfrac{10}{\left(\dfrac{\tilde{1}}{V}\right)_g \Delta_g^2}\left\{\left[\left(\dfrac{\tilde{1}}{V}\right)_g - \dfrac{V^{(1)}}{V^{(2)}}\right]\right. \\ \quad \cdot \dfrac{V_{g-1}^4 + 6V_{g-1}^3 V_g + 22V_{g-1}^2 V_g^2 + 6V_{g-1}V_g^3 + V_g^4}{V_{g-1}^2 + 8V_{g-1}V_g + V_g^2} \\ \quad \left. + 6\left[\tilde{V}_g - \dfrac{V^{(3)}}{V^{(2)}}\right]\dfrac{V_{g-1}^2 + 6V_{g-1}V_g + V_g^2}{V_{g-1}^2 + 8V_{g-1}V_g + V_g^2}\right\}, \\ \tilde{\zeta}_g = \dfrac{6}{V^{(1)}\Delta_g^2}\left\{\left[\left(\dfrac{\tilde{1}}{V}\right)_g - \dfrac{V^{(1)}}{V^{(2)}}\right]\right. \\ \quad \cdot \dfrac{V_{g-1}^6 + 7V_{g-1}^5 V_g + 28V_{g-1}^4 V_g^2 + 38V_{g-1}^3 V_g^3 + 28V_{g-1}^2 V_g^4 + 7V_{g-1}V_g^5 + V_g^6}{V_{g-1}^2 + 8V_{g-1}V_g + V_g^2} \\ \quad \left. + 5\left[\tilde{V}_g - \dfrac{V^{(3)}}{V^{(2)}}\right]\dfrac{V_{g-1}^4 + 7V_{g-1}^3 V_g + 10V_{g-1}^2 V_g^2 + 7V_{g-1}V_g^3 + V_g^4}{V_{g-1}^2 + 8V_{g-1}V_g + V_g^2}\right\};\end{cases} \tag{6.129}$$

式中

$$\begin{cases}\Delta_g \equiv V_{g-1} - V_g, \\ V^{(1)} \equiv \dfrac{1}{2}(V_{g-1} + V_g), \\ V^{(2)} \equiv \dfrac{1}{3}(V_{g-1}^2 + V_{g-1}V_g + V_g^2), \\ V^{(3)} \equiv \dfrac{1}{4}(V_{g-1}^3 + V_{g-1}^2 V_g + V_{g-1}V_g^2 + V_g^3).\end{cases} \tag{6.129a}$$

当然，如果用 $N_j^*(V)$ 代替 $\tilde{N}$ 来近似地平均群常数，那么，当在每群范围内 $N_j^*(V)$ 可以用 Taylor 展开的前三项来代替时，$\bar{d}_g^{(j)}$ 及 $\bar{\zeta}_g^{(j)}$ 也可以通过 $\bar{V}_g^{(j)}$ 及 $\left(\dfrac{\bar{1}}{V}\right)_g^{(j)}$ 用和(6.129a)式形式全同(但其中带"～"的量需换成带"$\overline{}_{(j)}$"的量)的式子表示出来.

如果在每群范围内，能谱分布只用 Taylor 展开的前两项就能足够准确地逼近；那么，只需用它平均出一个参量，例如说 $\bar{V}_g$，其余参量 $\left(\dfrac{\bar{1}}{V}\right)_g$，$\bar{d}_g$ 及 $\bar{\zeta}_g$ 就都可以通过 $\bar{V}_g$ 如下表示出来：

$$\begin{cases}\left(\dfrac{\bar{1}}{V}\right)_g = \dfrac{V^{(1)}}{V^{(2)}} - \dfrac{10}{3}\cdot\dfrac{(V_{g-1}^2 + 4V_{g-1}V_g + V_g^2)\left(\bar{V}_g - \dfrac{V^{(3)}}{V^{(2)}}\right)}{V_{g-1}^4 + 4V_{g-1}^3 V_g + 10V_{g-1}^2 V_g^2 + 4V_{g-1}V_g^3 + V_g^4}, \\ \left(\dfrac{\bar{1}}{V}\right)_g \bar{d}_g = \dfrac{240}{\Delta_g^2}\cdot\dfrac{(V^{(2)})^2\left(\bar{V}_g - \dfrac{V^{(3)}}{V^{(2)}}\right)}{V_{g-1}^4 + 4V_{g-1}^3 V_g + 10V_{g-1}^2 V_g^2 + 4V_{g-1}V_g^3 + V_g^4}, \\ \bar{\zeta}_g = \dfrac{240}{\Delta_g^2}\dfrac{V^{(2)}V^{(3)}\left(\bar{V}_g - \dfrac{V^{(3)}}{V^{(2)}}\right)}{V_{g-1}^4 + 4_{g-1}^3 V_g + 10V_{g-1}^2 V_g^2 + 4V_{g-1}V_g^3 + V_g^4},\end{cases} \tag{6.130}$$

式中 $V^{(1)}, V^{(2)}, V^{(3)}$ 及 Δ_g 仍由(6.129a)式给出.

现在,多群方程可以写出如下:

$$\widetilde{D}_g \widetilde{N}_g = \widetilde{Q}_g - \widetilde{A}_g, \tag{6.131}$$

式中

$$\begin{aligned}\widetilde{\mathscr{D}}_g \widetilde{N}_g \equiv & \rho \frac{\mathrm{d}}{\mathrm{d}t}\frac{\widetilde{N}_g}{\rho} + \frac{1}{r^2}\frac{\partial}{\partial r}(r^2 \eta \bar{V}_g \widetilde{N}_g) + \left[\frac{\bar{V}_g}{r} - \frac{\mathrm{d}u}{\mathrm{d}t}\left(\frac{\bar{1}}{V}\right)_g\right] \\ & \cdot \frac{\partial}{\partial \eta}[(1-\eta^2)\widetilde{N}_g] - \left(\frac{\partial u}{\partial r} - \frac{u}{r}\right)\frac{\partial}{\partial \eta}[\eta(1-\eta^2)\widetilde{N}_g] \\ & - \left\{\eta \frac{\mathrm{d}u}{\mathrm{d}t}(2+\bar{d}_g)\left(\frac{\bar{1}}{V}\right)_g \right. \\ & \left. + (3+\bar{\zeta}_g)\left[\frac{u}{r} + \eta^2\left(\frac{\partial u}{\partial r} - \frac{u}{r}\right)\right]\right\}\widetilde{N}_g,\end{aligned} \tag{6.131a}$$

而

$$\widetilde{Q}_g - \widetilde{A}_g \equiv \int_{V_g}^{V_{g-1}} ((6.111)\text{ 式右边}) V^2 \mathrm{d}V. \tag{6.131b}$$

由(6.111)式右边各项的定义,可以得出

$$\begin{cases}\widetilde{Q}_g = \dfrac{1}{4\pi}\sum\limits_{(ij)_\mathrm{T}} n_i n_j r_{ij} \chi_g^{(ij)} + \sum\limits_i n_i \sum\limits_l \Big[\dfrac{1}{4\pi}(\overline{v\sigma}_{i\mathrm{f}} V)_l \chi_g^{(i)} \\ \qquad + (\sigma_{i,\mathrm{in}} V)_{l\to g} + (\bar{\sigma}_{i\mathrm{s}} V)_{l\to g}\Big]\tilde{n}_l, \\ \widetilde{A}_g = \sum\limits_i n_i [(\bar{\sigma}_{i\mathrm{a}} V)_g + (\sigma_{i,\mathrm{in}} V)_g + (\bar{\sigma}_{i\mathrm{s}} V)_g]\widetilde{N}_g,\end{cases} \tag{6.132}$$

式中 $\chi_g^{(ij)}$ 是热核反应 $(ij)_\mathrm{T}$ 中所放中子的能量在群 g 范围内的几率;$\chi_g^{(i)}$ 是核 i 裂变所产生中子的能量在群 g 范围内的几率;而

$$\tilde{n}_l = \tilde{n}_l(r,t) \equiv 2\pi \int_{-1}^{1} \widetilde{N}_l(r,\eta,t)\mathrm{d}\eta, \tag{6.132a}$$

$$\begin{cases}(\overline{v\sigma}_{i\mathrm{f}} V)_l \equiv \dfrac{1}{\tilde{n}_l}\displaystyle\int_{-1}^{1} 2\pi \mathrm{d}\eta \int_l \widetilde{N} v \bar{\sigma}_{i\mathrm{f}} V \cdot V^2 \mathrm{d}V, \\ (\bar{\sigma}_{i\mathrm{a}} V)_g \equiv \dfrac{1}{\tilde{n}_g}\displaystyle\int_{-1}^{1} 2\pi \mathrm{d}\eta \int_g \widetilde{N} \bar{\sigma}_{i\mathrm{a}} V \cdot V^2 \mathrm{d}V, \\ (\sigma_{i,\mathrm{in}} V)_{l\to g} \equiv \dfrac{1}{\tilde{n}_l}\displaystyle\int_{-1}^{1} 2\pi \mathrm{d}\eta' \int_l V'^2 \mathrm{d}V' \widetilde{N}' \sigma'_{i,\mathrm{in}} V' \\ \qquad \cdot \displaystyle\int_g \chi_i(\boldsymbol{V}' \to \boldsymbol{V}) V^2 \mathrm{d}V, \\ (\bar{\sigma}_{i\mathrm{s}} V)_{l\to g} \equiv \dfrac{1}{\tilde{n}_l}\displaystyle\int_{-1}^{1} 2\pi \mathrm{d}\eta' \int_l V'^2 \mathrm{d}V' \widetilde{N}' \\ \qquad \cdot \displaystyle\int_g \frac{1}{n_i} G_i(\boldsymbol{V}' \to \boldsymbol{V}) V^2 \mathrm{d}V.\end{cases} \tag{6.132b}$$

(6.132b)式中$\int_l \cdots \mathrm{d}V$是$\int_{V_l}^{V_{l-1}} \cdots \mathrm{d}V$的简写；$\widetilde{N}'$及$\sigma'_{i,\mathrm{in}}$表示以$V'$为速度变量的$\widetilde{N}$及$\sigma_{i,\mathrm{in}}$；在实用时，当然，$\widetilde{N}$及$\tilde{n}_l$等要用各区中的定态积分谱$N_j^*$及$n_{j,l}^* \equiv \int_l N_j^* 4\pi V^2 \mathrm{d}V$等来代替. 另外，有

$$(\sigma_{i,\mathrm{in}} V)_g \equiv \sum_l (\sigma_{i,\mathrm{in}} V)_{g\to l}, \quad (\bar{\sigma}_{\mathrm{is}} V)_g \equiv \sum_l (\bar{\sigma}_{\mathrm{is}} V)_{g\to l}, \tag{6.132c}$$

如果存在$(n,2n)$及$(n,3n)$反应，只需在Q_g，A_g中添加相应的过渡截面和群截面. 我们可以把所有各种反应引起的过渡截面合并到一起，代替(6.132)第一式[…]内后两项之和，写成$\sigma_{l\to g}^{(i)}$，并定义

$$\sigma_{\mathrm{tr},g}^{(i)} \equiv \bar{\sigma}_{\mathrm{ia},g} + \sigma_{i,\mathrm{in},g} + \bar{\sigma}_{\mathrm{is},g} + \sigma_{i,2\mathrm{n},g} + \sigma_{i,3\mathrm{n},g},$$

把(6.132)式改写成

$$\begin{cases} \widetilde{Q}_g = \dfrac{1}{4\pi}\displaystyle\sum_{(ij)_\mathrm{T}} n_i n_j r_{ij} \chi_g^{(ij)} + \sum_i n_i \sum_l \left[\dfrac{1}{4\pi}(v\sigma_{\mathrm{if}})_l \chi_g^{(i)} + \sigma_{l\to g}^{(i)}\right] V_l \tilde{n}_l, \\ \widetilde{A}_g = \displaystyle\sum_i n_i \sigma_{\mathrm{ir},g}^{(i)} V_g \widetilde{N}_g. \end{cases} \tag{6.132$'$}$$

当系统的介质没有流体力学运动，或运动速度很小，可以略去时，$u \Rightarrow 0$而$V \Rightarrow v$，$\eta \Rightarrow \mu$. 这时多群方程(6.131)及(6.131a)，(6.132′)的二式变成

$$\mathscr{D}_g N_g = Q_g - A_g, \tag{6.133}$$

式中

$$\begin{cases} \mathscr{D}_g N_g \equiv \dfrac{\partial N_g}{\partial t} + \dfrac{1}{r^2}\dfrac{\partial}{\partial r}(r^2 \mu \bar{v}_g N_g) + \dfrac{\bar{v}_g}{r}\dfrac{\partial}{\partial \mu}[(1-\mu^2)N_g], \\ Q_g = \dfrac{1}{4\pi}\displaystyle\sum_{(ij)_\mathrm{T}} n_i n_j r_{ij} \chi_g^{(ij)} + \sum_i n_i \sum_l \left[\dfrac{1}{4\pi}(v\sigma_{\mathrm{if}})_l \chi_g^{(i)} + \sigma_{l\to g}^{(i)}\right] v_l n_l, \\ A_g = \displaystyle\sum_i n_i \sigma_{\mathrm{tr},g}^{(i)} v_g N_g. \end{cases} \tag{6.133a}$$

这里，群参量$\bar{v}_g$，$\chi_g^{(ij)}$，$\chi_g^{(i)}$，$(v\sigma_{\mathrm{if}})_l$，$\sigma_{l\to g}^{(i)}$及$\sigma_{\mathrm{tr},g}^{(i)}$等当然都是对按$v$的分群$v_G < \cdots < v_g < v_{g-1} < \cdots < v_b$求得的.

§6.4　流体力学方程组和热工水力问题

上节中提到过，系统中介质的流体运动决定于流体力学方程组、相应的初始条件和边界条件以及辅助性的状态方程. 设$\rho = \rho(\boldsymbol{r},t)$，$\boldsymbol{u} = \boldsymbol{u}(\boldsymbol{r},t)$，$p = p(\boldsymbol{r},t)$及$T = T(\boldsymbol{r},t)$分别是介质中密度、速度、压强及温度的空-时分布. 那么，包括连续性方程、运动方程和能量方程的流体力学方程组就可以写出如下[11]：

$$\begin{cases}\dfrac{\mathrm{d}\rho}{\mathrm{d}t}+\rho\,\nabla\cdot\boldsymbol{u}=0, & (6.134\mathrm{a})\\ \rho\,\dfrac{\mathrm{d}\boldsymbol{u}}{\mathrm{d}t}=-\nabla\left(p+\dfrac{1}{3}aT^4\right)+\nabla\cdot\boldsymbol{\tau}+\rho\boldsymbol{f}, & (6.134\mathrm{b})\\ \rho\,\dfrac{\mathrm{d}}{\mathrm{d}t}\left(e+\dfrac{aT^4}{\rho}\right)=\nabla\cdot(K\,\nabla\,T) & \\ \qquad-\left(p+\dfrac{1}{3}aT^4\right)\nabla\cdot\boldsymbol{u}+\boldsymbol{\tau}\nabla\,\boldsymbol{u}+W; & (6.134\mathrm{c})\end{cases}$$

而介质的状态方程由函数形式

$$p=p(\rho,T) \tag{6.135}$$

给出. 方程(6.134a,b,c)中,$\dfrac{\mathrm{d}}{\mathrm{d}t}\equiv\dfrac{\partial}{\partial t}+\boldsymbol{u}\cdot\nabla$;(6.134a)式是上节中已经引用过的连续性方程;在表示动量守恒的运动方程(6.134b)中,$\dfrac{1}{3}aT^4$ 代表辐射压,$\boldsymbol{\tau}$ 代表流体的黏性应力张量,$\boldsymbol{f}$ 是作用在每单位质量介质上的外力;能量方程(6.134c)中,$e=e(\rho,T)$是每单位质量介质具有的内能,aT^4 是辐射场的能量密度,$K=K(\rho,T)$是介质的热传导系数,W 是由于各种核反应而在每单位体积介质中产生的能量,其形式将在下面进一步讨论. 黏性应力张量 $\boldsymbol{\tau}$ 的分量 τ_{ij} 由下式给出:

$$\tau_{ij}=\mu\left(\frac{\partial u_i}{\partial r_j}+\frac{\partial u_j}{\partial r_i}\right)+\left(\mu'-\frac{2}{3}\mu\right)\delta_{ij}\,\frac{\partial u_k}{\partial r_k}, \tag{6.136}$$

式中 μ 为通常黏性系数,而 μ' 为容变黏性系数. 这里和以下都采用以前说明过的"求和规定".

从(6.136)式,可明显写出

$$\begin{cases}(\nabla\cdot\boldsymbol{\tau})_i=\dfrac{\partial}{\partial r_j}\tau_{ij},\\ \boldsymbol{\tau}\nabla\,\boldsymbol{u}=\tau_{ij}\,\dfrac{\partial u_j}{\partial r_i}=\dfrac{1}{2}\tau_{ij}\left(\dfrac{\partial u_j}{\partial r_i}+\dfrac{\partial u_i}{\partial r_j}\right).\end{cases} \tag{6.136'}$$

为给出热源分布 W 的形式,我们注意,各种核反应中产生的能量,其由带电粒子带走的动能部分,由于带电粒子的慢化快、射程短,可以近似地认为就在反应发生的地点及时刻作为热能放出. 但由中子及 γ 射线带走的能量,则要等到它们在输运中和介质相互作用才能逐步放出. 由带电粒子放出的能量,可以按不同来源分别如下写出:

$$\begin{cases}W_{\text{聚变}}=\displaystyle\sum_{(ij)_\mathrm{T}}n_in_jr_{ij}E_{ij},\\ W_{\text{裂变}}=\displaystyle\sum_i n_iE_\mathrm{f}^{(i)}\int V\bar{\sigma}_{i\mathrm{f}}(V)\tilde{N}(\boldsymbol{V})\mathrm{d}\boldsymbol{V},\\ W_{\text{吸收}}=\displaystyle\sum_i n_iE_\mathrm{a}^{(i)}\int V\bar{\sigma}_{i\mathrm{a}}(V)\tilde{N}(\boldsymbol{V})\mathrm{d}\boldsymbol{V};\end{cases} \tag{6.137}$$

式中 E_{ij}，$E_{\mathrm{f}}^{(i)}$ 及 $E_{\mathrm{a}}^{(i)}$ 分别是聚变反应 $(ij)_{\mathrm{T}}$、核 i 裂变及核 i 吸收中子的反应中，由所产生的带电粒子带走的动能；其他记号都和上节中的相同.

聚变及裂变中所产生中子带走的能量，以后在中子慢化过程中释放出来. 它可以如下计算：

$$W_{\mathrm{n}} = \sum_i \iint G_i(\boldsymbol{V}' \to \boldsymbol{V})\widetilde{N}(\boldsymbol{V}')\,\frac{m}{2}(V'^2 - V^2)\mathrm{d}\boldsymbol{V}'\mathrm{d}\boldsymbol{V}. \tag{6.137'}$$

裂变及非弹性散射中产生的 γ 射线(瞬发部分)所带走的能量将随着 γ 射线在介质中被散射和吸收而放出. 这一部分热源的分布由 γ 射线的输运方程决定. 我们在这里不再详细讨论.

裂变产物的 β 和 γ 衰变中放出的缓发 β 及 γ 能量有一定的时间延迟(参见(1.1-β,-γ)式). 根据不同的情况，这部分能量可以略去或作近似处理.

利用热力学关系，有

$$\mathrm{d}e = T\mathrm{d}s - p\mathrm{d}v, \quad \mathrm{d}s = \frac{\partial s}{\partial T}\bigg|_v \mathrm{d}T + \frac{\partial s}{\partial v}\bigg|_T \mathrm{d}v$$

及

$$T\frac{\partial s}{\partial T}\bigg|_v = c_v, \quad \frac{\partial s}{\partial v}\bigg|_T = \frac{\partial p}{\partial T}\bigg|_v.$$

这里 s 及 v 是单位质量介质的熵和体积，c_v 是单位质量介质的定容比热. 显然 $v=\dfrac{1}{\rho}$. 于是能量方程(6.134c)可改写如下：

$$\rho\left(c_v + \frac{4pT^3}{\rho}\right)\frac{\mathrm{d}T}{\mathrm{d}t} = \nabla\cdot(K\,\nabla\,T) - \rho\left(T\frac{\partial p}{\partial T}\bigg|_\rho + \frac{4}{3}aT^4\right)\cdot\frac{\mathrm{d}}{\mathrm{d}t}\frac{1}{\rho} + \boldsymbol{\tau}:\nabla\boldsymbol{u} + W. \tag{6.134c'}$$

方程(6.134b)中的外力 $\boldsymbol{f}$ 一般只代表重力的影响. 当压强梯度很大，使 $|\nabla p| \gg |\rho\boldsymbol{f}|$ 时，$\boldsymbol{f}$ 就可以略去不计.

方程组(6.134a,b,c′)的进一步讨论需结合具体的物理条件. 我们将考虑两类特殊情况.

一类情况可以用高压裂变聚变小丸的运动情况为代表[12]. 这时，由于压强梯度极高，运动方程(6.134b)右边的 $\nabla\cdot\boldsymbol{\tau}$ 及 $\rho\boldsymbol{f}$ 二项相对于第一项可以略去. 另一方面，由于温度可以很高(超过 10^6 K)，所以辐射项重要，而黏性项不重要，(6.134c,c′)中的 $\boldsymbol{\tau}:\nabla\boldsymbol{u}$ 可略去. 考虑到这些情况和小丸球对称的条件，流体力学方程组可简化成以下形式：

$$
\begin{cases}
\dfrac{\mathrm{d}\rho}{\mathrm{d}t}+\rho\left(\dfrac{\partial u}{\partial r}+\dfrac{2u}{r}\right)=0, & (6.138\mathrm{a})\\[2ex]
\rho\dfrac{\mathrm{d}u}{\mathrm{d}t}=-\dfrac{\partial}{\partial r}\left(p+\dfrac{1}{3}aT^4\right), & (6.138\mathrm{b})\\[2ex]
(\rho C_v+4aT^3)\dfrac{\mathrm{d}T}{\mathrm{d}t}=\dfrac{1}{r^2}\dfrac{\partial}{\partial r}\left(r^2K\dfrac{\partial T}{\partial r}\right) & \\[2ex]
\qquad\qquad -\rho\left(T\left.\dfrac{\partial p}{\partial T}\right|_{\rho}+\dfrac{4}{3}aT^4\right)\dfrac{\mathrm{d}}{\mathrm{d}t}\dfrac{1}{\rho}+W; & (6.138\mathrm{c})
\end{cases}
$$

这一微分方程组的定解条件为：

初始条件：$t=0$ 时，ρ,u 及 T 分别是在空间给定的函数 $\rho_0(r),u_0(r)$ 及 $T_0(r)$；而 p 则由状态方程(6.135)确定.

边界条件：$r=0$ 处，应有 $u=0,\dfrac{\partial T}{\partial r}=0$ 及 $\dfrac{\partial p}{\partial r}=0$；内部界面处，$u,p,T$ 及 $K\dfrac{\partial T}{\partial r}$ 保持连续；外边界处，$p=0$ 及 $T=0$(或 $K\dfrac{\partial T}{\partial r}=-\lambda T$，$\lambda$ 为一常数).

在这些定解条件下，假定热源分布 W 已知，方程组(6.138a,b,c)和状态方程(6.135)相结合，可以用数值方法求解[13].

另一类情况是常规的裂变反应堆，其中除冷却剂之外的介质均不流动，而冷却剂的流速也保持一定.于是流体力学方程组退化为单一的能量方程(6.134c′)，其右边的第二及第三项变成零.这就是所谓热传导方程.由于温度不高，所有含小常数 $a=7.56\times10^{-16}\ \mathrm{J\cdot m^{-3}\cdot K^{-4}}$ 的辐射项都可略去.这样，在非冷却剂中，置 $\boldsymbol{u}=\boldsymbol{0}$ 后，有

$$
\rho_{\mathrm{f}}c_{\mathrm{f}}\frac{\partial T_{\mathrm{f}}}{\partial t}=\nabla\cdot(K_{\mathrm{f}}\nabla T_{\mathrm{f}})+W, \tag{6.139-f}
$$

而在冷却剂中的热传导方程可以写成

$$
\rho_{\mathrm{c}}c_{\mathrm{c}}\left(\frac{\partial T_{\mathrm{c}}}{\partial t}+\boldsymbol{u}\cdot\nabla T_{\mathrm{c}}\right)=\nabla\cdot(K_{\mathrm{c}}\nabla T_{\mathrm{c}}), \tag{6.139-c}
$$

式中略去了冷却剂中的热源，c_{f} 及 c_{c} 分别是燃料棒材料及冷却剂的比热.

作为一个简单例子，我们考虑如图 6.3 所示的由燃料棒和周围冷却剂组成的双区介质中的热传导.略去棒中 z 方向的热传导，并假定 $\rho_{\mathrm{f}},c_{\mathrm{f}},K_{\mathrm{f}},\rho_{\mathrm{c}},c_{\mathrm{c}}$ 及 K_{c} 为常量.由于圆柱对称，温度分布和方位角 φ 无关，同时我们假定 W 是给定的、只依赖于时间的函数.于是(6.139-f)式可简化为

$$
\rho_{\mathrm{f}}c_{\mathrm{f}}\frac{\partial T_{\mathrm{f}}(r,z,t)}{\partial t}=K_{\mathrm{f}}\left[\frac{\partial^2}{\partial r^2}T_{\mathrm{f}}(r,z,t)+\frac{1}{r}\frac{\partial}{\partial r}T_{\mathrm{f}}(r,z,t)\right]+W(t). \tag{6.140}
$$

这个方程应满足的边界条件为

中心轴处：
$$
\left.\frac{\partial T_{\mathrm{f}}(r,z,t)}{\partial r}\right|_{r=0}=0, \tag{6.140a}
$$

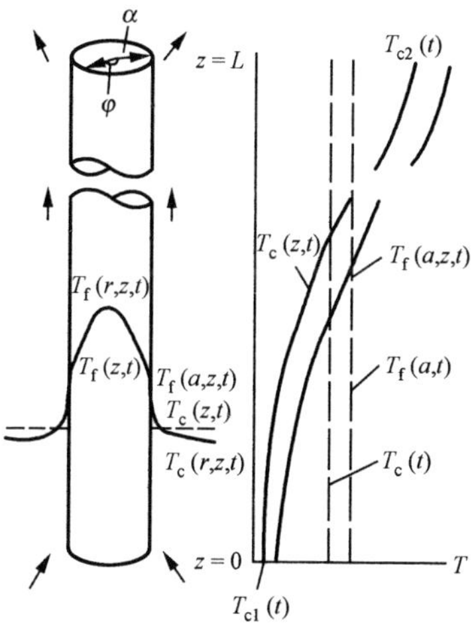

图 6.3　燃料棒和冷却剂中的温度分布

表面处：

$$-K_f\left.\frac{\partial T_f(r,z,t)}{\partial r}\right|_{r=a}=h[T_f(a,z,t)-T_c(a,z,t)],\qquad(6.140b)$$

式中 h 为从燃料棒表面向冷却剂的传热系数，即当棒表面温度每超过冷却剂温度1℃时，每单位时间从每单位面积棒表面向冷却剂传递的热量.

在冷却剂中，同样略去 z 方向的热传导. 但因为它一边沿 z 方向流动，一边接受燃料棒传出的热量，所以 z 方向的温度梯度仍然是显著的；但因流动引起的混合，除去表面边界层外，r 方向的温度梯度几乎被消除，所以不妨近似地把 T_c 看成是冷却剂的径向平均温度，它只是 z 和 t 的函数：$T_c=T_c(z,t)$，把由单位面积棒表面每单位时间传入冷却剂的热量写成 $h[T_f(a,z,t)-T_c(z,t)]$. 因此(6.139-c)式可以改写成

$$\rho_c c_c A_c\left[\frac{\partial T_c(z,t)}{\partial t}+u\frac{\partial T_c(z,t)}{\partial z}\right]=2\pi ah[T_f(a,z,t)-T_c(z,t)].\qquad(6.141)$$

式中 A_c 为冷却剂流通管道的截面积. 方程(6.141)应满足的边界条件为：入口处($z=0$)

$$T_c(0,t)=T_{c1}(t)\qquad(6.141a)$$

为给定. 另外，作为(6.140)及(6.141)式的初始条件，当然还应当给定 T_f 和 T_c 在时刻 $t=0$ 的值：

$$\begin{cases}T_f(r,z,0)\ \text{给定}, & (6.142\text{-f})\\ T_c(z,0)\ \text{给定}. & (6.142\text{-c})\end{cases}$$

从方程(6.140)及(6.141)，以及相应的边界条件和初始条件可以看出，分别考虑燃料棒和冷却剂中温度分布随时间的变化时，都只需求解一个 1 维非定常问题.

实际上，如果在求 $T_f(r,z,t)$ 时把 $T_c(a,z,t)\approx T_c(z,t)$ 看成给定，(6.140)式就是 r 方向的热传导方程，可在条件(6.140a，b)及(6.142-f)之下求解，z 仅作为参量出现. 另一方面，如果在求 $T_c(z,t)$ 时把 $T_f(a,z,t)$ 看成给定，(6.141)式就是慢化剂的热平衡方程，可在条件(6.141a)及(6.142-c)之下求解. 不过，当把二者耦合起来考虑整个释热元件中的热工水力问题时，我们仍然不得不和 2 维分布 $T_f(r,z,t)$ 打交道.

将方程(6.140)在横截面上积分，得

$$\rho_f c_f \pi a^2 \frac{\partial T_f(z,t)}{\partial t} = \pi a^2 W(t) - 2\pi a h[T_f(z,t) - T_c(z,t)], \quad (6.140')$$

式中 $T_f(z,t) \equiv \frac{1}{\pi a^2}\int_0^a T_f(r,z,t)2\pi r\mathrm{d}r$ 是对 r 方向平均的燃料温度. 在求得(6.140′)过程中，用了边界条件(6.140a，b).

对于冷却剂中温度随时间的变化，如果主要关心 $T_c(z,t)$ 对 z 方向的平均值 $T_c(t)$，而不太需要它在特定点的值，就可将方程(6.141)对 z 从入口到出口平均，求得

$$\rho_c c_c A_c \frac{\mathrm{d}T_c(t)}{\mathrm{d}t} = 2\pi a h[T_f(a,t) - T_c(t)] - \rho_c c_c A_c u \cdot \frac{T_{c2}(t) - T_{c1}(t)}{L}, \quad (6.141')$$

式中 $T_f(a,t)$ 是燃料棒表面温度对 z 方向的平均值，$T_{c2}(t)$ 是冷却剂的出口温度，L 是释热元件长度. $T_{c2}(t)$ 可通过近似关系：$T_c(t)\approx\frac{1}{2}[T_{c2}(t)+T_{c1}(t)]$ 用 $T_c(t)$ 和已知的 $T_{c1}(t)$ 表出.

方程组(6.140)及(6.141)式((6.140′)及(6.141′)式)不难在给定边界和初始条件下用数值方法解出. 在某些简化情形下也可以解析求解. 下面举一个最简单的例子，即对燃料棒和冷却剂中温度分别用集总平均值 $T_f(t)$ 和 $T_c(t)$ 代替，于是从(6.140′)及(6.141′)式得下列一阶常微分方程组：

$$\begin{cases} \rho_f c_f \pi a^2 \dfrac{\mathrm{d}T_f(t)}{\mathrm{d}t} = \pi a^2 W(t) - 2\pi a h[T_f(t) - T_c(t)], & (6.140'') \\ \rho_c c_c A_c \dfrac{\mathrm{d}T_c(t)}{\mathrm{d}t} = 2\pi a h[T_f(t) - T_c(t)] - 2\rho_c c_c A_c u \cdot \dfrac{T_c(t) - T_{c1}(t)}{L}. & (6.141'') \end{cases}$$

设系统在 $t=0$ 时处于稳态，并设

$$\delta T_f(t) = T_f(t) - T_f(0),$$
$$\delta T_c(t) = T_c(t) - T_c(0), \quad \delta T_{c1}(t) = T_{c1}(t) - T_{c1}(0),$$
$$\delta W(t) = W(t) - W(0),$$

然后作 Laplace 变换，便得

$$\begin{cases}(\tau_f s+1)\delta\overline{T}_f(s)=K_f\delta\overline{W}(s)+\delta\overline{T}_c(s),\\(\tau_c s+1)\delta\overline{T}_c(s)=(1-K_c)\delta\overline{T}_f(s)+K_c\delta\overline{T}_{c1}(s),\end{cases}\tag{6.143}$$

式中 $\delta\overline{T}_f(s)$，$\delta\overline{T}_c(s)$，$\delta\overline{T}_{c1}(s)$及$\delta\overline{W}(s)$分别是$\delta T_f(t)$，$\delta T_c(t)$，$\delta T_{c1}(t)$及$\delta W(t)$的 Laplace 变换；而 τ_f，τ_c，K_f 及 K_c 分别代表：

$$\tau_f=\frac{\rho_f c_f \pi a^2}{2\pi ah}=\frac{\rho_f c_f a}{2h},$$

$$\tau_c=\frac{\rho_c c_c A_c}{2\pi ah+\dfrac{2\rho_c c_c A_c u}{L}},$$

$$K_f=\frac{\pi a^2}{2\pi ah}=\frac{a}{2h},$$

$$K_c=\frac{\dfrac{2\rho_c c_c A_c u}{L}}{2\pi ah+\dfrac{2\rho_c c_c A_c u}{L}}=\frac{\rho_c c_c A_c u}{\pi ahL+\rho_c c_c A_c u}.$$

(6.143)式中，热源及入口温度的 Laplace 变换 $\delta\overline{W}(s)$及$\delta\overline{T}_{c1}(s)$为输入，而燃料棒及冷却剂中温度的 Laplace 变换 $\delta\overline{T}_f(s)$及$\delta\overline{T}_c(s)$为输出. 由(6.143)式马上可得出下列几种传递函数：

$$\begin{cases}\dfrac{\delta\overline{T}_f(s)}{\delta\overline{W}(s)}=\dfrac{K_f(\tau_c s+1)}{\tau_c\tau_f s^2+(\tau_c+\tau_f)s+K_c},\\[2ex]\dfrac{\delta\overline{T}_c(s)}{\delta\overline{W}(s)}=\dfrac{K_f(1-K_c)}{\tau_c\tau_f s^2+(\tau_c+\tau_f)s+K_c},\\[2ex]\dfrac{\delta\overline{T}_f(s)}{\delta\overline{T}_{c1}(s)}=\dfrac{K_c}{\tau_c\tau_f s^2+(\tau_c+\tau_f)s+K_c},\\[2ex]\dfrac{\delta\overline{T}_c(s)}{\delta\overline{T}_{c1}(s)}=\dfrac{K_c(\tau_f s+1)}{\tau_c\tau_f s^2+(\tau_c+\tau_f)s+K_c}.\end{cases}\tag{6.144}$$

§7.1 中，我们将看到，如果保留(6.141)式中未知函数 T_c 对 z 的依赖关系，并保留对 z 的导数项$\dfrac{\partial T_c}{\partial z}$，那么，得出的传递函数就会是 s 的超越函数(参看(7.69)，(7.68)及(7.74)等式)，而不是(6.144)式中那样的有理函数. 这一点在稳定性分析中有重要意义.

§6.5 多群扩散近似

以上在§6.1 中引进了中子输运方程，在§6.2 和§6.3 中讨论了反应堆中介质原子核的热运动和流体力学运动对中子输运的影响. 另一方面，从(6.27)式及§6.4 中的讨论可见，由 $N_i(\boldsymbol{v}_i)$表征的原子核热运动和由 $\boldsymbol{u}=\boldsymbol{u}(\boldsymbol{r},t)$规定的流体运动，都依赖于介质中的温度和压强分布 $T(\boldsymbol{r},t)$ 及 $p(\boldsymbol{r},t)$，而后二者又通过能量方程(6.134c)中的热源项 W 和中子分布产生依赖关系. 所有这些有关方程（中子输运方程、流体力学方程组、状态方程以及以后在§7.3中将要加以讨论的燃耗或化学动力学方程）耦合起来求解是十分复杂和计算量异常巨大的工作；只有利用数值计算方法，付出昂贵的代价，在存贮量十分庞大和计算速度十分快的现代电子计算机上，才有可能从事这种工作，得出满足一定精确度要求的结果. 即使不考虑温度变化和介质运动的反馈，单一的中子输运方程也只是对一些简单的特殊情况才有严格解，而且这些解大多数都和时间无关. 幸好，在许多实际问题中，中子输运方程可用一组多群扩散方程来逼近. 如所周知，扩散理论中，中子角通量 $\Phi(\boldsymbol{r},\boldsymbol{v},t)$ 被近似地对角度变量 $\boldsymbol{\Omega}=\dfrac{\boldsymbol{v}}{v}$ 展开到一次项：

$$v^2\Phi(\boldsymbol{r},\boldsymbol{v},t)\approx\frac{1}{4\pi}\varphi(\boldsymbol{r},v,t)+\frac{3}{4\pi}\boldsymbol{\Omega}\cdot\boldsymbol{j}(\boldsymbol{r},v,t);$$

同时假设：在中子通量

$$\varphi(\boldsymbol{r},v,t)=\int\Phi(\boldsymbol{r},\boldsymbol{v},t)v^2\,\mathrm{d}\Omega$$

及中子流

$$\boldsymbol{j}(\boldsymbol{r},v,t)=\int\boldsymbol{\Omega}\Phi(\boldsymbol{r},\boldsymbol{v},t)v^2\,\mathrm{d}\Omega$$

之间存在下列关系(Fick 定律)：

$$\boldsymbol{j}(\boldsymbol{r},v,t)=-D\nabla\varphi(\boldsymbol{r},v,t).$$

这里扩散系数 $D=D(\boldsymbol{r},v,t)$ 一般也是时空变量和中子速率的函数. 按照扩散理论，中子输运方程(6.3)可以近似地换成下列中子扩散方程：

$$\frac{1}{v}\frac{\partial\varphi}{\partial t}=\mathscr{L}_0\varphi+\mathscr{L}_f\varphi+\mathscr{S}_d+\mathscr{S}, \tag{6.145}$$

式中 $\varphi=\varphi(\boldsymbol{r},v,t)$，而

$$\mathscr{L}_0\varphi\equiv\nabla\cdot D\nabla\varphi(\boldsymbol{r},v,t)-\Sigma_t(\boldsymbol{r},v,t)\varphi(\boldsymbol{r},v,t)+\int\Sigma_s(\boldsymbol{r},v'\to v,t)\varphi(\boldsymbol{r},v',t)\mathrm{d}v', \tag{6.145a}$$

$$\mathscr{L}_f\varphi\equiv\int\chi(v)(1-\beta)\nu\Sigma_f(\boldsymbol{r},v',t)\varphi(\boldsymbol{r},v',t)\mathrm{d}v', \tag{6.145b}$$

$$\mathscr{S}_d\equiv\sum_i\lambda_iC_i(\boldsymbol{r},t)\chi_i(v), \tag{6.145c}$$

$$\mathscr{S}\equiv\mathscr{S}(\boldsymbol{r},v,t)=\int S(\boldsymbol{r},\boldsymbol{v},t)v^2\,\mathrm{d}\Omega; \tag{6.145d}$$

边界条件(6.5)应当相应地换成扩散理论的边界条件：

$$\varphi(\boldsymbol{r}_{外推}, v, t) = 0, \tag{6.145e}$$

式中 $\boldsymbol{r}=\boldsymbol{r}_{外推}$ 代表系统的外推边界. 在内部两区之间的边界上,则应当要求 $\varphi(\boldsymbol{r},v,t)$ 及 $\hat{\boldsymbol{n}}\cdot\boldsymbol{j}(\boldsymbol{r},v,t)$ 分别连续,这里 $\hat{\boldsymbol{n}}$ 是界面上法线方向的单位矢量.

缓发中子先驱核浓度 $C_i=C_i(\boldsymbol{r},t)$ 所满足的方程(6.4)及(6.4′)现在换成

$$\frac{\partial C_i}{\partial t} = \int \beta_i \nu \Sigma_{\mathrm{f}}(\boldsymbol{r},v',t)\varphi(\boldsymbol{r},v',t)\mathrm{d}v' - \lambda_i C_i \tag{6.146}$$

及

$$C_i(\boldsymbol{r},t) = \int_{-\infty}^{t} \mathrm{e}^{-\lambda_i(t-t')} \int \beta_i \nu \Sigma_{\mathrm{f}}(\boldsymbol{r},v',t')\varphi(\boldsymbol{r},v',t')\mathrm{d}v'\mathrm{d}t'. \tag{6.146′}$$

事实上,只要对方程(6.3)和(6.3a—d)各式两边分别作对 $\boldsymbol{\Omega}$ 的积分运算 $\int\cdots\mathrm{d}\Omega$,记住扩散理论中的假设,并适当定义各宏观截面对角度的平均值,便可直接得出方程(6.145)和(6.145a—d)各式. 而作出(6.4)及(6.4′)二式右边积分中对角度积分的部分,便得(6.146)及(6.146′)二式.

同样,从(6.3c′),(6.6)及(6.10)式,可得相应的

$$\begin{cases} \mathscr{S}_{\mathrm{d}} = \mathscr{L}_{\mathrm{d}}\varphi \equiv \displaystyle\int_{-\infty}^{t} \sum_i \lambda_i \beta_i \mathrm{e}^{-\lambda_i(t-t')} \chi_i(v) \int \nu\Sigma_{\mathrm{f}}(\boldsymbol{r},v',t')\varphi(\boldsymbol{r},v',t')\mathrm{d}v'\mathrm{d}t', \\ \mathscr{S}_{\mathrm{d}}^{稳} = \mathscr{L}_{\mathrm{d}}^{稳}\varphi_{\mathrm{s}} \equiv \displaystyle\int \sum_i \beta_i \chi_i(v) \nu\Sigma_{\mathrm{f}}(\boldsymbol{r},v')\varphi_{\mathrm{s}}(\boldsymbol{r},v')\mathrm{d}v' \end{cases} \tag{6.145c′}$$

及

$$-\mathscr{L}_0^{\dagger}\varphi_0^{\dagger} = \frac{1}{k}(\mathscr{L}_{\mathrm{f}}^{\dagger} + \mathscr{L}_{\mathrm{d}}^{稳\dagger})\varphi_0^{\dagger}, \tag{6.145′}$$

式中基本伴函 $\varphi_0^{\dagger}$ 也满足在外推边界上为零的条件. 把通量 $\varphi(\boldsymbol{r},v,t)$ 分解因子: $\varphi(\boldsymbol{r},v,t)=n(t)\psi(\boldsymbol{r},v,t)$,同样可以得到和(6.16),(6.17)及(6.20)式相应的方程:

$$\begin{cases} \dfrac{\mathrm{d}n}{\mathrm{d}t} = \dfrac{\rho-\beta_{\mathrm{eff}}}{l}n + \displaystyle\sum_i \lambda_i c_i + q, \\ \dfrac{\mathrm{d}c_i}{\mathrm{d}t} = \dfrac{\beta_{i\mathrm{eff}}}{l}n - \lambda_i c_i, \\ (\mathscr{L}_0 + \mathscr{L}_{\mathrm{f}})\psi + \dfrac{\mathscr{S}_{\mathrm{d}}}{n} = \dfrac{1}{v}\left[\dfrac{1}{n}\dfrac{\mathrm{d}n}{\mathrm{d}t}\psi + \dfrac{\partial\psi}{\partial t}\right], \end{cases} \tag{6.147}$$

其中有效参量 $\frac{\rho}{l}$, $\frac{\beta_{\mathrm{eff}}}{l}$ 及函数 c_i, q 由下列表达式给出:

$$
\left\{
\begin{aligned}
&\frac{\rho}{l} \equiv \frac{k-1}{k}\frac{\iint \varphi_0^\dagger(\mathscr{L}_\mathrm{f}+\mathscr{L}_\mathrm{d}^{稳})\psi\mathrm{d}\boldsymbol{r}\mathrm{d}v}{\mathscr{I}}, &(6.147\mathrm{a})\\
&\frac{\beta_\mathrm{eff}}{l} \equiv \frac{\iint \varphi_0^\dagger \mathscr{L}_\mathrm{d}^{稳}\psi\mathrm{d}\boldsymbol{r}\mathrm{d}v}{\mathscr{I}}, &(6.147\mathrm{b})\\
&\frac{\beta_{i\mathrm{eff}}}{l} \equiv \frac{\iiint \varphi_0^\dagger(\boldsymbol{r},v)\beta_i\chi_i(v)\nu\Sigma_\mathrm{f}(\boldsymbol{r},v')\psi(\boldsymbol{r},v')\mathrm{d}\boldsymbol{r}\mathrm{d}v\mathrm{d}v'}{\mathscr{I}}, &(6.147\mathrm{c})\\
&c_i \equiv \frac{\iint \varphi_0^\dagger C_i\chi_i(v)\mathrm{d}\boldsymbol{r}\mathrm{d}v}{\mathscr{I}}, &(6.147\mathrm{d})\\
&q \equiv \frac{\iint \varphi_0^\dagger \mathscr{S}\mathrm{d}\boldsymbol{r}\mathrm{d}v}{\mathscr{I}}, &(6.147\mathrm{e})\\
&\mathscr{I} \equiv \iint \frac{\varphi_0^\dagger\psi}{v}\mathrm{d}\boldsymbol{r}\mathrm{d}v \left(假设满足\frac{\partial\mathscr{I}}{\partial t}=0\text{ 的条件}\right). &(6.147\mathrm{f})
\end{aligned}
\right.
$$

事实上,这些量也可以从§6.1中的(6.15a—e)及(6.14)等表达式,通过把其中的$\phi_0^\dagger(\boldsymbol{r},\boldsymbol{v})$换成$\varphi_0^\dagger(\boldsymbol{r},v)$后,再作出其中对角度积分的部分得出.

一般取$\rho=\frac{k-1}{k}$.扩散理论中反应性的公式也可以用§6.1中导出公式(6.18)的同样步骤,从方程(6.145′)导出.结果可以写成

$$
\rho=\frac{k-1}{k}=\frac{-\iint \varphi_0^\dagger\delta\Gamma\varphi_0\mathrm{d}\boldsymbol{r}\mathrm{d}v-\iint \delta D(\nabla\varphi_0^\dagger)\cdot(\Delta\varphi_0)\mathrm{d}\boldsymbol{r}\mathrm{d}v}{\iint \varphi_0^\dagger(\mathscr{L}_\mathrm{f}+\mathscr{L}_\mathrm{d}^{稳})\varphi_0\mathrm{d}\boldsymbol{r}\mathrm{d}v}, \qquad (6.147\mathrm{g})
$$

式中$\delta\Gamma$代表下列算符:

$$
\begin{aligned}
\delta\Gamma\varphi_0 \equiv \delta\Sigma_\mathrm{t}\varphi_0-\int\Big\{\delta\Sigma_\mathrm{s}(v'\to v)+\Big[\chi(v)(1-\beta)\\
+\sum_i\chi_i(v)\beta_i\Big]\Big\}\nu\delta\Sigma_\mathrm{f}(v')\Big\}\varphi_0(v')\mathrm{d}v', \qquad (6.147\mathrm{h})
\end{aligned}
$$

$\delta D,\delta\Sigma_\mathrm{t},\delta\Sigma_\mathrm{s}$及$\delta\Sigma_\mathrm{f}$代表受扰系统中扩散方程的物理参量$D,\Sigma_\mathrm{t},\Sigma_\mathrm{s}$及$\Sigma_\mathrm{f}$等与相应临界系统中各量的差别.(6.147g)式也可以从(6.18)式用扩散近似导出.

在扩散近似的动力学方程(6.145)及(6.146)中将变量v分群离散化,并用群间转移截面来表示散射和慢化过程,像§6.3中对中子输运方程(6.111)所做的那样(参看(6.126)至(6.133a)式),就可以得到一组多群扩散方程和先驱核方程,作为输运理论中动力学方程(6.3)及(6.4)的一种近似.利用矩阵记号,可以把这组方程写成下列简洁形式:

$$\begin{cases} \boldsymbol{v}^{-1}\dfrac{\partial \boldsymbol{\varphi}}{\partial t} = [\nabla \cdot \boldsymbol{D}\, \nabla - \boldsymbol{A} + (1-\beta)\boldsymbol{\chi}\boldsymbol{F}^{\mathrm{T}}]\boldsymbol{\varphi} + \sum_i \lambda_i \chi_i C_i, \\ \dfrac{\partial C_i}{\partial t} = \beta_i \boldsymbol{F}^{\mathrm{T}}\boldsymbol{\varphi} - \lambda_i C_i, \end{cases} \tag{6.148}$$

式中我们略去了外源,并把多群通量写成

$$\boldsymbol{\varphi} = \begin{pmatrix} \varphi_1 \\ \varphi_2 \\ \vdots \\ \varphi_G \end{pmatrix},$$

$\varphi_g \equiv \varphi_g(\boldsymbol{r},t) = \int_{v_g}^{v_{g-1}} \varphi(\boldsymbol{r},v,t)\,\mathrm{d}v$ 是 $\boldsymbol{\varphi}$ 的第 g 个分量,即第 g 群通量. 速度离散值 $v_G < v_{G-1} < \cdots < v_g < v_{g-1} < \cdots < v_0$ 把整个有关能区分成 G 群. C_i 是个标量. 矩阵 $\boldsymbol{v}^{-1}$ 是个对角矩阵:

$$\boldsymbol{v}^{-1} = \begin{pmatrix} \overline{v_1^{-1}} & & & \\ & \overline{v_2^{-1}} & & \\ & & \ddots & \\ & & & \overline{v_G^{-1}} \end{pmatrix};$$

$\overline{v_g^{-1}}$ 是 $\dfrac{1}{v}$ 在第 g 群中的平均值. 这里和下面,没有写出的非对角元都等于 0. 同样,$\boldsymbol{D}$ 是代表各群扩散系数的对角矩阵:

$$\boldsymbol{D} = \begin{pmatrix} D_1 & & & \\ & D_2 & & \\ & & \ddots & \\ & & & D_G \end{pmatrix};$$

而矩阵 $\boldsymbol{A}$ 代表吸收和散射:

$$\boldsymbol{A} = \begin{pmatrix} \Sigma_{t1} & & & \\ & \Sigma_{t2} & & \\ & & \ddots & \\ & & & \Sigma_{tG} \end{pmatrix} - \begin{pmatrix} \Sigma_{s,11} & \Sigma_{s,12} & \cdots & \Sigma_{s,1G} \\ \Sigma_{s,21} & \Sigma_{s,22} & \cdots & \Sigma_{s,2G} \\ \vdots & \vdots & \ddots & \vdots \\ \Sigma_{s,G1} & \Sigma_{s,G2} & \cdots & \Sigma_{s,GG} \end{pmatrix},$$

式中第一部分(对角矩阵元来自 $\Sigma_{\mathrm{t}}(\boldsymbol{r},v,t)$ 在各群内的平均)为对角,而第二部分(矩阵元来自 $\Sigma_{\mathrm{s}}(\boldsymbol{r},v' \to v,t)$ 对 v' 及 v 分别在各群内的平均及积分)为全矩阵.

裂变截面表现为列矩阵 $\boldsymbol{F}$:

$$
\boldsymbol{F} = \begin{pmatrix} \nu\Sigma_{f1} \\ \nu\Sigma_{f2} \\ \vdots \\ \nu\Sigma_{fG} \end{pmatrix},
$$

而 $\boldsymbol{F}^{\mathrm{T}}$ 是 $\boldsymbol{F}$ 的转置矩阵. 瞬发和缓发中子的发射谱在分群后也可以表示为列矩阵：

$$
\boldsymbol{\chi} = \begin{pmatrix} \chi_1 \\ \chi_2 \\ \vdots \\ \chi_G \end{pmatrix}, \quad \boldsymbol{\chi}_i = \begin{pmatrix} \chi_{i1} \\ \chi_{i2} \\ \vdots \\ \chi_{iG} \end{pmatrix}.
$$

多群扩散方程组(6.148)中所包含的系数 D,Σ_t,Σ_s 及 Σ_f 等,像中子输运方程(6.3)中的系数一样,也受密度、温度和燃耗等反馈的影响,因此将依赖于决定功率的群通量. 所以方程组(6.148)实际上也是非线性的,也要像 § 6.1 中所说的那样,通过把非线性问题化成一系列线性问题连起来作. 这里,在讨论方程(6.148)的解法时,我们将假设方程中各参量和时间的关系为已知.

即使在定态情形,多群扩散近似也只在一定限度内成立. 通过用"有效的"扩散理论参量(这些参量是根据和更精确的有关反应率,例如中子在燃料棒和控制棒中的吸收率的计算结果相匹配作出来的),它的适用性可以大大提高. 假设这些有效参量对与时间有关的情形仍然可用,似乎是合理的.

实用上,常常使用群数不多的"少群"扩散近似. 少群参量差不多总是通过把与能量有关的截面对(材料成分与给定反应堆的组成相当的)无限介质谱平均求得. 多群与少群计算间的比较表明,这近似办法对定态计算很好,给出误差很小(对热堆约为 0.2%)的有效增殖系数 k 值[14].

对动力学问题,情况就不一样. Hitchcock 等报道[15]的某些很简单的计算表明：用通常定态方法导出的少群参量,由方程(6.148)直接算出的渐近周期误差很大(~40%). 以后通过 Merrill,Hitchcock,Turnage,Yasinsky 及 Foulke 等人的工作[14],指出了麻烦的来源在于下列事实：定态方法不能考虑到缓发中子发射谱的更低能量(和瞬发裂变中子谱相比). 当应用一小心选定的 9 群扩散理论参量时,标准的群平均作法是满意的[16]. 不过,如果只用 3—4 群,而少群参数又由简单的通量权重求得,就会出现偏差. Yasinsky 及 Foulke[17]发现：利用通量伴函作权重来计算 β_i 的有效值,或在有几个快中子能群时计算缓发中子谱的有效值,同时用标准通量权重方法定出所有其他少群参数,就给出不错的结果. Henry[18]从泛函的变分出发,给出了多群扩散动力学方程的普遍推导,并讨论了有关问题. Stacey[19]推导出带通量和伴函权重群参量的多群扩散方程,容许权重函数随 $\boldsymbol{r},t$ 变化. 他发现,权重函数随 $\boldsymbol{r},t$ 的变化使多群方程出现了新的一项. 他还考查了普遍化方程的正定性质，并对伴随方程的离散近似和通量方程离散化后的伴随形式之间的一致性问题作了研究.

可以看出，虽然多群扩散方程组已经比中子输运方程大大简化，但为达到一定的精确度，常常需要选择较多的群数，来适应中子能谱在所考虑动力学过程中的变化. 即使对空间一维的情形，一个与时间有关的多群扩散问题的直接数值求解，也可以是复杂而费用昂贵的. 寻找更实用解法的途径是，像引言中指出过的那样，应用试探函数展开法（综合法，包括模项法和节点法，见§6.9及§6.10），或因子分解法（绝热近似，准静态法及其改进，见§6.8），将多群扩散方程组进一步简化为常微分方程组.

以上我们先从中子输运方程(6.3)导出了中子扩散方程(6.145)，然后把它多群化，就得到了多群扩散方程组(6.148). 同样，也可以从考虑到流体力学运动影响的中子输运方程(6.111)出发，类似地引进扩散近似，再像§6.3中那样，对中子相对于介质的速度 V 多群化，得出考虑介质的流体运动时的多群扩散方程组. 事实上，如果置相对速度 $\boldsymbol{V}=V\boldsymbol{\Omega}$，即仍用 $\boldsymbol{\Omega}$ 表示相对速度 $\boldsymbol{V}$ 方向的单位矢量，那么，只要将展开式

$$
\begin{aligned}
V\widetilde{N}(\boldsymbol{r},\boldsymbol{V},t) &\equiv \widetilde{\Phi}(\boldsymbol{r},\boldsymbol{V},t) \\
&\approx \frac{1}{4\pi V^2}\tilde{\varphi}(\boldsymbol{r},V,t)+\frac{3}{4\pi V^2}\boldsymbol{\Omega}\cdot\tilde{\boldsymbol{j}}(\boldsymbol{r},V,t)
\end{aligned}
$$

代入方程(6.111)，并将方程两边各项乘以 V^2 后对 $\boldsymbol{\Omega}$ 积分，记住

$$
\tilde{\varphi}(\boldsymbol{r},V,t)=\int V\widetilde{N}(\boldsymbol{r},\boldsymbol{V},t)V^2\mathrm{d}\Omega=V\int\widetilde{N}(\boldsymbol{r},\boldsymbol{V},t)V^2\mathrm{d}\Omega
$$

及

$$
\tilde{\boldsymbol{j}}(\boldsymbol{r},V,t)=\int\boldsymbol{\Omega}\widetilde{\Phi}(\boldsymbol{r},\boldsymbol{V},t)V^2\mathrm{d}\Omega=V\int\boldsymbol{\Omega}\widetilde{N}(\boldsymbol{r},\boldsymbol{V},t)V^2\mathrm{d}\Omega,
$$

利用 $\widetilde{\mathscr{D}}\widetilde{N}$ 的表达式(6.110)及下列不难验证的关系式（当 $\widetilde{N}$ 展开到一阶球谐函数时成立）

$$
\begin{cases}
\displaystyle\int\frac{\partial\widetilde{N}}{\partial V_i}V^2\mathrm{d}\Omega=\int\Omega_i\frac{\partial\widetilde{N}}{\partial V}V^2\mathrm{d}\Omega\approx V^2\frac{\partial}{\partial V}\left(\frac{1}{V^3}\tilde{j}_i\right), \\
\displaystyle\int V_j\frac{\partial\widetilde{N}}{\partial V_i}V^2\mathrm{d}\boldsymbol{\Omega}\approx\delta_{ji}\frac{V^3}{3}\frac{\partial}{\partial V}\int\widetilde{N}\mathrm{d}\Omega=\delta_{ji}\frac{V^3}{3}\frac{\partial}{\partial V}\left[\frac{1}{V^3}\tilde{\varphi}\right],
\end{cases}
\tag{6.149}
$$

就可以得到方程：

$$
\begin{aligned}
&\frac{1}{V}\left(\frac{\partial}{\partial t}+\boldsymbol{u}\cdot\nabla\right)\tilde{\varphi}+\nabla\cdot\tilde{\boldsymbol{j}}-V^2\frac{\partial}{\partial V}\left[\frac{1}{V^3}\left(\frac{\partial\boldsymbol{u}}{\partial t}+\boldsymbol{u}\cdot\nabla\boldsymbol{u}\right)\cdot\tilde{\boldsymbol{j}}\right] \\
&\quad-(\nabla\cdot\boldsymbol{u})\frac{V^3}{3}\frac{\partial}{\partial V}\left(\frac{1}{V^3}\tilde{\varphi}\right)=Q(V)-\frac{a(V)}{V}\tilde{\varphi}(V) \\
&\quad+\int g(V'\to V)\frac{1}{V'}\tilde{\varphi}(V')\mathrm{d}V'-\frac{1}{V}\tilde{\varphi}(V)\int g(V\to V')\mathrm{d}V',
\end{aligned}
\tag{6.150}
$$

式中

$$Q(V) \equiv \int Q(\boldsymbol{V}) V^2 \mathrm{d}\Omega,$$

而

$$g(V' \to V) \equiv \int G(\boldsymbol{V}' \to \boldsymbol{V}) V^2 \mathrm{d}\Omega.$$

(从(6.105a)容易看出,$G(\boldsymbol{V}' \to \boldsymbol{V})$只是$V'$,$V$及$\boldsymbol{\Omega}' \cdot \boldsymbol{\Omega}$的函数.因此,对$\boldsymbol{\Omega}$(或$\boldsymbol{\Omega}'$)积分后,对角度的依赖就消失了.)

再假设$\tilde{\varphi}$及$\tilde{j}$之间仍由Fick定律相联系(扩散近似):

$$\tilde{j} = -\widetilde{D}\,\nabla\,\tilde{\varphi}.$$

方程(6.150)现在就可以写成推广了的扩散方程的形式:

$$\begin{aligned}\frac{1}{V}\frac{\partial\tilde{\varphi}}{\partial t} = {} & \nabla \cdot \widetilde{D}\,\nabla\,\tilde{\varphi} - \frac{\boldsymbol{u}}{V} \cdot \nabla\,\tilde{\varphi} - \frac{\partial}{\partial V}\left[\frac{\widetilde{D}}{V}\left(\frac{\partial \boldsymbol{u}}{\partial t} + \boldsymbol{u} \cdot \nabla\,\boldsymbol{u}\right)\nabla\,\tilde{\varphi}\right] \\ & + \frac{\nabla \cdot \boldsymbol{u}}{3} V^3 \frac{\partial}{\partial V}\left(\frac{\tilde{\varphi}}{V^3}\right) + \widetilde{S}(V) - \widetilde{\Sigma}_{\mathrm{t}}(V)\tilde{\varphi}(V) \\ & + \int \widetilde{\Sigma}_{\mathrm{s}}(V' \to V)\tilde{\varphi}(V')\mathrm{d}V',\end{aligned} \tag{6.151}$$

式中引进了记号

$$\begin{cases}\widetilde{S}(V) \equiv Q(V) = \displaystyle\int Q(\boldsymbol{V}) V^2 \mathrm{d}\Omega, \\ \widetilde{\Sigma}_{\mathrm{t}}(V) \equiv \dfrac{a(V)}{V} + \dfrac{1}{V}\displaystyle\int g(V \to V')\mathrm{d}V' \\ \qquad\quad = \dfrac{a(V)}{V} + \dfrac{1}{V}\displaystyle\int G(\boldsymbol{V} \to \boldsymbol{V}')\mathrm{d}\boldsymbol{V}', \\ \widetilde{\Sigma}_{\mathrm{s}}(V' \to V) \equiv g(V' \to V)\,\dfrac{1}{V'} = \displaystyle\int G(\boldsymbol{V}' \to \boldsymbol{V})\,\dfrac{V^2}{V'}\mathrm{d}\boldsymbol{\Omega}.\end{cases} \tag{6.151a}$$

方程(6.151)右边的第二、第三及第四项代表介质的流体力学运动对扩散方程的影响.三项中,第二项$-\boldsymbol{u} \cdot \nabla \dfrac{\tilde{\varphi}}{V}$显然表示由于中子随介质流入$(\boldsymbol{r},t)$附近的体积元所引起的增长率,是三项中贡献较大的.其余两项包含流体运动随时空变化及中子能谱分布变化的耦合效应.如果略去后两项的效应,中子扩散方程(6.151)就可以简化为

$$\begin{aligned}\frac{1}{V}\frac{\partial\tilde{\varphi}}{\partial t} = {} & \nabla \cdot \widetilde{D}\,\nabla\,\tilde{\varphi} - \frac{\boldsymbol{u}}{V} \cdot \nabla\,\tilde{\varphi} + \widetilde{S}(V) - \widetilde{\Sigma}_{\mathrm{t}}(V)\tilde{\varphi}(V) \\ & + \int \widetilde{\Sigma}_{\mathrm{s}}(V' \to V)\tilde{\varphi}(V')\mathrm{d}V'.\end{aligned} \tag{6.152}$$

扩散方程(6.151)或(6.152)的多群化可以直截了当地像§6.3中那样作出.作出后,也可以用矩阵记号写成和方程(6.148)相类似的形式,但现在在方程右边的方括号内,会增加由方程(6.151)右边第二和第三项得出的形如$-\widetilde{\boldsymbol{B}}\,\nabla$的一项,这

里 $\widetilde{\boldsymbol{B}}$ 是个 $G\times G$ 的矩阵；而在相当于矩阵 $\boldsymbol{A}$ 的矩阵 $\widetilde{\boldsymbol{A}}$ 中会增加来自(6.151)式右边第四项的贡献. 另外，重新引入在方程(6.111)中被略去的各组缓发中子，最后可将介质运动情形下的中子扩散方程组及缓发中子先驱核的变化方程写成如下形式：

$$\begin{cases}\boldsymbol{V}^{-1}\dfrac{\partial\widetilde{\varphi}}{\partial t}=[\nabla\cdot\widetilde{\boldsymbol{D}}\,\nabla-\widetilde{\boldsymbol{B}}\,\nabla-\widetilde{\boldsymbol{A}}+(1-\beta)\boldsymbol{\chi}\boldsymbol{F}^{\mathrm{T}}]\widetilde{\boldsymbol{\varphi}}+\sum\limits_{i}\lambda_i\chi_iC_i,\\ \dfrac{\partial C_i}{\partial t}=\beta_i\boldsymbol{F}^{\mathrm{T}}\widetilde{\varphi}-\lambda_iC_i.\end{cases}\tag{6.153}$$

§6.6　与空间和能谱有关的中子学现象

在讨论以前各节引进的各种中子方程对具体情况的数值解法和近似解法之前，我们将先介绍一些堆瞬变分析中与空间和能谱分布有关的中子学现象[1].

在反应堆的实际瞬变中，往往有几种互相关联的现象结合起来，决定中子通量和价值的空间-能谱分布的变化，从而决定这些变化的后果. 一类现象牵涉到由堆特性的**局部扰动**(例如，控制棒的移动)引起的中子通量空间分布的变化. 瞬发中子对堆特性变化响应的时间尺度由瞬发中子一代时间表征.

由于瞬发中子一代时间比堆瞬变分析中其他有关物理过程所牵涉到的特征时间为短(参看表1.1中的数据)，也许会认为，在任一时刻的瞬时空间通量分布会由该时刻堆的物理结构所决定的定态分布逼近；事实上，这种考虑正是以后要讨论的绝热近似的基础. 不过，有两种现象使这种近似在某些条件下不适用. 首先，对于固定燃料的反应堆，缓发中子先驱核空间分布的情况决定于早先时刻的裂变率，因而决定于早先时刻的通量. 因此，缓发中子源具有的空间分布更反映以前的而不是当时的裂变率分布，有效地**阻滞**着任何通量畸变. 在缓发中子对中子通量空间分布有重要作用的缓发临界和次临界瞬变中，这效应是重要的. 另一类现象在超瞬发临界瞬变中变得重要：当中子密度在迅速增长时，通量的空间分布与在该堆内人为地下降裂变率到临界而得出的定态分布(计算定态本征值时常用这手段)大大不同. 数学上，中子通量对时间的导数使中子平衡方程中增加了一个附加项，它的作用相当于强度为 $\dfrac{\omega}{v}$ 的一个分布吸收体(这里 ω 是瞬时周期的倒数，v 是中子速).

Yasinsky 及 Henry 等最早发表了[20]关于堆瞬变分析中空间效应的广泛研究. 他们研究了两个热堆堆芯(60 cm 平板及 240 cm 平板，分别代表小热堆和大热堆的堆芯)中的瞬发超临界(快漂移)和缓发临界瞬变(慢漂移). 他们略去了反馈效应的计算表明：对这两个堆芯，空间通量歪翘使点动力学模型产生重大误差；对于大的堆芯，**缓发中子阻滞效应**在确定缓发临界瞬变中的空间通量分布时是重要的. 下面将进一步来介绍一些他们数值实验的结果.

通过在两个堆芯左端四分之一区域(0—60 cm 或 0—15 cm)内阶跃地增加裂变截面,使达**超瞬发临界**,然后在 10 ms 内随时间线性减少这些裂变截面,使在第五毫秒时刻恢复原有的临界值. 截面选得使利用点模型微扰理论算得的反应性在 ±2% 范围内变化,如图 6.4(a),(b)所示. 计算中略去了缓发中子. 点模型的结果单调下降,因为计算时应用了固定的空间形状函数. 由于扰动引起通量畸变(见图 6.5(a),(b)中利用 WIGLE 编码[21]算出的快群通量分布),实际反应性大为不同(尤其是对于大堆芯). 实际上,虽然裂变截面在减少,但由于定义反应性的积分中有随时间变化的形状函数,所以开始时反应性还是有个短时间的增长. 绝热模型(见 §6.8)夸大了这效应,因为它假定通量形状紧跟着材料变化,没有时间滞后. 图 6.6(a),(b)示两堆芯中通量幅函数 $n(t)$ 随时间的变化. 由图可见,大堆芯中点堆模型把峰值幅低估了 10^4 倍还多. 即使在小堆芯中,误差也有一个因子 4. 绝热模型作出高估的事实和它对反应性的高估一致.

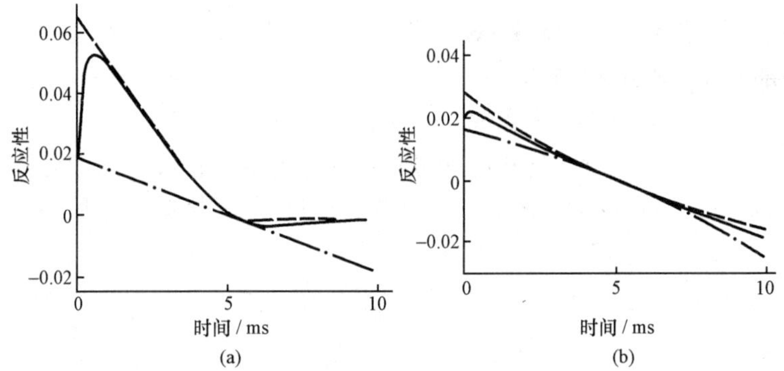

图 6.4 快漂移中反应性随时间的变化
(a) 240 cm 堆芯中; (b) 60 cm 堆芯中.
—— 精确计算; — — 绝热近似; —·— 点模型.

两个堆芯中的缓发临界漂移是这样引起的:从临界状态开始在两堆芯左端四分之一区域内线性增加裂变截面(对大堆芯到0.8 s为止,对小堆芯到 1.0 s 为止),然后保持截面恒定,直到 $t=100$ s. 反应性在所有时间都保持在瞬发临界以下. 计算中用了一组缓发中子. 图 6.7(a),(b)给出了裂变截面停止增加时刻的热通量分布.

除了精确计算、绝热近似和点模型的结果外,图 6.7 中还给出了综合法(见 §6.9)的结果. 对于小堆芯,综合法实际上给出与精确计算同样的结果. 从图可见,点模型对小堆芯描写得还可以,但对大堆芯中通量分布的峰值可以低估到只有精确计算值的约 $\frac{1}{3}$. 精确计算和绝热近似结果之间的差别,显示了缓发中子阻滞通量畸变的作用.

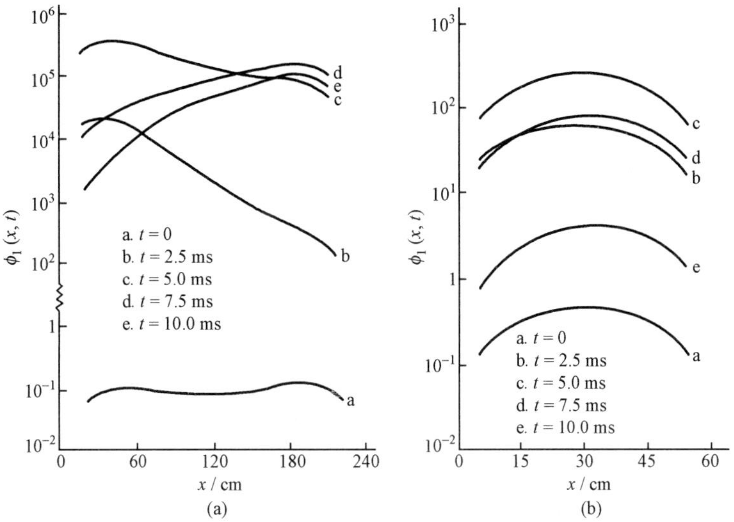

图 6.5　快漂移中的快群通量分布

(a) 240 cm 堆芯中；(b) 60 cm 堆芯中.

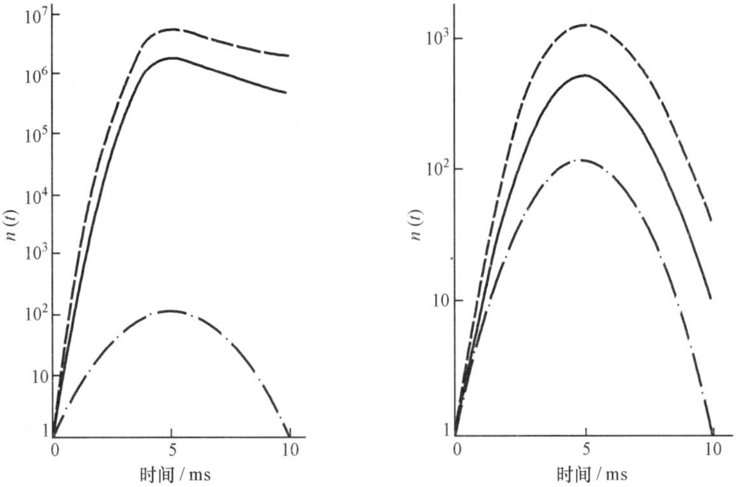

图 6.6　快漂移中幅函数随时间的变化

(a) 240 cm 堆芯中；(b) 60 cm 堆芯中.

—— 精确解；　— — 绝热近似；　— · — 点模型.

以上这些数值实验的结果鲜明地表示空间效应可以极为重要.即使在小堆芯中,对于快漂移,虽然没有极度的通量畸变,点模型也给出不好的动力学结果(见图 6.4(b)及图 6.6(b)).

一般说,某一局部扰动所引起的空间通量畸变大小和缓发中子阻滞效应的大

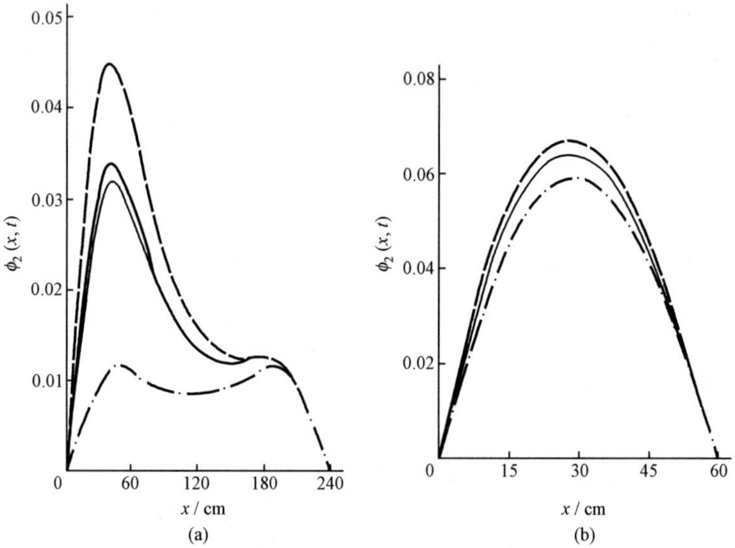

图 6.7 慢漂移中的热群通量分布

(a) 240 cm 堆芯中； (b) 60 cm 堆芯中.

—— 精确计算； — — 绝热近似； —·— 点模型； —— 综合法.

小，都和用中子徙动长度量得的反应堆大小成正比. 通过材料分区使未受扰动的通量空间分布展平，可以加大局部扰动所引起的通量畸变和缓发中子的阻滞效应. 理论分析[22,23]和实验结果[22]表明：这两个效应与原反应堆(未受扰的)的基本本征值和一次谐波本征值之间的偏离量成反比关系. 在缓发临界或次临界系统的瞬变过程中，如果起始通量水平和瞬变过程中的通量水平相比差不多或甚至更大时，缓发中子的阻滞效应就会是很重要的.

在瞬发超临界瞬变过程中，利用等效吸收项$\frac{\omega}{v}$对空间通量分布的影响来研究它的反应性效应的工作还做得比较少. 由于这效应的大小决定于$\frac{\omega}{v}$值与宏观吸收截面值的相对大小，在弱吸收区(例如反射层)内，这项的效应显然应当更重要一些. 有些作者[1]根据 $v_{热中子} \ll v_{快中子}$ 推断$\frac{\omega}{v}$项对热中子反应堆一般要比对快中子反应堆更为重要. 实际上，问题没有这样简单. 因为对于一般可以出现的 ω 值来说，同样有 $\omega_{热堆} \ll \omega_{快堆}$. 所以，为要比较$\frac{\omega}{v}$项对热堆和快堆影响的大小，需要更细致的具体分析. 如果按点模型中的关系式 $\omega \sim \frac{\rho-\beta}{l}$估计，则$\frac{\omega}{v} \sim \frac{\rho-\beta}{vl}$. 可见，中子速悬殊的影响基本上在 vl 中消去.

当考虑反馈时，空间通量畸变的效应变得更加复杂. Johnson 等[24]对一个小热堆模型(60 cm 平板)，研究了带反馈的空间通量畸变效应. 他们用均匀反馈和分布反馈两种模型，分析了在四分之一堆芯内引入裂变截面一个正阶跃变化所造成的瞬变. 即使对这样一个小堆芯，由这个扰动引起的空间通量形状的变化及随后的反馈效应也是显著的. 以后，Yasinsky[25]对有点火区-再生区的热中子反应堆中棒喷射事故的空间效应作了广泛的分析. 他考查了几种通常应用的确定点动力学参量的方法. 结果表明，不仅空间效应在分析中是重要的，而且很难规定一个办法来为点动力学模型定义一组固定参量，使能保证预测结果偏于保守. 图 6.8 中绘出由 Yasinsky 所研究的一个瞬变过程中反馈对空间通量分布的影响.

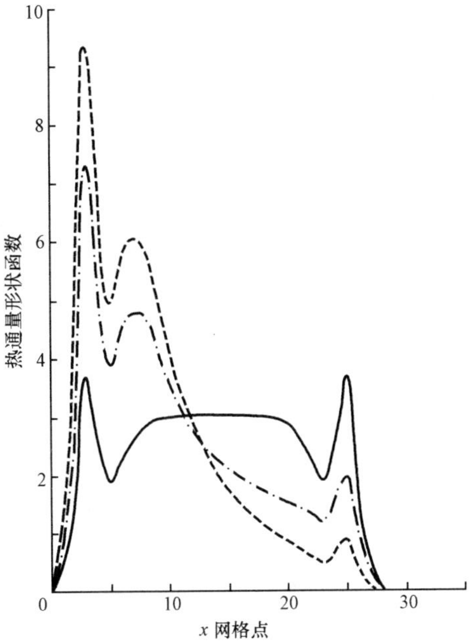

图 6.8 有点火区-再生区的 140 cm 平板热中子反应堆中，棒喷射事故瞬变的热通量分布
—— 初始临界形状； — — 渐近形状，无反馈； —·— 渐近形状，有反馈.

Kessler[26]及 Jackson 等[27]曾研究有反馈效应时的空间通量畸变对快中子堆瞬变的影响. Kessler 示明：对电功率为 300 MW 的液态金属快增殖堆(LMFBR)中的超瞬发临界瞬变，点动力学模型可以有相当大的误差. Jackson 等人也研究了一个由 300 cm 平板代表的 LMFBR. 由于在平板两端引进反应性值 1.36 元的阶跃材料变化而引起的总功率随时间的变化绘出如图 6.9. 两种空-时(精确)计算的差别仅在于反馈的空间分布不同. 由图可以看出，对于均匀反馈，两种点动力学模型的结果把精确解夹在当中；但对于分布反馈，两种点动力学模型却都高于精确解.

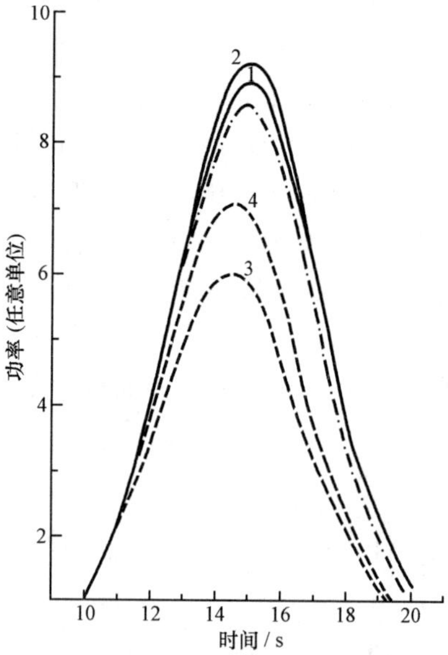

图 6.9 对 300 cm 平板 LMFBR 堆芯每端(60 cm)引入阶跃反应性

$\frac{\rho}{\beta}=0.68$ 后,与空间有关的动力学和点动力学的比较:

—— 均匀反馈: 1=空-时, 2=点动力学(反馈根据扰动了的通量);

— — 非均匀反馈: 3=空-时, 4=点动力学(反馈根据扰动了的通量);

—·— 点动力学(反馈根据未扰动的通量),用于两种空-时情形.

对 LMFBR 模型,曾考查能谱变化在瞬变分析中的重要性. Meneley 及 Ott 研究了在空间均匀地线性增加钚浓度(相当于反应性增加 15.29 元/s)所产生的瞬变[28]. 能谱在瞬变中发生的微小变化起因于铀俘获截面由 Doppler 展宽引起的增加. 在这能谱改变很小的瞬变中,点动力学的预测是合适的. Stacey 在有铀的 Doppler 反馈的情形下,研究了大量失钠引起的瞬变,发现与失钠相联系的显著能谱移动对结果有深刻的影响[29].

由于缓发中子和瞬发中子能谱的不同(参看§1.5),动力学问题中必须应用以中子价值作权重算出的缓发中子产额 β_i 或其能谱的有效值,像§6.5 中指出的那样. Yasinsky 及 Foulke[17] 曾对轻水慢化的再生堆中,伴有通量形状重大畸变的漂移,用考虑了缓发中子有效性的少群扩散理论进行分析,得出了有意义的结果.

§6.7 数值计算方法

先看中子输运方程. 中子角通量 $\Phi=\Phi(\boldsymbol{r},\boldsymbol{v},t)$ 所满足的中子输运方程(6.3)是包含 7 个自变量 $\boldsymbol{r},\boldsymbol{v},t$ 的微分-积分方程. 原则上,对这方程数值求解[30,31]的过程就是用各种方式使这些自变量离散化,求得未知函数 Φ 在这些离散点上的离散值所满足的代数方程组，然后用数值方法求解这代数方程组，得出函数的离散值的过程．一般先对 $\boldsymbol{v}$ 离散化．中子速 v（或能量 E，或勒 u）离散化的结果，得出按能量分群的多群近似方程，像我们在 § 6.3 中作过的那样．当然，平均多群参量的方法可以有各种各样，不一定像在 § 6.3 中应用的那样．分群时，一般都有明显的物理考虑（特别在群数不很多时），分群后使在不同能区具有不同重要性的过程在相应群中分别得到强调．另外，首先考虑按能量分群的一个重要理由是：在很多实际问题中，用单群或少群近似往往就能得到不坏的结果．从数值计算的角度看，在考虑对其他变量的数值处理时，多群方程组中每个方程的结构，基本上都和单群方程一样．所以，为简单起见，以下可以只考虑单群近似．单群近似就是假设截面和中子能量无关的常截面近似[30]．此外，由于缓发中子源项和外中子源项在数值计算中都不产生新的困难，所以以下也把它们略去．于是，可以把简化后的中子输运方程(6.3)写成

$$\frac{1}{v}\frac{\partial \Phi}{\partial t} = \mathrm{L}\Phi, \tag{6.154}$$

式中

$$\begin{aligned}\mathrm{L}\Phi \equiv & -\boldsymbol{\Omega}\cdot\nabla\Phi(\boldsymbol{r},\boldsymbol{\Omega},t) - \Sigma_{\mathrm{t}}(\boldsymbol{r},t)\Phi(\boldsymbol{r},\boldsymbol{\Omega},t)\\ & + \int\left[\Sigma_{\mathrm{s}}(\boldsymbol{r},\boldsymbol{\Omega}'\cdot\boldsymbol{\Omega},t) + \frac{1}{4\pi}\nu\Sigma_{\mathrm{f}}(\boldsymbol{r},t)\right]\Phi(\boldsymbol{r},\boldsymbol{\Omega}',t)\mathrm{d}\Omega';\end{aligned} \tag{6.154a}$$

或写成

$$\frac{1}{v}\frac{\partial \Phi}{\partial t} + \boldsymbol{\Omega}\cdot\nabla\Phi + \Sigma_{\mathrm{t}}\Phi = \int\Phi(\boldsymbol{r},\boldsymbol{\Omega}',t)f(\boldsymbol{r},\boldsymbol{\Omega}'\cdot\boldsymbol{\Omega},t)\mathrm{d}\Omega', \tag{6.155}$$

式中略去了左边各量中的宗量，而

$$f(\boldsymbol{r},\boldsymbol{\Omega}'\cdot\boldsymbol{\Omega},t) \equiv \Sigma_{\mathrm{s}}(\boldsymbol{r},\boldsymbol{\Omega}'\cdot\boldsymbol{\Omega},t) + \frac{1}{4\pi}\nu\Sigma_{\mathrm{f}}(\boldsymbol{r},t). \tag{6.155a}$$

中子速度方向($\boldsymbol{\Omega}$)一般由两个角度坐标（相对于某选定方向的极角和方位角）规定．但在平面几何和球几何的 1 维情形下，由于中子角通量和方位角无关，$\Phi(\boldsymbol{r},\boldsymbol{\Omega},t)$分别约化为$\Phi(z,\mu,t)$和$\Phi(r,\mu,t)$，这里 μ 分别是$\boldsymbol{\Omega}\cdot\hat{\boldsymbol{z}}$ 和 $\boldsymbol{\Omega}\cdot\hat{\boldsymbol{r}}$，而 $\hat{\boldsymbol{z}}$ 及 $\hat{\boldsymbol{r}}$ 分别是 z 轴方向和径向的单位矢量．在一般情形下，对 $\boldsymbol{\Omega}$ 依赖性的离散化通常有两种做法．一种是将 Φ 对 $\boldsymbol{\Omega}$ 的某一正交函数系展开．最常用的正交函数系是球谐函数系 $\mathrm{Y}_{lm}(\boldsymbol{\Omega})(l=0,1,2,\cdots;|m|\leqslant l)$；在上述的 1 维情形下则是 Legendre 多项式 $\mathrm{P}_l(\mu)$ $(l=0,1,2,\cdots)$．最简单的做法是所谓 P_1 近似，就是展开到 $l=1$ 的项为止．我们在 § 6.5 中说明的扩散近似，实际上就是在 P_1 近似的基础上再引进 Fick 定律成立的假设．另一种做法——**离散纵标法**中，只考虑 Φ 在一些离散 $\boldsymbol{\Omega}_{ij}$ 上的值 $\Phi(\boldsymbol{\Omega}_{ij})$，并将输运方程中出现的对 $\boldsymbol{\Omega}$ 的积分项用某种数值积分公式化成 $\Phi(\boldsymbol{\Omega}_{ij})$ 的线性总和．

1 维情形下，最常用的数值积分公式是 Gauss 求积公式. 这是因为，如果被积函数在积分区间为正则，则点数一定时，Gauss 公式给出最准确的结果. 离散纵标法是 1964 年 Carlson 在他原来提出的 S_n 方法的基础上发展的，在文献[32]中有系统的介绍. 这种方法又称**菱形差分法**. 它的主要优点是：能保证一定的精确度；差分方程显式求解方便；程序设计上逻辑比较简单. 存在的问题：主要是计算过程中中子通量可能出负；其次是对复杂几何的逼近误差较大；另外还存在所谓“射线效应”[33]. 为解决通量可能出负的问题，提出了各种加权平均办法[34,35,36]. 这些办法可以保证算出的通量恒正；不过，作为代价，要牺牲一些精确度. 下面以 1 维球几何的单能中子输运方程为例，简略地说明离散纵标法的做法和通量出负问题，同时说明一种为解决这问题而提出[32,36]的加权平均格式——指数加权格式. 在 1 维球几何情形下，单能中子输运方程(6.155)可写为(参看(6.119)式)

$$\frac{1}{v}\frac{\partial \Phi}{\partial t}+\mu\frac{\partial \Phi}{\partial r}+\frac{1-\mu^2}{r}\frac{\partial \Phi}{\partial \mu}+\Sigma\Phi(r,\mu,t)=Q(r,\mu,t) \tag{6.156}$$

或

$$\frac{1}{v}\frac{\partial \Phi}{\partial t}+\frac{\mu}{r^2}\frac{\partial r^2\Phi}{\partial r}+\frac{1}{r}\frac{\partial(1-\mu^2)\Phi}{\partial \mu}+\Sigma\Phi=Q, \tag{6.156$'$}$$

式中把 Σ_t 简写成了 Σ，而

$$\begin{aligned}Q=Q(r,\mu,t)&\equiv\int\Phi(r,\mu',t)f(r,\mu_0,t)\mathrm{d}\Omega' \quad (\mu_0=\boldsymbol{\Omega}\cdot\boldsymbol{\Omega}')\\&=\sum_l\frac{2l+1}{2}f_l(r,t)\mathrm{P}_l(\mu)\int_{-1}^{1}\Phi(r,\mu',t)\mathrm{P}_l(\mu')\mathrm{d}\mu',\end{aligned}$$

$$f_l(r,t)=2\pi\int_{-1}^{1}f(r,\mu_0,t)\mathrm{P}_l(\mu_0)\mathrm{d}\mu_0.$$

Q 中包含的含有 Φ 的积分，我们假设用下列数值求积公式

$$\int_{-1}^{1}f(\mu)\mathrm{d}\mu\approx\sum_{i=1}^{N}w_i f(\mu_i) \tag{6.157}$$

近似给出：

$$\int_{-1}^{1}\Phi(r,\mu,t)\mathrm{P}_l(\mu)\mathrm{d}\mu\approx\sum_{i=1}^{N}w_i\Phi(r,\mu_i,t)\mathrm{P}_l(\mu_i),$$

这里 μ_i 是$(-1,1)$区间选定的 N 个离散点，而 w_i 是相应的权重. 表 6.2 中给出了 Gauss 求积公式中的 w_i 和 μ_i 值. 当 $f(\mu)$是 μ 的次数小于 $2N$ 的多项式时，Gauss 求和公式严格成立.

虽然 Q 中也含有未知量 $\Phi(r,\mu_i,t)$，但在数值求解时可用迭代法：把 Q 看成已知量(开始时可任意给定)，从方程(6.156′)解出 Φ 值后，利用 Φ 求出新的 Q，再作下去. 在解(6.156′)的时候，先在所考虑时间范围内取若干分点$\{t_n\}$，把对时间的偏微商化为差分：

表 6.2　Gauss 求积公式中的常数

$N=2$	$w_1=w_2=1$	$\mu_1=-\mu_2=0.57735$
$N=4$	$w_1=w_4=0.65215$ $w_2=w_3=0.34785$	$\mu_1=-\mu_4=0.33998$ $\mu_2=-\mu_3=0.86114$
$N=6$	$w_1=w_6=0.46791$ $w_2=w_5=0.36076$ $w_3=w_4=0.17132$	$\mu_1=-\mu_6=0.23862$ $\mu_2=-\mu_5=0.66121$ $\mu_3=-\mu_4=0.93247$

$$\left(\frac{1}{v}\frac{\partial \Phi}{\partial t}\right)_{t=t_{n+\frac{1}{2}}} \approx \frac{1}{v}\frac{\Phi(r,\mu,t_{n+1})-\Phi(r,\mu,t_m)}{\Delta t}, \tag{6.158}$$

这里 $\Delta t=t_{n+1}-t_n$，而 $t_{n+\frac{1}{2}}$ 是时间间隔 (t_n,t_{n+1}) 内的一点. 然后对 r 和 μ 离散化：选取离散点 $\{r_k\}$，使区域之间的边界和外边界都在分点上，并且在间隔 (r_k,r_{k+1}) 内的截面可看成常数；选取离散点 $\{\mu_i\}$ 和求积公式(6.157)中用的一样. 在方程(6.156′)中取 $t=t_{n+\frac{1}{2}}$，利用(6.158)式代入左边第一项，然后对方程两边各项作积分运算 $\int_{r_k}^{r_{k+1}}\cdots r^2\mathrm{d}r$ 及 $\int_{\mu_{i-\frac{1}{2}}}^{\mu_{i+\frac{1}{2}}}\cdots\mathrm{d}\mu$，这里 $\mu_{i+\frac{1}{2}}$ 是 (μ_i,μ_{i+1}) 间隔内的一点. $\mu_{\frac{1}{2}}$ 取为 -1，其他的 $\mu_{i+\frac{1}{2}}$ 就由求积公式(6.157)隐含的关系

$$\mu_{i+\frac{1}{2}}-\mu_{i-\frac{1}{2}}=w_i$$

确定，由此得 $\mu_{N+\frac{1}{2}}=1$. 积分的结果给出

$$\begin{aligned}
&\frac{1}{v\Delta t}[\Phi(r_{k+\frac{1}{2}},\mu_i,t_{n+1})-\Phi(r_{k+\frac{1}{2}},\mu_i,t_n)]\cdot\frac{1}{3}(r_{k+1}^3-r_k^3)w_i\\
&\quad+w_i\mu_i[r_{k+1}^2\Phi(r_{k+1},\mu_i,t_{n+\frac{1}{2}})-r_k^2\Phi(r_k,\mu_i,t_{n+\frac{1}{2}})]\\
&\quad+\int_{r_k}^{r_{k+1}}r[(1-\mu_{i+\frac{1}{2}}^2)\Phi(r,\mu_{i+\frac{1}{2}},t_{n+\frac{1}{2}})-(1-\mu_{i-\frac{1}{2}}^2)\Phi(r,\mu_{i-\frac{1}{2}},t_{n+\frac{1}{2}})]\mathrm{d}r\\
&\quad+\Sigma(r_{k+\frac{1}{2}},t_{n+\frac{1}{2}})\Phi(r_{k+\frac{1}{2}},\mu_i,t_{n+\frac{1}{2}})\ \frac{1}{3}(r_{k+1}^3-r_k^3)w_i\\
&=Q(r_{k+\frac{1}{2}},\mu_i,t_{n+\frac{1}{2}})\cdot\frac{1}{3}(r_{k+1}^3-r_k^3)w_i,
\end{aligned}\tag{6.159}$$

式中利用了求积公式(6.157)及近似：

$$\int_{r_k}^{r_{k+1}}f(r)r^2\mathrm{d}r\approx f(r_{k+\frac{1}{2}})\cdot\frac{1}{3}(r_{k+1}^3-r_k^3),$$

$r_{k+\frac{1}{2}}$ 是区间 (r_k,r_{k+1}) 的一点. (6.159)式中，积分

$$\int_{r_k}^{r_{k+1}}r[(1-\mu_{i+\frac{1}{2}}^2)\Phi(r,\mu_{i+\frac{1}{2}},t_{n+\frac{1}{2}})$$
$$-(1-\mu_{i-\frac{1}{2}}^2)\Phi(r,\mu_{i-\frac{1}{2}},t_{n+\frac{1}{2}})]\mathrm{d}r$$

可表示为

$$(r_{k+1}^2-r_k^2)[\alpha_{i+\frac{1}{2}}\Phi(r_{k+\frac{1}{2}},\mu_{i+\frac{1}{2}},t_{n+\frac{1}{2}})-\alpha_{i-\frac{1}{2}}\Phi(r_{k+\frac{1}{2}},\mu_{i-\frac{1}{2}},t_{n+\frac{1}{2}})],$$

其中系数 $\alpha_{i+\frac{1}{2}}$ 由球中心附近通量各向同性和中子数守恒原则的要求确定，结果得

$$\alpha_{\frac{1}{2}}=0,\quad \alpha_{i+\frac{1}{2}}=\alpha_{i-\frac{1}{2}}-w_i\mu_i\quad (i=1,2,\cdots,N),$$

利用由(6.157)式令 $f(\mu)=\mu$ 得出的关系 $\sum_{i=1}^{N}w_i\mu_i=0$，从上述递推关系可推出

$$\alpha_{N+\frac{1}{2}}=\alpha_{\frac{1}{2}}-\sum_{i=1}^{N}w_i\mu_i=\alpha_{\frac{1}{2}}=0.$$

现在方程(6.159)可写成离散纵标方程形式：

$$\frac{1}{v}\frac{\Phi^{(n+1)}-\Phi^{(n)}}{\Delta t}+\frac{\mu_i}{V_{k+\frac{1}{2}}}(A_{k+1}\Phi_{k+1}-A_k\Phi_k)$$
$$+\frac{A_{k+1}-A_k}{V_{k+\frac{1}{2}}}\frac{\alpha_{i+\frac{1}{2}}\Phi_{i+\frac{1}{2}}-\alpha_{i-\frac{1}{2}}\Phi_{i-\frac{1}{2}}}{w_i}+\Sigma\Phi=Q, \tag{6.160}$$

式中应用了记号：

$$\begin{cases}A_k=r_k^2,\quad V_{k+\frac{1}{2}}=\frac{1}{3}(r_{k+1}^3-r_k^3),\quad \Delta t=t_{n+1}-t_n,\\ \Phi^{(n)}=\Phi(r_{k+\frac{1}{2}},\mu_i,t_n),\\ \Phi_k=\Phi(r_k,\mu_i,t_{n+\frac{1}{2}}),\\ \Phi_{i+\frac{1}{2}}=\Phi(r_{k+\frac{1}{2}},\mu_{i+\frac{1}{2}},t_{n+\frac{1}{2}}),\end{cases} \tag{6.160a}$$

而不带附标的 Φ,Q 及 Σ 均表示在网格点$(r_{k+\frac{1}{2}},\mu_i,t_{n+\frac{1}{2}})$上取值. 附标 k,i 及 n 分别跑过变量 r,μ 及 t 有关范围内的离散分点.

差分方程组(6.160)中，未知量个数大大超过方程个数. 为使求解成为可能，我们注意：$\mu=\mu_{1/2}=-1$ 的方程(6.156)可以结合边界条件

$$\Phi(r_K,\mu\leqslant 0,t)=0\quad (r_K\text{ 在外边界}) \tag{6.161}$$

加以利用. 在(6.156)中置 $\mu=\mu_{1/2}=-1$，并进行差分后，可得

$$\frac{1}{v}\frac{\Phi^{(n+1)}-\Phi^{(n)}}{\Delta t}-\frac{\Phi_{k+1}-\Phi_k}{\Delta r}+\Sigma\Phi=Q\quad (\mu=\mu_{1/2}=-1), \tag{6.162}$$

式中 $\Delta r=r_{k+1}-r_k$，其余记号同前. 另外还必须利用下列插值公式：

$$\begin{cases}\Phi=a_r\Phi_{k+1}+(1-a_r)\Phi_k\quad (\mu>0,k=0,1,\cdots,K-1),\\ \Phi=a_r\Phi_k+(1-a_r)\Phi_{k+1}\quad (\mu<0,k=K-1,K-2,\cdots,0),\\ \Phi=a_\mu\Phi_{i+\frac{1}{2}}+(1-a_\mu)\Phi_{i-\frac{1}{2}}\quad (i=1,2,\cdots,N),\\ \Phi=a_t\Phi^{(n+1)}+(1-a_t)\Phi^{(n)}\quad (n=0,1,2,\cdots),\end{cases} \tag{6.162a}$$

式中 a_r,a_μ 及 a_t 等权重因子取为$\frac{1}{2}$时，就是通常的菱形格式. 这个格式在有些情况下(见后)会给出非物理的负通量. 为研究产生负通量的原因和避免的途径，我们先

把方程(6.156)中的变量 r 及 μ 分别固定为 $r=r_{k+\frac{1}{2}}$ 及 $\mu=\mu_i$，看 Φ 如何随时间 t 变化. 这时方程可改写成下列形式：

$$\frac{1}{v}\frac{\partial\varphi}{\partial t}+\Sigma\varphi(t)=q, \tag{6.163}$$

式中 Σ 假设为常量，而

$$\begin{cases}\varphi=\varphi(t)\equiv\Phi(r_{k+\frac{1}{2}},\mu_i,t),\\ q=q(t)\equiv\left[Q-\mu\dfrac{\partial\Phi}{\partial r}-\dfrac{1-\mu^2}{r}\dfrac{\partial\Phi}{\partial\mu}\right]_{r=r_{k+\frac{1}{2}},\mu=\mu_i}.\end{cases} \tag{6.163a}$$

积分(6.163)式，得

$$\begin{aligned}\varphi(t_{n+1})&=\varphi(t_n)\mathrm{e}^{-\Sigma v\Delta t}+\int_{t_n}^{t_{n+1}}vq(t')\mathrm{e}^{-v\Sigma(t_{n+1}-t')}\mathrm{d}t'\\&\approx\varphi(t_n)\mathrm{e}^{-s}+q(t_{n+\frac{1}{2}})\frac{1}{\Sigma}(1-\mathrm{e}^{-s}),\end{aligned} \tag{6.164}$$

式中

$$s=\Sigma v\Delta t. \tag{6.164a}$$

(6.164)式也可以简写为

$$\Phi^{(n+1)}=\Phi^{(n)}\mathrm{e}^{-s}+\frac{q}{\Sigma}(1-\mathrm{e}^{-s}). \tag{6.164$'$}$$

利用方程(6.163)的差分形式：

$$\frac{1}{v\Delta t}[\Phi^{(n+1)}-\Phi^{(n)}]+\Sigma\Phi=q \tag{6.163$'$}$$

及(6.164′)式，可得

$$\Phi=\frac{1-\mathrm{e}^{-s}}{s}\Phi^{(n)}+\left[1-\frac{1-\mathrm{e}^{-s}}{s}\right]\frac{q}{\Sigma}. \tag{A}$$

另一方面，从加权平均式：

$$\Phi=a_{\mathrm{t}}\Phi^{(n+1)}+(1-a_{\mathrm{t}})\Phi^{(n)}$$

和(6.163′)式消去 $\Phi^{(n+1)}$，可得

$$\Phi=\frac{1}{1+sa_{\mathrm{t}}}\Phi^{(n)}+\frac{sa_{\mathrm{t}}}{1+sa_{\mathrm{t}}}\frac{q}{\Sigma}. \tag{B}$$

比较(A)，(B)二式，得 $\dfrac{1-\mathrm{e}^{-s}}{s}=\dfrac{1}{1+sa_{\mathrm{t}}}$，或

$$a_{\mathrm{t}}=\frac{1}{1-\mathrm{e}^{-s}}-\frac{1}{s}=\frac{1}{1-\exp(-v\Sigma\Delta t)}-\frac{1}{v\Sigma\Delta t}. \tag{6.165}$$

用类似的方法可以得到另外两个加权因子：

$$\begin{cases} a_{\mathrm{r}} = \dfrac{1}{1 - \exp\left(-\dfrac{\Sigma}{\mu}\Delta r\right)} - \dfrac{\mu}{\Sigma \Delta r}, \\ a_{\mu} = \dfrac{1}{1 - \exp\left(-\dfrac{r\Sigma}{1-\mu^2}\Delta\mu\right)} - \dfrac{1-\mu^2}{r\Sigma\Delta\mu} \\ \qquad (\Delta\mu = \mu_{i+\frac{1}{2}} - \mu_{i-\frac{1}{2}} = w_i). \end{cases} \tag{6.165$'$}$$

(6.160),(6.162),(6.162a)及(6.165)等式给出所谓的指数加权格式. (6.165)式的各加权因子中,若对指数函数 e^{-s} 取下列近似:

$$e^{-s} \approx \frac{1 - \frac{1}{2}s}{1 + \frac{1}{2}s} = \frac{2-s}{2+s}, \tag{6.166}$$

便得 $a_{\mathrm{t}} = a_{\mathrm{r}} = a_{\mu} = \dfrac{1}{2}$,即菱形格式可看成近似(6.166)式之下的指数加权格式. $s>2$ 时,$\dfrac{2-s}{2+s}<0$,而 e^{-s} 恒为正,可见这时近似式(6.166)是很坏的. 从(6.164)式看,这近似使右边第一项为负,而这在物理上是不合理的,在数值计算中也是菱形格式算出负通量的主要原因. 当然,如果步长 Δt,Δr 及 $\Delta\mu$ 取得足够小,使相应的 s 值小于 2,负通量是可以避免的. 但步长过小使计算量过大,使用起来不经济. 采用指数加权格式可基本上避免负通量,虽然在差分精确度上有所损失[36,37].

我们在开始讨论离散纵标法时提到过,这方法应用于几何较复杂的系统时带来较大的误差. 为了提高对复杂几何应用的精确度,有限元法[38,39]对中子输运方程的应用取得了很大的成功. 有限元法的优点是:能够比较准确而方便地计算复杂几何形状下系统中的通量分布;精确度比离散纵标法高;而且在高维计算中能消除"射线效应". 但它也不能保证中子通量不出现负值;而且,有限元法所导致的代数方程组,一般比离散纵标法中可显式求解的情况复杂得多. 也有作者尝试对角度变量 $\boldsymbol{\Omega}$ 用离散纵标法,而对空间变量 $\boldsymbol{r}$ 则用有限元法进行数值计算[40].

关于有限元法在反应堆空-时动力学中的应用,我们将在 §6.11中再加以讨论. 现在让我们转到**多群扩散方程组数值解法**的讨论.

多群扩散方程组中,除能量变量已离散化为多群近似外,只包含空间及时间变量. 对于空间 1 维的问题,方程空间部分的差分处理是简单的,主要问题在求得处理时间部分的有效方法. 这方面的困难,正如我们在第四章中已就点堆模型相当详细地讨论过,主要来自瞬发中子寿命远小于缓发中子寿命的事实. 为避免数值误差,必须用非常短的时间步长,虽然所探讨的瞬变过程只牵涉到缓发中子先驱核衰变常数数量级的时间常数,即方程组是个强刚性系统.

在差分格式方面[13],全显式和全隐式两种格式都曾被采用,但前者存在数值稳定性问题，而后者又存在截断误差问题，这就促使人们对半隐式算法进行研究.

在全显式算法中，假定 $t+\Delta t$ 时刻每个能群、每个网格点上的通量与该时刻其他网格点和能群的通量无关，而由前一时刻 t（向前差分）或前几时刻 $t, t-\Delta t, t-2\Delta t$ 等（例如 Runge-Kutta 法）一些网格点和能群上的通量算出. 这种最简单方法的稳定性要求时间步长小于动力学方程组(6.148)的有关矩阵的任何本征值的倒数. 对热中子和快中子堆，这些本征值分别约为 -10^4 和 $-10^8\ \mathrm{s}^{-1}$. 所以对这两种堆型，分别要求约 10^{-4} 和 10^{-8} s 的时间步长. 因此，求解实际问题所需的时间步数极大，虽然每一步花费的计算时间并不多.

在全隐式算法（例如向后差分格式）中，$t+\Delta t$ 时刻某一网格点和能群上的通量方程，除包含 t 时刻在同一网格点和能群上算出的通量外，还包含在 $t+\Delta t$ 时刻其他网格点和能群上的通量. 因此，$t+\Delta t$ 时刻所有能群和网格点上的通量要同时解出. 这种算法通常是稳定的，允许的时间步长大小仅受截断误差限制. 所以，全隐式法的特征是：需要的时间步数较少，但每一步花费的计算时间较多.

目前已发展了两类半隐式算法. 第一类算法中，$t+\Delta t$ 时刻所有网格点和能群上的通量必须同时解出，在某一给定网格点和能群上的通量方程中包含 t 时刻算出的许多网格点和能群上的通量. 而第二类算法中，只必须同时解出一些（但不是全部）网格点和能群上的 $t+\Delta t$ 时刻的通量.

第一类半隐式法中最著名的是"θ 法"，已用于被广泛应用的 WIGLE（1 维）程序[41]和 TWIGL（2 维）程序[42]. 这方法中，把整个中子平衡算符作用于 $t+\Delta t$ 和 t 时刻的通量上，并分别乘以 θ 和$1-\theta$，对缓发中子也利用独立的 θ 进行类似的运算. 当 $\theta\to 0$ 和 1 的极限时，θ 法分别约化为全显式和全隐式算法；而 $\theta=\dfrac{1}{2}$ 时便与 Crank-Nicholson 算法相对应.

用于 RAUMZEIT 程序[43]的"时间积分法"也属于第一类半隐式算法. 这方法中，也把整个中子平衡算符作用在 $t+\Delta t$ 和 t 时刻的通量上，但用比例因子修正了算符的元素. 这些比例因子是在裂变反应率线性变化的假设下，通过把和时间有关的方程从 t 积分到 $t+\Delta t$ 得出的. 数值研究表明，对于从次临界到瞬发超临界的瞬变过程，时间积分法和 $\theta=\dfrac{1}{2}$的 θ 法给出基本上同样的结果. 并且，随着时间步长的加大，这两种方法精度的下降都不比全隐式算法快. 但是，当时间步长足够大时，两种方法都导致了全隐式算法中从未出现过的振荡解.

Rhyne 及 Lapsley[44] 根据加权残差法（见 §4.4 及 §6.9）提出了一种算法（WR 法）. 它和 θ 法及时间积分法相似，整个中子平衡算符作用在时刻 t 及 $t+\Delta t$ 的通量上. 但是，对时间导数项的离散近似包含一个三点差分关系式，使 $t-\Delta t$ 时刻算出的通量进入计算 $t+\Delta t$ 时刻通量的格式中. 数值研究[45]表明，当时间步长增大时，这个方法的精度下降比 $\theta=1$ 或 $\frac{1}{2}$ 的 θ 法慢；而且，对大时间步长，也没有观察到振荡现象.

第一类半隐式法的共同点是，整个中子平衡算符作用在 $t+\Delta t$ 时刻的通量上. 这意味着所有网格点和能群上的通量必须同时解出. 这对于 1 维少群问题没有困难. 对于这类问题，可以通过向前和向后扫描空间网格，并在每一网格点外求一个(其秩等于能群数的)矩阵之逆来求解(矩阵追赶法). 不过，对于多群和(或)多维问题，必须用迭代法求解. 这促使人们发展第二类半隐式法.

Hansen 等[46]曾经考查过许多第二类方法. 它们为了减少截断误差，先作一指数变换；在每个时间步长内，把每个网格点和能群上的通量和每个网格点上的先驱核浓度写成一指数因子和一具未定时间依赖关系的第二因子的乘积. 如果指数因子是一合理近似，第二因子随时间的变化就会小而光滑，因而能用低价差分近似适当表示. 这方法最初用于点动态学模型(参看 § 4.5)，所用指数因子 $\exp(\omega t)$ 的倒周期(ω)在每个时间间隔内由(和当时材料特性)相应的倒时方程的解给出. Pluta 等[47]把这方法推广到耦合堆芯方程上时，认为可从最近两次通量计算值之比的对数估计出指数因子的倒周期. 以后的发展利用了这类想法.

Andrews 及 Hansen[48]在作了指数变换后，把中子平衡算符分解，使耦合同一能群中不同网格点处通量的各项作用在 $t+\Delta t$ 时刻的通量上，而耦合同一网格点处不同能群中通量的各项作用在 t 时刻的通量上. 这样，只需同时求解某一能群中的通量，并对各个能群进行同样的计算就可以了. 对于 1 维问题，这是很容易做到的. 可以证明，这算法无条件稳定. 它是 1 维多群程序 GAKIN[49] 的基础. 当 GAKIN 方法应用于 2 维问题时，中子平衡算符中，耦合一给定群中不同网格点处通量的各项比 1 维情形下复杂得多(是五点而不是三点差分关系)，因此必须用迭代法求解 $t+\Delta t$ 时刻的通量. McCornick 及 Hansen[50] 提出了另一种作法：用从最新求得的解得出的曲率代替两维中一个方向的耦合作用，求解另一方向的 1 维问题；下一个时间步长再换一下，用曲率代替另一方向的耦合作用，求解前一方向的 1 维问题；这样交替下去. 在 $t+\Delta t$ 时刻的 2 维通量解，可由一组 1 维问题的求解得到，其中每个 1 维问题对应于另一方向上的一个网格点.

Reed 及 Hansen[51]等对 2 维问题中的中子平衡算符，作出了一种稍有不同的分解形式. 这个方法称作交替方向显式(ADE)法. 它的基础是分解中子平衡算符，使描写 $t+\Delta t$ 时刻不同网格点上通量之间耦合的各项，只建立在一个方向的两点差分关系上. 这样，当顺序穿过网格时，利用通量在边界上的已知值，格式就变成显式. 空间耦合的方向，每个时间步长更换一次. Reed 及 Hansen 发现，指数变换和 ADE 格式结合显著地减小了截断误差. 这个方法曾证明是稳定的，但还没有经过广泛的数值检验.

Hageman 及 Yasinsky 等还研究了 2 维问题的交替方向隐式(ADI)法[52]. 这个方法是分解中子平衡算符,使在 $t+\Delta t$ 时刻某一能群中不同网格点上通量间的耦合是 1 维的,并利用另一方向上通量的最新值来估计那个方向的耦合项. 耦合的方向,每个时间步长更换一次. Hageman 等还提出了一种类似的 ADI-B^2 法,其中利用 t 时刻的通量算出曲率来代替另一方向的耦合项. ADI 法是稳定的,但有较大的截断误差. Wight 等[53]发现,指数变换虽降低了截断误差,但使方法不再是无条件稳定的.

第二类半隐式法在每个时间步长花费的代价要比第一类半隐式法少,但却有较大的截断误差. 为达到同样的精度,第二类方法需要的时间步数较多,但每一步费时较少;而第一类方法需要的时间步数较少,但每一步费时较多. 对于 2 维问题,究竟哪一种方法最省计算时间呢? Hageman 等[52]发现,对于简单的典型问题(均匀堆芯),ADI 法同 θ 法差不多或更好些;而对于非典型问题,θ 法肯定更好. 他们还发现 ADI-B^2 法比 ADI 法好,而对于非典型问题和 θ 法差不多或更好. Hansen[46]发现 ADE 法比 ADI 或 GAKIN 法稍好些. Reed 等[51]发现,ADE 法和 θ 法差不多. Denning 等[54]发现: 对于瞬发超临界瞬变过程,ADE 法比 θ 法好;而对于缓发临界瞬变过程,ADE 法要差些.

在 2 维或 3 维情形下,如果有关空间网格点超过几千,计算是很昂贵的. 这当然来自每一时间步长求解 2 维或 3 维空间问题的需要. 由此也许会得出结论: 给了一定的精度要求,应当用尽可能大的时间步长和空间网格. 不幸,由于反馈效应,在扩散理论参量中引起变化的大小和快慢对时间步长大小加了限制;而所分析堆的细致几何结构则对空间网格的大小加了限制.

为减少求解与空间和能量有关的中子动力学方程的计算量,曾研究过许多近似方法. 当然,这些方法会降低精度,无法考虑一些细致的问题. 下面四节专门讨论这些近似方法.

§6.8 因子分解法(准静态法)

在从中子输运方程导出点堆动态学方程时曾指出(§6.1),通过把中子角通量 $\Phi(\boldsymbol{r},\boldsymbol{v},t)$ 分解为幅函数 $n(t)$ 与形状函数 $\psi(\boldsymbol{r},\boldsymbol{v},t)$ 等二因子之积:

$$\Phi(\boldsymbol{r},\boldsymbol{v},t)=n(t)\psi(\boldsymbol{r},\boldsymbol{v},t), \tag{6.167}$$

中子输运方程(6.3)可以等价地写成 n 与 ψ 满足的、互相耦合的两个方程:

$$\frac{\mathrm{d}n}{\mathrm{d}t}=\frac{\rho-\beta_{\mathrm{eff}}}{l}n+\sum_i\lambda_i c_i+q, \tag{6.168}$$

$$(\mathrm{L}_0+\mathrm{L}_\mathrm{f})\psi+\frac{\mathrm{S_d}\{n\psi\}}{n}=\frac{1}{v}\left[\frac{1}{n}\frac{\mathrm{d}n}{\mathrm{d}t}\psi+\frac{\partial\psi}{\partial t}\right]-\frac{S}{n}. \tag{6.169}$$

式中,算符 L_0 及 L_f 由(6.3a,b)式定义,泛函 $S_d\{n\psi\}=S_d\{\Phi\}\equiv \mathrm{L}_d\Phi$ 由(6.3c′)定义,有效参量$\frac{\rho}{l}$,$\frac{\beta_{\mathrm{eff}}}{l}$及函数 c_i,q 由(6.15a—d)式(用(6.13)式的 I 值,I 满足条件(6.14))定义,S 为外源. 而 c_i 满足方程(6.17):

$$\frac{\mathrm{d}c_i}{\mathrm{d}t}=\frac{\beta_{i\mathrm{eff}}}{l}n-\lambda_i c_i \quad (i=1,2,\cdots,m). \tag{6.168a}$$

§6.5 中也曾看到,从扩散方程(6.145)出发,把中子通量 $\varphi(\boldsymbol{r},v,t)=\int\Phi(\boldsymbol{r},\boldsymbol{v},t)\mathrm{d}\Omega$ 分解为

$$\varphi(\boldsymbol{r},v,t)=n(t)\psi(\boldsymbol{r},v,t), \tag{6.167′}$$

同样可以导出方程(6.168)及(6.168a),但(6.169)式则将换成

$$(\mathscr{L}_0+\mathscr{L}_f)\psi+\frac{\mathscr{S}_d\{n\psi\}}{n}=\frac{1}{v}\left[\frac{1}{n}\frac{\mathrm{d}n}{\mathrm{d}t}\psi+\frac{\partial\psi}{\partial t}\right]-\frac{\mathscr{S}}{n}, \tag{6.169′}$$

式中,$\mathscr{L}_0$,$\mathscr{L}_f$ 及 $\mathscr{S}_d\{n\psi\}=\mathscr{S}_d\{\varphi\}\equiv\mathscr{L}_d\varphi$ 分别由(6.145a,b)及(6.145c′)等各式给出,$\mathscr{S}$ 为外源. 另外,应当记住,在扩散理论中,定义$\frac{\rho}{l}$,$\frac{\beta_{\mathrm{eff}}}{l}$,$c_i$,$q$ 及$\frac{\beta_{i\mathrm{eff}}}{l}$等物理量的定义式((6.15a—e),用(6.14))中,$\phi_0^{\dagger}$ 应换成满足(6.145′)式的 $\varphi_0^{\dagger}$,而且,应把这些定义式所包含的积分中对角度的积分部分作出,并应用扩散理论与输运理论中 ψ 的关系:$\int\psi(\boldsymbol{r},\boldsymbol{v},t)\mathrm{d}\Omega=\psi(\boldsymbol{r},v,t)$.

从方程(6.169)和(6.169′)形式上的完全对应可见:以下关于因子分解法的所有讨论,虽然是在扩散理论的框架内进行的,但完全可以直接推广到输运理论的框架中去.

各物理量$\frac{\rho}{l}$,$\frac{\beta_{i\mathrm{eff}}}{l}$及 q 等的定义中包含了未知的形状函数$\psi(\boldsymbol{r},v,t)$,而 ψ 所满足的方程(6.169′)中又明显地含有幅函数$n(t)$. 因此,形状函数的方程必须和点堆方程形状的幅函数方程及任何需考虑的反馈方程迭代求解. 这样,上述的因子分解只是一种形式,并没有真正带来函数 n 和 ψ 的分离. 虽然如此,由于大多数情形下,形状函数随时间的变化比较慢,没有幅函数随时间的变化重要;因此,可以沿时间轴计算很多幅值,但只算几次形状函数. 这些形状函数以下述四种复杂程度算出.

(1) 改进的准静态近似[55].

这方法中,在求解方程(6.169′)时,只近似地把 ψ 对时间的偏微商换成一阶向后差分:

$$\frac{\partial}{\partial t}\psi(\boldsymbol{r},v,t)\Longrightarrow\frac{1}{\Delta t}[\psi(\boldsymbol{r},v,t)-\psi(\boldsymbol{r},v,t-\Delta t)], \tag{6.170}$$

式中 $t-\Delta t$ 是上一次计算形状函数的时刻. 作近似(6.170)后所得的 ψ 的方程现在具有非齐次方程的形式. 由于形状函数为缓变,上列差分近似可以在一个比直接算

$\varphi(\boldsymbol{r},v,t)$时所能应用的时间步长大得多的 Δt 上应用.

在这近似中，和在下面将要讨论的准静态法本身中一样，$\mathscr{S}_d\{n(t')\psi(\boldsymbol{r},v,t')\}$ 直接从通量史算出，然后在(6.169′)式中被当做一非齐次源项. $\frac{1}{n}\frac{dn}{dt}$通过在上一个时间间隔解方程(6.168)及(6.168a)求得. 因此，在这近似中，实际上 ψ 是从下列方程算出的(对于外源 $\mathscr{S}=0$ 的情况)：

$$\left[\mathscr{L}_0+\mathscr{L}_f-\frac{1}{v}\left(\frac{1}{n}\frac{dn}{dt}+\frac{1}{\Delta t}\right)\right]\psi(\boldsymbol{r},v,t)$$
$$=-\left[\frac{\mathscr{S}_d\{n(t')\psi(\boldsymbol{r},v,t')\}}{n(t)}+\frac{\psi(\boldsymbol{r},v,t-\Delta t)}{v\Delta t}\right].\tag{6.171}$$

考查(6.171)式可以看出，对于实际感兴趣的情况，ψ 的空间及能量分布形状对 $n(t)$及其导数的误差是比较不敏感的. $\mathscr{S}_d$ 可以在算出 $\psi(\boldsymbol{r},v,t)$后加以修正，以防止误差积累.

(2) 准静态近似[56].

这种近似充分利用在所考虑范围内形状函数随时间的变化不如幅函数的变化重要这一事实，完全略去 $\psi(\boldsymbol{r},v,t)$对时间的偏导数. 缓发中子源 $\mathscr{S}_d$ 及$\frac{1}{n}\frac{dn}{dt}$等项的处理和上段所说的一样. 因此，形状函数由下列方程算出：

$$\left[\mathscr{L}_0+\mathscr{L}_f-\frac{1}{v}\frac{1}{n}\frac{dn}{dt}\right]\psi(\boldsymbol{r},v,t)=-\frac{\mathscr{S}_d\{n(t')\psi(\boldsymbol{r},v,t')\}}{n(t)}.\tag{6.172}$$

(3) 绝热近似[57].

绝热近似做法中，应用另外两点简化. 首先，它不区别缓发中子源的形状和瞬发源的形状，从而略去缓发中子先驱核分布形状中的时间滞后(即，略去缓发中子阻滞效应). 于是，可作简化

$$\mathscr{L}_f\psi(\boldsymbol{r},v,t)+\frac{\mathscr{S}_d\{n(t')\psi(\boldsymbol{r},v,t')\}}{n(t)}\Longrightarrow\mathscr{L}\psi(\boldsymbol{r},v,t),$$

式中

$$\mathscr{L}\psi(\boldsymbol{r},v,t)\equiv 4\pi\left[\chi(v)(1-\beta)+\sum_i\chi_i(v)\beta_i\right]$$
$$\cdot\int\nu\Sigma_f(\boldsymbol{r},v',t)\psi(\boldsymbol{r},v',t)dv'.$$

其次，绝热近似中略去方程(6.169′)中的两个时间导数项. 即，不解微分方程(6.169′)，而利用一本征值 k 从下式求得形状函数的稳态表达式：

$$\left[\mathscr{L}_0+\frac{1}{k}\mathscr{L}\right]\psi(\boldsymbol{r},v,t)=0.\tag{6.173}$$

这样，绝热模型略去了方程(6.168)与(6.169′)之间的大部分耦合.不过，它仍然包括反馈耦合，因此算符 $\mathscr{L}_0$ 及 $\mathscr{L}$ 通过其中的有效宏观截面而和 $t'\leqslant t$ 的 $\varphi(\boldsymbol{r},v,t')$ 有关.实际应用表明，绝热法可以说明动力学中空间效应的主要部分.

(4) 形状函数先算出的绝热近似.

如果连反馈耦合也略去，那么幅函数和形状函数所满足的微分方程就变得完全彼此独立.于是，形状函数随时间的变化可以预先算出：根据和时间明显相关的因素(例如，吸收棒的插入或部分燃料元素的挪动)，对一系列时刻的状态求解静态方程(6.173)；利用这些求得的形状函数从(6.15a—e)算出(6.168)及(6.168a)式中的有关参量；然后对每个时刻的参量分别求解点动力学形式的方程组(6.168)及(6.168a)，得出各时间间隔内的 $n(t)$.

从方程(6.173)先算出形状函数的这种绝热近似，实质上也就是形状函数改变若干次的点动态学方法.它是通常仅用一个(常常就是初始时刻的)形状函数求参量的点堆近似的最简单改进.

上述四种近似可以认为是介于直接数值求解扩散方程(或输运方程)的做法和通常点动态学做法之间的、精确度递减的近似系列.它们所考虑各种效应的对比在表 6.3 中列出.

表 6.3 因子分解法中的近似系列(表示各种模型所考虑的效应)

效应 \ 模型	直接数值计算	改进准静态	准静态	绝热	形状函数先算出的绝热	点动态学
$\dfrac{\partial\psi}{\partial t}$	有	近似	无	无	无	无
$\dfrac{1}{v}\dfrac{1}{n}\dfrac{\mathrm{d}n}{\mathrm{d}t}$	有	有	有	无	无	无
$S_{\mathrm{d}}\{n\psi\}$	有	有	有	无	无	无
通过反馈的隐含耦合	有	有	有	有	无	无
去耦合的形状畸变	有	有	有	有	有	无
初始形状	有	有	有	有	有	有

注意，所有因子分解法，除点动态模型外，都有可按需要重算通量形状任意多次的特点：形状畸变快时用很细的时间网格，而没有重大畸变时完全不重算.可以说，准静态近似和严格解(数值计算结果)的差别，只是由于略去形状函数对时间的偏导数引起的.在这方法的误差可略去的情形，结果和直接的数值解差不多，但计算量小一两个数量级.改进的准静态近似可以大大减少方法的误差，而不显著增加计算量.另一方面，绝热法带来更大的误差，而实际上没有使处理大大简化.因为，方程(6.172)并不比方程(6.173)更难解多少.应用预先算出的形状函数的绝热近似具有可用简单程序进行计算的优点，而缺陷是它限于已知系统随时间发展的情况和精度

有限.最后,点动态学的优点和局限性是明显的,以前曾多次提及,在这里不再赘述.

为应用准静态法来分析反应堆中的漂移,曾编制 QX-1 程序[58].它的设计容许在合适时约化到点动态学模型.程序采取了三级时间步长的结构:为准确求解具已知参量$\frac{\rho}{l}$及$\frac{\beta_{\text{ieff}}}{l}$的方程(6.168)及(6.168a),需用最小的步长;从反馈计算参量的变化率需用中等的步长;而计算形状函数的畸变则用最大的步长.在一个最大的步长内,可取几个中间的步长.

Ott 及 Meneley[58]曾通过和用 WIGLE 编码[41]算出的直接数值解相比较来探讨准静态方法的精度.对于一个 240 cm 厚的平板热中子堆模型,假设瞬发中子一代时间 $l=1.045\times10^{-5}$ s,并取 $\beta=0.0064$ 及 $\lambda=0.08\ \text{s}^{-1}$的一组等效缓发中子先驱核.当在它左边四分之一(0 至 60 cm)区域内,通过线性增加 $\nu(\nu=\nu(0)(1+At)$, $A=1.5083\ \text{s}^{-1}$, $0\leqslant t\leqslant0.011$ s,然后保持固定)引起漂移时,用四种动力学模型(点动力学、绝热法、准静态法 QX-1 和 WIGLE 编码数值解)算得的、反应性随时间变化曲线的对比,绘出在图6.10中.注意,从 WIGLE 和 QX-1 的结果可见,在 ν 的线性增长在 $t=0.011$ s 停止以后,“真实的”反应性(WIGLE 曲线)不像点动态学和绝热模型中算出的那样,保持固定不变.由于缓发中子源的空间分布对反应性增长的滞后了的适应(参看图 6.11 和关于它的说明),在 $t=0.011$ s 以后,反应性还增加了约 8×10^{-4}.图 6.11 说明了缓发中子先驱核的延迟适应.通过增加反应堆左边$\frac{1}{4}$区域内的 ν 值,热堆芯中引进了~100 元/s 的线性增长的反应性.实线示增长停止时刻($t=0.011$ s)的真实通量形状和先驱核浓度的空间分布.后者此刻还接近原始的通量形状.渐近地,先驱核空间分布与热中子通量分布一致.先驱核的这一重新分布引起进一步的通量畸变,是渐近通量形状和反应性增长终止时刻通量形状不同的主要原因.

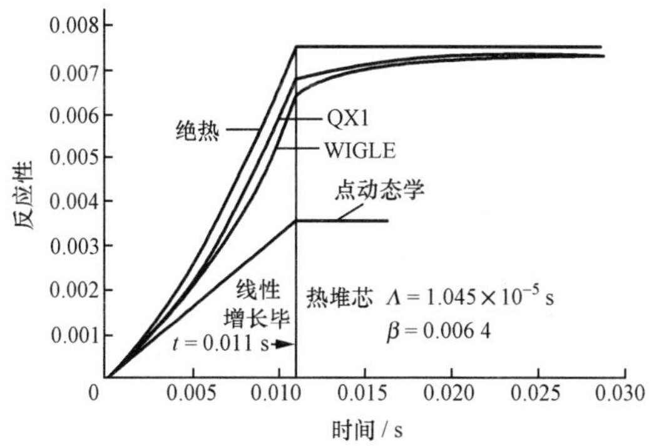

图 6.10 240 cm 平板热堆左端 1/4 区域内,线性增加 ν 值所引起的反应性变化(不同方法算出结果的比较)[58]

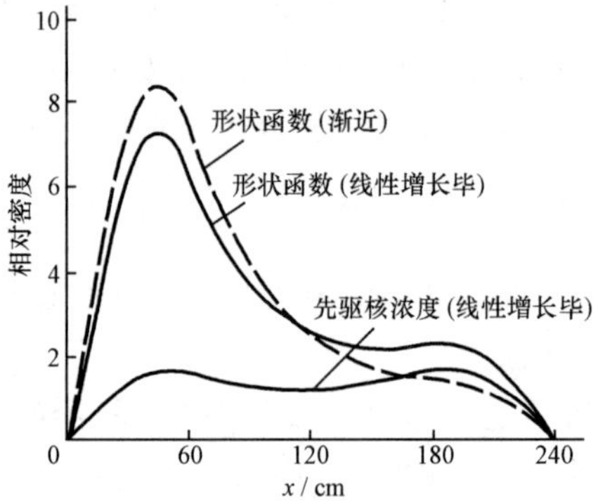

图 6.11 240 cm 平板热堆左端 1/4 区域内,线性增加 ν 值后,形状函数和先驱核的空间分布[58]

从图 6.10 中也可以看出,准静态法和绝热近似所给出的反应性曲线之间的差别(这差别是绝热近似没有考虑上述缓发中子阻滞效应所引起的,参看§6.6)比准静态法结果和 WIGLE"精确"结果之间的差别(这差别是由于准静态法中认为 $\frac{1}{v}\frac{\partial\psi}{\partial t}=0$ 而略去了通量分布形状为适应漂移中堆成分变动所需的有限过渡时间所引起的)大.说明由绝热近似到准静态近似,在精度方面有重要改进.不过,对于具有典型热堆中中子一代时间的系统,准静态法也可以引起大的积累误差.在热堆问题中,QX-1 程序对增长率极端高(1 500 元/s)的线性反应性输入所引起瞬变过程的计算结果,对通量的过估量大约不到 80%.而在快堆漂移中所得通量大小的误差则<5%.分析 1 维快中子堆中快漂移的经验表明,准静态法比直接求解空-时动力学方程要经济得多.这个优点对 2 维问题甚至更大.

上面讨论了近似程度不同的五种因子分解法(包括点动态学模型).处理非线性(带反馈)问题时,这些方法中每个有比更低阶的一个更好的精确度.它们的共同之点是:只算由待解的特定问题要求的少数次(在点模型中甚至是一次)形状函数.由于这个特点,在编程序的复杂程度方面也好,在算题所需的机器时间方面也好,在这一系列的方法中,改进精度和普适性,每步只多花很少的力气.逻辑的结论是:应当选择最好的近似,即采用(包含 $\frac{1}{v}\frac{\partial\psi}{\partial t}$ 项的)改进准静态法,来处理非线性空-时问题.这方法由于包含各逐步时刻的迭代解,特别适于非线性问题.

体现中子扩散(或输运)行为的准静态模型(及其改进)可以和快堆动力学中所包含的其他物理过程(如启动机制,热传导,二相流,燃料破损和移位等)合并考虑,一起积分.

Galati[59] 提出过一种与 Ott 等人模型相似的模型,其中形状函数通过迭代求解 ω_d 模式函数(见§6.9)得出.这个方法的实质是:用逐段近似来反映物理性质的变化，并用相应的 ω_d 模式函数表示每段时间间隔内的形状函数. 计算这种形状函数的时间间隔应当满足：长到足以出现渐近周期，同时又短到足以使物理特性的逐段变化是一合理近似. 这样，这个方法就能给出正确结果. 对每段时间间隔，伴随函数也要重新计算. 用这个模型得到的结果表明，对于瞬发超临界瞬变（快漂移），它比直接数值求解更经济，不过从精度考虑，必须重新计算伴随函数. 这个模型的结果基本上和 Meneley 等的一致.

§6.9　模项展开法（综合法）

为了用较少的计算量得到较好的精确度，发展了各种**模项展开法**. 这些方法的共同点在于：把全部或部分空间依赖关系用已知的本征函数或试探函数展开，待定的展开系数与时间及剩下的空间变量（如果有的话）有关. 这种方法也叫做**综合法**. 把这些假定的通量展开式代入与空间和能量相关的中子及先驱核动力学方程，并用下面将就多群扩散方程组加以说明的加权残差法求出展开系数所满足的较简单的近似方程组，就可达到简化计算的目的.

求得的近似方程，或者是（以时间为自变量的）常微分方程，或者是（以时间和剩下的空间变量为自变量的）偏微分方程，分别取决于展开系数仅是时间的函数，或者还同时是剩下的空间变量的函数. 前者称为**时间综合法**，后者称为**空-时综合法**.

让我们以多群扩散动力学方程组（6.148）为例来说明时间综合法的做法——**"加权残差法"**. 多维问题中需用的空-时综合法也可以类似地作出. 首先写出模项展开的普遍形状：

$$\boldsymbol{\varphi}(\boldsymbol{r},t)=\sum_{j=1}^{J}\boldsymbol{\psi}_j(\boldsymbol{r},t)n_j(t),\tag{6.174}$$

式中 $\boldsymbol{\psi}_j$ 和 $\boldsymbol{\varphi}$ 一样，是包含 G 个分量的列矩阵. 这些分量是事先选定或要在辅助计算中确定的试探函数或本征函数（模式形状函数）. $n_j(t)$ 是待定系数（各模项的幅函数）. 利用展开式（6.174）可以把方程组（6.148）转换成一组 $n_j(t)$ 所满足的常微分方程. 为此，先将（6.174）式缩写成

$$\boldsymbol{\varphi}(\boldsymbol{r},t)=\boldsymbol{\psi}(\boldsymbol{r},t)\boldsymbol{n}(t),\tag{6.174$'$}$$

式中 $\boldsymbol{\psi}$ 是具元素 ψ_{gj}（第 g 能群的第 j 个模式形状函数）的矩阵，而 $\boldsymbol{n}$ 是分量为 n_j 的列矩阵.

将（6.174′）式代入方程（6.148）第一式，可得

$$0=\boldsymbol{v}^{-1}\left(\boldsymbol{\psi}\frac{\mathrm{d}\boldsymbol{n}}{\mathrm{d}t}+\frac{\partial\boldsymbol{\psi}}{\partial t}\boldsymbol{n}\right)-[\nabla\cdot\boldsymbol{D}\,\nabla-\boldsymbol{A}+(1-\beta)\boldsymbol{\chi}\boldsymbol{F}^{\mathrm{T}}]\boldsymbol{\psi}\boldsymbol{n}$$

$$-\sum_i \lambda_i \boldsymbol{\chi}_i C_i. \tag{6.175}$$

上式当 $\boldsymbol{\psi n}$ 是个严格解时成立.对于一个近似解,上式就应换成

$$\boldsymbol{R}=\boldsymbol{v}^{-1}\left(\boldsymbol{\psi}\frac{\mathrm{d}\boldsymbol{n}}{\mathrm{d}t}+\frac{\partial\boldsymbol{\psi}}{\partial t}\boldsymbol{n}\right)-[\nabla\cdot\boldsymbol{D}\,\nabla-\boldsymbol{A}+(1-\beta)\boldsymbol{\chi}\boldsymbol{F}^{\mathrm{T}}]\boldsymbol{\psi n}$$
$$-\sum_i \lambda_i \boldsymbol{\chi}_i C_i, \tag{6.176}$$

式中 $\boldsymbol{R}$ 是代表误差或**残差**的一个列矩阵.**加权残差法的要点**就是要求 $\boldsymbol{R}$ 对一定区域的加权积分为零.这样就把误差分配在整个区域,并使近似解中的未知参量或待定函数得以确定.

引进权重函数矩阵:

$$\boldsymbol{W}=\begin{pmatrix} W_{11} & W_{12} & \cdots & W_{1J} \\ W_{21} & W_{22} & \cdots & W_{2J} \\ \vdots & \vdots & \ddots & \vdots \\ W_{G1} & W_{G2} & \cdots & W_{GJ} \end{pmatrix},$$

这里 W_{gj} 是用来为第 g 能群的第 j 模项加权的权重函数.用 $\boldsymbol{W}$ 的转置矩阵 $\boldsymbol{W}^{\mathrm{T}}$ 从左边乘(6.176)式中所有项,并对空间积分,然后要求

$$\int \boldsymbol{W}^{\mathrm{T}}\boldsymbol{R}\mathrm{d}\boldsymbol{r}=0, \tag{6.177}$$

并假定有

$$\int \boldsymbol{W}^{\mathrm{T}}\boldsymbol{v}^{-1}\frac{\partial\boldsymbol{\psi}}{\partial t}\mathrm{d}\boldsymbol{r}=0, \tag{6.178}$$

便得

$$\left(\int \boldsymbol{W}^{\mathrm{T}}\ \boldsymbol{v}^{-1}\boldsymbol{\psi}\mathrm{d}\boldsymbol{r}\right)\frac{\mathrm{d}\boldsymbol{n}}{\mathrm{d}t}=\left[\int \boldsymbol{W}^{\mathrm{T}}\ \nabla\cdot\boldsymbol{D}\ \nabla\ \boldsymbol{\psi}\mathrm{d}\boldsymbol{r}-\int \boldsymbol{W}^{\mathrm{T}}\boldsymbol{A\psi}\mathrm{d}\boldsymbol{r}\right.$$
$$\left.+\int \boldsymbol{W}^{\mathrm{T}}(1-\beta)\boldsymbol{\chi}\boldsymbol{F}^{\mathrm{T}}\boldsymbol{\psi}\mathrm{d}\boldsymbol{r}\right]\boldsymbol{n}+\sum_i \lambda_i \int \boldsymbol{W}^{\mathrm{T}}\boldsymbol{\chi}_i C_i \mathrm{d}\boldsymbol{r}. \tag{6.179}$$

同样,将(6.174′)式代入方程(6.148b),并要求加权残差为0,可求得

$$\int \boldsymbol{W}^{\mathrm{T}}\boldsymbol{\chi}_i\frac{\partial C_i}{\partial t}\mathrm{d}\boldsymbol{r}=\left(\int \boldsymbol{W}^{\mathrm{T}}\beta_i\boldsymbol{\chi}_i\boldsymbol{F}^{\mathrm{T}}\boldsymbol{\psi}\mathrm{d}\boldsymbol{r}\right)\boldsymbol{n}-\lambda_i\int \boldsymbol{W}^{\mathrm{T}}\boldsymbol{\chi}_i C_i\mathrm{d}\boldsymbol{r}. \tag{6.180}$$

如果发射谱 $\boldsymbol{\chi}_i$ 及权重函数 W_{gj} 与时间无关,就可以将左边写成 $\frac{\mathrm{d}}{\mathrm{d}t}\int \boldsymbol{W}^{\mathrm{T}}\boldsymbol{\chi}_i C_i\mathrm{d}\boldsymbol{r}$.引进

$$\xi_i\equiv\int \boldsymbol{W}^{\mathrm{T}}\boldsymbol{\chi}_i C_i\mathrm{d}\boldsymbol{r}, \tag{6.181a}$$

及

$$\boldsymbol{\beta}_{ie}\equiv\int \boldsymbol{W}^{\mathrm{T}}\beta_i\boldsymbol{\chi}_i\boldsymbol{F}^{\mathrm{T}}\boldsymbol{\psi}\mathrm{d}\boldsymbol{r}, \tag{6.181b}$$

可以把方程(6.180)写成下列形式:

$$\frac{d\boldsymbol{\xi}_i}{dt} = \beta_{ie}\boldsymbol{n} - \lambda_i\boldsymbol{\xi}_i, \tag{6.182}$$

式中 $\boldsymbol{\xi}_i$ 是个列矩阵，相当于点堆模型中的物理量 lC_i.

回到(6.179)式. 引进

$$\boldsymbol{\beta}_e \equiv \int \boldsymbol{W}^T \sum_i \beta_i \boldsymbol{\chi}_i \boldsymbol{F}^T \boldsymbol{\psi} d\boldsymbol{r} = \sum_i \beta_{ie}, \tag{6.183a}$$

$$\boldsymbol{I} \equiv \int \boldsymbol{W}^T \boldsymbol{v}^{-1} \boldsymbol{\psi} d\boldsymbol{r} \tag{6.183b}$$

及

$$\boldsymbol{\rho} \equiv \int \boldsymbol{W}^T \left[\nabla \cdot \boldsymbol{D} \nabla - \boldsymbol{A} + (1-\beta)\boldsymbol{\chi}\boldsymbol{F}^T + \sum_i \beta_i \boldsymbol{\chi}_i \boldsymbol{F}^T \right] \boldsymbol{\psi} d\boldsymbol{r}, \tag{6.183c}$$

可将方程(6.179)改写成

$$\boldsymbol{I}\frac{d\boldsymbol{n}}{dt} = (\boldsymbol{\rho} - \boldsymbol{\beta}_e)\boldsymbol{n} + \sum_i \lambda_i \xi_i. \tag{6.184}$$

方程(6.182)及(6.184)叫做**多模式动力学方程**. $\boldsymbol{\xi}_i$ 及 $\boldsymbol{n}$ 都是 $J \times 1$ 的列矩阵(J 是横项数)，对每个模式有一分量；参量 $\boldsymbol{\beta}_e$, $\boldsymbol{I}$ 及 $\boldsymbol{\rho}$ 都是 $J \times J$ 的方矩阵. 多模式动力学方程是一组有限个对时间的常微分方程. 从它们的形状可以看出它们是点动态学方程的自然推广.

(6.176)式给出的残差 $\boldsymbol{R}$ 只是对一严格解才全等于 0. 如果 $\boldsymbol{R}$ 用权重 $\boldsymbol{W}(\boldsymbol{r})$ 加权后的积分对所有时刻 t 都等于 0，近似解(6.174)就满足多模式动力学方程. 这样，问题就归结为适当选择**模式函数**(或**试探函数**)及**权重函数**，使参量 $\boldsymbol{I}$, $\boldsymbol{\rho}$, $\boldsymbol{\beta}_e$ 及 $\boldsymbol{\beta}_{ie}$ 可以计算，而多模式动力学方程(6.182)及(6.184)可以对时间积分. 原则上，试探函数的选择是随意的(当然，各函数必须线性无关). 正常情形下，近似解应当选得满足初始条件及边界条件；否则，就要稍微推广一下做法，使初始及边界条件的加权残差也等于零. 权重函数的选择原则上也是随意的，但不能有任何两列权重函数成比例. 如果权重函数是一组稳态伴函数，加权残差法就和 §6.1 中由输运理论方程导致点堆方程的做法相似(参看(6.10)至(6.17)式).

下面列举一些常用的加权方法：

(1) **配置法**　用 δ 函数加权；$\boldsymbol{R}$ 在离散点等于零.

(2) **子域法**　用阶梯函数加权；$\boldsymbol{R}$ 对每个子域的积分等于零.

(3) **最小二乘式法**　使 $\boldsymbol{R}^T\boldsymbol{R}$ 的积分对未定参量最小化.

(4) **矩法**　用多项式加权；使 $\boldsymbol{R}$ 的各次矩等于零.

(5) **Galerkin 法**　用试探函数本身作加权函数.

(6) **伴函加权法**　用试探函数的伴函加权；和下面要讨论的变分法密切有关.

§4.4 中，加权残差法曾用来近似积分点堆动态学方程. 在那里，我们用分段的多项式作为试探函数进行子域加权.

可以看成加权残差法的一个特例的**变分法**通常从一不同观点导出. 事实上，条件

$$\int \boldsymbol{\psi}^{\dagger} \boldsymbol{R} \mathrm{d}\boldsymbol{r} = 0$$

可以看成某个泛函取极值的条件. 由此导出的 Euler 方程就是系统的微分方程. 对于一自伴系统，变分法和 Galerkin 法等价.

许多作者[60]曾应用和时间无关的模式函数 $\boldsymbol{\psi}_j$，作(6.174)式的展开. Kaplan[61]研究了几种本征函数的"定局"性质. 当用具有定局性质的本征函数作为模式形状函数来作展开时，各个展开系数所满足的方程是彼此独立，不相耦合的. 具有定局性质的模式函数被称为**"自然模式"**. 自然模式的应用使展开系数的计算大为简化；而且当模项数 J 增加时，已算出的原来各项的展开系数维持不变. Kaplan 研究过下面几种常用的本征函数：

(1) λ 模式　由下列方程的本征函数组成：

$$(-\nabla \cdot \boldsymbol{D} \nabla + \boldsymbol{A})\psi = \frac{1}{\lambda}\Big[(1-\beta)\boldsymbol{\chi}\boldsymbol{F}^{\mathrm{T}} + \sum_i \beta_i \boldsymbol{\chi}_i \boldsymbol{F}^{\mathrm{T}}\Big]\psi. \tag{6.185}$$

这方程是把方程组(6.148a, b)应用于一个假想的$\left(\nu \text{ 换成} \dfrac{\nu}{\lambda} \text{的}\right)$定态系统的结果. 这里本征值 λ 起着方程(6.7)中本征值 k_s 的作用. λ 模式容易利用定态多群扩散程序迭代求得，它在反应堆物理中有广泛的应用；例如，Walter 及 Henry[62]曾用它得出一个测量停堆反应性的方法. 不过，当用来作模项展开的基函数时，λ 模式不具备定局性质. 因此，它不是自然模式.

(2) ω_{p} 模式　通过略去缓发中子源并假设

$$\boldsymbol{\varphi} = \boldsymbol{\psi}(\boldsymbol{r}) \mathrm{e}^{\omega_{\mathrm{p}} t},$$

从方程(6.148)可导出本征值问题：

$$[\nabla \cdot \boldsymbol{D} \nabla - \boldsymbol{A} + (1-\beta)\boldsymbol{\chi}\boldsymbol{F}^{\mathrm{T}}]\boldsymbol{\psi} = \omega_{\mathrm{p}} \boldsymbol{v}^{-1} \boldsymbol{\psi}. \tag{6.186}$$

由此得出的本征函数组成 ω_{p} 模式. 只有在缓发中子的作用可以略去的快漂移中，用 ω_{p} 模式展开才具有定局性质. 否则，它就不是自然模式.

(3) ω_{d} 模式(或倒时模式)　在方程组(6.148)中，置

$$\boldsymbol{\varphi} = \boldsymbol{\psi}(\boldsymbol{r}) \mathrm{e}^{\omega_{\mathrm{d}} t},$$

及

$$C_i = \zeta_i(\boldsymbol{r}) \mathrm{e}^{\omega_{\mathrm{d}} t},$$

得本征值问题：

$$\begin{cases} [\nabla \cdot \boldsymbol{D} \nabla - \boldsymbol{A} + (1-\beta)\boldsymbol{\chi}\boldsymbol{F}^{\mathrm{T}}]\boldsymbol{\psi} + \sum_i \lambda_i \boldsymbol{\chi}_i \zeta_i = \omega_{\mathrm{d}} \boldsymbol{v}^{-1} \boldsymbol{\psi}, \\ \beta_i \boldsymbol{F}^{\mathrm{T}} \boldsymbol{\psi} - \lambda_i \zeta_i = \omega_{\mathrm{d}} \zeta_i. \end{cases} \tag{6.187}$$

用 ω_d 模式为方程组(6.148)的解作模项展开时，具有定局性质；因此，ω_d 模式是自然模式. Henry[63] 曾对 ω_d 模式作过广泛研究. 他发现这些模式函数的本征值成组出现：每组包含的本征值个数等于中子能群数和缓发中子先驱核分组数之和. 假定对应于一组内所有本征值的本征函数具有同样的空间(和角度)形状，便可定义出一组具有某些有用正交性质的**“倒时”本征函数**.

当考虑(例如，氙及温度等的)反馈效应时，自然模式应由中子方程、先驱核方程及线性化了的反馈方程共同给出：每个方程中出现的偏微分算符$\frac{\partial}{\partial t}$都用 ω 代替，并且把 ω 看做本征值. 由此定出的本征函数对所考虑问题的模项展开具有定局性质，构成问题的**自然模式**.

Henry 及 Kaplan[64] 提出了一个公式，把自然本征值和一线性泛函联系起来，而这线性泛函不难用更易算出的 λ 本征函数估值. 通常，自然本征函数是复杂的，只有在 1 维几何条件下曾成功地算出，而 λ 本征函数则容易用常规定态编码算出(只要节点线能根据对称性划分出来).

Foulke 及 Gyftopoulos[65] 用自然模式解释了在 NORA 反应堆内进行的振荡器实验，并对瞬变过程进行了分析. 许多数值实验表明，某一给定扰动所引起的渐近通量畸变，直接与基本自然本征值对一次谐波自然本征值之比有关. 和直接数值解的比较表明：当在一个宽度为 Δx 的局部区域内引入一阶跃扰动，产生一个瞬变过程时，如果想使对漂移的分析得到满意的精度，就至少需用 $M+1$ 个空间谐波；这里 M 是波长小于 $2\Delta x$ 的低阶空间谐波的数目.

Garabedian 及 Lynch[66] 对一个多区平板反应堆研究了一个 Fourier 级数的展开，所用展开函数在由平板宽度规定的区间上为正交. 他们的结果说明，为表示局部扰动的效应，需要相当多的这种展开函数.

为计算多区反应堆中由局部扰动产生的瞬变过程，用本征函数的模项展开法显得不实际. 这或者是因为需用很多本征函数，或者是因为在复杂几何条件下计算本征函数有困难，或者两个原因都有，看所牵涉到的问题的类型和本征函数的类型而定. 这就促使人们去努力发展以如下选择的展开函数为基础的模项展开法：这些展开函数应根据瞬变过程中预期的通量形状来选择，并且应能对现实几何条件算出. 这种模型通常称为综合模型，而展开函数有时被称为综合函数.

Dougherty 及 Shen[67] 采用一种半直接的变分方法，推出了一个最早的综合近似法. 他们还采用 Green 函数作展开函数，这些函数是通过置裂变截面为 0，并用一个只在局部区域内不为 0 的源项，从定态中子平衡方程算出的. 源项取为临界反应堆的裂变源项，它必须通过求解定态中子平衡方程求得. 当反应堆为产生 Green 函数的目的被分成许多互补子区时，所得模型应能表示这些子区中任一区内均匀发生的变化，也能表示这种变化的许多组合. 当反应堆是由几个大区域组成，其中一个或更多区域中发生了均匀扰动时，堆中发生的瞬变过程可以很好地用 Dougherty 等的方法分析. Yasinsky 等挑选了似乎特别适于用这方法的一个情形[68]：由一列物理上分开的堆芯所组成系统中漂移的分析. 对于 1 维 2 群模型，这种方法与有限差分方程直接数值积分法的比较示如图 6.12；所分析的模型包含三个 70 cm 厚的快中子堆芯(分别由 48 cm 的再生区隔开). 扰动是在时间间隔 $0<t<0.5$ s 内，右边堆芯的吸收性质线性减少了 0.5%. 图中绘出了两种综合法的解. 获得解 2 所用的模型中，利用三个 Green 函数作展开，其中每个是只有一个堆芯时定态问题的解. 获得解 1 时，则利用由漂移中三个不同时刻的堆材料结构所算出的三个整堆定态解作展开函数. 对这种松散耦合的三个堆芯，两种综合法解都和直接数值解很好符

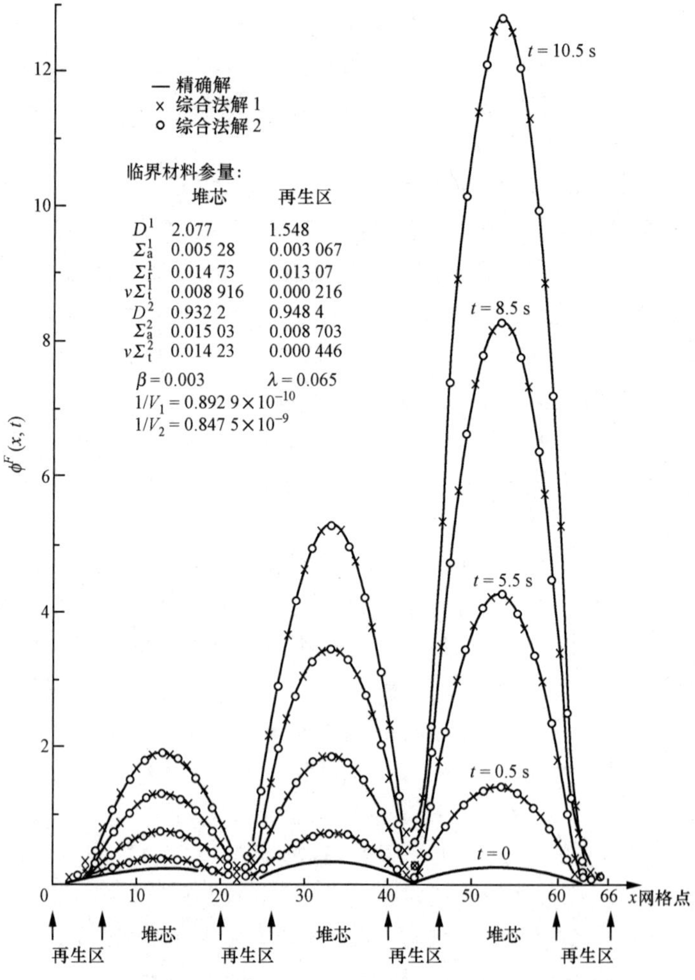

图 6.12 平板组件式快堆装置中的快通量分布[68]

合. 对于更紧密耦合的几个堆芯，Yasinsky 发现获得解 1 时所用综合法更精确些.

Kaplan，Marlowe 及 Bewick[69] 提出的和时间有关的通量综合法中，选择整堆展开函数来“括”住预计在瞬变过程中会出现的极端通量形状. 这些通量形状可用标准程序对实际的几何算出. 利用整堆展开函数的综合法(不论是时间综合法，还是空-时综合法)曾受到广泛的检验[70]. 一般的结论是：如果利用合适的展开函数，这方法能给出很精确的解. 不幸，综合法方程不具备任何类型的正性质；而且还报道过一个异常情况，其中得出一个伪解(Adams 等，见文献[70]).

对多维问题，空-时综合法似乎比时间综合法更好. 用比较少的展开函数合成沿控制棒运动方向的瞬变通量形状是困难的；但在垂直于控制棒运动方向的平面上合成通量分布，并直接计算展开系数沿控制棒运动方向的变化却是比较容易的. 此外，对于空-时综合法，为求展开函数而必须进行计算的维数小于问题的维数；而对于时间综合法却不是这样.

通常，可以根据瞬变的情况看出应如何挑选合适的展开函数. 不过，在从一定功率水平开始的次临界和缓发临界瞬变过程中的缓发中子阻滞效应，在瞬发超临界瞬变过程中由通量导数项引起的等效吸收项 $\frac{\omega}{v}$ 以及温度反馈等效应，都可以对通量形状有重大影响. 这使合适展开函数的选择需要一定技巧.

Yasinsky 的工作[70] 可用来说明综合法计算中涉及的方法和典型的精度. 所研究的模型之一是一个大型的，有点火区-再生区的热中子堆的一部分. 引起第一个瞬变过程的，是由 0 到 0.2 s 时间间隔内，在点火区纵断面的上部让吸收截面适度减少，并让下部散射截面稍稍增加的材料变化. 空-时综合法的解用了三个展开函数，它们都是 1 维定态(基本 λ 模式)解：头两个解对于通过二未受扰动的轴向区的二 x 切片作出，而第三个解对于通过有最大扰动的轴向区的一 x 切片作出. 图 6.13 比较了用综合法算出的热通量分布和用 TWIGL 程序得出的直接数值结果.

对同一模型，还计算了另外一个瞬变过程，它的情况是被扰动的区域进一步向下延伸，而且扰动在 0 到 0.02 s 的时间间隔内发生. 如图 6.14 所示，综合法结果和直接数值结果的符合，在这超瞬发临界的快漂移中，不如在图 6.13 所示的缓发临界漂移中那样好. Adams 把产生误差的原因归结为：在分隔点火区和再生区的金属和水区域内，$\frac{\omega}{v}$ 项对通量形状产生了影响. 他还发现，采用考虑这影响的展开函数，可以显著地改进综合法计算的结果[1].

不连续通量综合法的发展，增强了综合法的适应性和效果. Yasinsky 利用在不同时间间隔内可用不同展开函数集的形式[71]，这使计算中能对各给定间隔分别采用最合适的展开函数，而不必对每一时间间隔都采用不必要的许多函数. 为了考虑温度反馈效应，Kessler[26] 利用了同样的技巧，并提出了一种对展开函数进行改

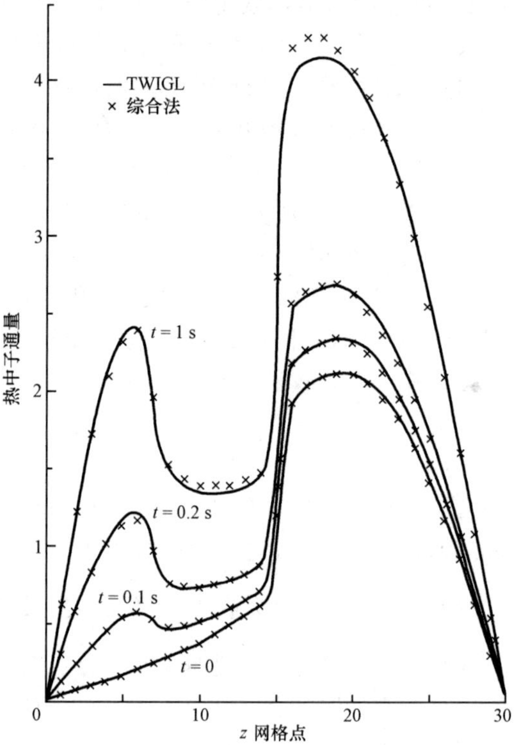

图 6.13 轻水增殖反应堆内，缓发临界瞬变过程中，x 网格点 8 处的热中子通量[70]

进的迭代方法. Yasinsky[72]及 Stacey[73]等推广了早期关于不连续定态通量综合法的工作，提供了在垂直于展开函数所在平面的不同区中利用不同展开函数集的可能性(例如，如果要算一个 3 维反应堆，就可在 $z_1<z<z_2$ 区中用一组 x-y 函数，在 $z_2<z<z_3$ 区中用另一组，如此类推). Adams 曾指出，Yasinsky 所报道的某些综合法计算，通过轴向不连续综合法的应用，可以加以改进，并使其更经济(用两个展开函数而不用三个).

Stacey[73]把多道综合法的形式扩展到和时间有关的问题. 这种形式容许在展开函数所在平面的不同区域(道)内采用不同的展开函数集，或者容许采用一个给定的，但在不同道内却有不同组合的展开函数集. 别的作者也研究过类似的形式[74]. Stacey[73]对一系列受到各种强烈局部扰动的 1 维模型比较了多道(MC)和常规单道(SC)综合法. 利用相当一般的、没有特别为瞬变过程剪裁的展开函数，他发现多道特点(即在不同区域内对展开函数可进行不同的组合)大大提高了计算的精度. 对于这样的一个瞬变过程，用不同综合法模型(全用同样的展开函数)算出的(归一化了的)通量分布，在图 6.15 中绘出. 由图可见，随着道数的增加，和精确(有限差分)解(RAUMZEIT)的符合有改进.

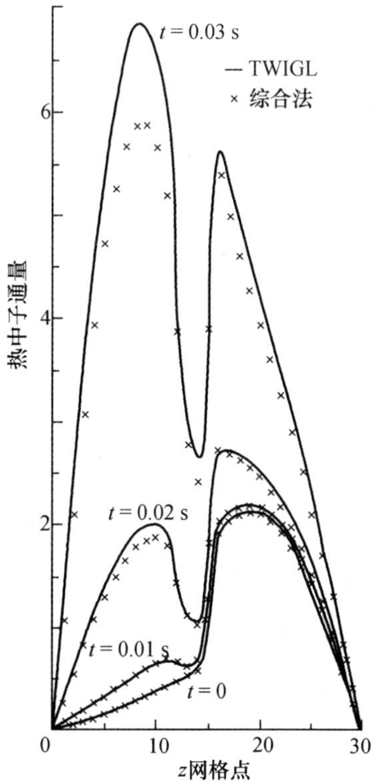

图 6.14　轻水增殖反应堆内，瞬发超临界瞬变过程中，x 网格点 8 处的热中子通量[70]

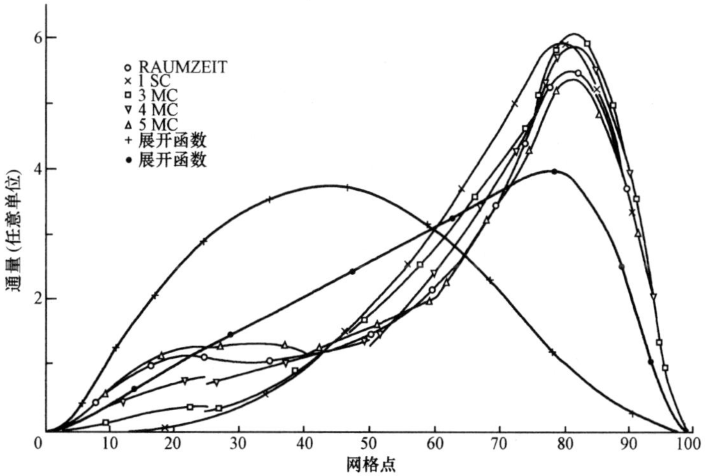

图 6.15　100 英寸①平板热中子反应堆内，1.0 s 时刻的通量分布(多道 MC 综合法和单道 SC 综合法的比较)[73]

① 1 英寸(in)＝25.4 mm.

综合近似法的发展中变分法起了重要作用. Wachspress[75]曾总结变分通量合成法,给出了用于空间、能谱及空-时综合的各种方法的评述,追溯了历史发展并强调了共同基础. 另外,Kessler[26],Woodruff[76]及 Alcouffe[74]等曾研究过能使用对时间(或空间)不连续的试探解的变分泛函,从而导出了在不同时间间隔(或不同区域)用不同展开函数的综合法方程.

在空间网格点多达 10^6 个的少群 3 维反应堆模型中,利用空-时综合法分析瞬变过程的计算机程序已提供使用. 不计用来计算 2 维展开函数和用它们算综合法模型参量所需的时间(这些时间是可观的),瞬变过程的计算时间和少群 1 维问题的计算时间数量级相同.

上节讨论的准静态法也可以看成一种类型的综合法. 不过,基本的差别是:准静态法中,"试探函数"不是事先算出来的. 形状(试探)函数所对应的状态是在计算形状函数的时间间隔上第一次迭代的结果. 于是在这间隔两端的函数是这间隔上幅函数 $n(t)$ 解中包含的仅有函数. 另一方面,在复杂问题中,模项展开法却有选择展开函数的很大自由度. 因此,在模项法与准静态法之间不好作全面的精度比较. 只有在很简单的情形下,例如像 Yasinsky 及 Henry[20]所考虑平板热堆堆芯的次瞬发临界瞬变过程中,才能作定量的比较:模项法中,用三个展开函数的结果,在 0.8 s 时刻与严格结果的最大差别为~6%;准静态法中,计算三次形状函数,相应结果的误差为~2%.

准静态法和模项展开法相比,前者的优点为:(1) 由于它的序列性质,特别适于处理非线性问题;(2) 结果不受试探函数是否合适的影响;(3) 通过规定收敛界限,容易验证结果的精度. 而后者的优点则为:(1) 有适当选择展开函数的灵活性;(2) 所需计算量较小. 总体来说,准静态法(特别是它的改进)更接近直接数值求解法;而模项综合法是依赖选择综合函数技巧的简便近似法.

§6.10 粗网格少群近似法和节点法

在§6.7 中关于数值计算方法和§6.9 中关于模项展开法讨论的基础上,让我们进一步讨论节省计算量的粗网格少群近似法和节点法.

在讨论多群扩散近似(§6.5)的时候,我们曾看到实用上对少群近似的需要,而由通常定态方法导出的少群参量,用来计算反应堆的动力学行为时,却往往招致很大的误差. 另外,在讨论用数值方法求解多群扩散方程时(§6.7),也曾指出当空间网格点超过几千时计算费用的昂贵,以及由此自然产生的、加大网格和减少网格点数的需要. 不过,§6.7 中也提到了反应堆的细致几何结构对增加空间网格大小的限制.

许多作者曾利用模项展开法中的类似作法，应用加权残差法或变分法加工出更加讲究的、精度大大提高了的粗网格少群近似法．下面我们将作一些简略的介绍．

对于快中子反应堆的瞬变分析，Stacey[29,77]曾探讨利用能谱综合法代替常规的少群方法．这些方法的基础是：用预先算出的试探谱合成中子通量的能量依赖关系．他考查了带有Doppler反馈的钠排空问题，发现：当采用常规的两群计算（用通量权重以及通量和伴函权重的群参量）分析那种能谱发生了足够大变化的瞬变过程时，误差可达一个数量级；而仅用两个试探谱得出的解，可以抵得上26群模型的解，偏差只在百分之几以内．能谱综合法，和在计算上复杂程度差不多的常规少群模型相比较，似乎能更好地描述能谱的变化．但是，后者的恒正性质对前者不再成立，这可能会导致潜在的困难．此外，能谱综合法中各方程之间更大量的耦合，意味着对多维问题可能需要用新的迭代格式．

为了使粗网格差分方程的算法比常规差分格式更为精确，曾提出许多方法．这些方法有一个共同之处，就是对网格点之间的空间通量分布情况作某些假设．

Riese假设[78]，一个反应堆可分成许多大区，每区中通量由位置坐标的低阶多项式表示．他利用这个假设，求得供一变分泛函使用的试探函数，成功地得出了一个有限差分算法，其中各方程间的耦合比常规算法更强．这个有限差分算法就是VARI-QUIR（2维）编码的基础．Koen及Hansen也采用了类似的处理办法[79]．Yasinsky及Foulke证实[80]，对于比中子徙动长度为大的网格距，应用重叠的分片连续多项式可以导出比常规算法更精确得多的1维有限差分算法．

Bobone[81]提出了一种和Riese所用相类似的处理方法，但这方法的基础是把每区内通量用那区的特征Helmholtz方程的解展开．他要求区域交界面处的通量和中子流在最小均方的意义下连续．得出的结果就是粗网格有限差分方程．

Alcouffe及Albrecht[74]曾应用变分综合法得出有限差分算法．他们把给定区域内的通量形状按一个预先算好的空间试探函数（它可在离散时刻变化）展开．他们在一变分泛函中用这试探函数，得出了适用于反应堆各区的组合系数的方程．这些方程可以理解为有限差分算法．

近来，Kato等[82]探讨了中子扩散计算的有限差分法的粗网修正．他们发现：k_{eff}、控制棒值及峰值功率密度中的误差和网格距的平方有线性关系；而且，利用这线性关系，有可能外推到零网格距，消去一粗网格计算（粗到每个部件只取一个网格点）中上述各量的下列误差：k_{eff}中$0.7\%\dfrac{\Delta k}{k}$，控制棒值中～8%，以及峰值功率密度中～2%的误差．他们还发现，当一组基本多群截面被并缩成一组少群截面时，在k_{eff}及控制棒值上引起的误差和并缩后能群数的平方倒数成线性关系．他们利用微扰论解析地确定了这些关系．

粗网格重行平衡法首先是由 Wachspress 在变分综合法基础上提出来的[83]. 这方法中,利用新迭代得到的通量作为试探函数,通过变分法进行再平衡,来加速通量迭代的收敛. 对于分离或非交叠的粗网格区的情形,Froehlich 进一步发展了这种方法的理论表述[84],证明这种方法在子域权重和 Galerkin 权重情形下,仍保留细网格有限差分方程所具有的正性特性.

Nakamura[85]建议重行平衡法采用交叠的粗网格,即在迭代几次后所得的通量 ψ 上乘以由交叠的网格函数 $\Delta_{kl}(x,y)$ 组成的再平衡函数

$$\Phi = \Phi(x,y) = \sum_{k,l} \Phi_{kl} \Delta_{kl}(x,y), \tag{6.188}$$

式中 k,l 是 2 维粗网格的编号,而

$$\Delta_{kl}(x,y) = \begin{cases} \dfrac{(X_{k+1}-x)(Y_{l+1}-y)}{(X_{k+1}-X_k)(Y_{l+1}-Y_l)} & \left(\begin{matrix} X_k \leqslant x \leqslant X_{k+1}, \\ Y_l \leqslant y \leqslant Y_{l+1} \end{matrix}\right), \\ \dfrac{(X_{k-1}-x)(Y_{l+1}-y)}{(X_{k-1}-X_k)(Y_{l+1}-Y_l)} & \left(\begin{matrix} X_{k-1} \leqslant x \leqslant X_k, \\ Y_l \leqslant y \leqslant Y_{l+1} \end{matrix}\right), \\ \dfrac{(X_{k+1}-x)(Y_{l-1}-y)}{(X_{k+1}-X_k)(Y_{l-1}-Y_l)} & \left(\begin{matrix} X_k \leqslant x \leqslant X_{k+1}, \\ Y_{l-1} \leqslant y \leqslant Y_l \end{matrix}\right), \\ \dfrac{(X_{k-1}-x)(Y_{l-1}-y)}{(X_{k-1}-X_k)(Y_{l-1}-Y_l)} & \left(\begin{matrix} X_{k-1} \leqslant x \leqslant X_k, \\ Y_{l-1} \leqslant y \leqslant Y_l \end{matrix}\right), \end{cases} \tag{6.189}$$

式中 X_k, Y_l 是粗网的分点;将 $\phi = \Phi\psi$ 代入所考虑问题的变分泛函,从一次变分等于 0 的条件定出系数 Φ_{kl},就完成了这次重行平衡. Nakamura 应用粗网重行平衡法进行了沸水堆 3 群 2 维扩散理论模型的计算(每经 5 次迭代后,重行平衡一次),并将这一方法和 Чебышёв 多项式外推法作了比较,发现前者要优越得多. 近来,Nakamura 又分析了粗网格重行平衡对 Чебышёв 多项式迭代法的影响[86]. 他发现:只要(1)加权残差法的加权矢未掺有高谐波本征矢成分,或(2)用 Galerkin 加权矢,或(3)用与试探矢相似的非 Galerkin 加权矢,粗网重行平衡法便对 Чебышёв 多项式迭代法有正的加速效应.

曾经设计许多特殊方法[87],用来估算反射层对堆芯动力学的影响或一组被反射层隔开的堆芯之间的耦合. 这些方法一般叫**节点法**或**堆芯耦合法**. 它们可以看作有限差分方法的推广,其中利用非常粗的空间网格,并要求网格点之间耦合的特殊处理. 耦合参数通常由每个堆芯或区域内的一些定态通量和价值分布算出,然后假定这些耦合参数在瞬变过程中保持不变. 用这种方法处理分隔开的堆芯比处理一个大堆芯中的相邻区更为合适,因为在分隔开的每个堆芯内,认为通量和价值分布在空间和时间上可分离是个良好的近似,而在一个大堆芯中的相邻区内,每区通量或价值分布在瞬变过程中可能显著变化.

Avery[88]在与能量有关的扩散理论的框架内，发展了第一个堆芯耦合模型. 他的方程以各个堆芯内所产生中子在某一堆芯内引起的分裂变源的相互作用为基础. Avery 把由堆芯 k 中起源的中子在堆芯 j 中引起的分裂变源定义为（由某种定态通量分布算出的）堆芯 j 中的总裂变源与堆芯 k 中起源的中子在堆芯 j 中引起的分价值的乘积. 为了计算分价值，需要知道定态通量和价值分布，以及由堆芯 k 中产生的中子所形成的分通量. 后者由下列带源问题解出：令各处裂变截面为零并在堆芯 k 中取一定态裂变分布作源，求中子通量. 这和用在模项展开法中求 Green 函数的办法一样. 源耦合参量定义为分裂变源与总裂变源之比. 分寿命也用这些分通量和价值分布来定义. 瞬发和缓发中子假定有相同的耦合参量和分寿命. 在将理论应用于热-快耦合反应堆时，Avery 选用快中子和热中子相耦合的点堆方程来描述. 在这情形下，要为快中子和热中子能区定义分裂变源和分通量. Cockrell 及 Perez[89]把 Avery 的形式扩展到了中子输运理论的框架内. 他们同时引进空间及能谱耦合，其空间耦合参量用表面积分定义. 以后，Komata 又证明[90]，Avery 的形式可在下面几个假设下直接推出，即假设：1° 缓发和瞬发裂变谱全同；2° 绝热近似成立；3° 空间通量分布比通量幅变化慢得多. Gandini 及 Salvatores[91]曾把微扰论应用于 Avery 的形式，得出了反应堆特性受扰动后耦合参量及分寿命如何变化的表达式.

Baldwin 提出过一种不同的形式[92]，在每个堆芯的点动力学方程中直接引入一个源项，用来表示和其他堆芯的相互作用. 为了推导出一个广义的倒时方程，Baldwin 假设了每个堆芯内的通量都按渐近周期变化，但他本来可以把这假设放宽，只假设每个堆芯内的通量在空间和时间上可分离，并得出耦合堆芯的动力学方程. 他还假设了每个堆芯内的空间通量分布是该堆芯的扩散理论基本模式解，这隐含着从其他堆芯来的中子是以基本模式出现的假设. 他也为从一堆芯产生到另一堆芯的中子引进了一个时间延迟项. Schwalm 把 Baldwin 模型推广到多群输运理论[93]. 和 Cockrell 及 Perez[89]的形式不一样，Schwalm 的方程是把许多堆芯内同一个能群的中子以及同一个堆芯内许多能群的中子分别耦合起来，而不是把在许多堆芯内许多能群的中子直接耦合起来. Harris 及 Fluharty[94]推出了一个类似模型，其中耦合参量用区域界面上的积分定义，这些积分是由带首次飞行核的积分输运理论算出的.

另一类耦合堆芯模型，一般归功于 Hansen[95]. 其中，耦合的动力学方程直接由输运方程对每个堆芯的空间区域积分得出. 他对起源于某堆芯的中子在这堆芯引起的矢通量和起源于其他堆芯的中子在这堆芯引起的矢通量建立了耦合方程. 在这个模型内，耦合参量是延迟时间的函数，它的计算可能极为复杂. 为了算出堆芯耦合参量，通量被假设为在每个堆芯内为空-时可分. Belleni-Morante[96]指出，在把输运方程变换成积分形式时,表面项导致时间延迟;而由于相互作用中子的能量分布,必然存在一个延迟时间的分布函数. Kaplan[97]根据中子扩散理论给出了一个类似的推导,推导时只涉及相邻区间的耦合参量. 这些参量,根据假设的通量和价值分布进行表面积分,就可算出.

Plaza 及 Köhler[98]对整个矢通量的输运方程进行价值加权积分,推导出类似于 Hansen 的堆芯耦合方程. 像 Henry[99]对点动力学方程所做的那样,他们明显地假定每个堆芯内通量为空-时可分,得出了耦合参量中包含表面耦合项的耦合堆芯方程.

所有的堆芯耦合法(节点法)形式都有一个共同问题,就是实际上很难用一种合适的方法算出模型的参量,特别是一些相互作用参量(耦合参量和延迟时间). 利用表征初始定态结构的定态通量和价值分布计算模型参量,是一种标准的做法(例如,Seale 及 Hansen[100]). 但实际上,这些分布(因而模型参量,特别是耦合参量)可能在瞬变过程中发生变化. 这一点还没有得到满意的处理. Wade 及 Rubin[101]曾指出,节点间通量分布变化对耦合参量的有害影响,可以通过凭经验选取耦合参量而部分消去,这时表征一瞬变的极端通量分布在最小均方意义下得到匹配. 他们的工作讨论的只是相邻区域,而不是分开的堆芯. Asahi 等[102]用微扰论求得和时间有关的耦合参量,他们把这些参量和反应堆的高阶空间模项联系起来. Köhler 等[103]发现,和时间有关的耦合参量可以对瞬变计算有显著影响;但是,对于和快中子反应堆安全有关的大多数瞬变过程,延迟时间的效应可以略去. 此外,Belleni-Morante[104]发现,首次飞行中子可显著影响耦合堆芯的相互作用,因此,对由中子扩散理论导出的模型能否用于很快的瞬变过程,就有某些怀疑.

耦合堆芯法(或节点法)主要应用于由物理上分隔开的几个堆芯组成的反应堆,如打算为火箭推进用或为快中子增殖用的反应堆. 也应用于由几个大邻接区组成的反应堆,特别是耦合的快-热中子反应堆.

Wade[105]考查过节点法与模项展开法之间的关系. 他从一个用不连续展开函数的模项展开式出发,推导出节点模型的耦合参数. Stacey[73]也说明了这关系,指出: 用一个展开函数时,多道综合形式就约化为一节点模型;而用一个以上的展开函数时,则构成一个广义节点模型,其中可以考虑节点间通量分布的不可分离性.

§6.11 有 限 元 法

以前在讨论中子输运方程的数值解法时(§6.7),曾提到有限元法和离散纵标法相比的优越性和它的不足之处. 实际上,有限元法可以看成模项展开法(§6.9)的一种发展: 它也是在加权残差法或变分法基础上发展起来的一种数值计算方法，在一定程度上和上节讨论过的粗网格近似法或节点法相似．有限元法的主要步骤可以概括如下．把反应堆分成几个区（区数只受计算机容量和计算能力的限制，不受有限元方法本身的限制）．设每区为均匀，并将其剖分为若干在节点处互相连接的单元（一般采用三角形或矩形单元）．在各单元上用带有未定系数的试探函数逼近中子（角）通量．通量在各区界面的连续性可以通过把节点取在区边界自动满足，而中子流的连续性则将依赖于单元试探函数的形状．将近似的中子（角）通量代入加权残差法或变分法中由中子输运或扩散方程导出的泛函．要求残差或一次变分为零，可以把中子输运或扩散方程近似地归结为有限个未定系数所满足的常微分方程（当系数是待定的时间函数时）或代数方程（当系数是待定参量时）组．这些方程组不难用通常的数值方法求解（参看第四章中对常微分方程组数值解法的讨论）．这种很有规则的方法容易在电子计算机上实现．而且在处理不规则边界条件和不连续源函数方面特别有效，因此近年来发展很快[106]．

Salinas 等[107]曾报道有限元法对非线性堆动力学问题应用的初步成功．虽然把有限元法用到非线性领域的问题没有新的原则困难，它的成功作出还是不简单的．中子方程的有限元模型一般分成三类：(1)变分有限元模型，例如经典的 Ritz 法；(2)加权残差法，例如 Galerkin 法；(3)建立在使有关泛函极小化基础上的直接有限元模型．经验证明，对非线性问题得出可用的有限元模型的最有效的方法是 Galerkin 平均法．Galerkin 法有两个特点：一是加权残差表达式中，包含空间导数的项可以分部积分，因而使更低阶有限元的应用成为可能；二是方程中算符转化为对称矩阵算符．这两个特点从计算考虑都是有利的．

Nguyen 及 Salinas[108]为扩大超瞬发临界堆中瞬变过程分析的范围，把有限元法应用于各种非均匀初始条件下的、具有温度反馈的非线性多区反应堆动力学问题．他们假设：对每个中子增殖常数 $k_m \neq 0$ 的区域 $m(m=1,2,3,\cdots)$，中子通量超出其平均值的部分 $\psi_m=\psi_m(\boldsymbol{r},t)$ 由下列方程描述：

$$\frac{1}{v_m}\frac{\partial \psi_m}{\partial t}=D_m\ \nabla^2\psi_m+\lambda_m\Sigma_{am}\psi_m-\alpha_m K_m\Sigma_{am}\psi_m \cdot\int_0^t f(\gamma_m,t-t')\psi_m(\boldsymbol{r},t')\mathrm{d}t'\quad (m=1,2,3,\cdots),\tag{6.190}$$

式中 $f(\gamma_m,t-t')$ 为温度反馈核，而 α_m 为反应性温度系数，

$$\begin{cases}\lambda_m\equiv\dfrac{\gamma\Sigma_{fm}}{\Sigma_{am}}-1,\\ K_m\equiv\dfrac{E\Sigma_{fm}}{(\rho C_p)_m},\\ \gamma_m\equiv\dfrac{A_m}{V_m}\dfrac{h_m}{(\rho C_p)_m}.\end{cases}\tag{6.191}$$

(6.191)式中,E 是每次裂变产生的能量,$(\rho C_p)_m$ 是单位体积热容量,h_m 是对流传热系数,而$\frac{A_m}{V_m}$是传热面积与能量产生体积之比,都在区域 m 内.(6.190)及(6.191)式中其他符号具有通常的意义,不另解释.在同一区域内,物理量 α,λ,K 及 γ 不一定是常量.有限元法中,这些量的任意空间依赖性可以通过在每个节点处规定它们的值来考虑.不过,Nguyen 及 Salinas 假设每区都是均匀的,以便扩散系数 D_m 在每区内保持固定.对于非增殖区,方程(6.190)右边最后的非线性项不出现.在圆柱对称的 2 维情形下,$\psi(\boldsymbol{r},t)=\psi(r,z,t)$ 与方位角无关.以下就考虑这一特殊情形.

假设在超瞬发临界条件下,温度反馈为即时的,则

$$f(\gamma_m,t-t')=\frac{1}{\gamma_m}\delta(t-t'),\tag{6.192}$$

而方程(6.190)变成

$$\frac{1}{v_m}\frac{\partial\psi_m}{\partial t}=D_m\ \nabla^2\psi_m+\lambda_m\Sigma_{\mathrm{a}m}\psi_m-\alpha_m'K_m\Sigma_{\mathrm{a}m}\psi_m^2$$
$$(m=1,2,3,\cdots).\tag{6.193}$$

式中 $\alpha_m'\equiv\frac{\alpha_m}{\gamma_m}$.以下略去分区指标 m,并设 $\psi(r,z,t)$ 近似取为

$$\tilde{\psi}(r,z,t)=\sum_J\psi_J(t)G_J(r,z),\tag{6.194}$$

式中 $G_J(r,z)$ 在节点 J 周围各单元内为"局部角锥函数",而在别处为零.以三角形单元为例,所谓**局部角锥函数**,就是在节点处取值 1,在节点的对边上取值 0,而在三角形内则随距对边的距离从 1 线性下降到 0.未知函数 $\psi_J(t)$ 是 $\tilde{\psi}(r,z,t)$ 在节点 J 处的、与时间有关的大小.用 $\tilde{\psi}(r,z,t)$ 逼近 $\psi(r,z,t)$ 所产生的误差,由残差

$$R(r,z,t)=\frac{\partial\tilde{\psi}}{\partial t}-vD\ \nabla^2\tilde{\psi}-v\lambda\Sigma_{\mathrm{a}}\tilde{\psi}+v\alpha K\Sigma_{\mathrm{a}}\tilde{\psi}^2\tag{6.195}$$

测度.利用(6.194)式,并用 Galerkin 法取加权残差,即用 $G_I(r,z)$ 本身作权重乘(6.195)式各项,并对整个系统的空间区域 $\mathscr{D}$ 积分,然后命结果在所有时间均为 0,即得

$$\iint_D G_I[\dot{\psi}_JG_J-v_ID_I\psi_J\ \nabla^2G_J-v_I\lambda_I\Sigma_{\mathrm{a}I}\psi_JG_J$$
$$+v_I\alpha_I'K_I\Sigma_{\mathrm{a}I}\psi_J\psi_KG_JG_K]r\mathrm{d}r\mathrm{d}z=0$$
$$(I=1,2,3,\cdots),\tag{6.196}$$

式中隐含着对附标 J 及 K 的求和.对包含算符 ∇^2 的项部分积分,并定义下列系数:

$$\begin{cases} A_{IJ} = \iint_D G_I G_J r\,\mathrm{d}r\mathrm{d}z, \\ B_{IJ} = \iint_D \left(\frac{\partial G_I}{\partial r}\frac{\partial G_J}{\partial r} + \frac{\partial G_I}{\partial z}\frac{\partial G_J}{\partial z}\right) r\,\mathrm{d}r\mathrm{d}z, \\ C_{IJK} = \iint_D G_I G_J G_K r\,\mathrm{d}r\mathrm{d}z, \end{cases} \tag{6.197}$$

可把方程(6.196)写成以下形式：

$$A_{IJ}\dot{\psi}_J = v_I D_I B_{IJ}\psi_I + v_I \lambda_I \Sigma_{aI} A_{IJ}\psi_J - \omega_I C_{IJK}\psi_J\psi_K \quad (I = 1,2,3,\cdots), \tag{6.198}$$

式中仍隐含对 J 及 K 的求和，$\omega_I \equiv v_I \alpha_I' K_I \Sigma_{aI}$. 三维阵列 C_{IJK} 由方程(6.193)中非线性项产生.

从方程组(6.198)可解出

$$\dot{\psi}_I = F_I(\psi_1, \psi_2, \psi_3, \cdots) \quad (I = 1,2,3,\cdots). \tag{6.199}$$

这方程组可用 Gear 法积分(参看 §4.1).

Nguyen 及 Salinas 曾用一超临界快堆的几个动力学问题对他们发展的方法加以检验. 检验反应堆包含两个区：Ⅰ，增殖堆芯区，受到即时的温度反馈，由方程(9.193)描述；Ⅱ，非增殖反射层，描写它的方程不包含非线性项. 表 6.4 给出计算中所用物理参量. 表中所列临界裂变截面 Σ_f^* 用试误法定出，直到得出一稳定解. 为了探讨不连续初始条件下快堆动力学对空间的依赖性，考虑了初始扰动的几种情形：

表 6.4　检验反应堆的物理参量

记　号	值	定　义
R_{I}	60 cm	区Ⅰ半径
R_{II}	90 cm	总半径
H_{I}	160 cm	区Ⅰ高度
H_{II}	220 cm	总高度
v	4.8×10^{7} cm/s	中子速
D_{I}	0.913 cm	中子扩散系数(区Ⅰ)
D_{II}	1.200 cm	中子扩散系数(区Ⅱ)
$\Sigma_{a\mathrm{I}}$	1.401×10^{-2} cm^{-1}	中子吸收截面(区Ⅰ)
$\Sigma_{a\mathrm{II}}$	0.8×10^{-2} cm^{-1}	中子吸收截面(区Ⅱ)
ν	2.54	裂变中子数
Σ_f^*	0.6218×10^{-2} cm^{-1}	临界裂变截面
β	0.3297×10^{-2}	一元反应性
E	7.652×10^{-12}	裂变能
$h\dfrac{A}{V}$	0.0632 cal/(cm^3·s·K)	修正对流传热系数
α	10^{-5}/K	反应性温度系数

(1) 均匀初始扰动：

$$\begin{cases}\psi(r,z,0+) = h_0, & \text{到处},\\ \Sigma_f(r,z,0+) = \Sigma_f^* + \Delta\Sigma_f, & \text{堆芯区中}.\end{cases}$$

(2) 中心点源及裂变截面均匀增加：

$$\begin{cases}\psi(r,z,0+) = h_0\delta(r)\delta(z),\\ \Sigma_f(r,z,0+) = \Sigma_f^* + \Delta\Sigma_f, & \text{堆芯区中}.\end{cases}$$

(3) 中心扰动：

$$\begin{cases}\psi(r,z,0+) = h_0\delta(r)\delta(z),\\ \Sigma_f(r,z,0+) = \Sigma_f^* + \Delta\Sigma_f\delta(r)\delta(z).\end{cases}$$

(4) 偏心扰动：

$$\begin{cases}\psi(r,z,0+) = h_0\delta(r-r_1)\delta(z), & (r_1 = 40\ \text{cm})\\ \Sigma_f(r,z,0+) = \Sigma_f^* + \Delta\Sigma_f\delta(r-r_1)\delta(z).\end{cases}$$

为考查瞬变过程对空间的依赖性，选择三个位置不同的检验点：中心($r=0,z=0$)；区Ⅰ中偏心点($r=40$ cm，$z=40$ cm)；区Ⅱ中偏心点($r=75$ cm，$z=80$ cm). 结果表示在图 6.16 至图 6.19 中. 这些图的比较清楚表明堆动力学行为对初始条件的依赖. 从图6.16，6.18，及 6.19 都可以看出瞬变过程对空间的依赖性. 在瞬变过程早期($t<10^{-4}$ s)，这依赖性很强，以后就变得很弱. 由于 Doppler 系数随堆温变化，图 6.18 中考查了 α 与空间有关(从中心处的 7×10^{-6}/K 到堆芯边界处的 10^{-5}/K)的情形. 动力学行为与固定α(10^{-5}/K)的情形相比有些不同，但没有更强的对空间的依赖性. 当然，这里所考查的 α 随空间的变化是很小的.

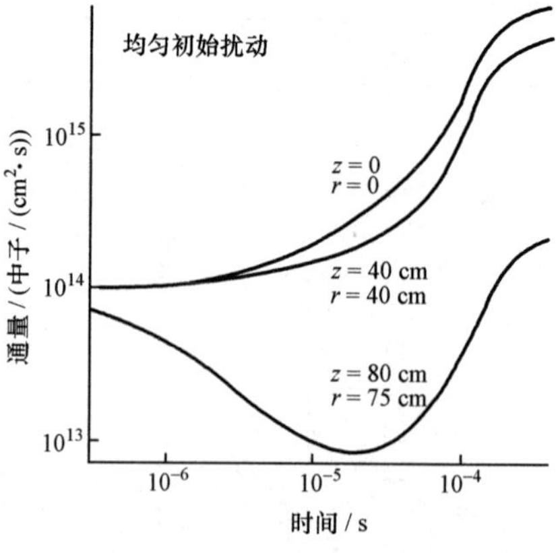

图 6.16 均匀扰动情形($h_0=10^{14}\text{cm}^{-2}\cdot\text{s}^{-1}$，$d\Sigma_f=0.006\,408\ \text{cm}^{-1}$)下，中子通量的瞬变过程

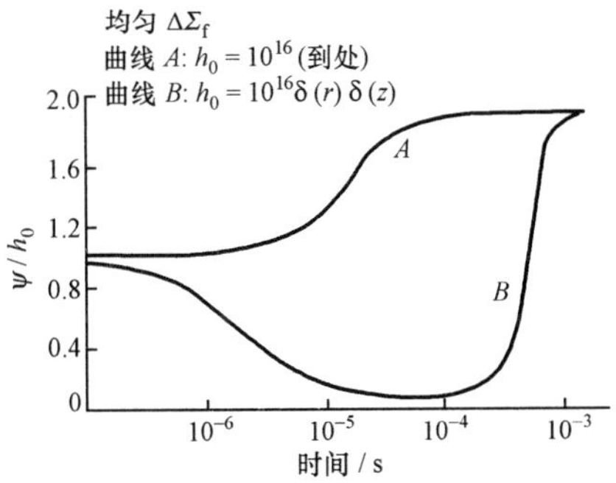

图 6.17　裂变截面均匀增加情形($\Sigma_f=0.006\,582\ \text{cm}^{-1}$)下，中心处中子动力学行为对初始通量分布的依赖关系

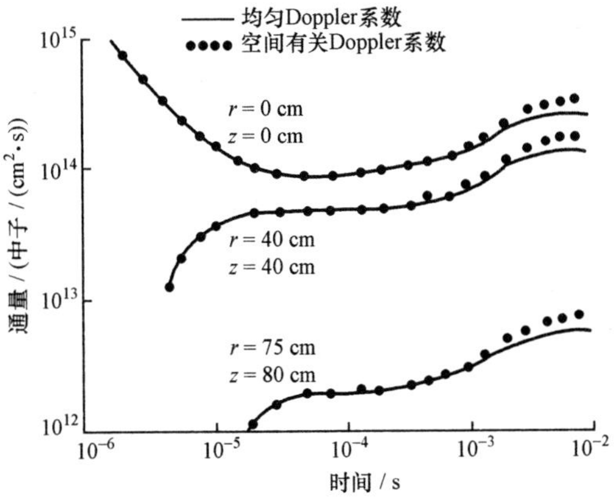

图 6.18　中心扰动情形($h_0=10^{16}\delta(r)\delta(z)$，$\Sigma_f=0.006\,408\,\delta(r)\delta(z)$)下，和空间有关的中子动力学

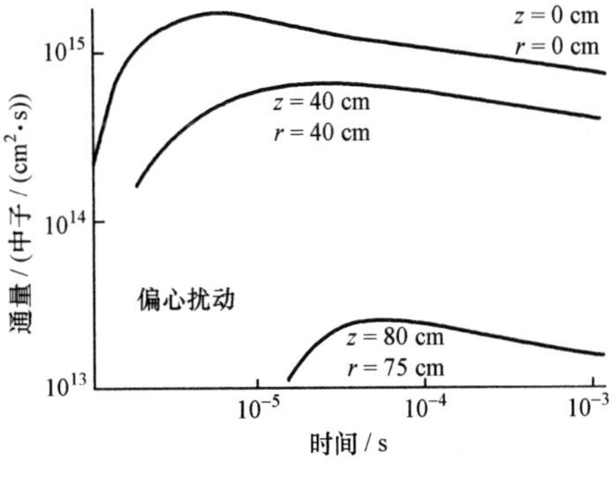

图 6.19　偏心扰动情形($h_0=10^{16}\delta(r-40)\delta(z)$，$\Sigma_f=0.006\,408\delta(r-40)\delta(z)$)下，和空间有关的中子动力学

参 考 文 献

[1] Stacey W M Jr. Reactor Technology，1971，14：169.（译文见：原子能译丛，1976，3：97.）

[2] G. I. 贝尔，S. 格拉斯登著. 核反应堆理论. 千里译. 北京：原子能出版社，1979.

[3] 黄祖洽. 关于高温高压核反应系统中的中子输运方程，1961.（未发表）

[4] 黄祖洽. 关于起反应的粒子混合系统的运动论，1961.（未发表）

[5] J. R. 拉马什著，洪流译. 核反应堆理论导论. 北京：原子能出版社，1977.

[6] Canfield E. Trans. Am. Nucl. Soc.，1968，11：185.

[7] Whittaker，Watson. A Course of Modern Analysis，4th ed. Cambridge：Cambridge University Press，1935：364.

[8] Рыжик，Гралштейн. Таблицы интегралов. сумы，рядов и произведений，стр. 1951：266.

[9] Марчук Г И. Численные методы расчета ядерных реакторов，стр. 1958，28. 译文见：原子能译丛，1959，5：21.

[10] 黄祖洽. 流动介质中的中子输运方程，1965.（未发表）

[11] 同 4.

[12] Ligou J. Nucl. Sci. Eng.，1977，63：31.

[13] R. D. 里奇特迈尔著. 初值问题的差分方法. 何旭初等译. 北京：科学出版社，1966：第十章.

[14] Henry A F. Dynamics of Nuclear Systems，ed. Hetrick D L. Tucson，Ariz.：University of Arizona Press，1972：9.

[15] Hitchcock J T *et al*. Trans. Am. Nucl. Soc.，1969，12：291.

[16] Meneley D A. ANL-7655，Dec. 1969.

[17] Yasinsky，Foulke. Trans. Am. Nucl. Soc.，1970，13：280.

[18] Henry A F. Nucl. Sci. Eng.，1967，27：493.

[19] Stacey W M Jr. Nucl. Sci. Eng.，1970，40：73.

[20] Yasinsky，Henry. Nucl. Sci. Eng.，1965，22：171.

[21] Cadwell W R *et al*. WAPD-TM-416，1964.

[22] Wade，Rydin. Dynamics of Nuclear Systems，ed. Hetrick D L. Tucson，Ariz.：University of Arizona Press，1972：335.

[23] Kaplan，Margolis. Nucl. Sci. Eng.，1960，7：276.

[24] Johnson *et al*. Trans. Am. Nucl. Soc.，1965，8：221.

[25] Yasinsky J B. Nucl. Sci. Eng.，1970，39：241.

[26] Kessler G. Nucl. Sci. Eng.，1970，41：115.

[27] Jackson，Kastenberg. Nucl. Sci. Eng.，1970，42：278.

[28] Meneley，Ott. Trans. Am. Nucl. Soc.，1969，12：706.

[29] Stacey W M Jr. Nucl. Sci. Eng.，1970，41：249.

[30] 戴维逊著. 中子迁移理论. 和平译. 北京：科学出版社，1961：43.

[31] Марчук，Лебедев. Численные метолы в теории переноса нейтронов. Москва：Госатомиздат，1971.

[32] Carlson, Lathrop. Transport theory—the method of discrete ordinates. // Computing Methods in Reactor Physics, eds. Greenspan H *et al*. New York: Gordon and Breach, 1968: 165.

[33] Lathrop K D. Elimination of ray effects by converting discrete ordinate equations to spherical harmonic like equations. Proc. Conf. New Developments in Reactor Mathematics and Applications. CONF-710302. Vol. 1, 1971. 577.

[34] Lathrop K D. J. Comp. Phys., 1969,4:475.

[35] Madsen N K. Convergence of the weighted diamond difference approximations to the discrete ordinate equations. CONF-710302 Vol. 1, 1971: 565.

[36] Barbucci P *et al*. Nucl. Sci. Eng., 1977, 63: 179.

[37] Reed, Lathrop. Nucl. Sci. Eng., 1970, 41: 237.

[38] Miller W F *et al*. Nucl. Sci. Eng., 1973, 51: 148.

[39] Miller W F *et al*. Nucl. Sci. Eng., 1973, 52: 12.

[40] Carlson B G. LA-4016, 1968.

[41] Cadwell W R *et al*. WIGLE—A program for the solution of the 2-group space-time diffusion equations in slab geometry. WAPDTM416, 1964.
Vota A V *et al*. WIGL-3—A program for the steady state and transient solution of the 1-dimensionsl, 2-group, spacetime diffusion equations accounting for temperature, xenon, and control feedback. WAPD-TM-788,1969.

[42] Yasinsky J B *et al*. TWIGL—A program to solve the 2-dimensional, 2-group, space-time neutron diffusion equations with temperature feedback. WAPD-TM-743, 1968.

[43] Adams, Stacey. RAUMZEIT—A program to solve coupled timedependent neutron diffusion equations in one space dimension. KAPL-M-6728, 1967.

[44] Rhyne, Lapsley. Nucl. Sci. Eng., 1970,40:91.

[45] Rhyne W R. Trans. Am. Nucl. Soc., 1970,13: 281.

[46] Hansen K F. Finite difference solution for space-dependent kinetic equations. Dynamics of Nuclear Systems, ed. Hetrick D L. Tucson, Ariz.: University of Arizona Press, 1972.

[47] Pluta P R *et al*. Kinetics of coupled thermal-fast spectrum reactors. // Coupled Reactor Kinetics, eds. Chezem, Koehler. College Station, Tex.: Texas A and M Press, 1967: 360.

[48] Andrews, Hansen. Nucl. Sci. Eng., 1968, 31: 304.

[49] Hansen, Johnson. GAKIN—A l-dimensional multigroup kinetics code. GA-7543,1967.

[50] McCornick, Hansen. Numerical solution of the 2-dimensional time-dependent multigroup equations. CONF-690401, 1969. 76.

[51] Reed, Hansen. Nucl. Sci. Eng., 1970, 41: 431.

[52] Hageman, Yasinsky. Nucl. Sci. Eng., 1969, 38: 8.

[53] Wight, Hansen. Trans. Am. Nucl. Soc., 1969, 12: 620.

[54] Denning R S *et al*. Trans. Am. Nucl. Soc., 1969, 12: 148.

[55] Meneley D A *et al*. Trans. Am. Nucl. Soc., 1968, 11: 225.

[56] Ott K O. Nucl. Sci. Eng., 1966, 26: 563.
Meneley D A *et al*. ANL-7310, 1967.
[57] Henry, Curlee. Nucl. Sci. Eng., 1958, 4: 727.
[58] Ott, Meneley. Nucl. Sci. Eng., 1969, 36: 402.
[59] Galati A. Nucl. Sci. Eng., 1969, 37: 30.
[60] Kaplan S *et al*. Nucl. Sci. Eng., 1964, 18: 163.
[61] Kaplan S. Nucl. Sci. Eng., 1961, 9: 357.
[62] Walter, Henry. Nucl. Sci. Eng., 1968, 32: 332.
[63] Henry A F. Nucl. Sci. Eng., 1964, 20: 338.
[64] Henry, Kaplan. Nucl. Sci. Eng., 1965, 22: 479.
[65] Foulke, Gyftopoulos. Nucl. Sci. Eng., 1967, 30: 419.
[66] Garabedian, Lynch. Nucl. Sci. Eng., 1965, 21: 550.
[67] Dougherty, Shen. Nucl. Sci. Eng., 1962, 13: 141.
[68] Yasinsky J B. Nucl. Sci. Eng., 1968, 32: 425.
Stevenson M G *et al*. J. Nucl. Energy, 1970, 24:1.
[69] Kaplan S *et al*. Nucl. Sci. Eng., 1964, 18: 163.
[70] Yasinsky J B. Nucl. Sci. Eng., 1968, 34: 158.
[71] Yasinsky J B. Nucl. Sci. Eng., 1967, 29: 381.
[72] Yasinsky J B. WAPD-TM-736, 1967.
[73] Stacey W M Jr. Nucl. Sci. Eng., 1968, 34:45.
[74] Alcouffe, Albrecht. Nucl. Sci. Eng., 1970, 39:1.
[75] Wachspress E L. CONF-690401, April 1969. 271.
[76] Woodruff W L. ANL-7696, 1970.
[77] Stacey W M Jr. Dynamics of Nuclear Systems, ed. Hetrick D L. Tucson, Ariz.: University of Arizona Press, 1972: 453.
[78] Riese, Collier. WANL-TNR-133, 1963.
Riese J W. Trans. Am. Nucl. Soc., 1964, 7: 22.
[79] Koen, Hansen. Trans. Am. Nucl. Soc., 1968, 11: 167.
[80] Yasinsky, Foulke. Dynamics of Nuclear systems, ed. Hetrick D L. Tucson, Ariz.: University of Arizona Press, 1972: 467.
[81] Bobone R. Trans. Am. Nucl. Soc., 1967, 10: 568.
[82] Kato Y *et al*. Nucl. Sci. Eng., 1976, 61:127.
[83] Wachspress E L. Iterative Solution of Elliptic Systems. Englewood Cliffs, N. J.: Prentice-Hall, 1966: 270.
[84] Froehlich R. CNM-R-2, Vol. 1. CONF-670501, 1967. 219.
[85] Nakamura S. Nucl. Sci. Eng., 1970, 39: 278.
[86] Nakamura S. Nucl. Sci. Eng., 1976, 61: 98.
[87] Cohen C E. Nucl. Sci. Eng., 1962, 13: 12.

[88] Avery R. PICG, 1958, 12:182.

[89] Cockrell, Perez. Kinetic theory of spatial and spectral coupling of the reactor neutron field. Neutron Dynamics and Control. Tucson, Arizona, April 1965.

[90] Komata M. Nucl. Sci. Eng., 1969, 38: 193.

[91] Gandini, Salvatores. Nukleonik, 1969, 12: 80.

[92] Baldwin G C. Nucl. Sci. Eng., 1959, 6: 320.

[93] Schwalm D. EUR-2416, 1965. e.

[94] Harris, Fluharty. Dynamics of Nuclear Systems, ed. Hetrick D L. Tucson, Ariz.: University of Arizona Press, 1972: 189.

[95] Chezem C G *et al*. LA-3494. 1967.

[96] Belleni-Morante A. Nukleonik, 1965, 8:33; 1967, 10: 217.

[97] Kaplan S. USAEC Report 7030, Vol. 1, 1964. 961.

[98] Plaza, Köhler. Nucl. Sci. Eng., 1966, 26: 419.

[99] Henry A F. USAEC Report 7030, Vol. 1, 1964. 885.

[100] Seale, Hansen. Coupled Reactor Kinetics, eds. Chezem, Koehler. College Station, Tex.: Texas A and M Press, 1967: 218.

[101] Wade, Rubin. Trans. Am. Nucl. Soc., 1967, 10: 250.

[102] Asahi Y *et al*. J. Nucl. Sci. Technol. (Tokyo), 1967, 4: 315.

[103] Köhler W H *et al*. Fast Reactor Physics, Vol. 1. Symp. Proc., Karlsruhe, 1967. 529.

[104] Belleni-Morante A. J. Nucl. Energy, 1967, 21: 867.

[105] Wade D C. Trans. Am. Nucl. Soc., 1968, 11: 168.

[106] Miller W F *et al*. Nucl. Sci. Eng., 1973, 51: 148; 52:12.

[107] Salinas D *et al*. Computational Methods in Non-linear Mechanics, ed. Oden J T. Texas Institute for Computational Mechanics (TICOM), Austin, Texas, 1974.

[108] Nguyen, Salinas. Nucl. Sci. Eng., 1976, 60: 120.

第七章　与空间有关的动力学中的若干问题

§7.1　温 度 反 馈

第五章中，我们曾讨论反应堆中温度变化所引起的反应性改变——反应性温度系数（§5.1）；并在点堆动力学模型的基础上，讨论了温度反馈的问题（§5.2）. 在那里，我们曾指出，温度反馈和缓发中子特性，是决定反应堆的短时间（例如说，几分钟数量级）动力行为的主要因素. 上章中，在论述了流体力学方程组和输运理论中中子动力学方程的耦合（§6.4）以后，原则上我们可以处理任何核反应系统中，考虑到温度、压强和流体运动反馈的，与空间有关的动力学问题. 不过，正如§6.4 中所已指出，这会牵涉到相当麻烦和费用昂贵的数值计算. 因此，本节中，我们将只就比较简单的情况，即基本上没有燃耗以及反应堆介质的流体运动（因而堆体积和密度的变化）可以略去的情况，尝试在扩散近似的范围内，讨论与空间有关的温度反馈效应. 由此可以说明§5.2 中点堆动力学模型的近似作法. 扩散理论中，系统的动力学行为将由方程(6.145)，(6.146)，及(6.139-f)描述. 把它们重新写出如下：

$$\frac{1}{v}\frac{\partial\varphi}{\partial t}=\nabla\cdot D\nabla\varphi-\Sigma_t\varphi+\iint[\Sigma_s(v'\to v)+\chi(v)(1-\beta)\nu\Sigma_f(v')]\varphi(v')\mathrm{d}v' + \sum_i\lambda_iC_i\chi_i(v)+\mathscr{S}(v), \tag{7.1}$$

$$\frac{\partial C_i}{\partial t}+\lambda_iC_i=\int\beta_i\nu\Sigma_f(v')\varphi(v')\mathrm{d}v', \tag{7.2}$$

$$\mu\frac{\partial T}{\partial t}=\nabla\cdot(K\nabla T)+W, \tag{7.3}$$

式中略去了函数 $\varphi=\varphi(\boldsymbol{r},v,t)$，$C_i=C_i(\boldsymbol{r},t)$及 $T=T(\boldsymbol{r},t)$的宗量 $\boldsymbol{r}$ 及 t；宗量 v 非必要时也不写出. 同样，$D,\Sigma_t,\Sigma_s,\Sigma_f,\mathscr{S},\mu$ 及 K 等物理量中可能有的对 $\boldsymbol{r},t$(及 D,Σ_t 对 v)的依赖关系也没有标出. 方程(7.3)中，μ 代表堆内单位体积介质的热容量，K 代表热导率，而 W 代表由裂变产生的热源：

$$W=W(\boldsymbol{r},t)=E_f\int\Sigma_f(v)\varphi(v)\mathrm{d}v. \tag{7.4}$$

（参看(6.137)中第二式.）

这些方程中，D,Σ_t,Σ_s 及Σ_f 等物理量和局部温度 $T(\boldsymbol{r},t)$有关.这就是我们将要考虑的温度反馈的来源.为计算(6.147a,b,c,f,g,h)等式中定义的动力学参量，首先要在稳态情形下，求得方程(7.1)至(7.4)的解 $\varphi_0(\boldsymbol{r},v)$及 $T_0(\boldsymbol{r})$.这些方程这时可约化为下列两个彼此耦合的非线性积分-偏微分方程：

$$\begin{cases}\nabla\cdot D_0\nabla\varphi_0-\Sigma_{t0}\varphi_0+\iint\Big[\Sigma_{s0}(v'\to v)+\Big\{\chi(v)(1-\beta)\\ \qquad+\sum_i\chi_i(v)\beta_i\Big\}\nu\Sigma_{f0}(v')\Big]\varphi_0(v')\mathrm{d}v'=0, \qquad (7.5)\\ \nabla\cdot(K_0\nabla T_0)+E_f\int\Sigma_{f0}(v)\varphi_0(v)\mathrm{d}v=0. \qquad (7.6)\end{cases}$$

这组方程的求解一般要用数值方法，是反应堆“静力学”的基本问题之一.在堆动力学中，假设动力学变量的稳态分布为已知.当前的问题中，这些变量就是 $T_0(\boldsymbol{r})$和 $\varphi_0(\boldsymbol{r},v)$.

点动力学方程中出现的动力学参量$\frac{\rho}{l},\frac{\beta_{ieff}}{l},\frac{\beta_{eff}}{l}$及有效源 q，可以根据它们的定义((6.147a,b,c,e))进行计算.一旦稳态分布已知，这些计算就归结为直截了当的数值积分(如果选择稳态分布作形状函数 ψ).根据(6.147g,h)二式，温度反馈反应性 $\delta\rho_T$ 可以表示为

$$\delta\rho_T=\int\alpha(\boldsymbol{r})\delta T(\boldsymbol{r},t)\mathrm{d}\boldsymbol{r}. \tag{7.7}$$

式中积分作过整个堆体积，$\alpha(\boldsymbol{r})$可以理解为反应性的“局部温度系数”，由下式定义：

$$\alpha(\boldsymbol{r})\equiv\frac{1}{\mathscr{F}}\int\Big[-\varphi_0^{\dagger}\Big(\frac{\delta\boldsymbol{\Gamma}}{\delta T}\Big)_0\varphi_0-\Big(\frac{\partial D}{\partial T}\Big)_0(\nabla\varphi_0^{\dagger})\cdot(\nabla\varphi_0)\Big]\mathrm{d}v, \tag{7.8}$$

$$\begin{aligned}\mathscr{F}&\equiv\iint\varphi_0^{\dagger}(\mathscr{L}_f+\mathscr{L}_d^{稳})\varphi_0\,\mathrm{d}\boldsymbol{r}\mathrm{d}v\\ &=\iint\varphi_0^{\dagger}(v)\Big[\chi(v)(1-\beta)+\sum_i\chi_i(v)\beta_i\Big]\nu\Sigma_f(v')\varphi_0(v')\mathrm{d}v'\mathrm{d}v, \qquad (7.8a)\end{aligned}$$

而算符$\Big(\frac{\delta\boldsymbol{\Gamma}}{\delta T}\Big)_0$ 的定义为

$$\begin{aligned}\Big(\frac{\delta\boldsymbol{\Gamma}}{\delta T}\Big)_0\varphi_0&\equiv\Big(\frac{\partial\Sigma_t}{\partial T}\Big)_0\varphi_0-\int\Big\{\Big(\frac{\partial\Sigma_s(v'\to v)}{\partial T}\Big)_0\\ &+\Big[\chi(v)(1-\beta)+\sum_i\chi_i(v)\beta_i\Big]\nu\Big(\frac{\partial\Sigma_f(v')}{\partial T}\Big)_0\Big\}\varphi_0(v')\mathrm{d}v', \qquad (7.8b)\end{aligned}$$

以上各式中，带附标“0”的物理量表示取在稳态的值.

由于 $\alpha(\boldsymbol{r})$可用平衡通量 $\varphi_0(\boldsymbol{r},v)$及其伴 $\varphi_0^{\dagger}(\boldsymbol{r},v)$算出，我们主要要找的是 $\delta T(\boldsymbol{r},t)$及 $\varphi(\boldsymbol{r},v,t)$之间的泛函关系.注意到(7.7)式中已略去 2 阶量 $O((\delta T)^2)$，我

们可以在稳态值附近使温度方程(7.3)线性化. 将(7.4)式中的 $\varphi(\boldsymbol{r},v,t)$ 换成 $\frac{n(t)}{n_0}\varphi_0(\boldsymbol{r},v)$ 并线性化,从(7.3)式可得

$$\mu_0\frac{\partial\delta T}{\partial t}=\nabla\cdot K_0\nabla\delta T+\frac{\delta n(t)}{n_0}W_0(\boldsymbol{r}),\tag{7.9}$$

式中 $\delta n(t)=n(t)-n_0$,而

$$W_0(\boldsymbol{r})=E_{\mathrm{f}}\int\Sigma_{\mathrm{f0}}(\boldsymbol{r},v)\varphi_0(\boldsymbol{r},v)\mathrm{d}v.\tag{7.10}$$

(7.9)式的解可以用 Green 函数 $h(\boldsymbol{r},\boldsymbol{r}';u)$ 表示出来:

$$\delta T(\boldsymbol{r},t)=\frac{1}{n_0}\int_0^{\infty}\mathrm{d}u\delta n(t-u)\int h(\boldsymbol{r},\boldsymbol{r}';u)W_0(\boldsymbol{r}')\mathrm{d}\boldsymbol{r}',\tag{7.11}$$

式中 Green 函数 $h(\boldsymbol{r},\boldsymbol{r}';t)$ 满足方程:

$$\mu_0\frac{\partial h}{\partial t}-\nabla\cdot K_0\nabla h=\delta(\boldsymbol{r}-\boldsymbol{r}')\delta(t)\tag{7.12}$$

及条件 $h(\boldsymbol{r},\boldsymbol{r}';t<0)=0$. 将(7.11)式代入(7.7)式,得

$$\delta\rho_T=\delta\rho_T[\delta n]\equiv\int_0^{\infty}h(u)\delta n(t-u)\mathrm{d}u\tag{7.13}$$

式中

$$h(t)\equiv\frac{1}{n_0}\iint\alpha(\boldsymbol{r})h(\boldsymbol{r},\boldsymbol{r}';t)W_0(\boldsymbol{r}')\mathrm{d}\boldsymbol{r}\mathrm{d}\boldsymbol{r}'.\tag{7.14}$$

将(7.13)式和(5.34)式相比较,可见这里的 $h(t)$ 就是 §5.2 中引入的线性反馈核 $h(t)$.

为说明(7.14)式的应用,考虑一个可以用单速近似处理的,不带反射层的均匀热中子堆,其中 D_0, $\Sigma_{\mathrm{a0}}=\Sigma_{\mathrm{t0}}-\Sigma_{\mathrm{s0}}$, Σ_{f0} 及 μ_0, K_0 等物理量在稳态情形下是和空间无关的常量. 假设把堆的外表面温度维持在一固定值(取为温度零点)来实现它的冷却. 稳态下,中子通量 $\varphi_0(\boldsymbol{r})$ 及温度分布 $T_0(\boldsymbol{r})$ 满足简化的方程(7.5)及(7.6):

$$\begin{cases}D_0\nabla^2\varphi_0+(\nu\Sigma_{\mathrm{f0}}-\Sigma_{\mathrm{a0}})\varphi_0=0, & (7.15)\\ K_0\nabla^2T_0+E_{\mathrm{f}}\Sigma_{\mathrm{f0}}\varphi_0=0 & (7.16)\end{cases}$$

及在堆芯表面处 $\varphi_0(\boldsymbol{r}_{\mathrm{b}})=0$, $T_0(\boldsymbol{r}_{\mathrm{b}})=0$ 的条件. 可见, $\varphi_0(\boldsymbol{r})$ 是和堆芯几何相应的 Laplace 算符 ∇^2 的基本本征函数: $\nabla^2\varphi_0(\boldsymbol{r})=-B_0^2\varphi_0(\boldsymbol{r})$,而

$$\begin{cases}T_0(\boldsymbol{r})=\dfrac{E_{\mathrm{f}}\Sigma_{\mathrm{f0}}}{K_0B_0^2}\varphi_0(\boldsymbol{r}), & (7.17)\\[2ex] B_0^2=\dfrac{\nu\Sigma_{\mathrm{f0}}-\Sigma_{\mathrm{a0}}}{D_0}. & (7.18)\end{cases}$$

现在考虑相应的 Green 函数 $h(\boldsymbol{r},\boldsymbol{r}';t)$. 它满足方程(7.12)并和温度满足同样

边界条件,即:对堆中每一 $\boldsymbol{r}'$ 及所有 $t>0$,有 $h(\boldsymbol{r}_{\mathrm{b}},\boldsymbol{r}';t)=0$,这里 $\boldsymbol{r}_{\mathrm{b}}$ 是堆边界上的点;另外,$h(\boldsymbol{r},\boldsymbol{r}';t)$ 当然还应满足 $t<0$ 时为零的条件. 为求(7.12)式的近似解,暂时略去 $h(\boldsymbol{r},\boldsymbol{r}';t)$ 中对 $\boldsymbol{r}$ 依赖的高次模项,令 $h(\boldsymbol{r},\boldsymbol{r}';t)\approx A(\boldsymbol{r}',t)\varphi_0(\boldsymbol{r})$,代入(7.12)式后可得

$$\left[\mu_0\frac{\partial A}{\partial t}+K_0B_0^2A\right]\varphi_0(\boldsymbol{r})\approx\delta(t)\delta(\boldsymbol{r}-\boldsymbol{r}'). \tag{7.19}$$

用 $\varphi_0(\boldsymbol{r})$ 乘上式两边,并积分过堆体积,得

$$\frac{\partial A}{\partial t}+\eta_0A=\frac{1}{C\mu_0}\varphi_0(\boldsymbol{r})\delta(t), \tag{7.20}$$

式中 $\eta_0\equiv\dfrac{K_0B_0^2}{\mu_0}$,而

$$C=\int\varphi_0^2(\boldsymbol{r})\mathrm{d}\boldsymbol{r}. \tag{7.21}$$

利用条件 $A(\boldsymbol{r}',t<0)=0$,将(7.20)式两边对 t 从 $0-$ 积分到 $0+$,得 $A(\boldsymbol{r}',0+)=\dfrac{1}{C\mu_0}\varphi_0(\boldsymbol{r}')$. 因此 $t>0$ 时

$$A(\boldsymbol{r}',t)=\frac{1}{C\mu_0}\varphi_0(\boldsymbol{r}')\mathrm{e}^{-\eta_0t}, \tag{7.22}$$

而

$$h(\boldsymbol{r},\boldsymbol{r}';t)=\begin{cases}\dfrac{1}{C\mu_0}\varphi_0(\boldsymbol{r})\varphi_0(\boldsymbol{r}')\mathrm{e}^{-\eta_0t} & (t>0),\\ 0 & (t<0).\end{cases} \tag{7.23}$$

于是,从(7.14)式得

$$h(t)=\frac{\eta_0}{n_0}\mathrm{e}^{-\eta_0t}\int\alpha(\boldsymbol{r})T_0(\boldsymbol{r})\mathrm{d}\boldsymbol{r}, \tag{7.24}$$

式中利用了 $W_0(\boldsymbol{r})=E_{\mathrm{f}}\Sigma_{\mathrm{f}0}\varphi_0(\boldsymbol{r})$,$E_{\mathrm{f}}\Sigma_{\mathrm{f}0}\varphi_0(\boldsymbol{r})=K_0B_0^2T_0(\boldsymbol{r})$,$\eta_0=\dfrac{K_0B_0^2}{\mu_0}$ 等关系. 定义反应堆的整体温度系数:

$$\alpha\equiv\frac{1}{T_0}\int\alpha(\boldsymbol{r})T_0(\boldsymbol{r})\mathrm{d}\boldsymbol{r}, \tag{7.25}$$

式中 T_0 是稳态的平均温度:

$$T_0\equiv\frac{1}{V}\int T_0(\boldsymbol{r})\mathrm{d}\boldsymbol{r}, \tag{7.26}$$

V 为堆体积.(7.24)式可以简写为

$$h(t)=\varepsilon\alpha\mathrm{e}^{-\eta_0t},\quad \varepsilon\equiv\frac{\eta_0T_0}{n_0}. \tag{7.27}$$

将此式代入(7.13)式,就可得出我们所考虑的简单热中子堆中的温度反馈反应性:

$$\delta\rho_{\mathrm{T}} = \delta\rho_{\mathrm{T}}[\delta n] = \varepsilon\alpha\int_0^{\infty} \mathrm{e}^{-\eta_0 u}\delta n(t-u)\mathrm{d}u. \tag{7.28}$$

可以指出，这温度反馈可以等价地用下列一阶微分方程描写：

$$\begin{cases}\delta\rho_{\mathrm{T}}[\delta n] = \alpha\delta T(t), \\ \dfrac{\mathrm{d}\delta T}{\mathrm{d}t} + \eta_0\delta T = \varepsilon\delta n(t).\end{cases} \tag{7.29}$$

这种简单描述之所以可能，是因为我们已作如下的简化假设：μ_0 及 K_0 与位置无关；T 在外边界为 0；$\delta T(\boldsymbol{r},t)$在空-时上可分，并具有和稳态通量同样的空间分布．一般情形下，温度 Green 函数有**模项展开**：

$$h(\boldsymbol{r},\boldsymbol{r}';t) = \sum_{n=0}^{\infty}\Phi_n(\boldsymbol{r})\Phi_n(\boldsymbol{r}')\mathrm{e}^{-\eta_n t}, \tag{7.30}$$

式中 $\Phi_n(\boldsymbol{r})$是满足微分方程：

$$\nabla\cdot K_0(\boldsymbol{r})\nabla\Phi_n(\boldsymbol{r}) + \mu_0(\boldsymbol{r})\eta_n\Phi_n(\boldsymbol{r}) = 0 \tag{7.31}$$

及适当边界条件(与温度满足的边界条件相应)的本征函数(η_n 是相应的本征值)．$\Phi_n(\boldsymbol{r})$满足正交归一关系：

$$\int\Phi_n(\boldsymbol{r})\mu_0(\boldsymbol{r})\Phi_m(\boldsymbol{r})\mathrm{d}\boldsymbol{r} = \delta_{nm}. \tag{7.32}$$

将(7.30)式代入(7.14)式，得

$$h(t) = \frac{1}{n_0}\sum_{n=0}^{\infty}\int\alpha(\boldsymbol{r})\Phi_n(\boldsymbol{r})\mathrm{d}\boldsymbol{r}\int\Phi_n(\boldsymbol{r}')W_0(\boldsymbol{r}')\mathrm{d}\boldsymbol{r}'\cdot\mathrm{e}^{-\eta_n t}. \tag{7.33}$$

稳态温度分布 $T_0(\boldsymbol{r})$满足$-\nabla\cdot K_0\nabla T_0 = W_0(\boldsymbol{r})$；它可用 $\Phi_n(\boldsymbol{r})$作基展开：

$$T_0(\boldsymbol{r}) = \sum_{n=0}^{\infty}\frac{W_{0n}}{\eta_n}\Phi_n(\boldsymbol{r}), \tag{7.34}$$

式中

$$W_{0n} \equiv \int W_0(\boldsymbol{r})\Phi_n(\boldsymbol{r})\mathrm{d}\boldsymbol{r}. \tag{7.35}$$

将(7.34)式代入(7.25)式，可定义与第 n 模项相联系的反应性温度系数：

$$\alpha_n \equiv \frac{1}{T_0}\frac{W_{0n}}{\eta_n}\int\alpha(\boldsymbol{r})\Phi_n(\boldsymbol{r})\mathrm{d}\boldsymbol{r}. \tag{7.36}$$

在(7.33)式中利用(7.35)及(7.36)式，得

$$h(t) = \sum_{n=0}^{\infty}\varepsilon_n\alpha_n\mathrm{e}^{-\eta_n t}, \quad \varepsilon_n \equiv \frac{T_0}{n_0}\eta_n. \tag{7.37}$$

这是(7.27)式的推广．在上述一般情形下，温度反馈泛函可用一组无限个常微分方程来描写：

$$\begin{cases}\delta\rho_{\mathrm{T}} = \delta\rho_{\mathrm{T}}[\delta n] = \sum\limits_{n=0}^{\infty}\alpha_n\delta T_n, \\ \dfrac{\mathrm{d}}{\mathrm{d}t}\delta T_n + \eta_n\delta T_n = \varepsilon_n\delta n(t). \quad (n = 0,1,2,\cdots)\end{cases} \tag{7.38}$$

以上给出的"模项分析"是§6.9中所述模项展开法的应用实例.这种分析方法在求解和空间有关的问题时很方便,但应用时要知道方程(7.31)的本征值和本征函数.在许多实际情况中,由于堆芯不均匀和几何复杂,不容易得到本征值和本征函数的解析形式.这时,下面介绍的**集总参量**描述(**节点法**),就更加方便.

在**节点法**中,像§6.10中讨论过的那样,把反应堆分成N个不同区域,例如,燃料区、慢化剂区及反射层等等.为讨论方便起见,我们仍然略去堆中介质的运动.于是堆的温度由下列方程(即方程(7.9))决定:

$$\mu_0 \frac{\partial \delta T}{\partial t} - \nabla \cdot K_0 (\nabla \delta T) = \frac{\delta n(t)}{n_0} W_0(\boldsymbol{r}). \tag{7.39}$$

式中$\delta T(\boldsymbol{r},t)$表示温度变化.单位体积的热容量$\mu_0$及热导率$K_0$一般在每区中都有自己的值.假设稳态温度分布$T_0(\boldsymbol{r})$已知.然后在每区中定义下列平均量:

$$\mu_j = \frac{1}{T_{0j}} \int_{V_j} \mu_0(\boldsymbol{r}) T_0(\boldsymbol{r}) \mathrm{d}\boldsymbol{r}, \tag{7.40a}$$

$$T_{0j} = \frac{1}{V_j} \int_{V_j} T_0(\boldsymbol{r}) \mathrm{d}\boldsymbol{r}, \tag{7.40b}$$

$$\delta T_j(t) = \frac{1}{V_j} \int_{V_j} \delta T(\boldsymbol{r},t) \mathrm{d}\boldsymbol{r}, \tag{7.40c}$$

$$W_{0j} = \int_{V_j} W_0(\boldsymbol{r}) \mathrm{d}\boldsymbol{r}, \tag{7.40d}$$

式中V_j是第j区的体积.将(7.39)积分过第j区的体积,得

$$\mu_j \frac{\mathrm{d}\delta T_j}{\mathrm{d}t} - \int_{S_j} \hat{n} \cdot K_0 \nabla \delta T \mathrm{d}S = \frac{\delta n(t)}{n_0} W_{0j}, \tag{7.41}$$

式中在S_j上的面积分代表穿过第j区表面的总热通量.假设

$$-\int_{S_j} \hat{n} \cdot K_0 \nabla \delta T \mathrm{d}S = \sum_{i=1}^{N} X_{ji} (\delta T_j - \delta T_i) + X_{j0} \delta T_j, \tag{7.42}$$

式中X_{ji}是从第j区通过公共界面到第i区的传热系数.从物理考虑,显然有

$$X_{ij} = X_{ji}. \tag{7.43}$$

(7.42)式中最后一项$X_{j0}\delta T_j$表示从第j区到外围介质(其温度假设为固定)的传热.如果堆的冷却只靠通过其外边界的热传导,那么,对于不和外边界相邻的那些区就有$X_{j0}=0$.不过,也可以把这项解释为由一冷却剂直接从第j区带出的热,只要冷却剂温度的变动可以略去.

将(7.42)式代入(7.41)式,得

$$\mu_j \frac{\mathrm{d}\delta T_j}{\mathrm{d}t} + \sum_{i=1}^{N} X_{ji} (\delta T_j - \delta T_i) + X_{j0} \delta T_j = W_{0j} \frac{\delta n(t)}{n_0}. \tag{7.44}$$

把(7.7)式右边分成对各区积分之和:

$$\delta\rho_{\mathrm{T}} = \delta\rho_{\mathrm{T}}[\delta_n] = \sum_{j=1}^{N}\int_{V_j}\alpha(\boldsymbol{r})\delta T(\boldsymbol{r},t)\mathrm{d}\boldsymbol{r}, \tag{7.45}$$

并定义和第 j 区相联系的反应性温度系数：

$$\bar{\alpha}_j = \frac{1}{T_{0j}}\int_{V_j}\alpha(\boldsymbol{r})T_0(\boldsymbol{r})\mathrm{d}\boldsymbol{r}, \tag{7.46}$$

(7.45)式就可以近似约化为

$$\delta\rho_{\mathrm{T}}[\delta n] = \sum_{j=1}^{N}\bar{\alpha}_j\delta T_j. \tag{7.47}$$

方程(7.44)及(7.47)描写 $\delta\rho_{\mathrm{T}}$ 及 δn 之间的泛函关系. 实际上，只要从 $j=1,2,\cdots,N$ 的方程组(7.44)解出 δT_j 作为 δn 的泛函，再代入(7.47)式，就得 $\delta\rho_{\mathrm{T}}[\delta n]$. 为此，先用矩阵形式写出方程组(7.44)：

$$\boldsymbol{\mu}\delta\dot{\boldsymbol{T}} + \boldsymbol{A}\delta\boldsymbol{T} = \frac{\delta n(t)}{n_0}\boldsymbol{W} \tag{7.48}$$

式中各矩阵的定义如下：

$$\delta\boldsymbol{T} = (\delta T_1,\delta T_2,\cdots,\delta T_N)^{\mathrm{T}}; \tag{7.49a}$$

$$\boldsymbol{W} = (W_{01},W_{02},\cdots,W_{0N})^{\mathrm{T}}; \tag{7.49b}$$

$$\boldsymbol{\mu} = (\mu_i\delta_{ij}) \quad (i,j = 1,2,\cdots,N); \tag{7.49c}$$

$$\boldsymbol{A} = (a_{ij}), \quad a_{ij} \equiv - X_{ij} + \delta_{ij}\sum_{k=0}^{N}X_{ik}$$
$$(i,j = 1,2,\cdots,N). \tag{7.49d}$$

(7.49a,b)中右上角的记号“T”表示矩阵的转置，即由写出的行矩阵转置成列矩阵. $\boldsymbol{A}$ 是实对称矩阵，因为 X_{ij} 为实，而且 $X_{ij}=X_{ji}$. $\boldsymbol{\mu}$ 是元素为正的对角矩阵. 求解(7.48)式的下一步是使 $\boldsymbol{A}$ 对角化. 为此，作变换

$$\delta\boldsymbol{T} = \boldsymbol{R}\boldsymbol{X}, \tag{7.50}$$

式中 $\boldsymbol{X}$ 是代替 $\delta\boldsymbol{T}$ 的新列矩阵变量，而非奇异的常数实矩阵 $\boldsymbol{R}(|\boldsymbol{R}|\neq 0)$ 应当选择得使

$$\begin{cases}\boldsymbol{R}^{\mathrm{T}}\boldsymbol{\mu}\boldsymbol{R} = \boldsymbol{I} & (\text{单位矩阵}),\\ \boldsymbol{R}^{\mathrm{T}}\boldsymbol{A}\boldsymbol{R} = \boldsymbol{\eta} = (\eta_i\delta_{ij}) & (\text{对角矩阵}).\end{cases} \tag{7.51}$$

根据矩阵代数中的一定理[1]，这样选择总是可能的.

把(7.50)式代入方程(7.48)，然后左乘以 $\boldsymbol{R}^{\mathrm{T}}$，记住 $\boldsymbol{R}^{\mathrm{T}}$ 为常数矩阵，便得

$$\dot{\boldsymbol{X}} + \boldsymbol{\eta}\boldsymbol{X} = \delta n(t)\boldsymbol{\varepsilon}, \tag{7.52}$$

式中列矩阵 $\boldsymbol{\varepsilon}=(\varepsilon_1,\varepsilon_2,\cdots,\varepsilon_N)^{\mathrm{T}}$ 定义如下：

$$\boldsymbol{\varepsilon} = \frac{1}{n_0}\boldsymbol{R}^{\mathrm{T}}\boldsymbol{W}. \tag{7.53}$$

用分量写出，方程(7.52)为

$$\dot{X}_j + \eta_j X_j = \delta n(t)\varepsilon_j, \tag{7.54}$$

式中

$$\eta_j = \sum_{m,n=1}^{N} R_{mj} R_{nj} a_{nm}, \tag{7.55a}$$

$$\varepsilon_j = \sum_{m=1}^{N} R_{jm} W_{0m} / n_0. \tag{7.55b}$$

(7.54)式的解容易得出：

$$X_j(t) = \varepsilon_j \int_0^{\infty} e^{-\eta_j u} \delta n(t-u) du. \tag{7.56}$$

由(7.47)及(7.50)式，得温度反馈泛函

$$\delta\rho_T = \delta\rho_T[\delta n] = \sum_{j=1}^{N} \alpha_j X_j, \tag{7.57}$$

式中

$$\alpha_j \equiv \sum_{i=1}^{N} \bar{\alpha}_i R_{ij}. \tag{7.58}$$

将(7.56)式中所得 X_j 代入(7.57)式，可得线性反馈核：

$$h(t) = \sum_{j=1}^{N} \varepsilon_j \alpha_j e^{-\eta_j t}. \tag{7.59}$$

正则参量 η_j，ε_j 及 α_j 分别由(7.55)及(7.58)式和物理参量 a_{jk}，W_{0j} 及 $\bar{\alpha}_j$ 相联系. 这些关系中包含变换矩阵 $\boldsymbol{R}$ 的元素.

线性反馈核(7.59)和(7.37)都由指数函数的和组成. 这种形式反馈核的 Laplace 变换(反馈传递函数 $H(s)$)容易求出为

$$H(s) = \sum_{j=1}^{N} \frac{\alpha_j \varepsilon_j}{s + \eta_j}. \tag{7.60}$$

可见，$H(s)$ 是 s 的有理函数，它可以表示为两个 s 的实系数多项式之比，而且分子的阶数不超过分母的阶数. **这是线性集总参量物理系统传递函数的特点**.

为了和以上考虑的集总参量描述作比较，下面我们将讨论**分布参量描述**. 考虑一包含固体燃料区及冷却剂的反应堆. 冷却剂在正 z 方向流动，如图 7.1 所示. 假设热量只在燃料区产生，而且堆芯的核特性和热特性固定，不随时空变化. 用 $T_f(\boldsymbol{r},t)$ 及 $T_c(\boldsymbol{r},t)$ 分别表示燃料区及冷却剂中的**温度增量**分布，它们将分别满足方程(6.139-f)及(6.139-c). 用本节的符号写出，这些方程是

$$\begin{cases} \mu_f \dfrac{\partial T_f}{\partial t} - K_f \nabla^2 T_f(\boldsymbol{r},t) = \dfrac{\delta n(t)}{n_0} W_0(\boldsymbol{r}), & (7.61\text{-f}) \\ \mu_c \left[\dfrac{\partial T_c}{\partial t} + u \dfrac{\partial T_c}{\partial z}\right] - K_c \nabla^2 T_c(\boldsymbol{r},t) = 0. & (7.61\text{-c}) \end{cases}$$

式中 μ(单位体积热容量)就是方程(6.139-f,-c)中的 ρc. 方程(6.139-f)中的 W，现

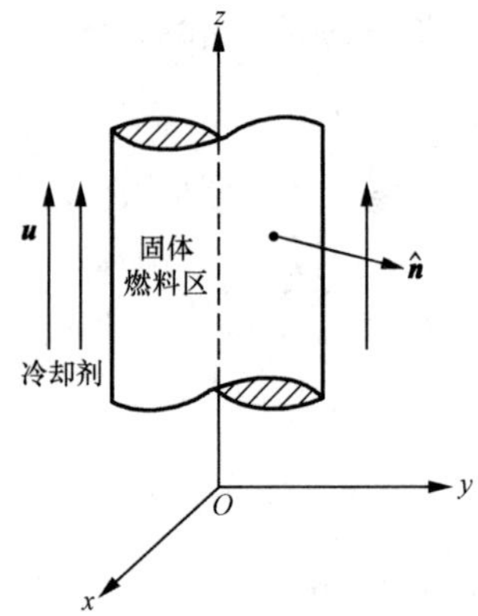

图 7.1 反应堆冷却示意图

在则写成$\frac{\delta n(t)}{n_0}W_0(\boldsymbol{r})$，表示其增量部分. 假设瞬变中 $T_f(\boldsymbol{r},t)$ 及 $T_c(\boldsymbol{r},t)$ 的横向分布维持不变. 在 z=定值的平面中积分(7.61-f,-c)，并定义

$$\begin{cases} T_f(z,t) = \dfrac{1}{S_f}\displaystyle\int_{S_f} T_f(\boldsymbol{r},t)\mathrm{d}x\mathrm{d}y, \\ T_c(z,t) = \dfrac{1}{S_c}\displaystyle\int_{S_c} T_c(\boldsymbol{r},t)\mathrm{d}x\mathrm{d}y, \end{cases} \tag{7.62}$$

式中 S_f 及 S_c 分别是燃料区和冷却剂的横截面，便可把(7.61-f,-c)改写成

$$\mu_f \frac{\partial T_f(z,t)}{\partial t} - S_f K_f \frac{\partial^2 T_f(z,t)}{\partial z^2} - K_f \int_{l_f} \hat{n}\, \nabla^2 T_f(\boldsymbol{r},t)\mathrm{d}l_f$$

$$= \frac{\delta n(t)}{n_0} W_0(z), \tag{7.63-f}$$

$$\mu_c \left[\frac{\partial T_c(z,t)}{\partial t} + u \frac{\partial T_c(z,t)}{\partial z}\right] - S_c K_c \frac{\partial^2 T_c(z,t)}{\partial z^2}$$

$$= K_c \int_{l_f} (-\hat{n}) \cdot \nabla^2 T_c(\boldsymbol{r},t)\mathrm{d}l_f, \tag{7.63-c}$$

式中 μ_f 及 μ_c 现在代表每单位高度而不像(7.61-f,-c)中那样是每单位体积的热容量，这是因为它们中已分别吸收了横截面 S_f 及 S_c. 矢量 $\nabla^2 T(\boldsymbol{r},t)$ 是 z=定值的平面中的温度梯度，而 $\hat{\boldsymbol{n}}$ 是这平面中垂直于燃料区周线 l_f 的单位外法线(见图 7.1). 这样，线积分项 $K_f\int_{l_f} \hat{n}\,\nabla^2 T_f(\boldsymbol{r},t)\mathrm{d}l_f = K_c\int_{l_f} \hat{n}\cdot\nabla^2 T_c(\boldsymbol{r},t)\mathrm{d}l_f$ 表示 z 方向每单位高度从燃料到冷却剂的传热量. 以下假设这传热量由 $h(T_f - T_c)$ 给出(参看(6.140b)式，但这里 h 中吸收了周线 l_f 的长度.)，同时略去 z 方向的热传导$\left(包含\frac{\partial^2 T}{\partial z^2}的项\right)$. 于是，方程(7.63-f,-c)约化为

$$
\begin{cases}
\mu_f \dfrac{\partial T_f}{\partial t} + h(T_f - T_c) = \dfrac{\delta n(t)}{n_0} W_0(z), & (7.64\text{-f}) \\
\mu_c \left[\dfrac{\partial T_c}{\partial t} + u \dfrac{\partial T_c}{\partial z} \right] = h(T_f - T_c). & (7.64\text{-c})
\end{cases}
$$

这方程组可以用 $T_c(0,t)=0$(即,冷却剂入口温度固定)作边界条件解出.取(7.64-f,-c)的 Laplace 变换,并用初始条件 $T_c(z,0)=0$ 及 $T_f(z,0)=0$,得

$$
\begin{cases}
(\mu_f s + h)\overline{T}_f - h\overline{T}_c = \dfrac{\overline{\delta n}(s)}{n_0} W_0(z), & (7.65\text{-f}) \\
\dfrac{d\overline{T}_c}{dz} + \dfrac{\mu_c s + h}{\mu_c u}\overline{T}_c = \dfrac{h}{\mu_c u}\overline{T}_f. & (7.65\text{-c})
\end{cases}
$$

消去 $\overline{T}_f(z,s)$,得 $\overline{T}_c(z,s)$满足的方程:

$$
\frac{d\overline{T}_c}{dz} + U(s)\overline{T}_c = \frac{\overline{\delta n}(s)}{n_0} V(z,s), \tag{7.66}
$$

式中

$$
U(s) \equiv \frac{s}{u}\left[1 + \frac{\mu_f}{\mu_c}\left(\frac{h}{\mu_f s + h}\right)\right], \tag{7.67a}
$$

$$
V(z,s) \equiv \frac{h}{\mu_c u}\left(\frac{1}{\mu_f s + h}\right) W_0(z). \tag{7.67b}
$$

在边界条件 $\overline{T}_c(0,s)=0$ 之下,(7.66)式之解为

$$
\overline{T}_c(z,s) = \frac{\overline{\delta n}(s)}{n_0}\int_0^z \exp[-U(s)(z-\zeta)] V(\zeta,s) d\zeta. \tag{7.68}
$$

从(7.65-f)式得

$$
\overline{T}_f(z,s) = \frac{\overline{\delta n}(s)}{n_0}\left\{ h\int_0^z \exp[-U(s)(z-\zeta)] V(\zeta,s) + W_0(z) \right\} \Big/ (\mu_f s + h). \tag{7.69}
$$

从(7.68)及(7.69)式经逆 Laplace 变换,得到 $T_f(z,t)$ 及 $T_c(z,t)$后,代入在 x-y 平面上积分过的(7.7)式(注意,这儿的 T,就是那式中的 δT),可得温度反馈泛函:

$$
\delta\rho_T = \delta\rho_T[\delta n] = \int_0^L [\alpha_f(z) T_f(z,t) + \alpha_c(z) T_c(z,t)] dz, \tag{7.70}
$$

式中 L 为堆芯高度,燃料温度系数 $\alpha_f(z)$定义为(7.8)式中 $\alpha(\boldsymbol{r})$的加权平均:

$$
\alpha_f(z) = \frac{1}{T_{f0}(z)}\int_{S_f} \alpha(\boldsymbol{r}) T_{f0}(\boldsymbol{r}) dx dy, \tag{7.71}
$$

式中 $T_{f0}(\boldsymbol{r})$是燃料中的稳态温度分布,而

$$
T_{f0}(z) = \frac{1}{S_f}\int_{S_f} T_{f0}(\boldsymbol{r}) dx dy. \tag{7.72}
$$

冷却剂温度 $\alpha_c(z)$也可以类似地定义.

计算反馈核 $h(t)$ 的 Laplace 变换（反馈传递函数 $H(s)$）比直接计算 $h(t)$ 更容易，从研究稳定性的观点来看也更有用. 从(7.13)式的 Laplace 变换可见，$H(s)$ 也可以写成

$$H(s)=\mathscr{L}\{\delta\rho_{\mathrm{T}}[\delta n]\}/\overline{\delta n}(s)$$
$$=\int_0^L[\alpha_{\mathrm{f}}(z)\overline{T}_{\mathrm{f}}(z,s)+\alpha_{\mathrm{c}}(z)\overline{T}_{\mathrm{c}}(z,s)]\mathrm{d}z/\overline{\delta n}(s). \tag{7.73}$$

把(7.68)及(7.69)式代入，得

$$H(s)=\frac{1}{n_0}\int_0^L\left\{\alpha_{\mathrm{c}}(z)+\left(1+\frac{\mu_{\mathrm{f}}}{h}s\right)^{-1}\alpha_{\mathrm{f}}(z)\right\}$$
$$\cdot\int_0^z\exp[-U(s)(z-\zeta)]V(\zeta,s)\mathrm{d}\zeta\mathrm{d}z$$
$$+\frac{1}{n_0}\int_0^L\left(1+\frac{\mu_{\mathrm{f}}}{h}s\right)^{-1}\frac{W_0(z)}{h}\alpha_{\mathrm{f}}(z)\mathrm{d}z. \tag{7.74}$$

考虑$\frac{\mu_{\mathrm{f}}}{n}s\ll1$ 的情形，这时 $H(s)$ 约化为

$$H(s)\approx\frac{1}{\mu_{\mathrm{c}}un_0}\int_0^L[\alpha_{\mathrm{c}}(z)+\alpha_{\mathrm{f}}(z)]\int_0^z\exp\left[-\frac{s}{u'}(z-\zeta)\right]$$
$$\cdot W_0(\zeta)\mathrm{d}\zeta\mathrm{d}z+\frac{1}{n_0h}\int_0^L\alpha_{\mathrm{f}}(z)W_0(z)\mathrm{d}z. \tag{7.74$'$}$$

式中 $u'\equiv\left(1+\frac{\mu_{\mathrm{f}}}{\mu_{\mathrm{c}}}\right)^{-1}u$. 温度系数 $\alpha_{\mathrm{f}}(z)$ 及 $\alpha_{\mathrm{c}}(z)$ 是非常复杂的函数（参见(7.71)及(7.8)式）. 由于温度反馈机制的物理描述中的不确定性和粗略近似，对 $\alpha_{\mathrm{f}}(z)$ 及 $\alpha_{\mathrm{c}}(z)$ 的准确估值是不需要的. 因此，常常假设 $\alpha_{\mathrm{f}}(z)$ 及 $\alpha_{\mathrm{c}}(z)$ 正比于中子通量轴向稳态分布 $\varphi_0(z)$ 的一次或二次幂来定性地考虑权重的影响. 以下我们将简单地取它们为常量，即 $\alpha_{\mathrm{f}}(z)\approx\frac{\alpha_{\mathrm{f}}}{L}$ 及 $\alpha_{\mathrm{c}}(z)\approx\frac{\alpha_{\mathrm{c}}}{L}$，这里 α_{f} 及 α_{c} 是沿轴向积分过的反应性温度系数.

此外，我们假定热能的产生在轴向是均匀的，即取 $W_0(z)=W_0$ 为常量. 它是每单位时间单位高度堆芯中放出的热能. 在这些近似下，(7.74′)中的积分可以显式作出，结果得

$$H(s)=A+B[(s\tau-1+\mathrm{e}^{-s\tau})/(s\tau)^2], \tag{7.75}$$

式中引进了简写记号：

$$A\equiv\frac{\alpha_{\mathrm{f}}W_0}{n_0h}, \tag{7.76a}$$

$$B\equiv\frac{(\alpha_{\mathrm{f}}+\alpha_{\mathrm{c}})W_0\tau}{(\mu_{\mathrm{f}}+\mu_{\mathrm{c}})n_0}, \tag{7.76b}$$

$$\tau \equiv \frac{L}{u'}. \tag{7.76c}$$

(7.75)式给出的 $H(s)$是 s 的超越函数.这是具分布参量的物理系统的一般特征.上述例子中的分布参量是 $T_c(z,t)$；直接引起超越函数的项是方程(7.66)左边的 $\frac{d\overline{T}_c}{dz}$(而它又来自方程(7.64-c)左边的包含有$\frac{\partial T_c}{\partial z}$的一项).顺便指出，在上一章§6.4中对类似方程(6.141)求解时，由于作了近似：$\frac{\partial T_c}{\partial z} \approx \frac{T_{c2}(t)-T_{c1}(t)}{L}$(见(6.141′)式)及 $T_c(t) \approx \frac{T_{c2}(t)+T_{c1}(t)}{2}$，分布参量 $T_c(z,t)$被集总参量$T_{c1}(t)$及 $T_c(t)$所代替，因此所得温度传递函数(6.144)具有表征集总参量描述的有理函数形式.上述反馈机制的分布参量与集总参量描述之间的差别，在稳定性分析中起重要作用.

§7.2　和空间有关的氙反馈，氙致功率振荡

§5.9中已在点堆模型的基础上，讨论了氙中毒对反应性的反馈.现在我们要进一步考查和空间有关的氙反馈效应，并讨论功率高的大反应堆中，由氙反馈引起的局部功率振荡.

像在§5.9中讨论过的那样，由于氙反馈影响的是若干小时内的中期动力学行为，所以对更缓慢的燃料燃耗效应可以略去不计，而对于更快的缓发中子和温度(或功率)反馈效应可以看成即时产生的(参看(5.276)及(5.276′)式).这样，本节中我们将把燃料原子浓度 N_F 看成常量，把缓发中子处理成瞬发，并将温度反馈反应性写成

$$\delta\rho_T = \delta\rho_T[\delta n] = \eta\delta n. \tag{7.77}$$

在扩散近似中，和空间有关的氙反馈泛函 $\delta\rho_X[\delta n]$可以从(6.147g,h)式，通过考虑与氙浓度改变 δN_X 有关的项得到.它可以写成

$$\delta\rho_X = \delta\rho_X[\delta n] = \int \alpha_X(\boldsymbol{r})\delta N_X(\boldsymbol{r},t)d\boldsymbol{r}, \tag{7.78}$$

式中

$$\alpha_X(\boldsymbol{r}) \equiv \frac{1}{\mathscr{F}}\int\left[-\varphi_0^\dagger\left(\frac{\delta\boldsymbol{\Gamma}}{\delta N_X}\right)_0\varphi_0 - \left(\frac{\partial D}{\partial N_X}\right)_0(\nabla\varphi_0^\dagger)\cdot(\nabla\varphi_0)\right]dv \tag{7.79}$$

是局部氙反应性系数.它用稳态的物理量算出.

为建立 $\delta N_X(\boldsymbol{r},t)$及 $\delta n(t)$之间的泛函关系，要求解方程(5.278)的推广：

$$\begin{cases}\dfrac{\partial I}{\partial t}=-\lambda_{\mathrm{I}}I+y_{\mathrm{I}}\sigma_{\mathrm{f}}(\boldsymbol{r})\varphi(\boldsymbol{r},t), & (7.80\mathrm{a})\\ \dfrac{\partial X}{\partial t}=\lambda_{\mathrm{I}}I+y_{\mathrm{X}}\sigma_{\mathrm{f}}(\boldsymbol{r})\varphi(\boldsymbol{r},t)-[\lambda_{\mathrm{X}}+\sigma_{\mathrm{X}}(\boldsymbol{r})\varphi(\boldsymbol{r},t)]X. & (7.80\mathrm{b})\end{cases}$$

式中 $\varphi(\boldsymbol{r},t)\equiv\int\varphi(\boldsymbol{r},v,t)\mathrm{d}v$,而

$$\begin{cases}I=I(\boldsymbol{r},t)=\dfrac{N_{\mathrm{I}}}{N_{\mathrm{F}}},\\ X=X(\boldsymbol{r},t)=\dfrac{N_{\mathrm{X}}}{N_{\mathrm{F}}}\end{cases}\tag{7.81}$$

表示折合到每个燃料原子的 ^{135}I 及 ^{135}Xe 原子浓度. 截面 $\sigma_{\mathrm{f}}(\boldsymbol{r})$ 及 $\sigma_{\mathrm{X}}(\boldsymbol{r})$ 定义为用平衡时稳态通量 $\varphi_0(\boldsymbol{r},v)$ 平均过的有效微观截面:

$$\begin{cases}\sigma_{\mathrm{f}}(\boldsymbol{r})\equiv\dfrac{1}{\varphi_0(\boldsymbol{r})}\displaystyle\int\sigma_{\mathrm{f}}(v,T_0)\varphi_0(\boldsymbol{r},v)\mathrm{d}v,\\ \sigma_{\mathrm{X}}(\boldsymbol{r})\equiv\dfrac{1}{\varphi_0(\boldsymbol{r})}\displaystyle\int\sigma_{\mathrm{X}}(v,T_0)\varphi_0(\boldsymbol{r},v)\mathrm{d}v,\end{cases}\tag{7.82}$$

式中

$$\varphi_0(\boldsymbol{r})=\int\varphi_0(\boldsymbol{r},v)\mathrm{d}v.\tag{7.83}$$

假定 $t=0$ 时 $I=X=0$,(7.80a,b)的解可以用积分形式写出如下:

$$\begin{cases}I(\boldsymbol{r},t)=y_{\mathrm{I}}\sigma_{\mathrm{f}}(\boldsymbol{r})\displaystyle\int_{-\infty}^{t}\mathrm{e}^{-\lambda_{\mathrm{I}}(t-\tau)}\varphi(\boldsymbol{r},\tau)\mathrm{d}\tau\\ \qquad\quad=y_{\mathrm{I}}\sigma_{\mathrm{f}}(\boldsymbol{r})\displaystyle\int_{0}^{\infty}\mathrm{e}^{-\lambda_{\mathrm{I}}\tau}\varphi(\boldsymbol{r},t-\tau)\mathrm{d}\tau, & (7.84\mathrm{a})\\ X(\boldsymbol{r},t)=\displaystyle\int_0^{\infty}\mathrm{d}t'\exp\left\{-\lambda_{\mathrm{X}}t'-\sigma_{\mathrm{X}}(\boldsymbol{r})\int_0^{t'}\mathrm{d}t''\varphi(\boldsymbol{r},t-t'')\right\}\\ \qquad\quad\cdot\{\lambda_{\mathrm{I}}I(\boldsymbol{r},t-t')+y_{\mathrm{X}}\sigma_{\mathrm{f}}(\boldsymbol{r})\varphi(\boldsymbol{r},t-t')\}, & (7.84\mathrm{b})\end{cases}$$

若取稳态通量分布,即,令 $\varphi(\boldsymbol{r},t)=\varphi_0(\boldsymbol{r})$,则从(7.84a,b)得碘及氙的稳态分布:

$$\begin{cases}I_0(\boldsymbol{r})=y_{\mathrm{I}}\sigma_{\mathrm{f}}(\boldsymbol{r})\varphi_0(\boldsymbol{r})/\lambda_{\mathrm{I}}, & (7.85\mathrm{a})\\ X_0(\boldsymbol{r})=(y_{\mathrm{I}}+y_{\mathrm{X}})\sigma_{\mathrm{f}}(\boldsymbol{r})\varphi_0(\boldsymbol{r})/[\lambda_{\mathrm{X}}+\sigma_{\mathrm{X}}(\boldsymbol{r})\varphi_0(\boldsymbol{r})]. & (7.85\mathrm{b})\end{cases}$$

在(7.84b)中取近似 $\varphi(\boldsymbol{r},t)\approx\dfrac{n(t)}{n_0}\varphi_0(\boldsymbol{r})$,并与(7.85b)相减,得 $\delta N_{\mathrm{X}}(\boldsymbol{r},t)=[X(\boldsymbol{r},t)-X_0(\boldsymbol{r})]N_{\mathrm{F}}$. 代入(7.78),可以得出所求的,和空间有关的氙反馈泛函. 由于(7.84b)式被积函数中有指数因子,所得泛函是非线性的.

将碘及氙的方程(7.80a,b)积分过堆芯体积,并引进

$$X(t)\equiv\frac{1}{V}\int_V X(\boldsymbol{r},t)\mathrm{d}\boldsymbol{r},\tag{7.86a}$$

$$I(t)\equiv\frac{1}{V}\int_V I(\boldsymbol{r},t)\mathrm{d}\boldsymbol{r},\tag{7.86b}$$

$$\sigma_{\mathrm{f}} \equiv \int_V \sigma_{\mathrm{f}}(\boldsymbol{r}) \varphi_0(\boldsymbol{r}) \mathrm{d}\boldsymbol{r} \Big/ \int_V \varphi_0(\boldsymbol{r}) \mathrm{d}\boldsymbol{r}, \tag{7.86c}$$

$$\sigma_{\mathrm{X}} \equiv V \int_V \sigma_{\mathrm{X}}(\boldsymbol{r}) X_0(\boldsymbol{r}) \varphi_0(\boldsymbol{r}) \mathrm{d}\boldsymbol{r} \Big/ \left\{ \int_V X_0(\boldsymbol{r}) \mathrm{d}\boldsymbol{r} \int_V \varphi_0(\boldsymbol{r}) \mathrm{d}\boldsymbol{r} \right\}, \tag{7.86d}$$

同时作近似 $\varphi(\boldsymbol{r},t) \approx \frac{\varphi(t)}{\varphi_0} \varphi_0(\boldsymbol{r})$，这里

$$\varphi_0 \equiv \frac{1}{V} \int_V \varphi_0(\boldsymbol{r}) \mathrm{d}\boldsymbol{r}, \tag{7.86e}$$

于是方程(7.80a,b)就约化成为用集总参量写出的形式：

$$\begin{cases} \dfrac{\mathrm{d}I(t)}{\mathrm{d}t} = -\lambda_{\mathrm{I}} I(t) + y_{\mathrm{I}} \sigma_{\mathrm{f}} \varphi(t), & (7.87\mathrm{a}) \\ \dfrac{\mathrm{d}X(t)}{\mathrm{d}t} = \lambda_{\mathrm{I}} I(t) + y_{\mathrm{X}} \sigma_{\mathrm{f}} \varphi(t) - [\lambda_{\mathrm{X}} + \sigma_{\mathrm{X}} \varphi(t)] X(t). & (7.87\mathrm{b}) \end{cases}$$

这就是§5.9中应用过的方程组(5.278). 从上面的讨论，可以看出这方程组中各集总参量的物理意义.

在中子通量较高的大型热中子堆中，运行过程中所产生的^{135}Xe，除了上面讨论的中毒效应外，还可能引起局部功率振荡. 这些振荡一般是由导致中子通量畸变的微扰诱发的. 诱发的机理可以如下说明：假定在一个功率分布本来是均匀对称的堆内，由于某种微扰产生了通量畸变. 那么，在高通量区，^{135}Xe将因为消失率增加而浓度减少，结果使增殖性能改善；在低通量区，^{135}Xe将因为消失率减少而浓度增加，结果使增殖性能变坏；这就加剧了通量的畸变(高的更变高，低的更变低). 但在高通量区，由于^{135}I的积累和衰变，^{135}Xe的产生数最终将超过消失数，而在低通量区则相反. 最后高通量区的氙浓度超过了低通量区的氙浓度，使通量畸变反了过来，如此循环下去. 这样，各区的氙浓度和中子通量就可能会产生相位不同的振荡. 振荡时，空间功率分布畸变可能导致燃料破损和由此产生的其他问题. 由于典型的振荡周期长达25—35 h，一般并不认为氙致空间振荡是个安全问题. 但是，这种振荡对经济效果将会带来不利影响[2]. 这是因为：抑制振荡的专用控制棒所耗去的反应性，必须通过增加燃料来补偿，而考虑到空间功率振荡，又必须在设计中增加热工余量，这就要加大堆芯尺寸，从而增加了燃料循环和建堆的费用. 另外，功率振荡的可能性也提高了对设计稳定性、元件耐受力及功率探测仪表的要求.

在大型轻水慢化冷却反应堆的设计和运行中，如美国Shippingport PWR-1堆芯[3]及Yankee堆[4]上的经验和实验分析所表明，必须考虑氙致空间功率振荡[5]. 电功率10^6 kW的压水堆，对轴向振荡可能是内在不稳定的，需要专门的辅助控制操作，以限制空间功率畸变和抑制发散的功率振荡. 同样规模的沸水堆，由于负功

率系数大，可能是内在稳定的，但也可能需用辅助控制操作来限制空间功率畸变[2]. 研究表明，这样的辅助控制操作（例如，入口流量控制）是可行的. 通过对堆内功率和温度的监测，并采取适当的控制操作，即使是内在不稳定的反应堆也能可靠地运行. 大型重水慢化冷却的生产堆的运行经验证明了这点[6]. 由于动力堆要求跟随负荷，所以控制比生产堆复杂得多[7].

分析氙致空间功率振荡的方法分为两大类：稳定性分析和数值模拟. 稳定性分析所要回答的问题，就是：振荡是随着时间增加（不稳定），减小（稳定），还是维持不变（中性稳定）. 在进行稳定性分析时，常常假定控制操作是维持总功率不变的，并且忽略扰动的性质，只探讨堆芯的内在稳定性. 在稳定性分析中，一般先对有关的动力学方程进行线性化，即，假定初始扰动很小，氙、碘和中子通量的空间分布可以分别在相应的平衡分布附近展开，并略去非线性项. 在所得的线性方程中，将中子通量分布，氙分布和碘分布进行模项展开，求出展开系数对时间的指数依赖关系. 指数与堆芯在平衡态的物理特性有关. 指数的实数部分为负、为零或为正，就确定空间功率分布相对于给定空间模的振荡是稳定的、中性的或是不稳定的. 通过稳定性分析，可以推知空间功率振荡的发散阈，用堆芯尺寸、成分、功率水平和空间分布等物理参量表示出来. 这结果可用来预言稳定性随堆芯参量变化的趋势. 下面我们将就一个简化的例子来说明模项展开法对氙致空间功率振荡稳定性分析的应用.

为了突出问题的基本物理特性，我们作若干简化假设. 首先，假设所有^{135}Xe由^{135}I衰变产生，而^{135}I的生成率由裂变率决定. 其次，采用单速扩散近似，这对氙振荡出现的大型热中子反应堆是合适的. 此外，如前面已经说过，可以把缓发中子看成瞬发，把功率（温度）反馈看成即时. 最后，还假设所考虑的是一个具有平几何的均匀反应堆的活性区. 在这些假设之下，反应堆的动力学方程组可以写成

$$\left\{\begin{aligned} &\frac{1}{v}\frac{\partial\varphi(x,t)}{\partial t}=D\frac{\partial^2\varphi}{\partial x^2}+(k_\infty-1+f\varphi)\Sigma_a\varphi-N_F\sigma_X X_\varphi, &(7.88)\\ &\frac{\partial I(x,t)}{\partial t}=-\lambda_I I+y_I\sigma_f\varphi, &(7.89a)\\ &l\frac{\partial X(x,t)}{\partial t}=\lambda_I I-(\lambda_X+\sigma_X\varphi)X. &(7.89b)\end{aligned}\right.$$

方程(7.88)中，k_∞及Σ_a分别是没有^{135}Xe时系统中介质的无限增殖因子及宏观吸收截面，f是反应性功率系数.

现在研究在稳态解附近引入小的扰动后系统的稳定性. 为了在φ，I和X的展开式中，得到简单的模项，我们假设系统是厚度为a的平板反应堆，而且反射层很好，使稳态通量是空间均匀的. 于是通量的边界条件是在$x=0$和$x=a$处$\frac{\partial\varphi}{\partial x}=0$. 稳态量$\varphi_0$，$I_0$及$X_0$容易从方程(7.88)及(7.89a，b)求出为

$$\varphi_0=\frac{k_\infty-1}{\dfrac{N_F\,\sigma_X y_I\sigma_f}{\Sigma_a(\lambda_X+\sigma_X\varphi_0)}-f},\tag{7.90}$$

$$I_0=\frac{y_I\sigma_f\varphi_0}{\lambda_I},\tag{7.91a}$$

$$X_0=\frac{\lambda_I I_0}{\lambda_X+\sigma_X\varphi_0}=\frac{y_I\sigma_f\varphi_0}{\lambda_X+\sigma_X\varphi_0},\tag{7.91b}$$

只要 $k_\infty>1$ 和 $f<0$,(7.90)式将给出 φ_0 的一个解.

现在假设系统局部受到扰动.令 φ,I 及 X 表示这些量的实际大小和它们的稳态值的小偏离.忽略二阶小量,与方程(7.88)及(7.89a,b)相应的线性化方程是

$$\begin{cases}\dfrac{1}{v}\dfrac{\partial\varphi}{\partial t}=D\dfrac{\partial^2\varphi}{\partial x^2}+(k_\infty-1+2f\varphi_0)\Sigma_a\varphi\\ \qquad\qquad -N_F\sigma_X(X_0\varphi+X\varphi_0), & (7.92)\\ \dfrac{\partial I}{\partial t}=-\lambda_I I+y_I\sigma_f\varphi, & (7.93\text{a})\\ \dfrac{\partial X}{\partial t}=\lambda_I I-\lambda_X X-\sigma_X(X_0\varphi+X\varphi_0). & (7.93\text{b})\end{cases}$$

现在把 φ,I 和 X 展开成空间模项的级数.对厚 a 的平板反应堆,可取完备集 $\left\{\cos\dfrac{n\pi x}{a}\right\}(n=0,1,\cdots,\infty)$ 作模项.由于 φ_0 已假设与空间无关,各模项间没有耦合.这样,如果将展开式代入方程(7.92)及(7.93a,b),然后乘上 $\cos\dfrac{m\pi x}{a}$ 并在 $0\leqslant x\leqslant a$ 范围内积分,便只留下 $\cos\dfrac{m\pi x}{a}$ 的系数.或者,先对方程(7.92)及(7.93a,b)作 Laplace 变换,并设

$$\begin{cases}\mathscr{L}[\varphi(x,t)]=\displaystyle\sum_{n=0}^{\infty}A_n(s)\cos\frac{n\pi x}{a},\\ \mathscr{L}[I(x,t)]=\displaystyle\sum_{n=0}^{\infty}I_n(s)\cos\frac{n\pi x}{a},\\ \mathscr{L}[X(x,t)]=\displaystyle\sum_{n=0}^{\infty}X_n(s)\cos\frac{n\pi x}{a},\end{cases}\tag{7.94}$$

便可求得

$$\begin{cases}\dfrac{sA_n}{v}=-D\left(\dfrac{n\pi}{a}\right)^2A_n+(k_\infty-1+2f\varphi_0)\Sigma_aA_n\\ \qquad\quad -N_F\sigma_X(X_0A_n+X_n\varphi_0),\\ sI_n=-\lambda_I I_n+y_I\sigma_fA_n,\\ sX_n=\lambda_I I_n-\lambda_X X_n-\sigma_X(X_0A_n+X_n\varphi_0).\end{cases}\tag{7.95}$$

从这三个方程消去 I_n 及 X_n，可得 $A_n=A_n(s)$. 那些作为 A_n 的极点的 s 值将是第 n 模项的倒周期，它们将决定模项的稳定性. 得到 $A_n(s)$ 的表达式后，用(7.90)式消去 $k_\infty-1$，并用(7.91b)式消去 X_0，可以看出 $A_n(s)$ 的极点是下列方程的根

$$\frac{s}{v}=-D\left(\frac{n\pi}{a}\right)^2+f\Sigma_a\varphi_0-\frac{N_F\sigma_X y_I\lambda_I\sigma_f\varphi_0}{(s+\lambda_I)(s+\lambda_X+\sigma_X\varphi_0)}+\frac{N_F\sigma_X^2 y_I\sigma_f\varphi_0^2}{(\lambda_X+\sigma_X\varphi_0)(s+\lambda_X+\sigma_X\varphi_0)}. \tag{7.96}$$

这是一个 s 的三次方程，它的根确定出第 n 个模项的三个倒周期. 中性稳定的条件是它的根以纯虚数 $s=\mathrm{i}\omega$ 的形式存在. 如果反应堆中除了 f 和 φ_0 以外的参量(即 D，a 和 v)都保持固定，则 f-φ_0 平面上对每一个模项就有一条曲线，在它上面系统为中性稳定. 图 7.2 对平板堆基本($n=0$)模项绘出了这样一条曲线[8]. 曲线右边的所有点代表稳定系统，而左边所有点是不稳定的. 对给定的反应性功率系数 f 的负值，这曲线的纵坐标给出与氙振荡中性稳定相应的稳态通量值 φ_0. 实际上，如果没有其他因素的干预(例如，控制棒的调节)，对这曲线上的点，在中子通量(和功率)中将发生由氙引起的无阻尼振荡.

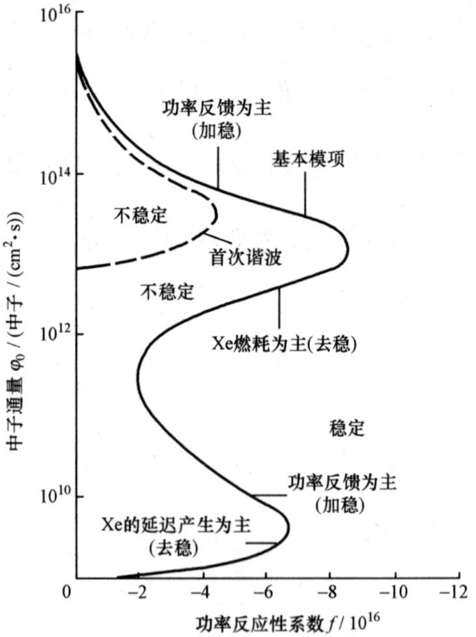

图 7.2 ^{135}Xe 引起中性稳定时，中子通量与功率反应性系数的计算关系[8]

图 7.2 中的计算数据是针对一个特定的平板热中子堆得出的，但是定性结论可以普遍适用. 可以看到，在热堆内，当稳态中子通量值相当低，例如小于 10^9 中子/(cm^2 · s)时，不管功率反馈系数的负值是多少，系统对 ^{135}Xe 是稳定的. 事实上，

对于这样低的中子通量值，^{135}Xe 因吸收中子而引起的燃耗率比较小，同时堆内中子平衡也没有受到 ^{135}Xe 由于 ^{135}I 衰变而(延迟)形成的显著影响．在通量比刚才考虑的略高一些时，基本模项变得不稳定．导致不稳定的原因是 ^{135}Xe 的(延迟)上升．开始出现不稳定的 φ_0 的临界值，在相对大的范围内，对功率反馈系数 f 比较不敏感．在更高的通量下，功率反馈开始使系统稳定．要是没有 ^{135}Xe 的燃耗，系统本会在高通量水平上稳定．然而，对于所计算的系统，当通量约大于 2×10^{11} 中子/($cm^2\cdot s$)时，^{135}Xe 的燃耗将成为重要的不稳因素．直到通量约为 10^{13} 中子/($cm^2\cdot s$)以前，功率反馈都不能克服这个影响．在通量水平高于 10^{15} 中子/($cm^2\cdot s$)时，系统再一次稳定，但这样高的通量在普通的热堆中是不存在的．

此外，应当对首次($n=1$)谐波激发的可能性加以考虑．在所考虑的情形下，这模项容易由功率系数加以稳定，直到通量相当高(～10^{13} 中子/($cm^2\cdot s$))时为止．然后由于 ^{135}Xe 的燃耗而产生不稳定性，正如在低通量水平时对基本模项的情况一样．谐波模项比基本模项更难激发；也就是说，对一定的功率反馈系数来说，谐波模项比基本模项需要更高的中子通量．这样，首次谐波模项的中性稳定曲线将位于基本模项相应的曲线左方；图 7.2 中的虚线表示 $\frac{\Sigma_a a^2}{D}=1500$ 的特殊情况．应当注意，在方程(7.96)中 n 和 a 以组合形式 $\frac{n\pi}{a}$ 出现，所以给定 n 值的空间振荡，当 a 大(反应堆大)时较易激发．而对于给定的反应堆(a 确定时)，$n\geqslant2$ 的高次谐波模项比首次谐波模项更难激发．

初看起来，似乎只要反应堆基本模项是稳定的，就不必去关心谐波模项的激发，但情况并不如此简单[9]．在大型高通量堆中，如果控制棒位置和中子探测器的位置凑巧，首次谐波模项是可能被激发的．设想控制棒位于活性区的底部，而探测器位于顶部．为了补偿已经很高的中子通量的增加而插入棒时，将不会阻止放置探测器的地方的通量进一步增加．这时就会实现首次谐波模项激发的条件．

对于所计算的反应堆，图 7.3 给出了中子通量(或功率)振荡周期与反应堆稳态通量的函数关系[8]，这振荡周期相应于中性稳定情况下基本模项的 ω^{-1}．通量低时，堆中 ^{135}Xe 的延迟增长是主要因素，周期是长的．但是，由于(瞬发)功率反馈渐渐变得重要，周期将随着通量的增加而减小．和上面图 7.2 中表明的情况相应，通量值在 2×10^{11} 中子/($cm^2\cdot s$)附近，^{135}Xe 的燃耗效应变得重要，周期将再一次开始增加．然后，当通量大于约 10^{13} 中子/($cm^2\cdot s$)时，功率反馈再一次变成重要的，而振荡周期将不断变小．

虽然上述模型是个大大的简化，但它却具体说明了使 ^{135}Xe 所引起的功率振荡得以发生的重要物理因素，同时也具体说明了稳定性分析方法的应用．从上面的分析可见，如果反应性功率(温度)系数的负值足够大，则在任何合理的运行通量值下

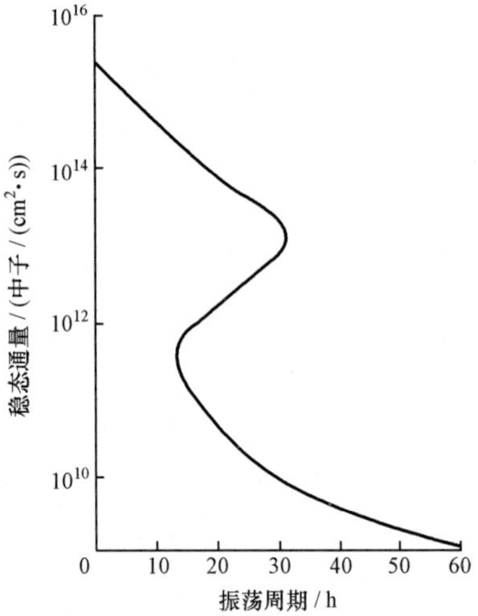

图 7.3 对各种稳态通量值的氙振荡周期[8]

都不会出现不稳定性.然而,为了安全起见,还常常由控制系统提供额外的负反馈反应性.因为氙引起的功率振荡周期相当长,它们是容易被控制住的.为了观察功率的局部变化,通常在堆的各个部分都设有功率(或中子通量)探测器.所以,可以由控制棒的适当移动很快地补偿局部变化.这样,即使没有功率反馈效应,也可以避免发生重大的振荡.

以上的分析建立在线性化方程(7.92)和(7.93a,b)的基础上.因此,它不能预言大振幅的振荡特性.这样的振荡在反应堆里当然是很不希望发生的.线性化稳定性分析的目的,是指出如何能避免大振荡.

在我们上面考虑的简化模型中,能够应用简单的完备集$\left\{\cos\dfrac{n\pi x}{a}, n=0,1,2,\cdots\right\}$作模项.在更一般的情形下,对模项可以有各种不同的选择,如§6.9中讨论过的λ模式,ω_p模式,ω_d模式,以及带有反馈的自然模式等.一般说,自然模式具有很好的数学性质(定局性质,参看§6.9),但计算上难于处理.适于分析实用堆模型的、数学上易于处理的大部分分析方法中,多用λ模式作空间模项展开[6,10—12].

为检验模项稳定性分析中的非线性效应,曾保留方程中的非线性项,用模拟计算机求解[13].结果表明,对于一平衡态,如果线性化分析预言振荡是收敛的(稳定),那么非线性分析并不改变定性的结果.非线性的主要效应是使通量畸变的幅度比线性化分析预言的更低.对于一线性化分析预言振荡是发散(不稳定)的平衡态,非线性分析使瞬变响应最终成为振幅不变的、极限环型的振荡.

稳定性分析的主要缺点是:不能适当地描述维持临界的控制操作.虽然稳定

性分析能提供关于设计参数对堆芯稳定性影响的有用资料，但设计时还需要知道氙致空间功率振荡的性质，以及各种辅助控制操作对这种振荡影响的定量资料.要得到这些资料，就要用计算机进行数值模拟.

氙致空间功率振荡的数值模拟应当给出下面一些结果：(1) 中子通量分布；(2) 氙和碘的分布；(3) 冷却剂密度分布和(沸水堆中的)空泡分布；(4) 控制棒的位置及其运行情况；(5) 可溶毒物的浓度(如果它在振荡过程中会变化的话)；(6) 材料分区；(7) 燃料温度；(8) 非线性效应，如 Doppler 效应对温度的依赖关系，控制棒价值、Doppler 价值和^{135}Xe 的微观截面在沸水堆中对汽泡量(通过改变中子能谱)的依赖关系等.而在跟随负荷的情形下，还应当给出维持临界或抑制空间功率振荡的控制操作(如棒位变化、冷却剂流量变化或温度变化).瞬发中子动力学、缓发中子、热量从燃料传至冷却剂的滞后时间以及冷却剂在一回路循环的时间都可以略去不计，因为它们比氙-碘动力学的特征时间小得多.在模拟一次振荡过程中可以不考虑燃料的燃耗，这一点前面已经说过.但是在不同燃耗阶段进行模拟时必须考虑燃耗的影响.因为在不同燃耗阶段，堆内成分、热中子通量水平、氙的截面、氙和碘的产额以及功率系数等都不一样.

把少群中子扩散程序加以修改，就可用来模拟氙致空间功率振荡.由于控制棒移动和非线性反馈效应把空间各方向上的振荡耦合在一起，要模拟这些效应就需要进行多维计算.这种计算当然是很花时间和很花钱的.第六章中讨论过的各种近似方法(特别是节点法和有限元法)，在减轻这些模拟计算的计算量方面，是有用的.

理论和实验的研究结果表明，在分析堆芯稳定性或氙振荡的瞬变过程特性时，明确考虑控制系统是很重要的.一般说来，稳定性随以下变化而减少：(1) 堆芯尺寸加大；(2) 比功率(或热中子通量)水平增加；(3) 热中子通量分布展平度增加；(4) 负功率系数减小；(5) 中子徙动长度减小；(6) 由于燃料成分变化而导致的碘产额增大和氙-碘产额比减小.这些变化都倾向于使振荡更容易发生.在沸水堆中，冷却剂空泡造成的大的负功率系数是起稳定作用的主要反馈机制.而在抑制压水堆的振荡方面，Doppler 效应反馈比慢化剂反馈更重要.在内在稳定的堆芯内，维持临界的控制系统可能引起发散的氙致空间功率振荡.相反，如果采取适当的辅助控制操作，内在不稳定的堆芯可以在有限的空间功率振荡下运行.负功率系数增加总是使平面振荡更加稳定，但在控制系统的某些条件下，有可能使轴向振荡更不稳定.如果已知堆芯功率分布，则用部分长度控制棒追赶功率峰，可以抑制轴向振荡；而平面振荡可以用长棒控制.适合于压水堆的这种控制方式，与 Savannah 河重水生产堆的相似.要选择一种普遍适用的、不太复杂、而又无损于经济效果的控制方法，还需进一步做工作[7,14,15].问题的关键是，在各种温度、燃料循环和负荷跟随条件下，能根据探测器的响应判断出堆芯功率分布，并能预言对给定控制操作的瞬变响应．这方面，电子计算机的发展和广泛应用，为判断探测器响应和模拟瞬变响应提供了新的技术可能性，使最佳控制理论可以用来选择最适合的控制方式．

§7.3 与空间有关的燃耗问题

关于点堆近似中的燃耗和转换问题，我们曾在§5.10中，结合我国第一个重水堆的情况加以讨论．在那里给出的计算方法中，除了应用点堆近似，认为中子通量在反应堆的整个装料部分都是均匀的以外，还作了下面一些简化：

(1) 不考虑寿命很短的中间核素^{239}U及^{239}Np，也不考虑核素^{236}U的生成；

(2) 略去了^{238}U的燃耗，尽管计算了由^{238}U吸收中子（经过中间核^{239}U及^{239}Np）产生的^{239}Pu；

(3) 只考虑裂变和俘获反应，而略去了(n，2n)，(n，3n)，及(n，p)反应；

(4) 对^{135}Xe和^{149}Sm等毒物的影响，认为可以另行考虑；

(5) 假设长寿命裂变产物（渣）的影响，可以用每次裂变产生一个吸收截面约为50b的“渣”核来代表；

(6) 把长寿命的可裂变和可转换核素看成稳定的．

现在我们将结合和空间有关的燃耗（和转换）问题的讨论，来考查这些近似和假设．

由于反应堆中中子通量一般都具有并非均匀的空-时分布$\varphi(\boldsymbol{r},t)$，所以燃料所受的中子辐照，以及因此产生的燃耗和转换，也和$\boldsymbol{r},t$有关．要是（譬如说，通过堆的运行记录）已知中子通量的空-时分布，那么，在§5.10中所作简化的前提下，利用燃耗方程组(5.316)中不包含对空间坐标的微商，而且各方程右边都和中子通量φ成比例的事实，完全可以用那儿发展的方法，分别求出堆中各点在不同时刻的燃耗．实际上，在这种情形下，只需分别求出各点到不同时刻为止的积分中子通量（或积分比功率），把它按标准中子通量（或比功率）折合成标准辐照日数，就可以利用(5.328)形式的解或图5.30形式的曲线，得出所求的各重要核素的相对浓度．确实，这种方法可以用来为实际运行中的堆，从运行记录估算燃耗及转换的空间分布．但是，如果希望在设计过程中就预计燃耗空间分布的影响，或者为比较不同装卸料方案的优劣而需要从理论上研究和空间有关的燃耗问题，就必须事先计算运行过程中堆中中子通量的空间分布和这个分布随时间的变化．这种计算必需把中子（输运或扩散）方程和燃耗方程耦合起来进行，因为随着燃耗和转换，堆中介质的成分和核特性不断在发生不均匀的变化，使中子方程中的物理参量也相应地变化着．

上面列举的，§5.10 中所作的六点简化，有的不难加以改进，例如，对于燃耗深的情况，简化(1)及(2)应当加以改进：考虑^{236}U 的生成和^{238}U 的燃耗；也可以考虑某些寿命不是太短的中间核(像^{239}Np). 不过，燃耗问题的完整分析，需要所有有关重核素的截面知识以及全部(大约 200 种)裂变产物的产额、放射性衰变特性和中子截面等数据. 原则上，可以考虑所有核素分布的变化，并求解不同时刻所在状态下的中子方程. 然而，这样做实际上不可能，部分原因是缺乏数据，部分原因是即使用快速计算机，计算也需要相当多的时间. 因此，实际上还是不得不作一些简化. 为了减少燃耗计算中需要具体包括的核素种类，上述的简化(4)及(5)是十分有用的. 当然，必要的时候，可以把十几个具有相当大截面的裂变产物像^{135}Xe 和^{149}Sm 那样单独处理，而把其他产物处理成具有各自平均截面的一种或少数几种代表核. 简化(6) 在实际上是精确的. 关于简化(3)，可作下列分析：在高超临界的快中子系统，特别是聚变裂变复合系统中，中间核的生成和(n,2n)反应的影响确应加以考虑；不过，对于常规反应堆，平均寿命仅有 33.8 分的中间核^{239}U 还是可以忽略，而(n,2n)反应的影响也可以合理地略去. 在改进简化(1)和(2)时，对于采用天然铀或稍加浓铀作燃料的反应堆，可以考虑^{235}U，^{236}U，^{238}U 及^{239}Pu，^{240}Pu，^{241}Pu，^{242}Pu 等核素；对于含^{232}Th 作可转换材料的反应堆，可以考虑^{232}Th，^{233}Pa，^{233}U，^{234}U，^{235}U，^{236}U 等核素.

在有些反应堆中，为了增加活性区的寿命，要引入在运行期中不断消耗的可燃毒物，如^{10}B 一类中子吸收体. 这类可燃毒物的截面通常是熟悉的，因此不难处理.

上面提到的那些核素，在确定常规反应堆的中子经济时是重要的. 由于其他原因，另外一些核素也可能需要特别加以考虑. 例如，在天然铀反应堆中，可能要求跟踪^{237}Np 和^{238}Pu 的积累，因为^{238}Pu是有用的同位素能源. 另外一种可能性是要求某裂变产物的积累量，作为测定废燃料元件中裂变数的放化指示剂.

燃耗计算中裂变核素和可转换核素、派生重核素、裂变产物和可燃毒物等可以统一地加以处理. 设 $N_i(\boldsymbol{r},t)$是单位体积介质中核素 i 的核子数(浓度). N_i 随时间的变化率可以写为

$$\begin{aligned}\frac{\mathrm{d}N_i}{\mathrm{d}t} = &\sum_j y_{ji}\sigma_{\mathrm{f},j}N_j\varphi + \sigma_{\gamma,i-1}N_{i-1}\varphi + \lambda_{i'}N_{i'} \\ &- \sigma_{\mathrm{f},i}N_i\varphi - \sigma_{\gamma,i}N_i\varphi - \lambda_i N_i,\end{aligned} \tag{7.97}$$

式中 $\varphi=\varphi(\boldsymbol{r},t)\equiv\int\varphi(\boldsymbol{r},v,t)\mathrm{d}v$ 是总中子通量，N_{i-1}代表中子数比核素 i 少 1 的核素浓度，$N_{i'}$代表可以通过 β^- 衰变产生核素 i 的核素浓度，λ 表示衰变常数，截面 σ_f，σ_γ 及产额 y_{ji}是如下定义的平均值：

$$\begin{cases}\sigma_{f,i}\equiv\dfrac{1}{\varphi}\displaystyle\int\sigma_{f,i}(v)\varphi(\boldsymbol{r},v,t)\mathrm{d}v, & (7.98a)\\ \sigma_{\gamma,i}\equiv\dfrac{1}{\varphi}\displaystyle\int\sigma_{\gamma,i}(v)\varphi(\boldsymbol{r},v,t)\mathrm{d}v, & (7.98b)\\ y_{ji}\equiv\dfrac{1}{\sigma_{f,j}\varphi}\displaystyle\int y_{ji}(v)\sigma_{f,j}(v)\varphi(\boldsymbol{r},v,t)\mathrm{d}v. & (7.98c)\end{cases}$$

式中 $\sigma_{f,i}(v)$ 及 $\sigma_{\gamma,i}(v)$ 分别表示核 i 对速率为 v 的中子的裂变及俘获截面，$y_{ji}(v)$ 表示核 j 吸收速率为 v 的一个中子后形成裂变产物 i 的几率. 从(7.98a,b,c)可见，当中子通量 $\varphi(\boldsymbol{r},v,t)$ 的能量分布与 $\boldsymbol{r},t$ 无关或接近无关时，参量 $\sigma_{f,i},\sigma_{\gamma,i}$ 及 y_{ji} 也与 $\boldsymbol{r},t$ 无关或接近无关；否则这些参量就会依赖于 $\boldsymbol{r},t$.

一般说，在反应堆的每个空间网格点上，对燃耗计算中所考虑的每一种核素，都可以写出一个形状和(7.97)式一样的常微分方程. 这些方程通过不同的生成和燃耗过程耦合在一起. 这就是一般情形下的**燃耗方程组**.

计算中考虑的所有核素的 N_i 值都通过中子方程中的各种宏观截面值影响中子通量，后者又反过来通过燃耗方程组影响各种核素的浓度分布. 实际计算时可以采取下列步骤：假设计算出了某时刻 t 的中子通量，并假设在时刻 t 以后一个相当长的时间间隔 Δt 内，通量保持不变. 这样，可以算出燃耗方程组中系数在这个时间间隔内的值，并用标准数值方法(例如，Runge-Kutta 法)求解这方程组，得出时刻 $t+\Delta t$ 的 N_i 值. 利用这些 N_i 值算出中子方程中的各种宏观截面并求解，可以算出时刻 $t+\Delta t$ 的中子通量，把计算向下一步时间推进. 重复这个过程，可以计算到所需要的、足够长的时间. 可以合理地推测：只要根据要求，选择 Δt 足够小，便可以得到足够准确的解. 改变时间步长 Δt，例如加倍或减半，注意解的变化，就可以估计解的准确性，选定合适的时间步长. 在长时间燃耗计算中，如果不要求跟踪牵涉到短寿命核素(特别是 ^{135}Xe 和 ^{135}I)的瞬变，时间间隔的数量级可以取为几个星期，甚至几个月.

在计算反应堆在不同时刻的中子通量 $\varphi(\boldsymbol{r},v,t)$ 时，认为由 $N_i=N_i(\boldsymbol{r},t)$ 值规定的系统的几何和成分是给定的. 因此，也许会以为，通量可以从一次标准的 k 本征值计算得出. 实际上，这样做有困难，因为在运行的反应堆中，临界性是靠调节控制棒来维持的. 所以，在通量计算中，原则上，临界性也应当由改变控制毒物的位置或数量来实现. 不过，要在通量计算中明显地考虑控制棒是很复杂的：在临界计算中一个小的误差有可能导致控制棒位置计算上大的误差. 因此，控制毒物在通量计算中通常粗略地处理. 例如，用均匀分布的毒物代表，其量刚好使系统达到临界. 当燃料燃耗时，控制毒物的量也相应减少，以便维持临界，直到活性区寿命结束时没有(或很少)毒物留下为止. 另外一种方法是把毒物局限在活性区内的控制棒区域内，随着燃料的燃耗，缩小没有毒物的区域，模拟控制棒的提出，以便使堆维持临界.这样,在任何时刻的通量计算中,控制毒物的量将以适当的方式调节到使系统保持在临界状态.因为通量是和空间有关的,计算应在3维(在有圆柱对称情形下是2维)几何中进行.对于初步的或一般的燃耗研究,也可以用1维(或双1维)近似,甚至像§5.10中那样,用点堆近似.

图7.4至图7.8给出了Benedict等[16]早期所做的一些简化燃耗计算的结果.这些计算是利用所谓FUELCYC编码[17]做出的,这编码适用于有限圆柱几何,是在两群改进扩散理论基础上建立的.计算的反应堆是长度和直径大约都是2 m的压水堆,使用3.44%^{235}U原子加浓度的铀燃料,运行在480 MW的热功率下.计算中,径向和轴向都用了7个网格点,对活性区进行了均匀化,对钚的共振作了近似处理.图7.4中给出的是燃料中各种重核素的原子百分数与堆中中子辐照时间(用中子积分通量表出)的函数关系.这些数据可以和实际分析结果相比较.图7.5中绘出的是一均匀燃料装载反应堆中$\frac{1}{4}$体积内,初始空间功率密度分布的计算值.由于径向和轴向的中子通量分布都近似为余弦形状,所以最大的功率密度在活性区中心.图7.6示平均燃耗23 000 MW·d/t后,空间功率密度分布的计算值.可见,功率密度分布比初始时刻更平了,功率密度最大值已偏离活性区中心很远.这个变化的原因是中心部分燃料的高燃耗.图7.5及图7.6中的数据都适用于所谓“整炉”装料,即活性区在运行开始时一次均匀装料,运行期内不更换.计算中假设随着反应堆运行而消耗均匀分布在活性区的毒物以维持临界.图7.7及图7.8给出了对于另外两种装料方案(“从外到内”装料及“双轴向”装料)的计算结果.在“从外到内”装料方法中,新燃料元件从活性区周围加入,并随着废燃料元件在轴心部分的卸去而径向地向内移动.计算中假设移动速率刚好能使堆中核素浓度和中子通量的空间分布(因而功率密度分布)达到稳态,保持不变.在“双轴向”装料方法中,在轴向方向“连续地”插入新燃料元件和卸出废燃料元件,但在邻近管道内的元件是向相反方向移动的.在任一特定的管道内,元件移动速率随离轴线的距离变化,使所有元件卸下时经受了同样的燃耗.计算中,假设达到稳态以后,空间功率密度分布保持不变.在“双轴向”装料中,功率密度分布是对中心面对称的.图7.8中同时比较了三种装料方法在反应堆中心面上导致的径向功率分布(假设平均燃耗都是23 000 MW·d/t).对于整炉装料,给出了活性区寿命开始和结束时的两条曲线,从此可以看到功率分布在反应堆运行期间的变化.对于其他两种装料方法,稳态分布保持不变.双轴向装料的径向功率密度分布基本上与整炉装料的相应初始分布相同,轴向分布也如此.双轴向装料方法的优点是燃料的燃耗均匀,而在整炉装料中这是不可能的.如果活性区寿命受到任何燃料元件中最大燃耗的限制,那么整炉装料反应堆的寿命显然最短(按平均每吨燃料能维持堆运行的日数计算).双轴向装料同时具有更好的中子经济,因为在稳态运行期内,原则上,中子没有因被控制

毒物吸收而浪费."从外到内"装料方法曾在UHTREX反应堆内应用[20],但实际上元件是定期地,而不是"连续地"移动."双轴向"方法实际上用在CANDU堆中[21].

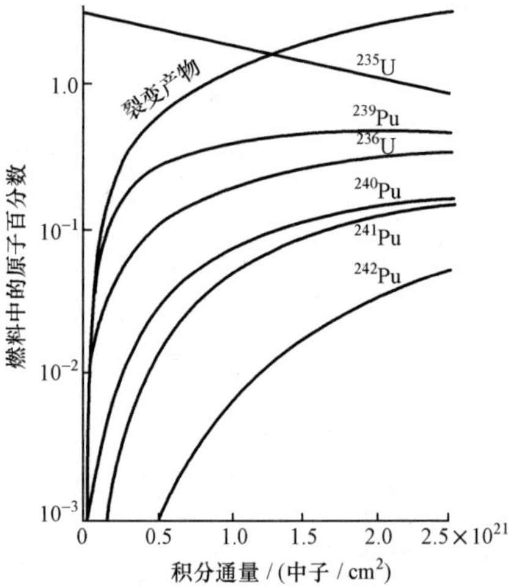

图7.4 燃料成分随中子积分通量的变化[16]

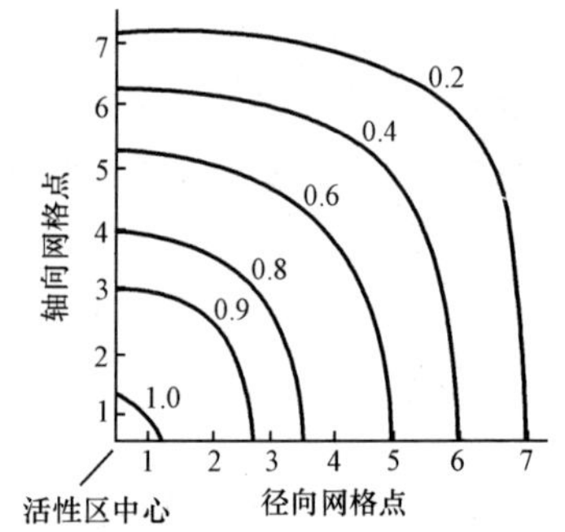

图7.5 均匀燃料装载反应堆的$\frac{1}{4}$体积内,初始空间功率密度分布的计算值[16]

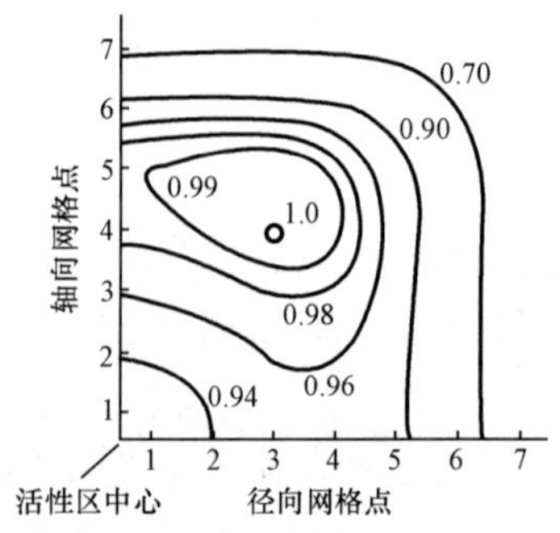

图7.6 平均燃耗23 000 MW·d/t后,空间功率密度分布的计算值[14]

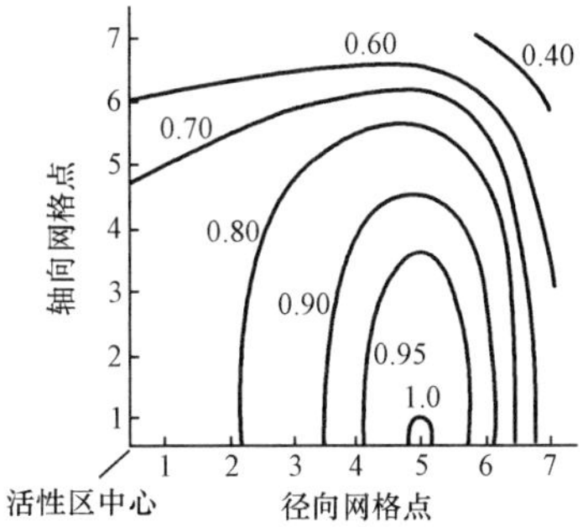

图 7.7　对"从外到内"燃料装载方式，稳态空间功率密度分布的计算值[16]

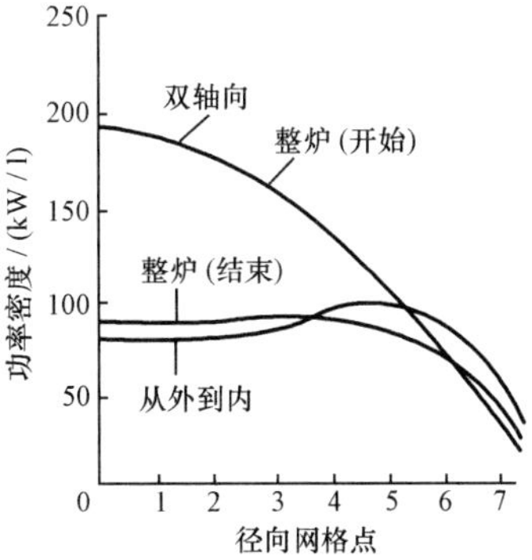

图 7.8　对于整炉装料、双轴向装料和"从外到内"装料，堆中心面上的径向功率密度分布（平均燃耗都是 23 000 MW・d/t)[16]

上面叙述的燃耗计算，涉及的是系统的大致行为，而没有管精细结构. 实际上常常会要求计算单个燃料元件中各种核素的成分以及比功率释放随时间的变化，甚至这些参量在该元件中的空间分布. 这时就要进行栅元计算，以便给出给定元件和栅元内的通量分布，计算所求的燃耗特征. 在燃料元件排列不规则的情形下，计算只能用 Monte-Carlo 方法进行.

燃耗计算的最好检验办法是把各种核素浓度的计算结果与废燃料元件中得出的实测结果进行比较. 对 Yankee[18] 和 Shipping-port[19] 压水堆进行过这样的比较[18]，发现计算的和观测的重核素浓度比符合得相当好. 对于其他反应堆也做了类似的比较.

从反应堆燃耗计算中得到的最重要量之一是**增殖比或转换比**，以及它随时间的变化. §5.10 中曾给出我国第一个重水堆中转换比随时间变化的数据. 这些比值通常定义为在一定时间内由可转换核俘获中子产生裂变核素的数目，与同一时间内消耗的裂变核素的数目之比. 当比值小于 1 时叫转换比，大于 1 时叫增殖比. 以铀-钚反应堆为例，

$$\text{增殖(或转换)比}=\frac{^{239}\text{Pu 及}^{241}\text{Pu 的生成率}}{^{235}\text{U},^{239}\text{Pu 及}^{241}\text{Pu 的燃耗率}}. \tag{7.99}$$

大型转换堆的设计中,应当使可转换核素如此配置,使其能有效地转换成裂变核素,而不需用可燃毒物去抵消大量的过剩反应性. 也就是说,应当使裂变核的产生几乎可以同裂变核的消耗一样快. 事实上,大型天然铀石墨慢化堆的反应性,在运行初期甚至可以随时间增加. 可是,对于小反应堆,转换比相当小(因为中子泄漏比大,同时活性区内不可能配置适量的可转换材料),过剩反应性应由可燃毒物加以补偿,以便保证活性区的一定寿命.

可燃毒物是一种中子吸收截面大,但吸收中子后生成核的中子吸收截面小的核素(例如,^{10}B). 它可以均匀地分布在整个活性区里,或者做成块状形式. 理论上,可燃毒物的量应当补偿启动时的几乎全部过剩反应性;然后,随着反应堆运行,应以这样的速率消耗: 其余量使反应堆在整个燃耗过程中维持在临界上. 实际上,由于控制的需要,总要求反应堆具备一定的后备反应性. 只是过剩的部分才希望用可燃毒物补偿. 图 7.9 示出高温石墨气冷反应堆中,用均匀分布的^{10}B 或块状^{10}B 作可燃毒物,对有效增殖因子的影响[22]. 在此反应堆中,^{10}B 的热中子吸收截面大于裂

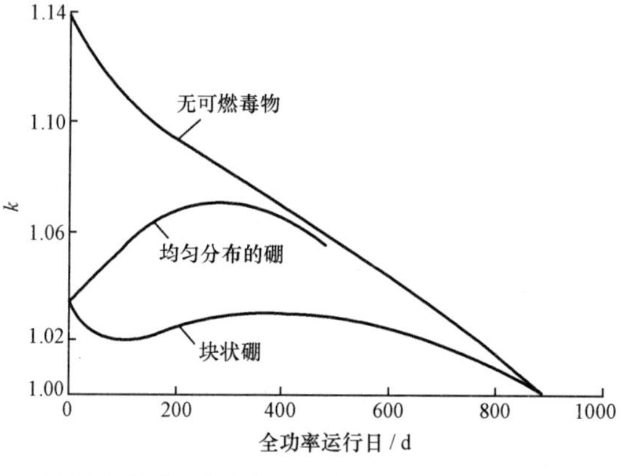

图 7.9 高温石墨气冷反应堆中,可燃毒物在有效增殖因子上的作用[22]

变核素的. 因此,在反应堆运行过程中,增殖因子开始时由于^{10}B 的迅速燃耗而增加,然后由于裂变核素的进一步燃耗而降低. 对于 900 d 寿命来说,若不用可燃毒物,初始需要的过剩反应性差不多是 0.14,而用均匀分布的^{10}B,大约 0.04 就够了. 但在后一情况下,控制棒需有补偿约 0.08 反应性的能力. 这是因为,^{10}B 对反应性的正常下降产生了过度补偿,以致初期反应性可随时间增长到约 0.08,然后才下降. 比较无可燃毒物和均匀分布的硼两条曲线可见,当控制大约 0.08 的反应性时,前一情况只允许大约 500 d 的寿命,而后一情况可允许寿命 900 d. 如果将^{10}B 作成适当大小的块状,使外层的^{10}B 对内部^{10}B 的中子吸收起屏障作用,则由于硼的燃耗

以及因此而释放的反应性比均匀时减小，堆运行初期反应性会有所下降．以后，随着外层^{10}B的燃耗，内部^{10}B的作用逐渐发挥，与^{10}B均匀分布的情况相接近，使反应性开始增加，最后减小．这样，反应堆具有略小于0.04的初始过剩反应性和同样的控制能力时，寿命就可达到900 d．而对于无可燃毒物的情况，0.04反应性的控制能力将只能保证运行约200 d的需要．从中子经济的角度考虑，最好利用那些吸收中子后生成有用核素的可燃毒物．例如，利用^{6}Li的(n，α)反应(它具有很大的热中子截面)来生成热核燃料^{3}H.

可燃毒物也可以用来展平反应堆内中子通量的空间分布，实现燃料的更均匀燃耗．图7.10说明在用高浓缩铀作燃料的小型水慢化反应堆中，分区添加可燃毒物对功率密度分布的影响．β表示外区毒物浓度对内区毒物浓度之比．由图可见，当内区有较多毒物时，可以显著地使功率密度分布展平[23]．

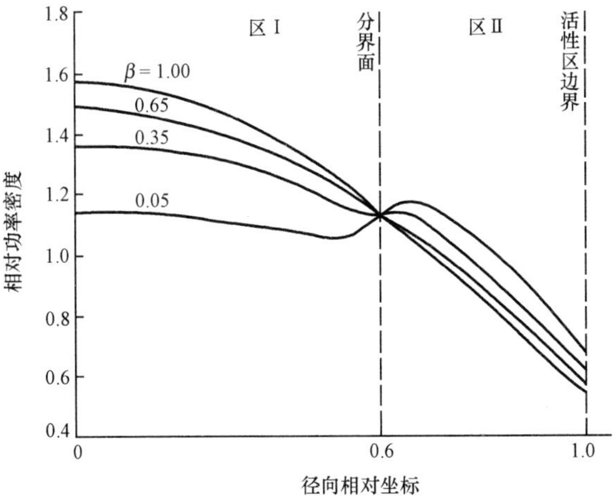

图7.10　活性区中，分两区添加可燃毒物对功率密度分布的影响
(β是外区对内区毒物浓度之比)[23]

§7.4　脉　冲　源

当一个持续时间很短的强中子脉冲射入一个中子慢化装置或次临界装置时，所引起中子分布的随后衰减可以用快速探测器跟踪，探测结果可以用来推出装置的许多物理特性[24]．用这方法可以测量出介质的热中子扩散参量；可以观测系统中的中子谱并研究慢化过程．脉冲源技术也可以应用于栅格中非均匀效应的研究，快中子装置中物理参量的测量以及中子屏蔽的研究等．用作脉冲中子源的，可以是专门的脉冲堆(参看§3.6)，也可以是放在带电粒子束流(由加速器提供)中的靶(利用核反应产生中子).

在单速扩散理论中，脉冲源在非增殖介质中引起的中子通量分布满足方程：

$$\frac{1}{v}\frac{\partial \varphi}{\partial t}=D\,\nabla^2\varphi-\Sigma_a\varphi+S_0\delta(t),\tag{7.100}$$

式中我们把脉冲时刻取为 $t=0$. 脉冲过后($t>0$)，方程变为

$$\frac{1}{v}\frac{\partial \varphi}{\partial t}=D\,\nabla^2\varphi-\Sigma_a\varphi.\tag{7.101}$$

我们为方程(7.101)找下列形状的解：

$$\varphi\sim \mathrm{e}^{-\lambda t}R(\boldsymbol{r}),\tag{7.102}$$

空间部分 $R(\boldsymbol{r})$满足 Helmholtz 方程

$$\nabla^2 R+B^2R=0\tag{7.103}$$

及适于所考虑介质几何的边界条件. 相应的衰减系数 λ 由方程(7.101)定出为

$$\lambda=DvB^2+v\Sigma_a\quad(\text{色散律}),\tag{7.104}$$

在给定边界条件下，方程(7.103)有一系列本征值 B_n^2：$B_0^2<B_1^2<B_2^2<\cdots$；相应有一系列本征函数 $R_n(\boldsymbol{r})$；它们构成所研究系统的一系列空间模式. 第 n 个模式的衰减常数：

$$\lambda_n=DvB_n^2+v\Sigma_a.\tag{7.104$'$}$$

方程(7.101)的全解是反映源分布的线性叠加：

$$\varphi=\sum_n a_n\mathrm{e}^{-\lambda_n t}R_n(\boldsymbol{r}).\tag{7.105}$$

把方程(7.100)从 $t=0-$ 积分到 $t=0+$，假设 $\varphi|_{t=0-}=0$，则得 $\varphi|_{0+}=S_0=$给定的源空间分布. 于是(7.105)式中各模项的系数 a_n 可由下式定出：

$$S_0(\boldsymbol{r})=\varphi\,|_{0+}=\sum_n a_nR_n(\boldsymbol{r}).\tag{7.106}$$

由于 B_0^2 最小，所以相应的 λ_0 也最小(基本模式). 渐近衰减将由基本模式决定.

关系(7.104′)又可以写成

$$\lambda_n=v\Sigma_a(1+B_n^2L^2)=\frac{1+B_n^2L^2}{l_\infty}=\frac{1}{l_n}.\tag{7.107}$$

由此可见，在中子分布中，和每一模式相联系，可定义一特征寿命 l_n. 其中最长的当然是和基模相联系的寿命 l_0.

回到(7.104)式，看看可以如何利用这关系，通过脉冲源实验来确定慢化介质的扩散参量. 假定我们为一组由同一介质做成的、大小不同的装置，测定基模衰减常数 λ(由探测器响应的渐近衰减定出)；相应的曲率 B^2 可以通过计算或辅助测量(当系统中有位置放得合适的稳定源时，测量稳定的中子分布)定出. 于是 λ 随 B^2 变化的图像应当是一条直线，它的斜率是 Dv，而截距是 $v\Sigma_a\left(=\frac{1}{l_\infty}\right)$及$-\frac{1}{L^2}$，如图 7.11 所示.

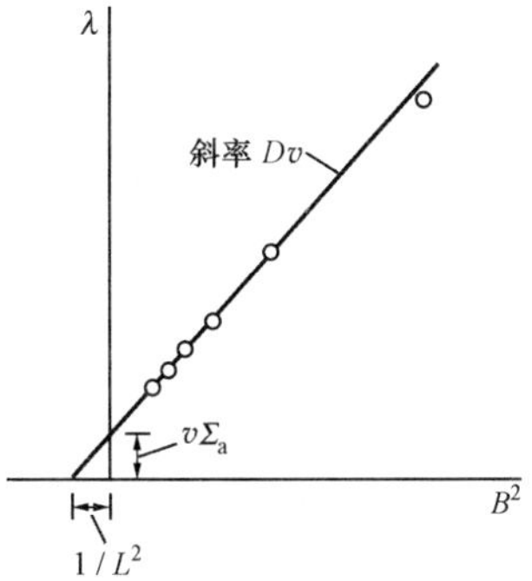

图 7.11　对于石墨中的脉冲源实验，衰减常数随曲率 B^2 的变化[25]

图 7.11 中的点代表对石墨的实验数据[25]. B^2 较大(系统较小)时跟直线的偏离表示上述简单理论的误差. 这种数据常常表成下列公式:

$$\lambda = A_0 + A_1 B^2 + A_2 B^4 + \cdots, \tag{7.108}$$

式中 A_1 是 Dv，而 $-A_2$ 被称为**扩散冷却系数**.

对于一个由增殖介质组成的次临界系统，我们要在方程(7.100)的右边加上裂变中子源. 略去缓发中子的产生率，我们可以把方程(7.100)中的源项 $S_0\delta(t)$ 换成

$$S = (1-\beta)k_\infty \Sigma_a \varphi + S_0\delta(t). \tag{7.109}$$

假设脉冲按(7.103)式衰减，我们可以从换了源项(7.109)的方程(7.100)求得

$$\lambda = DvB^2 + [1-(1-\beta)k_\infty]v\Sigma_a. \tag{7.110}$$

这式又可写成(参见(1.24)及(1.25)式)

$$\lambda = v\Sigma_a(1+B^2L^2)\left[1-\frac{(1-\beta)k_\infty}{1+B^2L^2}\right] = \frac{1-(1-\beta)k}{l_0} \tag{7.110'}$$

或

$$\lambda = \frac{\beta-\rho}{l}. \tag{7.110''}$$

式中 l 是中子一代时间. 由此可见，次临界装置中基本模式的衰减，由倒时方程的最大负根控制，至少直到缓发中子出现为止. 这瞬发衰减之后，接着是个缓发中子"尾"，很像图 2.8 中的脉冲响应. 图7.12给出了 Masters 及 Cady[26] 报道的典型实验结果. 从(7.110″)式可以看出由此测量反应性的途径. 把图中缓发中子本底外推到时刻 $t=0$ 后，可将本底从总数减去，把中子数分成瞬发和缓发两部分. 我们用下列形式的点堆模型:

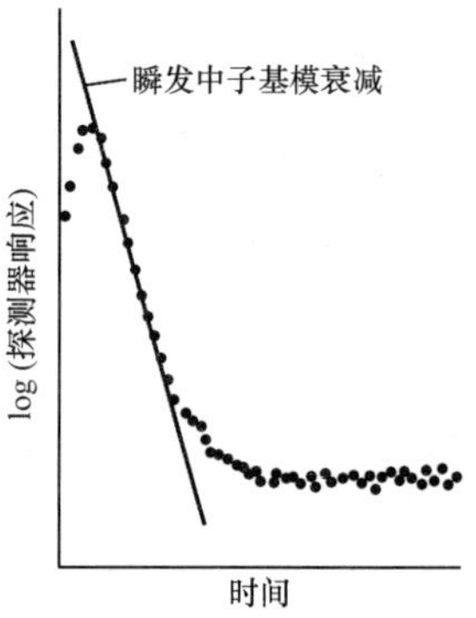

图 7.12 次临界系统中中子脉冲的衰减[26]

$$
\begin{cases}
\dfrac{\mathrm{d}n_{\mathrm{p}}}{\mathrm{d}t}=\dfrac{\rho-\beta}{l}n_{\mathrm{p}}+q, & (7.111\mathrm{a})\\
\dfrac{\mathrm{d}n_{\mathrm{d}}}{\mathrm{d}t}=\dfrac{\rho-\beta}{l}n_{\mathrm{d}}+\sum_i\lambda_i c_i, & (7.111\mathrm{b})\\
\dfrac{\mathrm{d}c_i}{\mathrm{d}t}=\dfrac{\beta_i}{l}(n_{\mathrm{p}}+n_{\mathrm{d}})-\lambda_i c_i, & (7.111\mathrm{c})
\end{cases}
$$

式中 n_{p} 及 n_{d} 分别是瞬发和缓发中子的贡献部分，$n_{\mathrm{p}}+n_{\mathrm{d}}=n$. 设 q 是脉冲 $q_0\delta(t)$，并从 $t=0$ 到 ∞ 积分. 假设所有变量在初始（$t=0-$）和最后都是零（前者是初始条件，后者由于装置次临界），便可求得

$$
\begin{cases}
0=\dfrac{\rho-\beta}{l}A_{\mathrm{p}}+q_0, & (7.112\mathrm{a})\\
0=\dfrac{\rho-\beta}{l}A_{\mathrm{d}}+\sum_i\lambda_i A_i, & (7.112\mathrm{b})\\
0=\dfrac{\beta_i}{l}(A_{\mathrm{p}}+A_{\mathrm{d}})-\lambda_i A_i, & (7.112\mathrm{c})
\end{cases}
$$

式中

$$A_{\mathrm{p}}\equiv\int_0^\infty n_{\mathrm{p}}\mathrm{d}t,\quad A_{\mathrm{d}}\equiv\int_0^\infty n_{\mathrm{d}}\mathrm{d}t,\quad A_i\equiv\int_0^\infty c_i\mathrm{d}t.$$

我们认为 A_{d} 代表外推回到零时刻的缓发中子尾巴下面的面积，A_{p} 是剩下的瞬发峰下面的面积. 用(7.112c)式消去 A_i，结果得

$$\frac{\rho}{\beta}=-\frac{A_{\mathrm{p}}}{A_{\mathrm{d}}}. \tag{7.113}$$

这公式是用**脉冲中子面积比法**测量反应性的关键[27].

为修正更高空间模式（在瞬发峰开始瞬变阶段内）的影响，Gozani[28] 曾提出**外推面积法**. 这方法中，(7.113)式被换成

$$\frac{\rho}{\beta}=-\mathrm{e}^{\lambda t_{\mathrm{W}}}\frac{\int_{t_{\mathrm{W}}}^{\infty}n_{\mathrm{p}}\mathrm{d}t}{\int_{0}^{\infty}n_{\mathrm{d}}\mathrm{d}t},\tag{7.114}$$

式中 t_{W} 是瞬发衰减达到渐近基模所需的等待时间. 事实上,设瞬发中子的基模项为

$$n_{\mathrm{p}}=n_{\mathrm{p0}}\mathrm{e}^{-\lambda t},$$

则从 $\int_{t_{\mathrm{W}}}^{\infty}n_{\mathrm{p}}\mathrm{d}t=n_{\mathrm{p0}}\frac{1}{\lambda}\mathrm{e}^{-\lambda t_{\mathrm{W}}}=\mathrm{e}^{-\lambda t_{\mathrm{W}}}\int_{0}^{\infty}n_{\mathrm{p}}\mathrm{d}t$ 及(7.113)式可立得(7.114)式. 这样,就把 t_{W} 时刻以后的渐近瞬发衰减曲线按基模形式外推回零时刻,从而去掉了更高模式的影响.

另一测量反应性的方法,可以通过把(7.110″)式写成下列形状看出:

$$\frac{\rho}{\beta}=1-\lambda\cdot\frac{l}{\beta}.\tag{7.115}$$

在这式基础上,如果已知$\frac{l}{\beta}$,从量得的衰减常数 λ 就能算出反应性. l/β 的测量可以如下面说明的那样,通过重复脉冲技术来作.

设每 T 秒时间在系统中给一脉冲(T 应比瞬发衰减时间为大,但比最短的先驱核衰变时间为小),于是缓发中子本底将达到准平衡. 从方程(7.113)可以得出

$$\bar{n}_{\mathrm{d}}=-\frac{\beta}{\rho}\bar{n}_{\mathrm{p}},\tag{7.116}$$

式中上加横线表示对时间的平均. 为求 $\bar{n}_{\mathrm{p}}$,可以平均过一循环(时间 T). 从方程(7.111a),用 $q=q_0\delta(t)$,有

$$n_{\mathrm{p}}=q_0\mathrm{e}^{-\lambda t},\quad 0<t<T,\quad \lambda=\frac{\beta-\rho}{l}.\tag{7.117}$$

由于 $T\gg\frac{1}{\lambda}$,平均值为

$$\bar{n}_{\mathrm{p}}=\frac{1}{T}\int_{0}^{T}n_{\mathrm{p}}\mathrm{d}t\approx\frac{1}{T}\int_{0}^{\infty}n_{\mathrm{p}}\mathrm{d}t=\frac{q_0}{\lambda T},\tag{7.118}$$

式中 $\int_{0}^{\infty}n_{\mathrm{p}}\mathrm{d}t$ 指积分过单个脉冲. 于是从(7.116)式有

$$\bar{n}_{\mathrm{d}}=-\frac{\beta q_0}{\rho\lambda T}.\tag{7.119}$$

用(7.117)及(7.119)式,可验证下列恒等式:

$$\int_{0}^{T}n_{\mathrm{p}}\mathrm{e}^{\frac{\beta}{l}t}\mathrm{d}t-\int_{0}^{T}n_{\mathrm{p}}\mathrm{d}t=\bar{n}_{\mathrm{d}}T.\tag{7.120}$$

选取参量 β/l,使数据满足(7.120)式. 这个 β/l 值就可用在(7.115)式中,从 λ 的测量值推出反应性. 这个办法是 Garelis 及 Russell 提出和证明的[29]. 他们利用模项

展开得到了(7.120)式.这方法曾被称为“$\frac{k\beta}{l}$法”,因为,如果 l 代表中子寿命而不代表中子一代时间,(7.120)式中的指数就应换成$\frac{k\beta}{l}$.

利用扩散理论可以证明,$-\lambda$ 是一组离散本征值中代数值最大的.不过,在靠近源和边界的地方,输运效应对扩散理论的修正变得重要,而扩散理论对小系统是不适用的.中子输运理论问题的全解包括与各离散本征值相应的本征函数之和,再加上与一连续统本征值相应的连续统奇异本征函数的积分[30].其中,离散函数和扩散理论中那些函数紧密相关(特别是当吸收不大时如此).在源和边界附近,扩散理论中不出现的连续统奇异本征函数越来越重要(特别是当吸收大时如此).

在很小的脉冲系统中,和最低离散模式相应的本征值有可能靠近甚至落到连续统区域内.这时,观察到的衰减曲线可能不好解释,而渐近衰减项可能不会很接近一个纯粹的指数函数.

让我们用1维情形下,单速输运理论中的一个散射各向同性的简单例子,来说明奇异本征函数的出现.这时中子输运方程简化为

$$\frac{\partial\psi}{\partial t}+v\mu\frac{\partial\psi}{\partial x}+v\Sigma_t\psi=\frac{1}{2}v\Sigma_s\int_{-1}^{1}\psi(x,\mu,t)\mathrm{d}\mu, \tag{7.121}$$

式中 μ 是中子速度方向和 x 轴方向所成夹角的余弦,$\psi(x,\mu,t)\mathrm{d}\mu$ 是每单位体积中 μ 值在 μ 到 $\mu+\mathrm{d}\mu$ 间的中子可几数.找形如

$$\psi(x,\mu,t)=A(\mu)\mathrm{e}^{\mathrm{i}Bx-\lambda t} \tag{7.122}$$

的解,代入方程(7.121)后得

$$(-\lambda+\mathrm{i}Bv\mu+v\Sigma_t)\psi=\frac{1}{2}v\Sigma_s\int_{-1}^{1}\psi\mathrm{d}\mu, \tag{7.123}$$

由此得,当 $-\lambda+\mathrm{i}Bv\mu+v\Sigma_t\neq0$ 时,

$$\psi=\frac{Av\Sigma_s}{-\lambda+v\Sigma_t+\mathrm{i}Bv\mu}\mathrm{e}^{\mathrm{i}Bx-\lambda t}, \tag{7.124}$$

式中 $A\equiv\frac{1}{2}\int_{-1}^{1}A(\mu)\mathrm{d}\mu$,而指数前因子正好就是 $A(\mu)$,由此得关系

$$1=\frac{1}{2}\int_{-1}^{1}\frac{v\Sigma_s}{-\lambda+v\Sigma_t+\mathrm{i}Bv\mu}\mathrm{d}\mu=\frac{\Sigma_s}{2\mathrm{i}B}\ln\frac{-\lambda+v\Sigma_t+\mathrm{i}Bv}{-\lambda+v\Sigma_t-\mathrm{i}Bv}. \tag{7.125}$$

假设曲率 B^2 仍由和空间模式相应的本征值确定,则由关系(7.125)可确定 λ 的离散本征值.相应的本征函数(7.124)和扩散理论中的相似.可是,当

$$-\lambda+v\Sigma_t+\mathrm{i}Bv\mu=0, \tag{7.126}$$

而方程(7.123)右边保持为有限时,就出现奇异函数.(7.126)式给出连续统边界.可见,在推导包括连续统奇异本征函数的全解时,必须考虑 λ 的复数值.

可以作出离散模式没入连续统中的模型.对于小系统,也可以作出离散模式不

再存在的模型. Corngold[31]曾给出一定理：对和中子速有关的输运方程，存在一个B^2的极大值，超过它就不存在离散本征值. 不过，实验似乎得出了超过Corngold极限的离散λ本征值. 一个可能的解释是：连续统本征函数的分布，在一小邻域有很强的峰，因而很难和一单个离散模式相区别. 另一方面，有时通过在复λ平面中解析开拓，有可能重新找到一个离散本征值[32]. 这方面的理论问题可以认为还没有完全解决.

以上讨论的、利用脉冲源来测量次临界系统的反应性的各种方法中，因为存在空间效应，结果都和探测器的位置有关. 在下面的讨论中将指出如何考虑这些空间效应.

假设中子源由下式表示：

$$S(\boldsymbol{r},\boldsymbol{v},t) = S(\boldsymbol{r},\boldsymbol{v})\delta(t), \tag{7.127}$$

而中子探测器由截面$\sigma_{\rm d}(\boldsymbol{r},v)$表征. 这时，探测器输出信号$D(\boldsymbol{R},t)$由下列积分给出：

$$D(\boldsymbol{R},t) = \iint \sigma_{\rm d}(\boldsymbol{r}-\boldsymbol{R},v)\varphi(\boldsymbol{r},\boldsymbol{v},t)\,{\rm d}\boldsymbol{r}{\rm d}\boldsymbol{v}, \tag{7.128}$$

式中$\boldsymbol{R}$是确定探测器中心的位置矢量，$\varphi(\boldsymbol{r},\boldsymbol{v},t)$是由源(7.127)在系统中引起的中子角通量. 我们需要的是探测器响应对时间的积分：

$$A(\boldsymbol{R}) = \int_{0-}^{\infty} D(\boldsymbol{R},t)\,{\rm d}t = \iint \sigma_{\rm d}(\boldsymbol{r}-\boldsymbol{R},v)\tilde{\varphi}(\boldsymbol{r},\boldsymbol{v})\,{\rm d}\boldsymbol{r}{\rm d}\boldsymbol{v}, \tag{7.129}$$

式中下限$0-$理解为中子源还未引入的时刻，而

$$\tilde{\varphi}(\boldsymbol{r},\boldsymbol{v}) \equiv \int_{0-}^{\infty} \varphi(\boldsymbol{r},\boldsymbol{v},t)\,{\rm d}t. \tag{7.130}$$

先考虑单独由瞬发中子引起的信号. 瞬发中子通量$\varphi_{\rm p}=\varphi_{\rm p}(\boldsymbol{r},\boldsymbol{v},t)$满足下列输运方程(参看(6.3)，(6.3a，b)及(7.127)等式)：

$$\frac{1}{v}\frac{\partial \varphi_{\rm p}}{\partial t} = {\rm L}_0\varphi_{\rm p} + {\rm L}_{\rm f}\varphi_{\rm p} + S(\boldsymbol{r},\boldsymbol{v})\delta(t). \tag{7.131}$$

在我们现在考虑的问题中，反馈效应可以略去，因此方程(6.3)中各宏观截面均可认为与时间无关，只和$\boldsymbol{r}$及v有关. 将(7.131)式中各项对时间从$0-$到∞积分，记住初始和终了时系统中没有中子(次临界系统)，便得

$$ {\rm L}_0\tilde{\varphi}_{\rm p} + {\rm L}_{\rm f}\tilde{\varphi}_{\rm p} + S(\boldsymbol{r},\boldsymbol{v}) = 0. \tag{7.132}$$

可见，$\tilde{\varphi}_{\rm p}$满足通常的与时间无关(并且不考虑缓发中子)的输运方程，它的解可用堆“静力学”中的标准方法求得. 于是可算出

$$A_{\rm p}(\boldsymbol{R}) = \iint \sigma_{\rm d}(\boldsymbol{r}-\boldsymbol{R},v)\tilde{\varphi}_{\rm p}(\boldsymbol{r},\boldsymbol{v})\,{\rm d}\boldsymbol{r}{\rm d}\boldsymbol{v}. \tag{7.133}$$

同样，从总中子角通量$\varphi(\boldsymbol{r},\boldsymbol{v},t)$满足的输运方程(中子源由(7.127)式给出的方程(6.3))，可以求出$\tilde{\varphi}=\tilde{\varphi}(\boldsymbol{r},\boldsymbol{v})$满足的方程：

$$ {\rm L}_0\tilde{\varphi} + {\rm L}_{\rm f}\tilde{\varphi} + {\rm L}_{\rm d}^{稳}\tilde{\varphi} + S(\boldsymbol{r},\boldsymbol{v}) = 0. \tag{7.134}$$

于是 $\tilde{\varphi}$ 也可用“静力学”中的标准方法算出，而缓发中子对探测器响应的总贡献为

$$A_{\mathrm{d}}(\boldsymbol{R}) = A(\boldsymbol{R}) - A_{\mathrm{p}}(\boldsymbol{R}) = \iint \sigma_{\mathrm{d}}(\boldsymbol{r}-\boldsymbol{R},\boldsymbol{v})[\tilde{\varphi} - \tilde{\varphi}_{\mathrm{p}}]\mathrm{d}\boldsymbol{r}\mathrm{d}\boldsymbol{v}. \tag{7.135}$$

这样，反应性的空间关系就可以由面积比法方程(7.113)给出：

$$\frac{\rho(\boldsymbol{R})}{\beta} = -\frac{A_{\mathrm{p}}(\boldsymbol{R})}{A_{\mathrm{d}}(\boldsymbol{R})}. \tag{7.136}$$

同样，可以在测定反应性的其他方法中引进空间效应.

§7.5 中 子 波

通过扩散介质中中子密度涨落传播的中子波，理论上早期曾由 Weinberg 等[33]研究过. 实验观测曾由 Raievski 等进行[34]，他们测量了“复扩散长度”(见后). 由于扩散方程中有对时间的 1 阶导数，使中子波总是要衰减(除非在零频率). 其他方面，扩散方程的波动解基本上和别的类型的偏微分方程的波动解一样.

1962 年在 Florida 大学开始了中子波的实验研究计划. 实验中使用调幅的带电粒子束流，产生中子的靶及热能化装置. 这方面和有关领域的进展，在 Uhrig 1967 年编的会议录中有报道[35]. 关于中子场的色散律由 Moore[36]作过理论研究. P_1 近似也曾在许多研究中应用[37]. 输运理论曾由 Moore, Brehm, Travelli 及 Warner 等应用于中子波[38]. 反射和折射曾由 Kladnik, Baldonado 等研究[39]. 与速度有关的输运理论曾由许多作者应用到晶体慢化剂中波的传播上去[40]. 不少作者研究过可以用正弦波分析的中子脉冲的传播[41]. 也曾讨论过脉冲传播对测定次临界反应性的应用[42]. Booth 及 Swansiger[43]研究了连续统能量模混杂对离散能量模测量的影响. 近来，Kumar 等[44]报道了应用 2 群方法计算中子波穿过石墨介质中一个温度间断的传播的结果.

脉冲衰减、波传播及脉冲传播等现象是紧密相关的[45]. 为了说明这一点，考虑一非增殖介质的单速扩散模型. 设源为

$$S(x,t) = S_0(x) + S(x)\mathrm{e}^{\mathrm{i}\omega t}, \tag{7.137}$$

式中 $S_0(x)$代表一个稳定源，它本身产生一稳定通量 $\varphi_0(x)$. 我们把总通量表示成 $\varphi_0+\varphi$，这里涨落部分 φ 在远离源处满足下列扩散方程：

$$\frac{1}{v}\frac{\partial\varphi}{\partial t} = D\,\nabla^2\varphi - \Sigma_{\mathrm{a}}\varphi. \tag{7.138}$$

设通量的涨落部分表示成

$$\varphi = A\mathrm{e}^{\mathrm{i}(kx+\omega t)}, \tag{7.139}$$

代入方程(7.138)，得

$$-\mathrm{i}\omega = Dvk^2 + v\Sigma_{\mathrm{a}}. \tag{7.140}$$

这式子就是连系频率 ω 和波数 k 的色散律. 它可以和中子脉冲衰减的色散律

$$\lambda = DvB^2 + v\Sigma_a \tag{7.104}$$

相比较. 当 ω 换成 $\mathrm{i}\lambda$,而 k 换成 B 时,两个色散律变成一样. 因此,可以引进"复衰减常数"和"复曲率"的概念. (7.140)式又可以写成

$$Dvk^2 + v\Sigma_a^c = 0,$$

式中 Σ_a^c 是"复吸收截面":

$$\Sigma_a^c = \Sigma_a + \mathrm{i}\,\frac{\omega}{v}. \tag{7.141}$$

这也可以引出"复扩散长度".

在正 x 方向传播的、衰减着的平面波可以表示成

$$\varphi = A\mathrm{e}^{-\alpha x + \mathrm{i}(\omega t - \xi x)}, \tag{7.142}$$

式中 α 及 ξ 分别是衰减常数和波数;α 是波形包络线的衰减长度的倒数,而 ξ 是 2π 除以波长. 比较(7.139)式及(7.142)式,有

$$k = -\xi + \mathrm{i}\alpha. \tag{7.143}$$

代入(7.140)式,并分别让表达式两边的实部和虚部相等,可得

$$\begin{cases} \alpha^2 - \xi^2 = \dfrac{\Sigma_a}{D} = \dfrac{1}{L^2}, & (7.144\mathrm{a}) \\ \alpha\xi = \dfrac{\omega}{2Dv}. & (7.144\mathrm{b}) \end{cases}$$

这说明 L^2 及 Dv 应当能从观测 α,ξ 及 ω 的实验来确定. Perez 等[46]报道过对石墨中热中子的测量. 他们观测到了 $\alpha\xi$ 随 ω 的线性变化,并发见 $\alpha^2-\xi^2$ 不是恒量,而是 ω^2 的线性函数. 和简单理论的这一偏离,显示了测量扩散冷却系数的途径.

从(7.144a,b) 可解出

$$\begin{cases} \alpha^2 = \dfrac{1}{2L^2} + \dfrac{1}{2}\sqrt{\left(\dfrac{1}{L^4} + \dfrac{\omega^2}{D^2v^2}\right)}, & (7.145\mathrm{a}) \\ \xi^2 = -\dfrac{1}{2L^2} + \dfrac{1}{2}\sqrt{\left(\dfrac{1}{L^4} + \dfrac{\omega^2}{D^2v^2}\right)}. & (7.145\mathrm{b}) \end{cases}$$

$\omega\to 0$ 时,$\alpha\to\dfrac{1}{L}$ 而 $\xi\to 0$,这当然是预期中的结果. 对于小 ω,ξ 近似等于 $\dfrac{L\omega}{2Dv}$. 对于大 ω,α 及 ξ 趋近一共同值 $\left(\dfrac{\omega}{2Dv}\right)^{1/2}$. 中子波的相速度由 $\dfrac{\omega}{\xi}$ 给出. $\omega\to 0$ 时它是 $\dfrac{2Dv}{L}$,而 ω 大时它趋于 $(2Dv\omega)^{1/2}$. 对于石墨介质中热中子平面波的典型计算结果见图 7.13 及图 7.14($L=50$ cm,$Dv=2\times10^5$ cm$^2\cdot$s^{-1}).

图 7.15 给出了用 ω 作参变量的(α,ξ)平面上的曲线((7.145a,b)的图像),它是表示色散律的通常方法.

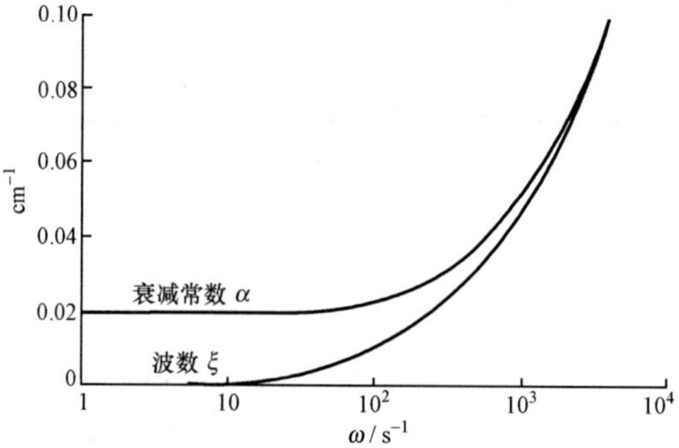

图 7.13　石墨中热中子波的衰减常数和波数

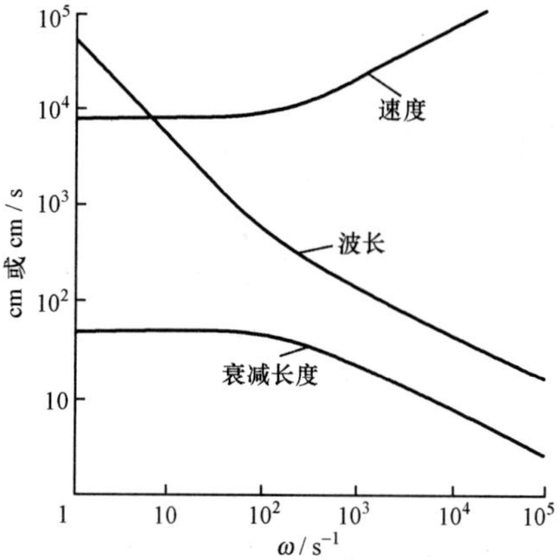

图 7.14　石墨中热中子波的速度、波长及衰减长度

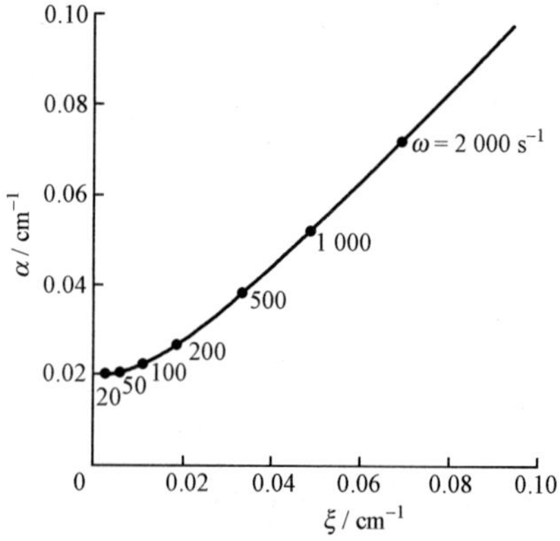

图 7.15　石墨中热中子波的参变色散律

传播中的一个中子脉冲可以表示成不同频率中子波的叠加：

$$f(x,t)=\int_{-\infty}^{\infty}F(x,\omega)\mathrm{e}^{\mathrm{i}\omega t}\mathrm{d}\omega. \tag{7.146}$$

可见,一单个脉冲传播实验包含关于所有频率中子波的信息,而这信息原则上可以根据数据的 Fourier 分析来还原.

色散律可以推广到包括更高的空间模式(参看(7.104′)式).不过,像中子脉冲衰减的情形那样,输运理论中问题的全解不仅包含和扩散理论中各模式密切相关的离散模式,而且也包含对奇异本征函数连续统的积分.

让我们和上节中一样,用 1 维情形下散射各向同性的单速输运方程(7.121):

$$\frac{\partial\psi}{\partial t}+v\mu\frac{\partial\psi}{\partial x}+v\Sigma_{\mathrm{t}}\psi=\frac{1}{2}v\Sigma_{\mathrm{s}}\int_{-1}^{1}\psi(x,\mu,t)\mathrm{d}\mu \tag{7.121}$$

作例子来说明.置

$$\psi(x,\mu,t)=A(\mu)\mathrm{e}^{\mathrm{i}(kx+\omega t)}, \tag{7.147}$$

代入(7.121)式后可见,波传播的连续统和下列条件相应:

$$\mathrm{i}\omega+\mathrm{i}k\mu v+v\Sigma_{\mathrm{t}}=0. \tag{7.148}$$

利用(7.143)式,并分开成实部和虚部,可将这一条件写为

$$\begin{cases}\alpha=\dfrac{1}{\mu}\Sigma_{\mathrm{t}}, & (7.148\mathrm{a})\\[2ex] \xi=\dfrac{\omega}{\mu v}. & (7.148\mathrm{b})\end{cases}$$

从(7.148a)式可见,中子波的连续统相当于方向余弦为 μ,而衰减由总截面Σ_{t} 决定的中子束.相应的波速为

$$\frac{\omega}{\xi}=\mu v. \tag{7.148c}$$

它就是中子速度的 x 分量.(7.148a,b,c)等式描写连续统的行为,它总是在某种程度上存在的影响.通常把(7.148a,b)叫做连续统条件,并认为它们是独立于色散律的条件.从(7.148c)式可见,连续统波速和频率无关,这是非色散介质的特征.不过,本来也可以把连续统条件看作色散律的一部分,就跟连续统本征值属于输运算符的复本征值谱一样.

由于 μ 的值可从 -1 变到 $+1$,所以常常说 $|\mu|=1$ 的(7.148a,b)式代表连续统的边界.这个说法只是意味着在图7.15中可以把 $\alpha>\Sigma_{\mathrm{t}}$ 的区域看成连续统区;但并不意味着观测到的 $\alpha<\Sigma_{\mathrm{t}}$ 的波是纯粹的离散模式,而具有 $\alpha>\Sigma_{\mathrm{t}}$ 的波完全在连续统中.实际上并没有截然的明显过渡,只是随着 ω 的增加,连续统的贡献变得越来越重要.对于足够大的 ω,中子波实验可以接近 α,ξ 平面中的连续统边界.可以证明,当激发频率接近平均碰撞频率 $v\Sigma_{\mathrm{t}}$ 时,即使探测器离开源和边界很远,连续统也是主要的.这和上节中讨论的小系统中中子脉冲衰减的情形相似.

Booth 及 Swansiger[43]研究了慢化介质(石墨)中中子波的能谱随空间和频率

的变化，结果表明：零频率时，基本离散模具有硬化了的 Maxwell 谱的谱形，而各连续统模则在石墨总截面的急剧降低处(或"陷坑"中)还具备一个窄峰. 随着频率增加，基本离散模开始看起来像一个连续统模：中子倾向于"聚集"到"陷坑"中. 不过，离散模中窄峰出现的能量比连续统模中的要低一些. 对于零频率情况，离源距离 15 cm 处，总中子通量的渐近能谱已经主要由基本离散模决定；而在 30 cm 以外，更只剩下唯一的离散模. 对于频率为 500 Hz 的情况，基本(离散)模和第一连续统模在空间的衰减差不多完全一样，但其他连续统模的衰减更快. 因此，总通量的渐近能量关系变成基模和第一连续统模的组合. 不过，大多数中子还在基模，只是在 10^{-3} 到 2×10^{-3} eV 的"陷坑"中，总通量才偏离基本离散模. 连续统模对探测器响应的贡献，在离源 30 cm 以外，小于 5%. 对于 1000 Hz 以上的频率，总通量能谱随着离源距离的增加(直到 105 cm)而不断变化. 由于在这些频率基模的衰减比第一连续统模更快，随着离源距离的增加，"陷坑"中的中子有明显积累. 从他们的结果可见，为在石墨中作中子波实验，探测点必须离源足够远，使源能谱的影响小；但又足够近，使"陷坑"中的中子数(连续统模的影响)比较小.

不管在基础研究，还是在实用堆分析中，中子波技术将变得越来越重要. 许多引人注意的可能性还有待探讨.

§7.6 反应堆噪声

反应堆噪声的概念最好相对于稳态运行中的堆来说明. 在稳态运行中的堆，它的输出并不严格是常量；叠加在稳定平均输出值之上的有一个看起来是无规的涨落，如图 7.16 所示. 这些在平均值周围的涨落就叫做**反应堆噪声**. 研究反应堆噪声的目的，是希望从对涨落的分析得出有关堆行为的资料. 很清楚，由于涨落是时间的函数，所以从分析噪声所得资料将与系统的动态或动力响应有关. 这样，就有可能从稳态运行时输出的细致测量和分析得到有关反应堆动力学的资料. 这在经济上和技术上无疑都有重要的意义. 因为这种方法无需将堆关闭就可以作动力学安

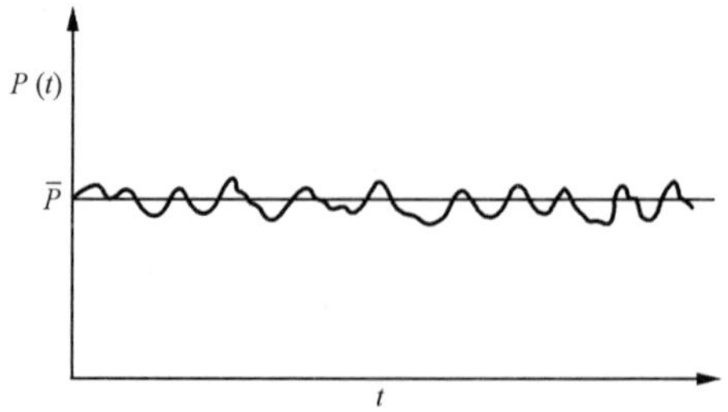

图 7.16 稳态运行反应堆的实际功率输出

全检验，可以提供不断对反应堆行为进行监测的手段，使本来会发生的事故有可能预先防止.

在零功率系统和功率堆中，噪声有不同来源：零功率系统中，噪声全部来源于核过程的随机涨落，例如每次裂变所放出中子数的涨落（参看§1.3），核事件发生时间的涨落，发生不同核事件（裂变、散射、或吸收）的涨落，以及外来独立中子源的涨落等. 功率堆中，除来源于上述特殊核效应的噪声外，还包括由宏观物理因素涨落所产生的噪声. 这些因素可能是机械部件的振荡，冷却剂的沸腾（沸水堆中汽泡的形成和消失）或流动中的湍流（压水堆），温度和压力的涨落，以及其他许多特定堆中所专有的宏观物理过程.

正如 Seifritz 等[47]，Uhrig[48] 和 Williams[49] 的评述中所指出，零功率噪声的物理机制和数学描述是完全清楚的，要解决的只是麻烦的数学细节. 另一方面，功率堆的噪声分析，主要由于对所牵涉到的各种噪声产生机理了解的不透彻，还只处在发展初期. 然而，就应用的重要性来说，正是功率堆的噪声分析引起我们的兴趣. 本节中，由于篇幅的限制，我们将完全略去对零功率装置中噪声的分析；对功率堆的噪声分析，也只着重介绍其和动力学有直接关系的部分. 有兴趣的读者，除参阅文献[47]—[49]的评述外，可研究 Pál[50] 或 Bell[51] 的原始性工作.

我们知道，反应堆动力学可以归结为由中子（输运或多群扩散）方程和流体力学方程组（或热工水力方程组）耦合起来的一组非线性的（积分）偏微分方程组的求解. 当考虑反应堆噪声问题时，这组方程中的某些（或全部）物理参量将看成是具有随机涨落的参变量，而有些参量的统计性质往往是未知的或难于计算的. 因此不能不通过一系列合理的近似来减少问题的复杂性，使它能够求解. 下面我们将和一般堆动力学问题中一样，先在点动力学模型近似中讨论反应堆噪声问题. 用得合适时，这简单模型是得到有关系统定量资料的有力手段. 虽然如此，在许多情形下，还是要用和空间有关的描述. 为简单起见，在与空间有关的描述中，我们将把讨论建筑在堆芯均匀化的近似基础上，而不涉及燃料元件、控制棒及其他组件在堆内的不均匀分布所带来的问题.

(1) **点模型中的噪声分析**

点模型中，稳定运行下，反应堆的功率可以写成

$$n(t) = n_0 + \delta n(t), \tag{7.149}$$

这里 n_0 是稳态功率的平均值，而 $\delta n(t)$ 是小的功率涨落，即点模型中的堆噪声. 为要从噪声测量的分析中得出有意义的资料，我们考虑**堆功率涨落的自相关函数**，它由下式定义：

$$\phi_{nn}(t) = \frac{1}{2T}\int_{-T}^{T} \delta n(\tau)\delta n(\tau + t)\mathrm{d}\tau, \tag{7.150}$$

式中 T 是足够长的一段时间，比堆中任何特征弛豫时间都更长，实际上可看成∞.

我们将认为功率涨落可以归结为是由反应性的无规变动$\delta\rho(t)$引起的($\delta\rho(t)$代表许多物理因素涨落的点效应)，于是根据§2.7中从点动态学方程导出的结果，可以写出(参看(2.134))：

$$\begin{aligned}\delta n(t) &= \int_0^t g(t')\delta\rho(t-t')\mathrm{d}t' \\ &= \int_0^\infty g(t')\delta\rho(t-t')\mathrm{d}t',\end{aligned} \tag{7.151}$$

式中$g(t)$是§2.7中反应性传递函数$G(s)$的逆Laplace变换，或

$$G(s) = \int_0^\infty g(t)\mathrm{e}^{-st}\mathrm{d}t. \tag{7.152}$$

(7.151)式中把积分上限由t换成∞时，隐含了

$$\delta\rho(t<0) = 0$$

的假设(或一种"约定")．

将(7.151)式代入(7.150)式，得

$$\begin{aligned}\phi_{nn}(t) = \frac{1}{2T}\int_{-T}^{T}\mathrm{d}\tau\int_0^\infty \mathrm{d}\tau' g(\tau')\delta\rho(\tau-\tau') \\ \cdot\int_0^\infty \mathrm{d}\tau'' g(\tau'')\delta\rho(\tau+t-\tau'');\end{aligned}$$

或改换积分次序，写成

$$\begin{aligned}\phi_{nn}(t) &= \int_0^\infty \mathrm{d}\tau' g(\tau')\int_0^\infty \mathrm{d}\tau'' g(\tau'')\frac{1}{2T} \\ &\quad\cdot\int_{-T}^{T}\mathrm{d}\tau\delta\rho(\tau-t')\delta\rho(\tau+t-\tau'') \\ &= \int_0^\infty \mathrm{d}\tau' g(\tau')\int_0^\infty \mathrm{d}\tau'' g(\tau'')\phi_{\rho\rho}(t+\tau'-\tau''),\end{aligned} \tag{7.153}$$

式中$\phi_{\rho\rho}(t)$是如下定义的**反应性涨落的自相关函数**：

$$\phi_{\rho\rho}(t) \equiv \frac{1}{2T}\int_{-T}^{T}\mathrm{d}\tau\delta\rho(\tau)\delta\rho(\tau+t). \tag{7.154}$$

对(7.153)式两边作Fourier变换，并命

$$\begin{cases}\Phi_{nn}(\omega) \equiv \int_{-\infty}^{\infty}\mathrm{d}t\cdot\mathrm{e}^{-\mathrm{i}\omega t}\phi_{nn}(t) = \text{功率谱密度}, \\ \Phi_{\rho\rho}(\omega) \equiv \int_{-\infty}^{\infty}\mathrm{d}t\cdot\mathrm{e}^{-\mathrm{i}\omega t}\phi_{\rho\rho}(t) = \text{反应性谱密度},\end{cases} \tag{7.155}$$

便得

$$\begin{aligned}\Phi_{nn}(\omega) &= \int_0^\infty \mathrm{d}\tau' g(\tau')\mathrm{e}^{\mathrm{i}\omega\tau'}\int_0^\infty \mathrm{d}\tau'' g(\tau'')\mathrm{e}^{-\mathrm{i}\omega\tau''}\Phi_{\rho\rho}(\omega) \\ &= G(-\mathrm{i}\omega)G(\mathrm{i}\omega)\Phi_{\rho\rho}(\omega),\end{aligned} \tag{7.156}$$

或写成

$$|G(\mathrm{i}\omega)|^2=\frac{\Phi_{mn}(\omega)}{\Phi_{\rho\rho}(\omega)}. \tag{7.157}$$

即反应性传递函数绝对值的平方等于功率谱密度与反应性谱密度之比.

原则上,功率涨落自相关函数不难从堆运行的准确记录算出,然后用数值方法得出 Fourier 变换,就是功率谱密度.反应性涨落不好测量.然而,如果这种涨落是随机的,则 $\phi_{\rho\rho}(t)$将相当于 $\delta(t)$函数,其 Fourier 变换是常数.这样,可以直接从反应堆功率的正常涨落即堆噪声求出反应性传递函数的幅.这种方法可以在正常运行不受任何干扰的情况下测量反应堆的传递函数,从而可以连续地监测堆的稳定性.它的缺点是:(1) 反应堆必须多噪声,即要有显著的固有功率涨落,否则涨落太小,给出的$|G(\mathrm{i}\omega)|$值可能不准确;(2) 假设 $\Phi_{\rho\rho}(\omega)$是常数会带来一定误差;(3) 只能从噪声分析计算$|G(\mathrm{i}\omega)|$的幅,而得不出传递函数的相;(4) 探测器本身引进的噪声需要修正.

噪声分析也可用来为反应堆求得冷却剂温度与燃料温度之间的传递函数.Greef[52]曾为 Berkeley 石墨慢化气冷堆处理这个问题.在这特定问题中只研究温度涨落,因为 Berkeley 堆芯的燃料区内没有合适的中子通量探测器.图 7.17 示这堆中一个燃料管道上部截面的示意图.研究的目的如下:

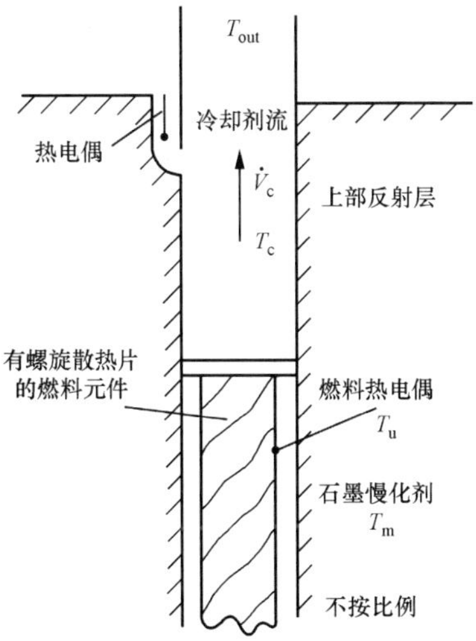

图 7.17　Berkeley 堆燃料管道上部截面示意图

(1) 测量温度噪声,搞清楚它的性质和来源;

(2) 检验为燃料-冷却剂温度传递函数所作的理论模型;

(3) 研究气体流出通道中热电偶对冷却剂温度变化的响应(知道这响应并通过模型参量表示出来,对反应堆故障保护的研究有价值,因此最好有一个测量它而不扰动反应堆正常运行的方法).

采用1组缓发中子，点模型中的中子学方程可以写成

$$\begin{cases}\dfrac{\mathrm{d}n}{\mathrm{d}t}=\{-\lambda_c+\lambda_f[\nu(1-\beta)-1]\}n+\lambda c+S, & (7.158a)\\[2ex] \dfrac{\mathrm{d}c}{\mathrm{d}t}=\lambda_f\nu\beta n-\lambda c, & (7.158b)\end{cases}$$

式中 $\lambda_c=v\Sigma_c$，$\lambda_f=v\Sigma_f$ 分别是中子俘获与裂变平均寿命的倒数. 和方程(7.158a,b)相耦合的热工水力方程在与点模型相应的集总参量近似下可以写成(参看§6.4)

$$c_uV_u\frac{\mathrm{d}T_u}{\mathrm{d}t}=\lambda_fE_fn-h_{uc}(T_u-T_c), \tag{7.158c}$$

$$c_mV_m\frac{\mathrm{d}T_m}{\mathrm{d}t}=h_{cm}(T_c-T_m), \tag{7.158d}$$

$$c_cV_c\frac{\mathrm{d}T_c}{\mathrm{d}t}=h_{uc}(T_u-T_c)-h_{cm}(T_c-T_m)$$

$$-2c_c\dot{V}_c(T_c-T_i). \tag{7.158e}$$

式中 $c_{u,m,c}$ 及 $V_{u,m,c}$ 分别是燃料(u)，慢化剂(m)及冷却剂(c)每单位体积的比热和总体积，h_{ij} ($ij=$uc 或 cm)为 i 到 j 的传热系数(假设在涨落范围与温度无关)，$\dot{V}_c$ 是每单位时间冷却剂通过反应堆的流量(以体积计)，T_i 是冷却剂的入口温度. T_c 定义为 $T_c=\frac{1}{2}(T_{out}+T_i)$，$T_{out}$ 为冷却剂出口温度. (7.158e)式中 $2c_c\dot{V}_c(T_c-T_i)$ 一项来自质量输运项 $V_cc_cu_c\dfrac{\partial T_c}{\partial z}$，$u_c$ 为冷却剂流速. (7.158c)式中 E_f 是每次裂变的放热量.

问题中考虑的反馈机制是燃料和慢化剂温度变化所引起 λ_c 的变化：

$$\lambda_c=\lambda_{c0}-\alpha(T_u-T_{u0})-\gamma(T_m-T_{m0}). \tag{7.159}$$

现在假设(7.158a 至 e)及(7.159)式中下列物理量为有随机涨落的变量：

$$\lambda_f\frac{E_f}{c_uV_u}=h_f=\bar{h}_f+\delta h_f, \tag{7.160a}$$

$$\frac{h_{uc}}{c_uV_u}=h_u=\bar{h}_u+\delta h_u,\quad \frac{h_{uc}}{c_cV_c}=h_u'=\bar{h}_u'+\delta h_u', \tag{7.160b}$$

$$\frac{h_{cm}}{c_mV_m}=h_m=\bar{h}_m+\delta h_m,\quad \frac{h_{cm}}{c_cV_c}h_m'=\bar{h}_m'+\delta h_m', \tag{7.160c}$$

$$\frac{2\dot{V}_c}{V_c}=h_c=\bar{h}_c+\delta h_c, \tag{7.160d}$$

$$\nu=\bar{\nu}+\delta\nu, \tag{7.160e}$$

$$h_cT_i\equiv\Delta=\bar{\Delta}+\delta\Delta. \tag{7.160f}$$

这些量中的涨落 δh，$\delta\nu$ 等在 n，c，T_u，T_c 及 T_m 中引起相应的涨落，写成

$$n=\bar{n}+\delta n,\quad c=\bar{c}+\delta c,\quad T=\bar{T}+\delta T. \tag{7.161}$$

将(7.160a 至 f)及(7.161)式代入(7.158a 至 e)及(7.159)式,利用稳态条件,并略去 2 阶小量,命

$$\bar{\lambda}_c=\lambda_{c0}-\alpha(\bar{T}_u-T_{u0})-\gamma(\bar{T}_m-T_{m0}), \tag{7.162}$$

得

$$\begin{cases}\dfrac{d\delta n}{dt}=\{-\bar{\lambda}_c+\lambda_f[\bar{\nu}(1-\beta)-1]\}\delta n+\lambda\delta c+\alpha\bar{n}\delta T_u \\ \qquad\qquad +\gamma\bar{n}\delta T_m+\lambda_f\bar{n}(1-\beta)\delta\nu, \\ \dfrac{d\delta c}{dt}=\lambda_f\bar{\nu}\beta\delta n-\lambda\delta c+\lambda_f\beta\bar{n}\delta\nu, \\ \dfrac{d\delta T_u}{dt}=\bar{h}_f\delta n-\bar{h}_u\delta T_u+\bar{h}_u\delta T_c+\bar{n}\delta h_f-(\bar{T}_u-\bar{T}_c)\delta h_u, \\ \dfrac{d\delta T_m}{dt}=\bar{h}_m\delta T_c-\bar{h}_m\delta T_m+(\bar{T}_c-\bar{T}_m)\delta h_m, \\ \dfrac{d\delta T_c}{dt}=\bar{h}'_u\delta T_u-(\bar{h}'_u+\bar{h}'_m+\bar{h}_c)\delta T_c+\bar{h}'_m\delta T_m+\boldsymbol{Q}(t),\end{cases} \tag{7.163}$$

式中

$$\boldsymbol{Q}(t)=(\bar{T}_u-\bar{T}_c)\delta h'_u-(\bar{T}_c-\bar{T}_m)\delta h_m-\bar{T}_c\delta h_c+\delta\Delta. \tag{7.164}$$

方程组(7.163)可用矩阵记号写成下列形式：

$$\left(\boldsymbol{I}\frac{d}{dt}+\boldsymbol{B}\right)\delta\boldsymbol{F}=\delta\boldsymbol{A}. \tag{7.165}$$

式中 $\boldsymbol{I}$ 是 5×5 的单位矩阵,$\boldsymbol{B}$ 为下列矩阵：

$$\boldsymbol{B}\equiv\begin{bmatrix}\bar{\lambda}_c-\lambda_f[\bar{\nu}(1-\beta)-1] & -\lambda & -\alpha\bar{n} & -\gamma\bar{n} & 0 \\ -\lambda_f\bar{\nu}\beta & \lambda & 0 & 0 & 0 \\ -\bar{h}_f & 0 & \bar{h}_u & 0 & -\bar{h}_u \\ 0 & 0 & 0 & \bar{h}_m & -\bar{h}_m \\ 0 & 0 & -\bar{h}'_u & -\bar{h}'_m & (\bar{h}'_u+\bar{h}'_m+\bar{h}'_c)\end{bmatrix}, \tag{7.166}$$

而 $\delta\boldsymbol{F}$ 及 $\delta\boldsymbol{A}$ 分别代表下列矢量(或列矩阵)：

$$\delta\boldsymbol{F}\equiv(\delta n,\delta c,\delta T_u,\delta T_m,\delta T_c)^{\mathrm{T}}, \tag{7.167}$$

$$\delta\boldsymbol{A}\equiv\begin{bmatrix}\lambda_f(1-\beta)\bar{n}\delta\nu \\ \lambda_f\beta\bar{n}\delta\nu \\ \bar{N}\delta h_f-(\bar{T}_u-\bar{T}_c)\delta h_u \\ (\bar{T}_c-\bar{T}_m)\delta h_m \\ (\bar{T}_u-\bar{T}_c)\delta h'_u-(\bar{T}_c-\bar{T}_m)\delta h'_m-\bar{T}_c\delta h_c+\delta\Delta\end{bmatrix}. \tag{7.168}$$

矩阵方程(7.165)和矩阵方程(7.48)具有同样形状，可以用同样的方法求解. 事实上，应用矩阵代数中的定理[1]，可以找到非奇异的实常数矩阵 $\boldsymbol{S}$，使

$$\begin{cases}\boldsymbol{S}^{\mathrm{T}}\boldsymbol{S}=\boldsymbol{I}=(\delta_{ij}),\\ \boldsymbol{S}^{\mathrm{T}}\boldsymbol{BS}=\boldsymbol{\Lambda}=(\lambda_i\delta_{ij}),\end{cases}\quad (i,j=1,2,\cdots,5) \tag{7.169}$$

即 $\boldsymbol{S}$ 为正交矩阵，而

$$\lambda_i=\sum_{j,k}S_{ji}S_{ki}B_{jk}. \tag{7.169$'$}$$

于是，令

$$\delta\boldsymbol{F}=\boldsymbol{SX}, \tag{7.170}$$

$\boldsymbol{X}=(X_1,X_2,\cdots,X_5)^{\mathrm{T}}$，可将矩阵方程(7.165)化为

$$\left(\boldsymbol{I}\frac{\mathrm{d}}{\mathrm{d}t}+\boldsymbol{\Lambda}\right)\boldsymbol{X}=\boldsymbol{S}^{\mathrm{T}}\delta\boldsymbol{A}, \tag{7.171}$$

或用分量写出：

$$\dot{X}_j+\lambda_jX_j=\sum_k S_{kj}\delta A_k. \tag{7.171$'$}$$

它的解可以写成

$$X_j=\int_0^{\infty}\mathrm{d}u\cdot\mathrm{e}^{-\lambda_ju}\sum_k S_{kj}\delta A_k(t-u), \tag{7.172}$$

而由(7.170)式得

$$\delta F_i(t)=\sum_j S_{ij}X_j=\sum_{j,k}S_{ij}S_{kj}\int_0^{\infty}\mathrm{d}u\cdot\mathrm{e}^{-\lambda_ju}\delta A_k(t-u). \tag{7.173}$$

现在可以求任意二 δF_i 间的**互相关函数**，例如：

$$\begin{aligned}\psi_{il}(\tau)&\equiv\frac{1}{2T}\int_{-T}^{T}\delta F_i(t)\delta F_l(t+\tau)\mathrm{d}t \qquad (7.174)\\ &=\frac{1}{2T}\int_{-T}^{T}\mathrm{d}t\sum_{j,k}S_{ij}S_{kj}\int_0^{\infty}\mathrm{d}u\mathrm{e}^{-\lambda_ju}\delta A_k(t-u)\cdot\sum_{m,n}S_{lm}S_{nm}\\ &\quad\cdot\int_0^{\infty}\mathrm{d}v\mathrm{e}^{-\lambda_mv}\delta A_n(t+\tau-v)\\ &=\sum_{j,k,m,n}S_{ij}S_{kj}S_{lm}S_{nm}\int_0^{\infty}\mathrm{d}u\mathrm{e}^{-\lambda_ju}\int_0^{\infty}\mathrm{d}v\mathrm{e}^{-\lambda_mv}\frac{1}{2T}\\ &\quad\cdot\int_{-T}^{T}\mathrm{d}t\delta A_k(t-u)\delta A_n(t+\tau-v)\\ &=\sum_{j,k,m,n}S_{ij}S_{kj}S_{lm}S_{nm}\int_0^{\infty}\mathrm{d}u\mathrm{e}^{-\lambda_ju}\int_0^{\infty}\mathrm{d}v\mathrm{e}^{-\lambda_mv}\phi_{kn}(\tau+u-v),\end{aligned}$$

(7.174′)

式中 ϕ_{kn} 是 δA_k 与 δA_n 间的**互相关函数**：

$$\phi_{kn}(\tau)\equiv\frac{1}{2T}\int_{-T}^{T}\delta A_k(t)\delta A_n(t+\tau)\mathrm{d}t. \tag{7.175}$$

这样，我们用输入噪声的互相关函数 ϕ_{kn} 表示出了输出噪声的互相关函数 ϕ_{il}. 相应的**交叉谱密度**：

$$\Psi_{il}(\omega)=\int_{-\infty}^{\infty}\mathrm{d}\tau\mathrm{e}^{-\mathrm{i}\omega\tau}\Psi_{il}(\tau),\tag{7.176a}$$

$$\Phi_{kn}(\omega)=\int_{-\infty}^{\infty}\mathrm{d}\tau\mathrm{e}^{-\mathrm{i}\omega\tau}\Phi_{kn}(\tau)\tag{7.176b}$$

之间的联系，可从(7.174′)式通过求两边的 Fourier 变换求出为

$$\Psi_{il}(\omega)=\sum_{j,k,m,n}S_{ij}S_{kj}S_{lm}S_{nm}\frac{\Phi_{kn}(\omega)}{(\lambda_j-\mathrm{i}\omega)(\lambda_m+\mathrm{i}\omega)},\tag{7.177}$$

用矩阵记号写出：

$$\boldsymbol{\Psi}(\omega)=(\boldsymbol{B}-\mathrm{i}\omega\boldsymbol{I})^{-1}\boldsymbol{\Phi}(\omega)(\boldsymbol{B}+\mathrm{i}\omega\boldsymbol{I})^{-1},\tag{7.178}$$

式中 $(\boldsymbol{B}+s\boldsymbol{I})^{-1}$ 是传递函数.

这样，我们得出了输入及输出噪声现象与系统的物理参量之间的关系. 一般，希望能通过输入和输出的比较，求得系统的物理参量值. 不幸，在我们的问题中，由传热涨落等引起的噪声源的性质并不清楚，而且不像是与反应堆的运行状态有关，因此难于直接应用.

Greef[52] 对 Berkeley 堆上的噪声源作了下列假设：

1° 主要的噪声源是由冷却剂的湍流引起的传热性能的涨落；

2° 在感兴趣的频率范围内有“白”噪声；

3° 噪声源之间无关联；

4° Schottky 公式[53] 可用来估计 $\Phi_{kn}(\omega)$.

这些假设典型地说明了一般在功率噪声分析中所使用的手段，同时也提出了对各种噪声源进行更基本研究的需要. 在这些假设基础上，各交叉谱密度只和系统的传递函数及某些代表噪声源强度的未知常数有关. 例如，

$$\Phi_{kn}(\omega)=\sigma_k^2\delta_{kn},\tag{7.179}$$

于是

$$\Psi_{il}(\omega)=\sum_{j,m}\frac{S_{ij}S_{lm}}{(\lambda_j-\mathrm{i}\omega)(\lambda_m+\mathrm{i}\omega)}\sum_k\sigma_k^2S_{kj}S_{km}.\tag{7.180}$$

在所选择的特例中，测量了燃料温度及冷却剂温度变化之间的关联，即 $\Psi_{T_\mathrm{c},T_\mathrm{u}}(\omega)$. 对于这关联，传递函数 $[(\boldsymbol{B}+s\boldsymbol{I})^{-1}]_{T_\mathrm{c},T_\mathrm{u}}$ 由图 7.18 的方块图解给出. 图中 $I(s)$ 是 §2.6 中讨论过的源传递函数：

$$I(s)=\left[s-\frac{\rho}{l}+\frac{1}{l}\frac{\beta s}{s+\lambda}\right]^{-1},\tag{7.181}$$

而其他符号意义如下：

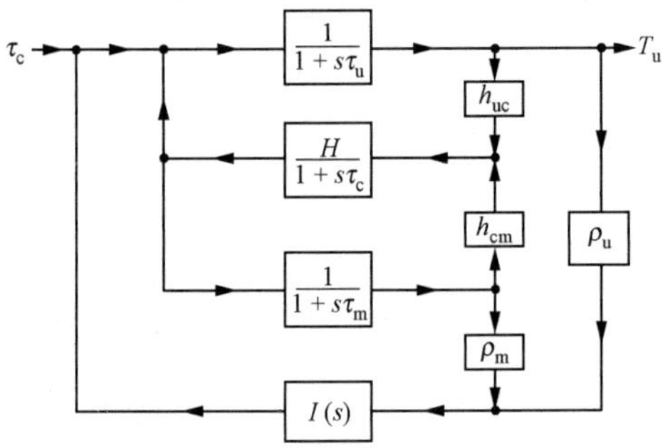

图 7.18 冷却剂温度与燃料温度间传递函数的方块图

$$
\begin{cases}
\tau_u = \bar{h}_u^{-1} = \dfrac{C_u V_u}{h_{uc}}, \\
\tau_m = \bar{h}_m^{-1} = \dfrac{C_m V_m}{h_{cm}}, \\
\tau_c = (\bar{h}_u' + \bar{h}_m' + \bar{h}_c)^{-1} = \left(\dfrac{h_{uc}}{C_c V_c} + \dfrac{h_{cm}}{C_c V_c} + \dfrac{2\dot{V}_c}{V_c}\right)^{-1}, \\
H = \dfrac{\tau_c}{C_c V_c} = (h_{uc} + h_{cm} + 2C_c \dot{V}_c)^{-1}, \\
\rho_u = \alpha \lambda_f \bar{E}_f \bar{N} C_u V_u / h_{uc}, \\
\rho_m = \gamma \lambda_f \bar{E}_f \bar{N} C_m V_m / h_{mc}.
\end{cases}
\tag{7.182}
$$

因此,原则上,通过测量谱密度,我们可用最小二乘法拟合数据,得出系统的各种时间常数. 表 7.1 给出实验数据与理论结果的比较.

表 7.1 噪声法实验数据与理论的比较

		从其他方法得到的期望值	实　　验
燃料时间常数	τ_u/s	11.3	5.22
慢化剂时间常数	τ_m/s	370	66.6
燃料反馈系数	ρ_u	−0.38	−0.30
慢化剂反馈系数	ρ_m	+2.86	+0.15
传热因子	H	0.13	0.12

τ_m 及 ρ_m 的大偏差可能是由点模型的局限性引起的,因为点模型不能计及慢化剂及燃料中温度的空间变化.

上述噪声研究的主要目的之一是看一看能否给出用堆振子法得出的同样结果. 要是能够,当然有相当的经济好处. 曾经比较(分别由噪声法和堆振子测量得出的)冷却剂温度及气体出口处热电偶响应之间传递函数的增益和相. 发现噪声法所得数据没有堆振子法所得数据那样准. 但为许多实用目的,它们仍足够接近,使得考虑到经济账时，宁可用噪声法. 而且，进一步的工作无疑还会给出更准的数据.

(2) **堆噪声的空间变化**

先考虑一个非常简单的问题，即，假设在一无限介质中有一无限平面中子源，源的强度与时间有关，并随机地在平均值周围涨落. 问题是算出不同空间点处中子密度的互相关函数.

为方便起见，我们将采用单速扩散理论，并假设所用无限平板探测器不扰动中子分布. 于是，对 x,t 处中子密度 $N(x,t)$ 的基本方程可写成

$$\frac{\partial N(x,t)}{\partial t} = Dv\frac{\partial^2 N(x,t)}{\partial x^2} - v\Sigma_a N(x,t) + S(t)\delta(x). \tag{7.183}$$

把涨落中的中子密度和源写出：

$$N(x,t) = N_0(x) + n(x,t), \tag{7.184}$$

$$S(t) = S_0 + \mathcal{S}(t), \tag{7.185}$$

式中 $N_0(x)$ 及 S_0 是不存在涨落时，系统中会建立的稳定平均值. 将(7.184)及(7.185)式代入方程(7.183)，并减去相应的稳态方程，便得联系随机变量 $n(x,t)$ 及 $\mathcal{S}(t)$ 的下列方程：

$$\frac{\partial n(x,t)}{\partial t} = Dv\frac{\partial^2 n(x,t)}{\partial x^2} - v\Sigma_a n(x,t) + \mathcal{S}(t)\delta(x). \tag{7.186}$$

如果源存在的时间远远大于系统的特征响应时间，就可把方程(7.186)的解写成

$$\begin{aligned} n(x,t) &= \int_{-\infty}^{t} \mathcal{S}(t')G(x,t-t')\mathrm{d}t' \\ &= \int_0^{\infty} \mathcal{S}(t-t')G(x,t')\mathrm{d}t', \end{aligned} \tag{7.187}$$

式中 Green 函数 $G(x,t)$ 由下式给出：

$$G(x,t) = \frac{\mathrm{e}^{-v\Sigma_a t}}{2(\pi vDt)^{1/2}}\exp\left(-\frac{x_2}{4vDt}\right). \tag{7.188}$$

由在平面 $x=x_1$ 及 $x=x_2$ 处两平板探测器得出的互关联函数为

$$\begin{aligned} R_{x_1x_2}(\tau) &= \frac{1}{2T}\int_{-T}^{T} n(x_1,t)n(x_2,t+\tau)\mathrm{d}t \\ &= \int_0^{\infty}\mathrm{d}t'\int_0^{\infty}\mathrm{d}t''G(x_1,t')G(x_2,t'')\frac{1}{2T}\int_{-T}^{T}\mathcal{S}(t-t') \\ &\quad \cdot \mathcal{S}(t+\tau-t'')\mathrm{d}t \\ &= \int_0^{\infty}\mathrm{d}t'\int_0^{\infty}\mathrm{d}t''G(x_1,t')G(x_2,t'')R_s(\tau+t'-t''), \end{aligned} \tag{7.189}$$

式中 $R_s(\tau)$ 是源自关联函数. 通过取方程(7.189)两边的 Fourier 变换，可以计算交叉谱密度：

$$\Phi_{x_1x_2}(\omega) = \frac{\Phi_s(\omega)}{4\pi Dv}\theta(x_1,\omega)\theta^*(x_2,\omega), \tag{7.190}$$

式中 $\Phi_s(\omega)$ 是 $R_s(\tau)$ 的谱密度，而

$$\theta(x,\omega)=\left(\frac{\pi}{K^2Dv-\mathrm{i}\omega}\right)^{\frac{1}{2}}\exp\left[-\left(K^2-\frac{\mathrm{i}\omega}{vD}\right)^{\frac{1}{2}}x\right],\tag{7.191}$$

式中 $K^2\equiv\frac{\Sigma_a}{D}=\frac{1}{L^2}$. 代入(7.190)式，可得

$$\Phi_{x_1x_2}(\omega)=\frac{\Phi_s(\omega)}{4v^2D^2}\frac{\exp[-\alpha(x_1+x_2)+\mathrm{i}\xi(x_1-x_2)]}{\left[K^2+\left(\frac{\omega}{vD}\right)^2\right]^{1/2}},\tag{7.192}$$

式中

$$\alpha=\left\{\frac{1}{2}\left[K^4+\left(\frac{\omega}{D}\right)^2\right]^{\frac{1}{2}}+\frac{K^2}{2}\right\}^{\frac{1}{2}},\tag{7.193a}$$

$$\xi=\left\{\frac{1}{2}\left[K^4+\left(\frac{\omega}{D}\right)^2\right]^{\frac{1}{2}}-\frac{K^2}{2}\right\}^{\frac{1}{2}}.\tag{7.193b}$$

注意，(7.193a,b)式中的 α 及 ξ 就是(7.145a,b)式中的 α 及 ξ；$1/\alpha$ 是中子波扰动的衰减长度，而 $2\pi/\xi$ 是波长. 可见，一随机调幅源可以提供常规中子波实验能提供的几乎同样的资料[35].

现在考虑有限大小的堆芯中的噪声谱. 为简单起见，我们将假设堆芯可均匀化，虽然功率堆实际上是个结构复杂的非均匀装置. 关于非均匀系统中的随机现象，可参看文献[49].

采用单速改进扩散近似，可把堆中中子学方程写成(参看(1.16)及(1.17)式，取 $S_0=0$)

$$\begin{cases}\dfrac{1}{v}\dfrac{\partial\varphi(\boldsymbol{r},t)}{\partial t}=D'\nabla^2\varphi(\boldsymbol{r},t)+[k_\infty(1-\beta)-1]\Sigma_a\varphi+\sum_i\lambda_iC_i, & (7.194a)\\ \dfrac{\partial C_i(\boldsymbol{r},t)}{\partial t}=\beta_ik_\infty\Sigma_a\varphi-\lambda_iC_i. & (7.194b)\end{cases}$$

式中 D' 是考虑到慢化过程影响的改进扩散系数：$\frac{D'}{\Sigma_a}=M^2=L^2+\tau$($\tau$ 为慢化面积，M^2 为徙动面积).

和中子学方程组(7.194a,b)相耦合的是热工水力方程组. 我们将它写成

$$\frac{\partial T_u}{\partial t}=ag\varphi-h_u(T_u-T_c),\tag{7.194c}$$

$$\frac{\partial T_m}{\partial t}=(1-a)g\varphi-h_m(T_m-T_c),\tag{7.194d}$$

$$\frac{\partial T_c}{\partial t}+u\frac{\partial T_c}{\partial z}=h_u'(T_u-T_c)+h_m'(T_m-T_c),\tag{7.194e}$$

这些方程和点模型中相应方程(7.158a 至 e)相比，除了在中子方程(7.194a)中引进了扩散项 $D'\nabla^2\varphi$ 和保留了缓发中子先行核的分组外，只在下列两点上不同：(1) 现在假设裂变能以分数 a 在燃料中放出，以分数 $1-a$ 在慢化剂中放出；而(7.158c)式中假设裂变能完全在燃料中放出. $\left(vg\right.$ 相当于(7.158c)式中的 $\frac{\lambda_f E_f}{C_u V_u}=h_f$，$v$ 是中子速. $\left.\right)$(2) (7.194e)式中保留了轴向导数项 $u\frac{\partial T_c}{\partial z}$，而在(7.158e)式中这项被近似换成了 $\frac{2\dot{V}_c}{V_c}(T_c-T_i)=h_c(T_c-T_i)$.

像§7.1 中讨论均匀堆的温度反馈时所做的那样，我们在假设堆芯可均匀化时，认为方程(7.194a 至 e)中出现的中子物理和热物理参量 $D',k_\infty,\Sigma_a,a,g,h_u,h_m,h_u',h_m'$ 等在所考虑稳态情形下是和空间无关的常量. 我们将在这些量上加一横来表示它们的稳态常量值，例如$\overline{\Sigma}_a$. 另外，和点模型中一样，为了简单，我们所考虑的反馈机制将仍然限于燃料和慢化剂温度涨落所引起中子吸收截面Σ_a 的变化. 这样，其他中子物理参量(如 v,D',Σ_f,a 等)在温度涨落中的变化将被略去. 这样，温度反馈机制将由下列关系给出：

$$\Sigma_a-\overline{\Sigma}_a=-\alpha_u(T_u-\overline{T}_u)-\alpha_m(T_m-\overline{T}_m).\tag{7.195}$$

式中 α_u 及 α_m 分别是燃料和慢化剂的温度系数. 注意，由于 $k_\infty\Sigma_a\sim\nu\Sigma_f$，$k_\infty\Sigma_a$ 将不受反馈(7.195)的影响.

对噪声分析的步骤也基本上和点模型中的一样. 但是，为了简化，我们将假定噪声只由传热过程的涨落(它们是时间的随机函数)

$$\begin{cases}\delta h_u=h_u-\overline{h}_u,\\ \delta h_m=h_m-\overline{h}_m,\\ \delta h_u'=h_u'-\overline{h}_u',\\ \delta h_m'=h_m'-\overline{h}_m'\end{cases}\tag{7.196}$$

引起，而不考虑裂变中子数 ν 的涨落. 未知函数 φ,C_i,T_u,T_m 及 T_c 的相应变化为

$$\begin{cases}\delta\varphi=\varphi-\overline{\varphi},\\ \delta C_i=C_i-\overline{C}_i,\\ \delta T_u=T_u-\overline{T}_u,\\ \delta T_m=T_m-\overline{T}_m,\\ \delta T_c=T_c-\overline{T}_c.\end{cases}\tag{7.197}$$

各未知函数在稳态的值满足和方程(7.194a 至 e)相应的稳态方程：

$$\overline{D}'\,\nabla^2\overline{\varphi}-[\overline{k_\infty\Sigma_a}(1-\beta)-\overline{\Sigma}_a]\overline{\varphi}+\sum_i\lambda_i\overline{C}_i=0,\tag{7.198a}$$

$$\beta_i \overline{k_\infty \Sigma_a}\bar{\varphi} - \lambda_i \bar{C}_i = 0, \tag{7.198b}$$

$$\overline{ag}\bar{\varphi} - \bar{h}_u(\bar{T}_u - \bar{T}_c) = 0, \tag{7.198c}$$

$$(1-\bar{a})\,\bar{g}\bar{\varphi} - \bar{h}_m(\bar{T}_m - \bar{T}_c) = 0, \tag{7.198d}$$

$$u\frac{\partial \bar{T}_c}{\partial z} = \bar{h}'_u(\bar{T}_u - \bar{T}_c) + \bar{h}'_m(\bar{T}_m - \bar{T}_c). \tag{7.198e}$$

略去 2 阶小量，并注意以前所作的简化假设（$D'=\bar{D}'$，$k_\infty\Sigma_a=\overline{k_\infty\Sigma_a}$，$a=\bar{a}$，$g=\bar{g}$）和(7.195)式，从(7.197)式利用方程(7.194a—e)及方程(7.198a—e)可以导出函数 $\delta\varphi(\boldsymbol{r},t)$，$\delta C_i(\boldsymbol{r},t)$，$\delta T_u(\boldsymbol{r},t)$，$\delta T_m(\boldsymbol{r},t)$及 $\delta T_c(\boldsymbol{r},t)$所满足的一组线性偏微分方程：

$$\frac{1}{v}\frac{\partial\delta\varphi}{\partial t} = D'\,\nabla^2\delta\varphi + [k_\infty\Sigma_a(1-\beta) - \bar{\Sigma}_a]\delta\varphi$$
$$+ (\alpha_u\delta T_u + \alpha_m\delta T_m)\bar{\varphi} + \sum_i \lambda_i\delta C_i, \tag{7.199a}$$

$$\frac{\partial\delta C_i}{\partial t} = \beta_i k_\infty\Sigma_a\delta\varphi - \lambda_i\delta C_i, \tag{7.199b}$$

$$\frac{\partial\delta T_u}{\partial t} = ag\,\delta\varphi - \bar{h}_u(\delta T_u - \delta T_c) - (\bar{T}_u - \bar{T}_c)\delta h_u, \tag{7.199c}$$

$$\frac{\partial\delta T_m}{\partial t} = (1-a)g\delta\varphi - \bar{h}_m(\delta T_m - \delta T_c) - (\bar{T}_m - \bar{T}_c)\delta h_m, \tag{7.199d}$$

$$\frac{\partial\delta T_c}{\partial t} = -u\frac{\partial\,\delta T_c}{\partial z} + \bar{h}'_u(\delta T_u - \delta T_c) + \bar{h}'_m(\delta T_m - \delta T_c)$$
$$+ \delta h'_u(\bar{T}_u - \bar{T}_c) + \delta h'_m(\bar{T}_m - \bar{T}_c). \tag{7.199e}$$

从稳态方程的(7.198a,b)消去 $\bar{C}_i$，可得稳态通量 $\bar{\varphi}=\bar{\varphi}(\boldsymbol{r})$所满足的临界方程：

$$\bar{D}'\,\nabla^2\bar{\varphi} + (\overline{k_\infty\Sigma_a} - \bar{\Sigma}_a)\bar{\varphi} = 0. \tag{7.200}$$

另外，$\bar{\varphi}(\boldsymbol{r})$当然也满足在堆的边界处为零及在堆内处处为正的条件.

现在考虑由 Helmholtz 方程

$$\nabla^2\phi + B^2\phi = 0 \tag{7.201}$$

及边界条件：“ϕ 在堆的边界处为零”所定义的本征值问题. 设 B_l^2（$l=0,1,2,\cdots$）是这问题的所有本征值；$\phi_l(\boldsymbol{r})$（$l=0,1,2,\cdots$）是相应的本征函数. 最小的本征值 B_0^2 是堆的几何曲率，由堆的几何形状和尺寸决定；相应的本征函数 $\phi_0(\boldsymbol{r})$在堆内处处为正，给出(7.201)式的基本模式解. $\phi_l(\boldsymbol{r})$通常归一化，于是有正交归一关系：

$$\int_V \phi_l(\boldsymbol{r})\phi_{l'}(\boldsymbol{r})\,\mathrm{d}\boldsymbol{r} = \delta_{ll'} \tag{7.202}$$

式中积分作过全部堆体积，$\delta_{ll'}$ 是 Kronecker 符号. 比较方程(7.200)及(7.201)和 $\bar{\varphi}(\boldsymbol{r})$及 $\phi_0(\boldsymbol{r})$所满足的条件，可以看出 $\bar{\varphi}(\boldsymbol{r})\propto\phi_0(\boldsymbol{r})$，或 $\bar{\varphi}(\boldsymbol{r})=p\phi_0(\boldsymbol{r})$，这里 p 是和我们所考虑稳态的功率有关的一个常数.

从方程(7.198c,d)可解出

$$\overline{T}_{\mathrm{u}}-\overline{T}_{\mathrm{c}}=\frac{\overline{a}\,\overline{g}}{\overline{h}_{\mathrm{u}}}\bar{\varphi}=\frac{\overline{a}\,\overline{g}p}{\overline{h}_{\mathrm{u}}}\phi_0(\boldsymbol{r}),\tag{7.203}$$

$$\overline{T}_{\mathrm{m}}-\overline{T}_{\mathrm{c}}=\frac{(1-\overline{a})\overline{g}}{\overline{h}_{\mathrm{m}}}\bar{\varphi}=\frac{(1-\overline{a})\overline{g}p}{\overline{h}_{\mathrm{m}}}\phi_0(\boldsymbol{r}).\tag{7.204}$$

在堆受扰动(例如,由于和时间有关的噪声源(7.196)),偏离稳态而涨落的情形下,中子通量将是 $\boldsymbol{r}$ 及 t 的函数,而 $\delta\varphi(\boldsymbol{r},t)$,$\delta C_i(\boldsymbol{r},t)$,$\delta T_{\mathrm{u}}(\boldsymbol{r},t)$,$\delta T_{\mathrm{m}}(\boldsymbol{r},t)$ 及 $\delta T_{\mathrm{c}}(\boldsymbol{r},t)$ 等将通过下列展开式和所有模式的 $\phi_l(\boldsymbol{r})$ 有关:

$$\delta\varphi(\boldsymbol{r},t)=\sum_l f_l(t)\phi_l(\boldsymbol{r}),\tag{7.205a}$$

$$\delta C_i(\boldsymbol{r},t)=\sum_l c_i^{(l)}(t)\phi_l(\boldsymbol{r}),\tag{7.205b}$$

$$\delta T_j(\boldsymbol{r},t)=\sum_l t_j^{(l)}(t)\phi_l(\boldsymbol{r})\quad(j=\mathrm{u},\mathrm{m}\text{ 或 }\mathrm{c}).\tag{7.205c}$$

将展开式(7.205a—c)代入方程(7.199a—e),记住 $\bar{\varphi}(\boldsymbol{r})=p\phi_0(\boldsymbol{r})$ 及关系(7.203)和(7.204),用 $\phi_{l'}(\boldsymbol{r})$ 乘各方程两边,然后积分过堆体积. 利用方程(7.201)及正交归一关系(7.202)并定义

$$a_{ll'}\equiv\int_V\phi_l(\boldsymbol{r})\phi_{l'}(\boldsymbol{r})\phi_0(\boldsymbol{r})\mathrm{d}\boldsymbol{r},\tag{7.206a}$$

$$b_{ll'}\equiv\int_V\frac{\partial\phi_l(\boldsymbol{r})}{\partial z}\phi_{l'}(\boldsymbol{r})\mathrm{d}\boldsymbol{r},\tag{7.206b}$$

便可求得展开系数 $f_l(t)$,$c_i^{(l)}(t)$ 及 $t_j^{(l)}(t)$ 所满足的一组常微分方程($l=0,1,2,\cdots$):

$$\begin{aligned}\frac{1}{v}\frac{\mathrm{d}f_l(t)}{\mathrm{d}t}=&-D'B_l^2f_l+[k_\infty\Sigma_{\mathrm{a}}(1-\beta)-\overline{\Sigma}_{\mathrm{a}}]f_l\\&+\sum_{l'}a_{ll'}[\alpha_{\mathrm{u}}t_{\mathrm{u}}^{(l')}+\alpha_{\mathrm{m}}t_{\mathrm{m}}^{(l')}]+\sum_l\lambda_ic_i^{(l)},\end{aligned}\tag{7.207a}$$

$$\frac{\mathrm{d}c_i^{(l)}(t)}{\mathrm{d}t}=\beta_ik_\infty\Sigma_{\mathrm{a}}f_l-\lambda_ic_i^{(l)},\tag{7.207b}$$

$$\frac{\mathrm{d}t_{\mathrm{u}}^{(l)}(t)}{\mathrm{d}t}=agf_l-\overline{h}_{\mathrm{u}}[t_{\mathrm{u}}^{(l)}-t_{\mathrm{c}}^{(l)}]-agp\,\frac{\delta h_{\mathrm{u}}}{\overline{h}_{\mathrm{u}}}\delta_{l0},\tag{7.207c}$$

$$\frac{\mathrm{d}t_{\mathrm{m}}^{(l)}(t)}{\mathrm{d}t}=(1-a)gf_l-\overline{h}_{\mathrm{m}}[t_{\mathrm{m}}^{(l)}-t_{\mathrm{c}}^{(l)}]-(1-a)gp\,\frac{\delta h_{\mathrm{m}}}{\overline{h}_{\mathrm{m}}}\delta_{l0},\tag{7.207d}$$

$$\begin{aligned}\frac{\mathrm{d}t_{\mathrm{c}}^{(l)}(t)}{\mathrm{d}t}=&-u\sum_{l'}b_{l'l}t_{\mathrm{c}}^{(l')}+\overline{h}_{\mathrm{u}}'[t_{\mathrm{u}}^{(l)}-t_{\mathrm{c}}^{(l)}]+\overline{h}_{\mathrm{m}}'[t_{\mathrm{m}}^{(l)}-t_{\mathrm{c}}^{(l)}]\\&+\left[\frac{\delta h_{\mathrm{u}}'}{\overline{h}_{\mathrm{u}}}a+\frac{\delta h_{\mathrm{m}}'}{\overline{h}_{\mathrm{m}}}(1-a)\right]gp\,\delta_{l0}.\end{aligned}\tag{7.207e}$$

(7.207a—e)各式中,我们去掉了 D',$k\Sigma_{\mathrm{a}}$,a 及 g 等上面不必要的横线(因为假设了

它们不受温度涨落的影响），同时利用了这些量及稳态量$\overline{\Sigma}_a$，$\overline{h}_u$，$\overline{h}_m$，$\overline{h}_u'$ 及 $\overline{h}_m'$ 等与空间无关的假设.

通过以上的步骤，我们已把问题归结为一组（实际上我们当然只取少数几个 l 值）耦合的、包含对时间一次微商的常微分方程. 它们具有随机的源项（噪声源 δh_u，δh_m，$\delta h_u'$，$\delta h_m'$）. 这种类型的方程叫做 Langevin 方程. 当这些方程解出后，所得 $f_l(t)$，$c_i^{(l)}(t)$及$t_j^{(l)}(t)$（j 代表 u，m 或 c）代入（7.205a—c）式，便得与空间有关的涨落的普遍解. 利用这些解，可以算出空间与时间中的互关联函数；例如：

$$\begin{cases}\langle\delta\varphi(\boldsymbol{r}_1,t_1)\delta\varphi(\boldsymbol{r}_2,t_2)\rangle\equiv\dfrac{1}{2T}\displaystyle\int_{-T}^{T}\delta\varphi(\boldsymbol{r}_1,t+\tau)\delta\varphi(\boldsymbol{r}_2,t_2+\tau)\mathrm{d}\tau,\\ \langle\delta T_j(\boldsymbol{r}_1,t_1)\delta T_{j'}(\boldsymbol{r}_2,t_2)\rangle\equiv\dfrac{1}{2T}\displaystyle\int_{-T}^{T}\delta T_j(\boldsymbol{r}_1,t_1+\tau)\delta T_{j'}(\boldsymbol{r}_2,t_2+\tau)\mathrm{d}\tau,\\ \text{如此等等.}\end{cases}\tag{7.208}$$

由此也可得出堆中某一区中来自另一区的噪声源的影响.

与空间有关的噪声分析的另一有意义的后果为：求得噪声源可能引起堆稳态通量变化的方式. 举例说，如果考虑一圆柱形均匀反应堆，并研究其中的通量分布$\varphi(\boldsymbol{r})=\varphi(r,\theta)$，则在基本模式$\varphi_{00}(r,\theta)=p\phi_0(r)$与 θ 无关的分布上，将有 $\delta\varphi(\boldsymbol{r},t)$展开式中更高模项的影响（见（7.205a））. 对于圆柱形堆，本征函数 $\phi_l(\boldsymbol{r})$可写成$\phi_{l_1l_2}(r,\theta)$，这里 l_1，l_2 分别标记 r 向和 θ 向的各次模式，而 $\phi_{00}(r,\theta)=\phi_0(r)$与 θ 无关. 可见，噪声源将激发各种类型的空间模式（例如 θ 方向的各次谐波）. 正是因为控制这些高次空间模式的需要，在大型现代功率堆中配置有许多能独立发挥作用的扇形区控制棒. 事实上，堆芯横截面比起徙动面积来越是大，可能激发的模式也越多.

当然，除了噪声源外，氙致空间功率畸变及堆中换料的方式也可能影响高次空间模式的激发. 但机械和热工噪声的随机效应确是反应堆动力学中值得注意而又研究得还很不够的一个重要方面.

参考文献

[1] Perlis S. Theory of Matrices. Mass.：Addison-Wesley，1952：Reading.

[2] Crowther R L. APED-5640，1968.

[3] England T R. WAPD-TM-605，1969.

[4] Rawle D *et al*. Trans. Am. Nucl. Soc. Nov.，1969，12（2）：766.

[5] Lacy，Kendrick. Reactor Fuel Process. Technol.，Winter 1968—1969，12（1）：10.

[6] Roggenkamp P L. DP-MS-68-27，1968；Graves W E. Trans. Am. Nucl. Soc. Nov.，1969，12（2）：644.

[7] Christie, Poncelet. Nucl. Sci. Eng., 1973, 51: 10.
[8] Canosa, Brooks. Nucl. Sci. Eng., 1966, 26: 237.
[9] Rvdin R A. Nucl. Sci. Eng., 1972, 50: 147.
[10] Stacey W M Jr. Nucl. Sci. Eng., 1967, 30: 448.
[11] Hooper R J *et al*. Nucl. Sci. Eng., 1968, 34: 344.
[12] Poncelet, Christie. WCAP-3680-20, 1968.
[13] Margolis, Kaplan. WAPD-BT-21, 1961.
[14] Bauer, Poncelet. Nucl. Technology, 1974, 21: 165.
[15] Shimazu Y *et al*. J. Atomic Energy Soc. Japan, 1977, 19: 39.
[16] Benedict M *et al*. Nucl. Sci. Eng., 1961, 11: 386.
[17] Shanstrom, Benedict. Nucl. Sci. Eng., 1961, 11: 377.
[18] Matsen R P *et al*. Trans. Am. Nucl. Soc., 1969, 12: 31.
[19] Stachew J C. Nucl. Appl., 1968, 4: 206.
[20] UHTREX facility description and safety analysis report. LA-3556, 1967.
[21] Directory of nuclear reactors. IAEA, 1962, 4: 169.
[22] Stewart, Merrill. The Technology of Nuclear Reactor Safety, Vol. 1, eds. Thompsen, Beckerley. Cambridge, Mass.: The M. I. T. Press, 1964: 477.
[23] Radkowsky A ed. Naval Reactors Physics Handbook, Vol. 1. Washington, D C: United States Atomic Energy Commission, 1964: 837.
[24] Kokinos D. The physics of pulsed neutrons. Adv. Nucl. Sci. Technol., 1966, 3.
[25] Beckurts K H. Nucl. Sci. Eng., 1957, 2: 516.
[26] Masters, Cady. Nucl. Sci. Eng., 1967, 29: 272.
[27] Sjostrand N G. Arkiv Fysik, 1956, 11: 233.
[28] Gozani T. Nukleonik, 1962, 4: 348.
[29] Garelis, Russell. Nucl. Sci. Eng., 1963, 16: 263.
[30] Case, Zweifel. Linear Transport Theory. Mass.: Addison-Wesley, 1967: Reading.
[31] Corngold N. Nucl. Sci. Eng., 1964, 19: 80; 1965, 23: 403; 1966, 24: 410.
[32] Conn, Corngold. Nucl. Sci. Eng., 1969, 37: 85, 94.
[33] Weinberg, Schweinler. Phys. Rev., 1948, 74: 851.
[34] Raievski V *et al*. PICG, 1955, 5: 42.
[35] Uhrig R E ed. Neutron Noise, Waves, and Pulse Propagation. Tenn.: Oak Ridge, 1967.
[36] Moore M N. Nucl. Sci. Eng., 1965, 21: 565; 1966, 26: 354; 1967, 28: 152.
[37] Quddus M A *et al*. Nucl. Sci. Eng., 1969, 35: 342.
[38] Travelli A. Trans. Am. Nucl. Soc., 1968, 11: 189; Dynamics of Nuclear Systems, ed. Hetrick D L. Tucson, Ariz.: University of Arizona Press, 1972: 49.
[39] Baldonado O C *et al*. Nucl. Sci. Eng., 1969, 37: 59.
[40] Nishina, Akcasu. Nucl. Sci. Eng., 1970, 39: 170.
[41] Ohanian, Diaz. Trans. Am. Nucl. Soc., 1969, 12: 257.

[42] Ram, Uhrig. Nucl. Sci. Eng., 1969, 37: 299.
[43] Booth, Swansiger. Dynamics of Nuclear Systems, ed. Hetrick D L. Tucson, Ariz.: University of Arizona Press, 1972: 29.
[44] Kumar A *et al*. Nucl. Sci. Eng., 1977, 63: 24.
[45] Moore M N. The general theory of excitation experiments in space-dependent kinetics. 见 35.
[46] Perez R B *et al*. Trans. Am. Nucl. Soc., 1963, 6: 287.
[47] Seifritz, Stegemann. Atomic Energy Review (IAEA), 1971, 9: 129.
[48] Uhrig R E. Random Noise Techniques in Nuclear Reactor Systems. New York: Ronald Press, 1970.
[49] Williams M M R. Random Processes in Nuclear Reactors. Oxford: Pergamon Press, 1974.
[50] Pál L. PICG, 1964, 2: 218.
[51] Bell G I. Nucl. Sci. Eng., 1965, 21: 390.
[52] Greef C. A Study of Fluctuations in a Nuclear Reactor at Power, 1971. Ph. D. Thesis. (Council for Nat. Acad. Awards.)
[53] Cohn C E. Nucl. Sci. Eng., 1960, 7: 472.

第八章　流体运动影响的再考虑和晶格 Boltzmann 方法的简介

§8.1　流体运动影响的再考虑①

如§6.3中所述，当考虑介质流体运动对中子输运影响时，我们约定中子在不动空间的运动速度为 $\boldsymbol{v}$，流体运动速度为 $\boldsymbol{u}$，中子相对于介质流体运动的速度为：

$$\boldsymbol{V} = \boldsymbol{v} - \boldsymbol{u}(\boldsymbol{r},t). \tag{8.1}$$

不考虑流体运动影响的输运方程

$$\frac{\partial}{\partial t}N + \boldsymbol{v} \cdot \nabla_r N + \Sigma(v) v N(\boldsymbol{r},\boldsymbol{v},t) = Q(\boldsymbol{r},\boldsymbol{v},t), \tag{8.2}$$

式中

$$Q(\boldsymbol{r},\boldsymbol{v},t) = S(\boldsymbol{r},\boldsymbol{v},t) + \int \mathrm{d}\boldsymbol{v}' \Sigma_{\mathrm{s}}(\boldsymbol{v}' \to \boldsymbol{v}) v' N(\boldsymbol{r},\boldsymbol{v}',t). \tag{8.3}$$

注意到

$$\begin{aligned}\frac{\partial N}{\partial t} &= \frac{\mathrm{d}N}{\mathrm{d}t} - \boldsymbol{u} \cdot \nabla_r N = \frac{\mathrm{d}N}{\mathrm{d}t} - \nabla_r \cdot N\boldsymbol{u} + N \nabla_r \cdot \boldsymbol{u} \\ &= \rho \frac{\mathrm{d}}{\mathrm{d}t}\frac{N}{\rho} - \nabla_r \cdot N\boldsymbol{u},\end{aligned}$$

这里已利用质量守恒关系 $\nabla_r \cdot \boldsymbol{u} = \rho \frac{\mathrm{d}}{\mathrm{d}t}\left(\frac{1}{\rho}\right)$，因此(8.2)式又可以写成：

$$\begin{aligned}\rho \frac{\mathrm{d}}{\mathrm{d}t}\frac{N}{\rho} + \boldsymbol{v} \cdot \nabla_r N - \nabla_r \cdot N\boldsymbol{u} + \Sigma(v) v N(\boldsymbol{r},\boldsymbol{v},t) \\ = Q(\boldsymbol{r},\boldsymbol{v},t).\end{aligned} \tag{8.2'}$$

对于严格考虑流体运动影响的输运方程，当考虑介质流体运动影响之后，出现在方程(8.2)，(8.3)中的截面和源强应变换为

① 本书第一版的§6.3(本版仍维持不变)中，我们曾讨论过流体力学运动对中子输运的影响. 时隔20多年，对这影响多次实际计算的经验，使我们对具体的计算方法有了更多认识. 本节和下一节是根据蔡少辉教授的建议和由他提供的资料写出的. 所用符号力求和原来的一致.

$$\begin{cases} \Sigma(\boldsymbol{v})\text{ 用 }\left(\dfrac{V}{v}\right)\Sigma(V)\text{ 代替}, \\ \Sigma_s(\boldsymbol{v}'\to\boldsymbol{v})\text{ 用 }\left(\dfrac{V}{v}\right)\Sigma_s(\boldsymbol{V}'\to\boldsymbol{V})\dfrac{d\boldsymbol{V}}{d\boldsymbol{v}}\text{ 代替}, \\ S(\boldsymbol{v})\text{ 用 }S(\boldsymbol{V})\dfrac{d\boldsymbol{V}}{dv}\text{ 代替}. \end{cases} \tag{8.4}$$

相应考虑流体运动影响的输运方程变成

$$\frac{\partial N}{\partial t}+\boldsymbol{v}\cdot\nabla_r N = Q(\boldsymbol{r},\boldsymbol{V},t)-\Sigma(V)VN(\boldsymbol{r},\boldsymbol{v},t), \tag{8.5}$$

$$Q(\boldsymbol{r},\boldsymbol{V},t) = S(\boldsymbol{r},\boldsymbol{V},t)+\int d\boldsymbol{v}'\Sigma_s(\boldsymbol{V}'\to\boldsymbol{V})V'N(\boldsymbol{r},\boldsymbol{v}',t). \tag{8.6}$$

方程(8.5),(8.6)表明:

1° 中子在与核的相继两次碰撞之间运动时,中子以速度 $\boldsymbol{v}$ 运动;

2° 中子与介质原子核相互作用时起作用的是相对速度 $\boldsymbol{V}$.

求解严格方程(8.5),(8.6)有两种方法:

固定坐标系法: 此法在固定坐标系中求解输运方程(8.5),(8.6).但其中所含参数 $\Sigma(V)$,$\Sigma_s(\boldsymbol{V}'\to\boldsymbol{V})$,$S(\boldsymbol{V})$,$\boldsymbol{V}$ 则通过(8.1)式变换为 $|\boldsymbol{v}-\boldsymbol{u}|$ 及 $\boldsymbol{v}-\boldsymbol{u}$ 的函数(见文献[2]).

随动坐标系法(见 §6.3 及所引文献): 此法通过对方程(8.5)左边的变量 $N(\boldsymbol{r},\boldsymbol{v},t)$ 作自变量变换 $(\boldsymbol{r},\boldsymbol{v},t)\Longrightarrow(\boldsymbol{r},\boldsymbol{V},t)$,而把方程(8.1)看成变换公式.在此变换下 $N(\boldsymbol{r},\boldsymbol{v},t)$ 变成 $\widetilde{N}(\boldsymbol{r},\boldsymbol{V},t)$:

$$\begin{cases} N(\boldsymbol{r},\boldsymbol{v},t) = N(\boldsymbol{r},\boldsymbol{v}=\boldsymbol{V}+\boldsymbol{u},t) = \widetilde{N}(\boldsymbol{r},\boldsymbol{V},t) \\ \qquad\qquad = \widetilde{N}(\boldsymbol{r},\boldsymbol{V}=\boldsymbol{v}-\boldsymbol{u},t), \\ d\boldsymbol{v} = d\boldsymbol{V}. \end{cases} \tag{8.7}$$

相应方程(8.5)左边变成

$$\begin{aligned} &\frac{\partial}{\partial t}N(\boldsymbol{r},\boldsymbol{v},t)+\boldsymbol{v}\cdot\nabla_r N(\boldsymbol{r},\boldsymbol{v},t) \\ &\quad = \frac{\partial}{\partial t}\widetilde{N}(\boldsymbol{r},\boldsymbol{V},t)+\boldsymbol{v}\cdot\nabla_r\widetilde{N}(\boldsymbol{r},\boldsymbol{V},t)+\boldsymbol{a}\cdot\nabla_V\widetilde{N}(\boldsymbol{r},\boldsymbol{V},t), \end{aligned}$$

便得到在随动坐标中的中子输运方程:

$$\frac{\partial\widetilde{N}}{\partial t}+\boldsymbol{v}\cdot\nabla_r\widetilde{N}+\boldsymbol{a}\cdot\nabla_V\widetilde{N} = Q(\boldsymbol{r},\boldsymbol{V},t)-\Sigma(V)V\widetilde{N}(\boldsymbol{r},\boldsymbol{V},t), \tag{8.8}$$

且

$$Q(\boldsymbol{r},\boldsymbol{V},t) = S(\boldsymbol{r},\boldsymbol{V},t)+\int d\boldsymbol{V}'\Sigma_s(\boldsymbol{V}'\to\boldsymbol{V})V'\widetilde{N}(\boldsymbol{r},\boldsymbol{V}',t), \tag{8.9}$$

这里

$$\boldsymbol{a} = -\left[\frac{\partial\boldsymbol{u}}{\partial t}+\boldsymbol{v}\cdot\nabla_r\boldsymbol{u}\right] = -\left[\frac{d\boldsymbol{u}}{dt}+\boldsymbol{V}\cdot\nabla_r\boldsymbol{u}\right] \tag{8.10}$$

是加速度.当选择$(\boldsymbol{r},\boldsymbol{V},t)$为自变量后,中子受到上述加速度场的加速.

Wienke(1974)(见文献[1])通过直接在相空间$(\boldsymbol{r},\boldsymbol{V})$内建立中子守恒方程的办法也得到同样的结果.

利用矢量恒等式

$$\nabla_V \cdot \widetilde{N}\boldsymbol{a} = \boldsymbol{a} \cdot \nabla_V \widetilde{N} + \widetilde{N}\, \nabla_V \cdot \boldsymbol{a},$$

其中

$$\begin{aligned}\nabla_V \cdot \boldsymbol{a} &= -\nabla_V \cdot \left[\frac{\mathrm{d}\boldsymbol{u}}{\mathrm{d}t} + (\boldsymbol{V} \cdot \nabla_r)\boldsymbol{u}\right] = -\nabla_V \cdot (\boldsymbol{V} \cdot \nabla_r)\boldsymbol{u} \\ &= -\boldsymbol{i}_\alpha \frac{\partial}{\partial V_\alpha} \cdot \left(V_\beta \frac{\partial}{\partial x_\beta}\right)\boldsymbol{i}_\beta u_\beta = -\frac{\partial u_\beta}{\partial x_\beta} = -\nabla_r \cdot \boldsymbol{u},\end{aligned}$$

因此(8.8)式左边第三项可写成

$$\boldsymbol{a} \cdot \nabla_V \widetilde{N} = \nabla_V \cdot \widetilde{N}\boldsymbol{a} + \widetilde{N}\, \nabla_r \cdot \boldsymbol{u}. \tag{8.11}$$

从而得到

$$\begin{aligned}&\frac{\partial \widetilde{N}}{\partial t} + \boldsymbol{V} \cdot \nabla_r \widetilde{N} + \nabla_r \cdot \widetilde{N}\boldsymbol{u} + \nabla_V \cdot \widetilde{N}\boldsymbol{a} + \Sigma(V)V\widetilde{N}(\boldsymbol{r},\boldsymbol{V},t) \\ &\quad = Q(\boldsymbol{r},\boldsymbol{V},t),\end{aligned} \tag{8.8$'$}$$

或者写做

$$\begin{aligned}&\rho \frac{\mathrm{d}}{\mathrm{d}t}\frac{\widetilde{N}}{\rho} + \boldsymbol{V} \cdot \nabla_r \widetilde{N} + \nabla_V \cdot \widetilde{N}\boldsymbol{a} + \Sigma(V)V\widetilde{N}(\boldsymbol{r},\boldsymbol{V},t) \\ &\quad = Q(\boldsymbol{r},\boldsymbol{V},t).\end{aligned} \tag{8.8$''$}$$

近似考虑流体运动影响的输运方程

如果把方程(8.8″)等式左边的$\nabla_V \cdot \widetilde{N}\boldsymbol{a}$一项忽略,便得到历史上我们常用的所谓近似考虑流体运动影响的中子输运方程:

$$\rho \frac{\mathrm{d}}{\mathrm{d}t}\frac{\widetilde{N}}{\rho} + \boldsymbol{V} \cdot \nabla_r \widetilde{N} + \Sigma(V)V\widetilde{N}(\boldsymbol{r},\boldsymbol{V},t) = Q(\boldsymbol{r},\boldsymbol{V},t), \tag{8.12}$$

且

$$Q(\boldsymbol{r},\boldsymbol{V},t) = S(\boldsymbol{r},\boldsymbol{V},t) + \int \mathrm{d}\boldsymbol{V}'\Sigma_s(\boldsymbol{V}' \to \boldsymbol{V})V'\widetilde{N}(\boldsymbol{r},\boldsymbol{V}',t). \tag{8.13}$$

比较一下不考虑流体运动影响的方程组(8.2′),(8.3),严格考虑流体运动影响的方程组(8.8″),(8.9),以及近似考虑流体运动影响的方程组(8.12),(8.13),可以看到:

(1) 从形式上看,严格考虑比不考虑多了两项:

$\nabla_r \cdot \widetilde{N}\boldsymbol{u}$:被流体运动驱动的中子流向量的散度;

$\nabla_V \cdot \widetilde{N}\boldsymbol{a}$:因流速$\boldsymbol{u}$随时-空变化而引起的、中子在不同速率之间的重新分配(上下行散射)和相同速率的中子在不同方向之间的重新分配.

(2) 近似考虑流体运动影响只考虑被流体运动驱动的中子流向量的散度$\nabla_r \cdot \widetilde{N}\boldsymbol{u}$ 的修正,但不考虑因流速 $\boldsymbol{u}$ 随时-空变化而引起的中子在不同速率之间的重新分配和相同速率的中子在不同方向之间的重新分配.

下面讨论用随动坐标系法求解中子输运方程(8.8″),(8.9).

§8.2　一维球对称系统

在笛卡儿坐标系中,空间位置矢量 $\boldsymbol{r}$ 用 $\boldsymbol{r}=\boldsymbol{i}_\alpha r_\alpha$ 表示,矢量的长度 $r=|\boldsymbol{r}|=\sqrt{r_\alpha r_\alpha}$,算子$\nabla_r$ 用$\nabla_r=\boldsymbol{i}_\alpha \dfrac{\partial}{\partial r_\alpha}$表示.容易导出

$$\frac{\partial r}{\partial r_\alpha}=\frac{\partial}{\partial r_\alpha}\sqrt{r_\beta r_\beta}=\frac{r_\alpha}{r},\quad \nabla_r r=\boldsymbol{i}_\alpha \frac{\partial}{\partial r_\alpha}\sqrt{r_\beta r_\beta}=\frac{\boldsymbol{r}}{r},$$

$$\nabla_r \cdot \boldsymbol{r}=\boldsymbol{i}_\alpha \cdot \frac{\partial}{\partial r_\alpha}\boldsymbol{i}_\beta r_\beta=\boldsymbol{i}_\alpha \cdot \boldsymbol{i}_\alpha=3,$$

$$\frac{\partial}{\partial r_\alpha}\left(\frac{\boldsymbol{r}}{r}\right)=\frac{1}{r}\frac{\partial \boldsymbol{r}}{\partial r_\alpha}-\frac{\boldsymbol{r}}{r^2}\frac{\partial r}{\partial r_\alpha}=\frac{\boldsymbol{i}_\alpha}{r}-\frac{r_\alpha}{r^3}\boldsymbol{r}$$

以及

$$\nabla_r \cdot \frac{\boldsymbol{r}}{r}=\frac{1}{r}\nabla_r \cdot \boldsymbol{r}-\frac{\boldsymbol{r}}{r^2}\cdot \nabla_r r=\frac{2}{r}.$$

同样,中子相对流体运动的速度矢量 $\boldsymbol{V}$ 用 $\boldsymbol{V}=\boldsymbol{i}_\alpha V_\alpha$ 表示,其长度即速率等于 $V=\sqrt{V_\beta V_\beta}$,算子$\nabla_{\boldsymbol{V}}=\boldsymbol{i}_\alpha \dfrac{\partial}{\partial \boldsymbol{V}_\alpha}$, 并且有$\dfrac{\partial V}{\partial V_\alpha}=\dfrac{\partial}{\partial V_\alpha}\sqrt{V_\beta V_\beta}=\dfrac{V_\alpha}{V}$,

$$\nabla_{\boldsymbol{V}} V=\boldsymbol{i}_\alpha \frac{\partial}{\partial V_\alpha}\sqrt{V_\beta V_\beta}=\frac{\boldsymbol{V}}{V},$$

$$\nabla_{\boldsymbol{V}} \cdot \boldsymbol{V}=\boldsymbol{i}_\alpha \cdot \frac{\partial}{\partial V_\alpha}\boldsymbol{i}_\beta V_\beta=\boldsymbol{i}_\beta \cdot \boldsymbol{i}_\beta=3,$$

$$\frac{\partial}{\partial V_\alpha}\left(\frac{\boldsymbol{V}}{V}\right)=\frac{1}{V}\frac{\partial \boldsymbol{V}}{\partial V_\alpha}-\frac{\boldsymbol{V}}{V^2}\frac{\partial V}{\partial V_\alpha}=\frac{\boldsymbol{i}_\alpha}{V}-\frac{V_\alpha}{V^3}\boldsymbol{V}$$

以及

$$\nabla_{\boldsymbol{V}} \cdot \frac{\boldsymbol{V}}{V}=\frac{1}{V}\nabla_{\boldsymbol{V}} \cdot \boldsymbol{V}-\frac{\boldsymbol{V}}{V^2}\cdot \nabla_{\boldsymbol{V}} V=\frac{2}{V}.$$

对于一维球对称系统.若取球坐标中心为原点,则系统内流体速度场及中子场退化为 $\boldsymbol{u}=\boldsymbol{u}(\boldsymbol{r},t)=\dfrac{\boldsymbol{r}}{r}u(r,t)$,$\widetilde{N}=\widetilde{N}(\boldsymbol{r},\boldsymbol{V},t)=\widetilde{N}(r,V,\eta,t)$,这里 $\eta=\dfrac{\boldsymbol{r}\cdot\boldsymbol{V}}{rV}$.不难导出如下关系:

$$\left\{\begin{aligned}
&\frac{\partial\eta}{\partial r_\alpha}=\frac{\partial}{\partial r_\alpha}\frac{V_\beta r_\beta}{Vr}=\frac{V_\alpha}{Vr}-\frac{\eta r_\alpha}{r^2},\\
&\frac{\partial\eta}{\partial V_\alpha}=\frac{\partial}{\partial V_\alpha}\frac{V_\beta r_\beta}{Vr}=\frac{r_\alpha}{Vr}-\frac{\eta V_\alpha}{V^2},\\
&\nabla_r=\boldsymbol{i}_\alpha\frac{\partial}{\partial r_\alpha}=\boldsymbol{i}_\alpha\left[\frac{\partial r}{\partial r_\alpha}\frac{\partial}{\partial r}+\frac{\partial\eta}{\partial r_\alpha}\frac{\partial}{\partial\eta}\right]\\
&\quad=\frac{\boldsymbol{r}}{r}\frac{\partial}{\partial r}+\left(\frac{\boldsymbol{V}}{Vr}-\frac{\eta\boldsymbol{r}}{r^2}\right)\frac{\partial}{\partial\eta},\\
&\nabla_V=\boldsymbol{i}_\alpha\frac{\partial}{\partial V_\alpha}=\boldsymbol{i}_\alpha\left[\frac{\partial V}{\partial V_\alpha}\frac{\partial}{\partial V}+\frac{\partial\eta}{\partial V_\alpha}\frac{\partial}{\partial\eta}\right]\\
&\quad=\frac{\boldsymbol{V}}{V}\frac{\partial}{\partial V}+\left(\frac{\boldsymbol{r}}{Vr}-\frac{\eta\boldsymbol{V}}{V^2}\right)\frac{\partial}{\partial\eta},
\end{aligned}\right. \tag{8.14}$$

并且有

$$\left\{\begin{aligned}
&\nabla_r\cdot\boldsymbol{u}=\nabla_r\cdot\left(u\frac{\boldsymbol{r}}{r}\right)=\frac{\boldsymbol{r}}{r}\cdot\nabla_r u+u\,\nabla_r\cdot\frac{\boldsymbol{r}}{r}=\frac{\partial u}{\partial r}+\frac{2u}{r},\\
&\boldsymbol{V}\cdot\nabla_r\boldsymbol{u}=V_\alpha\frac{\partial}{\partial r_\alpha}\left(u\frac{\boldsymbol{r}}{r}\right)=V_\alpha\left(\frac{\boldsymbol{r}}{r}\frac{\partial u}{\partial r_\alpha}+u\frac{\partial}{\partial r_\alpha}\frac{\boldsymbol{r}}{r}\right)\\
&\qquad=\frac{\boldsymbol{r}}{r}\left(\frac{\partial u}{\partial r}-\frac{u}{r}\right)V\eta+\boldsymbol{V}\frac{u}{r},\\
&\nabla_r\widetilde{N}=\frac{\boldsymbol{r}}{r}\frac{\partial\widetilde{N}}{\partial r}+\left(\frac{\boldsymbol{V}}{Vr}-\frac{\eta\boldsymbol{r}}{r^2}\right)\frac{\partial\widetilde{N}}{\partial\eta},\\
&\boldsymbol{V}\cdot\nabla_r\boldsymbol{N}=V\eta\frac{\partial\widetilde{N}}{\partial r}+\frac{V(1-\eta^2)}{r}\frac{\partial\widetilde{N}}{\partial\eta}\\
&\qquad=\frac{V}{r^2}\frac{\partial(r^2\eta\widetilde{N})}{\partial r}+\frac{V}{r}\frac{\partial[(1-\eta^2)\widetilde{N}]}{\partial\eta},\\
&\boldsymbol{a}=-\left[\frac{d\boldsymbol{u}}{dt}+\boldsymbol{V}\cdot\nabla_r\boldsymbol{u}\right]=-\frac{\boldsymbol{r}}{r}\left[\frac{\mathrm{d}u}{\mathrm{d}t}+V\eta\left(\frac{\partial u}{\partial r}-\frac{u}{r}\right)\right]-\boldsymbol{V}\frac{u}{r}.
\end{aligned}\right. \tag{8.15}$$

由此得

$$\begin{aligned}
-\nabla_V\cdot N\boldsymbol{a}&=\nabla_V\cdot\left\{\frac{\boldsymbol{r}}{r}\left[\frac{\mathrm{d}u}{\mathrm{d}t}+V\eta\left(\frac{\partial u}{\partial r}-\frac{u}{r}\right)\right]\widetilde{N}\right\}+\frac{u}{r}\nabla_V\cdot\widetilde{N}\boldsymbol{V}\\
&=\left[\frac{\boldsymbol{V}}{V}\frac{\partial}{\partial V}+\left(\frac{\boldsymbol{r}}{Vr}-\frac{\eta\boldsymbol{V}}{V^2}\right)\frac{\partial}{\partial\eta}\right]\\
&\quad\cdot\left\{\frac{\boldsymbol{r}}{r}\left[\frac{\mathrm{d}u}{\mathrm{d}t}+V\eta\left(\frac{\partial u}{\partial r}-\frac{u}{r}\right)\right]\widetilde{N}\right\}+\frac{u}{r}\left(3\widetilde{N}+V\frac{\partial\widetilde{N}}{\partial V}\right)\\
&=\left\{\eta\frac{\mathrm{d}u}{\mathrm{d}t}+V\left[\eta^2\frac{\partial u}{\partial r}+(1-\eta^2)\frac{u}{r}\right]\right\}\frac{\partial\widetilde{N}}{\partial V}\\
&\quad+\frac{1}{V}\left[\frac{\mathrm{d}u}{\mathrm{d}t}+V\eta\left(\frac{\partial u}{\partial r}-\frac{u}{r}\right)\right](1-\eta^2)\frac{\partial\widetilde{N}}{\partial\eta}+\left(\frac{\partial u}{\partial r}+2\frac{u}{r}\right)\widetilde{N},
\end{aligned}$$

然后再把它改写成守恒形式：

$$\nabla_{\mathrm{v}} \cdot \widetilde{N}\boldsymbol{a} = \frac{1}{V^2}\frac{\partial}{\partial V}\left\{V^2\left(\frac{\boldsymbol{a}\cdot\boldsymbol{V}}{V}\right)\widetilde{N}\right\} - \frac{1}{V}\frac{\mathrm{d}u}{\mathrm{d}t}\frac{\partial}{\partial\eta}[(1-\eta^2)\widetilde{N}]$$
$$-\left(\frac{\partial u}{\partial r}-\frac{u}{r}\right)\frac{\partial}{\partial\eta}[\eta(1-\eta^2)\widetilde{N}], \tag{8.16}$$

其中

$$\left(\frac{\boldsymbol{a}\cdot\boldsymbol{V}}{V}\right) = -\left\{\eta\frac{\mathrm{d}u}{\mathrm{d}t}+V\left[\eta^2\frac{\partial u}{\partial r}+(1-\eta^2)\frac{u}{r}\right]\right\}, \tag{8.17}$$

因此输运方程(8.8″)，(8.9)分别可写成

$$\rho\frac{\mathrm{d}}{\mathrm{d}t}\frac{\widetilde{N}}{\rho}+\frac{\eta}{r^2}\frac{\partial}{\partial r}(r^2V\widetilde{N})$$
$$+\frac{1}{r}\frac{\partial}{\partial\eta}[(1-\eta^2)V\widetilde{N}]+\Sigma(V)V\widetilde{N}(r,V,\eta,t)$$
$$=Q(r,V,\eta,t)-\frac{1}{V^2}\frac{\partial}{\partial V}\left\{V^2\left(\frac{\boldsymbol{a}\cdot\boldsymbol{V}}{V}\right)\widetilde{N}\right\}$$
$$+\frac{1}{V}\frac{\mathrm{d}u}{\mathrm{d}t}\frac{\partial}{\partial\eta}[(1-\eta^2)\widetilde{N}]$$
$$+\left(\frac{\partial u}{\partial r}-\frac{u}{r}\right)\frac{\partial}{\partial\eta}[\eta(1-\eta^2)\widetilde{N}] \tag{8.18}$$

以及

$$Q(r,V,\eta,t)=S(r,V,\eta,t)+\frac{1}{V^2}\sum_{l=0}^{\infty}\frac{2l+1}{4\pi}\mathrm{P}_l(\eta)\int_{-1}^{1}\mathrm{d}\eta'$$
$$\cdot V'^2\Sigma_{\mathrm{s},l}(V'\to V)V'\widetilde{N}_l'(r,V',t). \tag{8.19}$$

其中

$$\begin{cases}\Sigma_{\mathrm{s},l}(V'\to V)=2\pi\int_{-1}^{1}\mathrm{d}\eta_0\mathrm{P}_l(\eta_0)\Sigma_{\mathrm{s}}(V'\to V,\eta_0),\\ \widetilde{N}_l(r,V,t)=2\pi\int_{-1}^{1}\mathrm{d}\eta\mathrm{P}_l(\eta)\widetilde{N}(r,V,\eta,t).\end{cases} \tag{8.20}$$

为使问题定解，除应给出 $t=0$(初始时刻)的初值 $\widetilde{N}(r,V,\eta,t=0)$ 以及速度的初值 $\lim\limits_{V\to\infty}V^2\widetilde{N}(r,V,\eta,t)=0$ 外，还必须在 $r=0$ 和 $r=r_K$(系统的外半径)两个边界处加上适当的边界条件. 为叙述确定起见，假定在 $r=0$ 采用

$$\lim_{r\to0}\frac{\partial\widetilde{N}(r,V,\eta,t)}{\partial\eta}=0, \tag{8.21}$$

即球心处密度函数与方向无关①，而在 $r=r_K$ 处用无照射条件，即

$$\widetilde{N}(r_K,V,\eta<0,t)=0. \tag{8.22}$$

如果对于一维球对称系统，忽略核能释放导致的质量亏损和中子对质量的输运影响，并引进通量角密度

$$\psi(r,V,\eta,t)=V\widetilde{N}(r,V,\eta,t),$$

则方程(8.18)，(8.19)分别变成：

$$\begin{aligned}&\frac{\rho}{V}\frac{\mathrm{d}}{\mathrm{d}t}\frac{\psi}{\rho}+\frac{\eta}{r^2}\frac{\partial}{\partial r}(r^2\psi)+\frac{1}{r}\frac{\partial}{\partial\eta}[(1-\eta^2)\psi]+\Sigma(V)\psi(V,\eta)\\&\quad=Q(V,\eta)-\frac{1}{V^2}\frac{\partial}{\partial V}\left\{V^2\left(\frac{\boldsymbol{a}\cdot\boldsymbol{V}}{V}\right)\frac{\psi}{V}\right\}+\frac{1}{V^2}\frac{\mathrm{d}u}{\mathrm{d}t}\frac{\partial}{\partial\eta}[(1-\eta^2)\psi]\\&\qquad+\frac{1}{V}\left[\frac{\partial u}{\partial r}-\frac{u}{r}\right]\frac{\partial}{\partial\eta}[\eta(1-\eta^2)\psi],\end{aligned} \tag{8.23}$$

且

$$\begin{aligned}Q(V,\eta)=&\ S(V,\eta)+\frac{1}{V^2}\sum_{l=0}^{\infty}\frac{2l+1}{4\pi}\mathrm{P}_l(\eta)\\&\cdot\int\mathrm{d}V'V'^2\Sigma_{\mathrm{s},l}(V'\to V)\psi_l(V').\end{aligned} \tag{8.24}$$

其中

$$\left\{\begin{aligned}&\Sigma_{\mathrm{s},l}(V'\to V)=2\pi\int_{-1}^{1}\mathrm{d}\eta_0\mathrm{P}_l(\eta_0)\Sigma_{\mathrm{s}}(V'\to V,\eta_0),\\&\psi_l(V)=\psi_l(r,V,t)=2\pi\int_{-1}^{1}\mathrm{d}\eta\mathrm{P}_l(\eta)\psi(r,V,\eta,t).\end{aligned}\right. \tag{8.25}$$

这里我们已经用通量角密度代替数角密度，此外，今后为简单起见，一般不再写出函数 ρ，Q，宏观截面以及 ψ 或 $\widetilde{N}$ 的自变量 r,t.

注意，(8.23)式中左边第三项表示由于球几何的曲率 $1/r$ 引起的中子角通量在不同 η 值之间的重新分配；右边第三、四项表示由于流场不均匀性引起的角通量在不同 η 值之间的重新分配；右边第二项表示由于流场不均匀性引起的角通量在不同 V 值之间的重新分配. 与近似考虑介质流动情况下的输运方程相比，(8.23)式增加了右边第二、三、四项. 该方程有如下特点：

1°　当 $u\to0$ 时，$V\to v$，$\eta\to\mu=\dfrac{\boldsymbol{v}\cdot\boldsymbol{r}}{vr}$，$\boldsymbol{a}\to0$，$\dfrac{\mathrm{d}}{\mathrm{d}t}\to\dfrac{\partial}{\partial t}$，$\rho$ 与 t 无关，相应右边第二、三和第四项为零，这时，方程(8.23)式与近似考虑流体运动影响的方程一样，都退化为无介质流动的中子输运方程；

---

① 通常在球心处采用镜面反射的边界条件：$\widetilde{N}(r,V,\eta,t)=\widetilde{N}(r,V,-\eta,t)$. 但是计算表明，在进行数值计算时，镜面反射边界条件常常导致球心处通量下沉这种不合理的物理现象.

2° 对方程作 $2\pi\int_{-1}^{1}\mathrm{d}\eta\cdots$ 运算时，左边第三项和右边第三、四项为零；

3° 对方程作 $\int_{0}^{\infty}\mathrm{d}VV^2\cdots$ 运算时，右边第二项为零.

下面在推导方程的差分格式时应时刻保持这些特点.

有关差分格式的讨论

现在来考查一下(8.23)式中出现的微分项.其中密度函数对时、空的微分与原来无介质流动时的形式并无不同，因此差分格式仍可采用原有格式，这里不再赘述.首先方程右边第二项中出现对相对速率 V 的微分项；此外，方程中共有三项对 η 的微分，其中除左、右两边第三项中所含$\frac{\partial}{\partial\eta}[(1-\eta^2)\psi]$与原来相同外，还出现了右边第四项中的$\frac{\partial}{\partial\eta}[\eta(1-\eta^2)\psi]$新形式.因此有必要讨论对速率 V 和对方向 η 的差分格式.

先讨论对速率 V 的差分格式.根据研究对象的中子能谱特点以及有关反应截面随 V 变化情况，将 $V\in[V_{\min},V_{\max}]$全域划分成 G 个速率群：

$$V_{\min}=V_{G+\frac{1}{2}}<V_{G-\frac{1}{2}}<\cdots<V_{g+\frac{1}{2}}<V_{g-\frac{1}{2}}$$
$$<\cdots<V_{\frac{3}{2}}<V_{\frac{1}{2}}=V_{\max},$$

其中第 g 群中子速率 $V\in[V_{g+\frac{1}{2}},V_{g-\frac{1}{2}}]$.然后对方程(8.23)作 $\int_{\Delta V_g}\mathrm{d}VV^2\cdots=\int_{V_{g+\frac{1}{2}}}^{V_{g-\frac{1}{2}}}\mathrm{d}VV^2\cdots$ 运算，通过引进群参数：

$$\begin{cases}V_g=V_g(r,\eta,t)\\ \quad=\int_{\Delta V_g}\mathrm{d}VV^2V\widetilde{N}(r,V,\eta,t)\Big/\int_{\Delta V_g}\mathrm{d}VV^2\widetilde{N}(r,V,\eta,t)\\ \quad=\int_{\Delta V_g}\mathrm{d}VV^2\psi(r,V,\eta,t)\Big/\int_{\Delta V_g}\mathrm{d}VV^2\,\frac{1}{V}\psi(r,V,\eta,t),\\ \left(\frac{1}{V}\right)_g=\left(\frac{1}{V}\right)_g(r,\eta,t)\\ \quad=\int_{\Delta V_g}\mathrm{d}VV^2\,\frac{1}{V}\widetilde{N}(r,V,\eta,t)\Big/\int_{\Delta V_g}\mathrm{d}VV^2\widetilde{N}(r,V,\eta,t)\\ \quad=\int_{\Delta V_g}\mathrm{d}VV^2\,\frac{1}{V^2}\psi(r,V,\eta,t)\Big/\int_{\Delta V_g}\mathrm{d}VV^2\,\frac{1}{V}\psi(r,V,\eta,t),\end{cases}$$

以及有关核素的第 x 种反应道群截面和群转移截面的平均公式：

$$
\left\{
\begin{aligned}
\sigma_{x,g} &= \sigma_{x,g}(r,\eta,t) \\
&= \int_{\Delta V_g} \mathrm{d}VV^2\sigma_x(V)V\widetilde{N}(r,V,\eta,t) \Big/ \int_{\Delta V_g} \mathrm{d}VV^2V\widetilde{N}(r,V,\eta,t) \\
&= \int_{\Delta V_g} \mathrm{d}VV^2\sigma_x(V)\psi(r,V,\eta,t) \Big/ \int_{\Delta V_g} \mathrm{d}VV^2\psi(r,V,\eta,t), \\
\sigma_{x,l,g'\to g} &= \sigma_{x,l,g'\to g}(r,t) \\
&= \int_{\Delta V_g'} \mathrm{d}V'V'^2V'\widetilde{N}_l(V')\int_{\Delta V_g} \mathrm{d}V\sigma_{x,l}(V'\to V) \\
&\quad \Big/ \int_{\Delta V_g'} \mathrm{d}V'V'^2V\widetilde{N}_l(V') \\
&= \int_{\Delta V_g'} \mathrm{d}V'V'^2\psi_l(V')\int_{\Delta V_g} \mathrm{d}V\sigma_{x,l}(V'\to V) \Big/ \int_{\Delta V_g'} \mathrm{d}V'V'^2\psi_l(V').
\end{aligned}
\right.
\tag{8.26}
$$

这里，

$$
\widetilde{N}_l(V) = \widetilde{N}_l(r,V,t) = 2\pi\int_{-1}^{1} \mathrm{d}\eta \mathrm{P}_l(\eta)\widetilde{N}(r,V,\eta,t),
$$

$$
\psi_l(V) = \psi_l(r,V,t) = 2\pi\int_{-1}^{1} \mathrm{d}\eta \mathrm{P}_l(\eta)\psi(r,V,\eta,t) = V\widetilde{N}_l(V)
$$

分别是中子数密度角度矩和中子通量密度角度矩. 利用关系式$\psi(V,\eta)V^2\mathrm{d}V = \varphi(E,\eta)\mathrm{d}E$，其中 $E=\frac{1}{2}m_{\mathrm{n}}V^2$ 为与相对速度 V 对应的相对能量，m_{n} 为中子的静止质量，将对群速率间隔积分后的输运方程写成：

$$
\begin{aligned}
&\frac{\rho}{V_g}\frac{\mathrm{d}}{\mathrm{d}t}\left(\frac{\phi_g}{\rho}\right) + \frac{\eta}{r^2}\frac{\partial}{\partial r}(r^2\phi_g) + \frac{1}{r}\frac{\partial[(1-\eta^2)\phi_g]}{\partial\eta} + \Sigma_g\phi_g(\eta) \\
&\quad = Q_g(\eta) + m_{\mathrm{n}}\left(\frac{\boldsymbol{a}\cdot\boldsymbol{V}}{V}\right)_{g-\frac{1}{2}}\varphi_{g-\frac{1}{2}}(\eta)(1-\delta_{g,1}) \\
&\qquad + m_{\mathrm{n}}\left(\frac{\boldsymbol{a}\cdot\boldsymbol{V}}{V}\right)_{g+\frac{1}{2}}\varphi_{g+\frac{1}{2}}(\eta)(1-\delta_{g,G}) \\
&\qquad + \frac{1}{V_g}\left(\frac{1}{V}\right)_g\frac{\mathrm{d}u}{\mathrm{d}t}\frac{\partial}{\partial\eta}[(1-\eta^2)\phi_g] \\
&\qquad + \frac{1}{V_g}\left(\frac{\partial u}{\partial r} - \frac{u}{r}\right)\frac{\partial}{\partial\eta}[\eta(1-\eta^2)\phi_g],
\end{aligned}
\tag{8.27}
$$

$$
\begin{aligned}
Q_g(\eta) &= \int_{\Delta V_g} \mathrm{d}VV^2Q(V,\eta) \\
&= S_g(\eta) + \sum_{l=0}^{\infty}\frac{2l+1}{4\pi}\mathrm{P}_l(\eta)\sum_{g'=1}^{G}\Sigma_{\mathrm{s},l,g'\to g}\phi_{l,g},
\end{aligned}
\tag{8.28}
$$

$$
S_g(\eta) = \int_{\Delta V_g} \mathrm{d}VV^2S(V,\eta).
$$

其中

$$\phi_{l,g}=\phi_{l,g}(r,t)=2\pi\int_{-1}^{1}d\eta P_l(\eta)\phi_g(r,\eta,t)$$

$$=2\pi\int_{-1}^{1}d\eta P_l(\eta)\Psi_g(r,\eta,t)=\Psi_{l,g}(r,t)=\Psi_{l,g},$$

$$\phi_g(\eta)=\phi_g(r,\eta,t)=\int_{\Delta E_g}\varphi(r,E,\eta,t)dE$$

$$=\int_{\Delta V_g}dVV^2\psi(r,V,\eta,t)=\Psi_g(r,\eta,t)=\Psi_g(\eta),$$

$$\varphi_{g\pm\frac{1}{2}}(\eta)=\varphi(E_{g\pm\frac{1}{2}},\eta)=\varphi(r,E_{g\pm\frac{1}{2}},\eta,t)$$

$$=\frac{V_{g\pm\frac{1}{2}}}{m_n}\psi(V_{g\pm\frac{1}{2}},\eta)=\frac{V_{g\pm\frac{1}{2}}}{m_n}\psi(r,V_{g\pm\frac{1}{2}},\eta,t)$$

$$=\frac{V_{g\pm\frac{1}{2}}}{m_n}\psi(V_{g\pm\frac{1}{2}},\eta)=\frac{V_{g\pm\frac{1}{2}}}{m_n}\psi_{g\pm\frac{1}{2}}(\eta)$$

则分别为第 g 群积分中子角通量矩、第 g 群积分中子角通量和第 g 群网格界面处以相对能量为变量的中子角通量.(8.27)式等号右边第二及第三项给出流场不均匀造成相邻能群(即 $g\pm1$ 群)与 g 群中子之间的群转移.由于式中引进了 Kronecker 符号:

$$\delta_{g,1}=\begin{cases}1 & (g=1),\\ 0 & (g\neq1),\end{cases}\quad \delta_{g,G}=\begin{cases}1 & (g=G),\\ 0 & (g\neq G).\end{cases}$$

上述群转移只在$[E_{\min},E_{\max}]$区间内进行,从而保证方程(8.27)式右边第二与第三项对所有能群求和后为零.

虽然(8.26)式给出考虑介质流动后的中子输运方程的多群形式,但其中的群参数需要知道角通量谱之解(或者至少需要知道群内函数之解)后才能算出,所以实际无法应用.中子学计算中被广泛采用的多群近似就是用某种与 r,η,t 无关的近似通量速度谱$\hat{\psi}(V)$或通量能量谱 $\hat{F}(E)$ 取代与时间、空间、运动方向有关的$\psi(r,V,\eta,t)$或$\varphi(r,E,\eta,t)$,相应群参数平均式变成

$$\begin{cases}V_g=\int_{\Delta E_g}dE\hat{F}(E)\Big/\int_{\Delta E_g}dE\,\frac{1}{V}\hat{F}(E),\\ \left(\frac{1}{V}\right)_g=\int_{\Delta E_g}dE\,\frac{1}{V^2}\tilde{F}(E)\Big/\int_{\Delta E_g}dE\,\frac{1}{V}\tilde{F}(E),\end{cases}$$

有关核素的第 x 种反应道群截面和群转移截面的平均公式为:

$$\begin{cases}\sigma_g=\int_{\Delta E_g}dE\sigma_x(E)\hat{F}(E)\Big/\int_{\Delta E_g}dE\hat{F}(E),\\ \sigma_{x,l,g'\to g}=\int_{\Delta E_{g'}}dE'\hat{F}(E')\int_{\Delta E_g}dE\sigma_{x,l}(E'\to E)\Big/\int_{\Delta E_{g'}}dE'\hat{F}(E').\end{cases}\tag{8.29}$$

这样，这些群常数便不再与 r,η,t 有关. 这种近似，至少当能群间隔分得比较细时是可以接受的. 注意在这些群参数的制作公式中，正如所预期的那样，出现的是相对能量 E 谱，因而与流场无关. 另外，在形式上与流速为零情况下的参数平均公式并无不同，只不过在考虑流体运动影响后增加了相对速度的倒数平均值而已.

由于(8.27)式中除了出现群角通量 ϕ_g 外，还出现能群网格边界处的角通量 $\varphi_{g\pm\frac{1}{2}}$，为了使多群方程成为一个闭合问题，需要引入能群网格边界角通量 $\varphi_{g\pm\frac{1}{2}}$ 与群积分角通量 ϕ_g 的关系. 下面讨论三种格式.

(1) **步函数格式**

这是最简单的插值格式.

现在就来讨论在步格式情况下，方程(8.27)式等号右边能群网格边界处的角通量，譬如说 $\varphi_{g+\frac{1}{2}}$ 应如何取值. 显然，当 $\left(\dfrac{\boldsymbol{a}\cdot\boldsymbol{V}}{V}\right)_{g+\frac{1}{2}}>0$，沿 η 方向运动的中子将受到流场的加速，此时第 $g+1$ 群中子将通过能群界面 $E_{g+\frac{1}{2}}$ 进入第 g 群，因此边界角通量 $\varphi_{g+\frac{1}{2}}(r,\eta,t)$ 近似取作 $\varphi_{g+\frac{1}{2}}(r,\eta,t)=\dfrac{\phi_{g+1}(r,\eta,t)}{\Delta E_{g+1}}$；反之当 $\left(\dfrac{\boldsymbol{a}\cdot\boldsymbol{V}}{V}\right)_{g+\frac{1}{2}}<0$，中子将受到减速，第 g 群中子将通过能群界面 $E_{g+\frac{1}{2}}$ 进入第 $g+1$ 群，相应 $\varphi_{g+\frac{1}{2}}(r,\eta,t)$ 近似取作 $\varphi_{g+\frac{1}{2}}(r,\eta,t)=\dfrac{\phi_g(r,\eta,t)}{\Delta E_g}$. 换言之有

$$\varphi_{g+\frac{1}{2}}(r,\eta,t)=\left[1+\frac{\left|\left(\dfrac{\boldsymbol{a}\cdot\boldsymbol{V}}{V}\right)_{g+\frac{1}{2}}\right|}{\left(\dfrac{\boldsymbol{a}\cdot\boldsymbol{V}}{V}\right)_{g+\frac{1}{2}}}\right]\frac{\phi_{g+1}(r,\eta,t)}{2\Delta E_{g+1}}+\left[1-\frac{\left|\left(\dfrac{\boldsymbol{a}\cdot\boldsymbol{V}}{V}\right)_{g+\frac{1}{2}}\right|}{\left(\dfrac{\boldsymbol{a}\cdot\boldsymbol{V}}{V}\right)_{g+\frac{1}{2}}}\right]\frac{\phi_g(r,\eta,t)}{2\Delta E_g}$$

$$(g=1,2,\cdots,G-1). \tag{8.30}$$

(2) **线性插值格式**

根据这种插值公式，我们从两个相邻能量网格点中央的角通量，譬如说由 $\varphi_g=\dfrac{\phi_g}{\Delta E_g}$ 与 $\varphi_{g+1}=\dfrac{\phi_{g+1}}{\Delta E_{g+1}}$，插出两个能群分界面 E_{g+1} 处的角通量 $\varphi_{g+\frac{1}{2}}$：

$$\varphi_{g+\frac{1}{2}}=\frac{\Delta E_{g+1}}{\Delta E_{g+1}+\Delta E_g}\varphi_g+\frac{\Delta E_g}{\Delta E_{g+1}+\Delta E_g}\varphi_{g+1}$$
$$(g=1,2,\cdots,G-1)$$

或

$$\varphi_{g+\frac{1}{2}}=\frac{\Delta E_{g+1}}{\Delta E_{g+1}+\Delta E_g}\frac{\phi_g}{\Delta E_g}+\frac{\Delta E_g}{\Delta E_{g+1}+\Delta E_g}\frac{\phi_{g+1}}{\Delta E_{g+1}}$$

$$(g = 1,2,\cdots,G-1). \tag{8.31}$$

(3) **菱形差分格式**

根据菱形格式,网格中心角通量与网格边界角通量的关系为

$$2\varphi_g = \varphi_{g+\frac{1}{2}} + \varphi_{g-\frac{1}{2}},$$

或者利用 $\varphi_{g-\frac{1}{2}},\varphi_g$ 外推得

$$\varphi_{g+\frac{1}{2}} = 2\varphi_g - \varphi_{g-\frac{1}{2}}. \tag{8.32}$$

反复利用(8.32)式,并假定 $\varphi_{\frac{1}{2}}=0,\varphi_g=\dfrac{\phi_g}{\Delta E_g}$得

$$\varphi_{g+\frac{1}{2}} = 2\sum_{j=0}^{g-1}(-)^j\frac{\phi_{g-j}}{\Delta E_{g-j}} + (-)^g\varphi_{\frac{1}{2}} \quad (g = 1,2,\cdots,G). \tag{8.33}$$

菱形格式的一个缺点是,对于含有聚变反应的装置,由于在最高能群处有很强的氘氚中子源,除非将能群间隔分得非常细,菱形格式将导致数值结果振荡,甚至出现外推出负现象.考虑到这种情况,最好采用线性插值格式或步函数格式.

对角度的差分

下面转而讨论对多群输运方程(8.27)式等号右边所含角通量对方向 η 微商的近似处理.注意到其中第四项所含$\dfrac{\partial}{\partial\eta}[(1-\eta^2)\psi]$与左边三项亦即通常流体静止时一维球几何条件下出现的角通量对 η 的微商完全相同;至于第五项,尽管$\dfrac{\partial}{\partial\eta}[\eta(1-\eta^2)\psi]$在形式上与前者有所不同,但并没有本质上的差别,因此可以仿照原有离散纵标方法(见§6.7),通过引进角度差分系数统一进行处理.

按离散纵标法,方向 η 区间$[-1,1]$被离散为特选的一组方向$\{\eta_m\}$($m=1,2,\cdots,N$).我们选取 Gauss 求积组集:$\{\eta_m\}$及$\{w_m\}$.这里$\{w_m\}$为与$\{\eta_m\}$相配套的求积权.让每个 Gauss 点 η_m 在小区间 $\eta_{m-\frac{1}{2}}<\eta_m<\eta_{m+\frac{1}{2}}$ 内,且 $\eta_{\frac{1}{2}}=-1,\eta_{N+\frac{1}{2}}=1$,这样,便把整个 η 区间划分成 N 个网格:

$$-1 = \eta_{\frac{1}{2}} < \eta_{\frac{3}{2}} < \cdots < \eta_{m-\frac{1}{2}} < \eta_{m+\frac{1}{2}} < \cdots < \eta_{N+\frac{1}{2}} = 1.$$

并把方程右边源项中所含的通量角度矩 $\phi_{l,g}(\eta)$ 中对 η 的积分近似表示为

$$\phi_{l,g} = \phi_{l,g}(r,t) = 2\pi\int_{-1}^{1}\mathrm{d}\eta \mathrm{P}_l(\eta)\phi_g(r,\eta,t)$$

$$\approx 2\pi\sum_{m=1}^{N}\mathrm{P}_l(\eta_m)\phi_g(r,\eta_m,t)w_m.$$

这意味着 $\Delta\eta_m=\eta_{m+\frac{1}{2}}-\eta_{m-\frac{1}{2}}=w_m$.

对于$\{\eta_m\}$中的某一离散方向 η_m,写出方程(8.27):

$$\frac{\rho}{V_g}\frac{\mathrm{d}}{\mathrm{d}t}\left(\frac{\phi_{g,m}}{\rho}\right) + \frac{\eta_m}{r^2}\frac{\partial}{\partial r}(r^2\phi_{g,m}) + \frac{1}{r}\frac{\partial}{\partial\eta}[(1-\eta^2)\phi_g]\Big|_{\eta_m} + \Sigma_g\phi_{g,m}$$

$$= Q_{g,m} - m_{\mathrm{n}} \left(\frac{\boldsymbol{a} \cdot \boldsymbol{V}}{V}\right)_{g-\frac{1}{2},m} \varphi_{g-\frac{1}{2},m}(1-\delta_{g,1})$$

$$+ m_{\mathrm{n}} \left(\frac{\boldsymbol{a} \cdot \boldsymbol{V}}{V}\right)_{g+\frac{1}{2},m} \varphi_{g+\frac{1}{2},m}(1-\delta_{g,G})$$

$$+ \left(\frac{1}{V}\right)_g \frac{1}{V_g} \frac{\mathrm{d}u}{\mathrm{d}t} \frac{\partial}{\partial \eta}\left[(1-\eta^2)\phi_g\right]\Big|_{\eta_m}$$

$$+ \frac{1}{V_g}\left(\frac{\partial u}{\partial r} - \frac{u}{r}\right)\frac{\partial}{\partial \eta}\left[\eta(1-\eta^2)\phi_g\right]\Big|_{\eta_m}$$

$$(m = 1,2,\cdots,N), \tag{8.34}$$

这里记 $\phi_{g,m}=\phi_{g,m}(r,t)=\phi_g(r,\eta_m,t)$，$\varphi_{g\pm\frac{1}{2},m}=\varphi_{g\pm\frac{1}{2},m}(r,t)=\varphi(r,E_{g\pm\frac{1}{2}},\eta_m,t)$. 通过引进角度差分系数 α，将方程(8.34)式中出现的对方向 η 的微商近似取作

$$\frac{\partial}{\partial \eta}\left[(1-\eta^2)\phi_g(\eta)\right]\Big|_{\eta_g} = \frac{2}{w_m}\left[\alpha_{m+\frac{1}{2}}\phi_{g,m+\frac{1}{2}} - \alpha_{m-\frac{1}{2}}\phi_{g,m-\frac{1}{2}}\right]$$

$$(m = 1,2,\cdots,N)$$

和

$$\frac{\partial}{\partial \eta}\left[\eta(1-\eta^2)\phi_g(\eta)\right]\Big|_{\eta_m}$$

$$= \frac{2}{w_m}\left[\eta_{m+\frac{1}{2}}\alpha_{m+\frac{1}{2}}\phi_{g,m+\frac{1}{2}} - \eta_{m-\frac{1}{2}}\alpha_{m-\frac{1}{2}}\phi_{g,m-\frac{1}{2}}\right]$$

$$(m = 1,2,\cdots,N),$$

这里，角度差分系数 $\alpha_{m\pm\frac{1}{2}}$ 由如下递推式确定：

$$\alpha_{m+\frac{1}{2}} = \alpha_{m-\frac{1}{2}} - \eta_m w_m \quad (m = 1,2,\cdots,N), \tag{8.35}$$

并假定 $\alpha_{\frac{1}{2}}=0$. 最后便得到角度离散化后的多群中子输运方程：

$$\frac{\rho}{V_g}\frac{\mathrm{d}}{\mathrm{d}t}\left(\frac{\phi_{g,m}}{\rho}\right) + \frac{\eta_m}{r^2}\frac{\partial}{\partial r}(r^2\phi_{g,m})$$

$$+ \frac{2}{r w_m}\left[\alpha_{m+\frac{1}{2}}\phi_{g,m+\frac{1}{2}} - \alpha_{m-\frac{1}{2}}\phi_{g,m-\frac{1}{2}}\right] + \Sigma_g\phi_{g,m}$$

$$= Q_{g,m} - m_{\mathrm{n}}\left(\frac{\boldsymbol{a}\cdot\boldsymbol{V}}{V}\right)_{g-\frac{1}{2},m}\varphi_{g-\frac{1}{2},m}(1-\delta_{g,1})$$

$$+ m_{\mathrm{n}}\left(\frac{\boldsymbol{a}\cdot\boldsymbol{V}}{V}\right)_{g+\frac{1}{2},m}\varphi_{g+\frac{1}{2},m}(1-\delta_{g,G})$$

$$+ \frac{\mathrm{d}u}{\mathrm{d}t}\left(\frac{1}{V}\right)_g \frac{2}{V_g w_m}\left[\alpha_{m+\frac{1}{2}}\phi_{g,m+\frac{1}{2}} - \alpha_{m-\frac{1}{2}}\phi_{g,m-\frac{1}{2}}\right]$$

$$+ \left(\frac{\partial u}{\partial r} - \frac{u}{r}\right)\frac{2}{V_g w_m}\left[\eta_{m+\frac{1}{2}}\alpha_{m+\frac{1}{2}}\phi_{g,m+\frac{1}{2}} - \eta_{m-\frac{1}{2}}\alpha_{m-\frac{1}{2}}\phi_{g,m-\frac{1}{2}}\right]$$

$$(g=1,2,\cdots,G,\quad m=1,2,\cdots,N),\tag{8.36}$$

式中

$$\left(\frac{\boldsymbol{a}\cdot\boldsymbol{V}}{V}\right)_{g\mp\frac{1}{2},m}=-\left\{\eta_m\frac{\mathrm{d}u}{\mathrm{d}t}+\sqrt{\frac{2E_{g\mp\frac{1}{2}}}{m_{\mathrm{n}}}}\left[\eta_m^2\frac{\partial u}{\partial r}+(1-\eta^2)\frac{u}{r}\right]\right\}$$

$$\begin{pmatrix}g=1,2,\cdots,G\\m=1,2,\cdots,N\end{pmatrix},\tag{8.37}$$

以及

$$\phi_{g,m\pm\frac{1}{2}}=\phi_{g,m\pm\frac{1}{2}}(r,t)=\phi_g(r,\eta_{m\pm\frac{1}{2}},t),$$

它是方向网格边界处的群角通量，它可以通过，譬如说，沿方向的菱形差分方程

$$\phi_{g,m}=\frac{1}{2}(\phi_{g,m+\frac{1}{2}}+\phi_{g,m-\frac{1}{2}})\quad\begin{pmatrix}g=1,2,\cdots,G\\m=1,2,\cdots,N\end{pmatrix},\tag{8.38}$$

与网格点角通量 $\phi_{g,m}$ 建立关系.

现在由于在处理通量对方向 η 的微商时引进了新的未知函数 $\phi_{g,\frac{1}{2}}$，需要再补充一个描述沿"开始"方向(即 $\eta=\eta_{\frac{1}{2}}=-1$)运动的中子输运方程. 为此将 $\eta_{\frac{1}{2}}=-1$ 代入(8.27)式，得：

$$\begin{aligned}&\frac{\rho}{v_g^0}\frac{\mathrm{d}}{\mathrm{d}t}\left(\frac{\phi_{g,\frac{1}{2}}}{\rho}\right)-\frac{\partial}{\partial r}\phi_{g,\frac{1}{2}}+\Sigma_g\phi_{g,\frac{1}{2}}\\&=Q_{g,\frac{1}{2}}-m_{\mathrm{n}}\left(\frac{\boldsymbol{a}\cdot\boldsymbol{V}}{V}\right)_{g-\frac{1}{2},\frac{1}{2}}\varphi_{g-\frac{1}{2},\frac{1}{2}}(1-\delta_{g,1})\\&\quad+m_{\mathrm{n}}\left(\frac{\boldsymbol{a}\cdot\boldsymbol{V}}{V}\right)_{g+\frac{1}{2},\frac{1}{2}}\varphi_{g+\frac{1}{2},\frac{1}{2}}(1-\delta_{g,G})+\frac{\mathrm{d}u}{\mathrm{d}t}\left(\frac{1}{V}\right)_g\frac{2}{V_g}\phi_{g,\frac{1}{2}}\\&\quad-\frac{2}{v_g^0}\left(\frac{\partial u}{\partial r}-\frac{u}{r}\right)\phi_{g,\frac{1}{2}}\quad(g=1,2,\cdots,G),\end{aligned}\tag{8.39}$$

式中

$$\left(\frac{\boldsymbol{a}\cdot\boldsymbol{V}}{V}\right)_{g\mp\frac{1}{2},\frac{1}{2}}=\left[\frac{\mathrm{d}u}{\mathrm{d}t}-\sqrt{\frac{2E_{g\mp\frac{1}{2}}}{m_{\mathrm{n}}}}\frac{\partial u}{\partial t}\right],\quad g=1,2,\cdots,G.\tag{8.40}$$

至于方程(8.36)，(8.39)中的 $\varphi_{g+\frac{1}{2},m}$，根据前面有关能量差分格式的讨论，它等于

$$\varphi_{g+\frac{1}{2},m}=a_{g+\frac{1}{2},m}\frac{\phi_{g,m}}{\Delta E_g}+(1-a_{g+\frac{1}{2},m})\frac{\phi_{g+1,m}}{\Delta E_{g+1}}$$

$$\begin{bmatrix}g=1,2,\cdots,G-1\\m=\frac{1}{2},1,2,\cdots,N\end{bmatrix},\tag{8.41}$$

式中 $a_{g+\frac{1}{2},m}$ 见表 8.1：

表　8.1

	步格式	线性插值格式
$a_{g+\frac{1}{2},m}$	$\frac{1}{2}\left[1+\frac{\left\vert\left(\frac{\boldsymbol{a}\cdot\boldsymbol{V}}{V}\right)_{g+\frac{1}{2},m}\right\vert}{\left(\frac{\boldsymbol{a}\cdot\boldsymbol{V}}{V}\right)_{g+\frac{1}{2},m}}\right]$	$\frac{\Delta E_{g+1}^{0}}{\Delta E_{g+1}^{0}+\Delta E_{g}^{0}}$

注意到 Gauss 离散求积集以 $\eta=0$ 为对称轴,故根据(8.35)式有

$$\alpha_{N+\frac{1}{2}}=\alpha_{\frac{1}{2}}-\sum_{m=1}^{N}\eta_m w_m=\alpha_{\frac{1}{2}}=0,$$

因此有

$$\int_{-1}^{1}\mathrm{d}\eta\frac{\partial}{\partial\eta}[(1-\eta^2)\phi_g]\approx\sum_{m=1}^{N}[\alpha_{m+\frac{1}{2}}\phi_{g,m+\frac{1}{2}}-\alpha_{m-\frac{1}{2}}\phi_{g,m-\frac{1}{2}}]$$
$$=\alpha_{N+\frac{1}{2}}\phi_{g,N+\frac{1}{2}}-\alpha_{\frac{1}{2}}\phi_{g,\frac{1}{2}}=0$$

以及

$$\int_{-1}^{1}\mathrm{d}\eta\frac{\partial}{\partial\eta}[\eta(1-\eta^2\phi_g^0)]$$
$$\approx\sum_{m=1}^{N}[\eta_{m+\frac{1}{2}}\alpha_{m+\frac{1}{2}}\phi_{g,m+\frac{1}{2}}-\eta_{m-\frac{1}{2}}\alpha_{m-\frac{1}{2}}\phi_{g,m-\frac{1}{2}}]$$
$$=\eta_{N+\frac{1}{2}}\alpha_{N+\frac{1}{2}}\phi_{g,N+\frac{1}{2}}-\mu_{\frac{1}{2}}\alpha_{\frac{1}{2}}\phi_{g,\frac{1}{2}}=0.$$

这就保证我们导出的方向离散方程等式右边第四、第五项在对 η 的全区间上积分等于零.

至此,方程(8.36),(8.38),(8.39),(8.41)共有 $3(G\cdot N)+2G-N-1$ 个,其中所含未知函数有:

$\phi_{g,m}$,其中 $g=1,2,\cdots,G$, $m=\frac{1}{2},1,2,\cdots,N$,共$(G\cdot N)+G$个;

$\phi_{g,m+\frac{1}{2}}$,其中 $g=1,2,\cdots,G$, $m=1,2,\cdots,N$,共$(G\cdot N)$个;

$\varphi_{g+\frac{1}{2},m}$,其中 $g=1,2,\cdots,G-1$, $m=0,1,2,\cdots,N$,共$(G\cdot N)-N+G-1$个;

总共 $3(G\cdot N)+2G-N-1$ 个,刚好与方程的个数相等.至于输运方程(8.36),(8.39)对时间和空间的差分完全可以仿照原来无介质流动时的方式进行,这里不再赘述.

§8.3　晶格 Boltzmann 方法的提出

我们知道,包括中子输运在内的各种复杂的宏观输运现象,都是大量微观粒子的集体运动造成的.而这些微观粒子本身则都满足极其简单的运动方程.例如,

在经典近似下，我们可以从一开始就假定微观粒子的运动满足经典力学的 Newton 方程，每个微观粒子的运动规律并不复杂. 在此基础上，应用统计力学，大量粒子的运动就由 Liouville 方程描述. 经过一系列的简化，在分子混沌假说成立的条件下，得到运动论中的 Boltzmann 方程，可用于描述输运现象. 对于中子输运，我们也只需根据实验测出的或量子力学理论计算得出的中子和各种原子核的微观相互作用截面，按照建立 Boltzmann 方程的同样步骤，建立起中子输运方程，就可以在运动论层次用分布函数研究中子和物质的相互作用. 进一步，求出运动论方程的低次矩，利用所得的流体力学近似下的 Navier-Stokes 方程，可以和中子输运方程耦合起来，研究大量中子和各种类型物质在宏观层次的动力学相互作用. 事实上，微观粒子间相互作用的细节，例如分子间的相互作用势与距离的几次幂成比例，并不一定对系统的宏观性质起重要作用. 在从 Liouville 方程到 Boltzmann 方程再到 Navier-Stokes 方程的推导过程中，起基本作用的是质量守恒定律、动量守恒定律和能量守恒定律. 因此，物理学家提出这样的问题：如果微观粒子相互作用的规则被进一步简化，它们组成的宏观系统是否仍然可以重现接近真实的、复杂的宏观现象？可惜，在物理学家没有被高效率的计算机武装起来之前，除了个别特例（如 Ising 模型，参见文献[16]），这类问题无法得到回答.

近二十余年来，由于计算机科学的进步，物理学家探索了多种多样的元胞自动机模型，其目的就是要回答，在何种条件下，简单的微观规则可以导致复杂的宏观行为以及微观规则的变化会如何影响宏观行为. 在输运理论中，最为成功的就是晶格气体元胞自动机. 1976 年，正方形晶格上的气体元胞自动机被提出了. 但是，这个模型不具备各向同性. 十年之后，Frisch，Hasslacher 和 Pomeau 三人发现，等边三角形晶格上的气体元胞自动机满足各向同性的要求，于是提出了 FHP 模型. 晶格气体元胞自动机的理论从此开始得到迅速发展. 两年后，在晶格气体元胞自动机模型的基础上，晶格 Boltzmann 方程和相应的计算方法被提出了. 以下几节中，我们将简单介绍这一方法的轮廓，以便有兴趣的读者将其应用于中子输运方程的求解. 为了解它的细节，可以参考作者和丁鄂江教授合著的《输运理论》一书的第二版（文献[17]）或本章最后所附的各原始文献（[3]至[15]）.

晶格 Boltzmann 方程是在时间、位形空间和速度空间都离散化的 Boltzmann 方程（文献[3]）. 利用晶格 Boltzmann 方程来计算流体运动的方法就被称为晶格 Boltzmann 方法. 在 1991 年晶格 BGK 模型（相当于中子输运方程的 BGK 模型，其中使用碰撞项的简单弛豫近似）提出之后，晶格 Boltzmann 方法在单相流体的模拟中得到广泛的应用. 从 1994 年开始，晶格 Boltzmann 方法开始被用于讨论液体中的悬浮固体颗粒的运动. 后来这一方法又被用于多相流体的讨论.

晶格 Boltzmann 方法的主要优点是：便于将计算方法写成程序语言并且可利

用矢量计算机，几乎没有可调的参数，以及易于处理几何形状复杂的边界. 这种方法特别适用于模拟不规则几何形状的系统中的单相或多相流体(包括具有悬浮固体颗粒的流体)的运动. 以下四节中将简要地介绍这一方法.

§8.4 晶格气体元胞自动机

1986 年，Frisch，Hasslacher 和 Pomeau 在 Phyical Review Letters 上发表的一篇文章[4]中，提出了一种晶格元胞自动机模型(FHP 模型). 这个模型的规则非常简单，并且在微观水平上满足粒子数守恒和动量守恒定律. 尽管这个模型非常简单，它却能够模拟复杂的流体运动.

FHP 模型是在位形空间、速度空间和时间上都高度离散化的模型. 首先，位形空间被划分成等边三角形的格子，如图 8.1 所示. 流体分子只被允许处在任意一个顶点，而不可以处在三角形的内部或者边上(除端点以外)的任何地方. 其次，速度空间也是离散化的. 每经过单位时间，分子只能移动到它相邻的六个格点之一. 换句话说，分子的速度只可能有 $b=6$ 种，它们大小相等但方向不同，如图 8.2 所示，分别记为 $\boldsymbol{c}_i(i=1,2,\cdots,6)$. 最后，时间也是离散化的，离散化的时间单位就是分子沿着它的速度方向移动到它的相邻格点所需的时间. 如果定义这个时间单位为 1，等边三角形的边长为 1，那么分子的速度大小也只能为 1.

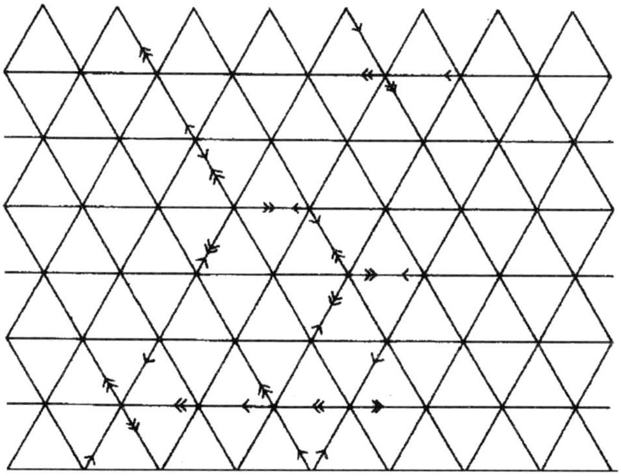

图 8.1 FHP 二维晶格模型[4]

粒子在时间 t 和 $t+1$ 的运动方向分别由单箭头和双箭头表示.

当分子按着上述规则移动一个时间单位后，如果有多个分子同时进入同一格点，它们之间就可能发生碰撞. 以 n 记同时进入某格点的分子数. 当 $n<2$ 或 $n>4$ 时，每个分子都维持原来的速度不变. 当 $n=2,3$ 或 4 时，碰撞的规则总结在图 8.3

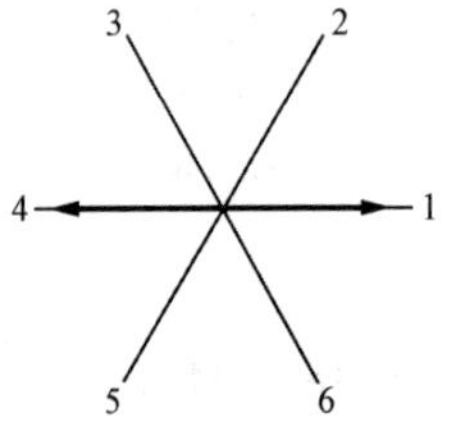

图 8.2　分子的速度只有 6 种可能,分别沿等边三角形的一条边

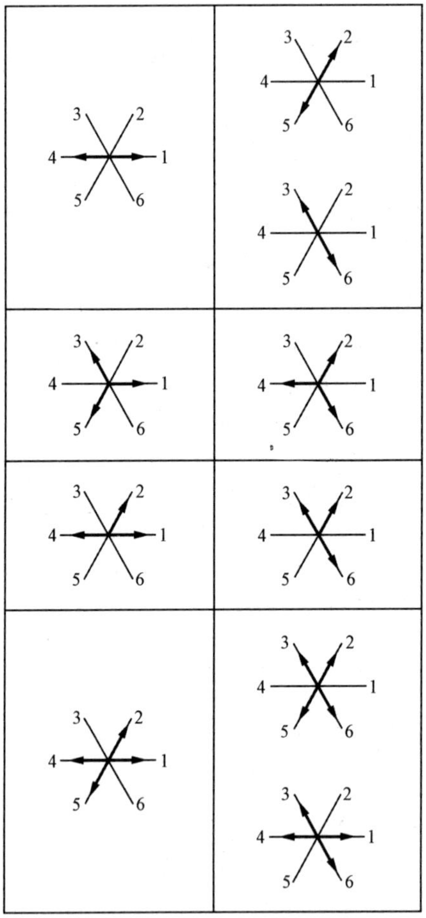

图 8.3　FHP 二维晶格模型的碰撞规则[3]
图中带箭头的粗实线表示分子运动方向. 左边和右边分别是碰撞前后的情况.

中. 当 $n=2$ 或 4 时,碰撞分别可能造成两种不同的结果. FHP 模型假定两种结果各占有相同的概率. 注意到这里的碰撞规则满足粒子数守恒和动量守恒定律.

最后,这个模型不允许速度相同的分子同处一个格点. 很明显,只要在模型建立的初始时刻满足这个“不相容条件”，在此后也一定满足. 按照这个条件，每个格点的状态可以用 6 个 Bool 变量来表示. 例如，某个格点上有 2 个粒子，分别沿 $i=1$ 和 $i=3$ 方向运动，该点的状态就可以表示为 $s=\{101000\}$. 每个格点的状态有 2^6 种可能. FHP 晶格气体演化过程的模拟就可以用 Bool 逻辑运算来实现.

FHP 晶格气体的微观动力学方程可以写为：

$$n_i(\boldsymbol{x}+\boldsymbol{c}_i, t+1) = n_i(\boldsymbol{x}, t) + \Delta_i[\boldsymbol{n}(\boldsymbol{x}, t)], \tag{8.42}$$

其中 $\boldsymbol{n}=\{n_1, n_2, n_3, n_4, n_5, n_6\}$，$n_i$ 表示在 t 时刻在格点 $\boldsymbol{x}$ 的速度为 $\boldsymbol{c}_i$ 的粒子数，$\Delta_i[\boldsymbol{n}(\boldsymbol{x}, t)]$是碰撞项，反映了 t 时刻在晶格 $\boldsymbol{x}$ 发生的碰撞所引起的粒子数 n_i 的改变，这一项的值只能是± 1 或者 0. 前面提到的碰撞项满足粒子数守恒和动量守恒，用数学式来表述，就是：

$$\sum_i \Delta_i[\boldsymbol{n}(\boldsymbol{r}, t)] = 0, \quad \sum_i \boldsymbol{c}_i \Delta_i[\boldsymbol{n}(\boldsymbol{r}, t)] = 0. \tag{8.43}$$

碰撞项的具体形式可以根据图 8.3 写出. 例如该图第一行反映二体碰撞，它对碰撞项的贡献是：

$$\begin{aligned}\Delta_i^{(2)} = &a n_{i+1} n_{i+4}(1-n_i)(1-n_{i+2})(1-n_{i+3})(1-n_{i+5}) \\ &+(1-a) n_{i+2} n_{i+5}(1-n_i)(1-n_{i+1})(1-n_{i+3})(1-n_{i+4}) \\ &- n_i n_{i+3}(1-n_{i+1})(1-n_{i+2})(1-n_{i+4})(1-n_{i+5}).\end{aligned} \tag{8.44}$$

为了叙述方便，在这个表达式中我们约定下标 $i+6$ 和 i 表示同一个方向. (8.44)式中第一项和第二项分别是粒子运动方向按顺时针方向和反时针方向旋转时引起的 n_i 增加，而第三项则是由于二体碰撞所引起的 n_i 的减少. 这里 a 为 1(如果是顺时针方向旋转)或 0(如果是逆时针方向旋转). 相应于图 8.3 中其余各行对碰撞项的贡献可以类似写出. 总的碰撞项就是所有各项贡献之和，我们把它写成

$$\Delta_i = \sum_{s,s'} a_{s,s'}(\boldsymbol{x}, t)(s_i' - s_i) \prod_j n_j(\boldsymbol{x}, t)^{s_j} [1-n_j(\boldsymbol{x}, t)]^{1-s_j}, \tag{8.45}$$

其中根据各项的物理意义，取相应的系数 $a_{s,s'}(\boldsymbol{x}, t)$是相应于(8.44)式中系数 a 的量. 注意式中乘积记号的含义：若 $s_j=1$，则包含因式 $n_j(\boldsymbol{x}, t)$；反之，若 $s_j=0$，则包含因式$[1-n_j(\boldsymbol{x}, t)]$.

在使用这个模型做计算机模拟时，还必须考虑边界条件. 特别是当系统中不仅有流体，还有可移动的固体颗粒时，如何处理流体和固体在边界的相互作用，是一个很复杂的问题. 我们在这里不做深入讨论.

FHP 模型还有一个稍微不同的版本，那就是允许零速度的分子. 这样，速度空间中就有 $b=7$ 个可能的速度. “不相容条件”也适用于零速度分子，即零速度分子在每个格点最多只允许有一个. 在这个版本中，碰撞规则也需要相应地扩展.

有了 FHP 晶格气体的微观动力学方程，就可以模拟流体的运动了. 碰撞项里的系数 $a_{s,s'}(\boldsymbol{x}, t)$取值要遵守一定的概率，例如(8.44)式中的 a 就可以有 0 和 1 两

个值,各占50%的概率.简单地说,就是产生一个0到1之间均匀分布的随机数r,若$r>0.5$,则$a=1$,否则$a=0$.在碰撞项内所有系数$a_{s,s'}(\boldsymbol{x},t)$都给定之后,就可以容易地从$t$时刻的粒子分布计算出$t+1$时刻的粒子分布.

FHP晶格元胞自动机模型显然属于微观层次的描述方式.这个模型不仅考虑到二体碰撞,而且也考虑到多体碰撞.为了得到宏观物理量,我们考虑由许多相同系统所组成的系综.系综中的每个系统的初始分布都满足相同的宏观初始条件.用$f_i(\boldsymbol{x},t)$记在位置$\boldsymbol{x}$处的面元在时刻t具有i方向速度的平均粒子数(对所有系统求和之后,再被系统总数除,因此它的数值在0到1之间),那么粒子数密度和动量矩就可以表示为:

$$\rho(\boldsymbol{x},t)=\sum_i f_i(\boldsymbol{x},t),\quad \rho(\boldsymbol{x},t)\boldsymbol{u}(\boldsymbol{x},t)=\sum_i f_i(\boldsymbol{x},t)\boldsymbol{c}_i. \tag{8.46}$$

在做计算机模拟时,只要在晶格元胞自动机每次运算之后,对于每个面元内的粒子按(8.46)统计,就可以得到这一时刻的流场分布.

在模拟时,晶格的尺度须足够大又足够小:足够大,以致平均粒子数密度等宏观物理量在每个晶格上有确切的定义;又足够小,即远小于宏观尺度,使得宏观物理量在平面上的变化是缓慢的.图8.4显示的是一个圆形物体在流体中低速运动所形成的流场[5,6].经过600次迭代,流场已经达到稳定.从图中可以清楚地看到圆盘的上方和下方各有一个旋涡.图8.5描绘了流体绕过静止平板的运动,这里由于通道出口和入口(左右两端)存在压强差,流体从通道的左端进入并由右端流出[7].图8.6则描绘了流体在多孔介质中的运动[8].这些成功的模拟工作都证明FHP模型抓住了流体的基本特征.正确地使用这一模型能够恰当地描述流体的运动.

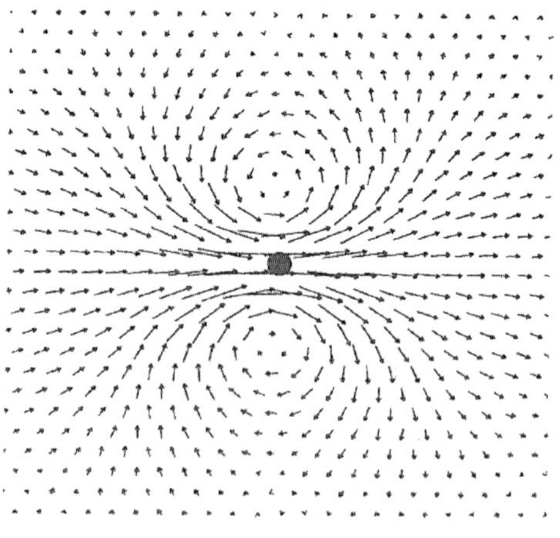

图8.4 用FHP晶格元胞自动机模拟一个圆形固体在流体中低速运动[6]
图中心的黑点是正在向右移动的固体.

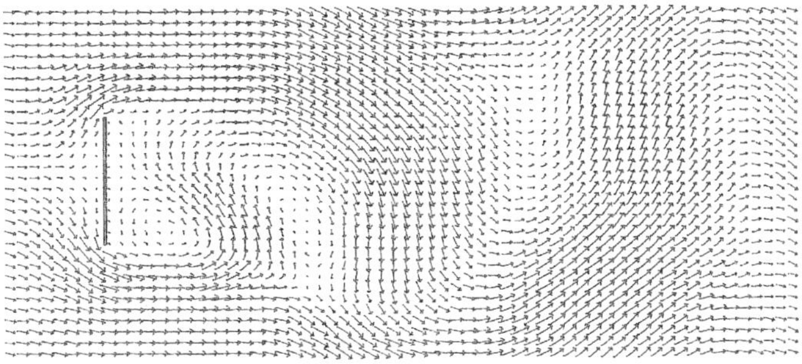

图 8.5　用 FHP 晶格元胞自动机模拟流体绕过一平板的运动[7]
图中左边放置的黑实线是静止的固体平板.

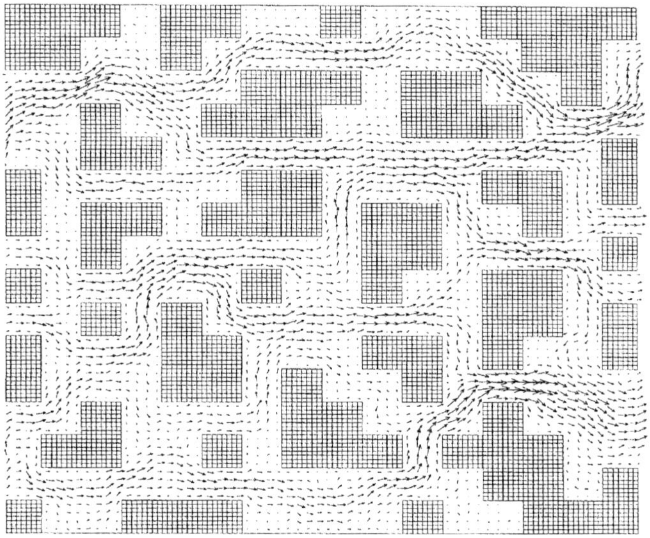

图 8.6　用 FHP 晶格元胞自动机模拟流体在多孔介质中的运动[8]
流体从左端注入.

我们也可以在某些假定下从 FHP 晶格元胞自动机模型导出类似 Navier-Stokes 方程的结果. 事实上,从(8.42)式容易得到

$$\partial_t(\rho u_\alpha) = -\partial_\beta \Pi_{\alpha\beta},$$

其中 α,β 表示速度基矢量在坐标轴方向的分量,对重复的 α,β 采用求和约定,且

$$\Pi_{\alpha\beta} = \sum_i \rho c_\alpha c_\beta,$$

经过细致的计算,可以求得

$$\Pi_{\alpha\beta} = g\rho u_\alpha u_\beta + \rho c_s^2(1 - g(Ma)^2)\delta_{\alpha\beta}, \tag{8.47}$$

其中 c_s 是声速,Ma 是 Mach 数(即流速与声速之比),而 g 被称为 Galilean 破缺系数(Galilean breaking factor),其值为

$$g=\frac{\rho-3}{\rho-6}. \tag{8.48}$$

按照通常由运动论方程推导流体力学近似的步骤([17]),可以发现,为了得到 Navier-Stokes 方程,应当有

$$\Pi_{\alpha\beta}=\rho u_{\alpha}u_{\beta}+p\delta_{\alpha\beta}, \tag{8.49}$$

因此,从 FHP 晶格元胞自动机模型导出的方程与 Navier-Stokes 方程是类似的.

FHP 模型的提出曾经引起了物理学界的轰动. 通常认为,微观层次上的描述只具有理论意义,而实际计算都是在运动论层次或流体力学层次上完成的. Frisch, Hasslacher 和 Pomeau 的文章[4]似乎展示了一个迷人的前景:只要有了足够强大的计算机,无需求解偏微分方程,任何复杂的流体运动包括湍流都可以被这个简单的模型在微观层次上进行模拟. 但是人们很快就发现了这种方法的局限性.

首先,模型不具备 Galilean 不变性. 或许会认为,既然已经从 FHP 模型推导出了类似 Navier-Stokes 方程的结果,那么在宏观层次上模型仍然应当满足 Galilean 不变性. 但是,只有当 $g=1$ 时模型才保证 Galilean 不变性. 从(8.48)式可知,$g<1$. 另一方面,按照 Navier-Stokes 方程,压强与速度无关. 但是,将(8.47)与(8.49)相比较,可以得到:

$$p=\rho c_s^2(1-gM^2), \tag{8.50}$$

只有当 $g\doteq 0$ 时压强才与速度无关. 因此,这个模型有比较严重的缺陷.

其次,这种方法在向三维推广时遇到了困难. 这是因为模型很难满足“各向同性”的条件. 各向同性在这里的含义是,张量 $\Pi_{\alpha\beta}$ 可以写成

$$\Pi_{\alpha\beta}=p(\rho)\delta_{\alpha\beta}+\Lambda_{\alpha\beta\gamma\vartheta}u_{\gamma}u_{\vartheta}, \tag{8.51}$$

其中

$$\Lambda_{\alpha\beta\gamma\vartheta}(\rho)=A(\rho)\delta_{\alpha\beta}\delta_{\gamma\vartheta}+B(\rho)(\delta_{\alpha\gamma}\delta_{\beta\vartheta}+\delta_{\alpha\vartheta}\delta_{\beta\gamma}). \tag{8.52}$$

以 2 维情形为例,FHP 模型是建立在等边三角形的格子上的,它符合这一要求,事实也证明这样的模型足以模拟二维流体的运动. 在这个模型提出之前大约十年,就已经讨论了一种建立在正方形格子上的 2 维模型,即 HPP 模型,它就不满足各向同性的要求. 类似地,将 FHP 模型推广到 3 维的关键在于保持足够的“各向均匀”性质. 到了 1989 年,3 维模型在某种意义上得到解决:必须增加额外的 1 维(第 4 维),而且速度空间至少要有 $b=24$ 个分量(2 维 FHP 模型有 6 或 7 个分量). 这样一来,每个格点的状态就有 $2^b=1.6\times10^7$ 种可能性,在每次迭代时所作的计算也远比 2 维模型复杂. 为了得到有实际意义的计算结果,需要专门为这个模型设计芯片才行. 因此,3 维模型没有得到很多有意义的成果.

第三,这个模型不能用于模拟高 Reynolds 数的流体. Reynolds 数定义为:

$$Re=\frac{uL}{\nu}, \tag{8.53}$$

其中 u 是流体的特征速度，L 是系统的特征长度，ν 而是流体的黏性系数. 在流体力学中，对低 Reynolds 数的流体已有许多的理论结果，而对高 Reynolds 数的流体的研究大量地依赖数值计算. 在 FHP 模型中，流体的特征速度不会大于 1，因此大 Reynolds 数必须从大的 L 和小的 ν 得到. 黏性系数与分子的平均自由程成正比，但是在 FHP 模型中分子平均自由程总是大于晶格常数(即等边三角形的边长)，所以黏性系数不会很小. 增大特征长度 L 的代价是增大计算机内存的占用和延长计算时间，前者的数量级是 L^D 而后者的数量级是 L^{D+1}(其中 D 是维数). 因此，计算机资源限制了这个模型对高 Reynolds 数的流体的模拟.

晶格元胞自动机还有一个缺点，就是统计噪声. 相同的宏观初始条件可能对应着许多可能的微观初始条件，为了消除由于特定初始条件造成的计算误差，需要对多个微观初始条件进行模拟，然后对所有系统作平均(系综平均). 因此，降低统计噪声的代价是占用巨大的计算机资源.

为了克服晶格元胞自动机的这些缺点，晶格 Boltzmann 模型在 1988 年被提出了. 物理学家的兴趣迅速地转移到晶格 Boltzmann 方法上来.

§8.5 晶格 Boltzmann 方程

最早提出晶格 Boltzmann 方程的是 McNamara 和 Zanetti[9]. 他们仍然使用 FHP 模型的等边三角形网格，位形空间、速度空间和时间都与 FHP 模型一样离散化，但是在每个格点 $\boldsymbol{x}$ 上定义的不再是该格点具有速度 $\boldsymbol{c}_i$ 的粒子数，而是粒子数分布函数 $f_i(\boldsymbol{x},t)$，它表示该格点粒子具有速度 $\boldsymbol{c}_i$ 的概率. 粒子数密度和动量仍然可以像(8.46)式一样表示为：

$$\rho(\boldsymbol{x},t) = \sum_i f_i(\boldsymbol{x},t), \quad \rho(\boldsymbol{x},t)\boldsymbol{u}(\boldsymbol{x},t) = \sum_i f_i(\boldsymbol{x},t)\boldsymbol{c}_i. \tag{8.54}$$

在一个时间单位里，粒子经历碰撞过程和迁移过程. 在碰撞过程中，分布函数从 $f_i(\boldsymbol{x},t)$ 变为 $f_i^*(\boldsymbol{x},t)$：

$$f_i^*(\boldsymbol{x},t) = f_i(\boldsymbol{x},t) + \Delta_i[\boldsymbol{f}(\boldsymbol{x},t)], \tag{8.55}$$

其中 $\boldsymbol{f}(\boldsymbol{x},t)$ 是分布函数各分量的集合，而 $\Delta_i[\boldsymbol{f}(\boldsymbol{x},t)]$ 是由于碰撞过程引起的改变. 在迁移过程中，位于格点 $\boldsymbol{x}$ 的所有沿 $\boldsymbol{c}_i$ 运动的粒子都移动到 $\boldsymbol{x}+\boldsymbol{c}_i$. 就是说，

$$f_i(\boldsymbol{x}+\boldsymbol{c}_i,t+1) = f_i^*(\boldsymbol{x},t), \tag{8.56}$$

结合(8.55)和(8.56)两式可得：

$$f_i(\boldsymbol{x}+\boldsymbol{c}_i,t+1) = f_i(\boldsymbol{x},t) + \Delta_i[\boldsymbol{f}(\boldsymbol{x},t)], \tag{8.57}$$

这就是晶格 Boltzmann 方程. 剩下的工作就是确定碰撞算符 Δ_i 的具体形式.

我们需要提醒读者注意的是，晶格 Boltzmann 方程所使用的网格虽然同 FHP 模型所使用的看起来相同，其实际意义却大不一样. 可以说，FHP 模型讨论的是大

量单个粒子的运动，它属于微观层次的描述方式，而晶格 Boltzmann 方程讨论的是分布函数$f_i(\boldsymbol{x},t)$的演化，它属于运动论层次的描述方式.

碰撞算符可以通过多种途径表述. 最直接的途径是基于晶格气体元胞自动机求平均. 从(8.42)式求系综平均，由于 $f_k=\langle n_k\rangle$(记号$\langle\ \rangle$表示系综平均)，所以

$$f_i(\boldsymbol{x}+\boldsymbol{c}_i,t+1)=f_i(\boldsymbol{x},t)+\langle\Delta_i[\boldsymbol{n}(\boldsymbol{x},t)]\rangle,\tag{8.58}$$

利用(8.45)式，上式中的碰撞项可以写成

$$\langle\Delta_i[\boldsymbol{n}(\boldsymbol{x},t)]\rangle=\sum_{s,s'}A(s,s')(s_i'-s_i)\left\langle\prod_j n_j(\boldsymbol{x},t)^{s_j}[1-n_j(\boldsymbol{x},t)]^{1-s_j}\right\rangle,$$

其中 $A(s,s')=\langle a_{s,s'}\rangle$. 一般推导 Boltzmann 方程时(参见文献[17])，使用了分子混沌条件. 这里，为了简化碰撞算符，我们也引用分子混沌条件，假定分子的运动状态分布互相独立，故

$$\begin{aligned}&\left\langle\prod_j n_j(\boldsymbol{x},t)^{s_j}[1-n_j(\boldsymbol{x},t)]^{1-s_j}\right\rangle\\&=\prod_j\langle n_j(\boldsymbol{x},t)\rangle^{s_j}[1-\langle n_j(\boldsymbol{x},t)\rangle]^{1-s_j},\end{aligned}$$

所以碰撞算符写成：

$$\begin{aligned}\Delta_i(\boldsymbol{f})&\equiv\langle\Delta_i[\boldsymbol{n}(\boldsymbol{x},t)]\rangle\\&=\sum_{s,s'}A(s,s')(s_i'-s_i)\prod_j f_j(\boldsymbol{x},t)^{s_j}[1-f_j(\boldsymbol{x},t)]^{1-s_j}.\end{aligned}\tag{8.59}$$

显然，碰撞项满足粒子数守恒及动量守恒定律，即：

$$\sum_i\Delta_i[\boldsymbol{f}(\boldsymbol{x},t)]=0,\quad\sum_i\boldsymbol{c}_i\Delta_i[\boldsymbol{f}(\boldsymbol{x},t)]=0.\tag{8.60}$$

碰撞项(8.59)是基于微观层次的碰撞项 (8.45)得到的，因此也被称为微观碰撞算子. 它的计算量很大，如果粒子的速度有 b 种可能，则每个时间步需要计算 $2^b\times2^b$ 个矩阵元$A(s,s')$. 在小 Knudsen 数(分子平均自由程与系统特征长度之比)情形下，为了简化计算，将局域平衡态的分布函数记为 $f_i^{(0)}$，再记：

$$f_i=f_i^{(0)}+f_i^{\mathrm{ne}},\tag{8.61}$$

将碰撞项在局域平衡态附近展开：

$$\Delta_i(\boldsymbol{f})=\Delta_i(\boldsymbol{f}^{(0)}+\boldsymbol{f}^{\mathrm{ne}})=\Delta_i(\boldsymbol{f}^{(0)})+A_{ij}f_j^{\mathrm{ne}},$$

其中 $A_{ij}=\partial\Delta_i(\boldsymbol{f}^{(0)})/\partial f_j$. 由于在局域平衡态 $\Delta_i(\boldsymbol{f}^{(0)})=0$，故

$$\Delta_i(\boldsymbol{f})=A_{ij}f_j^{\mathrm{ne}}=A_{ij}(f_j-f_j^{(0)}).\tag{8.62}$$

在晶格 Boltzmann 方法中只讨论小 Mach 数的运动，而在这种情形下可以证明 $\partial\Delta_i/\partial f_j$ 在全局平衡态的值就等于它在局域平衡态 f_i^0 的值. 将全局平衡态的分布函数记为 f_i^{eq}，即 $A_{ij}=\partial\Delta_i(\boldsymbol{f}^{\mathrm{eq}})/\partial f_j$. 因此，晶格 Boltzmann 方程可以写成：

$$f_i(\boldsymbol{x}+\boldsymbol{c}_i,t+1)=f_i(\boldsymbol{x},t)+A_{ij}[f_j(\boldsymbol{x},t)-f_j^{\mathrm{eq}}(\boldsymbol{x},t)],\tag{8.63}$$

可以证明上述碰撞项满足 H 定理. 从碰撞项(8.59)到碰撞项(8.62)是晶格 Boltzmann 方法走向实用的一大进步,因为 A_{ij} 只有 b^2 个分量,显然 $b^2 \ll 2^b \times 2^b$. 但这个碰撞项只局限于小 Knudsen 数和小 Mach 数的情形. 方程(8.63)称为准线性晶格 Boltzmann 方程.

在实际的应用中,计算矩阵元 A_{ij} 仍然很复杂. 我们可以进一步问:难道 A_{ij} 的细节真的那么重要吗? 按照模方程方法的思路,我们可以设法构造矩阵 A_{ij} 使它满足以下条件:

1° 粒子数守恒和动量守恒;

2° 必要的对称性质和各向同性;

3° 满足 H 定理 (相当于熵随时间增加).

碰撞矩阵 A_{ij} 共有 b 个本征值,其中可以有若干个 0 本征值(对应守恒量),其余本征值都是负的(保证满足 H 定理). 把本征值和相应的本征矢量分别写成 λ_i 和 E_i,则碰撞矩阵可以进一步写成

$$\boldsymbol{A} = \sum_i \lambda_i P_i,$$

其中 P_i 是投向 E_i 方向的投影算符.

目前最常用的碰撞模有三种. 第一种是单弛豫模[10,11],它可以写成:

$$A_{ij} = -\frac{1}{\tau}\delta_{ij}.$$

显然,它的所有负本征值都相同. 正确选取这个唯一本征值,可以得到正确的第一黏性系数(层流黏性系数). 单弛豫模与中子输运方程中讨论的 BGK 模一致,因此也被称为晶格 BGK 模. 利用这个模,使晶格 Boltzmann 方程可以写成:

$$f_i(\boldsymbol{x}+\boldsymbol{e}_i, t+1) = f_i(\boldsymbol{x}, t) - \frac{1}{\tau}[f_i(\boldsymbol{x}, t) - f_i^{(0)}(\boldsymbol{x}, t)], \tag{8.64}$$

它经常被分成两步. 第一步为局域的弛豫过程,写成

$$f_i^*(\boldsymbol{x}, t) = f_i(\boldsymbol{x}, t) - \frac{1}{\tau}[f_i(\boldsymbol{x}, t) - f_i^{(0)}(\boldsymbol{x}, t)], \tag{8.65}$$

其中 $f_i^*(\boldsymbol{x}, t)$称为"碰撞后分布函数",它表示在 $\boldsymbol{x}$ 处 t 时刻碰撞之后的分布函数. 第二步是迁移过程,在 $t+1$ 时刻 $f_i^*(\boldsymbol{x}, t)$的诸分量分别移到它的相邻格点,故

$$f_i(\boldsymbol{x}+\boldsymbol{e}_i, t+1) = f_i^*(\boldsymbol{x}, t). \tag{8.66}$$

第二种常用的模是双弛豫模,它把第一黏性系数(层流黏性系数)和第二黏性系数(压缩黏性系数)分开,提高了数值计算过程的稳定性[6,12]. 第三种模具有最大数目的弛豫模,它导致动量空间的晶格 Boltzmann 方程[13]. 在本书中我们将不讨论这两种碰撞模.

晶格构造可以记为 DnQb, 其中 n 是维数,b 是速度分量的数目. 常用的二维晶格结构是 D2Q9,如图 8.7 所示. 晶格的每个格点都有流体占据,因此也被称为流体

格点. 每个流体格点与其相邻流体格点的连线称为键. 键的长度就是速度基矢量的长度. 在 D2Q9 模型中,速度基矢量可以写成

$$
\begin{cases}
\boldsymbol{e}_0 = (0,0), \\
\boldsymbol{e}_{1i} = \left(\cos\dfrac{i-1}{2}\pi, \sin\dfrac{i-1}{2}\pi\right), \\
\boldsymbol{e}_{2i} = \sqrt{2}\left(\cos\left(\dfrac{i-1}{2}\pi + \dfrac{\pi}{4}\right), \sin\left(\dfrac{i-1}{2}\pi + \dfrac{\pi}{4}\right)\right).
\end{cases}
\quad (i = 1,2,3,4) \tag{8.67}
$$

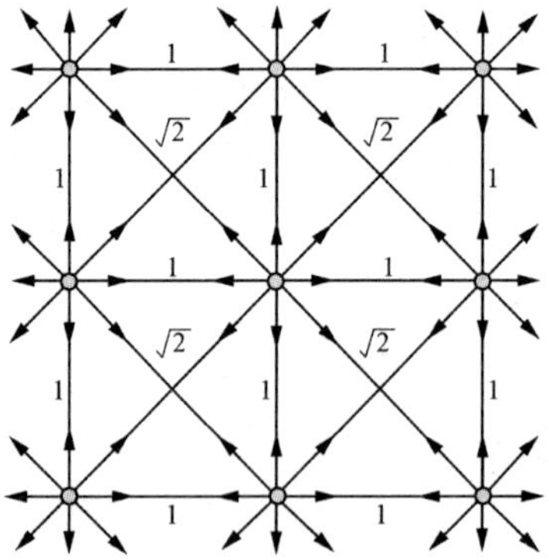

图 8.7 最常用的二维晶格结构 D2Q9 晶格示意图[14]

这三组基矢量的长度分别是 0,1 和$\sqrt{2}$. 注意这里把速度基矢量按模大小分为三组,是为了描述的方便. 有时用一个下标 i 取 0 到 8 来分别表示 9 个基矢量,这时 $\boldsymbol{e}_0$ 仍代表零矢量(0,0),而 $\boldsymbol{e}_i$(i=1,…,8)从(1,0)开始沿逆时针方向分别表示八个非零矢量. 这时奇数 i 对应上面的 $\boldsymbol{e}_{1i}$,而偶数 i 对应上面的 $\boldsymbol{e}_{2i}$,两种记号实质内容并无改变.

常用的三维晶格结构是 D3Q19,刻画在图 8.8 中. 与二维情况相似,三维晶格

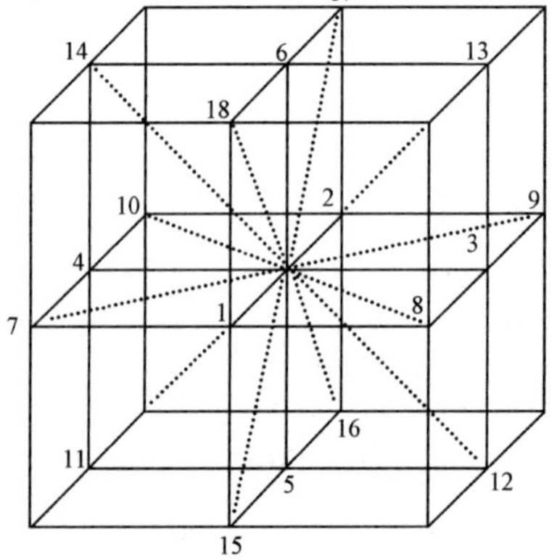

图 8.8 最常用的三维晶格结构 D3Q19[3]

D3Q19 的三组基矢量的长度也分别是 0,1 和$\sqrt{2}$.

§8.6　从晶格 Boltzmann 方程到 Navier-Stokes 方程

在某些假定条件下我们可以从晶格 Boltzmann 方程推导出 Navier-Stokes 方程[14]. 本节只讨论 D2Q9 模型. 在本节中我们用希腊字母 $\alpha,\beta,\gamma,\theta$ 等表示速度基矢量 $\boldsymbol{e}_{\sigma i}$ 在坐标轴方向的分量($i=1$ 代表 x,2 代表 y). 容易得到,二阶张量为

$$\sum_i e_{\sigma i\alpha}e_{\sigma i\beta}=2e_\sigma^2\delta_{\alpha\beta}\quad(\alpha,\beta=1,2,\ \sigma=0,1,2),\tag{8.68}$$

其中 $\delta_{\alpha\beta}$是 Kronecker 符号,$e_0=0$,$e_1=1$ 和 $e_2=\sqrt{2}$分别是两组速度基矢量的长度. 同时,四阶张量为

$$\sum_i e_{\sigma i\alpha}e_{\sigma i\beta}e_{\sigma i\gamma}e_{\sigma i\theta}=\begin{cases}2\delta_{\alpha\beta\gamma\theta} & (\sigma=1),\\ 4\Delta_{\alpha\beta\gamma\theta}-8\delta_{\alpha\beta\gamma\theta} & (\sigma=2).\end{cases}\tag{8.69}$$

其中当 $\alpha=\beta=\gamma=\theta$ 时 $\delta_{\alpha\beta\gamma\theta}=1$,否则 $\delta_{\alpha\beta\gamma\theta}=0$,而 $\Delta_{\alpha\beta\gamma\theta}=\delta_{\alpha\beta}\delta_{\gamma\theta}+\delta_{\alpha\gamma}\delta_{\beta\theta}+\delta_{\alpha\theta}\delta_{\beta\gamma}$. 根据这组基矢量的对称性,任何奇数阶张量都是零.

用 $\delta=1$ 表示晶格时间单位,则晶格 Boltzmann 方程可以写为

$$f_{\sigma i}(\boldsymbol{x}+\delta\boldsymbol{e}_{\sigma i},t+\delta)-f_{\sigma i}(\boldsymbol{x},t)=-\frac{1}{\tau}[f_{\sigma i}(\boldsymbol{x},t)-f_{\sigma i}^{(0)}(\boldsymbol{x},t)],\tag{8.70}$$

其中 $f_{\sigma i}^{(0)}(\boldsymbol{x},t)$是平衡态的分布函数. 由于晶格 Boltzmann 方程仅用于低 Mach 数的情况,所以可以展开为

$$f_{\sigma i}^{(0)}(\boldsymbol{x},t)=\rho[A_\sigma+B_\sigma(\boldsymbol{e}_{\sigma i}\cdot\boldsymbol{u})+C_\sigma(\boldsymbol{e}_{\sigma i}\cdot\boldsymbol{u})^2+D_\sigma u^2],\tag{8.71}$$

这里的 $A_\sigma,B_\sigma,C_\sigma$ 和 D_σ 都是待定的系数. 因为 $e_0=0$,所以可令 $B_0=C_0=0$.

把(8.70)式展开到 δ^2 阶,可得:

$$\begin{aligned}\delta\left[\frac{\partial}{\partial t}+\partial_\alpha e_{\sigma i\alpha}\right]f_{\sigma i}+\frac{\delta^2}{2}\left[\frac{\partial}{\partial t}+\partial_\alpha e_{\sigma i\alpha}\right]^2 f_{\sigma i}+O(\delta^3)\\ =-\frac{1}{\tau}[f_{\sigma i}(\boldsymbol{x},t)-f_{\sigma i}^{(0)}(\boldsymbol{x},t)].\end{aligned}\tag{8.72}$$

把 $f_{\sigma i}$在局域平衡态附近展开:

$$f_{\sigma i}=f_{\sigma i}^{(0)}+\delta f_{\sigma i}^{(1)}+\delta^2 f_{\sigma i}^{(2)}+O(\delta^3).\tag{8.73}$$

根据守恒定律,

$$\sum_\sigma\sum_i f_{\sigma i}^{(0)}=\rho,\quad \sum_\sigma\sum_i f_{\sigma i}^{(0)}\boldsymbol{e}_{\sigma i}=\rho\boldsymbol{u},$$

我们得到

$$\sum_\sigma\sum_i f_{\sigma i}^{(n)}=0,\quad \sum_\sigma\sum_i f_{\sigma i}^{(n)}\boldsymbol{e}_{\sigma i}=0\quad(n\geqslant1),$$

同时有

$$A_0+4A_1+4A_2=1, \tag{8.74}$$

$$2C_1+4C_2+D_0+4D_1+4D_2=0 \tag{8.75}$$

以及

$$2B_1+4B_2=1. \tag{8.76}$$

按照奇异扰动法(参见文献[17])的做法，把时间导数也按 δ 展开：

$$\frac{\partial}{\partial t}=\frac{\partial}{\partial t_0}+\delta\frac{\partial}{\partial t_1}+\cdots, \tag{8.77}$$

把(8.73)和(8.77)式代入(8.72)式中，在 δ 和 δ^2 级别上分别得到

$$(\partial_{t_0}+\partial_\alpha e_{\sigma i\alpha})f_{\sigma i}^{(0)}=-\frac{1}{\tau}f_{\sigma i}^{(1)} \tag{8.78}$$

和

$$\partial_{t_1}f_{\sigma i}^{(0)}+(\partial_{t_0}+\partial_\alpha e_{\sigma i\alpha})\left(1-\frac{1}{2\tau}\right)f_{\sigma i}^{(1)}=-\frac{1}{\tau}f_{\sigma i}^{(2)}. \tag{8.79}$$

将(8.78)两边对 σ 和 i 求和，可以得到 δ 级别上的连续性方程

$$\partial_{t_0}\rho+\partial_\alpha(\rho u_\alpha)=0, \tag{8.80}$$

将(8.78)式两边乘 $\boldsymbol{e}_{\sigma i}$ 后再对 σ 和 i 求和，可以得到

$$\partial_{t_0}(\rho u_\alpha)+\partial_\beta\Pi_{\alpha\beta}^{(0)}=0, \tag{8.81}$$

其中 $\Pi_{\alpha\beta}=\sum\limits_{\sigma i}f_{\sigma i}e_{\sigma i\alpha}e_{\sigma i\beta}$ 是动量流张量. 类似地，在 δ^2 级别上得到

$$\partial_{t_1}\rho=0, \tag{8.82}$$

$$\partial_{t_1}(\rho\boldsymbol{u})+\left(1-\frac{1}{2\tau}\right)\partial_\beta\Pi_{\alpha\beta}^{(1)}=0. \tag{8.83}$$

与流体力学中从连续性方程导出 Euler 方程类似，我们期待从(8.81)式推出 Euler 方程. 流体力学中，Euler 方程一般可写为：

$$\partial_t(\rho u_\alpha)+\partial_\beta(\rho u_\alpha u_\beta)=-\partial_\alpha(p), \tag{8.84}$$

其中压强 $p=c_s^2\rho$，c_s^2 是声速. 与(8.81)式相比较，可知

$$\Pi_{\alpha\beta}^{(0)}=\sum_{\sigma i}f_{\sigma i}^{(0)}e_{\sigma i\alpha}e_{\sigma i\beta}$$

应当具备以下形式

$$\Pi_{\alpha\beta}^{(0)}=c_s^2\rho\delta_{\alpha\beta}+\rho u_\alpha u_\beta. \tag{8.85}$$

另一方面，将平衡态分布函数(8.71)代入动量流张量的表达式，可得

$$\begin{aligned}\Pi_{\alpha\beta}^{(0)}=&[2A_1+4A_2+(4C_2+2D_1+4D_2)u^2]\rho\delta_{\alpha\beta}\\&+8C_2\rho u_\alpha u_\beta+(2C_1-8C_2)\rho u_\alpha u_\beta\delta_{\alpha\beta}.\end{aligned} \tag{8.86}$$

将(8.85)和(8.86)式相比较，可知

$$4C_2+2D_1+4D_2=0, \tag{8.87}$$

$$2C_1 - 8C_2 = 0, \tag{8.88}$$

$$8C_2 = 1 \tag{8.89}$$

和

$$2A_1 + 4A_2 = c_s^2. \tag{8.90}$$

参考§8.4中关于 Galilean 不变性的讨论,可以看出(8.89)保证了 Galilean 不变性. 注意(8.87)式消去了压强表达式(8.50)中与 Mach 数平方成正比的部分,(8.90)式则给出正确的压强表达式. 最后,与(8.52)式相比较,可知(8.88)式也是各向同性所要求的条件.

在 δ^2 级别上,我们期待从(8.83)推出 Navier-Stokes 方程. 从流体力学中的运动方程(参见文献[17])可知,Navier-Stokes 方程可以写为

$$\partial_t(\rho u_\alpha) + \partial_\beta(\rho u_\alpha u_\beta) = -\partial_\alpha(p) + \partial_\beta\Big\{\mu(\partial_\alpha u_\beta + \partial_\beta u_\alpha) + \Big(\zeta - \frac{2}{3}\mu\Big)\partial_\gamma u_\gamma \delta_{\alpha\beta}\Big\}. \tag{8.91}$$

因此 $\Pi_{\alpha\beta}^{(1)} = \sum_{\sigma i} f_{\sigma i}^{(1)} e_{\sigma i\alpha} e_{\sigma i\beta}$ 应当满足:

$$-\Big(1 - \frac{1}{2\tau}\Big)\Pi_{\alpha\beta}^{(1)} = \mu(\partial_\alpha u_\beta + \partial_\beta u_\alpha) + \Big(\zeta - \frac{2}{3}\mu\Big)\partial_\gamma u_\gamma \delta_{\alpha\beta}. \tag{8.92}$$

为了计算动量流张量的高阶近似,先从(8.78)式可以得到 $f_{\sigma i}^{(1)}$ 的表达式

$$f_{\sigma i}^{(1)} = -\tau[\partial_{t_0} f_{\sigma i}^{(0)} + e_{\sigma i\alpha}\partial_\alpha f_{\sigma i}^{(0)}],$$

由此可得

$$\Pi_{\alpha\beta}^{(1)} = -\tau\Big[\partial_{t_0}\sum_{\sigma i} e_{\sigma i\alpha} e_{\sigma i\beta} f_{\sigma i}^{(0)} + \partial_\gamma \sum_{\sigma i} e_{\sigma i\alpha} e_{\sigma i\beta} e_{\sigma i\gamma} f_{\sigma i}^{(0)}\Big].$$

将(8.71)式代入上式,利用(8.68)和(8.69)式,注意到分布函数 $f_{\sigma i}^{(0)}$ 中 $A_\sigma, C_\sigma, D_\sigma$ 只对上式中第一个求和有贡献,而 B_σ 只对上式中第二个求和有贡献,再用到(8.85)及(8.87)至(8.90)诸式,可得

$$\Pi_{\alpha\beta}^{(1)} = -\tau\{\partial_{t_0}[(c_s^2\rho)\delta_{\alpha\beta} + \rho u_\alpha u_\beta] + \partial_\gamma(B_1\rho u_\theta)2\delta_{\alpha\beta\gamma\theta} + \partial_\gamma(B_2\rho u_\theta)(4\Delta_{\alpha\beta\gamma\theta} - 8\delta_{\alpha\beta\gamma\theta})\}.$$

上式可以简化为

$$\begin{aligned}\Pi_{\alpha\beta}^{(1)} = -\tau\{&-c_s^2\delta_{\alpha\beta}\partial_\gamma(\rho u_\gamma) + \partial_{t_0}(\rho u_\alpha u_\beta) \\ &+ \partial_\alpha[(2B_1 - 8B_2)\rho u_\beta]\delta_{\alpha\beta} + 4\partial_\gamma(B_2\rho u_\gamma)\delta_{\alpha\beta} \\ &+ 4\partial_\alpha(B_2\rho u_\beta) + 4\partial_\beta(B_2\rho u_\alpha)\},\end{aligned} \tag{8.93}$$

上式及下面(8.94)式中的 $\partial_\alpha[(2B_1 - 8B_2)\rho u_\beta]\delta_{\alpha\beta}$ 不执行求和约定. 注意到

$$\partial_{t_0}(\rho u_\alpha u_\beta) = u_\alpha\partial_{t_0}(\rho u_\beta) + u_\beta\partial_{t_0}(\rho u_\alpha) - u_\alpha u_\beta\partial_{t_0}\rho,$$

利用(8.80)和(8.81)式,可把上式改写为

$$\partial_{t_0}(\rho u_\alpha u_\beta) = -u_\alpha\partial_\beta(c_s^2\rho) - u_\beta\partial_\alpha(c_s^2\rho) - \partial_\gamma(\rho u_\alpha u_\beta u_\gamma),$$

于是(8.93)式可以简化为

$$\Pi_{\alpha\beta}^{(1)} = -\tau\{(4B_2 - c_s^2)[\partial_\gamma(\rho u_\gamma)\delta_{\alpha\beta} + u_\alpha\partial_\beta\rho + u_\beta\partial_\alpha\rho] + 4B_2\rho(\partial_\alpha u_\beta + \partial_\beta u_\alpha)\} - \tau\partial_\alpha[(2B_1 - 8B_2)\rho u_\beta]\delta_{\alpha\beta} + \tau\partial_\gamma(\rho u_\alpha u_\beta u_\gamma). \tag{8.94}$$

将(8.92)和(8.94)式相比较,可知

$$2B_1 - 8B_2 = 0, \tag{8.95}$$

$$4B_2 - c_s^2 = 0 \tag{8.96}$$

和

$$\mu = (4\tau - 2)B_2\rho. \tag{8.97}$$

于是有

$$\Pi_{\alpha\beta}^{(1)} = -4B_2\tau\rho(\partial_\alpha u_\beta + \partial_\beta u_\alpha) + \tau\partial_\gamma(\rho u_\alpha u_\beta u_\gamma). \tag{8.98}$$

现在把得到的结果总结一下. 从(8.74)—(8.76),(8.87)—(8.90)以及(8.95)—(8.97)式可以解出:

$$B_0 = 0,\ B_1 = \frac{1}{3},\ B_2 = \frac{1}{12},\ C_0 = 0,\ C_1 = \frac{1}{2},\ C_2 = \frac{1}{8}$$

以及

$$c_s = \sqrt{\frac{1}{3}},\quad \mu = \frac{2\tau - 1}{6}\rho,$$

$$A_0 + 2A_1 = \frac{2}{3},\quad A_1 + 2A_2 = \frac{1}{6},$$

$$D_0 + 2D_1 = -1,\quad D_1 + 2D_2 = -\frac{1}{4}.$$

仍然有一个系数可以自由选择. 注意到 $B_1/B_2 = C_1/C_2$,若选择 $\sigma=1$ 和 2 两组系数成比例,则

$$A_0 = \frac{4}{9},\ A_1 = \frac{1}{9},\ A_2 = \frac{1}{36},$$

$$D_0 = -\frac{2}{3},\ D_1 = -\frac{1}{6},\ D_2 = -\frac{1}{24}.$$

选择两组系数成比例的理由,是这种选择与 Maxwell 分布在小 Mach 数情形下的展开相符合. 根据以上的结果,(8.71)式可以写为

$$f_\sigma^{(0)}(\boldsymbol{x},t) = w_\sigma\rho\left[1 + 3\boldsymbol{u}\cdot\boldsymbol{e}_{\sigma i} + \frac{3}{2}(\boldsymbol{u}\cdot\boldsymbol{e}_{\sigma i})^2 - \frac{1}{2}u^2\right], \tag{8.99}$$

其中

$$w_0 = \frac{4}{9},\ w_1 = \frac{1}{9},\ w_2 = \frac{1}{36}. \tag{8.100}$$

合并(8.80)与(8.82)式,可得连续性方程(正确到 δ^2 级)

$$\partial_t \rho + \partial_\alpha (\rho u_\alpha) = 0. \tag{8.101}$$

将(8.98)式代入(8.83)式，与(8.81)式合并，可得

$$\partial_t(\rho u_\alpha) + \partial_\beta(\rho u_\alpha u_\beta) = -\partial_\alpha(c_s^2\rho) + \partial_\beta\{\mu(\partial_\alpha u_\beta + \partial_\beta u_\alpha)\} - \left(\tau - \frac{1}{2}\right)\partial_\gamma(\rho u_\alpha u_\beta u_\gamma). \tag{8.102}$$

如果略去高级项 $\partial_\gamma(\rho u_\alpha u_\beta u_\gamma)$，就可以看出(8.102)式等价于 Navier-Stokes 方程在 $\zeta = \frac{2}{3}\mu$ 时的特例. 这就是说，晶格 Boltzmann 方程(8.70)能够得到正确的第一黏性系数 μ，但不能得到正确的第二黏性系数 ζ. 这是不足为奇的，因为在(8.70)式中只有一个可以调整的弛豫系数 τ，不可能同时得到两个正确的黏性系数. 如果改进碰撞模，使之具有两个弛豫模，就可以用它们分别得到两个黏性系数.[6,12]

对于三维的 D3Q19 模型，平衡分布可以写为

$$f_\sigma^{(0)}(\boldsymbol{x},t) = w_\sigma \rho\left[1 + 3\boldsymbol{u}\cdot\boldsymbol{e}_{\sigma i} + \frac{9}{2}(\boldsymbol{u}\cdot\boldsymbol{e}_{\sigma i})^2 - \frac{3}{2}u^2\right], \tag{8.103}$$

其中

$$w_0 = \frac{1}{3}, \quad w_1 = \frac{1}{18}, \quad w_2 = \frac{1}{36}. \tag{8.104}$$

§8.7　边界条件

为了求解晶格 Boltzmann 方程，必须正确处理边界条件. 处在边界的晶格上，向外的分量可以用晶格 Boltzmann 方程得到，但向内的分量则必须从边界条件得到. 用 $f_i^{<}(\boldsymbol{x},t+1)$ 表示在 t 时刻从边界进入系统内的分量，用 $f_j^{*>}(\boldsymbol{x},t)$ 表示在 t 时刻从边界离开系统的分量. 边界条件在边界上的 $\boldsymbol{x}$ 点就写成

$$f_i^{<}(\boldsymbol{x},t+1) = \sum_j B_{ij}(\boldsymbol{x}) f_j^{*>}(\boldsymbol{x},t). \tag{8.105}$$

更普遍的情况下，边界上的 $\boldsymbol{x}$ 点的 $f_i^{<}(\boldsymbol{x},t+1)$ 可能不止与该点的 $f_j^{*>}(\boldsymbol{x},t)$ 有关，可能也同其他晶格点有关，即

$$f_i^{<}(\boldsymbol{x},t+1) = \sum_y \sum_j B_{ij}(\boldsymbol{x}-\boldsymbol{y}) f_j^{*>}(\boldsymbol{y},t). \tag{8.106}$$

边界条件涉及的物理机制是很复杂的. 但是，在晶格 Boltzmann 方法中，我们需要在允许的误差范围内写出便于数值模拟的简单公式，而不希望去模拟边界上发生的实际物理过程. 我们将在本节讨论三种边界条件：周期边界条件，拉动墙(sliding wall)边界条件，开放进出口条件(open inlet/outlet).

最简单而且又很有用的边界条件是周期边界条件. 在数值模拟过程中，如果打算忽略边界的影响，就必须选取足够大的系统来计算. 例如，为了讨论一个圆形固

体在无限流体中的运动(图8.4),整个流体系统就必须足够大.既然边界已经远离所讨论的固体,边界对固体及周围流体运动的影响已经很小,那么使用什么样的边界条件已经不重要.这时使用最简单的周期边界条件就是最合适的.

假定在“西东”方向(即 $x=0$ 和 $x=L$)使用周期边界条件(图 8.9),设 $\boldsymbol{x}_\mathrm{W}$ 是西面边界上的流体格点($x=0$),$\boldsymbol{x}_\mathrm{E}$ 是东面边界上的流体格点($x=L$).记 $\boldsymbol{w}=(1,0)$,由于 $x=0$ 和 $x=L+1$ 是等同的,那么 $\boldsymbol{x}_\mathrm{E}+\boldsymbol{w}$ 与 $\boldsymbol{x}_\mathrm{W}$ 就是等同的,$\boldsymbol{x}_\mathrm{W}-\boldsymbol{w}$ 与 $\boldsymbol{x}_\mathrm{E}$ 也是等同的.从西边进入系统的分量 $k=8,1,2$ 则由从东边离开系统的分量 $k=8,1,2$ 得到:

$$\begin{cases} f_1(\boldsymbol{x}_\mathrm{W},t+1)=f_1^*(\boldsymbol{x}_\mathrm{E}+\boldsymbol{w}-\boldsymbol{e}_1,t), \\ f_2(\boldsymbol{x}_\mathrm{W},t+1)=f_2^*(\boldsymbol{x}_\mathrm{E}+\boldsymbol{w}-\boldsymbol{e}_2,t), \\ f_8(\boldsymbol{x}_\mathrm{W},t+1)=f_8^*(\boldsymbol{x}_\mathrm{E}+\boldsymbol{w}-\boldsymbol{e}_8,t). \end{cases} \tag{8.107}$$

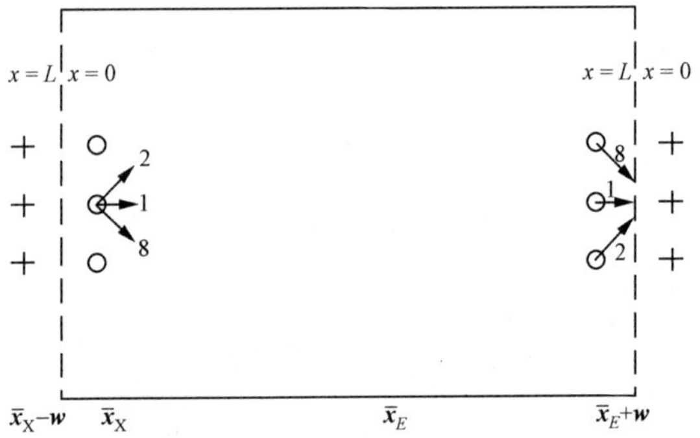

图 8.9 周期边界条件示意图

从西边进入系统的分量 $k=1,2,8$,就由从东边离开系统的分量 $k=1,2,8$ 得到.

反过来,从东边进入系统的分量 $k=4,5,6$ 就由从西边离开系统的分量 $k=4,5,6$ 得到,即:

$$\begin{cases} f_4(\boldsymbol{x}_\mathrm{E},t+1)=f_4^*(\boldsymbol{x}_\mathrm{W}-\boldsymbol{w}-\boldsymbol{e}_4,t), \\ f_5(\boldsymbol{x}_\mathrm{E},t+1)=f_5^*(\boldsymbol{x}_\mathrm{W}-\boldsymbol{w}-\boldsymbol{e}_5,t), \\ f_6(\boldsymbol{x}_\mathrm{E},t+1)=f_6^*(\boldsymbol{x}_\mathrm{W}-\boldsymbol{w}-\boldsymbol{e}_6,t). \end{cases} \tag{8.108}$$

另一种常用的边界条件是拉动墙边界条件[12].这种边界条件要求在墙附近的流体运动速度与墙一致.在晶格 Boltzmann 方法中,经常假定固体墙处于两层晶格中间分界线上,因为这样一来,从紧靠墙的一层流体格点出发的飞向墙的流体分量在被墙反弹后可以在单位时间内回到这一个格点.至于固体墙不处于两层晶格中间分界线上的情形,我们不在这里讨论.

如图 8.10 所示,固体墙处于两层晶格中间分界线上,墙的上方是流体格点,下方是假想的流体格点.假定用 k' 表示 k 的反方向.在墙上方的流体格点上,经过迁

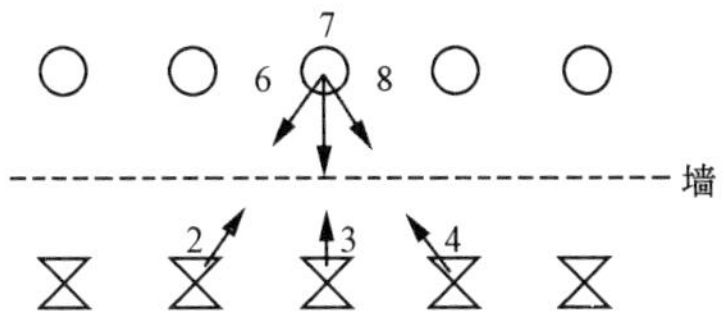

图 8.10　拉动墙边界条件示意图[3]

○是流体格点，⌛是虚拟的格点. 从流体格点○出发的 6,7,8 分量，经墙反射后回到该格点，成为 2，3,4 分量. 如果没有墙，这些分量应当从位于虚拟格点处得到.

移，分量 $f_{k'}(\boldsymbol{x},t+1)$在 $k'=0,1,5,6,7,8$ 时的值可以像(8.108)式那样从 k 方向的相邻格点得到. 例如 $k'=5$ 时，

$$f_5(\boldsymbol{x},t+1)=f_5^*(\boldsymbol{x}-\boldsymbol{e}_5,t).$$

但是，当 $k'=2,3,4$ 时，边界上流体格点在 k 方向的相邻格点不存在. 显然，这三个分量应当从它自身的 $k=6,7,8$ 三个分量得到. 具体来说. 就是

$$f_2(\boldsymbol{x},t+1)=f_6^*(\boldsymbol{x},t),$$

$$f_3(\boldsymbol{x},t+1)=f_7^*(\boldsymbol{x},t),$$

$$f_4(\boldsymbol{x},t+1)=f_8^*(\boldsymbol{x},t).$$

它们可以统一写为

$$f_{k'}(\boldsymbol{x},t+1)=f_k^*(\boldsymbol{x},t).$$

如果墙具有 x 方向的速度 $\boldsymbol{u}_{\mathrm{b}}$，那么

$$f_{k'}(\boldsymbol{x},t+1)=f_k^*(\boldsymbol{x},t)-6w_k\rho\boldsymbol{u}_{\mathrm{b}}\cdot\boldsymbol{e}_k,$$

其中 w_k 就是(8.104)式给出的系数

$$w_k=\begin{cases}\dfrac{1}{9} & (k=1,3,5,7),\\[2mm] \dfrac{1}{36} & (k=2,4,6,8).\end{cases}$$

再有一种常用的边界条件是开放进出口条件. 在进口处，给定流体进入系统的速度，而在出口则限定速度梯度为零. 必须注意，作为出口，它附近流体的必须已经达到稳定状态，或者说，出口必须远离被扰动的流体. 以图 8.11 的情形来说，A 和 B 都不适合作为出口，而 C 则适合. 我们假定“西”边是给定流体速度的入口，而“东”边是速度梯度为零的出口. 在入口，只要强制最西边一层晶格保持具有给定密度 ρ 和速度 $\boldsymbol{u}=(u_{\mathrm{in}},0)$的平衡态即可. 在出口，则要强制最东边一层晶格的分布函数保持和它西面的紧邻总是一致. 强制这样做可能会使系统流体的总质量发生改变. 为了保证系统内流体的总质量不变，可以调整出口一侧流体格点的静止流体的分量 f_0. 在初始阶段，对这个静止流体的分量的调整可能比较明显. 但是，在经过足够长的弛豫时间之后，系统达到稳定状态，出入流量相同，对这个静止流体的分

量的调整就变得很小了.

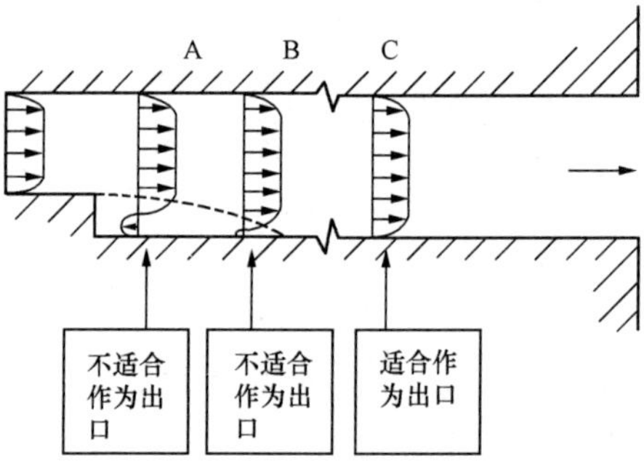

图 8.11 开放进出口条件示意图
出口必须远离被扰动的流体,所以 A 和 B 都不适合作为出口,而 C 则适合.

其他更多的边界条件我们就不在本书中讨论了.

参 考 文 献

[1] Wienke B R. Phys. Fluids., 1974, 17: 1135.

[2] Wienke B R, Hill T R. Nucl. Sci. Eng., 1990, 104: 188.

[3] Succi S. The Lattice Boltzmann Equation for Fluid Dynamics and Beyond. Oxford: Clarendon Press, 2001.

[4] Frisch U, Hasslacher B, Pomeau Y. Lattice gas automata for the Navier-Stokes equation. Phys. Rev. Lett., 1986, 56: 1505.

[5] van der Hoef M A, Frenkel D, Ladd A J C. Self-diffusion of colloidal particles in a two-dimensional suspension: are deviations from Fick's law experimentally observable? Phys. Rev. Lett., 1991, 67: 3459.

[6] Ladd A J C, Verberg R. Lattice-Boltzmann simulations of particle-fluid suspensions. J. Stat. Phys., 2001, 104: 1191.

[7] d'Humières D, Pomeau Y, Lallemand P. Simulation d'allées de von Karman bidimensionelle à l'aide d'un gaz sur réseau. C. R. Acad. Sci., Ⅱ, 1985, 301: 1391.

[8] Rothman D H. Cellular-automaton fluid: A model for flow in porous media. Geophysics, 1988, 53: 509.

[9] McNamara G, Zanetti G. Use of the Boltzmann equation to simulate lattice-gas automata. Phys. Rev. Lett., 1988, 61: 2332.

[10] Chen S, Chen H, Martinez D, Matthaeus W. Lattice Boltzmann model for simulation of magnetohydrodynamicss. Phys. Rev. Lett., 1991, 67: 3776.

[11] Qian Y, d'Humières D, Lallemand P. Lattice BGK models for the Navier-Stokes equation. Europhys. Lett., 1992, 51: 479.

[12] Ladd A J C. Numerical simulations of particulate suspensions via a discretized Boltzmann e-

quation. J. Fluid Mech., 1994, 271: 285 (Part I, Theoretical foundation), 311 (Part II, Numerical results).

[13] Latllemand P, Luo L-S. Theory of the lattice Boltzmann methods: dispersion, dissipation, isotropy, Galilian invariance, and stability. Phys. Rev. E, 2000, 61: 6546.

[14] Hou S, Zou Q, Chen S, Doolen G. Simulation of cavity flow by the lattice Boltzmann method. J. Comput. Phys., 1995, 118: 329.

[15] Doolen G D *et al*. ed. Lattice Gas Methods for Partial Differential Equations. Redwood City: Addison-Wesley Publishing Company, 1990.

[16] Kerson Huang. Statistical Mechanics, 2nd ed. New York: John Wiley & Sons, 1987: Ch. 14.

[17] 黄祖洽、丁鄂江. 输运理论(第二版). 北京：科学出版社,2007.

索　　引

B

C

D

E

F

M

N

P

Q

R

S

T

W

X

Y

Z